2ª EDIÇÃO
atualizada e aprimorada

19 lições de PEDOLOGIA

Igo F. Lepsch

oficina de textos

© Copyright 2011 Oficina de Textos
2ª edição 2021

Grafia atualizada conforme o Acordo Ortográfico da Língua Portuguesa de 1990, em vigor no Brasil desde 2009.

CONSELHO EDITORIAL Cylon Gonçalves da Silva; José Galizia Tundisi; Luis Enrique Sánchez; Paulo Helene; Rozely Ferreira dos Santos; Teresa Gallotti Florenzano

CAPA Malu Vallim
PREPARAÇÃO DE TEXTOS Anna Beatriz Fernandes
PROJETO GRÁFICO E DIAGRAMAÇÃO Malu Vallim
PREPARAÇÃO DE FIGURAS Douglas da Rocha Yoshida
REVISÃO DE TEXTOS Natália Pinheiro
IMPRESSÃO E ACABAMENTO BMF gráfica e editora

Dados Internacionais de Catalogação na Publicação (CIP)
(Câmara Brasileira do Livro, SP, Brasil)

Lepsch, Igo F.
  19 lições de pedologia / Igo F. Lepsch. -- 2. ed.
-- São Paulo : Oficina de Textos, 2021.

ISBN 978-65-86235-26-5

  1. Agricultura 2. Solo 3. Solo - Uso - Brasil 4.
Solo - Uso agrícola I. Título.

21-74034   CDD-631.4

Índices para catálogo sistemático:
1. Pedologia : Agricultura 631.4

Aline Graziele Benitez - Bibliotecária - CRB-1/3129

Todos os direitos reservados à **Oficina de Textos**
Rua Cubatão, 798
CEP 04013-003 – São Paulo – Brasil
Fone (11) 3085 7933
www.ofitexto.com.br   e-mail: atend@ofitexto.com.br

Prefácio

A ideia de escrever este livro começou quando, em 1998, comecei a ministrar a disciplina "Gênese, Morfologia e Classificação dos Solos" para estudantes de agronomia na Universidade Federal de Uberlândia. Assim como outros colegas responsáveis por disciplinas idênticas em outras universidades, percebi que havia uma carência de material didático dirigido a estudantes brasileiros em relação aos aspectos básicos da Ciência do Solo, com ênfase àquela disciplina.

Nos primeiros livros que escrevi sobre solos – *Solos: formação e conservação* (1972) e *Formação e conservação dos solos* (2002), sob a forma de "livro de bolso" –, procurei usar uma linguagem bem simples, precisa e acessível, adicionando muitas ilustrações. Neles, a intenção foi oferecer ao público em geral e a iniciantes do estudo das ciências da terra, principalmente os de colégios de nível técnico, alguns conhecimentos básicos sobre solos. Esses livros têm sido muito bem aceitos e, apesar de não terem sido destinados a alunos de graduação, passaram a ser utilizados como complemento de cursos como os de Agronomia, Geografia, Biologia etc.

A convicção de que continuava havendo a necessidade de um livro-texto dirigido a estudantes universitários brasileiros que contemplasse, de maneira mais detalhada, os conhecimentos da Pedologia – aqui entendida como estudo do solo em seu ambiente natural –, fez com que eu me lançasse à tarefa de escrever o *19 Lições de Pedologia*.

Para realizar esse trabalho, fui buscar inspiração nas aulas do saudoso Petzval O. da Cruz Lemos, meu primeiro professor de Pedologia no curso de Agronomia da Universidade Federal Rural do Rio de Janeiro, em 1959, e também no "audiotutorial" conhecido como *Concepts in Soil Science*, desenvolvido pelo professor Maurice G. Cook, da North Carolina State University (EUA), ao qual muito agradeço por autorizar o uso da sua metodologia.

Outras fontes de inspiração foram os colegas do Instituto Agronômico de Campinas (IAC), com destaque para Bernardo van Raij e os saudosos Alfredo Küpper e Antônio C. Moniz; os colegas da Embrapa-Solos (RJ), em especial o saudoso Marcelo Nunes Camargo, e os colegas do CSIRO/Division of Soils (Austrália), com destaque para o saudoso Ray Isbell.

Vários outros colegas contribuíram com observações teóricas, críticas bem fundamentadas, sugestões de leitura e tudo o mais que se abriga sob o teto generoso da amizade; são eles: Antônio C. Azevedo, Luiz R. F. Alleoni, Klaus Reichardt, Pablo Vidal-Torrado, Rubismar Stolf e Zilmar Z. Marcos.

Não posso deixar de mencionar o trabalho de leitura feito por vários estudantes de graduação, pós-graduação e pós-doutoramento, a quem ofereci as primeiras versões de várias das lições aqui apresentadas, uma vez que ninguém melhor do que eles para saber se a linguagem do texto estava clara e adequada às suas necessidades de aprendizagem e ao ensino da Pedologia. Assim, e desde já desculpando-me por alguma inadvertida omissão de nomes, agradeço a Akenia Alkmim, Mariana Delgado, Marina Y. Reia, Mathilde A. Bertoldo, Rodrigo S. Macedo e Tatiana Rittl, e especialmente ao Gabriel R. P. Andrade, que elaborou a primeira versão de todas as questões inseridas nas lições.

Pelas variadas fotos e outras ilustrações que enriquecem a presente obra, agradeço a Adriana C. G. de Souza, Adriano R. Guerra, Antonio G. Pires Neto, Eloana Bonfleur, Heloísa H. G. Coe, Júlio Gaspar, Marlen B. e Silva, Miguel Cooper, Mariana Delgado, Marston H. D. Franceschini, Osmar Bazaglia Filho, Rodrigo O. Zenero, Rodrigo E. M. de Almeida, Rodnei Rizzo e Pablo Soares.

Destaco, ainda, as fotos enviadas pelos colegas John Kelley (United States Department of Agriculture/National Research Conservation Service); Stanley W. Buol (Emeritus Soil Professor, North Carolina State University), Mendel Rabinovitch (engenheiro agrônomo e ex-cineasta) e Márcio Rossi (Instituto Florestal, SP).

Agradeço a todos professores da graduação e pós-graduação que me entusiasmaram no estudo dos solos; aos meus colegas do Instituto Agronômico do Estado de São Paulo (IAC); aos meus colegas e estudantes da Universidade Federal de Uberlândia (UFU), Universidade Federal de Lavras (UFLA), Universidade Estadual Paulista (FCAV-Unesp), com destaque para a Escola Superior de Agricultura Luiz de Queiroz (USP), em cuja Biblioteca Central passei grande parte do tempo na produção deste livro.

Agradeço também àqueles que primeiro me apresentaram o solo e nele me ensinaram não só a plantar frutas, verduras e plantas ornamentais, mas principalmente a apreciá-lo na sua essência (com suas cores e texturas), despertando em mim o desejo de estudá-lo a fim de preservá-lo: meu pai, Jacob A. Lepsch (fazendeiro) e meu tio Reynaldo Lepsch (engenheiro agrônomo).

Por fim, quero expressar minha profunda gratidão a Ivana, pelo seu estímulo à idealização e produção desta obra, e também pelo empenho na revisão do texto. Seu apoio foi imprescindível para que este livro, fruto de muito amor, pudesse ser completado.

Para esta segunda edição, fizemos uma ampla revisão de todos os capítulos, especialmente os relativos aos levantamentos de solos (Lição 16) e às análises químicas de solos (Lição 12), adicionamos questões para estudo e incluímos um Glossário de Termos da Ciência do Solo.

Igo F. Lepsch

SUMÁRIO

Introdução, 13

1 Histórico e fundamentos da ciência do solo, 17
1.1 Os primeiros conhecimentos sobre o solo 17
1.2 As primeiras civilizações: mesopotâmicos, egípcios, indianos, chineses, astecas e incas 18
1.3 Gregos e romanos 20
1.4 Os árabes e a Idade Média europeia 21
1.5 Os alquimistas e a busca pelo "espírito da vegetação" 21
1.6 A escola de Liebig e a lei do mínimo 22
1.7 A escola russa 22
1.8 Subdivisões do estudo dos solos 24
1.9 Conceitos de solo 24
1.10 Perguntas para estudo 25

2 Rochas e seus minerais, 27
2.1 Diferenças entre solo, regolito e saprólito 27
2.2 Diferenças entre um elemento químico, um íon, um mineral e uma rocha 28
2.3 Como se formam os minerais? 29
2.4 O que são substituições isomórficas? 33
2.5 Quais são os elementos mais comuns nos minerais? 34
2.6 Propriedades físicas dos minerais 34
2.7 Quais os principais tipos de rochas? 36
2.8 Examinando melhor os três grupos de rochas 37
2.9 Composição química dos minerais 39
2.10 Perguntas para estudo 40

3 Intemperismo dos minerais das rochas e formação dos argilominerais, 41
3.1 Intemperismo físico e químico 42
3.2 Como age o intemperismo físico? 43
3.3 Como ocorre o intemperismo químico? 44
3.4 Por que algumas rochas se intemperizam mais rápida e profundamente que outras? 48
3.5 Os produtos do intemperismo 52
3.6 Perguntas para estudo 53

4 Os sólidos ativos do solo: argila e húmus, 55
4.1 O que são as argilas? 56
4.2 Classificação das argilas 56
4.3 De onde vêm as cargas das argilas? 60
4.4 O que é (e como se forma) o húmus? 62
4.5 Perguntas para estudo 63

5 Capacidade de troca de íons, 65

- 5.1 Íons, coloides e suas cargas elétricas 65
- 5.2 Como acontecem as trocas de cátions do solo? 66
- 5.3 Como quantificar a CTC de uma amostra de solo? 67
- 5.4 Fatores que determinam maior ou menor retenção dos cátions nos coloides 68
- 5.5 Um exemplo de troca de íons 69
- 5.6 Fatores que afetam a CTC do solo 70
- 5.7 Capacidade de troca de ânions (CTA) 71
- 5.8 Perguntas para estudo 72

6 Física do solo I: granulometria, densidade, consistência e ar do solo, 73

- 6.1 Tamanho de partículas e sua distribuição (composição granulométrica) 74
- 6.2 Estrutura e seus agregados 76
- 6.3 Densidade e porosidade 79
- 6.4 Consistência 81
- 6.5 O ar do solo 82
- 6.6 Perguntas para estudo 82

7 Física do solo II: características e comportamento da água e da temperatura do solo, 85

- 7.1 Estrutura e propriedades da água 87
- 7.2 Diferenças entre moléculas de água retidas por coesão e por adesão 90
- 7.3 Capacidade de campo (Cc) 91
- 7.4 Ponto de murcha permanente (PMP) 91
- 7.5 Água disponível (AD) e capacidade de água disponível (CAD) 91
- 7.6 Como medir a quantidade de água contida em um solo? 94
- 7.7 Movimentos da água no solo 94
- 7.8 Permeabilidade do solo em fluxo saturado e não saturado 95
- 7.9 Relações solo-água-planta 97
- 7.10 Temperatura do solo 98
- 7.11 Perguntas para estudo 100

8 Composição química e dinâmica da solução do solo, 101

- 8.1 As reações biogeoquímicas da fase líquida do solo 101
- 8.2 Os solutos e os solventes da solução do solo 102
- 8.3 Movimento dos íons: da fase sólida para a líquida 105
- 8.4 Principais ânions: fosfatos, cloretos, sulfatos, bicarbonatos e nitratos 106
- 8.5 Principais cátions: cálcio, magnésio, potássio, sódio, amônia, alumínio e metais-traço 107
- 8.6 Outros solutos: ácido silícico, compostos orgânicos e gases 107
- 8.7 Solução do solo e pedogênese 107
- 8.8 Como retirar amostras da solução do solo? 108
- 8.9 Perguntas para estudo 110
 111

9 Morfologia: organização do solo como corpo natural, 113

- 9.1 Paisagens, corpos, *pedons* e perfis de solos 114
- 9.2 Como descrever um solo? 115
- 9.3 Principais feições morfológicas 115
- 9.4 Denominações dos horizontes 122
- 9.5 Perguntas para estudo 125

10 Acidez, alcalinidade e salinidade do solo, 129

- 10.1 O que significa pH? 129
- 10.2 Por que existem solos ácidos? 130
- 10.3 Os diferentes tipos de acidez do solo 132
- 10.4 Efeito do tipo de cátion básico sobre o pH do solo 134
- 10.5 Poder tampão dos solos 134
- 10.6 Importância da acidez do solo no crescimento das plantas 134
- 10.7 Ajuste do pH em solos agrícolas 135
- 10.8 Como calcular a quantidade de calcário necessária para neutralizar os níveis elevados de acidez? 135
- 10.9 Alcalinidade, salinidade e sodicidade 136
- 10.10 Perguntas para estudo 137

11 Biologia do solo: organismos vivos e matéria orgânica, 139

- 11.1 Tipos de organismos 140
- 11.2 Macroanimais mais comuns do solo: artrópodes e vermes 141
- 11.3 Microfauna (nematoides, protozoários e rotíferos) 142
- 11.4 Microflora (algas, bactérias, fungos e actinomicetos) 143
- 11.5 Fatores que condicionam o tipo e a quantidade de micro-organismos do solo 144
- 11.6 Efeitos dos organismos no solo 144
- 11.7 Matéria orgânica 144
- 11.8 Relações carbono/nitrogênio 146
- 11.9 Perguntas para estudo 148

12 Análises químicas do solo e suas interpretações, 149

- 12.1 Fertilidade *versus* produtividade e fatores limitantes do solo 149
- 12.2 Tecnologias que devem ser utilizadas para se conhecer o solo 150
- 12.3 Análises químicas e físicas para fins pedológicos 151
- 12.4 Análises de solo para fins de recomendação de adubações 157
- 12.5 Análises de solo e agricultura de precisão 159
- 12.6 Perguntas para estudo 160

13 Processos e fatores de formação do solo, 163

- 13.1 Voltando no tempo 164
- 13.2 Principais processos de formação do solo 166
- 13.3 Fatores de formação do solo 170
- 13.4 Perguntas para estudo 176

14 Classificação dos solos, 177

- 14.1 Classificações técnicas e naturais 178
- 14.2 Atributos diferenciais dos solos 179
- 14.3 Sistemas modernos de classificação – horizontes diagnósticos 180
- 14.4 Classificação norte-americana (*U.S. Soil Taxonomy*) 181
- 14.5 Classificações da FAO/Unesco e do WRB 183
- 14.6 Perguntas para estudo 184

15 O Sistema Brasileiro de Classificação de Solos (SiBCS), 187

- 15.1 Estrutura hierárquica do SiBCS 187
- 15.2 Latossolos: solos profundos, muito intemperizados e sem horizonte de acúmulo de argila 192
- 15.3 Nitossolos: solos medianamente profundos, argilosos com agregados de faces bem nítidas 193
- 15.4 Argissolos: solos com horizonte B de acúmulo de argila 194
- 15.5 Planossolos: solos com horizonte B plânico (pouco permeável) 195
- 15.6 Plintossolos: solos com horizonte B com muita plintita e/ou petroplintita 195
- 15.7 Luvissolos: solos com horizonte de acúmulo de argila de alta atividade e elevada saturação por bases 196
- 15.8 Chernossolos: solo eutróficos com o horizonte A espesso e escuro e o B com argila de atividade alta 197
- 15.9 Espodossolos: solo com horizonte B de acúmulo de compostos de ferro, de alumínio e/ou materiais orgânicos 197
- 15.10 Vertissolos: solo com argilas escuras que se expandem e se contraem 198
- 15.11 Cambissolos: solos embriônicos, com poucos atributos diagnósticos 199
- 15.12 Neossolos: solos relativamente jovens com pouco desenvolvimento do perfil 199
- 15.13 Gleissolos: solos minerais afetados por água subterrânea 200
- 15.14 Organossolos: solos orgânicos 201
- 15.15 Perguntas para estudo 201

16 Levantamentos de solos e suas interpretações, 203

- 16.1 Utilidades dos levantamentos pedológicos 203
- 16.2 Conceitos, definições e modo de execução dos levantamentos pedológicos 204
- 16.3 Unidades taxonômicas *versus* unidades de mapeamento 209
- 16.4 Tipos de levantamentos pedológicos 209
- 16.5 Relatórios dos levantamentos de solos 212
- 16.6 Mapas utilitários 212
- 16.7 Mapas interpretativos 213
- 16.8 Avanços recentes nos levantamentos de solos 213
- 16.9 Perguntas para estudo 214

17 Solos do Brasil, 221

- 17.1 Solos da Amazônia 222
- 17.2 Solos do Nordeste 224
- 17.3 Solos da Região Centro-Oeste 227
- 17.4 Solos da Região Sudeste 229
- 17.5 Solos da Região Sul 231
- 17.6 Panorama dos solos do Brasil em relação à agricultura 232
- 17.7 Perguntas para estudo 232

18 Solos do mundo, 235

- 18.1 Solos dos trópicos e subtrópicos úmidos 235
- 18.2 Solos dos trópicos com longa estação seca 238
- 18.3 Solos dos climas mediterrânicos 239
- 18.4 Solos das regiões montanhosas 240
- 18.5 Solos das zonas áridas 240
- 18.6 Solos das zonas temperadas 242
- 18.7 Solos da zona fria 244
- 18.8 Solos das zonas boreais e polares 245
- 18.9 Perguntas para estudo 246

19 Degradação e conservação dos solos, 247

19.1 A conservação dos solos ... 247
19.2 Degradação e resiliência dos solos ... 248
19.3 Erosão dos solos ... 250
19.4 Os métodos de conservação dos solos ... 254
19.5 Capacidade de uso e planejamento conservacionista das terras ... 258
19.6 Perguntas para estudo ... 261

Referências Bibliográficas, 265

Glossário, 267

Índice Remissivo, 299

Introdução

Olá! Seja bem-vindo(a) às nossas *Lições de Pedologia*. Mas, antes de iniciá-las, gostaria de contar-lhe algumas histórias e estórias.

Você sabia que, na sociedade primitiva, na qual os homens começaram a formar as primeiras tribos, o conhecimento do nosso meio ambiente era compartilhado igualmente entre eles? Agora imagine você, membro de uma dessas tribos, à noitinha, reunindo-se em volta de uma fogueira com pessoas mais velhas e mais experientes que lhe contam o que aprenderam nas suas andanças. Como um dos membros mais novos desse grupo, você os escuta com atenção e depois lhes faz perguntas para tirar algumas dúvidas. Se algo interessante lhe fosse revelado – como uma árvore com frutos mais saborosos, o local de um rio com peixes maiores, ou um solo com variados tons da cor vermelha para pintar seu corpo ou desenhar na parede de alguma caverna –, certamente você pediria que a novidade lhe fosse logo mostrada.

Hoje as coisas mudaram: as aldeias transformaram-se em grandes cidades de populosas nações, e o conhecimento aumentou muito e se fragmentou em diversas áreas. Mas algo daquelas reuniões tribais ainda tece não só as histórias da humanidade, como também os avanços da Ciência.

Quando eu era um garoto, gostava de ouvir as histórias contadas pelos meus avós, pais, tios e professores, principalmente aquelas que falavam sobre a natureza. Assim, estimulado pelo que eles me ensinaram, eu me especializei em Pedologia, ou seja, no estudo da Ciência do Solo. Além disso, tive a oportunidade de conhecer muitas universidades e de cavar e examinar os solos de campos e matas de muitos locais deste nosso Brasil e do mundo. Hoje sou mais velho e mais experiente, me imagino como alguém daquelas tribos primitivas, e sinto necessidade e obrigação de compartilhar com você muito do que aprendi.

Acredite, eu gostaria de fazê-lo da forma como nossos ancestrais faziam: num bom papo em volta de uma acolhedora fogueira e, depois, acompanhar você ao campo para cavar e mostrar as cores e os pendores dos solos (Fig. I.1). Contudo, como nossas "tribos" e nossos territórios são agora muito grandes, resta-me a opção de escrever, a fim de compartilhar meus conhecimentos. Além disso, aconselho que você sempre participe intensamente das aulas práticas promovidas pelos seus professores, principalmente aquelas que acontecerão em meio à natureza, onde você poderá conhecer *in loco* todos os aspectos da superfície e do interior do solo.

Desta forma, usando uma linguagem simples – mas sempre calcada em modernos dados técnico-científicos –, pouco a pouco irei ajudá-lo a decifrar e conhecer melhor as admiráveis partes que constituem o solo. Elas estão em íntimo contato com o ar da atmosfera, as rochas da litosfera, os organismos da biosfera e as águas da hidrosfera – dos quais a nossa vida muito depende.

Existem muitos solos diferentes, da mesma forma como existem diferentes climas, rochas, árvores e águas. Cada solo tem seu próprio arranjo de horizontes que refletem sua própria história – aquela que o condicionou a ter certas funções que podem ser estudadas através de seus atributos morfológicos, mineralógicos, biológicos, físicos e químicos.

Em nossas conversas, que organizei em forma de *19 Lições de Pedologia*, iremos contar essa história e estudar essas funções – principalmente as relacionadas com o crescimento das plantas. Além disso, aprenderemos a examinar a aparência dos solos, a analisar e interpretar seus atributos, classificá-los com "nomes científicos" e ver como é possível usá-los sem degradá-los.

Fig. I.1 Modelo de ensino da forma como nossos ancestrais faziam: o começo se dava num bom papo em volta de uma acolhedora fogueira. No dia seguinte os participantes praticavam o que escutaram e discutiram (Foto: Rodrigo O. Zenero)

O *Homo sapiens*, somente há cerca de 350.000 anos, vem se multiplicando e explorando uma natureza que levou tantos bilhões de anos para se formar. Ou seja, à custa dos recursos naturais, os indivíduos desta nossa espécie, nos últimos cem anos, foram desordenadamente crescendo e, para criar condições favoráveis à sua vida, foram modificando a natureza, derrubando árvores, arando o solo, construindo estradas etc. Hoje, talvez não muito "sapiamente", a população vem aumentando e, portanto, consumindo cada vez mais água, alimentos e energia. Com isso, a maior parte dos solos antes ocupados por florestas e campos vem sendo tomada por áreas urbanas, lavouras e pastagens, a fim de atender à constante demanda de moradia, alimento, fibras e combustível dos quase oito bilhões dos atuais *Homo sapiens*, cada vez mais famintos e exigentes em conforto. Para atender a toda essa demanda, o solo, que levou muito tempo para se formar, vem se desgastando rapidamente, enquanto o gás carbônico, que tanto tempo levou para ser captado pelas plantas, vem retornando à atmosfera, principalmente pela queima da matéria orgânica dos solos, do petróleo e do carvão.

Com os dejetos produzidos nas cidades, a água e o ar vêm se tornando poluídos e, com o desgaste dos solos, os alimentos escasseiam, fazendo com que as fronteiras agrícolas avancem à custa de desmatamentos. Com a queima dos combustíveis fósseis e das florestas, o excesso de CO_2 produz o efeito estufa e aumenta a temperatura da Terra, provocando o derretimento do gelo das calotas polares, a elevação do nível dos oceanos e o alargamento dos desertos. Ao tomarmos conhecimento desses fatos, muitos se perguntam: será que, por causa de tanto estrago que fizemos à Terra que antes tão bem nos agasalhava e alimentava, agora, por vingança, ela nos destrói? O que podemos fazer para solucionar esses problemas?

Em seu encontro com Édipo, na tragédia grega de Sófocles (496-406 a.C.), uma esfinge diz: *"Decifra-me ou devoro-te"*. Talvez você me pergunte: "O que devo eu decifrar para não ser devorado?" Eu poderia lhe responder: cada um pode fazer sua parte, como, por exemplo, compreender como os solos se formam e como vêm funcionando ao longo dos tempos. Afinal, é preciso conhecê-los para protegê-los.

Da mesma forma como os antigos filósofos gregos diziam, isto é, que o conhecimento por meio da educação leva o homem ao máximo possível de sua perfeição, eu lhe digo que o meu desejo é que os conhecimentos que aqui começo a compartilhar com você cresçam e se multipliquem, tal como uma semente boa em solo fecundo. Afinal, aprender a decifrar um pouco dos multicoloridos solos (Fig. I.2) já é um bom passo para diminuir os muitos estragos que estamos fazendo ao nosso belo planeta.

Parafraseando Milton Nascimento e Chico Buarque, faço a você o seguinte convite: venha comigo afagar a terra, conhecer os desejos da terra, pois a terra está no cio. Esta é a propícia ocasião para fecundar o chão.

Fig. I.2 As muitas cores do interior (perfil) e exterior (paisagem) de alguns solos (Fotos: John Kelley e Igo F. Lepsch)

Lição 1

HISTÓRICO E FUNDAMENTOS DA CIÊNCIA DO SOLO

Dokuchaev assim definiu o solo:

O solo consiste essencialmente de formações minerais e orgânicas que recobrem a superfície e que sempre estão mais ou menos coloridas com húmus. Esses corpos têm sempre uma origem própria e particular; eles, em qualquer parte, sempre são resultado integral do leito rochoso e da atividade dos organismos vivos ou mortos (plantas e animais), do clima, da idade das terras e do relevo ao seu redor.

(Dokuchaev, em Sobraniesochineny, II, 260 (Collected Works))

Vasilii V. Dokuchaev (1846-1903) é considerado o "pai" da Pedologia, que é o estudo dos solos no seu ambiente natural

Vamos começar revendo a história da Ciência do Solo e do seu ramo que mais completamente a estuda: a **Pedologia** (o termo vem do grego: *pedon* significa solo e *logos*, estudo). O desenvolvimento dessa ciência passou por dois estágios: no primeiro estão as referências às práticas agrícolas que foram encontradas na literatura de antigos povos; o segundo refere-se a tempos mais recentes, aos últimos dois séculos, período fundamentado na experimentação e aplicação do método científico. Esses dois estágios nos ajudam a entender melhor a evolução dos modernos conceitos da Pedologia. Trata-se de uma ciência relativamente nova, pois muito tempo levou para que os primeiros naturalistas do século XIX a reconhecessem como uma disciplina à parte, tal como já havia acontecido com a Botânica, a Zoologia etc.

1.1 Os primeiros conhecimentos sobre o solo

Os primeiros grupamentos humanos viam o solo apenas como o lugar onde recolhiam alimentos ou obtinham algum barro para confeccionar objetos de cerâmica e pigmentos para suas pinturas (Fig. 1.1). Determinados solos podiam ser melhores para caminhar ou fornecer os barros, mas nenhum conhecimento adicional era necessário. Os homens tinham ar puro, águas límpidas e terras virgens de onde colhiam frutos. As propriedades naturais dos solos não precisavam ser decifradas, uma vez que não havia necessidade de gerar mais conhecimentos do que aqueles que eram transmitidos oralmente.

Contudo, em um período iniciado após a última era glacial, cerca de 12.000 anos atrás, uma boa parte

Fig. 1.1 Pintura rupestre em parede de caverna representando uma arara. Materiais de solo foram usados como pigmentos no desenho (Foto: A. Carias Frascoli)

dos humanos começou a agrupar-se em determinadas terras, onde aprenderam a domesticar plantas e animais (Fig. 1.2). De nômades, passaram a se fixar em determinados territórios, escolhidos pela qualidade do solo, do clima e da água. Sulcando esses solos com primitivos arados, plantavam sementes que germinavam e cresciam sob seus cuidados. Foi assim que começaram a conhecer melhor o solo.

Da **qualidade do solo** desses primeiros grupos humanos dependiam, portanto, o aumento da população e o grau de organização de sua sociedade. As transformações das pequenas aldeias para as primeiras grandes cidades foram, assim, atreladas a climas semiáridos e locais com solos férteis, próximos a rios que pudessem fornecer água de boa qualidade para beber e irrigar as lavouras. Essas primeiras cidades desenvolveram-se nos vales dos rios Tigre e Eufrates (Mesopotâmia) e Nilo (Egito), formando o chamado "Crescente Fértil". Outras cidades organizaram-se nas planícies Indo-Gangética e do rio Amarelo (China). Um dos principais fatores responsáveis pelo crescimento e pela organização social dessas primeiras aglomerações urbanas foram os solos fecundos daqueles vales.

1.2 As primeiras civilizações: mesopotâmicos, egípcios, indianos, chineses, astecas e incas

Para compreender como as primeiras cidades das primeiras civilizações surgiram nos solos mais férteis, imagine um tempo antes de Cristo. Pense também num grande rio (como o Nilo) cortando um grande deserto (como o Saara). Em torno desse rio existem várzeas,

Fig. 1.2 O homem, depois de restringir-se a caçador e coletor, organiza-se em aldeias em cujos arredores começa a cavar, cultivar e conhecer o solo. Indígenas brasileiros em litogravura do século XVI, obra de Hans Staden, originalmente publicada em 1557

anualmente regadas, sedimentadas e fertilizadas pelas inundações e que por isso contrastam com o deserto, pois nelas há muito verde. Como não existe ninguém nessas terras, um grupo de errantes primitivos humanos chega e monta um acampamento. Até então, eles viviam como caçadores-catadores.

Com clima e água saudáveis, os indivíduos desse grupo que estamos a imaginar multiplicam-se muito mais do que no passado. Assim, morando, crescendo e comendo sempre no mesmo lugar, o alimento colhido, caçado ou pescado, com o tempo, começa a faltar. Como consequência, alguns decidem domesticar determinadas plantas, cultivando-as para suprir a falta de alimentos. Escolhem, então, solos mais próximos do rio, onde as sementes seriam mais facilmente irrigadas. Para isso, eles têm que derrubar o verde ali existente. Lá se vão os doces frutos e as caças desse local, mas, em contrapartida, aprendem a plantar e a colher produtos como cevada, lentilha, trigo, linho e algodão. Como algumas vezes colhem até mais do que o suficiente para alimentar suas famílias, com as sobras eles começam a fazer trocas com os que, preferindo domesticar animais, dedicam-se ao pastoreio.

Inicia-se, desse modo, a prática da agricultura (Fig. 1.3), do pastoreio e do comércio, paralelamente à necessidade de decifrar os segredos dos solos ou aprender mais sobre eles. A partir daí, surgem as primeiras observações, como a de que os solos diferiam uns dos outros porque uns eram mais produtivos e outros menos para determinadas lavouras, um aprendizado advindo de erros e acertos, pois os solos pouco produtivos eram abandonados, até que fossem encontrados outros mais férteis. A população foi então aumentando, assim como a procura por alimentos. A sempre verde vegetação ao longo do grande rio que corta o deserto vai, cada vez mais, desaparecendo para dar lugar às lavouras irrigadas e às pastagens. Com o aumento das lavouras, os pastores vão sendo afastados para dar lugar aos agricultores. Muitos que já não precisam mais catar, pescar, caçar ou plantar dedicam-se a diferentes atividades: comércio, música, pintura, religião etc. Porém, como as lavouras vão sendo fixadas cada vez mais longe da margem do rio, cresce a dificuldade para regá-las. Começa então a haver disputas pelos solos mais férteis e pelo uso da água necessária para a sua irrigação.

Então, por causa do solo fértil e do clima saudável, surge a necessidade de organizar melhor aquelas terras e aquela sociedade, por meio da marcação de limites de propriedades e da construção de canais de irrigação, estradas etc., e, com isso, aparece a divisão de trabalho e de conhecimentos. Surgem assim os primeiros caciques, pajés e artesãos; depois os reis, fidalgos, súditos e escravos, e, mais tarde, grandes tribos urbanas formadas por políticos, médicos, engenheiros, milita-

Símbolo das escritas chinesa e japonesa para a palavra "solo", o qual evoca uma planta enraizada

Fig. 1.3 Antiga representação egípcia de trabalhadores semeando e arando. Desenho a partir de pinturas da tumba de Nakht (século XIV a.C.) em Tebas, Egito

res, sacerdotes, advogados, professores e estudantes de direito, medicina, **agronomia** etc. O conhecimento, portanto, deixa de ser compartilhado igualmente por todos, passando a ser difundido pelos estudiosos das várias ciências, entre elas a Pedologia.

Muito do verde natural de muitas terras deixou de existir, mas, em compensação, cidades cresceram, com suas ruas, palácios, mercados e templos. Nos palácios, os reis e suas cortes enviavam cobradores de impostos para confiscar uma parte das colheitas. Nos mercados, comerciantes procuravam pagar pouco pelas sobras do que era colhido para revendê-las por um alto valor. Nos templos, sacerdotes ministravam ritos religiosos nos quais as alternâncias do verde para o amarelo das lavouras eram evocadas como deuses que morriam e ressuscitavam: Osíris, Átis e Adônis eram os nomes de alguns desses deuses. No culto religioso mais popular na antiga Grécia, adorava-se Deméter – ou Ceres –, a deusa da terra cultivada, fundadora das leis, da família e do estado. Essas manifestações religiosas antecipavam também, como que por instinto, alguns dos atuais conhecimentos científicos, que agora iremos estudar na Pedologia.

Embora aqueles indivíduos urbanos das primeiras cidades pouco fossem ao campo, dentro dos templos faziam sacrifícios em honra de Deméter, deusa da agricultura, porque acreditavam que suas almas estavam em conjunção com o solo fértil, de onde se gerava vida e sobre o qual os lavradores derramavam seu suor. Porém,

Fig. 1.4 Terraços construídos pelos incas no Peru pré-colombiano, em forma de patamares. Os férteis solos dessa região semiárida eram irrigados por um sistema de canais e cultivados para a produção de alimentos (Foto: Shoshana Signer)

os primeiros homens de ciência apareceram nas antigas cidades, mas deram pouca atenção ao solo, pois sequer o consideravam objeto de estudo: preferiam dedicar-se às estrelas e à geometria.

Os governantes aparentemente se preocupavam mais com os solos do que os primeiros cientistas. Na China, por exemplo, há 6.600 anos, o território foi subdividido em nove classes de solos para fins de cálculo do valor correspondente ao nosso imposto territorial, que era baseado na capacidade produtiva do solo.

Os antigos agricultores eram bastante conscientizados acerca da natureza dos solos e da necessidade da produção de alimentos. Os solos irrigados com águas dos rios Indo e Ganges forneceram alimentos suficientes para sustentar grandes centros urbanos, fazendo florescer a primeira grande sociedade urbana, na Índia, perto de 2.500 a.C.

Nas Américas, em épocas pré-colombianas, os incas cultivavam batatas e tomates em **terraços** construídos nas escarpas andinas (Fig. 1.4), enquanto os maias, astecas e toltecas plantavam milho, muitas vezes colocando um pequeno peixe em cada cova, a fim de manter a **fertilidade do solo**.

1.3 Gregos e romanos

Na Grécia, há 2.500 anos, nos trabalhos de Hipócrates encontra-se a afirmação de que a terra está relacionada com as plantas, tal como o estômago com os animais. Conceito parcialmente correto, uma vez que o estômago transforma os alimentos para o crescimento e a manutenção do nosso corpo, da mesma forma que o solo transforma e cede nutrientes às plantas.

Os antigos romanos mencionaram classificações de terras e descreveram os meios para obter melhores colheitas, misturando ao solo cinza de madeiras e esterco de animais. O escritor Catão, o Velho, há 2.200 anos, escreveu o *Tratado da Agricultura*, no qual enumerou nove tipos de terras, em ordem decrescente da qualidade de seus solos: o de melhor qualidade era fértil e quase plano, próprio para vinhas, e o de pior qualidade era íngreme e pedregoso, próprio somente para pastagens. No auge do Império Romano, os engenheiros construíram edificações muito pesadas, que exigiram soluções apropriadas para as fundações e obras de terra. O engenheiro romano Vitruvius (século I a.C.) mostrou, em sua obra intitulada *Da arquitetura*, composta de dez volumes, que já naquela época existiam bons conhecimentos de mecânica dos solos; nessa obra existem citações como: "Nem todo tipo de solo ou de rocha é encontrado em todos os lugares: alguns são terrosos, outros pedregosos ou arenosos. As fundações destas obras, como grandes templos, devem ser escavadas até uma base sólida ser encontrada. Mas se esta não for alcançada, e o solo for fofo ou pantanoso, ele deve ser removido e refeito, adicionando-lhe estacas de carvalho e carvão".

Contudo, quase nenhum conhecimento original sobre solos agrícolas foi adicionado nessa época porque, com o tempo, a maior parte da agricultura foi sendo praticada por escravos ou camponeses analfabetos e as atividades culturais foram sendo praticadas nos núcleos urbanos.

1.4 Os árabes e a Idade Média europeia

Com o florescimento da cultura árabe no primeiro milênio d.C., surgiram vários tratados sobre manejo agrícola do solo, destacando-se os de sistemas de irrigação com base em princípios da hidráulica e alguns manuais ensinando novos cultivos introduzidos na Espanha e Portugal, como algodão, arroz, citros e cana-de-açúcar.

Contudo, o restante da Europa cristã estava mergulhado na Idade Média (século V ao XV), um longo período com muitas épocas de fome, pestes e ênfase nos costumes religiosos; um tempo obscuro para o avanço das ciências. Pouco ou nenhum progresso no conhecimento científico aí aconteceu, e muito do que antes foi aprendido acabou sendo esquecido. Por exemplo, em Pisa, na Itália, no ano de 1174, uma grande catedral foi construída e, ao seu lado, uma torre para colocar os sinos. Aparentemente os ensinamentos a respeito da mecânica dos solos e dos cuidados com as escavações das fundações de edifícios, como antes descritos por Vitruvius, foram esquecidos. Resultado: o solo abaixo da torre cedeu, fazendoa inclinar-se perigosamente (Fig. 1.5).

Muitos consideram, porém, que da religiosidade exacerbada da Idade Média herdamos a fé e a crença de que tudo no Universo guarda um segredo que pode ser descoberto e racionalmente dissecado, vindo daí a convicção de que as observações do dia a dia, quando incluídas nas diversas formas de pensamento, tornam possíveis a pesquisa e o conhecimento científico.

Fig. 1.5 Torre de Pisa, Itália. O início da sua inclinação se deu antes de sua construção ser concluída. Condições do solo abaixo de seu alicerce, que não foram estudadas no projeto, fizeram seu alicerce ceder (Foto: Rodrigo E. M. de Almeida)

1.5 Os alquimistas e a busca pelo "espírito da vegetação"

Após a Idade Média europeia, os alquimistas, além de procurarem o "elixir da vida eterna" e a "pedra filosofal", tentavam descobrir o que fazia as plantas crescerem. Talvez influenciados pelas ideias da existência única de quatro elementos que formavam o Universo – terra, água, ar e fogo –, alguns começaram a pensar que a água era o "espírito da vegetação". O belga Van Helmont (1580-1664), por exemplo, plantou uma estaca de salgueiro pesando apenas cerca de 2 kg e cultivou-a durante cinco anos em um vaso, no qual ele nada adicionou, além de solo seco e água da chuva. No final, concluiu que toda a matéria vegetal se originava "imediata e materialmente da água do solo".

Para verificar se realmente a água era o "espírito da vegetação", o naturalista inglês James Woodward (1665-1728) plantou ervilhas em frascos, cada um com um tipo diferente de água: a da chuva, a do rio Tâmisa e a de uma poça lamacenta de seu jardim. As ervilhas cresceram muito mal na água da chuva e muito bem nas outras águas. Ele então concluiu que esse "espírito" deveria ser a terra, aquela contida nas "águas barrentas", isso porque se acreditava que tudo deveria ser explicado por uma única panaceia: fogo, ar, água ou terra. No início do século XIX, somou-se a essas ideias a teoria do **húmus**, segundo a qual as plantas, além da água, assimilariam do solo substâncias liberadas diretamente às raízes pelo húmus.

Esses pensamentos mudaram um pouco mais tarde. Logo após a Revolução Francesa (1789-1799), quando houve um grande avanço das ciências, a atenção de muitos dos cientistas europeus voltou-se para a fertilidade do solo, porque, para eles, produzir mais alimentos era uma necessidade crescente. A ciência médica, que se desenvolvia e salvava muitas vidas, contribuía para o rápido crescimento das populações, mais do que o suprimento dos alimentos existentes. Esse fato levou os estudiosos da química a pensar em formas de fazer os solos produzirem mais alimentos.

1.6 A escola de Liebig e a lei do mínimo

Em meados do século XIX, o químico alemão Justus von Liebig e sua equipe emitiram vários conceitos científicos sobre como as plantas se nutriam do solo. Para isso, trabalharam com amostras de materiais removidos de diversos solos que eram colocados ou em frascos de ensaio, dentro de laboratórios, ou em vasos, dentro de casas de vegetação. A partir daí, muitas de suas teorias sobre a nutrição dos vegetais foram comprovadas, concluindo-se, por exemplo, que as plantas se alimentam não só de água e gás carbônico, mas também de muitos elementos minerais. Comprovou-se também que o húmus era somente um produto transitório entre a matéria orgânica e esses nutrientes minerais. As teorias derivadas dos estudos de Liebig são corretas e foram revolucionárias, com grande aplicação prática, o que estabeleceu a base para o uso de fertilizantes minerais. Elas deram origem à lei do mínimo, que até hoje é seguida (Fig. 1.6). Em seu livro *Química e sua aplicação à agricultura e fisiolo-*

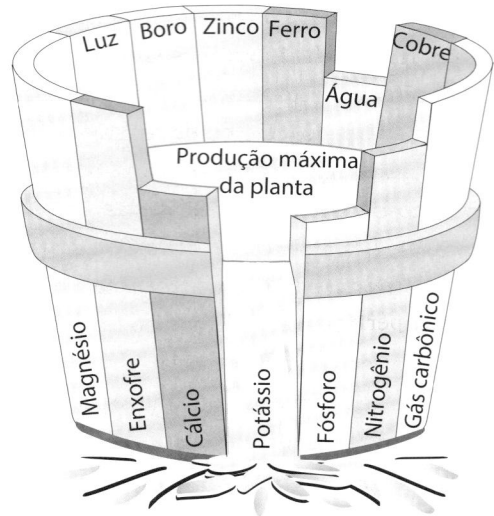

Fig. 1.6 Uma das mais comuns ilustrações da lei do mínimo desenvolvida pela escola de Liebig: o desenvolvimento de uma planta está relacionado ao nutriente que se encontra no solo em menor – e insuficiente – quantidade. No barril, a aduela mais baixa impede o aumento da altura de água, tal como a deficiência de um dos nutrientes do solo (nesse caso, potássio) impediria a elevação da colheita de uma lavoura

gia, Liebig afirma que as plantas assimilam **nutrientes minerais** do solo e propõe o uso de sais minerais (hoje denominados fertilizantes) para fortificar solos deficientes. Com isso, iniciava-se o aperfeiçoamento das técnicas de cultivo do solo por meio de conhecimentos de vários ramos da ciência, como a Química e a Geologia, baseados nas técnicas da experimentação.

1.7 A escola russa

Enquanto os cientistas dos pequenos países da Europa estudavam o solo, dentro de laboratórios, imaginando-o como um pequeno barril onde nutrientes retirados pelas plantas tinham que ser compensados pela sua reposição com fertilizantes (Fig. 1.6), os da Rússia o estudavam examinando-o no campo. Em 1877, o naturalista russo Vasily V. Dokuchaev (1846-1903) foi convocado pelo tsar da Rússia para estudar os efeitos de uma grande seca que havia ocorrido nos campos e estepes, da província da Ucrânia, onde o clima era muito frio e relativamente seco (Fig. 1.7). Anos depois, Dokuchaev participou de estudos semelhantes, mas dessa vez nas florestas – taiga – da região de Gorki, local de clima mais quente e úmido. Comparando os solos dessas duas regiões, constatou que eles eram bastante diferentes, mesmo quando desenvolvidos de rochas idênticas, e concluiu que isso era ocasionado pelas diferenças de clima. Dokuchaev verificou também que poderia observar as diferenças entre os solos dessas duas regiões, descrevendo uma sucessão de camadas quase horizontais da superfície até a rocha subjacente. Ele denominou essas camadas de horizontes e interpretou-as como resultantes da reação conjunta de diversos fatores que deram origem ao solo.

Os russos, então, começaram a estudar o solo diante do seu perfil e da sua paisagem, diferentemente da maioria dos europeus ocidentais. Com Dokuchaev, o solo passou a ser considerado um corpo distinto, diferente das rochas e dos **sedimentos**, os quais dão origem ao solo com influências do clima, da vegetação, do relevo e do tempo. Iniciava-se assim um novo ramo da ciência, a Pedologia, objeto de estudo das nossas 19 lições.

Enquanto Dokuchaev decifrava a origem dos solos, Charles Darwin (1809-1882) desvendava a origem das espécies biológicas e fazia várias observações sobre a influência de animais, especialmente **minhocas**, na formação dos solos (Fig. 1.8). Darwin observou e escreveu sobre o processo de deslocamento do solo pela movimentação dos animais em regiões tropicais úmidas. A esse processo damos o nome de **pedoturbação** faunal. Contudo, apesar de ter demonstrado claramente a importância das atividades biológicas na manutenção da fertilidade do solo, a maior parte das ideias de Darwin foi negligenciada pelos agrônomos e pesquisadores, principalmente em razão dos paradigmas dominantes da química do solo que, a partir das ideias de Liebig, predominaram nos meios científicos do século XIX.

Dokuchaev teve vários seguidores. Enquanto eles estavam trabalhando na antiga Rússia, as descobertas sobre a origem dos solos, ao contrário das descobertas

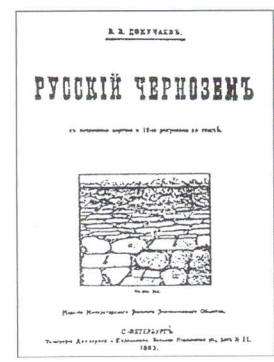

Fig. 1.7 O naturalista Vasily V. Dokuchaev e a capa de sua monografia, apresentada em 1883 (*Os Chernozems da Rússia*: Россіи Черноземы), na qual aparece o desenho de um perfil do solo. Em um trecho desse trabalho, ele pioneiramente ressalta: "O solo é um corpo natural e individualizado, tal como uma planta, animal ou **mineral**"
Fonte: *Bol. Soc. Int. Ci. Solo*, v. 64, n. 2, 1992.

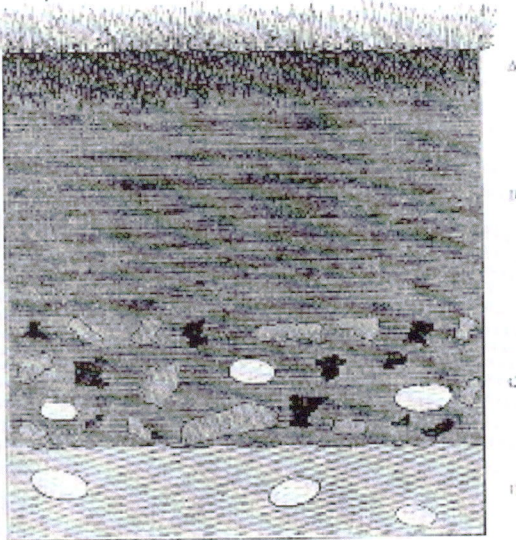

Fig. 1.8 Charles Darwin, aos 33 anos (retrato feito por George Richmond). Capa do livro *The formation of vegetable mould through the action of worms*, no qual Darwin aborda o efeito das minhocas na formação do solo e inclui o desenho de um perfil do solo (mostrado à direita)

de Darwin sobre as espécies, ficavam limitadas àquele território, principalmente pela dificuldade de comunicação, uma vez que a língua e o alfabeto eram muito diferentes do restante do mundo. Entre os principais seguidores de Dokuchaev estavam K. K. Gedroiz e K. D. Glinka. Em 1912, Gedroiz publicou importantes trabalhos sobre os coloides do solo, introduzindo o conceito de **capacidade de troca** de cátions. Em 1914, Glinka escreveu o *Manual Básico da Ciência*, do qual muitas partes foram, mais tarde, vertidas para o alemão. Do alemão, o professor norte-americano Curtis F. Marbut o traduziu para o inglês, com lançamento que coincidiu com o primeiro Congresso Internacional de Ciência do Solo, que aconteceu em Washington, em 1927. Foi principalmente com essa tradução que as descobertas da escola de Dokuchaev foram divulgadas fora da Rússia, constituindo um verdadeiro marco no estudo dos solos.

1.8 Subdivisões do estudo dos solos

Na Ciência do Solo, como em qualquer área do conhecimento, surgem ramificações ou especializações, uma vez que o estudo dos solos como recurso natural pode incluir pesquisas relacionadas a vários aspectos, como sua formação, classificação e mapeamento, além de atributos físicos, químicos, biológicos e de fertilidade em relação ao uso e manejo dos solos. Por isso, como existem subdivisões, estas são, algumas vezes, termos usados como sinônimo de Ciência do Solo. O termo **Edafologia** (do grego *edaphos* = terra ou terreno) é usado para se referir a finalidades práticas ligadas principalmente à agronomia. Já o vocábulo Pedologia tem sido usado como referência aos estudos de gênese, classificação e mapeamento dos solos. No Brasil, a Ciência do Solo dividiu-se em várias outras subáreas do conhecimento, como Fertilidade, Química, Física, Microbiologia, Manejo Agrícola do Solo etc. A área de Fertilidade do Solo (por vezes inserida na Edafologia) preocupa-se com a capacidade da camada mais superficial do solo, onde se concentra a maior parte das raízes das plantas cultivadas.

A Sociedade Brasileira de Ciência do Solo (SBCS) organiza congressos com excursões de campo (Fig. 1.9) e considera diversas especialidades, denominadas comissões, que estão grupadas em divisões, a saber: Divisão 1 – Solo no Espaço e no Tempo (reunindo as comissões de Gênese e Morfologia do Solo, Levantamento e Classificação do Solo e Pedometria); Divisão 2 – Processos e Propriedades dos Solos (reunindo as comissões de Biologia do Solo, Física do Solo, Mineralogia do Solo e Química do Solo); Divisão 3 – Uso e Manejo do Solo (englobando as comissões de Fertilidade do Solo e Nutrição de Plantas, Corretivos e Fertilizantes, Manejo e Conservação do Solo e da Água, Planejamento do Uso da Terra e Poluição, Remediação do Solo e Recuperação de Áreas Degradadas); e Divisão 4 – Solo, Ambiente e Sociedade (com as comissões de Educação em Solos e Percepção Pública do Solo, Solos e Segurança Alimentar e História, Epistemologia e Sociologia da Ciência). Para maiores informações, ver o site da SBCS.

A Pedologia destaca-se como refúgio do estudo do solo dentro do seu conceito total, básico e essencial. Um profissional da Ciência do Solo que se diz pedólogo deve interessar-se tanto pela **camada superficial** do solo como pelas demais, procurando entender como se formaram (pedogênese). Ele primeiro considera o solo como um objeto em si, não se preocupando de imediato com aplicações práticas.

Neste livro, pretendemos abordar o estudo dos solos mais sob o ponto de vista pedológico do que edafológico, embora muitas vezes façamos referência a seus aspectos práticos de utilização, principalmente do ponto de vista agroecológico, por ser a capacidade de fazer crescer plantas frequentemente considerada como sua mais importante função. Em nossa opinião, inexistem separações nítidas entre estudos mais básicos – como os da Pedologia – e os mais aplicados – como os da fertilidade do solo. Os primeiros podem contribuir tanto para o avanço teórico das ciências como para aplicações práticas diretas, e vice-versa. Além disso, o próprio pedólogo, embora devesse, teoricamente, estudar a origem e a formação do solo por si só, muitas vezes encara muitos dos atributos do solo sob o ponto de vista do desenvolvimento da produção de alimentos, por ser esta uma das suas principais funções.

1.9 Conceitos de solo

Qual seria a definição de solo tal como abordado no escopo deste livro? Provavelmente uma das melhores definições até o presente seja a do *Soil Survey Manual* (Soil Survey Staff, 1951): "A coleção de corpos naturais

Fig. 1.9 Pedólogos reúnem-se periodicamente para discutir problemas de morfologia e classificação de solos. Em tais reuniões, o exame de solos é enfatizado, como nesta grande trincheira aberta em um solo escuro (*Andisol*), no Chile (Foto: S. W. Buol, 1984)

que ocupam partes da superfície terrestre, os quais constituem um meio para o desenvolvimento das plantas e que possuem propriedades resultantes do efeito integrado do clima e dos organismos vivos, agindo sobre o **material de origem** e condicionado pelo relevo durante certo período de tempo".

O conjunto de solos de toda a Terra é denominado *pedosfera*, onde atuam interações dinâmicas de minerais, desenvolvendo-se na interseção de quatro outras esferas: hidrosfera, atmosfera, biosfera e litosfera. A pedosfera forma-se quando há interações entre essas quatro esferas. O solo não é somente um conjunto de minerais, matéria orgânica, água e ar, mas o produto dessas interações, as quais podem ser estudadas em várias escalas, desde nas de resolução microscópica (como o estudo micromorfológico de lâminas delgadas) até nas de resolução macroscópica (como a descrição dos horizontes e das paisagens nas quais os perfis de solo se situam).

A pedosfera funciona como um alicerce da vida nos ecossistemas terrestres. Plantas clorofiladas precisam de energia solar, gás carbônico, água e macro e **micronutrientes**. A maior parte dos nutrientes existentes no solo origina-se dos minerais que constituem as rochas, na camada mais externa do globo terrestre, conhecida como *litosfera*. Essas rochas não são capazes de suportar e sustentar plantas superiores, pois são endurecidas ou consolidadas, ou seja, não armazenam água e, por isso, as raízes não podem penetrar nelas. Além disso, os nutrientes nelas contidos não poderiam ser absorvidos pelas plantas enquanto estivessem firmemente retidos na **estrutura cristalina** de seus minerais. Para que as rochas se fragmentem e seus nutrientes vegetais sejam liberados para as plantas e outros organismos, a natureza dá início e continuidade aos importantes processos do **intemperismo**, que serão vistos numa próxima lição.

1.10 Perguntas para estudo

1. Por que as primeiras civilizações se estabeleceram nas margens de grandes rios? Você atribuiria seus desenvolvimentos somente à fertilidade dos solos dessas regiões, ou também ao clima semiárido? *(Dica: consulte a seção 1.2).*

2. Apesar da grande importância para a agricultura, o conhecimento científico a respeito do solo só começou a ser organizado nos séculos XVIII e XIX. Por que demoramos tanto para reconhecer e entender, mesmo que parcialmente, os atributos químicos do solo? *(Dica: consulte as seções 1.5 a 1.7).*

3. Explique a lei do mínimo. Por que um elemento requerido em pequenas quantidades pode limitar o crescimento das plantas? *(Dica: consulte a seção 1.6).*

4. Qual característica do território russo facilitou o desenvolvimento dos trabalhos e das primeiras ideias a respeito da Pedologia? Você acha que esse contexto poderia ser encontrado em um país como o Brasil? *(Dica: consulte a seção 1.7).*

5. Os primeiros estudos científicos envolvendo solos referiam-se a suas funções químicas, relacionadas à nutrição. Entretanto, houve algum pesquisador que se interessou pelos aspectos biológicos do solo? Você acha que esses estudos são interessantes ainda hoje? *(Dica: consulte a seção 1.7).*

6. Quais são as vantagens e as desvantagens da subdivisão da Ciência do Solo em diferentes campos? Como a Pedologia se enquadra nesse contexto? *(Dica: consulte a seção 1.8).*

7. Como a Pedosfera se integra às outras esferas do planeta? *(Dica: consulte a seção 1.9).*

8. Compare Dokuchaev com Charles Darwin. O que ambos têm em comum? *(Dica: consulte a seção 1.7).*

Lição 2

ROCHAS E SEUS MINERAIS

Quando conhecemos melhor as pedras, elas deixam de ser simples objetos inanimados e transformam-se em pequenos capítulos da história do planeta Terra e da nossa própria história.

(Fábio Ramos Dias de Andrade)

Muro de Pedras, Teresópolis, RJ
Foto: Mendel Rabinovitch

Nesta lição, vamos falar sobre átomos, íons, minerais e rochas. Se você é estudante de Agronomia, Engenharia Agrícola, Engenharia Florestal, Zootecnia ou Geografia, entre outros cursos, já deve ter cursado as disciplinas de geologia e mineralogia, e certamente já ouviu sobre silicatos, minerais das argilas, tetraedros de silício, octaedros de alumínio etc. Se você não se lembra bem deles, ou não cursou essas disciplinas, não se preocupe: vamos abordar esses assuntos nesta e na próxima lição.

Na Pedologia, nem tudo "mais solto" e cobrindo as rochas pode ser chamado de solo. O nome correto para esta parte "mais solta", entre a superfície das terras e das rochas, é **regolito**. A Fig. 2.1 ilustra os conceitos de regolito, **saprólito**, *solum* e horizontes do *solum*.

2.1 Diferenças entre solo, regolito e saprólito

O solo inteiro – do latim *solum* = terra, chão – está localizado na parte superior do regolito. Apesar de não haver um limite muito distinto entre ele e o que está abaixo, existem várias maneiras de distingui-lo da parte inferior, chamada saprólito (**horizonte C**, *vide* Fig. 2.1).

As distinções entre solo e saprólito são: (a) o solo normalmente tem um teor mais alto de materiais orgânicos; (b) no solo encontramos muitas raízes de plantas e organismos vivos; (c) o solo é mais intensamente intemperizado que o saprólito, não apresentando vestígios da estrutura original da rocha; e (d) o solo apresenta várias seções (ou camadas) superpostas, geralmente paralelas à superfície, que em Pedologia são chamadas de horizontes.

Cada um dos horizontes é composto de quatro partes: minerais, matéria orgânica, água e ar (Fig. 2.2). Os minerais são sólidos que se originaram direta ou indiretamente da **decomposição** das rochas. O outro componente sólido encontrado nos solos é a matéria orgânica. Os espaços que ficam abertos entre esses dois tipos de sólidos são os poros, os quais normalmente estão preenchidos com dois outros componentes, um líquido e outro gasoso: o ar e a água.

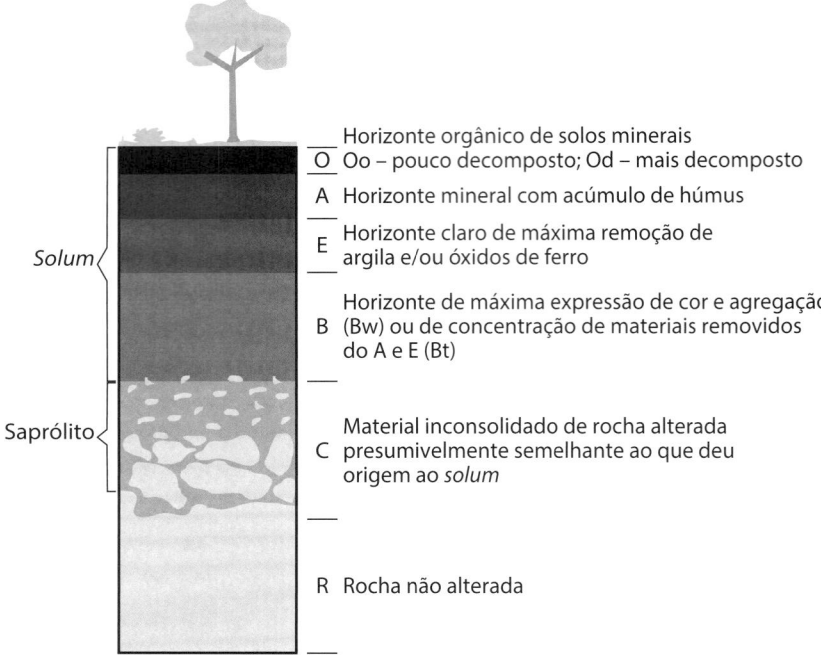

Fig. 2.1 Representação esquemática da rocha (R) e do regolito (camada "solta" que está acima da rocha). O regolito subdivide-se em saprólito (C) e *solum*, que, por sua vez, é composto de várias camadas (os horizontes O, A, E e B)

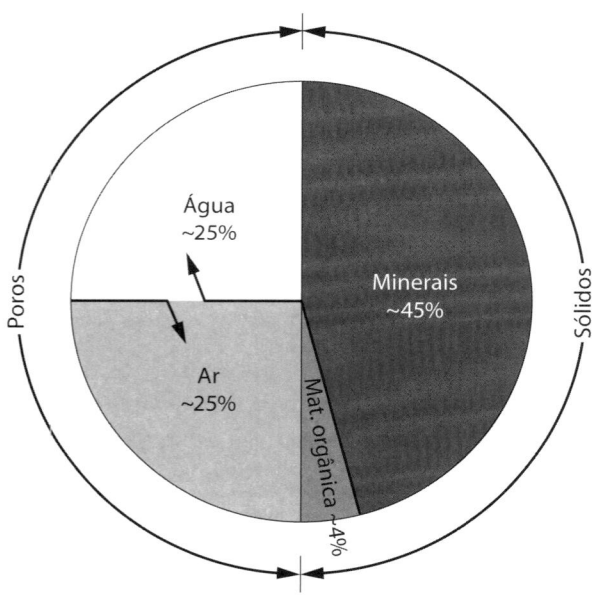

Fig. 2.2 Esquema da composição do **horizonte A** de um solo quando em boas condições para o crescimento de plantas cultivadas. O conteúdo de ar e água dos poros é variável: no caso, metade deles está ocupada por água

Como você pode imaginar, a proporção de ar e água é variável porque a quantidade desta última, retida no solo, varia muito em decorrência das condições climáticas. Em geral, os poros ocupam cerca da metade do volume de um horizonte do solo. Contudo, pode haver variações, dependendo do grau de compactação do solo, assunto que iremos estudar em detalhes mais adiante.

2.2 Diferenças entre um elemento químico, um íon, um mineral e uma rocha

Olhando com cuidado um pedaço de rocha – a pedra polida de uma mesa de pia, por exemplo –, você notará que ela é composta de uma série de pequenas manchas, semelhantes a peças de um quebra-cabeça. Essas peças são os diversos minerais: *quartzo*, *feldspato* e *mica*, no caso de ser uma rocha granítica. Nessa rocha, esses minerais estão na forma do que chamamos **agregados** cristalinos, os quais são compostos de pequenos cristais de vários formatos e cores.

Em Geologia, define-se rocha como "um agregado natural de minerais"; por sua vez, um mineral é definido como um composto cristalino formado por átomos de elementos químicos ou, mais corretamente, íons – átomos ou grupo de átomos com carga elétrica em razão da perda ou ganho de elétrons. No caso de ganho, o átomo adquire uma carga elétrica negativa, sendo denominado **ânion**, e no caso de perda de elétrons, o átomo fica carregado positivamente, sendo denominado **cátion**. Por exemplo, o íon do oxigênio (O) é o ânion O^{2-}. Quando aqui dizemos "cristalino", significa que as suas minúsculas partículas de matéria – os íons – estão arrumadas de forma ordenada, num arranjo que se repete de forma sistemática em todas as direções.

Mais adiante, na Fig. 2.14, estão representados os elementos mais comuns na litosfera, tanto em tipo de átomos como em peso. Note que o oxigênio é o elemento predominante na litosfera, seguido do silício (Si), alumínio (Al) e ferro (Fe).

Uma vez que os minerais têm uma composição química bem definida, eles podem ser identificados pela sua análise química. No entanto, não vamos discorrer agora sobre análises químicas, mas rever alguns aspectos químicos e o modo como os íons estão estruturados nos cristais, bem como algumas características mais evidentes dos minerais. Para começar, vejamos um pouco sobre dois minerais muito comuns: a halita e o quartzo.

2.2.1 Halita (NaCl: cloreto de sódio, quando encontrado em jazidas minerais)

NaCl é a fórmula da halita, o sal de nossas cozinhas, composto de íons negativos de cloro e positivos de sódio, que se ordenam sempre na proporção de um ânion de Cl (Cl^-) para um cátion de Na (Na^+) e na forma de cubos. Portanto, os cristais de sal grosso que colocamos na carne para fazer churrasco contêm pequenos cubos formados por quatro íons de cloro geometricamente ligados a quatro íons de sódio. Neste caso, as ligações são feitas por atrações elétricas – ou iônicas –, à semelhança dos átomos de um pedaço de ferro atraídos aos átomos de um ímã. Na halita, dizemos que o sódio tem um número de coordenação igual a seis porque está sempre rodeado por seis íons de cloro. Em mineralogia, o número de coordenação de um cátion de determinada estrutura cristalina indica o número dos ânions ao seu redor (e ao redor de cada íon de cloro existem também seis íons de sódio). Um esquema das ligações desses íons formando cristais está na Fig. 2.3.

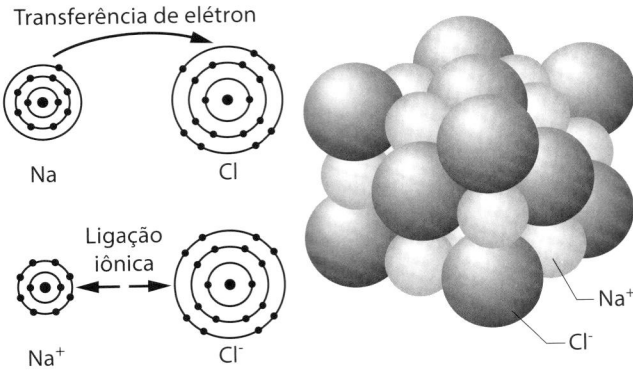

Fig. 2.3 Esquema da formação dos íons de sódio (Na^+) e cloro (Cl^-) e de suas ligações iônicas formando cristais cúbicos do mineral halita (NaCl)

2.2.2 Quartzo (SiO_2)

SiO_2 é a fórmula do quartzo, um dos minerais mais comuns da litosfera, composto de íons de silício (Si^{4+}) e de oxigênio (O^{2-}), os quais se ordenam sempre na proporção de um Si^{4+} para dois O^{2-} e na forma de tetraedros (Fig. 2.4). O número de coordenação do silício é quatro, uma vez que, no quartzo, os cátions do silício estão rodeados por quatro ânions de oxigênio.

Portanto, podemos imaginar os grãos de **areia** quartzosa das nossas praias como constituídos de uma série de pequenos tetraedros, geometricamente interligados, tocando-se em todas as arestas. Esses tetraedros são formados por quatro íons de oxigênio ligados a um íon de silício (Fig. 2.4). Diferentemente da halita, as ligações são por covalência, isto é, os íons estão ligados não somente por atração iônica, mas também por compartilhamento de elétrons, originando uma ligação muito mais forte. No Boxe 2.1 são apresentados detalhes sobre ligações químicas.

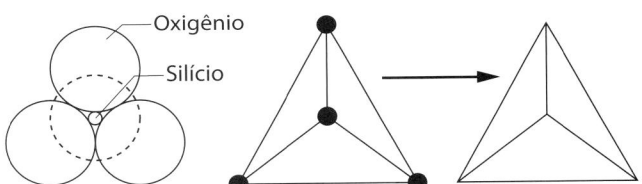

Fig. 2.4 Várias formas de representar o "tetraedro de silício" – um íon de silício (Si^{4+}) rodeado por quatro de oxigênio (O^{2-}), que podem ser imaginados formando um tetraedro. No caso do quartzo, os tetraedros ligam-se compartilhando todos os oxigênios, ou seja, cada cátion de silício é neutralizado por uma carga do ânion de oxigênio. Daí a fórmula química SiO_2, e não SiO_4

2.3 Como se formam os minerais?

Minerais se formam pelo processo de cristalização, o qual se dá por meio de um lento ajuntamento dos íons dos átomos em forma ordenada, o que faz com que surjam, na escala macroscópica, faces planas. Esses minerais podem se formar a partir de um líquido ou gás. Imagine, por exemplo, a lava que escorre da cratera de um vulcão. Ela é um líquido viscoso, extremamente quente e que inclui bolhas de gás. À medida que essa lava vai se resfriando, seus íons vão se juntando e iniciando a cristalização de vários minerais. Pequenos sólidos microscópicos começam então a crescer, podendo, em casos especiais, manter o formato das suas faces – se

Boxe 2.1 Ligações químicas dos minerais

As ligações químicas são uniões estabelecidas entre átomos para formarem as moléculas, que constituem a estrutura básica de uma substância ou composto. Na natureza, existe aproximadamente uma centena de elementos químicos, cujos átomos, ao se unirem, formam a grande diversidade de substâncias químicas, incluindo os minerais.

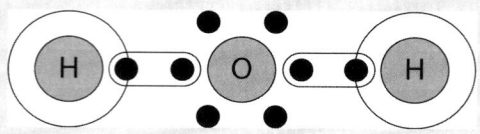

Fig. 2.5 Esquema do compartilhamento de dois elétrons do átomo de oxigênio com um dos elétrons dos dois átomos de hidrogênio (ligação covalente), para formar a molécula de água (H_2O)

As ligações químicas podem ocorrer por meio da troca de elétrons entre os íons (ligação iônica; p. ex., NaCl: halita) ou de ligação covalente, que é aquela cujos átomos possuem a tendência de compartilhar os elétrons de sua camada de valência, ou seja, de sua camada mais instável. No exemplo apresentado na Fig. 2.5, o íon oxigênio (O^{2-}) necessita de dois elétrons para ficar estável; para isso, dois íons de hidrogênio (H^+) irão compartilhar seus elétrons, formando uma molécula de água (H_2O).

Fonte: adaptado de <http://pt.wikipedia.org/wiki/Liga%C3%A7%C3%A3o_qu%C3%ADmica>.

existir espaço livre para crescerem sem restrição. É por essa razão que a maior parte dos belos cristais minerais se forma em cavidades ocas – cheias de gás – das lavas, os geodos (Fig. 2.6). Geralmente, porém, os espaços entre os cristais em crescimento são rapidamente preenchidos, de forma que eles crescem uns sobre os outros, formando os agregados cristalinos, nos quais é possível distinguir somente poucas faces a olho nu, ou mesmo nenhuma.

Dois principais fatores controlam o arranjo dos íons quando da formação dos cristais de um determinado mineral: (a) o tamanho dos íons e (b) a quantidade e o tipo de átomos circunvizinhos. Em relação ao tamanho, será muito importante recordarmos o conceito de raio iônico. Para isso, imagine os íons como sendo pequeníssimas esferas de vários tamanhos que podem ser reunidas de uma forma compacta, tal como esferas menores encaixando-se entre esferas maiores. Na Fig. 2.7, os íons mais comumente encontrados nos minerais estão representados por esferas com raio proporcional aos seus tamanhos verdadeiros. Repare que os íons carregados positivamente – ou cátions – são menores que os íons negativos – ou ânions –, daí a razão de os primeiros se encaixarem entre os últimos. Os cátions do sódio, por exemplo, por serem cerca de uma vez e meia menores que os cátions do cloro, conseguem se arrumar muito bem entre estes, para formar os cubos de halita (Figs. 2.3 e 2.8), bem como os cátions de silício se arrumam melhor ainda entre os ânions de oxigênio (Fig. 2.4).

A maior parte dos cátions dos minerais mais comuns é muito menor que o ânion mais comumente encontrado na Terra: o de oxigênio (O^{2-}). Esse íon negativamente carregado mede $1,4 \times 10^{-8}$ cm (ou 0,0000000014 cm), ao passo que o do silício (com $0,41 \times 10^{-8}$ cm) é cerca de cinco vezes menor. Se juntarmos quatro ânions de oxigênio, formando uma pirâmide com todos os lados iguais (tetraedro), veremos que no centro dele sobrará um pequeno espaço onde o silício poderá se encaixar muito bem, como na Fig. 2.9. Nesse caso, o cátion do Si tem um número de coordenação igual a quatro.

Contudo, por vezes, o alumínio também se aloja ali, porém não tão bem quanto o silício, uma vez que, apesar de também ser proporcionalmente bem pequeno, é quase duas vezes maior que o silício (ver Fig. 2.7).

Por outro lado, quando íons de oxigênio se arrumam de forma diferente (p. ex., um em cima e outro em baixo, como se fossem duas pirâmides semelhantes sobrepostas), formando um octaedro, o íon de alumínio se aloja bem melhor entre esses seis íons de oxigênio, por ter mais espaço nesse lugar (Fig. 2.10).

Um tetraedro de silício, quando completamente isolado, pode juntar-se a quatro íons de hidrogênio para contrabalançar as cargas dos oxigênios divalentes de seus cantos, constituindo o monômero silícico, mais conhecido como ácido silícico [$Si(OH)_4$], formado por um cátion tetravalente de silício (Si^{4+}) ligado a quatro

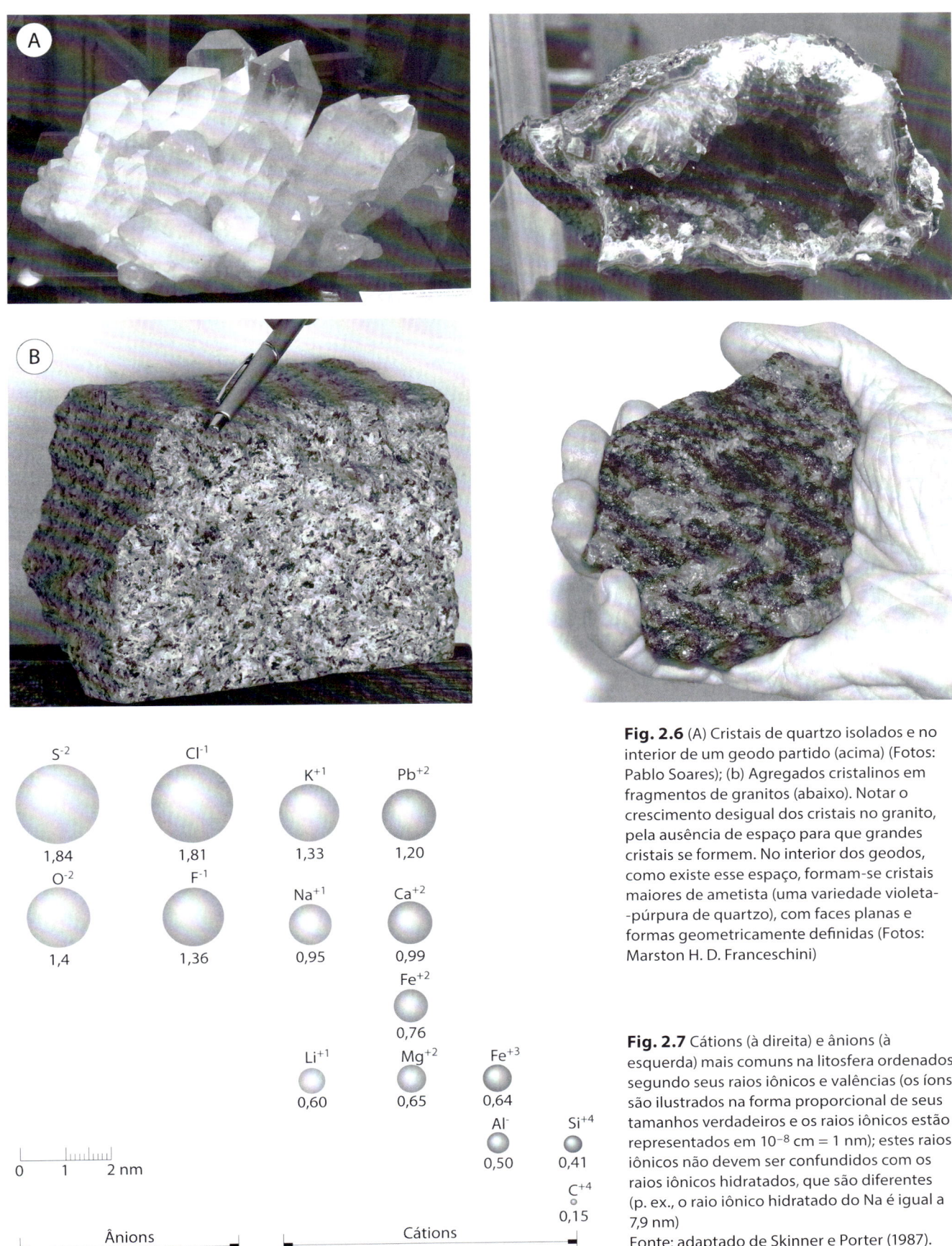

Fig. 2.6 (A) Cristais de quartzo isolados e no interior de um geodo partido (acima) (Fotos: Pablo Soares); (b) Agregados cristalinos em fragmentos de granitos (abaixo). Notar o crescimento desigual dos cristais no granito, pela ausência de espaço para que grandes cristais se formem. No interior dos geodos, como existe esse espaço, formam-se cristais maiores de ametista (uma variedade violeta--púrpura de quartzo), com faces planas e formas geometricamente definidas (Fotos: Marston H. D. Franceschini)

Fig. 2.7 Cátions (à direita) e ânions (à esquerda) mais comuns na litosfera ordenados segundo seus raios iônicos e valências (os íons são ilustrados na forma proporcional de seus tamanhos verdadeiros e os raios iônicos estão representados em 10^{-8} cm = 1 nm); estes raios iônicos não devem ser confundidos com os raios iônicos hidratados, que são diferentes (p. ex., o raio iônico hidratado do Na é igual a 7,9 nm)
Fonte: adaptado de Skinner e Porter (1987).

Fig. 2.8 Estrutura da halita (NaCl, o "sal de cozinha"). As esferas maiores correspondem aos íons de cloro (Cl^-) e as menores, aos de sódio (Na^+). Os cátions do sódio, por serem menores, podem se arrumar entre os de cloro, formando um cubo. Nesse caso, as ligações são iônicas (à semelhança de um magneto atraindo um metal), razão para a facilidade com que estes cristais se dissolvem em água

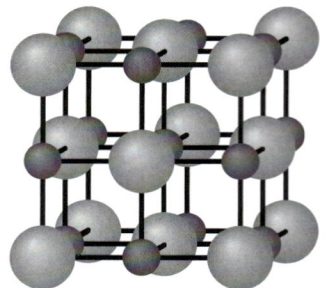

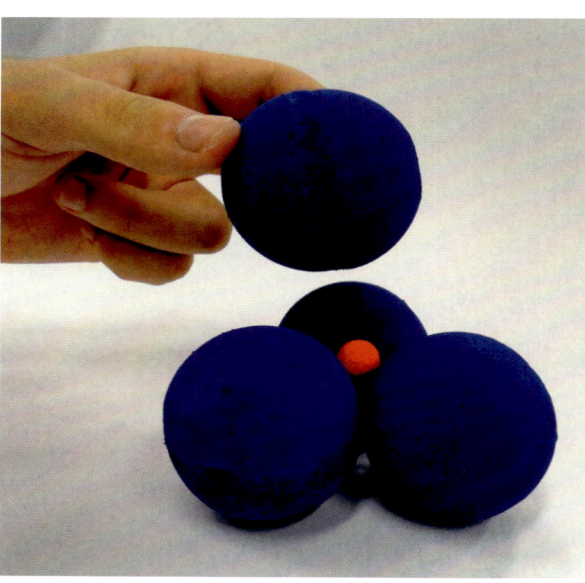

Fig. 2.9 Esquema de quatro íons de oxigênio (esferas maiores) envolvendo um íon de silício, formando um tetraedro (à esquerda, um íon de oxigênio é representado afastado, para que o íon menor, de silício, alojado no interior daqueles, possa ser visualizado) (Fotos: Marston H. D. Franceschini)
Fonte: adaptado de Kiehl (1979).

Fig. 2.10 Esquema de seis íons de oxigênio (esferas maiores) juntando-se a um íon de alumínio, formando um octaedro (à direita, os íons de oxigênio – e de hidroxilas – alojam no seu interior os de alumínio; note que as esferas se tocam, o que significa uma estrutura muito estável) (Fotos: Osmar Bazaglia Filho)

ânions de hidroxilas (OH⁻), e que também pode ser representado de duas formas, como na Fig. 2.11.

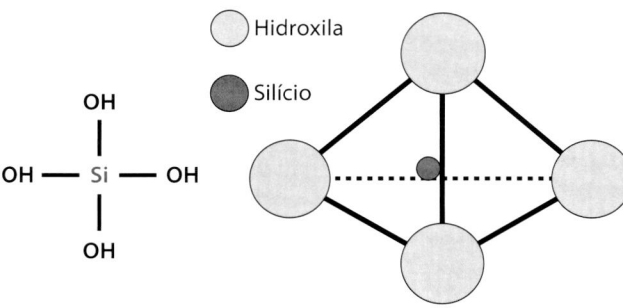

Fig. 2.11 Duas formas de representação da molécula de ácido silícico [Si(OH)$_4$]

Os tetraedros (representando moléculas de ácido silícico, como na Fig. 2.8) podem ligar-se uns aos outros, formando os silicatos. Esses tetraedros podem conectar-se também a octaedros de alumínio, formando aluminossilicatos.

Os minerais silicatados são divididos de acordo com sua estrutura molecular nos seguintes grupos: (a) nesossilicatos (tetraedros isolados – Fig. 2.12); (b) sorossilicatos (grupos isolados de duplos tetraedros – Fig. 2.13); (c) ciclossilicatos (tetraedros ligados em anéis); (d) inossilicatos (tetraedros ligados em cadeias); (e) filossilicatos (tetraedros ligados em lâminas); e (f) tectossilicatos (estrutura tridimensional, como no caso do quartzo).

Entre os principais silicatos formados por essas ligações de tetraedros com tetraedros, estão o *quartzo*, os *feldspatos*, as *micas* e a *olivina*. É o que acontece, por

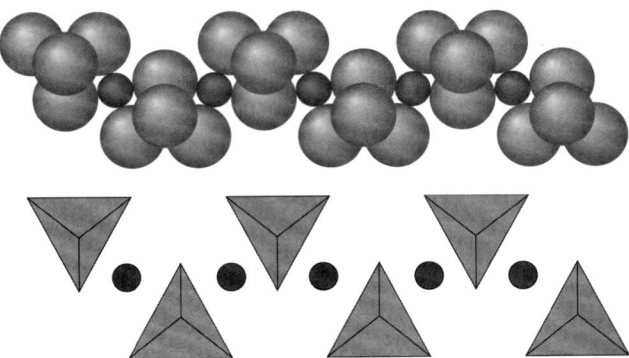

Fig. 2.12 Esquemas da ligação entre vários tetraedros usando pontes de cátions metálicos (Fe^{2+}, Ca^{2+} etc. representados pelos círculos escuros) (caso dos nesossilicatos, como a olivina)

exemplo, quando um magma se resfria. Essas ligações são feitas fazendo com que todos os ânions de oxigênio se juntem a cátions, fixando um tetraedro a outro. E isso pode acontecer tanto pelo uso de "pontes de cátions", como ocorre com o ferro, o cálcio e o magnésio (Fig. 2.12), como pelo compartilhamento de oxigênios (Fig. 2.13).

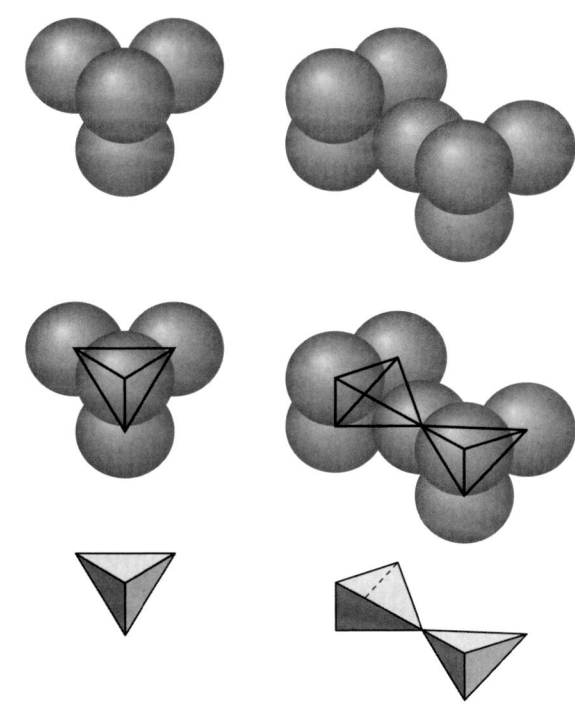

Fig. 2.13 Esquemas da ligação entre dois tetraedros compartilhando um íon de oxigênio: (à direita) tetraedro isolado; (à esquerda) tetraedros ligados pelo oxigênio de um dos vértices (caso dos sorossilicatos)

2.4 O que são substituições isomórficas?

Cátions de tamanho e valência similares se substituem para formar estruturas cristalinas similares, mas com composição química diferente. A substituição de um cátion de menor valência por outro de valência maior, mas de tamanho similar – **substituição isomórfica** – acontece frequentemente. As diferenças de valência originam cargas eletrostáticas responsáveis pelo importante fenômeno da capacidade de troca de íons do solo (ver Lição 5), e originam também diferenças de tamanho, as quais, ainda que pequenas, produzem uma distorção ou fraqueza na estrutura. Ambos os efeitos tendem a diminuir a resistência do mineral à decomposição.

No quartzo não existem substituições isomórficas, daí sua grande estabilidade. Nos feldspatos, por sua vez, alguns dos íons de silício são substituídos por alumínio, e isso faz surgir cargas negativas e distorções na estrutura dos cristais, porque os íons de alumínio são maiores que os de silício (Fig. 2.7). As cargas negativas advindas dessa substituição são compensadas pelos íons de potássio, sódio ou cálcio, formando os minerais do grupo dos feldspatos (ortoclásio, albita e anortita, respectivamente), que são bem menos resistentes que o quartzo, apesar de possuírem também estruturas tetraédricas.

Quanto mais oxigênios estiverem compartilhados e quanto menos alumínio estiver substituindo o silício nos tetraedros, mais fortes serão as ligações internas dos silicatos. Por exemplo, no mineral quartzo, todos os quatro íons oxigênios de suas células unitárias (os tetraedros) estão ligados internamente a íons de silício; esses tetraedros compartilham seus oxigênios com os dos tetraedros vizinhos, formando assim uma rígida estrutura simétrica tridimensional. É esse arranjo que dá a grande dureza e resistência desse mineral. Já os feldspatos, também formados por tetraedros, são menos estáveis, porque o alumínio substitui o silício em muitos dos tetraedros; por outro lado, como o alumínio não é tetravalente, íons de potássio, sódio ou cálcio são introduzidos na estrutura.

As micas mais comuns (muscovita e biotita – ver Fig. 2.16) têm três dos quatro oxigênios compartilhados dentro das plaquetas, ao passo que, entre estas, as ligações são feitas com pontes de cátions; por isso é que as placas podem se destacar com mais facilidade em vez de partir. Na olivina, um dos silicatos de mais fácil decomposição, nenhum dos oxigênios está compartilhado: eles fazem sempre ponte com íons de ferro ou magnésio (Fig. 2.12).

2.5 Quais são os elementos mais comuns nos minerais?

Na Fig. 2.14 estão quatro "gráficos de pizza" ilustrando os elementos e minerais dominantes na crosta terrestre. Existem cerca de dois mil minerais na natureza. Contudo, não vamos nos preocupar em aprender todos eles porque, felizmente, a maior parte das rochas é composta apenas de cerca de uma dúzia de minerais. São apenas oito elementos que "constroem" os cristais dos minerais mais comuns na crosta terrestre, e o oxigênio é o mais comum deles. Aliás, uma curiosidade: como o oxigênio – um gás! – pode ser o mais abundante elemento nos sólidos minerais?

O silício é o elemento mais comum nos minerais (Fig. 2.14). O oxigênio e o silício, quando juntos (um íon de Si^{4+} rodeado por quatro de O^{2-}), formam um dos grupos de minerais mais abundantes na litosfera: os silicatos. O quartzo (SiO^2) é um bom exemplo de silicato. Sendo assim, é óbvio que a análise química seguida da análise por raios-X, as quais, respectivamente, identificariam os elementos presentes e o arranjo de seus átomos, seriam os métodos mais eficientes para identificar esse mineral. Entretanto, isso não é muito prático porque essas análises não podem ser feitas no campo e, mesmo em laboratórios, requerem conhecimentos e equipamentos especiais. Por isso, a maneira mais comum e prática de identificar um mineral é por meio de suas propriedades físicas, como veremos a seguir.

2.6 Propriedades físicas dos minerais

Vamos descrever quatro das principais propriedades físicas dos minerais, que consideramos as mais importantes: dureza, cor do risco, clivagem e magnetismo.

2.6.1 Dureza

A resistência que a superfície de um mineral oferece para se deixar riscar – a dureza – é uma das suas mais importantes propriedades físicas. Você poderá facilmente comparar a dureza de dois diferentes minerais esfregando um canto anguloso de um na superfície plana do outro. O mineral que permite ser assim riscado será o de menor dureza.

Um mineralogista chamado Mohs (1773-1839) desenvolveu, em 1812, uma escala para medir a dureza dos minerais, até hoje muito usada. Essa escala dá ao mineral talco (um silicato com tetraedros de silício ordenados em duas direções) o valor um (1) e ao diamante (composto de átomos de carbono forte e simetricamente unidos em três direções e por ligações covalentes), o valor dez (10).

Para ajudar a memorizar a escala de dureza de Mohs, existe uma frase, provavelmente inventada por algum estudante pernambucano, formada por dez palavras, cujas letras iniciais correspondem aos nomes dos dez minerais da escala:

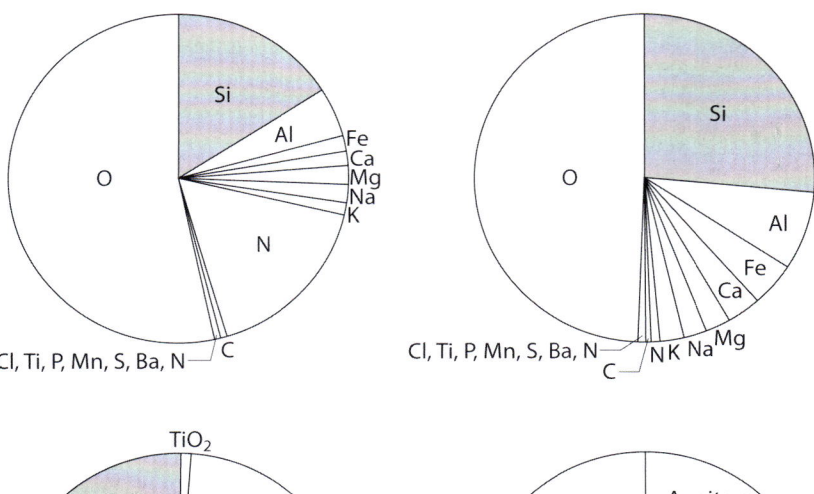

Fig. 2.14 Gráficos da composição da litosfera. Acima: em número (à direita) e massa dos íons (à esquerda); abaixo: composição expressa em óxidos (à esquerda) e principais minerais (à direita). Note a dominância do oxigênio, seguido pelo silício e o alumínio
Fonte: Bigarella, Becker e Santos (1994).

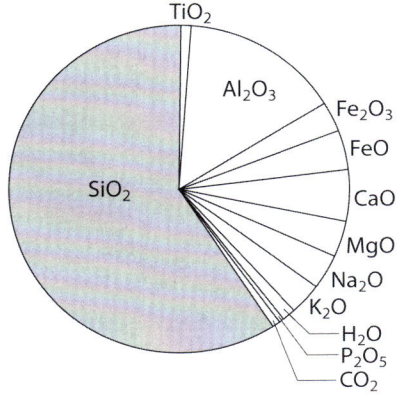

"Tia Georgina, caso fores a Olinda queira trazer-me coisas doces"

T = talco (quando moído, pode ser espalhado no corpo); G = gipsita (ou gesso); C = calcita (principal constituinte do **calcário**); F = fluorita (usada em instrumentos óticos); A = **apatita** (serve para fabricar fertilizantes fosfatados); O = ortoclásio (um feldspato); Q = quartzo (um dos minerais mais comuns das rochas); T = topázio (uma pedra semipreciosa); C = coríndon (usado em esmeris); e D = diamante.

Na prática, se você não tem em mão aquela caixa com um pedacinho de cada um desses minerais, você pode fazer o seguinte: considere que a unha de seu dedo tem dureza em torno de dois; uma moeda de cinco centavos entre 2,5 e 3,0; um alfinete 3,5; o aço de um canivete comum em torno de cinco; e o vidro comum em torno de 5,5. Se um dos cristais de um pedaço de granito não puder ser riscado pela ponta de seu canivete ele deve ser de um **cristal** de quartzo, mas, se ela apenas o arranhar, deve se tratar de uma mica ou um feldspato.

2.6.2 Cor do risco, traço ou pó

Cada mineral tem uma coloração característica. Vamos nos deter aqui somente à cor do seu risco ou pó. Quando raspamos um canto anguloso do mineral em um prato de porcelana ou azulejo, ele pode deixar nesta superfície um risco que terá a mesma cor do seu pó. Entretanto, antes de qualquer coisa, temos que considerar que, quando um mineral tem uma dureza maior que 5,5 (entre apatita, 5, e ortoclásio, 6), ele não deixará riscos coloridos no prato.

Muitas vezes, a cor do risco soluciona, de imediato, a dúvida entre um e outro mineral de aparência similar. Por exemplo, um cristal dourado de pirita (o "ouro dos tolos") deixará na porcelana um risco preto, ao passo que uma pepita do mineral ouro deixa um risco amarelo. Pela simples cor do traço é possível separar o ouro dos tolos do ouro verdadeiro (Fig. 2.15).

2.6.3 Clivagem

É a propriedade que os minerais apresentam de se quebrarem em faces bem lisas, as quais, quando planas, são paralelas às faces reais ou possíveis de seus cristais. Nem todos os minerais possuem uma boa clivagem, mas

Fig. 2.15 Ilustração da cor do risco de um cristal de pirita
Fonte: Liccardo e Liccardo (2006).

quando a têm, a sua estrutura ordenada interna desenvolve o que chamamos de *planos de fraqueza*. Então, existe uma tendência de os minerais se quebrarem ao longo de planos onde estão as ligações mais fracas da estrutura do cristal, chamados de "planos de clivagem". Se você olhar bem para um pedaço de mineral recém-partido, notará que existem outros planos de fraqueza: um atrás do outro e paralelos aos planos de clivagem expostos. Um bom exemplo de mineral que exibe uma forte clivagem é a mica. Se você segurar um pedaço de mineral do grupo das micas, poderá "descascá-lo", camada por camada, já que a ligação entre elas é muito fraca. Essa sucessão de "placas" é o que chamamos de "planos de clivagem" (Fig. 2.16).

Fig. 2.16 Foto de um fragmento do mineral muscovita (grupo das micas). Note os excelentes planos de clivagem da sua superfície (Foto: Adriano R. Guerra)

2.6.4 Magnetismo

É a propriedade que certas substâncias têm de atrair o ferro e outros metais. Alguns objetos possuem essa propriedade – os ímãs –, e certos minerais são por eles atraídos, sendo assim considerados magnéticos, como os óxidos de ferro magnetita (Fe_3O_4) e maghemita (γ-Fe_2O_3) (Fig. 2.17). Usando um pequeno ímã de bolso, será então possível identificar se um solo tem esses dois minerais: basta pulverizar a amostra entre os dedos e ver o quanto pode ser diretamente atraído pelo ímã.

Depois de ler esta lição, sugiro que você pratique o que aprendeu. Recolha alguns pedaços de minerais e tente riscá-los com seu canivete ou tesourinha de unha; esfregue-os atrás do pires de sua xícara de café, observe seus planos de clivagem. Isso ajudará você a não se esquecer do que estudamos.

Fig. 2.17 Ímã atraindo cristais do mineral magnetita. Solos que possuem esse mineral também são atraídos pelo ímã
Fonte: Liccardo e Liccardo (2006).

2.7 Quais os principais tipos de rochas?

Vamos agora tratar um pouco mais sobre as rochas (Fig. 2.18). Como vimos, elas são compostas de minerais e, portanto, podem ser definidas como "um corpo sólido contendo um ou mais minerais". Uma determinada rocha é sempre composta de um agregado de minerais com padrão definido, formado por resfriamento de um magma (rochas ígneas ou magmáticas) ou por produtos derivados e modificados de um magma (rochas metamórficas e sedimentares).

As rochas *ígneas* ou *magmáticas* são formadas por resfriamento e cristalização de material quente e derretido, originado do interior da Terra, onde as temperaturas estão acima do ponto de fusão de todos os minerais. Rochas ígneas formam-se, então, somente após esse material ter se deslocado para um lugar mais frio, próximo da superfície.

As *rochas sedimentares* são formadas quando os materiais já existentes na superfície do planeta são erodidos e depois depositados, no fundo ou ao longo dos mares e rios, onde se solidificam. Como exemplos, temos os arenitos e os conglomerados (Fig. 2.19).

Vale destacar que existe uma diferença entre sedimentos e rochas sedimentares. Sedimentos propriamente ditos não são rochas. Eles podem ser considerados como materiais intermediários entre rochas e solos. Os sedimentos são soltos, podem ser escavados com uma pá e depois esboroados com as mãos.

Bons exemplos disso estão nas planícies costeiras do Brasil, nas várzeas dos rios e no sopé dos morros. Nas planícies costeiras existem grandes áreas onde o solo iniciou seu desenvolvimento a partir de sedimentos marinhos (areias de antigas praias, dunas, mangues etc.). Nas várzeas de rios existem solos desenvolvidos de sedimentos trazidos pelos rios, ou aluviais. No sopé dos morros existem muitos solos desenvolvidos de sedimentos que foram arrastados morro abaixo, quando saturados por água, chamados de **alúvios** e **colúvios**.

O terceiro grupo de rochas são as *metamórficas*. O metamorfismo refere-se à metamorfose ou mudança imposta em rochas que antes eram ígneas ou sedimentares. Se uma rocha é metamórfica, significa que ela é resultado de uma mudança que ocorreu em rochas ígneas ou sedimentares, quando elas sofreram grandes pressões e/ou altas temperaturas.

2.8 Examinando melhor os três grupos de rochas

Primeiro vamos examinar as ígneas, que são formadas diretamente do magma derretido que pode ter-se resfriado mais ou menos lentamente. Se observarmos com atenção um paralelepípedo da rua ou o granito de um piso, veremos que alguns deles se parecem com um quebra-cabeça com peças menores e outros, com um quebra-cabeça com peças maiores. O tamanho das peças – ou unidades cristalinas – desses granitos tem muito a ver com a velocidade de resfriamento do magma de onde vieram: quanto mais devagar o material tiver sido resfriado, maior serão as unidades cristalinas. Se o magma tiver se resfriado muito lentamente, ele poderá formar um belo granito tipo "olho de sapo", que tem "manchas maiores" (ou um granito com padrões maciços, faneríticos e equigranular).

Outra característica que pode diferenciar uma **rocha ígnea** de outra é a cor. As mais escuras são as que contêm menos sílica (SiO_2) e são chamadas de *básicas*. As mais claras são as que contêm mais sílica e, por serem derivadas da junção de moléculas do "ácido silícico" [$Si(OH)_4$], antes existentes no magma, são chamadas de ácidas. Exemplos de rochas mais claras são os riolitos e granitos, e exemplos das mais escuras são os basaltos e diabásios.

Os basaltos e diabásios, quando comparados com o granito, contêm muito mais minerais ferromagnesianos escuros e bem menos quartzo. Por isso, os minerais que contêm ferro e magnésio se decompõem muito

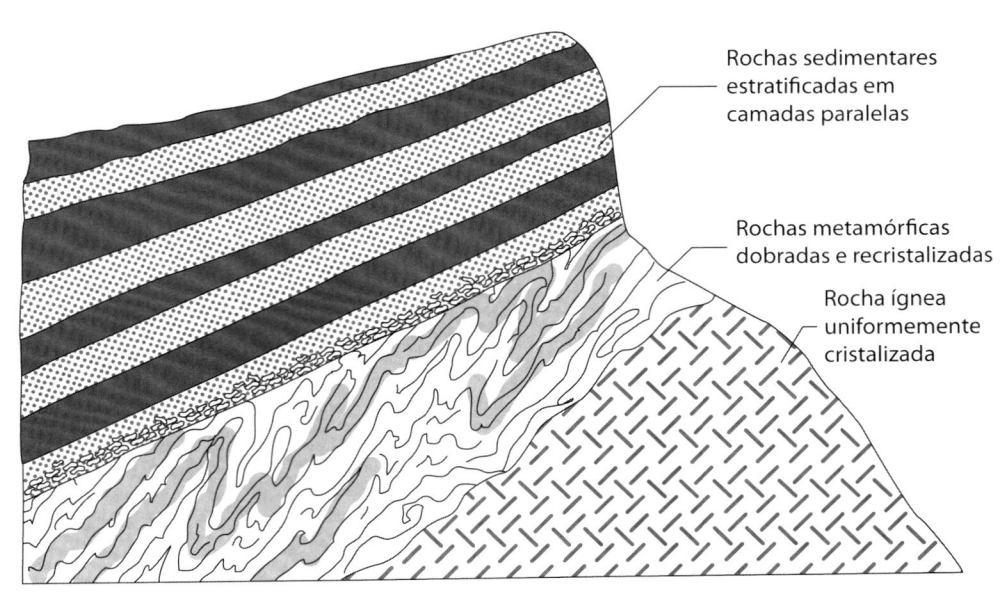

Fig. 2.18 Esquema mostrando um conjunto de rochas ígneas, metamórficas e sedimentares superpostas Fonte: Bigarella, Becker e Santos (1994).

mais rapidamente, desintegrando a rocha e formando óxidos de ferro. Esse fato tem uma grande importância para definir as qualidades dos solos derivados desses minerais.

Com relação a como a rocha granítica pode se decompor e se transformar, é bom recordar que o granito é constituído basicamente de quartzo, feldspatos e micas, e que é formado pelo resfriamento de grandes porções de magma situado muitos quilômetros abaixo da superfície da Terra. Se um dia esse granito ficar exposto à superfície, como um morro, várias mudanças físicas e químicas começarão a ocorrer: o quartzo, por ser quimicamente quase inerte, não se decomporá, mas se fragmentará, formando areias. Os feldspatos e micas, além de fragmentar-se em areias, se transformarão quimicamente, formando as argilas. Na próxima lição, sobre *intemperismo*, veremos em detalhe como isso acontece.

Vamos agora pensar um pouco para onde foram as partículas que erodiram do morro granítico. Assim que o granito começa a se decompor (lembre-se do ditado: "água mole em pedra dura, tanto bate até que fura"), os grãos de areia e as argilas são levados morro abaixo pelas **enxurradas**, sendo depois carregados pelos rios, onde poderão continuar sua viagem para serem depositados como sedimentos de fundo ou de praias do mar. Com o tempo, esse sedimento poderá ser encoberto por outros e, com o aumento da pressão, poderá cimentar e se transformar em um arenito ou um argilito. Esse processo de sedimentos se transformando em rochas sedimentares é conhecido como litificação. Os arenitos e os argilitos são, portanto, membros do segundo grupo de rochas: as sedimentares.

Rochas sedimentares são formadas quando os sedimentos que foram depositados são agrupados, formando assim outras rochas. Quando as areias transportadas por enxurradas são depositadas e litificadas, o resultado é um arenito (Fig. 2.19). Quando as finas partículas de **silte** ou argila são litificadas, o resultado pode ser um siltito ou um argilito. Os arenitos, argilitos e siltitos normalmente são compostos de camadas paralelas umas às outras (Fig. 2.20), indicando como os depósitos foram sucessivamente acamados e depois transformados em rochas pela ação de uma pressão e/ou cimentação química.

Outro tipo importante de rocha sedimentar são os calcários, que contêm calcita (carbonato de cálcio) e dolomita (carbonato de magnésio). Esses carbonatos dissolvem-se com relativa facilidade em água, o que pode originar até grandes cavernas. Essa água carbonatada pode então embeber os sedimentos e, ao secar, cimentar os grãos de quartzo que estão ao seu redor. Grandes áreas de arenitos com cimento calcário deram origem a um dos mais férteis solos do Estado de São Paulo.

As rochas metamórficas existiram antes como *ígneas*, *sedimentares* e mesmo *metamórficas* (de outros tipos) e que foram depois radicalmente modificadas por intenso calor e/ou pressão. Por exemplo, uma rocha que inicialmente era um granito pode ser modificada metamorfoseando-se para um xisto, ou mesmo um gnaisse, se tiver sido submetida a uma temperatura muito elevada. Na Fig. 2.20C está um desenho da lâmina de um gnaisse. Repare que os cristais dos minerais foram "espremidos", produzindo um padrão alongado característico.

Outra importante **rocha metamórfica** é o quartzito, que, como se pode perceber pelo nome, origina-se da metamorfose de grãos de quartzo de arenitos. Na extensa bacia sedimentar do rio Paraná, existiam muitos sedimentos arenoquartzíticos formando inúmeras dunas. Quando sobre elas se derramaram lavas básicas, o calor quase fundiu as areias, formando assim muitas camadas de quartzitos, os quais, quando quebrados pelo artífice em pequenos pedaços centimétricos, são usados para fazer as "pedras portuguesas".

Fig. 2.19 Rochas sedimentares (arenitos com cimento calcário) expostas em corte de estrada (BR050)) nas proximidades de Uberaba, MG (Foto: Adriano R. Guerra)

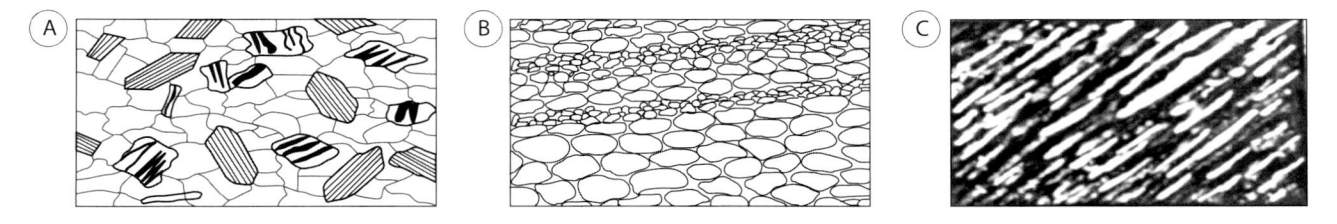

Fig. 2.20 Desenhos de lâminas finas de rochas tal como vistas sob microscópio, mostrando o diferente arranjo dos minerais dentro delas: (A) rocha ígnea; (B) rocha sedimentar; (C) rocha metamórfica.
Fonte: Bigarella, Becker e Santos (1994).

2.9 Composição química dos minerais

Vamos recordar um assunto de muita importância: a composição química, ou elementar, dos minerais que existem nas rochas. Mais adiante, serão estudados em detalhes quais elementos desses minerais podem ser liberados para servir como nutrientes para as plantas. Por ora, estudaremos somente três elementos nutrientes: *potássio*, *cálcio* e *magnésio*.

Quando você encontra um mineral contendo qualquer um desses três elementos, ele pode ser considerado uma fonte em potencial de algum alimento para as plantas. Dizemos "em potencial" porque as rochas não são capazes de suportar e sustentar as plantas, por serem duras, não armazenarem água e não permitirem a penetração das raízes. Além disso, os nutrientes nelas contidos não podem ser absorvidos pelas plantas enquanto estiverem fortemente retidos dentro dos cristais de seus minerais. Para que as plantas possam se alimentar adequadamente, é necessário que os nutrientes sejam primeiro liberados e expostos de forma bem mais simples. A dureza e a clivagem, como você já leu, podem afetar muito a maior ou menor facilidade com que uma rocha se intemperiza para liberar os nutrientes.

No início desta lição, comparamos dois minerais: halita (NaCl) e quartzo (SiO_2). Vimos que na halita as ligações atômicas são iônicas e os ânions (Cl^-) não se tocam: isso faz com que a halita, nosso sal de cozinha, seja facilmente solubilizada (Fig. 2.3). Já o quartzo, com suas ligações covalentes e seus ânions de oxigênio (O^{2+}) tocando-se e compartilhando-se em todos os tetraedros, é um dos minerais que mais dificilmente se decompõe.

De modo geral, podemos considerar que as rochas menos duras e com boa clivagem decompõem-se mais facilmente. Existem exceções, mas como regra geral, vamos considerar que as rochas mais macias e que contêm muito cálcio, ferro e magnésio – as mais escuras ou básicas – tendem a se decompor mais rapidamente que as mais claras (ácidas). Outra regra geral é que solos mais arenosos são formados a partir de rochas ricas em minerais mais resistentes. Por outro lado, rochas e minerais que se decompõem mais facilmente, como o basalto e o calcário, tendem a produzir solos mais argilosos.

A cor das rochas e dos minerais pode, portanto, dar uma boa pista sobre a sua composição e, portanto, sobre a facilidade de se transformarem quando expostos a intempéries. Quase sempre os minerais e as rochas mais escuros contêm ferro, magnésio, cálcio e potássio, que são muito importantes na nutrição vegetal. Rochas mais claras, como já vimos, são compostas principalmente de silício e alumínio. Por isso, quase sempre as rochas-mães "mais escuras" (básicas) produzem solos mais férteis do que as rochas mais claras.

Outra característica das rochas que influi no solo resultante de sua decomposição é a orientação dos planos de xistosidade de algumas das rochas metamórficas, como os xistos, por exemplo. Uma orientação desses planos, paralela à superfície, dificulta a penetração da água, originando daí solos mais rasos. Por outro lado, quando essa orientação é perpendicular, os fluxos de água caminham mais facilmente, originando solos mais profundos.

E assim, terminamos esta lição. Não se esqueça de que, após uma pausa, será muito bom você ler os textos contidos nos boxes deste capítulo e responder às perguntas para estudos. Se surgirem dúvidas, não se desespere: anote-as e depois das aulas indague ao seu professor ou a algum colega.

Bom proveito e até mais, quando veremos a ação do intemperismo sobre as rochas, formando o material que dará origem aos nossos solos.

2.10 Perguntas para estudo

1. Qual a diferença entre regolito e saprólito? Por que existem dificuldades na definição precisa do saprólito? *(Dica: consulte a seção 2.1).*

2. Por que os ânions possuem raios atômicos bem maiores do que os cátions? Isso tem alguma importância para entendermos a composição química dos minerais? *(Dica: consulte as seções 2.2 e 2.3).*

3. Faça uma revisão sobre as ligações químicas. Quais as diferenças entre a ligação iônica e a covalente? Existem outros tipos de ligações químicas não mencionadas no texto? *(Dica: consulte o Boxe 2.1).*

4. Explique o princípio da coordenação e descreva a importância do raio iônico para o seu entendimento. *(Dica: consulte a seção 2.3).*

5. A Fig. 2.13 mostra algumas estruturas de silicatos nas quais ânions de oxigênio são compartilhados. Que tipo de silicatos são esses? *(Dica: consulte a seção 2.3).*

6. O que são as substituições isomórficas? Como elas se conectam ao conceito de coordenação, trabalhado na questão 4? *(Dica: consulte a seção 2.4 e as Figs. 2.9 a 2.11).*

7. Existem milhares de minerais catalogados no planeta Terra, mas os silicatos são os mais importantes na crosta terrestre. Por qual razão esses minerais são os mais abundantes? *(Dica: consulte a seção 2.5).*

8. Entre as propriedades físicas de reconhecimento dos minerais, podem ser citadas a cor do mineral e a cor de seu traço. Por que diferenciamos essas duas cores no reconhecimento macroscópico de minerais? *(Dica: consulte a seção 2.6).*

9. Você consegue diferenciar sedimentos e rochas sedimentares em função da porosidade? Em qual dos dois haverá mais porosidade? Por que essas diferenças ocorrem? *(Dica: consulte a seção 2.7).*

10. Temperaturas elevadas são normalmente associadas a rochas ígneas. Entretanto, rochas metamórficas também podem ser formadas por ação do calor, que provoca drásticas alterações químicas e físicas nas rochas. O que diferencia, então, uma rocha metamórfica formada pela ação do calor de uma rocha ígnea? *(Dica: consulte as seções 2.7 e 2.8).*

11. Você acha que o conhecimento da composição química das rochas pode ter alguma aplicação na agricultura moderna? O que pode ser extraído dos minerais das rochas para ser usado pelos vegetais? *(Dica: consulte a seção 2.9).*

Lição 3

INTEMPERISMO DOS MINERAIS DAS ROCHAS E FORMAÇÃO DOS ARGILOMINERAIS

Nem todos os produtos do intemperismo são erodidos e carregados pelas correntes ou por outros agentes de transporte. Em encostas com inclinações suaves e planícies, uma camada de material alterado, heterogêneo e desagregado permanece sobreposta ao substrato rochoso. Ela pode incluir vários tipos de partículas: as da rochamatriz (inalteradas); argilominerais, óxidos de ferro (e de diversos outros metais) neoformados e outros produtos do intemperismo. Engenheiros civis referem-se a toda essa camada como solo. Os geólogos e pedólogos, entretanto, preferem a designação regolito, reservando o termo solo para as delgadas camadas do topo, as quais contêm matéria orgânica e podem suportar vida.

(Press et al., 2006).

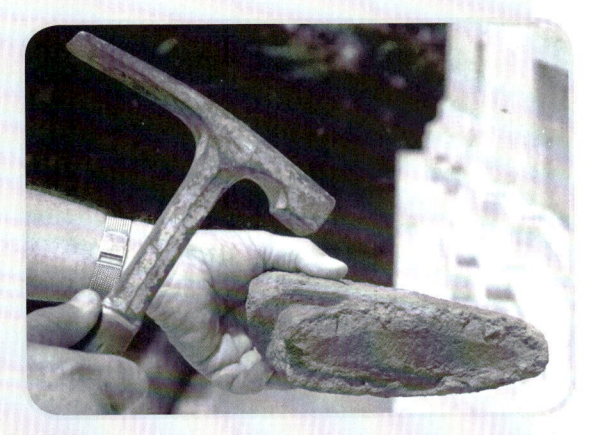

Fragmento de uma rocha basáltica apresentando ao seu redor uma camada diferenciada pelo intemperismo químico (Foto: Francisco Grohmann)

Conforme vimos na lição anterior, os seres vivos necessitam nutrir-se de determinados elementos que se originam dos minerais. Contudo, esses elementos só são aproveitados pelos vegetais depois de liberados do interior dos cristais dos minerais e armazenados, na forma de íons livres, ao redor das **argilas**. Tanto a liberação como o armazenamento só são possíveis por causa da ação das intempéries da atmosfera. As reações químicas da água, do oxigênio e do gás carbônico, aditivadas pela energia do calor do sol e da atividade biológica fazem as **rochas** se fragmentarem e vários de seus minerais se dissolverem, e induzem a síntese de outros novos minerais. O conjunto de fenômenos físicos, químicos e biológicos causados por essas intempéries chamamos de *intemperismo* (ou *meteorização*). Vamos agora ver como o intemperismo altera as rochas e como "fabrica" novos produtos, entre os quais se encontram os **argilominerais**.

Com o intemperismo, alguns dos elementos dos minerais permanecem como um resíduo alterado, enquanto outros são removidos, transportados principalmente pela água. No resíduo alterado existem novos minerais que têm grande importância para a vida que o **solo** sustenta.

Na natureza, existe uma tendência ao equilíbrio físicoquímico entre as substâncias sólidas, líquidas e gasosas. A maior parte das rochas origina-se em grandes profundidades e sob condições de altas temperaturas, pressão, pouca água e pouco oxigênio. Por isso, quando expostas à atmosfera, elas tornam-se instáveis em razão da mudança dessas condições. Surgem assim novos minerais que são estáveis sob as novas condições: são os neominerais ou minerais neoformados.

Alguns processos de intemperismo agem mais no sentido de desagregar as rochas, alterando o tamanho e o formato dos seus minerais, mas sem afetar suas composições químicas: é o **intemperismo físico**. Outros processos modificam grandemente a composição química: é o **intemperismo químico**. Quando a ação física ou bioquímica de organismos participa do processo, o termo intemperismo biológico é usado.

3.1 Intemperismo físico e químico

Examine a Fig. 3.1, que ilustra os produtos do intemperismo de uma rocha ígnea, a qual sofre fragmentação mecânica que a desfaz em muitos pedaços: é o intemperismo físico. Além disso, a rocha transforma-se em dois produtos – um residual, na forma de argilas, e outro que pode ser removido, na forma de sais solúveis: é o intemperismo químico.

Enquanto o intemperismo físico só fragmenta os minerais, preservando a forma de seus cristais, o químico os desmantela, liberando seus íons, que depois podem recombinar-se, formando sais que podem ser dissolvidos e sair do sistema por processo de percolação ou permanecer no sistema, e também formando novos minerais, entre os quais se destacam as argilas. No Boxe 3.1 é ilustrada uma tabela periódica simplificada que mostra os íons que mais tendem a permanecer nos solos e os que são mais comumente carregados pelas águas que se infiltram pelo regolito. Repare que os íons mais abundantes que mais permanecem no solo são o ferro férrico (Fe^{3+}), o alumínio (Al^{3+}) e o oxigênio (O^{2-}); entre os que mais saem, está o ferro ferroso (Fe^{2+}).

Para entendermos melhor os processos de alteração, remoção e transformação provocados pelo intem-

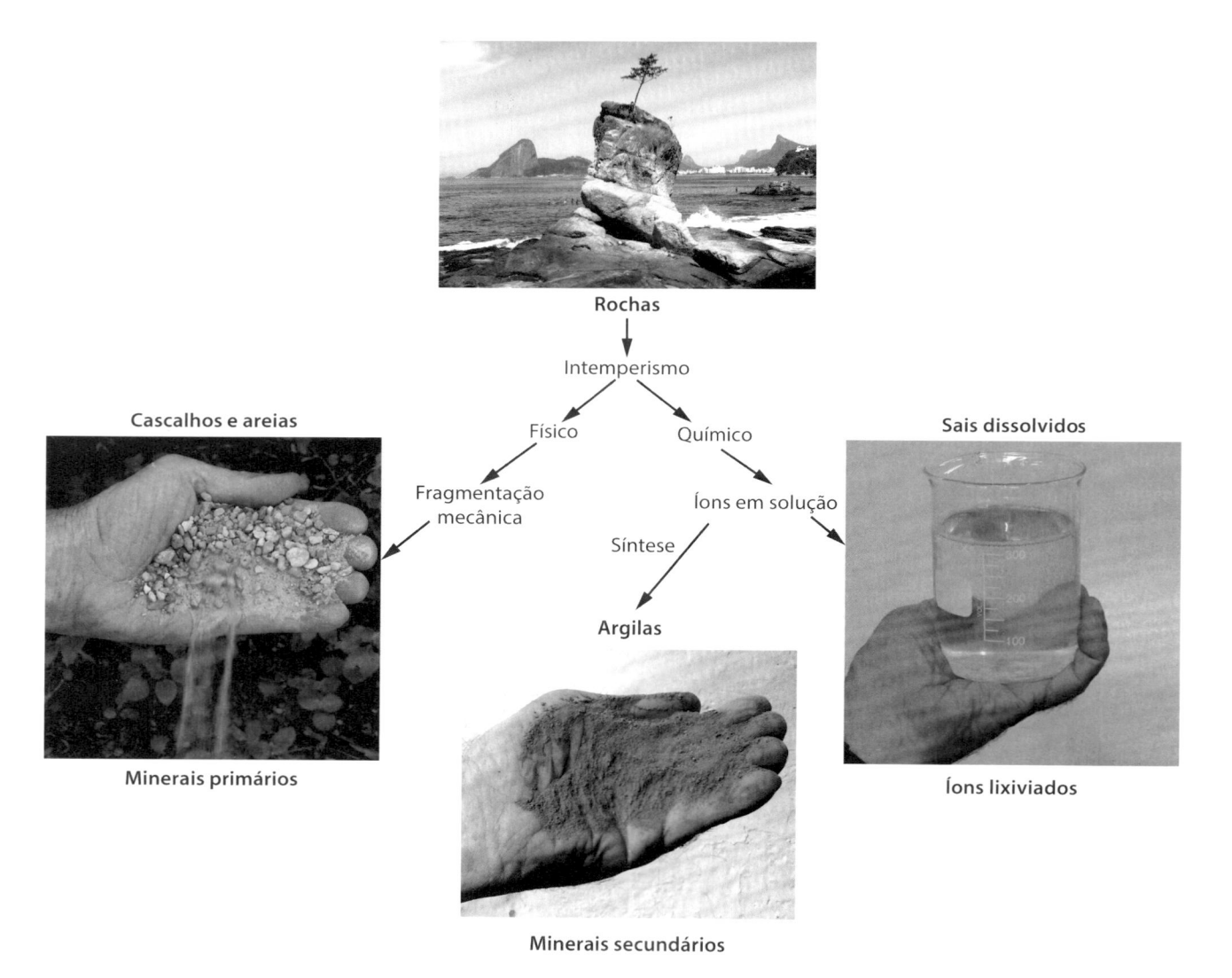

Fig. 3.1 As rochas se intemperizam física (por fragmentação mecânica) ou quimicamente (por dissolução e alteração química). As fragmentações mecânicas alteram o tamanho dos minerais (sobretudo produzindo as areias). As dissoluções e/ou alterações químicas modificam a constituição dos minerais, produzindo argilas e íons, os quais são lixiviados. Parte dos cátions e ânions pode permanecer retida ao redor das argilas, enquanto o restante é dissolvido e levado primeiro para o lençol freático e depois para os cursos d'água que deságuam no mar, onde se acumulam (Fotos: Igo F. Lepsch e Marston H. D. Franceschini)
Fonte: adaptado de Press e Siever (1978).

perismo, faremos uma analogia com o café em grão, moído e coado (Fig. 3.3). Imagine os grãos inteiros como sendo a rocha; os torrados e moídos como sendo os produtos do intemperismo físico; o café coado, os íons dos sais dissolvidos; e a borra que fica no coador, o resíduo alterado (que forma nosso solo). Os produtos solúveis são, em sua maior parte, sais que, tal como o café líquido, podem ser removidos pelos fluxos de água que drenam o regolito. Os resíduos podem tornar-se progressivamente enriquecidos do que é menos solúvel, como os minerais primários mais resistentes, entre os quais se destaca o quartzo, e os minerais neoformados, entre os quais se destacam as argilas, que serão estudadas em detalhe na Lição 4.

3.2 Como age o intemperismo físico?

O intemperismo físico fragmenta as rochas, aumentando sua superfície exposta às intempéries, e produz condutos por onde a água pode penetrar (Fig. 3.2). Esses processos são mais atuantes nas zonas naturais de fraqueza das rochas, tal como nas fraturas que ficam mais expostas à atividade de organismos – desde **bactérias** até raízes de árvores que trabalham em conjunto para desintegrá-las.

Também oscilações de temperatura, tanto durante o dia como à noite, provocam dilatações com o calor e contrações com o frio, que induzem mais fraturas. A água, penetrando nessas fendas, pode fazê-las alargar, desintegrando a rocha, tanto pelo aumento do seu volume – ao se congelar – como pelo crescimento de cristais de sais nela dissolvidos – ao se evaporar. Sem

Boxe 3.1 Tabela periódica simplificada

A tabela periódica a seguir mostra somente os íons de maior interesse para estudantes das Ciências da Terra. Com o intemperismo, alguns íons tendem a permanecer no solo (p. ex., Fe^{3+} e Al^{3+}) formando minerais secundários (p. ex., argilas silicatadas e oxídicas), enquanto outros tendem a ser lixiviados e levados para as **águas subterrâneas** (p. ex., Fe^{2+}, Na^+ e K^+).

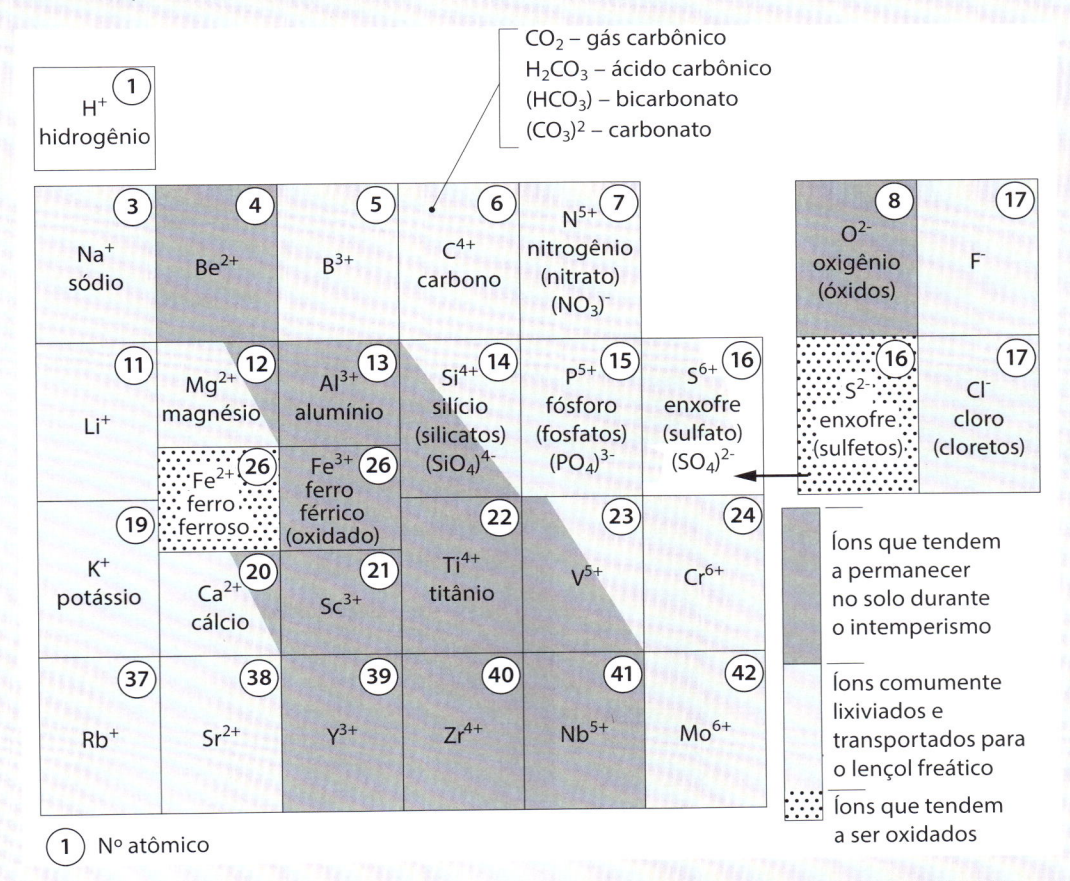

Fonte: adaptado de Railsback (2006).

Fig. 3.2 Blocos esfoliados de basalto. Em razão de a parte exterior das arestas e de os cantos dos blocos das rochas sofrerem ciclos mais constantes de intemperismo, elas formam camadas quase concêntricas e arredondadas, em razão do processo denominado *esfoliação* (Foto: Rodrigo E. M. de Almeida)

alterar muito a composição das rochas, o intemperismo físico quebra grandes rochas em fragmentos menores, eventualmente do tamanho de areias ou silte, que quase sempre são compostos de um só mineral.

Com a diminuição do tamanho das partículas e o aumento da superfície total de contato, o intemperismo físico abre caminho para o intemperismo químico, que, por sua vez, dissolve algumas substâncias, as quais podem ser diretamente absorvidas pelas plantas, eliminadas do sistema pelas águas de drenagem ou se recombinarem em novos minerais.

3.3 Como ocorre o intemperismo químico?

O intemperismo químico (também denominado intemperismo bioquímico quando existe a participação de organismos) é provocado principalmente pela ação da água e das substâncias nela dissolvidas, como ácido carbônico, oxigênio e compostos orgânicos, principalmente os provenientes de organismos, que ajudam a decompor os minerais, transformando os menos resistentes em sais solúveis e em novos minerais ou neominerais (as argilas, que têm menor densidade e diferente composição). Alguns minerais primários são mais facilmente decompostos e/ou solubilizados pela água, ao passo que outros são praticamente insolúveis (Fig. 3.3). Em um grande período de tempo e em condições de calor e chuva abundantes, a maior parte dos minerais primários se intemperiza, deixando um resíduo rico em minerais muitíssimo resistentes (como o quartzo e os neominerais do grupo dos óxidos de ferro e de alumínio), como ilustrado na Fig. 3.4.

Fig. 3.3 Analogia do coador de café. A água, ao ser derramada no coador (com rocha fisicamente fragmentada no papel de café moído), dissolve o que é mais solúvel, deixando um resíduo, como a borra do café, imitada pelo saprólito, que é constituído de novos minerais (p. ex., **caulinita**) e minerais primários mais resistentes (p. ex., quartzo). O café líquido imita uma solução de íons (e sílica solúvel): os íons que permanecem retidos nos poros do saprólito são os que formam os novos minerais
Fonte: adaptado de Railsback (2006).

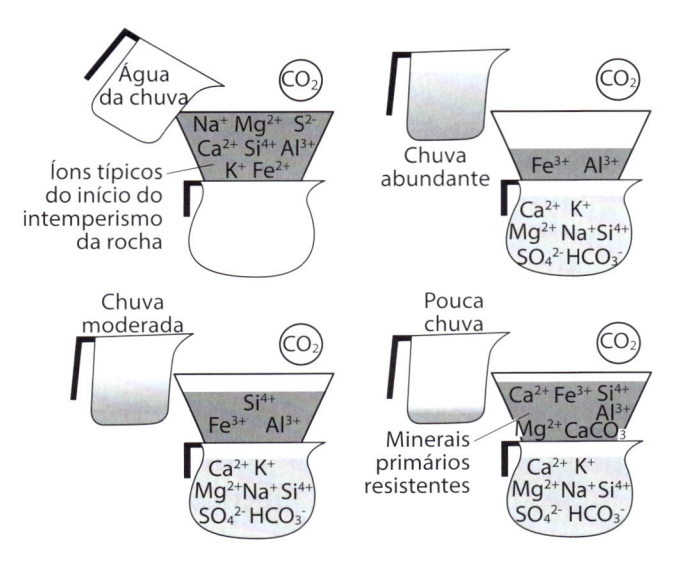

Fig. 3.4 Analogia do coador de café em diferentes climas: quanto mais quente e úmido (mais chuvas) o clima, mais íons são retirados dos minerais menos resistentes ao intemperismo e levados para o lençol freático e as águas subterrâneas
Fonte: adaptado de Railsback (2006).

3.3.1 Reações do intemperismo químico

De forma simplificada, as reações do intemperismo químico podem ser representadas pela seguinte reação:

MINERAL 1 + SOLUÇÃO DE ALTERAÇÃO →
MINERAL 2 + SOLUÇÃO DE LIXIVIAÇÃO

Examine a Fig. 3.5; nela o mineral 1 é um feldspato potássico (p. ex., ortoclásio), a solução de alteração é a água da chuva enriquecida de ácido carbônico, o mineral 2 é a caulinita e a solução de lixiviação contém íons de potássio (K^+), bicarbonato (HCO_3^-) e sílica solúvel [$Si(OH)_4$].

Entre as várias reações que podem ocorrer na maior parte dos ambientes terrestres, destacam-se: (a) **dissolução**, (b) **oxidação** e (c) **hidrólise**. Na dissolução, os minerais se "desfazem" ou se dissociam na água; na oxidação, eles reagem com o oxigênio, perdendo elétrons, e, na hidrólise, eles reagem com a água.

Além dessas, cabe ainda mencionar que existem as reações de: (a) **redução** (ganho de elétrons), (b) **hidratação** (união química entre um íon ou composto e uma ou mais moléculas de água) e (c) **quelação** (complexação de cátions por compostos orgânicos).

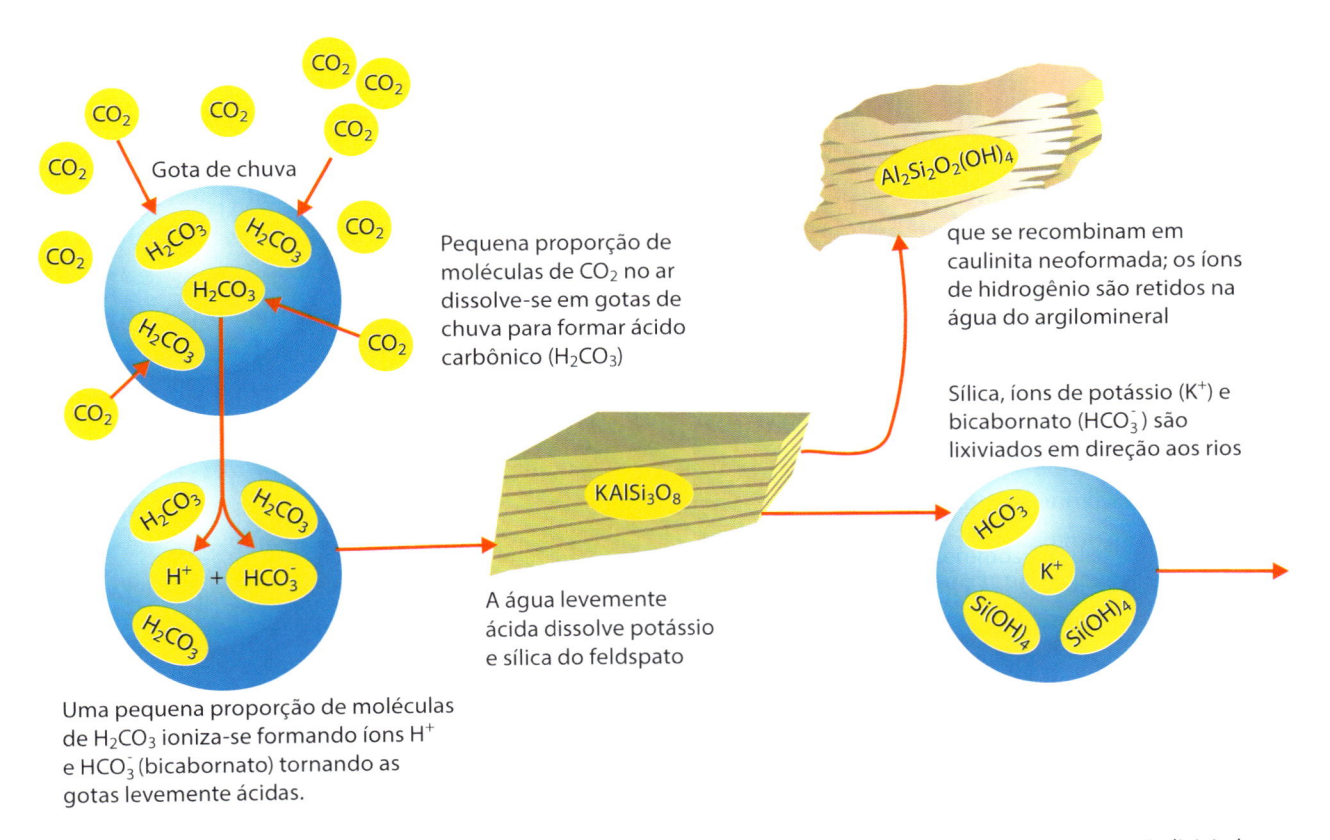

Fig. 3.5 Ilustração da hidrólise do mineral feldspato potássico formando o argilomineral caulinita, sílica e sais que são lixiviados em direção aos rios e mares
Fonte: Teixeira et al. (2009).

Dissolução

A dissolução acontece quando íons, ligados por eletrovalência (ver Boxe 2.1) e organizados em cristais sólidos, se desorganizam quando em contato direto com a água para formar uma solução salina aquosa. Um exemplo é a dissolução da halita (NaCl) que, em contato com a água, se dissocia nos cátions de sódio (Na^+) e ânions de cloro (Cl^-) para formar água salgada.

Contudo, são muito raros os minerais que se dissolvem tão facilmente. A maior parte reage com os íons H^+ e OH^- dissolvidos na água ou com o oxigênio do ar, formando novos minerais. A ação da água é aumentada pelo gás carbônico do ar nela dissolvido. Portanto, a água que promove o intemperismo é uma solução gaseificada com gás carbônico (CO_2) e acidulada com ácido carbônico (H_2CO_3). Com essas reações, acontecem mudanças de densidade e de volume dos diferentes minerais das rochas, o que causa forças de distorções, aumentando assim o intemperismo físico.

Hidrólise

A hidrólise é uma reação química na qual os elementos ionizados da água (H^+ e OH^-) substituem, de modo equivalente, outros íons de um mineral, fazendo sua estrutura cristalina desfazer-se. No regolito, por exemplo, o processo envolve o ataque de silicatos pelo pequeno e bastante ativo íon de hidrogênio (H^+). Provavelmente a hidrólise é o mais importante processo de transformação dos minerais primários em argilas, com a liberação de cátions e de sílica solúvel. Tais cátions podem ser tanto aqueles responsáveis pela nutrição vegetal (como cálcio e potássio) como outros que causam acidez e/ou toxicidade às plantas (como o alumínio). Por toda essa importância, vamos abordar com um pouco mais de detalhe esse tipo de reação do intemperismo.

Uma pequena porção das moléculas de CO_2 dissolvidas na água que penetra no regolito reage, formando ácido carbônico (H_2CO_3). Este ácido é classificado como fraco porque pouco se dissocia (ou apenas uma pequena porção dele forma íons H^+ e HCO^{-3}). Mesmo uma pequena quantidade de H^+ na água da chuva, agindo constantemente, é capaz de remover íons da estrutura dos minerais. Por outro lado, a respiração de organismos que se instalam desde o início da formação do solo produz também gás carbônico que se dissolve na água, formando mais ácido carbônico.

Os pequenos íons hidrogênio (H^+) dissociados do ácido carbônico têm grande poder de penetração no interior dos cristais e desbalanceiam suas cargas elétricas, o que provoca a remoção e **difusão** de cátions como ferro (Fe^{2+}), potássio (K^+), sódio (Na^+), magnésio (Mg^{2+}) e cálcio (Ca^{2+}). Tais cátions, por sua vez, reagem com as hidroxilas (OH^-) da água, formando hidróxidos (KOH, p. ex.) e, logo em seguida, com o ânion carbonato (HCO^{3-}), formando bicarbonatos – veja as reações no Boxe 3.2.

Nesse processo, tanto o silício como o alumínio dos tetraedros dos feldspatos podem ser removidos; o primeiro transforma-se em sílica solúvel, principalmente na forma de ácido silícico [$Si(OH)_4$]; o segundo, depois de solubilizar-se na água na forma de cátion do alumínio (Al^{3+}), combina-se com a água para formar octaedros com as hidroxilas [$Al(OH)_3$]. Tetraedros de silício e octaedros de hidróxido de alumínio, quando livres na solução do solo, podem recombinar-se e formar as argilas silicatadas. É o que acontece com o feldspato potássico, que aos poucos libera alumina, sílica [$Si(OH)_4$] e **íons** de potássio (K^+), formando novos minerais como, por exemplo, o argilomineral caulinita. Em condições de intemperismo muito forte, como acontece em algumas regiões tropicais úmidas, essa caulinita poderá posteriormente ser também hidrolisada, perdendo toda sílica restante e transformando-se em gibbsita [$Al(OH)_3$], mineral muito estável por ser composto unicamente de octaedros de alumínio.

Nessas reações, o potássio e a sílica dissolvidos do feldspato podem também ser lixiviados e levados pelas águas de drenagem para o mar, onde eventualmente podem ser depositados como sedimentos químicos – talvez com carbonato de potássio (K_2CO_3) e opala biogênica ($SiO_2 \cdot nH_2O$). Entretanto, se esse feldspato, ao se intemperizar, estiver perto da raiz de uma planta, esta poderá absorver diretamente tanto o íon potássico como o ácido silícico, que irão para o seu interior, integrando seus processos metabólicos (p. ex., o potássio, como parte do seu suco celular, e o ácido silícico formando os silicofitólitos; ver Boxe 11.1). A Fig. 3.5 ilustra algumas dessas reações.

Boxe 3.2 Principais reações de intemperismo

Apresentam-se aqui as principais reações de intemperismo esquematizadas segundo os minerais primários e o produto de seu intemperismo químico que produz: sais que saem dissolvidos (setas para baixo) e minerais secundários que permanecem no regolito (setas para cima).

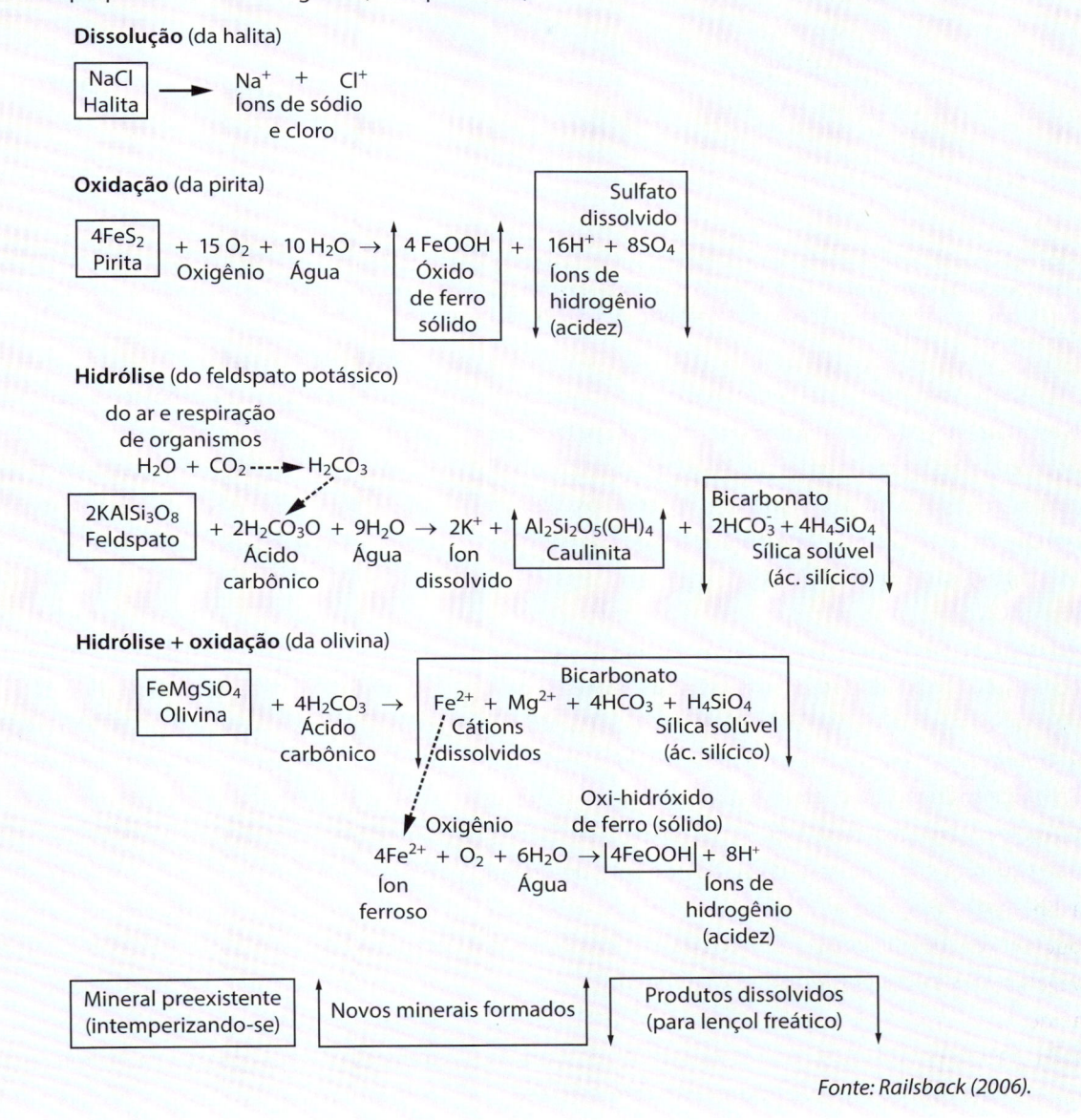

Dissolução (da halita)

$$\boxed{\underset{\text{Halita}}{NaCl}} \longrightarrow \underset{\text{Íons de sódio e cloro}}{Na^+ + Cl^+}$$

Oxidação (da pirita)

$$\boxed{\underset{\text{Pirita}}{4FeS_2}} + \underset{\text{Oxigênio}}{15\,O_2} + \underset{\text{Água}}{10\,H_2O} \rightarrow \boxed{\underset{\substack{\text{Óxido} \\ \text{de ferro} \\ \text{sólido}}}{4\,FeOOH}} + \underset{\substack{\text{Íons de} \\ \text{hidrogênio} \\ \text{(acidez)}}}{16H^+ + 8SO_4} \quad \text{Sulfato dissolvido}$$

Hidrólise (do feldspato potássico)

do ar e respiração de organismos
$$H_2O + CO_2 \dashrightarrow H_2CO_3$$

$$\boxed{\underset{\text{Feldspato}}{2KAlSi_3O_8}} + \underset{\substack{\text{Ácido} \\ \text{carbônico}}}{2H_2CO_3O} + \underset{\text{Água}}{9H_2O} \rightarrow \underset{\substack{\text{Íon} \\ \text{dissolvido}}}{2K^+} + \boxed{\underset{\text{Caulinita}}{Al_2Si_2O_5(OH)_4}} + \underset{\substack{\text{Sílica solúvel} \\ \text{(ác. silícico)}}}{2HCO_3^- + 4H_4SiO_4} \quad \text{Bicarbonato}$$

Hidrólise + oxidação (da olivina)

$$\boxed{\underset{\text{Olivina}}{FeMgSiO_4}} + \underset{\substack{\text{Ácido} \\ \text{carbônico}}}{4H_2CO_3} \rightarrow \underset{\substack{\text{Cátions} \\ \text{dissolvidos}}}{Fe^{2+} + Mg^{2+}} + 4HCO_3 + \underset{\substack{\text{Sílica solúvel} \\ \text{(ác. silícico)}}}{H_4SiO_4} \quad \text{Bicarbonato}$$

$$\underset{\substack{\text{Íon} \\ \text{ferroso}}}{4Fe^{2+}} + \underset{\text{Oxigênio}}{O_2} + \underset{\text{Água}}{6H_2O} \rightarrow \boxed{4FeOOH} + \underset{\substack{\text{Íons de} \\ \text{hidrogênio} \\ \text{(acidez)}}}{8H^+} \quad \substack{\text{Oxi-hidróxido} \\ \text{de ferro (sólido)}}$$

| Mineral preexistente (intemperizando-se) | Novos minerais formados | Produtos dissolvidos (para lençol freático) |

Fonte: Railsback (2006).

Oxidação

No caso de minerais que contêm ferro, como o ortossilicato olivina e os silicatos em cadeia (piroxênios e anfibólios), a hidrólise promoverá também a remoção do ferro ferroso (Fe^{2+}) que liga os tetraedros que têm o silício substituído pelo alumínio. Isso causa o desmantelamento completo desses tetraedros.

Perdendo elétrons, o íon ferroso (Fe^{2+}) transforma-se em íon férrico (Fe^{3+}), que facilmente se combina com o oxigênio e a água, formando os óxidos de ferro (hematita) e oxi-hidróxidos de ferro (goethita) (Boxe 3.2). No solo, é comum tais óxidos recobrirem as partículas de caulinita, fazendo com que o solo tenha cor avermelhada, no caso da hematita, ou amarelada, no caso da goethita. Na Fig. 3.6 estão esquematizadas essas reações.

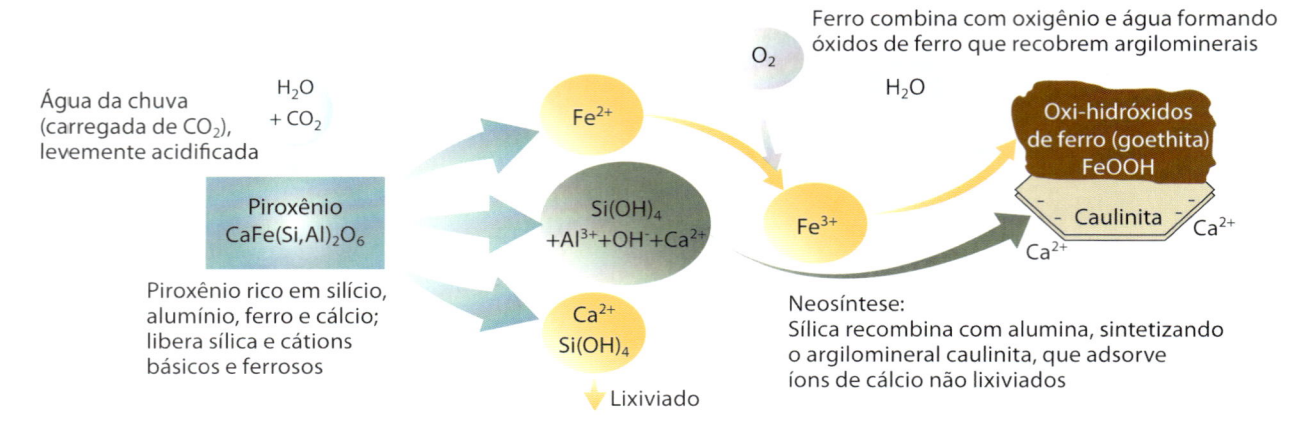

Fig. 3.6 Esquema de alteração do mineral piroxênio, rico em oxigênio, ferro, sílica e cálcio. Com a hidrólise, seus cátions são liberados. O ferro ferroso (Fe^{2+}) é oxidado para formar o mineral secundário goethita, enquanto a sílica e a alumina se recombinam para formar o argilomineral caulinita, recoberto pela goethita. Parte da sílica e do cálcio são lixiviados
Fonte: Lepsch (2010).

3.3.2 Intemperismo geoquímico e pedoquímico

Normalmente o intemperismo é representado como ocorrendo na parte inferior do solo, no contato direto com a rocha ou no seu saprólito; no entanto, ele está sempre presente, ainda que com intensidades diferentes, em todo o regolito. Por isso, alguns autores fazem uma distinção entre *intemperismo geoquímico* e *intemperismo pedoquímico*. O primeiro é aquele que está ocorrendo abaixo do *solum* – no saprólito ou na rocha –, decompondo seus minerais primários; o segundo é o que ocorre com os minerais secundários do próprio solo e é mais influenciado pela atividade biológica e outros processos pedogenéticos. Entre as principais reações que ocorrem com maior intensidade no solo do que na rocha, estão os ciclos alternados de oxidação e redução (formando **mosqueados** e concreções), a remoção de potássio das **micas** por hidrólise e a dissolução.

3.4 Por que algumas rochas se intemperizam mais rápida e profundamente que outras?

Conforme vimos na lição anterior, todas as rochas expostas às ações da atmosfera se alteram, mas nem todas o fazem igualmente. Algumas se transformam mais rapidamente que outras, em geral por causa dos ambientes mais úmidos e mais quentes, que muito favorecem os processos intempéricos. Por outro lado, tanto diferentes rochas como diferentes ambientes resultam em diferentes produtos e, em última análise, também em diferentes solos. Portanto, o grau de intemperismo depende tanto de fatores intrínsecos (da rocha) como extrínsecos (do ambiente). Cinco são os principais fatores que controlam o intemperismo: (a) propriedades da rocha; (b) clima; (c) presença ou ausência de solo; (d) topografia e (e) período de tempo em que as rochas estão expostas às condições atmosféricas.

3.4.1 As propriedades da rocha

As diferenças na composição litológica afetam a resistência ao intemperismo, principalmente porque as rochas comumente são compostas de diferentes minerais, cada um deles podendo ser mais ou menos estável. Outro fator é a estrutura da rocha, que condiciona sua suscetibilidade de formar rachaduras e se fragmentar; via de regra, rochas com cristais menores são mais resistentes do que as de granulação mais grosseira, de mesma composição e em condições ambientais análogas.

Como vimos, a unidade básica de construção da maior parte dos minerais primários (os silicatos) são os tetraedros e sua resistência ao intemperismo aumenta com o número de ligações diretas Si-O-Si-O. A resistência diminui quando os íons de alumínio substituem os de silício nos tetraedros. As ligações com alumínio são mais fracas porque seu íon não se encaixa tão bem como o do silício. Os feldspatos são exemplo de minerais com muitos tetraedros de alumínio. Já o quartzo possui somente tetraedros de silício, daí ser um dos minerais mais resistentes ao intemperismo.

As ligações mais fracas na estrutura dos minerais primários são as que envolvem cátions. São nesses locais da estrutura dos minerais que seus desmantelamentos se iniciam. Minerais com menor estabilidade usualmente contêm maiores proporções de íons de ferro, cálcio e magnésio. Portanto, com base em suas estruturas cristalinas, os principais minerais podem ser ordenados em função da sua estabilidade, ou inversamente, pela sua suscetibilidade ao intemperismo, constituindo esquemas muito úteis para prever o grau de intemperismo (Fig. 3.7).

A "série de estabilidade" de Goldich é muito usada para estimar a resistência à alteração química dos minerais primários. Nessa série, o quartzo situa-se como o mais resistente ao intemperismo, seguido da muscovita, feldspatos de potássio (ortoclásio), biotita, feldspatos de sódio e cálcio (plagioclásios), anfibólios, piroxênios e olivina (a menos resistente). Ilustrações sobre essas séries de estabilidade são encontradas na Fig. 3.8: vários dos minerais que formam o solo estão ordenados da seguinte forma: dos mais estáveis (óxidos de Fe e Al e quartzo) aos menos estáveis e mais escuros (piroxênios e olivina), na seta inclinada para a direita. Estes últimos, com o intemperismo químico, decompõem-se sintetizando argilas silicatadas caulinita, **montmorillonita** etc.), óxidos, íons em solução e sílica solúvel (ver à direita da seta na Fig. 3.8).

Costuma-se utilizar a sequência de estabilidade de Goldich somente para minerais das rochas, com tamanhos de areias (os maiores) sob ação do intemperismo geoquímico. Para estimar a sequência de estabilidade dos minerais secundários do solo, quando sob ação do intemperismo pedoquímico, costuma-se utilizar a "sequência de Jackson", uma vez que pressupõe minerais do tamanho das argilas. Essa é uma sequência numérica, em que os minerais menos estáveis recebem o número 1 e os mais estáveis, o número 13. Nesse sentido, entre os minerais menos estáveis estão os sais solúveis halita e

Fig. 3.7 Ordem de intemperismo dos minerais mais comuns segundo a série de Goldich (à esquerda) em comparação com a série de Bowen (à direita). Os primeiros minerais a cristalizar-se em uma lava em resfriamento são os menos estáveis
Fonte: Teixeira et al. (2009).

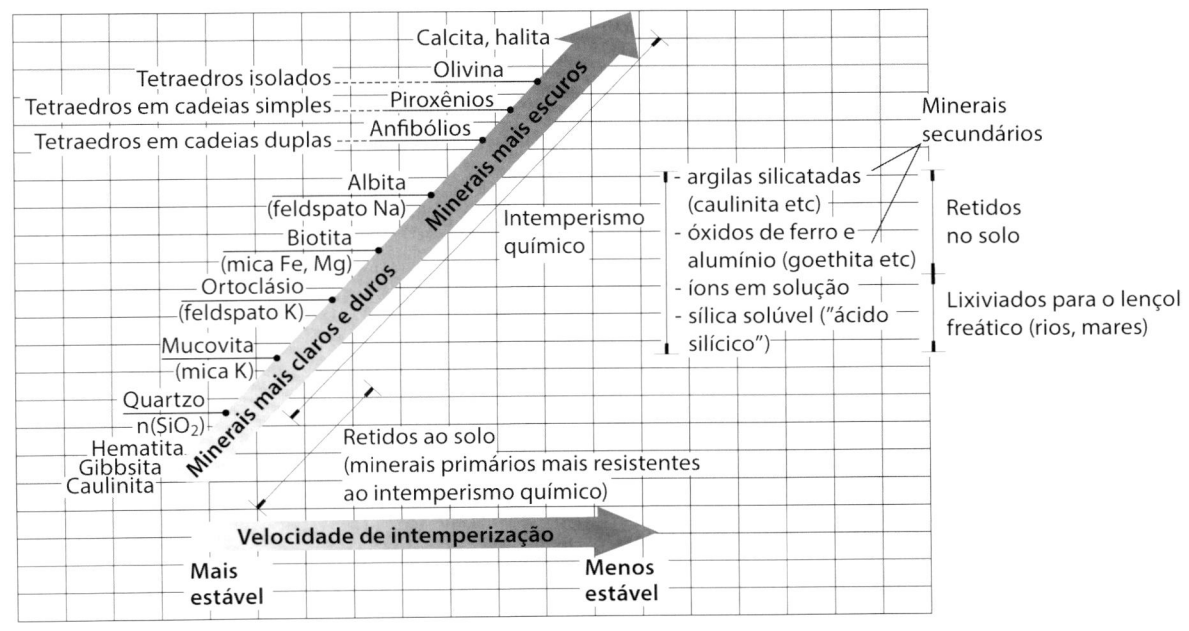

Fig. 3.8 Esquema da série de estabilidade dos minerais das rochas e os principais produtos formados
Fonte: adaptado de Trompette (2003).

gesso (índice 1), seguidos pela calcita e apatita (índice 2), e entre os mais resistentes estão alguns óxidos e hidróxidos, como os de alumínio (gibbsita, com índice 11), ferro (como a hematita e a goethita, com índice 12); finalmente, entre os mais resistentes, os de titânio (anatásio, com índice 13). As argilas silicatadas, como a caulinita, a montmorillonita, a **vermiculita** e a muscovita, estão representadas nessa série com índices intermediários (10, 9, 8 e 7, respectivamente). A comparação entre as sequências está esquematizada na Fig. 3.9.

3.4.2 Clima

As condições climáticas também afetam muito a velocidade e o tipo do intemperismo (Fig. 3.10). Uma vez que as temperaturas e as quantidades de água, tanto das chuvas como de locais mais elevados do relevo, condicionam a natureza e a velocidade das reações químicas, diferentes produtos em diferentes períodos de tempo se formam de acordo com o local em que a rocha está exposta.

Quanto maior a temperatura e a quantidade de água, e mais frequente a sua renovação, mais intenso e rápido será o intemperismo. Temperaturas elevadas e chuvas intensas aumentam a taxa de crescimento dos organismos e, portanto, sua influência no intemperismo. Em climas muito frios, a água é quimicamente inativa quando está congelada, do mesmo modo que em regiões áridas, onde ela não está disponível na maior parte do tempo. Em ambos os casos, a população de organismos é mínima, o que torna o intemperismo químico menor ainda. Nesses climas, o intemperismo químico é reduzido e o intemperismo físico pode ser relativamente mais ativo – por exemplo, quando a água congela dentro de fendas na rocha, ela age como alavancas, quebrando-as.

Em condições de climas muito quentes e úmidos, os processos de hidrólise são muito intensos e podem

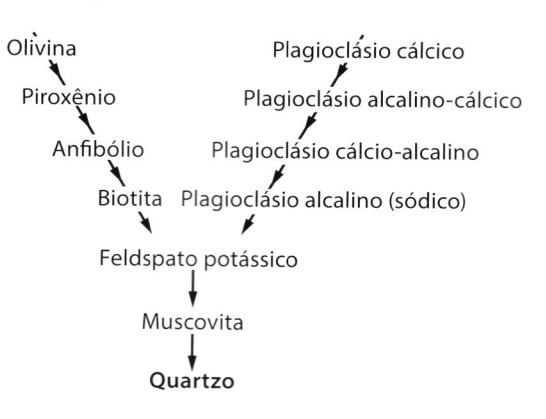

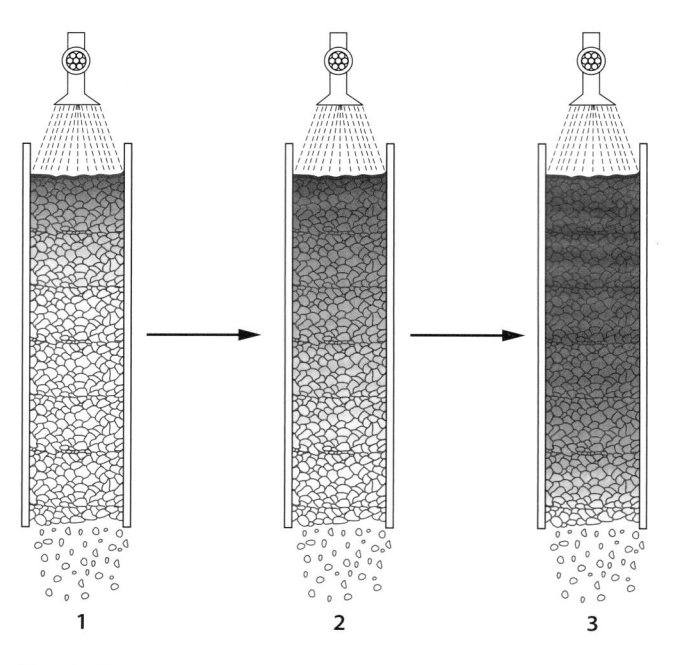

Fig. 3.10 Quanto mais água o saprólito receber, mais intenso será o intemperismo e mais espesso será o "perfil de intemperização" (1: clima semiárido; 2: clima úmido; 3: clima muito úmido)
Fonte: adaptado de Press e Siever (1978).

levar a uma completa remoção de sílica, como ilustrado pelas reações do Boxe 3.2. Em locais mais encharcados, haverá também remoção do ferro em um processo denominado ferrólise (Boxe 3.3).

3.4.3 Presença ou ausência de solo

O solo pode ser considerado tanto um produto do intemperismo como um fator que o influencia. Uma rocha exposta diretamente à atmosfera e à água da chuva intemperiza-se mais lentamente do que se estiver sob uma camada de solo, recebendo a mesma água. O feldspato de uma rocha que se situa no topo de um matacão irá se alterar muito menos do que se estiver em rocha idêntica, mas abaixo de uma camada de alguns centí-

Fig. 3.9 Sequência de intemperismo dos minerais das rochas (série de Bowen, à esquerda) e dos minerais do solo (sequência de Jackson, com argilas; à direita). Note que alguns minerais, quando têm seu tamanho muito reduzido, passam a se intemperizar muito facilmente (p. ex., quartzo) (obs.: plagioclásios são os feldspatos de Ca e Na)

Olivina
↓
Piroxênio
↓
Anfibólio
↓
Biotita
↓
Feldspato potássico
↓
Muscovita
↓
Quartzo

Plagioclásio cálcico
↓
Plagioclásio alcalino-cálcico
↓
Plagioclásio cálcio-alcalino
↓
Plagioclásio alcalino (sódico)

1 Gesso, halita
2 Calcita, apatita
3 Olivina, piroxenita
4 Biotita etc.
5 Albita etc.
6 Quartzo, cristobalita
7 Muscovita, sericita
8 Vermiculita
9 Montmorillonita
10 Caulinita, haloisita
11 Gibbsita
12 Hematita, goethita
13 Anatásio, zirconita

> **Boxe 3.3** Resumo das reações do íon do ferro em condições de alternâncias de oxirreduções (ferrólise)
>
> - Na oxidação: $4Fe^{2+} + O_2 + 6H_2O \leftrightarrow 4FeOOH + 8H^+$
> - A formação de H^+ produz um decréscimo no pH da **solução do solo** e aumenta a saturação das argilas com H^+.
> - A argila saturada com H^+(H^+-argila; uma argila instável) se converte para uma argila saturada com Al^{3+} (Al^{3+}-argila; uma argila estável; saturada com Al trocável).
> - O alumínio trocável surge por seu deslocamento das posições octaedrais das argilas silicatadas, destruindo-as parcialmente e liberando sílica na forma de ácido silícico: $Si(OH)_4$.
> - Na próxima saturação com água, o ciclo se repete:
>
> $$Fe^{3+} + 1 \text{ elétron} \rightarrow Fe^{2+}$$
>
> - A acidez diminui e o Al^{3+} pode se hidrolisar e se precipitar como $Al(OH)_3$, e depois polimerizar como gibbsita: $n[Al(OH)_3]$ (ver esquema dessas reações na Fig. 10.2).
> - Depois de vários ciclos de redução (saturação com água) e oxidação (saturação com ar), o que "sobra" no horizonte superficial é o material gibbsítico e/ou quartzoso, que não se dissolve.
>
> *Fonte: Breemen e Buurman (2002).*

metros de solo. Apesar de o matacão estar exposto às mesmas chuvas, a rocha desnuda ficará ocasionalmente seca e, portanto, o intemperismo procederá mais lentamente. Além disso, a água, depois de infiltrar-se no solo, terá composição diferente da água da chuva.

Quando o solo começa a se formar, ele próprio insere um novo ambiente sobre a rocha subjacente, ambiente este que favorece cada vez mais o desenvolvimento de seu perfil de intemperização. Retendo água do solo, que serve também para desenvolvimento dos seus organismos vivos, a rocha sob influência dele receberá quase que constantemente essa solução do solo, enriquecida de produtos metabólicos.

Essa solução, normalmente empobrecida de oxigênio e bastante enriquecida de gás carbônico e de ácidos húmicos, aumenta a intensidade das reações de hidrólise, alterando muito mais rapidamente os minerais. Por outro lado, fluxos de água movendo-se para as partes mais baixas do relevo e passando por regolitos em decomposição podem se enriquecer também com os principais solutos de seu intemperismo: sílica e **cátions básicos**. Isso fará com que os produtos de decomposição dessas rochas que recebem essas águas tenham composição diferente dos produtos de uma rocha que se intemperiza sem influência do solo.

3.4.4 Relevo

Ao regular a velocidade e a direção do escoamento das águas da chuva, o relevo controla a quantidade de água que uma rocha ou saprólito recebe. Tanto a quantidade de água como o tempo de sua permanência influenciam na liberação e eliminação dos compostos solubilizados pelo intemperismo. Essas reações ocorrem mais intensamente nas partes do relevo onde há mais **infiltração**, seguida de **lixiviação** dos produtos solúveis.

Na posição de topo quase plano (como nos topos de platôs), a boa infiltração e a boa drenagem favorecem tanto a alteração dos minerais como a remoção dos produtos solubilizados. Como resultado, há a formação de um perfil de alteração muito profundo e bastante intemperizado, onde a sílica será muito removida de forma que os minerais secundários aí formados tendem a ser óxidos de ferro e alumínio.

Nas encostas muito íngremes, o perfil pode não se aprofundar porque o material desagregado, em início de alteração, é carregado pela erosão; no entanto, nas áreas menos íngremes, parte da água escoa superficialmente e parte infiltra no solo, carregando para a subsuperfície muitos dos produtos solubilizados que podem ser cátions básicos (Na^+, K^+, Ca^{2+}, Mg^{2+}), íon ferroso (Fe^{2+}) e ácido silícico [$Si(OH)_4$].

Nas áreas mais baixas do **relevo**, as águas podem ficar muito tempo em contato com o regolito, e durante a maior parte desse tempo, estão saturadas pelos componentes solúveis, podendo perder a capacidade de continuar promovendo as reações de alteração dos minerais, uma vez que o meio aquoso permanece saturado pelos os íons por muito tempo. É comum, além disso, haver síntese de novos produtos a partir daquelas substâncias solubilizadas, como a formação de argilas do tipo 2:1, quando há grande quantidade de cátions solúveis e, outras vezes, síntese de compostos ferrosos a partir da oxidação dos íons ferrosos em íons férricos, formando **ferri-hidritas** e outros óxidos como goethitas, que formam nódulos ferruginosos (**plintita** e petroplintita).

3.4.5 Tempo

Quanto mais tempo uma rocha (ou um saprólito) estiver sob ação do intemperismo, maior será sua alteração. Esse tempo está em função tanto do tipo de rocha como das condições em que ela é exposta. Em condições de clima pouco pronunciado, como os muito frios e/ou secos, quando as taxas de intemperização são pequenas, um tempo mais longo é necessário para formar um perfil de alteração de alguns centímetros de espessura – se comparado a condições de um clima tropical úmido, bem mais atuante.

As taxas de intemperismo podem ser estimadas por meio de estudos de balanços de massa em pequenas bacias hidrográficas, medindo-se a quantidade de substâncias que anualmente saem dissolvidas nas águas de drenagem. Em um clássico trabalho sobre esse assunto, valores variando de 20 a 50 metros por um milhão de anos foram considerados como representativos da velocidade de aprofundamento do perfil de alteração, sendo que os maiores valores referem-se aos climas quentes e úmidos com rochas de fácil decomposição.

3.5 Os produtos do intemperismo

O intemperismo fornece uma imensa quantidade de materiais que são imprescindíveis para a nossa vida, porque estão relacionados tanto à vida no solo como ao seu aproveitamento na construção civil e na indústria. Além disso, são muitas as jazidas minerais formadas pelo intemperismo.

Para termos ideia acerca desses produtos, vamos imaginar o que pode ocorrer quando uma rocha granítica, situada em uma mata na encosta de uma montanha, for intemperizada em condições de clima quente e úmido e sob um solo de 1 m. Esse granito, ainda não afetado pelas intempéries, é composto de uma série de agregados cristalinos de diferentes minerais, com maiores quantidades de feldspatos com potássio (ortoclásios), feldspatos com sódio e cálcio (plagioclásios) e quartzo, e em menores quantidades, micas (biotita e muscovita) e anfibólios. Imaginemos agora que esses cristais sejam como os grãos de café, unidos, tal como na analogia do início desta lição.

A água das chuvas, agora carregando certa quantidade de ácido carbônico (Fig. 3.5) depois de passar pelo solo sobre o granito, se enriquece com ácidos húmicos, aumentando seu poder de hidrolisar minerais. Quando essas águas chegam até os agregados cristalinos da superfície enterrada desse granito, os anfibólios e a biotita são os primeiros a sofrer alteração, conforme a série de estabilidade de Bowen (Fig. 3.7), onde – por meio da hidrólise – formam caulinita e, em seguida, com a oxidação, formam óxidos de ferro. Como esses poucos e primeiros produtos do intemperismo ocupam maior volume que os numerosos e pequenos minerais originais, pontos de expansão são exercidos sobre a rocha, fazendo-a esmigalhar-se e iniciar a formação de uma camada de saprólito que os geólogos chamam de "arena", popularmente conhecida como "saibro".

Podemos agora comparar aquela arena com o "pó de café" em cima de um coador, pronto para ser "atacado" pela água da chaleira. Nessa água, os feldspatos se alteram, mais caulinita é sintetizada, e mais íons (sódio, potássio e cálcio) e sílica solúvel são liberados e removidos pela lixiviação. Por outro lado, os grãos de quartzo e alguns de muscovita permanecem como minerais primários residuais, em razão da maior resistência ao intemperismo (veja de novo a série de Bowen na Fig. 3.7).

À semelhança do nosso café, podemos imaginar os dois produtos formados nessas reações intempéricas: o resíduo (similar à borra que ficou no coador) e a solução lixiviada de sais (similar ao café que iremos saborear). Se esse saprólito (ou saibro) não for erodido, aos poucos será transformado em solo acima do granito. Logo, vários processos poderão ocorrer nesse resíduo que permanece *in situ*, tais como **eluviação** de argila, avermelhamento com óxidos de ferro e tantos outros que veremos nas lições subsequentes, quando falarmos sobre os processos de formação do solo.

Por enquanto, vamos imaginar que ocorreu um escorregamento na nossa íngreme encosta, fazendo com que todo o regolito – *solum* + saprólito – fosse removido pela erosão. Então, veremos a seguir o que poderia acontecer com os sólidos levados pelas enxurradas e os íons dissolvidos e levados pela lixiviação ao lençol freático.

Caso o regolito seja erodido, as partículas de quartzo e de argilas serão transportadas primeiro para o fundo do leito dos rios, e partículas maiores e mais pesadas para os oceanos, onde se acumularão, carregadas pelas ondas, para formar as praias. As argilas cauliníticas serão depositadas em águas mais calmas, formando sedimentos argilosos que futuramente poderão até fornecer materiais para as indústrias de cerâmicas.

O material dissolvido (íons e sílica solúvel), depois de transportado para o lençol freático, nascentes e águas dos rios, terminaria também nas águas do mar para tornar-se parte de seus sais. Eventualmente os íons de cálcio e o ácido silícico poderão formar evaporitos, à semelhança de nosso café solúvel, no qual se pode destacar alguns importantes, como os depósitos de cloreto de sódio (halita) ou de potássio (silvita) e as carapaças calcárias ou silicosas de organismos marinhos (como conchas, corais e diatomáceas).

Com o tempo, cátions básicos e sílica vão sendo removidos dos minerais das rochas. Se não houver erosão e a rocha contiver pouco quartzo, um resíduo cada vez mais rico em elementos como alumínio e ferro e, em menor ocorrência, manganês, titânio, fósforo etc., vai sendo deixado para trás. Apesar de, na rocha intacta, esses elementos se encontrarem em quantidades muito reduzidas, depois do intemperismo, da remoção de silício e cátions básicos, eles se concentram na forma de resíduos que, por vezes, podem ser economicamente explorados como minérios.

Entre os resíduos do intemperismo economicamente mais importantes, destacam-se alguns minérios, a saber: os de alumínio (a bauxita, como em Poços de Caldas/MG), os de ferro (hematita do Quadrilátero Ferrífero de MG e Carajás/PA), os de manganês, níquel e fósforo, sendo este último formado a partir da concentração residual da apatita (como em Catalão e Araxá/MG), de onde se extraem importantes matérias-primas para a industrialização dos fertilizantes fosfatados.

Os produtos que são solubilizados pelo intemperismo podem também se concentrar, ainda que longe desses locais. É o caso, por exemplo, do sódio, que depois de arrastado dos ortoclásios, deposita-se nos mares; em seguida, se essa água evaporar, pode ser precipitado na forma de evaporitos, muitos dos quais são aproveitados para mineração da halita ou sal comum (NaCl). Da mesma forma, o potássio retirado dos feldspatos pode vir a formar as jazidas de cloreto de potássio (silvita), hoje a maior fonte dos **adubos** potássicos (KCl) que fertilizam solos lixiviados.

Todos esses produtos utilizados nas minerações fazem parte da nossa vida cotidiana. No entanto, para nossos estudos, é de interesse maior o entendimento da origem, constituição e dinâmica das argilas dos solos, uma vez que elas são partículas coloidais com extrema atividade, estando em constante interação com a água, o ar e os nutrientes essenciais aos vegetais, conforme será visto com mais detalhes na próxima lição.

3.6 Perguntas para estudo

1. Considere a afirmação: *O intemperismo é um conjunto de processos de natureza química, física e biológica que atua no sentido de desagregação e de síntese.* Diferencie o intemperismo químico do físico. Dê dois exemplos de intemperismo na formação de novos minerais. *(Dica: consulte as seções 3.1 a 3.3 e veja a definição de intemperismo no Glossário).*

2. As rochas em superfície normalmente apresentam fendas ou rachaduras que têm como causa comum oscilações de temperatura, as quais provocam dilatações e contrações. Essas fendas aumentam a superfície exposta às intempéries, podendo concentrar água e gelo e favorecer as atividades de organismos. Essas afirmações tratam de que tipo de intemperismo? Relate como este pode atuar no estabelecimento de outros tipos de intemperismo. *(Dica: consulte a seção 3.2 e a Fig. 3.1).*

3. O que são minerais primários e secundários? Cite um mineral primário muito resistente ao intemperismo químico e outro muito suscetível. *(Dica: consulte o Glossário e a seção 3.3).*

4. Você concorda com a afirmação "o intemperismo envolve processos de destruição e de síntese"? Dê

um exemplo de destruição e outro de síntese. *(Dica: consulte a seção 3.1)*.

5. Explique, em poucas palavras, a analogia do coador de café, supondo ambientes com chuva abundante e pouca chuva. Quais íons irão permanecer mais no coador (borra) em cada um desses ambientes? *(Dica: consulte a seção 3.3)*.

6. Como o gás carbônico do ar influencia as reações de hidrólise dos minerais das rochas? *(Dica: consulte a Fig. 3.5 e o Glossário)*.

7. De que forma a água está envolvida nas principais reações do intemperismo químico e físico? *(Dica: consulte a seção 3.3 e o Boxe 3.2)*.

8. Descreva, sem especificar reações químicas, quais os produtos do intemperismo do mineral olivina depois de ser intemperizado por processos de hidrólise e oxidação *(Dica: consulte o Boxe 3.2)*.

9. Descreva, em poucas palavras, por que algumas rochas se intemperizam mais rapidamente que outras. *(Dica: consulte a seção 3.4)*.

10. Quais produtos do intemperismo podem formar minérios de importância econômica? Cite também os minerais originais que dão origem a esses produtos. *(Dica: consulte a seção 3.5)*.

11. Suponha uma rocha contendo os minerais biotita e muscovita e considere a série de Bowen. Qual deles irá se intemperizar primeiro? Por quê? *(Dica: consulte a seção 3.4.1)*.

Lição 4

OS SÓLIDOS ATIVOS DO SOLO: ARGILA E HÚMUS

Matéria inerte! Como se tal coisa pudesse existir. Bela é a vocação do mundo (...). Sob o microscópio eletrônico pode-se perceber a intrincada harmonia das argilas (...) que são como a parede do estômago com os seus vasos capilares, como os favos de mel ou as dobras do útero, cujas funções são receber, envolver, conter e dar à luz.

(W. B. Logan)

Partículas do argilomineral caulinita fotografadas sob luz incidente em microscópio eletrônico da Esalq/USP, Piracicaba, SP (Fotos: Elliot W. Kitajima)

Conforme vimos na Lição 2, as camadas de um solo são constituídas de três fases: sólida, líquida e gasosa (Fig. 2.2). Na fase sólida, existem partículas de vários tamanhos: as menores são os pequeninos e muito ativos sólidos do solo, objeto desta nossa lição. Essas minúsculas partículas podem tanto ser de minerais – os argilominerais – como de compostos orgânicos – o húmus.

Argilas e húmus constituem o que chamamos de **complexo coloidal do solo**. São partículas minerais ou orgânicas que compõem um material muito finamente subdividido – os coloides – que pode estar espalhado (ou disperso) em outro material (o dispersante). Os coloides estão presentes em muitas substâncias já conhecidas por nós, tais como aerossóis (quando minipartículas sólidas estão dispersas em um gás), espumas (quando um gás se dispersa em um sólido ou em um líquido), emulsões (quando um líquido está disperso em outro líquido ou em um sólido), sóis (quando sólidos se dispersam em um líquido) e géis (em que o disperso é um líquido e o dispersante, um sólido). Uma água lamacenta, com seus pequenos sólidos do solo nela dispersos, comporta-se mais como um sol; já uma lama, como um gel.

Quando aos coloides na forma de um sol adicionamos o sal de um cátion di ou trivalente, como cloreto de cálcio ($Ca^{2+} + Cl^{2-}$) ou sulfato de alumínio [$Al_2(SO_4)_3$], as partículas coloidais aí dispersas são atraídas umas para as outras, formando flocos ou pequenos grânulos que, por serem maiores e mais pesados, depositam-se no fundo. É isso que é feito para limpar a água de nossas piscinas e das torneiras nas estações de tratamento. Se a esses flocos adicionamos depois um cátion básico monovalente – p. ex., sódio-Na^+, na forma de ($Na^+ + OH^-$) – e os agitamos, eles tendem a se dispersar novamente, voltando a ficar suspensos na forma de um "sol de água turva".

Floculação e **dispersão** são dois processos importantes que podem acontecer com os coloides. Se os coloides de um solo estiverem floculados, ele tenderá a ter uma estrutura em grânulos e será bem "fofo" e permeável. Se eles estiverem dispersos, o solo será pegajoso como um requeijão e, quando seco, duro como um tijolo. A Fig. 4.1 apresenta um esquema do arranjo de partículas de argilas floculadas e dispersas.

Embora os coloides do solo, apesar de seu ínfimo tamanho, ainda não consigam penetrar nas raízes, eles influenciam muitas de suas propriedades, o que ressalta a sua capacidade em reter e fornecer nutrientes às plantas. Alguns desses sólidos são mais ativos que outros, dependendo de sua composição. Muitas das características dos solos são determinadas por essas pequeníssimas partículas que, como vimos na Lição 3, são produtos do intemperismo químico (os argilominerais) ou da decomposição de restos orgânicos (o húmus). Entre essas propriedades estão a capacidade de retenção de água e o potencial de suprimento de nutrientes. Considerando que o intemperismo pode formar vários tipos diferentes de argilas e que os solos podem ter diferentes quantidades dessa argila, é fácil deduzir que elas muito podem influir na qualidade do solo. O mesmo se dá com o húmus.

4.1 O que são as argilas?

As argilas são constituídas de material inorgânico, geralmente cristalino, de ocorrência natural e encontrado em solos e sedimentos, e suas partículas apresentam-se com tamanhos menores que 0,002 mm (ou 2 μ – micrômetros), de diâmetro equivalente. Elas podem ser encontradas quase em estado puro, em jazidas minerais, ou obtidas por separação e purificação dos solos, onde estão presentes em proporções diversas. Por causa de sua grande atividade físico-química, possuem inúmeros usos, inclusive medicinais. Dada a sua plasticidade (quando úmidas) ou sua extrema dureza (ao serem aquecidas a mais de 500 °C), elas são usadas para produzir desde cremes dentais até tijolos.

Em Pedologia, o termo *argila* significa uma série específica de minerais secundários formados pelo intemperismo de minerais primários ou de outros minerais secundários. Na Lição 3, vimos, por exemplo, como um argilomineral – a caulinita – é sintetizado a partir do intemperismo de um **mineral primário** (um feldspato: ver Fig. 3.6). Vimos também como, em diferentes climas, vários tipos de argila podem se formar a partir dos minerais primários feldspato e olivina (Boxe 3.2). Vamos tratar agora dos diferentes tipos de argila encontrados e de como eles são constituídos.

4.2 Classificação das argilas

As argilas podem ser classificadas de acordo com os elementos que as compõem e também de acordo com a forma como esses elementos estão organizados em seus cristais. Conforme o tipo e o arranjo de seus elementos, podemos ter: (a) argilas em que os íons de oxigênio ou hidroxilas estão ligados aos do silício e do alumínio – as silicatadas – e (b) argilas em que os íons de oxigênio ou

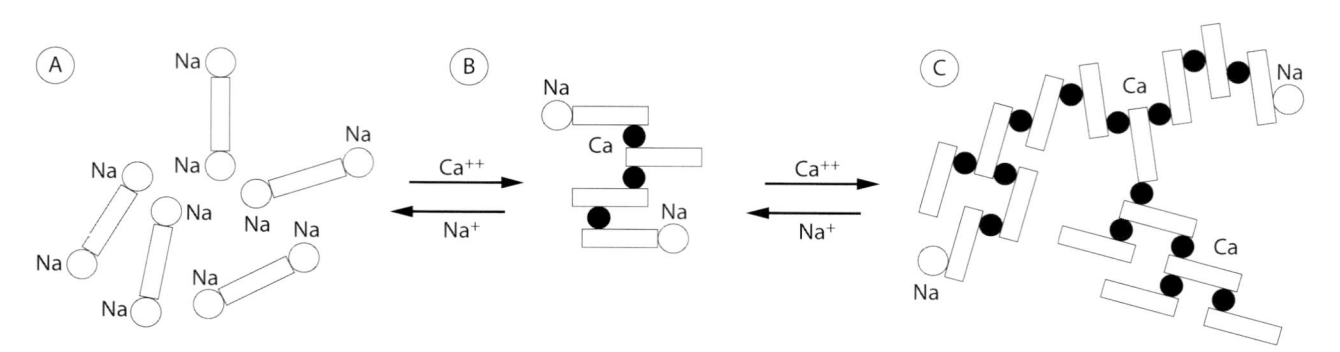

Fig. 4.1 Quando coloides do solo estão saturados com o cátion sódio (Na$^+$, monovalente), eles se dispersam (A); à medida que o íon divalente cálcio (Ca^{2+}, na figura representado por círculos escuros) substitui o do sódio, os coloides floculam, transformando-se em agregados (B) cada vez maiores (C), porque o íon do cálcio forma uma "ponte" entre os coloides e também porque o raio iônico do sódio, quando hidratado, é bem maior que o do cálcio, o que faz com que as partículas se afastem mais do que quando estão saturadas com cálcio
Fonte: adaptado de Rengasamy et al. (1984).

hidroxilas estão ligados somente ao ferro e/ou alumínio – as oxídicas.

Vamos tratar acerca de suas estruturas para entendermos melhor a atividade dessas partículas. Como os tetraedros de silício e os octaedros de alumínio são os blocos de construção dos minerais das argilas, abordaremos os principais grupos dessas argilas de acordo com o arranjo desses blocos. Os principais grupos são: caulinita, ilita, esmectita (que inclui a mais conhecida montmorillonita), vermiculita, óxidos de ferro e de alumínio. Os quatro primeiros são as argilas silicatadas, que possuem tetraedros de silício, e o restante são as argilas oxídicas, que possuem octaedros de alumínio ou ferro.

4.2.1 Argilas silicatadas

Os cristais das argilas silicatadas são constituídos basicamente de íons de: oxigênio (O^{2-}), hidroxilas (OH^-), silício (Si^{4+}) e alumínio (Al^{3+}); eles estão arranjados em estruturas que, desde a descoberta da difração de raios-X pelos cristais, têm sido muito estudadas. É importante compreendermos bem essas estruturas, seja por meio das figuras deste livro e/ou de exercícios práticos com modelos de átomos (p. ex., "brincando" com esferas de isopor). Por isso, vamos começar recordando um pouco da "montagem de tetraedros e octaedros" – que vimos na Lição 2 (Fig. 4.2).

Os tetraedros e os octaedros ilustram dois tipos de arranjo dos íons de oxigênio: o de quatro (ou tetraedro) e o de seis (ou octaedro), todos fortemente ligados a um cátion central por covalência. A abertura central entre esses conjuntos de quatro ou de seis oxigênios é que determina quais íons podem ser inseridos nesses espaços. No caso de quatro íons de oxigênio (tetraedro), é o silício, pelo tamanho de seu raio iônico, que melhor se encaixa entre eles; entre seis íons de oxigênio (octaedro), é o íon do alumínio que melhor se acomoda, se bem que o magnésio e o ferro também caibam aí (ver Fig. 2.7).

Nas argilas silicatadas, os tetraedros de Si e os octaedros de Al se unem, formando lâminas, as quais, quando alocadas umas sobre as outras, formam camadas. Elas fazem parte dos filossilicatos (do grego *phylon*, que significa folha).

As lâminas contínuas são finíssimas, pois possuem menos de 10 angstroms ou 1 nanômetro de espessura.

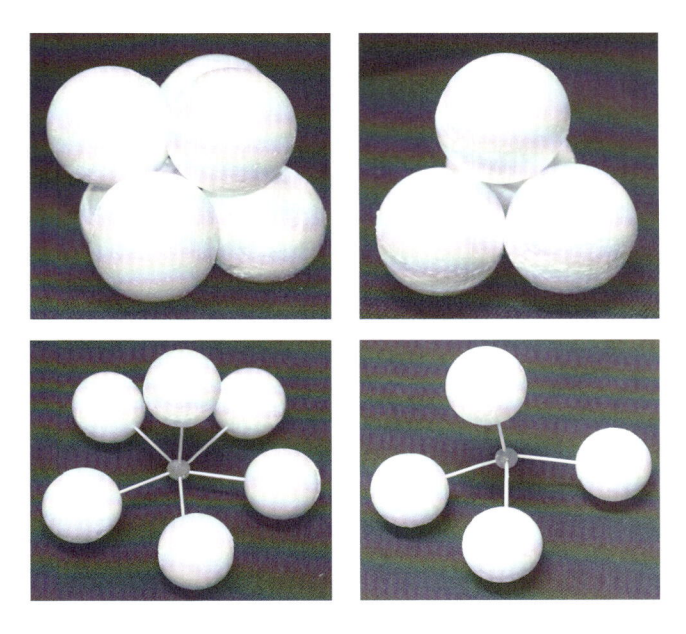

Fig. 4.2 Esquemas dos íons de oxigênio (esferas maiores) envolvendo um íon de silício (à direita) e de alumínio (à esquerda), formando um tetraedro ou um octaedro. Os íons de oxigênio são por vezes representados afastados, para que os menores, de silício e alumínio, alojados no interior deles, possam ser visualizados (Fotos: Rodrigo E. M. de Almeida)

Quando essas lâminas de tetraedros se combinam em ligações covalentes com outras idênticas de octaedros, elas formam camadas. Vários tipos de camadas são possíveis; as mais comuns são as constituídas de: uma lâmina de tetraedros ligada a outra de octaedros (ou grade **1:1**); e duas lâminas de tetraedros ligadas (ou "ensanduichando") a uma de octaedros (ou grade **2:1**).

Todas as argilas silicatadas consistem, então, de lâminas de tetraedros de silício-oxigênio ligadas a outras de octaedros alumínio/oxigênio/hidroxila. Combinando-se essas lâminas contínuas de SiO e AlO/OH, temos vários tipos de camadas que caracterizam os vários minerais da argila, entre os quais destacam-se quatro: caulinita, **ilita**, montmorillonita e vermiculita.

O Boxe 4.1 apresenta um esquema das ligações das lâminas desses quatro principais tipos de argila. A caulinita, formada por camadas constituídas de lâminas simples e alternadas de tetraedros e octaedros, e as demais, formadas por camadas compostas de três lâminas: duas de tetraedros de silício e uma de octaedros de alumínio, que podem ter entrecamadas expansíveis (como a montmorillonita) ou não expansíveis (como a ilita).

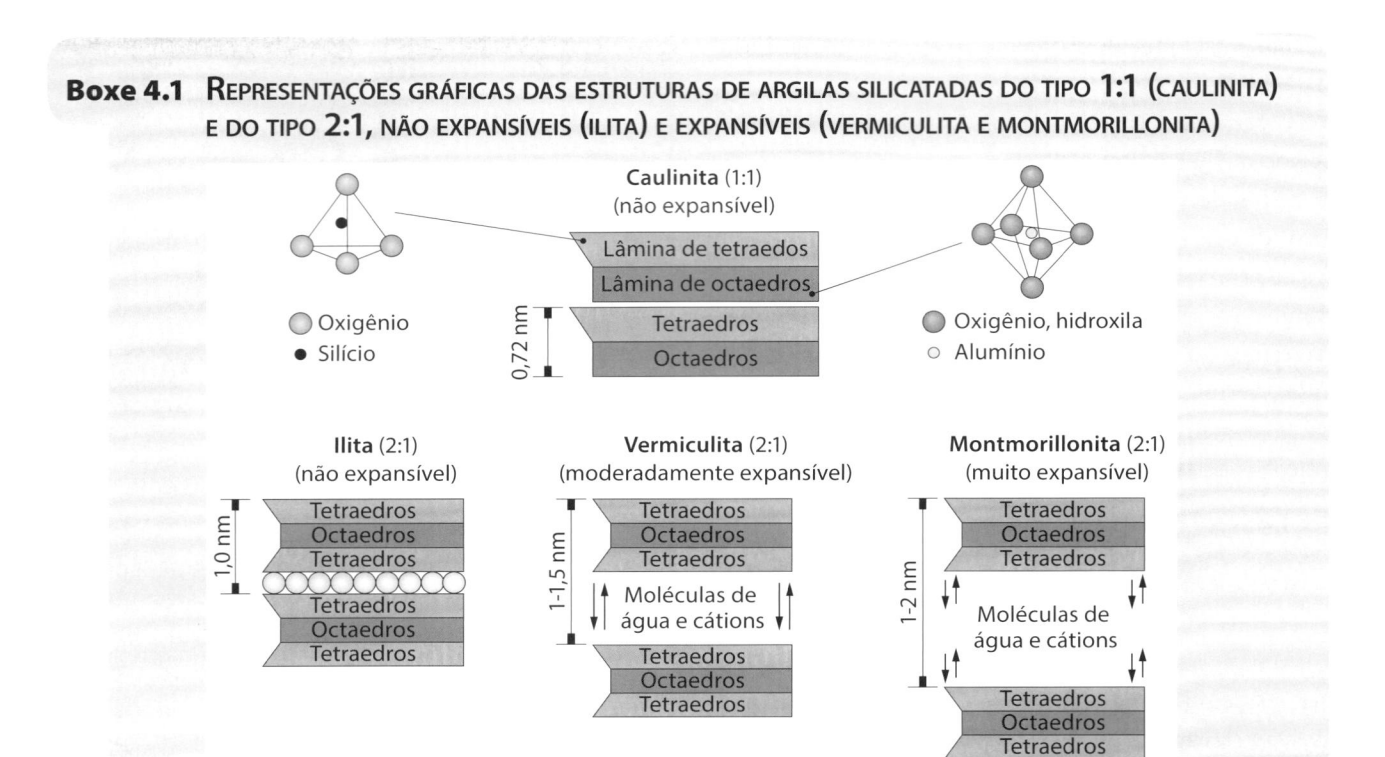

Boxe 4.1 REPRESENTAÇÕES GRÁFICAS DAS ESTRUTURAS DE ARGILAS SILICATADAS DO TIPO **1:1** (CAULINITA) E DO TIPO **2:1**, NÃO EXPANSÍVEIS (ILITA) E EXPANSÍVEIS (VERMICULITA E MONTMORILLONITA)

Argilas 1:1 (caulinita)

A caulinita consiste em uma **lâmina tetraédrica** de silício-oxigênios (-O-Si-O-) ligada a uma **lâmina octaédrica** de alumínio-hidroxilas (-O-Al-OH-), formando camadas que se alternam (Fig. 4.6). Por isso, ela é denominada argila 1:1, ou seja, uma lâmina de tetraedros para uma de octaedros. A distância entre as camadas 1:1 é de 7,2 angstrons ou 0,72 nm, e é fixa, uma vez que elas estão unidas por ligações de hidrogênio (ligações entre as hidroxilas dos octaedros com os oxigênios dos tetraedros: OH-O; Boxe 4.1).

A caulinita é a argila silicatada mais comum nos solos brasileiros: forma-se mais facilmente em regiões de clima tropical-úmido, o qual favorece o intemperismo químico. Existem várias formas de representar graficamente as estruturas de tetraedros de Si ligados a octaedros de Al (veja algumas delas no Boxe 4.1 e na Fig. 4.3).

Argilas 2:1

Outra combinação é a que consiste em uma lâmina octaédrica ligada a duas de tetraedros, formando uma camada na qual a lâmina octaédrica situa-se "sandui-

Fig. 4.3 Várias representações esquemáticas das ligações de lâminas constituídas por grupos de íons de oxigênio ligados ao silício (tetraedros) ou ao alumínio (octaedros), formando as camadas de uma argila de grade 1:1 (caulinita, não expansível por estarem as camadas unidas por ligações de hidrogênio) (Fotos: Marston H. D. Franceschini)

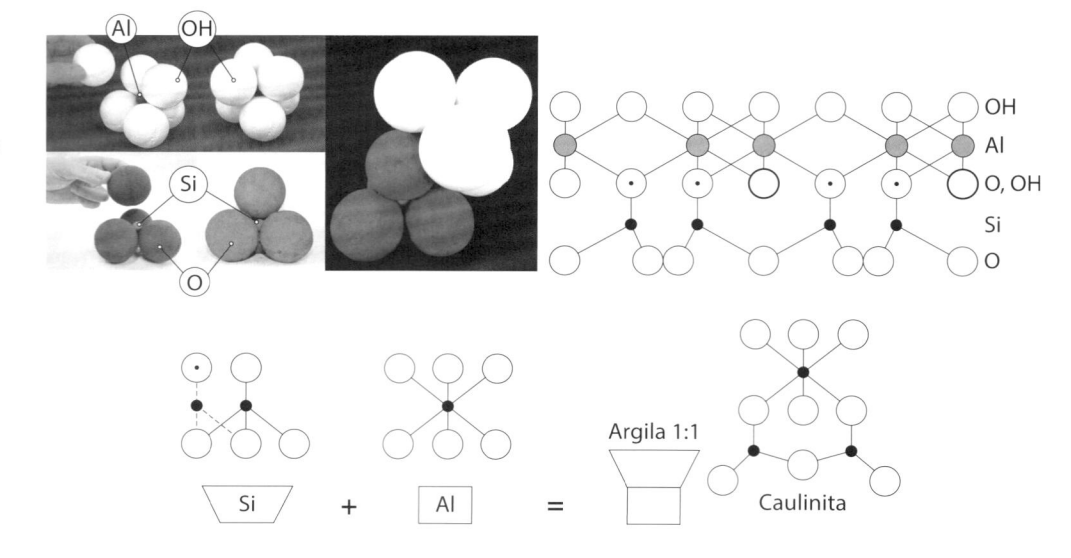

chada" pelas duas tetraédricas. Por isso ela é denominada *argila 2:1*, ou seja, dois planos (ou lâminas) de tetraedros para um plano de octaedros, como esquematizado na Fig. 4.4.

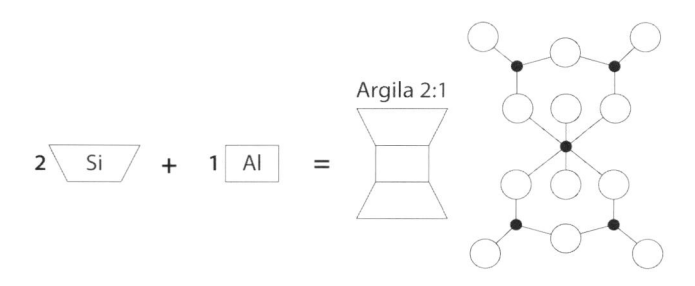

Fig. 4.4 Representações esquemáticas de ligações que formam uma camada de uma argila de grade 2:1 (duas lâminas de tetraedros de silício "ensanduichando" uma de octaedros de alumínio)

A Fig. 4.5 representa um desses argilominerais: a ilita. Olhando essa figura, você poderá notar que, além dos íons de O, OH, Si e Al, existem os de potássio (K^+), que fazem uma forte ligação entre camadas, "agarrando" uma com a outra, fazendo com que essa argila não possa se expandir.

Outro tipo de argila 2:1 é a *esmectita* (grupo que inclui a *montmorillonita*). Essa argila tem uma estrutura similar à da ilita, mas com uma diferença importante: é uma argila expansível, isto é, entre as camadas individuais, há espaço para entrada e saída de moléculas de água, o qual pode conter íons (como Ca^{2+}, Mg^{2+} e K^+) e radicais orgânicos (como os de alguns **herbicidas**). Visto que esse fenômeno de **adsorção** de íons é muito importante, ele será estudado em mais detalhes em outras lições.

Portanto, a montmorillonita, além da superfície externa, tem superfícies internas, razão pela qual é uma das argilas mais ativas do solo. Ela se expande muito quando umedecida e se contrai quando seca. Essa alta capacidade de contração e expansão pode resultar em algumas consequências para a agricultura e a construção civil. Quando, num solo contendo muita montmorillonita seca, as moléculas de água saem das entrecamadas, ele se contrai e sua **consistência** torna-se extremamente dura, com rachaduras que dificultam o trabalho de máquinas agrícolas, o que pode provocar alterações em algumas fundações. Quando úmido, esse solo se expande muito e é extremamente pegajoso.

A *vermiculita*, com estrutura também do tipo 2:1, pode ser definida como intermediária entre a ilita e a montmorillonita. Nela a quantidade de íons de potássio que "agarram" as camadas é menor e, por isso, essa argila é apenas parcialmente expansível. Nas lâminas de tetraedros, cerca de um terço dos íons de silício estão isomorficamente substituídos por alumínio. Por essa razão, existem muitas cargas negativas livres que podem ser compensadas por vários cátions básicos que, como veremos mais adiante, podem ser facilmente trocados por outros quando essa argila está úmida.

Existe um tipo de vermiculita – a "vermiculita aluminizada" – muito comum em regiões tropicais, com "ilhas" de hidróxidos de alumínio (ou gibbsita) precipitadas nos espaços entre as camadas. Outro tipo

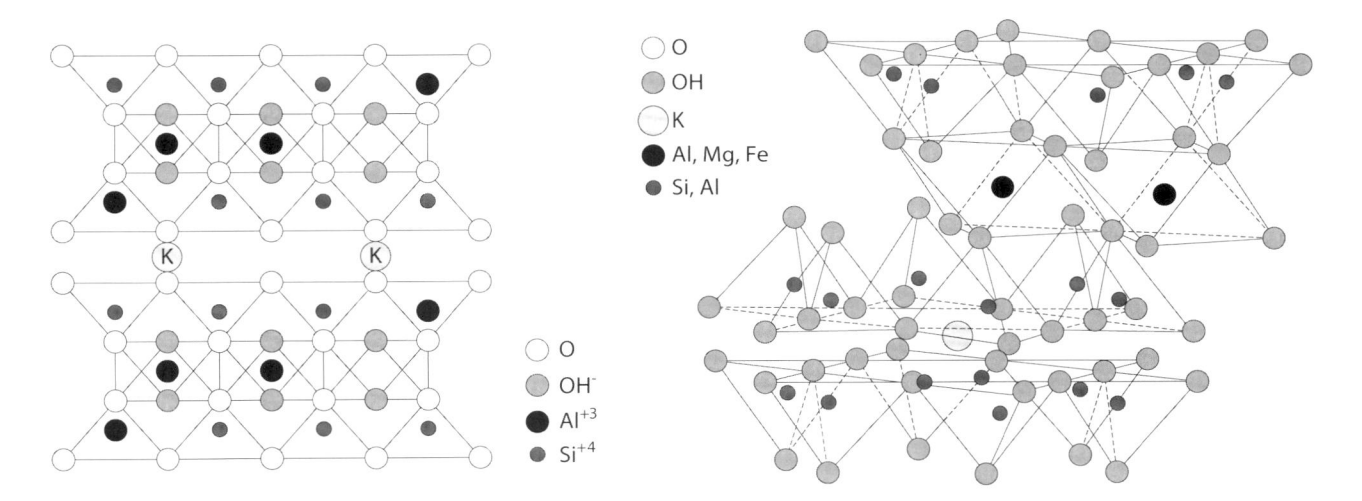

Fig. 4.5 Representações esquemáticas da estrutura atômica da argila 2:1 ilita (não expansível, por estarem as camadas unidas por íons de potássio)

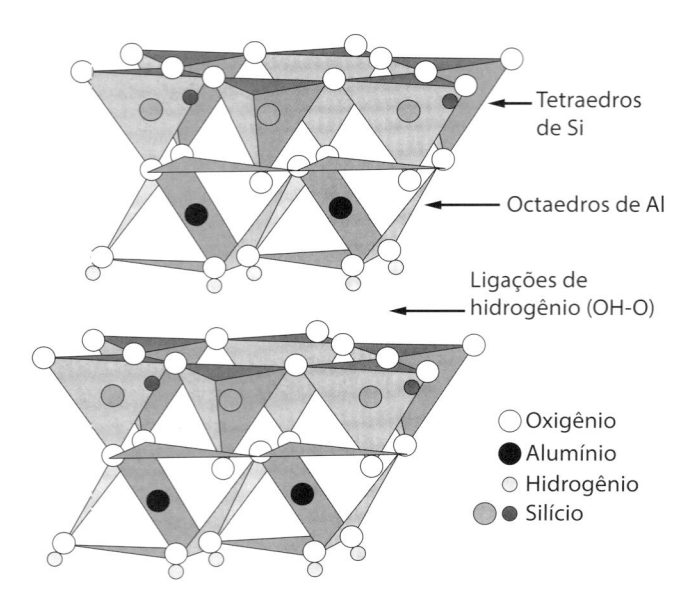

Fig. 4.6 Representação esquemática da caulinita, mostrando a disposição de duas camadas formadas por lâminas octaédricas e tetraédricas e o espaço entre elas, onde ocorre as ligações de hidrogênio

de vermiculita da qual você já deve ter ouvido falar é a "vermiculita expandida", usada como isolante térmico e substrato para alguns cultivos, como os hidropônicos. É uma vermiculita formada pelo intemperismo de flocos de uma mica (p. ex., biotita) e expandida artificialmente pela ação do calor.

4.2.2 Argilas oxídicas

Os principais constituintes das argilas oxídicas são os elementos ferro e alumínio. Elas são muito comuns em regiões tropicais úmidas, onde o intemperismo é muito intenso, o que faz com que seja removida a maior parte da sílica de minerais primários mais facilmente intemperizáveis e mesmo das argilas silicatadas, restando um resíduo rico nesses óxidos. Os principais são os de alumínio (a gibbsita) e de ferro (como ferri-hidrita, **hematita** e **goethita**). Estes óxidos comumente recobrem, e unem, as argilas silicatadas (ver Fig. 3.8).

A gibbsita – também chamada de hidrargilita – é uma das formas minerais do oxi-hidróxido de alumínio [$Al(OH)_3$]. Quando ocorre de modo muito concentrado, como produto final do intemperismo de rochas alcalinas, forma a rocha bauxita, um importante minério de alumínio. A estrutura básica é de lâminas sobrepostas de octaedros de alumínio. Frequentemente ocorre na forma de revestimentos sobre os cristais das argilas silicatadas, podendo até mesmo se precipitar nas entrecamadas, "aluminizando" a vermiculita, tornando-a mais resistente ao intemperismo, conforme já ressaltamos.

Muitos são os óxidos de ferro e todos têm, como unidade estrutural básica, o octaedro com íon férrico (Fe^{3+}) circundado por seis íons de oxigênio e hidroxilas – que compõem estruturas similares às dos octaedros de alumínio. As argilas constituídas por óxidos de ferro originam-se principalmente do intemperismo de minerais ferromagnesianos (como a olivina e o piroxênio). Diferenças entre o arranjo desses octaedros e as suas ligações (ora compartilhando O, ora OH) imprimem grande distinção entre eles, inclusive na cor que dão aos solos.

Quando esses octaedros estão se formando e ainda não estão bem ordenados, incluem moléculas de H_2O e formam a ferri-hidrita ($Fe_5HO_8.4H_2O$), que tem cor amarelo-ferruginosa. Ela pode ser notada em locais onde afloram filetes de água e indica o primeiro estágio da oxidação do íon ferroso (Fe^{2+}) – que é solúvel em água –, em íon férrico (Fe^{3+}), que é insolúvel por se combinar com oxigênio e/ou água. No solo, tais reações se processam principalmente por intermédio de bactérias oxidantes.

As cores mais avermelhadas do solo são consequência do colorido da hematita (Fe_2O_3). Seu nome vem do grego *haima*, que significa sangue. Aliás, a hematita já foi identificada até em Marte, o planeta vermelho. Um óxido vermelho e magnético é a **maghemita** (com mesma composição química da hematita, mas com os octaedros ordenados de forma idêntica à da magnetita, um mineral primário). Já as cores mais amareladas do solo normalmente são provenientes da goethita – $FeO(OH)$ –, com estrutura de octaedros cujos vértices são de hidroxilas (OH^-) e oxigênios (O^{2-}).

4.3 De onde vêm as cargas das argilas?

Pense um pouco sobre por que as argilas têm todas as cargas elétricas (negativas e positivas) nos seus arredores e por que algumas têm maior densidade de cargas do que as outras. Essas cargas podem ser explicadas como tendo duas origens principais:

- Desequilíbrio de cargas em alguns locais da estrutura dos cristais das argilas, induzido pelas substituições isomórficas (ver a seção 2.4 na Lição 2); esse desequilíbrio origina as chamadas cargas permanentes.

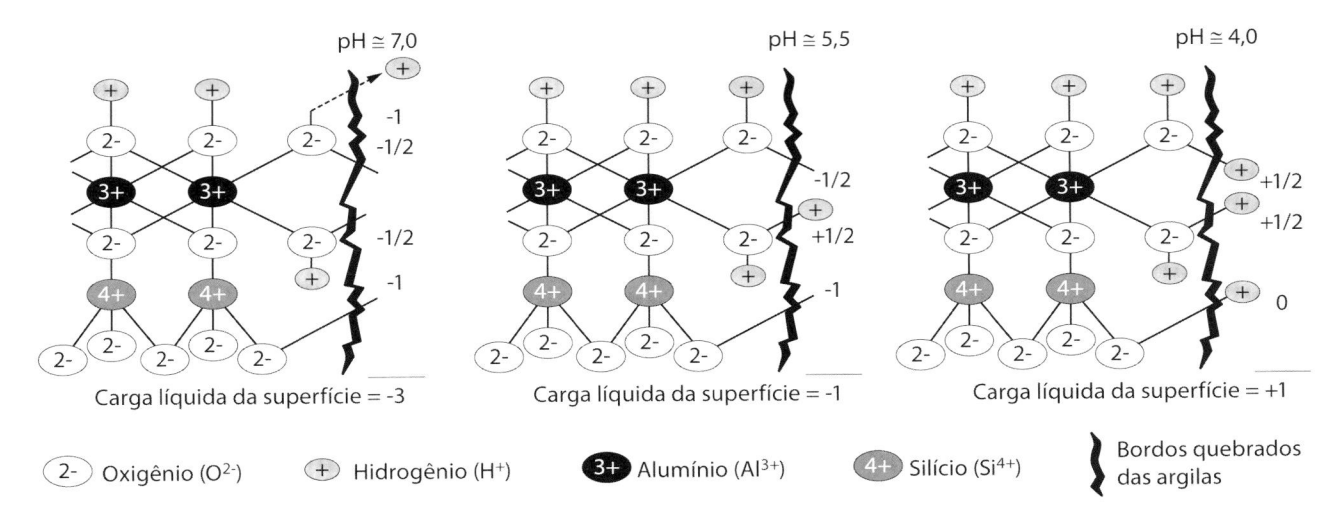

Fig. 4.7 Diagramas mostrando como as cargas variáveis ou dependentes do pH se formam nos bordos quebrados de um cristal de caulinita. À medida que o pH diminui, as cargas negativas também diminuem, fazendo com que o balanço de cargas seja positivo
Fonte: adaptado de Brady e Weil (1996).

- Dissociação de grupos carboxílicos (OH⁻) nos bordos dos cristais das argilas (Fig. 4.7), em que pode haver cargas líquidas negativas ou positivas, dependendo da quantidade de íons de hidrogênio dissolvidos na solução do solo ou do seu pH. Essa dissociação origina as chamadas cargas dependentes do pH.

4.3.1 Cargas permanentes (ou constantes)

Para entender melhor o que são cargas permanentes dos coloides do solo, considere:

- Carga é a diferença de potencial elétrico que aparece na superfície das partículas de argila em razão de um desbalanceamento entre as positivas e as negativas.
- O espaço situado entre quatro íons de oxigênio (formando um tetraedro) é geralmente ocupado pelo silício, mas ele, por vezes, é substituído por outros íons, como o alumínio.
- O espaço situado entre seis íons de oxigênio/hidroxilas é normalmente ocupado por um íon de alumínio; às vezes, porém, o ferro e o magnésio, por terem raios iônicos similares, substituem-no.

Quando as substituições isomórficas acontecem em um argilomineral, há um desbalanceamento de cargas – por exemplo, quando um íon trivalente (3+) substitui um tetravalente (4+) no interior de um tetraedro, deixando uma carga negativa livre. Recorde que o íon do alumínio é trivalente (Al^{3+}) e o do silício é tetravalente (Si^{4+}): três menos quatro é igual a menos um. Portanto, cada uma das células unitárias do cristal do mineral ganha uma carga negativa para cada substituição desse tipo.

As substituições isomórficas acontecem somente quando o mineral está se formando. Uma vermiculita, depois de sintetizada – a partir de uma mica, por exemplo –, não muda mais as suas cargas, isto é, não variam com a maior ou a menor acidez do solo.

Nas argilas silicatadas do tipo 2:1, existe uma variação muito grande na magnitude da densidade de suas cargas. As argilas com maior densidade de cargas são chamadas de mais ativas ou "de alta atividade". O principal fator responsável pela existência de argilas mais ativas e menos ativas é a quantidade de substituições isomórficas. A quantificação das cargas dos vários tipos de argila será abordada em detalhes na Lição 5, seção 5.6.

4.3.2 Cargas variáveis (ou dependentes do pH)

Nos coloides do solo, podem existir outras cargas que não são permanentes, porque não se originam de substituições isomórficas.

Nas arestas das argilas (ou "bordos quebrados") existem íons de oxigênio (O^{2-}) e de hidroxilas (OH^-), com cargas não neutralizadas pelas ligações covalentes do interior dos cristais. Isso pode fazer com que, nesses locais, cargas elétricas fiquem disponíveis para serem neutralizadas – com ligações iônicas – por alguns cátions dissolvidos na água do solo.

Portanto, essas cargas variáveis se originam dos tais "bordos quebrados" dos cristais das argilas. Tais cargas são muito importantes para o estudo de solo das regiões tropicais úmidas, pois são típicas das argilas que predominam em solos muito intemperizados: as de grade 1:1, como a caulinita, e as argilas oxídicas. No caso das argilas de grade 2:1, existem também cargas variáveis que dependem do pH, mas predominam, em número muito maior, as cargas permanentes originadas das substituições isomórficas.

Nas argilas oxídicas e na caulinita, predominam as cargas variáveis, pois são dependentes do pH. Elas aparecem em consequência da dissociação dos grupos hidroxílicos dos bordos dos cristais. Essa dissociação de hidroxilas ($OH \rightarrow O^- + H^+$) depende da concentração de H^+ e OH^- da solução do solo em contato com esses minerais. Quando a concentração de H^+ na água do solo é alta – uma solução ácida, portanto –, os íons de hidrogênio tendem a ser adsorvidos por hidroxilas livres, provocando um balanço de carga positivo. Quando é a concentração de hidroxilas que é elevada – uma solução alcalina, portanto –, os íons dessas hidroxilas combinam-se com os do mineral, provocando uma carga líquida – ou balanço de carga – negativa. Chama-se carga líquida (ou balanço de cargas) a diferença entre as quantidades de cargas de sinais opostos. Veja, por exemplo, a Fig. 4.7, ilustrando um bordo quebrado da lâmina de uma camada de uma argila 1:1 submetida a vários índices de acidez. Quando o pH é 7,0, a carga líquida é –3; sob condições de pH a 5,5, essa carga é de –1; já quando o pH é 4,0, o balanço é de +1, ou seja, domina a carga positiva, por estarem todas as cargas do ânion oxigênio neutralizadas pelo hidrogênio (H^+). Na Lição 5, é ilustrada a distribuição de cargas com alteração do pH para um bordo de argila oxídica.

4.4 O que é (e como se forma) o húmus?

Muito do que vimos acerca das argilas pode ser aplicado ao húmus, uma vez que ambos são partículas do tamanho de coloides (< 0,002 mm) e produtos finais de decomposição: o húmus, da matéria orgânica bruta e as argilas, de minerais das rochas. Argilas e húmus assemelham-se também por terem cargas onde íons são adsorvidos; portanto ambos têm capacidade de reter (e ceder) nutrientes às plantas.

Contudo, essas semelhanças desaparecem nas suas constituições. Enquanto os argilominerais, como vimos, têm composição química bem definida e são compostos basicamente por íons geometricamente organizados, nenhuma composição química definida ou arranjo geométrico de íons existem para o húmus. O húmus é composto predominantemente de íons de carbono que não estão geometricamente ordenados; por isso dizemos que é amorfo.

Há cerca de quase 200 anos, os químicos vêm estudando o húmus e tentando defini-lo de uma maneira objetiva, tal como os mineralogistas definem a argila. No entanto, na maior parte dos livros, vemos o húmus definido com expressões do tipo "uma complexa mistura de substâncias mais complexas ainda". Isso porque, no húmus, os íons de carbono unem-se aleatoriamente em longas cadeias. Ele é formado por um punhado de moléculas muito grandes que se juntam muito desordenadamente. Veja, por exemplo, na Fig. 4.8, a representação de uma molécula de **proteína** e imagine que uma de húmus é infinitamente mais complexa que ela.

Para contornar a complexidade da constituição do húmus, na década de 1930, os cientistas cunharam o termo **substâncias húmicas**, definindo-as como uma série de substâncias orgânicas complexas de elevados pesos moleculares e de coloração marrom a preta, as quais compõem de 60% a 80% da matéria orgânica do solo e geralmente são bastante resistentes aos ataques

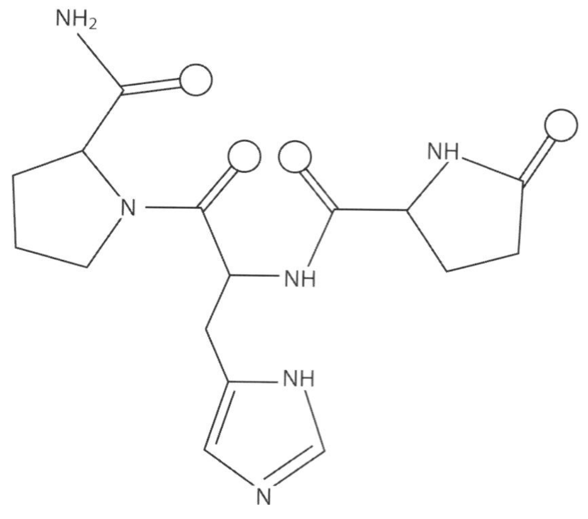

Fig. 4.8 Fórmula estrutural de uma das moléculas mais simples do húmus: uma proteína (a maior parte dos átomos de carbono situa-se nos vértices dos polígonos)

microbianos. Eles também estabeleceram as subdivisões operacionais dessas substâncias: **ácidos húmicos**, que são a fração do húmus do solo de cor escura e de composição variável ou indefinida, que pode ser extraída com solução alcalina diluída e depois precipitada, após ter sido acidificada; e **ácidos fúlvicos**, que são a fração solúvel em ácido.

O húmus é a forma relativamente estável da matéria orgânica que permanece no solo depois de a maior parte dos restos de plantas e animais se decomporem. Tem uma coloração escura e consiste de moléculas orgânicas que contêm principalmente oxigênio, carbono, hidrogênio e também consideráveis quantidades de nitrogênio e enxofre, além de pequenas quantidades de muitos outros elementos, incluindo todos os **micronutrientes**. Origina-se de material orgânico bruto morto, como folhas e galhos recém-caídos na **serrapilheira** de uma floresta, compostos essencialmente de **ligninas**, proteínas, ceras, carboidratos e resinas – que continuamente se decompõem e se sintetizam em um material escuro pela ação de organismos.

As cargas negativas do húmus desenvolvem-se exclusivamente pela dissociação de hidrogênios, que formam grupos hidroxílicos, fenólicos e carboxílicos no exterior de suas partículas (Fig. 4.9).

O húmus tem potencialmente mais cargas negativas que qualquer mineral de argila, mas todo esse potencial depende da acidez do solo e do tipo de grupos de carbono existentes em suas moléculas. As cargas do húmus são muito dependentes do pH, tal como as dos óxidos. Apesar de o húmus ser amorfo, ele interage bastante com as partículas cristalinas das argilas: mistura-se com as suas camadas, nas quais formam revestimentos, e isso tão intimamente que, mesmo em laboratório, algumas vezes é difícil separá-lo.

Como vimos, a argila e o húmus são os sólidos ativos do solo que determinam muitas de suas propriedades físicas, químicas e biológicas. Imagine que um quilo do horizonte A de um solo rico em húmus pode conter até 10^{20} partículas com uma superfície equivalente a 60 ha, que pode ter até 10^{24} cargas elétricas, a maior parte das quais negativas. Portanto, a quantidade, a distribuição e a qualidade dos sólidos ativos (argilas e húmus) determinam a maior parte das atividades químicas, físicas e biológicas de um solo.

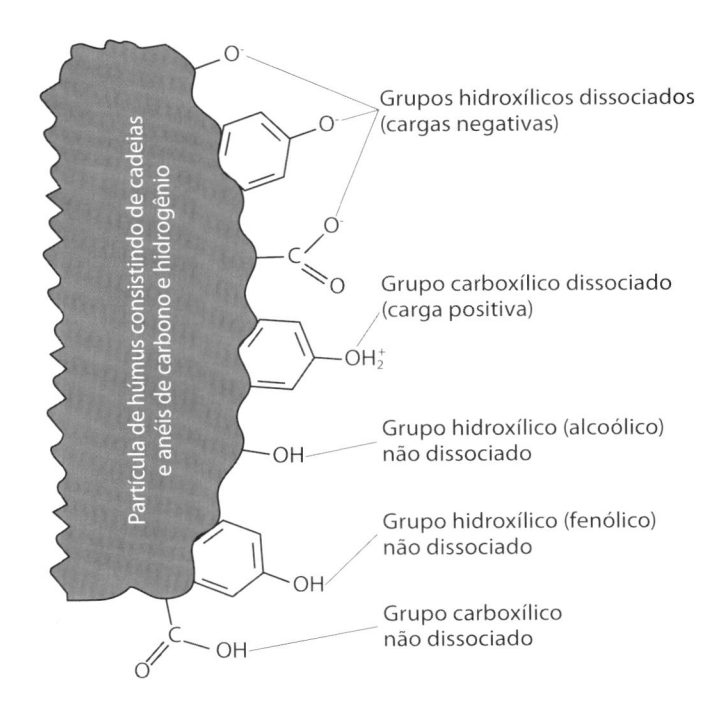

Fig. 4.9 Diagrama simplificado dos principais grupos hidroxílicos (OH) e carboxílicos (COOH) responsáveis pela grande quantidade de cargas (principalmente negativas) ao redor da partícula de húmus
Fonte: adaptado de Brady e Weil (1996).

Assim, antes de concluirmos, vale novamente ressaltar a importância de você dedicar tempo e atenção a esta lição, para que possa compreender melhor todos os assuntos das outras lições. Recorde como as argilas são formadas pela ação do intemperismo (Lição 3) e observe também algumas ilustrações relacionadas aos usos de argilas em construções e o formato geométrico das partículas de caulinita quando vistas sob microscópio eletrônico (foto na abertura desta lição). Veja também como W. B. Logan (1996), olhando as argilas sob microscópio eletrônico, comparou as feições de suas superfícies com as de um importante órgão feminino: "[...] são como as dobras do útero, cujas funções são receber, envolver, conter e dar à luz."

De fato, os sólidos ativos recebem os nutrientes, envolvem-nos nas cargas de suas superfícies, onde são contidos para não serem facilmente lavados, e, quando necessário, cedem-nos para as raízes das plantas nas chamadas reações de troca, que serão objeto da próxima lição.

4.5 Perguntas para estudo

1. Quais são os representantes mais ativos da fase sólida do solo? Por que eles são assim chamados?

(Dica: consulte os primeiros parágrafos desta lição e a seção 4.3).

2. Explique como os coloides do solo podem se dispersar e depois flocular. *(Dica: consulte os primeiros parágrafos desta lição e a Fig. 4.1).*

3. Aponte as diferenças entre as estruturas cristalinas da caulinita, ilita, vermiculita e montmorillonita. *(Dica: consulte a definição desses argilominerais no Glossário, o Boxe 4.1 e as Figs. 4.1 a 4.7).*

4. Considere os minerais caulinita, montmorillonita e ilita. Por que a caulinita e a ilita são minerais não expansíveis e por que montmorillonita é um mineral expansível? *(Dica: consulte as seções 4.2.1 e 4.2.2 e o Boxe 4.1).*

5. As cargas elétricas do solo podem ser classificadas como constantes e variáveis (ou dependentes de pH). Sabendo disso, cite a origem desses dois tipos de cargas elétricas do solo. *(Dica: consulte a seção 4.3).*

6. Explique como se dá a geração de cargas nos principais minerais da fração argila dos solos tropicais: caulinita e óxidos de ferro. *(Dica: consulte a seção 4.3).*

7. Embora a matéria orgânica corresponda a somente 5% de um horizonte superficial ideal do solo, e os vegetais absorvam carbono somente do ar na forma de CO_2, ela determina em grande parte a produtividade dos solos. Explique de que forma a matéria orgânica contribui para essa melhoria dos solos? *(Dica: consulte a seção 4.4).*

8. Como a substituição isomórfica cria um déficit de carga positiva ($Al^{3+} \rightarrow Si^{4+}$, $Mg^{2+} \rightarrow Al^{3+}$) na estrutura cristalina dos minerais e uma manifestação de carga negativa na superfície do coloide? *(Dica: consulte a seção 4.3).*

9. Quais são as principais argilas oxídicas e quais as que imprimem cores vermelhas e amareladas ao solo? *(Dica: consulte a seção 4.2.2).*

10. Em que locais de um cristal de caulinita existem cargas elétricas? *(Dica: consulte a seção 4.3).*

11. Em que os argilominerais e o húmus se assemelham, em relação ao modo de formação e às propriedades físicas? Em que eles diferem mais? *(Dica: consulte a seção 4.4).*

12. Suponha que uma rocha contenha somente feldspatos potássicos. Sob intensas condições de intemperismo, em quais argilominerais você esperaria que ela se transformasse, e quais de seus cátions (e outros compostos) seriam dissolvidos e lixiviados para o lençol freático? Que utilidades práticas teria o produto final do intemperismo dessa rocha? *(Dica: consulte o Boxe 3.2).*

Lição 5

Capacidade de troca de íons

É importante que os estudantes transportem para os seus estudos uma certa dose de irreverência descontraída; eles não estão aqui para adorar o que é conhecido, mas para questioná-lo.

(J. Bronowski)

Folhas de vitória-régia em meio à água do lago lembram desenhos de coloides trocando os íons neles adsorvidos com os da fase aquosa do solo que os embebem (Jardim Botânico do Rio de Janeiro) (Foto: Mendel Rabinovitch)

Na lição anterior, vimos como são constituídos, química e fisicamente, as argilas e o húmus. Nesta lição, veremos algumas reações químicas que ocorrem entre esses sólidos e a fase líquida do solo. Portanto, será uma oportunidade para você usar alguns conhecimentos elementares aprendidos em cursos de química. Abordaremos um dos fenômenos mais fascinantes da natureza: o da troca de íons. Se houvesse um concurso para escolher os sete fenômenos mais maravilhosos da Natureza, acredito que, além da fotossíntese, certamente estaria incluída a capacidade dos sólidos ativos do solo de trocar íons.

5.1 Íons, coloides e suas cargas elétricas

As cargas eletrostáticas superficiais dos minúsculos sólidos coloidais do solo atraem e carregam inúmeros íons. Tais íons são atraídos à superfície dos coloides com uma força suficientemente grande para que não sejam arrastados em direção às águas subterrâneas, mas estão suficientemente livres para que as raízes das plantas possam retirar dessas cargas os íons de que necessitam para se nutrir.

Vamos recordar: íons têm carga elétrica, isto é, perderam ou ganharam elétrons. Aos átomos que perderam elétrons – e por isso estão positivamente carregados – chamamos de cátions, e aos que ganharam elétrons – e por isso estão negativamente carregados – chamamos de ânions. Alguns cátions formam bases fortes (fortemente dissociadas) pela reação com hidroxilas (p. ex., K^+ forma hidróxido de potássio – KOH) e, por isso, são chamados de cátions básicos. Já outros, pelo contrário, contribuem para a atividade do íon H^+, tanto diretamente quanto por reações de hidrólise com a água (p. ex., H^+, Al^{3+}) e, por isso, são chamados de **cátions ácidos**.

A maior parte desses íons se desprendeu da **estrutura cristalina** dos minerais. Com o intemperismo, eles foram liberados, tanto para formar outros minerais como para ficar adsorvidos pelas cargas eletrostáticas dos coloides do solo, ou, ainda, dissolvidos na solução do solo. Ao conjunto de **coloides do solo** (argilas e húmus) responsável pelas trocas iônicas damos o nome de **complexo de adsorção**.

Entre muitos desses íons, destacam-se os que nutrem as plantas, principalmente os cátions básicos de cálcio, magnésio e potássio, e os ânions que possuem fósforo, enxofre e nitrogênio. Fertilizantes, calcário ou restos orgânicos adicionados ao solo, ao se solubilizarem (ou se decomporem), também liberam esses íons. Geralmente, dos dois tipos de íons, os de carga negativa (cátions) são considerados como de maior importância para o estudo dos solos.

Na lição anterior, discutimos o fato de as argilas terem cargas negativas permanentes (originadas de substituições isomórficas) ou dependentes (originadas da dissociação de grupos hidroxílicos dos bordos dos cristais de argila ou de compostos orgânicos). Tais cargas negativas atraem cátions, da mesma forma que minerais magnéticos são atraídos por um ímã.

Em relação aos íons, menos ânions do que cátions são atraídos pelas argilas silicatadas e o húmus, uma vez que esses coloides têm um balanço de carga negativo, isto é, têm muito mais cargas negativas que positivas. Argilas oxídicas, ao contrário, atraem mais ânions que cátions, por terem um balanço de carga positivo na faixa mais comum do pH dos solos. Alguns horizontes de alguns solos (como o **horizonte B** de solos muito intemperizados) são pobres em húmus e muito ricos em argilas oxídicas, as quais têm balanço de carga positivo e, portanto, podem atrair mais ânions que cátions. Porém, a ênfase nesta lição estará na troca de cátions, conhecida pela sigla CTC (capacidade de troca de cátions).

5.2 Como acontecem as trocas de cátions do solo?

A **troca de cátions** se dá quando um íon positivamente carregado, dissolvido na fase aquosa do solo, aproxima-se da superfície de um coloide, podendo, com essa proximidade (e se ocorrer em quantidade suficiente), ser trocado por outro que está diretamente adsorvido nas cargas negativas. A adsorção de um novo cátion é então compensada pela liberação de um ou mais cátions do coloide em direção à solução do solo (Fig. 5.1).

Existem várias importantes características desse processo de troca que temos que levar em consideração. Uma das principais é que as trocas de íons são quantitativamente balanceadas, isto é, sempre se dão em quantidades quimicamente equivalentes, e essa equivalência decorre da quantidade de cargas. Exemplificando: se um coloide libera um íon com duas cargas positivas (p. ex., Mg^{2+}), ele terá de readquirir outro íon – ou íons – equivalente a duas novas cargas, para restabelecer seu equilíbrio (p. ex., Mg^{2+} pode ser trocado por um íon de cálcio, Ca^{2+}, ou dois de potássio, $2K^+$).

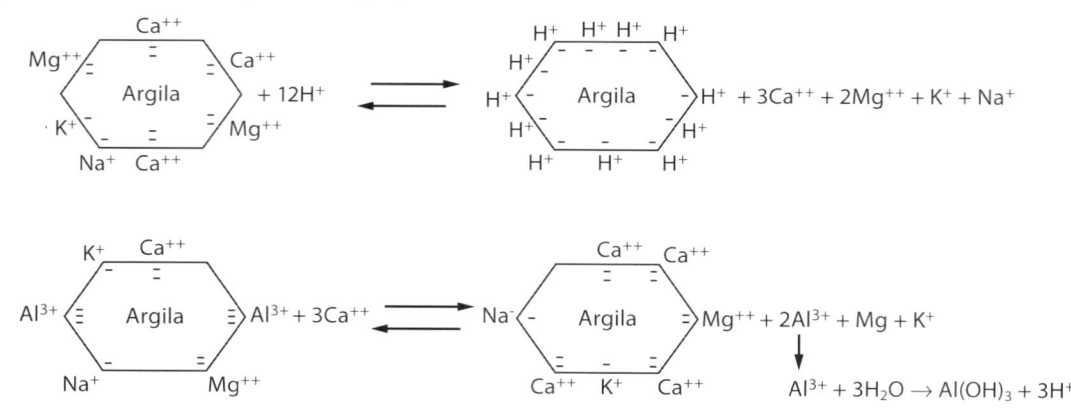

Fig. 5.1 Acima: coloide 100% saturado com cátions básicos, colocado em uma solução contendo muitos íons de hidrogênio: todos os cátions básicos são trocados pelo hidrogênio. Abaixo: o mesmo coloide com cerca de 50% de seus pontos de troca saturados com cátions básicos colocados em uma solução contendo muitos íons de cálcio (à semelhança de calcário colocado em um solo ácido): os íons de cálcio da solução substituem todos os outros adsorvidos no coloide, e o alumínio deslocado para a solução do solo reage com a água, liberando acidez (H+)
Fonte: adaptado de Schroeder (1984).

5.3 Como quantificar a CTC de uma amostra de solo?

Vamos agora abordar as reações de troca sob o ponto de vista quantitativo, pois, para várias operações de manejo do solo, precisamos saber quantas cargas negativas tem um determinado solo para, por exemplo, calcular a sua necessidade de calagem. A capacidade de troca de cátions (CTC), na maior parte das vezes, é expressa como o número de centimols de carga positiva ($cmol_c$) que pode ser adsorvido por unidade de massa. Por exemplo, um solo pode ter uma CTC de 12 $cmol_c$/kg, indicando que 1 kg de solo pode conter 12 $cmol_c$ de íons de hidrogênio (H^+) e trocar esse número de cargas pelo mesmo número de cargas de qualquer outro cátion. Essa forma de expressar a CTC realça que as reações de troca ocorrem baseadas em "carga por carga" (e não "íon por íon"). Ver no Boxe 5.1 mais sobre expressão da CTC e o significado das medidas em "mol de carga".

As reações de troca envolvem a manutenção de um balanço elétrico. Por isso, um cátion com duas cargas elétricas (divalente) não pode ser trocado por um com três (trivalente), ou vice-versa. Mas um cátion trivalente pode ser trocado por um divalente mais um monovalente. Se dois íons monovalentes movimentam-se na **solução do solo** em direção à superfície de uma partícula de argila, um divalente (ou dois monovalentes) deve deixar a argila. Esse processo está ilustrado na Fig. 5.2, na qual o termo coloide (ou **micela**) significa um sólido ativo qualquer, com cargas negativas, quer seja húmus ou argila. As setas nos dois sentidos indicam que as reações são reversíveis.

A Fig. 5.2 é uma ilustração simplificada de uma reação de troca. Na realidade, existem sempre muitos cátions adsorvidos nas partículas coloidais e alguns outros na solução do solo no seu entorno. Esses íons adsorvidos estão livres e, por isso, podem ir e voltar das partículas sólidas para a solução e vice-versa. Alguns cátions movem-se com mais facilidade que outros, dependendo das forças que governam as reações de troca: alguns são retidos mais fortemente (como o Al^{3+} e o Ca^{2+}) e outros, com menos firmeza (como o Na^+ e o K^+).

Boxe 5.1 Expressão da capacidade de troca de cátions (CTC)

A capacidade de troca de cátions do solo é expressa em termos de quantidade de carga que os coloides de uma determinada massa (ou volume) de solo podem reter. Infelizmente não existe uniformidade na forma de expressar a CTC do solo, o que pode trazer confusão, principalmente para os usuários pouco familiarizados com as modificações recentes nas unidades de expressão dos resultados de análise de solo.

Antigamente, a CTC era expressa em miliequivalentes por cem gramas de solo (um equivalente é a quantidade de cargas que pode ser trocada ou combinada com um grama de hidrogênio).

Recordando: assim como uma dúzia são 12 unidades, um mol são $6,02 \times 10^{23}$ ("número de Avogadro") unidades. Quando estamos interessados nos átomos, utilizamos a unidade de massa atômica (u.m.a.) como medida, que equivale ao peso de 1/12 de um átomo de carbono. Por exemplo, no sal de cozinha (NaCl), o Na pesa 23,0 u.m.a. e o Cl, 35,5 u.m.a., de forma que uma molécula de NaCl pesa 58,5 u.m.a.

A vantagem do uso do mol é que, se pesarmos 58,5 g de NaCl, teremos 1 mol de NaCl, isto é, $6,02 \times 10^{23}$ moléculas de NaCl. O carbono pesa 12 u.m.a.; o alumínio, 27 u.m.a. e o ferro, 53 u.m.a. Portanto, se tivermos 12 g de carbono, 27 g de alumínio ou 53 g de ferro, sempre teremos 1 mol desses elementos.

Dessa forma, podemos usar o mol para "contar" cargas elétricas – ou a CTC – do solo. Um mol de carga é representado por mol_c ("mol carga"). Por exemplo, 1 mol do íon Na^+ compreende $6,02 \times 10^{23}$ íons de Na^+. Como cada íon de sódio possui uma carga positiva, também corresponde a 1 mol_c, isto é, $6,02 \cdot 10^{23}$ cargas positivas (+). Por outro lado, cada 1 mol do íon Ca^{2+} possui duas cargas positivas.

Se medirmos as quantidades de cátions retidos nas cargas negativas da superfície dos coloides, teremos a quantificação da CTC em mol_c. Como antigamente essa medida era feita em outra unidade, o meq/100 g, para que não haja confusão na conversão da unidade antiga para a atual, muitos autores utilizam o centimol de carga ($cmol_c$), que é a centésima parte de um mol de carga. Uma **amostra de solo** que possui CTC = 4 $cmol_c$ kg^{-1} significa que as cargas elétricas do **horizonte do solo** que ela representa podem reter quatro centésimos de mol de Na^+ ou dois centimols de Ca^{2+}.

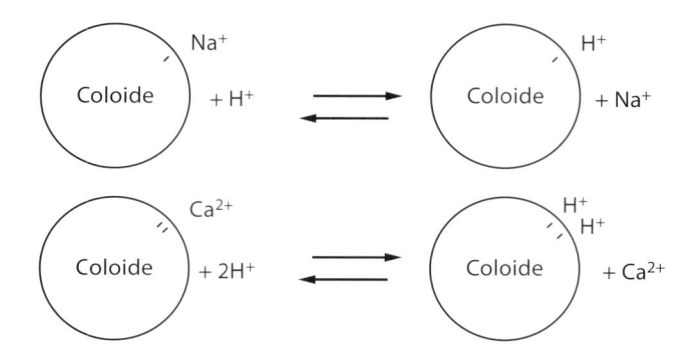

Fig. 5.2 Uma reação de troca de cátions ilustrada de forma simples, com apenas um íon de sódio ou cálcio adsorvido sendo deslocado e substituído pelo hidrogênio

Note que usamos sempre o termo **ad**sorção iônica, que significa ligação do íon à parte externa do coloide, e não à sua parte interna (ou interior da estrutura cristalina) – como é o caso da **ab**sorção. Na Fig. 5.3 tem-se a representação de como o ácido carbônico (H_2CO_3) reage com um coloide com vários cátions. Esse ácido carbônico, comum na água das chuvas e do solo, provém de reações do gás carbônico com a água.

Na Fig. 5.3, as unidades 40%, 20% etc. representam as proporções aproximadas de cálcio (Ca^{2+}), alumínio (Al^{3+}), hidrogênio (H^+) e M cátions monovalentes, tais como o potássio (K^+) e o sódio (Na^+). Note que a partícula coloidal no lado direito da reação ganha cinco íons de hidrogênio, os quais são supridos pela dissociação das hidroxilas do ácido carbônico. Para compensar esse ganho, há uma perda de dois íons de cálcio e um íon de algum cátion monovalente, isso para manter a equidade elétrica dessa reação, na qual o bicarbonato de cálcio [$Ca(HCO_3)_2$] e o bicarbonato de potássio ($KHCO_3$) são muito solúveis. Note também que o hidrogênio do ácido carbônico desloca o cálcio e o potássio, mas não o alumínio, porque nem todos os cátions são retidos com igual força nas micelas das partículas coloidais: o alumínio é um dos mais fortemente adsorvidos.

5.4 Fatores que determinam maior ou menor retenção dos cátions nos coloides

Existem três fatores que determinam quais cátions são mais ou menos retidos nos pontos de troca dos coloides: a concentração relativa do cátion, a valência do cátion e a atividade iônica.

5.4.1 Concentração relativa do cátion

A concentração do íon refere-se ao fenômeno conhecido em química como "lei da ação de massas", que, de forma simplificada, significa que um íon presente em grande quantidade na solução tende a se mover em direção às áreas de menor concentração.

5.4.2 Valência do cátion

O segundo fator – a valência – significa que quanto maior a carga, maiores a retenção e a facilidade de se deslocar, ou seja, íons com cargas maiores (p. ex., o Al^{3+}) podem, com mais facilidade, deslocar íons com cargas menores. Assim, um íon de alumínio (Al^{3+}) poderá facilmente deslocar três de potássio (K^+); por sua vez, três de potássio não deslocarão tão facilmente um de alumínio, a não ser que apresentem a vantagem de estar em quantidade bem maior na solução do solo.

O alumínio é, então, o cátion retido com mais força, podendo repor outros íons na seguinte ordem:

$$Al^{3+} > Ca^{2+} > Mg^{2+} > K^+ > Na^+$$

Essa sequência, em ordem crescente de facilidade de deslocamento e substituição, é conhecida como "série liotrópica". O hidrogênio fica fora dessa série por várias razões. Uma delas é que sua habilidade em deslocar outros cátions é muito variável, porque ele pode aparecer na forma hidratada (ou **hidrônio**: H_3O^+). Outra se deve ao fato de o hidrogênio, quando adsorvido pelas

Fig. 5.3 A mesma reação da Fig. 5.2, ilustrada de forma mais completa (M = cátion monovalente) Fonte: adaptado de Brady (1974).

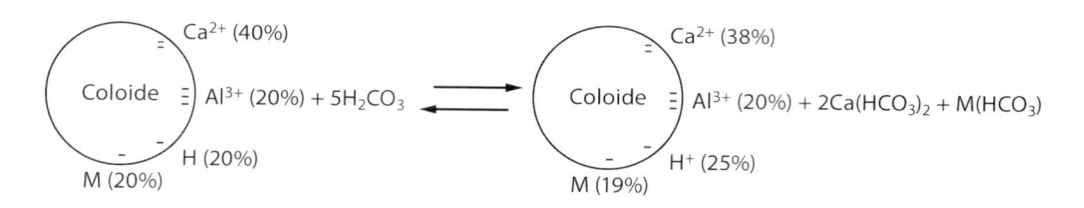

argilas, permanecer pouco tempo nos pontos de troca, por ser substituído pelo cátion do alumínio (que pode ser retirado das unidades octaédricas dos bordos das argilas).

5.4.3 Atividade iônica

O terceiro fator – a atividade iônica – depende do tamanho do íon hidratado. Quanto menor ele for, maior será sua atividade. Uma vez que os cátions da solução do solo normalmente estão rodeados por moléculas de água – ou na forma hidratada –, há que se considerar o raio do íon hidratado. O potássio (K^+) e o sódio (Na^+) são bons exemplos: no estado desidratado (sem água ao seu redor), o sódio é menor que o potássio (ver Fig. 2.7: 0,95 nm para o sódio *versus* 1,33 nm para o potássio), e por isso poderíamos prever que ele é mais ativo. Contudo, o Na^+, por atrair mais moléculas de água, torna-se maior e menos ativo que o potássio, isso porque o Na^+ é um dos íons mais facilmente destacáveis da superfície dos coloides: ele é o mais lixiviado para os cursos d'água, que depois desaguarão nos mares, onde esse íon, juntamente com o cloro, se acumula.

5.5 Um exemplo de troca de íons

Vamos considerar agora um exemplo prático de troca de íons. Suponha que você queira substituir Al^{3+} por Ca^{2+}, um exemplo realístico, porque este é o tipo de troca que ocorre quando adicionamos calcário a um solo para corrigir sua acidez e aumentar seu teor de cálcio trocável. O cálcio tem uma carga menor e um tamanho maior que o alumínio; assim, o Ca^{2+} não irá substituir o alumínio com muita facilidade. Contudo, lembre-se de que, neste exemplo, até agora estamos considerando somente dois dos três fatores que controlam a troca de íons. Portanto, se quisermos trocar o alumínio pelo cálcio, teremos que colocar uma quantidade relativamente grande de Ca^{2+} na solução do solo para podermos contar com o fator ação de massa e provocar uma troca completa. É isso que fazemos quando colocamos calcário no solo: adicionamos uma grande quantidade de cálcio (mais comumente na forma de carbonato: $CaCO_3$) para aumentar a concentração do íon cálcio (Ca^{2+}) na solução do solo, a tal ponto que consiga dois efeitos: substituir todo o (mais fortemente adsorvido) alumínio (Al^{3+}) do complexo de troca e, ao mesmo tempo, neutralizar a maior parte da acidez, formando CO_2 e H_2O, por meio da combinação do íon bicarbonato (HCO_3^-) com H^+. Para mais exemplos, ver as reações químicas do calcário adicionado a solo ácido na Lição 10.

Vejamos um exemplo de cálculo com o seguinte problema: *Quantos miligramas de potássio (K) poderão substituir 100 miligramas de cálcio (Ca) adsorvido nos coloides de um solo?*

Considerando que as trocas ocorrem na base de milimols de carga, primeiro precisaríamos calcular quantos milimols de carga de cálcio ($mmol_c$ de Ca^{2+}) existem nos 100 mg desse elemento. Esse "número de miligramas em um $mmol_c$" é obtido tomando-se o peso atômico do cálcio (40) e dividindo-o pela valência 2, obtendo-se assim 20 mg/$mmol_c$. Ao dividirmos 100 mg do cálcio absorvido na argila pelos 20 mg/$mmol_c$, obtemos o número de mmols de Ca que estão adsorvidos na argila – no caso, cinco. Então, se quisermos substituir exatamente estes cinco $mmol_c$ de Ca, teremos que colocar exatamente também cinco $mmol_c$ de K nos pontos de troca onde o Ca foi deslocado. Há que se fazer, portanto, cálculos idênticos ao cálcio para o potássio.

O peso atômico do potássio é 39 e sua valência, um. Portanto, um $mmol_c$ de potássio pesa 39 mg. Trinta e nove mg por $mmol_c$ vezes cinco $mmol_c$ nos dá uma resposta em mg: 195, ou seja, se quisermos repor cinco $mmol_c$ de Ca por cinco $mmol_c$ de K, teremos que usar esses 195 mg.

Tente agora outro cálculo. Suponha que você tenha 100 mg de Ca^{2+} adsorvido, mas Na^+ em vez de K^+ é o cátion que você quer substituir. Na^+ tem peso atômico de 23 e carga +1. Se a sua resposta for 115 mg de Na, então seu cálculo está correto.

Sobre a origem das cargas no solo, lembre-se do que discutimos na Lição 2, quando abordamos as substituições isomórficas das argilas e a dissociação de hidrogênio dos grupos hidroxílicos (OH^-) do húmus e dos bordos das argilas. Para mais uma vez ilustrar como essas cargas são formadas, vamos examinar a Fig. 5.4, que mostra uma provável sequência de intemperismo, iniciando com a mica muscovita, que se transforma no argilomineral ilita, que, por sua vez, dá origem à vermiculita ou **esmectita**. Na mica e na vermiculita existe uma considerável quantidade de cargas negativas, mas elas estão neutralizadas pelo potássio fixado entre as camadas (ver Boxe 4.1 e Fig. 4.5). Nesse estágio, não

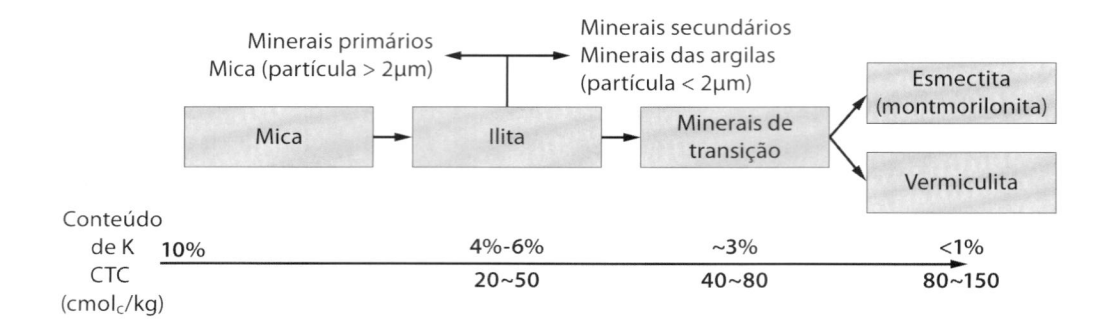

Fig. 5.4 Aumento da CTC e diminuição do conteúdo de potássio (K) da ilita e da vermiculita à medida que são sintetizadas, a partir da intemperização da mica muscovita
Fonte: adaptado de Schroeder (1984).

temos muitos pontos de capacidade de troca; todavia, como representado na Fig. 5.4 (à direita), as coisas mudam: quando a mica e vermiculita se intemperizam, o potássio é liberado, deixando cargas negativas nos locais de onde foi removido, as quais ficam livres para atrair outros cátions. À medida que mais e mais potássio sai da grade, mais pontos de carga negativa são liberados, não só aumentando, portanto, a capacidade de troca, como também facilitando a entrada e a saída de água e cátions pelo aumento da distância entre as lâminas. Com o aumento do intemperismo, poderemos ter uma completa transformação da ilita em vermiculita ou montmorillonita, as quais têm uma capacidade de troca cerca de 80 cmol$_c$/kg a 150 cmol$_c$/kg contra 20 cmol$_c$/kg a 50 cmol$_c$/kg da ilita.

A quantificação da CTC é extremamente importante por várias razões. Ela nos permite predizer quanto de um elemento nutriente um determinado solo é capaz de adsorver e, nos horizontes subsuperficiais (com pouca matéria orgânica), ter uma ideia do tipo de argila presente no solo. Portanto, a CTC é básica para cálculos relacionados à classificação pedológica e à quantidade de fertilizantes e corretivos que deve ser aplicada ao solo.

5.6 Fatores que afetam a CTC do solo

Uma vez que certos solos têm capacidade de troca de cátions maior ou menor que outros, é necessário agora discutir os fatores que afetam essa capacidade. Quatro são os principais fatores que determinam essa importante propriedade dos solos: (a) quantidade de argila, (b) quantidade de matéria orgânica (húmus), (c) tipo de argila e (d) índice de acidez, ou pH.

Primeiro, a quantidade de argila presente: uma vez que as argilas são fontes de cargas negativas, quanto mais as tivermos, maior será a CTC. Segundo, a quantidade de húmus: da mesma forma que as argilas, as partículas de húmus são uma boa fonte de cargas negativas. Terceiro, o tipo de argila: existem argilas menos ativas (p. ex., as 1:1) e argilas mais ativas (p. ex., as 2:1). A Tab. 5.1 apresenta alguns valores de CTC para alguns tipos de argila. A caulinita, por exemplo, tem valores de CTC muito menores em comparação aos das demais argilas silicatadas. O quarto fator é o pH ou nível de acidez: quanto mais ácido o solo, menor será a CTC. Discutiremos mais sobre esse assunto na Lição 10.

A Fig. 5.5 traz alguns dados relacionados à CTC e ao pH. Note que a CTC aumenta à medida que o pH também aumenta, e isto porque, quando a acidez diminui, a quantidade de íons de hidrogênio em solução também decresce, fazendo com que mais grupos hidroxílicos se dissociem. Dessa forma, com a diminuição da acidez, íons de hidrogênio são neutralizados, ou removidos, dos bordos das partículas coloidais para compensar a diminuição desses íons na solução do solo, resultando em novas cargas negativas.

Essas novas cargas que surgem à medida que a acidez é diminuída são chamadas de "cargas dependentes do pH", já referidas na lição anterior. As argilas silicatadas do tipo 2:1 têm valores muito baixos de CTC dependente do pH. Ao contrário, nas argilas do tipo 1:1, nos óxidos de ferro, de alumínio e no húmus, uma porção mais elevada da CTC depende das condições de pH, porque a quantidade de cargas negativas aumenta na razão direta deste.

Tab. 5.1 QUANTIDADE DE CARGAS NEGATIVAS (CTC) DE DIFERENTES COLOIDES DO SOLO (DETERMINADAS COM UMA SOLUÇÃO TAMPÃO A pH 7,0), MOSTRANDO DADOS COMPARATIVOS DA CTC CONSTANTE (OU PERMANENTE) COM A DEPENDENTE DO pH

Tipo de coloide	CTC total (a pH 7,0) (cmol$_c$/kg)	CTC constante (%)	CTC dependente do pH (%)
Argilas oxídicas (óxidos de Fe e Al)	4	0	100
Argilas 1:1 (caulinita)	8	5	95
Argilas 2:1 micáceas (ilita)	30	80	20
Argilas 2:1 do tipo vermiculita	150	95	5
Argilas 2:1 do tipo esmectita	100	95	5
Coloides orgânicos (húmus)	200	10	90

Notar: (1) os baixos valores de CTC e a grande porcentagem de cargas dependentes do pH das argilas oxídicas (óxidos de Fe e de Al) e do tipo 1:1 (caulinita); (2) os valores relativamente elevados da CTC do húmus e das argilas silicatadas expansivas do tipo 2:1 (esmectitas, que inclui a montmorillonita) e também os valores relativamente baixos de cargas dependentes do pH dessas argilas em relação aos coloides orgânicos (húmus).

Fonte: Brady e Weil (2002).

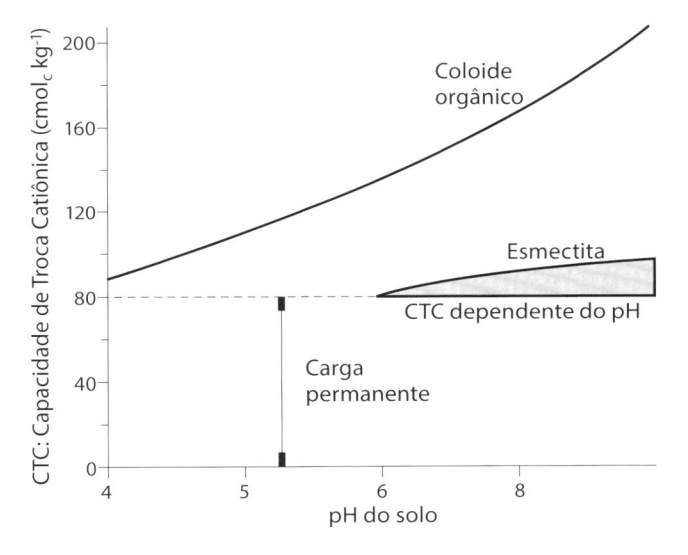

Fig. 5.5 Influência do pH na capacidade de troca do grupo das esmectitas (no qual se situa a montmorillonita) e dos coloides orgânicos (húmus). Na figura, acima da linha tracejada está a CTC que depende do pH e abaixo da linha, a CTC permanente
Fonte: adaptado de Brady (1974).

As argilas do tipo 1:1 e os óxidos de ferro, comuns nos solos de climas tropicais úmidos, têm lâminas octaédricas em que são abundantes íons de alumínio e ferro rodeados por hidroxilas (OH$^-$). Apesar de nesses minerais inexistirem substituições isomórficas nos tetraedros e octaedros, eles possuem capacidade de troca que pode ser explicada pelo que chamamos de "bordos quebrados" (ver Fig. 4.7).

A CTC do solo é de grande importância para os processos de nutrição das plantas. Os pontos de troca das imensas superfícies das argilas e húmus funcionam como uma despensa para muitos nutrientes, que aí são estocados e ficam disponíveis por meio das reações de capacidade de troca. A habilidade do solo em reter, dessa forma, os nutrientes previne a sua lixiviação.

5.7 Capacidade de troca de ânions (CTA)

As cargas negativas e positivas ocorrem em todos os coloides, mas nas argilas silicatadas e no húmus as negativas – que atraem ânions – ultrapassam em muito as positivas. Apesar de, com bastante frequência, a capacidade de troca de cátions ser muito superior que a de ânions, esta é bastante importante para os solos com elevados teores de óxidos de ferro e alumínio, comuns nos solos bem drenados dos trópicos úmidos. Em condições de elevada acidez, os óxidos de ferro e alumínio têm um balanço de carga positivo, significando que eles podem atrair mais ânions que cátions.

Em condições de pH baixo, os íons hidroxílicos (OH$^-$) dissociam-se dos octaedros de alumínio situados nos bordos das argilas silicatadas e tornam-se trocáveis; íons de hidrogênio (H$^+$) também podem ser adicionados a esses bordos, liberando aí cargas positivas, que atraem ânions. Os óxidos de alumínio (gibbsita) e de ferro (hematita e goethita) comportam-se de forma similar.

Os principais **ânions trocáveis** são os de fosfatos (PO$_4^{3-}$), sulfatos (SO$_4^{2-}$), nitratos (NO^{3-}), cloretos (Cl$^-$) e bicarbonatos (HCO^{3-}). Alguns outros íons orgânicos também podem ser adsorvidos (ver Lição 8).

De forma contrária aos cátions, a capacidade de retenção de ânions aumenta à medida que aumenta a acidez; portanto, é dependente do pH. E de forma semelhante aos cátions, alguns ânions são mais fortemente retidos que outros, e a força com que são adsorvidos depende do tamanho do ânion hidratado e da valência. A ordem de retenção é a seguinte:

$$PO_4^{3-} > SO_4^{2-} > NO_3^- > Cl^-$$

Fosfatos são adsorvidos com bastante força, o que leva à chamada *fixação de fósforo*. Já os nitratos e cloretos são fracamente retidos, de forma que existem, quase que exclusivamente, na solução do solo, razão pela qual são muito suscetíveis à lixiviação.

As cargas elétricas dos coloides do solo armazenam os íons em uma forma prontamente disponível, então podem ser deslocados para a solução do solo e/ou trocados uns pelos outros quando os poros do solo estiverem preenchidos com certa quantidade de água, a qual forma uma solução diluída que pode ser neutra, alcalina ou ácida. Acidez, neutralidade e **alcalinidade** (ou pH) serão tratadas na Lição 10; os métodos de determinação e cálculo da CTC, na Lição 12; e os principais íons da fase aquosa do solo, na Lição 8. Esses íons são de grande importância, pois revelam uma série de condições que, em longo prazo, afetam a **gênese do solo** (Lição 13) e, em curto prazo, o crescimento das plantas em todos os ecossistemas, principalmente aqueles onde plantas são cultivadas.

5.8 Perguntas para estudo

1. O que são íons, cátions, ânions e coloides? *(Dica: consulte o Glossário).*

2. Sabendo que as reações de trocas do solo são dinâmicas, como as trocas catiônicas acontecem em busca do equilíbrio químico do meio? *(Dica: consulte a seção 5.1).*

3. Quais fatores afetam a capacidade de troca (CTC) do solo, e por que é extremamente importante quantificar a CTC? *(Dica: consulte a seção 5.5).*

4. Qual a contribuição da matéria orgânica para a CTC em solos com muitas argilas oxídicas? *(Dica: consulte a seção 5.6).*

5. Por que a fase sólida coloidal é tão importante se os vegetais se nutrem mais dos íons contidos na fase líquida (solução) do solo? *(Dica: consulte a seção 5.6).*

6. Devido às condições meteorológicas, principalmente chuva e temperatura elevadas, boa parte dos solos tropicais apresentam grande quantidade de cargas positivas. Dessa forma, qual a importância da capacidade de troca de ânions (CTA) para fins de manejo específico de fertilizantes? *(Dica: consulte a seção 5.7).*

7. Alguns íons são mais atraídos e fortemente retidos nas cargas dos coloides que outros. Enumere a ordem dessa retenção para os principais cátions e ânions do solo. Por que na água dos mares o sódio é o cátion encontrado em maior quantidade? *(Dica: consulte as seções 5.4 e 5.7).*

8. Seria possível alterar a quantidade de cargas negativas e positivas do solo? Se sim, cite qual prática agrícola poderia modificar o balaço de carga do solo. *(Dica: consulte a seção 5.6).*

9. Um solo contém 3% de húmus, 19% de montmorillonita, 10% de caulinita e 5% de argilas oxídicas. Qual é a sua CTC aproximada? *(Dica: consulte a Tab. 5.1).*

10. Descreva, usando somente palavras, as reações de troca da Fig. 5.3.

11. Que fenômeno da natureza você acha que é mais importante para a manutenção da vida na Terra: a capacidade de troca ou a fotossíntese? Justifique. *(Dica: leia o primeiro parágrafo desta lição).*

Lição 6

Física do solo I: granulometria, densidade, consistência e ar do solo

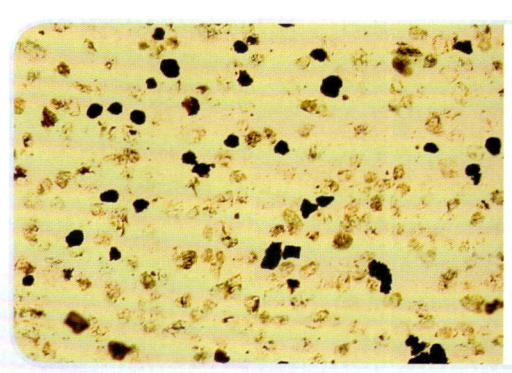

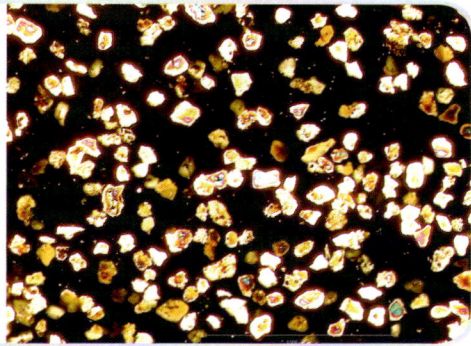

Os ingredientes do solo – matéria mineral e orgânica, água e ar – não estão misturados de uma maneira irregular, sem forma, mas juntos formam um corpo organizado de solo (às vezes chamado de pedon), com estrutura e propriedades físicas e químicas definidas que, embora resultando parcialmente das propriedades dos componentes individuais, são específicas de um sistema integrado de solo: o "pedossistema".

(Schroeder, 1984).

Grãos de areia muito fina (0,2 a 0,05 mm) vistos sob microscópio petrográfico em luz polarizada plena (à esquerda) e cruzada (à direita) (Foto: Marlen B. e Silva)

Nas lições anteriores, vimos que os solos variam muito de um lugar para o outro e são constituídos de uma complexa mistura de sólidos, líquidos e gases. Sendo assim, para conhecermos bem suas características e propriedades, elas são agrupadas em subdisciplinas. Uma delas é a que corresponde à Física do Solo, tema desta e da próxima lição, e que trata da aplicação dos princípios da física ao estudo de alguns processos que ocorrem no solo. Abordaremos nesta lição algumas **propriedades físicas do solo,** tais como **análise granulométrica, densidade aparente, densidade de partículas, porosidade** etc.; e na próxima lição, **água disponível, capacidade de infiltração, capacidade de campo** etc.

Os estudos de física do solo são muito usados para fazer previsões sobre seu comportamento, tanto em **ecossistemas** naturais como nos alterados pelo homem. Ao lidar com a dinâmica dos componentes do solo – sólidos, gases e líquidos – e aplicar os princípios da física, físico-química, engenharia e meteorologia, essa subdisciplina é de grande importância para a resolução de problemas práticos existentes na agricultura e engenharia civil. As propriedades físicas do solo influenciam os seus processos químicos e biológicos e, consequentemente, configuram-se em importante tópico para os estudos sobre sua qualidade. Por isso, a Física do Solo, em muitos cursos – como o de agronomia e o de engenharia civil (no qual é denominada Mecânica dos Solos) – é uma disciplina especial.

6.1 Tamanho de partículas e sua distribuição (composição granulométrica)

Uma das primeiras características que diferenciam um horizonte do solo é o tamanho das partículas que o compõem. Pouquíssimos horizontes pedogenéticos são constituídos essencialmente de frações que podemos identificar a olho nu, como areias e pedregulhos. Partículas de origem e tamanho diversos em geral convivem intimamente misturadas: desde as microscopicamente pequenas, como as argilas, até as de vários centímetros, como os cascalhos e calhaus. Elas são constituídas de fragmentos de rochas e de minerais primários e/ou secundários, dependendo do tipo da rocha de origem, do grau de intemperismo que essa rocha sofreu e da pedogênese que forma o horizonte em que se encontram. A variação de tamanho entre essas partículas pode ser muito grande, por isso, para facilitar o estudo de uma descrição padronizada, é conveniente que sejam subdivididas em classes às quais chamamos separados do solo. As classes de separados mais usadas em pedologia no Brasil estão indicadas na Tab. 6.1. A Fig. 6.1 apresenta uma ilustração do tamanho relativo de areias e silte.

Com o cuidadoso manuseio de uma amostra úmida, podemos estimar o teor da argila e a classe textural do solo pelo método do tato, como veremos na Lição 9. Contudo, para determinar a porcentagem, em peso, que cada separado possui em relação à massa total da amostra, é necessário efetuar, em laboratório, a análise granulométrica.

A relação entre a análise granulométrica e a **classe de textura do solo** é normalmente indicada por um triângulo de classes texturais (Fig. 6.2). Uma inspeção visual nesse triângulo mostra o impacto relativo da areia, do silte e da argila nas propriedades do solo. Quantidades de argila relativamente pequenas, como 10% ou 30% são suficientes para enquadrar a textura como **franca** ou francoargilosa, respectivamente. Para ser enquadrada em uma classe siltosa, deve haver pelo menos 40% de silte, enquanto é necessário pelo menos 55% de areia para que o nome *areia* (ou arenosa) seja incluído na classe. Portanto, é a argila que exerce a maior influência nas propriedades físicas e químicas do solo. Antes de ser

Tab. 6.1 Classificação granulométrica quanto ao diâmetro das partículas

Denominação	Tamanho (mm)
Matacões	> 200
Calhaus	20 a 200
Cascalho	2-20
Areia grossa	2-0,2
Areia fina	0,2-0,05
Silte	0,05-0,002
Argila	< 0,002

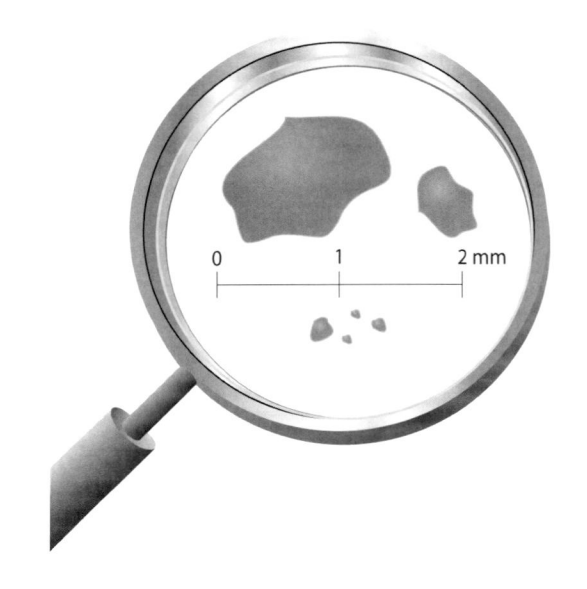

Fig. 6.1 Tamanho relativo das partículas de areia grossa (acima da escala), areia fina e silte (abaixo). As partículas de argila seriam invisíveis nesta escala de aumento

analisada em laboratório, a amostra de solo é seca ao ar, destorroada e passada em peneira com malhas de 2 mm de diâmetro para retenção de raízes e partículas com diâmetro maior que esse. A esse material dá-se o nome de "terra fina seca ao ar" (TFSA), na qual é efetuada a maior parte das análises, tanto físicas como químicas. O material retido nessa peneira é lavado e pesado para o cálculo da quantidade de partículas maiores que 2 mm de diâmetro (cascalhos e calhaus). Um esquema desses procedimentos é apresentado na Fig. 6.3.

Em um dos métodos mais comuns utilizados para efetuar uma análise granulométrica de uma amostra de solo, pesam-se 20 g de TFSA, a qual é agitada fortemente com água contendo um dispersante (p. ex., hidróxido de sódio e/ou hexametafosfato de sódio). Esse processo desfaz os pequenos grânulos e faz as argilas e

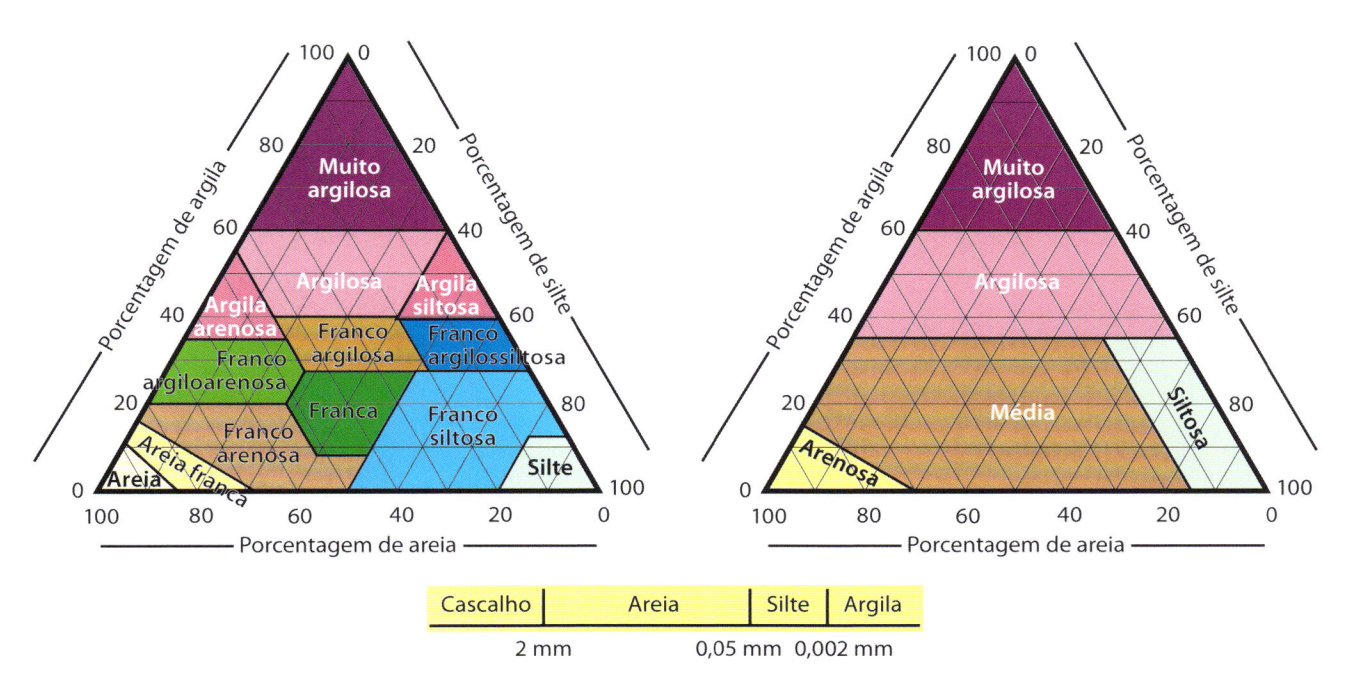

Fig. 6.2 Diagrama triangular detalhado (à esquerda) e simplificado (à direita) para determinação das classes texturais de uma amostra de solo. Cerca de um terço do triângulo textural é ocupado pelas classes argila ou muito argilosa
Fonte: Embrapa (2006).

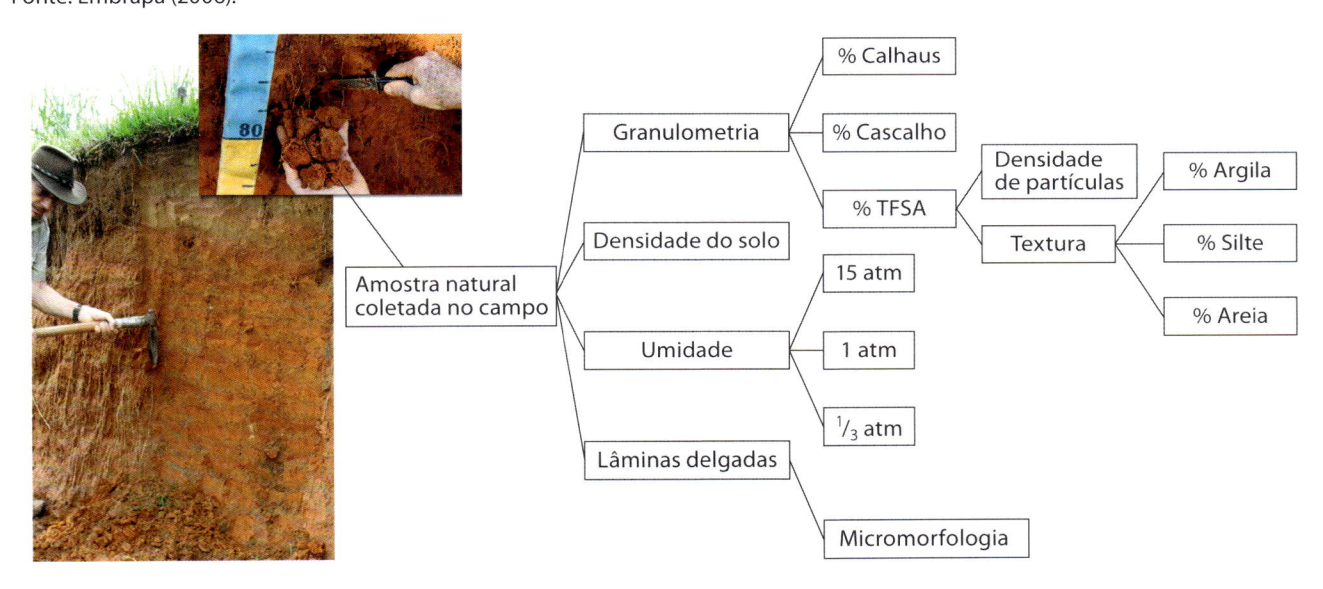

Fig. 6.3 Esquema da amostragem e preparo de amostras de solo para várias determinações físicas. Depois de destorroado e passado em peneira de abertura de malha de 2 mm, o material do solo é denominado terra fina seca ao ar (TFSA). Amostras indeformadas são utilizadas para determinações da densidade do solo, retenção de umidade e lâminas para estudos micromorfológicos em microscópios (Fotos: Rodrigo E. M. de Almeida)

o silte ficarem suspensos no líquido, o que possibilita suas separações pelo peso (Fig. 4.1). Essa suspensão é depois passada por uma peneira – aquela com aberturas mais finas existentes, de 0,05 mm –, na qual as areias ficam retidas para depois serem secas e pesadas. A argila e o silte que passam pela peneira são recebidos em um cilindro no qual, depois de agitados, são deixados em repouso por um tempo predeterminado (Figs. 6.4 e 6.5). Há também outros dois métodos, que utilizam: (1) um densímetro, em vez de retiradas de alíquotas com a pipeta, considerando o teor de argila proporcional à densidade da suspensão na proveta; (2) um granulômetro a laser que mede as distribuições dos tamanhos das partículas por cálculo da variação angular na intensi-

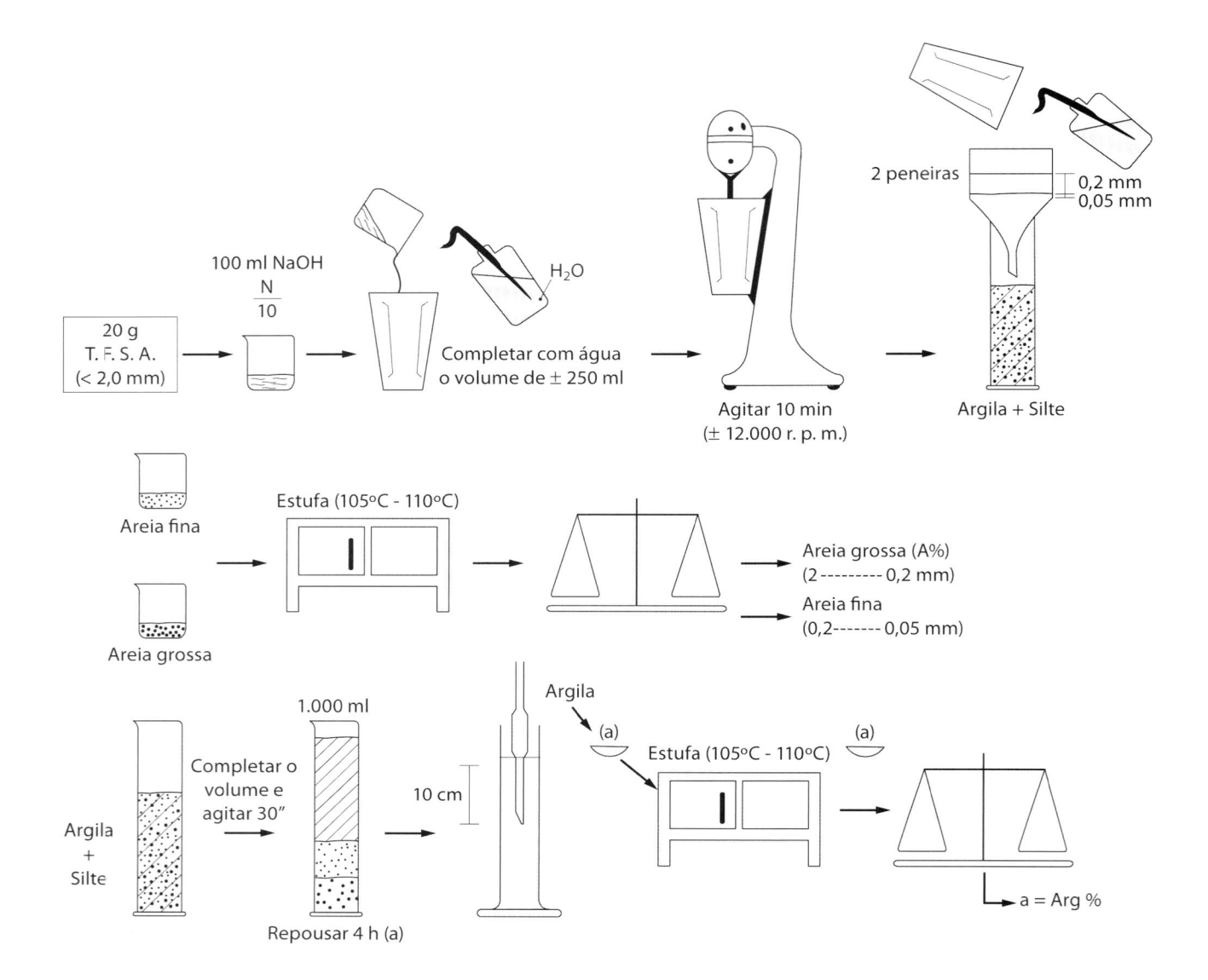

Fig. 6.4 Esquema da marcha analítica do "método da pipeta" para análise granulométrica da terra fina seca ao ar (TFSA) utilizado para solos isentos de carbonatos e com teor de carbono orgânico inferior a 3% (em amostras com teores maiores de carbono, é necessária uma eliminação prévia da matéria orgânica, normalmente feita com água oxigenada)
Fonte: adaptado de Medina (1972).

dade da luz difundida, à medida que um feixe de laser interage com as partículas dispersas da amostra.

Para uma determinação precisa da quantidade e da proporção das partículas minerais de um horizonte do solo que tenha muito carbono, é necessário, primeiro, que sua matéria orgânica seja eliminada. Para isso, o método mais comum consiste em um pré-tratamento da amostra de solo com água oxigenada, que provoca a sua oxidação.

No momento em que a mistura é agitada no cilindro (Figs. 6.4 e 6.5), todo silte e argila nela contidos entram em suspensão. Daí por diante, o silte, por apresentar um diâmetro maior, começa a se depositar no fundo do cilindro. Um tempo e uma profundidade são então calculados com base na lei de Stokes para retirada – com uma pipeta – de uma amostra em que todo o silte já tenha decantado. Com essa amostra (ou alíquota), pode-se calcular o teor de argila da amostra de solo (mais detalhes sobre a lei de Stokes e os procedimentos dessa análise estão no Boxe 6.1).

6.2 Estrutura e seus agregados

A **estrutura do solo** refere-se ao arranjo das partículas sólidas do solo. Os sólidos são organizados em unidades

Fig. 6.5 Aspecto de um laboratório onde está sendo efetuada a análise granulométrica. A amostra de solo, depois de pesada, é agitada na coqueteleira com água e dispersante. Em seguida, é passada por peneiras que retêm e separam as areias; a suspensão com silte e argila é colocada nos cilindros, onde uma alíquota da argila é pipetada depois de ter passado tempo suficiente (conforme a lei de Stokes) para todo silte ser sedimentado (Fotos: I. F. Lepsch e Rodrigo E. M. de Almeida)

Boxe 6.1 A LEI DE STOKES E SUA APLICAÇÃO À ANÁLISE GRANULOMÉTRICA DE MATERIAIS DO SOLO

A lei de Stokes mostra que a velocidade (V) de uma partícula em sedimentação através de um fluido é diretamente proporcional à aceleração da gravidade (g), à diferença entre a densidade de partículas, e a densidade do fluido (Dp – Df) e ao quadrado do diâmetro efetivo de partículas (d^2). A velocidade de deposição é inversamente proporcional à viscosidade do fluido (η). Como a velocidade é igual à distância (h) sobre o tempo (t), temos:

$$V = h/t = [d^2 g (Dp - Df)]/18 \eta$$

em que: h = distância; t = tempo; d = diâmetro efetivo da partícula; g = aceleração da gravidade = 9,81 newtons por quilograma (9,81 N/kg); Dp = densidade das partículas sólidas, para a maior parte dos solos = 2,65 · 10^3 kg/m^3; Df = densidade do fluido (i.e. água com dispersante) = 1,0 · 10^3 kg/m^3; η = viscosidade do líquido a 20 °C = 1/1.000 newton-segundos por m^2 (10^{-3} Ns/m^2).

Ao substituirmos esses valores na equação, temos:

$$V = [d^2 \cdot 9,81 \text{ N kg}^{-1} \cdot (2,65 \cdot 10^3 \text{ kg m}^{-3}) - (1,0 \cdot 10^3 \text{ kg m}^{-3})] / (18 \cdot 10^{-3} \text{ Ns m}^{-2}) \text{ ou}$$

$$V = [(16,19 \cdot 10^3 \text{ N m}^{-3}) / 0,018 \text{ Ns m}^{-2}] / d^2 = [(9 \cdot 10^5) / SM] d^2 \text{ ou}$$

$$V = kd^2, \text{ em que } k = (9 \cdot 10^5) / SM$$

Por exemplo: para uma alíquota de solo dispersa e situada a 10 cm, poderemos calcular o tempo que devemos esperar para que uma última e menor partícula de silte tenha passado por essa profundidade, para que nossa alíquota possua somente argila (ou seja, h = 0,1 m e d = (2 · 10^{-6}, ou 0,002 mm).

Considerando que V = h/t e h/t = d^2k → t/h = 1/d^2k e t = h/d^2k.

Portanto: t = 0,1 m / [2 × 10^{-6} m)^2]/0,018 Ns m^{-2} ou t = 27.770 segundos = 463 minutos = 7,7 horas.

Em outras palavras, logo após agitarmos a suspensão, temos que esperar 7,7 h para que uma alíquota dessa suspensão não contenha silte algum [ou 3,8 h (ou ainda, aprox. 4 h)], se quisermos tirar nossa alíquota a 5 cm de profundidade (h = 0,05 m), como indicado na Fig. 6.4.

Fonte: adaptado de Nyle et al. (2002).

maiores, e essa organização se dá pelo processo denominado *agregação*, o qual forma agregados (Fig. 6.6), que podem ter tamanhos, formas e graus variados de estabilidade, conforme as forças de **coesão** e **adesão** nos pontos de contato das partículas sólidas.

Na análise visual das descrições morfológicas efetuadas no campo, descrevemos os agregados segundo suas formas, dimensões e nitidez, o que será estudado na Lição 9. A forma, o tamanho e o arranjo dos agregados são bastante variáveis e estão associados a um complexo conjunto de interações entre fatores mineralógicos, químicos e biológicos.

Em Física do Solo, blocos indeformados são muitas vezes retirados de horizontes do solo para serem analisados em laboratório, a fim de se obter valores numéricos que possam caracterizar o tipo, a forma e o desenvolvimento dos seus agregados. Antes de abordar esses métodos de laboratório, vamos nos deter um pouco nos três principais mecanismos que formam os agregados: **floculação**, cimentação e fissuração.

Floculação tem significado similar ao de agregação, mas refere-se mais à formação de pequenos flocos, que são formados pela coagulação das partículas de argila e/ou húmus; o oposto da floculação é a dispersão. Uma amostra de solo está dispersa quando todas as partículas individuais se separam umas das outras – como vimos antes, fazemos isso artificialmente para realizar a análise granulométrica.

Para que um solo possua agregados, é necessário que seus coloides primeiro estejam, de alguma forma, floculados. A floculação e a dispersão são resultados de processos físicoquímicos relacionados às cargas elétricas existentes nas superfícies das partículas coloidais. Quando todo o material de um horizonte do solo está disperso, ele apresentará uma estrutura maciça, sem agregados e será, provavelmente, pouquíssimo permeável ao ar, à água e a raízes.

O início da formação de agregados está esquematizado na Fig. 6.6. Primeiro ocorre a floculação de alguns coloides, que, juntando-se a algumas partículas de silte e areia, formam microagregados. Estes, por sua vez, vão se unindo, agora com a ajuda de partículas coloidais, que agem como agentes cimentantes desses microagregados. Várias substâncias podem contribuir para essa cimentação, tais como a matéria orgânica (incluindo exudados de raízes e outros organismos vivos), minerais da argila, compostos de ferro, carbonatos etc. Nos solos que possuem horizonte B iluvial de acúmulo de argila, a influência dos coloides na estrutura é bem destacada: a argila eluviada do horizonte A deposita-se no B, recobrindo os agregados com finas películas – a **cerosidade** –, o que muito os destaca (ver Fig. 9.7).

À medida que os agregados vão aumentando de tamanho, com floculações e cimentações contínuas, começam a sofrer rachaduras, quando submetidos a ciclos de umedecimento, que os expandem, e de secamento, que os contraem. A **fauna** do solo, principalmente cupins, formigas e minhocas, também participa ativamente desses processos de formação de agregados. Assim, agregados de vários tamanhos, formas e nitidezes se formam. Suas feições tornam-se funções das condições meteorológicas, do tipo e da qualidade de coloides, da qualidade e quantidade de agentes cimentantes e da intensidade da atividade biológica. Se, por alguma razão, as argilas se dispersarem (caso de alguns solos com excesso de sódio), os agregados se desfazem e o solo torna-se maciço (ver Fig. 6.6D).

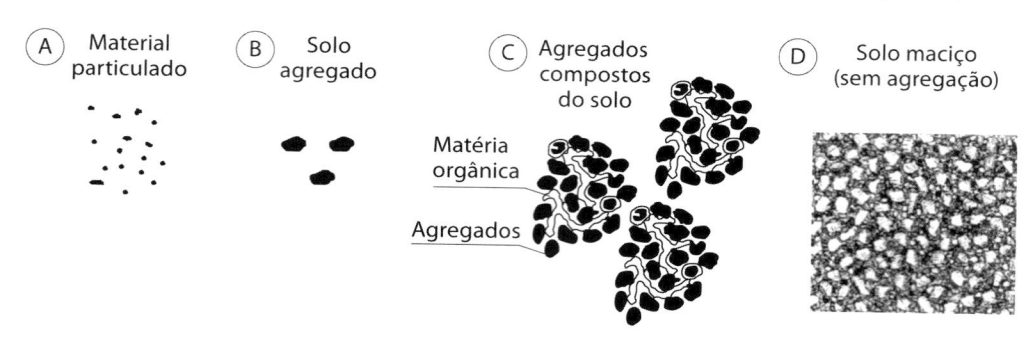

Fig. 6.6 Esquema ilustrando a formação de agregados do solo a partir de partículas unitárias: (A) partículas unitárias do solo (argilas, silte ou areias); (B) microagregados; (C) conjunto de macroagregados em solo (com argila floculada); (D) material do solo não estruturado (com argila dispersa)

Se, para a análise granulométrica, precisamos cavar, destorroar, secar, agitar, peneirar, dispersar e pipetar o solo, para as determinações de laboratório da estrutura, a recomendação é alterar o menos possível a amostra, isto é, ou trabalhamos diretamente no campo ou no laboratório, mas com blocos de solo de certo volume, aos quais chamamos de amostras indeformadas, que mantêm a forma e a dimensão dos agregados. Para isso, um determinado volume de solo pode ser cuidadosamente retirado, dentro de algum aparato de volume conhecido, ou então volumes serem esculpidos *in situ* (no campo) e acondicionados de forma que não se deformem. Nesses volumes indeformados de materiais do solo, várias determinações relacionadas à estrutura poderão ser efetuadas, tais como medições da forma e do tamanho dos agregados, estabilidade de agregados, tamanho e quantidade dos poros etc.

A amostra indeformada poderá ser submetida a vários ensaios de laboratório. Em alguns deles, os agregados serão cuidadosamente separados em suas superfícies naturais; em outros, a amostra como um todo é submetida a métodos sofisticados, tais como tomografias computadorizadas e atenuação de raios gama, ou então é impregnada com uma resina sintética para depois poder ser cortada em finas lâminas, a fim de ser observada em microscópio (ver Fig. 9.8).

O tamanho e o grau de desenvolvimento dos agregados do solo são indicadores dos processos envolvidos na degradação do solo, pois influenciam em fatores como infiltração, retenção de água, aeração e resistência à penetração de raízes, selamento e encrostamento superficial, **erosão** hídrica e eólica. A análise de agregados resume-se à mensuração da sua distribuição, agrupando-os em classes de diâmetros arbitrários e segundo critério variável de estabilidade. Um dos métodos é o do peneiramento úmido. Para essa análise, utilizam-se peneiras de diversas aberturas (p. ex., 7, 4, 2, 1 e 0,5 mm), nas quais porções e solo são colocados para serem peneirados dentro d'água durante algum tempo. Os agregados que se mantiveram estáveis e permaneceram nas várias peneiras são então secos e pesados. Com base nessas medidas, será possível calcular índices de estabilidade de agregados: quanto mais bem estruturados forem os solos e mais estáveis forem os seus agregados, menos eles se desfazem quando mergulhados em água.

6.3 Densidade e porosidade

A densidade e a porosidade são características que estão muito relacionadas, pois ambas são relações entre massa e volume dos constituintes do solo. A porção do volume de um horizonte do solo não ocupada pelas partículas sólidas corresponde à sua porosidade. Ela é calculada a partir de medidas de densidade (ou, mais corretamente, massa específica), da qual existem dois tipos: a *de partícula* (ou real), Dp, e a global (ou *aparente*), comumente referida apenas como *densidade do solo*, Ds.

A densidade de partículas corresponde à massa por unidade de volume de uma amostra de solo seco ou, melhor, à média da densidade de todas as partículas do solo, sem considerar os espaços porosos. Ao contrário da densidade do solo, a densidade de partículas independe da estrutura ou da compactação do solo, pois é função unicamente do tipo de partículas sólidas. Sendo assim, é natural um **solo mineral** ter densidade maior que um orgânico, porque um determinado volume de matéria orgânica pesa muito menos que o mesmo volume de material mineral.

Os valores da densidade de partículas estão muito relacionados com o tipo e a quantidade de componentes minerais e orgânicos. Em horizontes orgânicos é menor que 0,9 g.cm^{-3}; em horizontes minerais, com altos teores de óxidos de ferro, costuma estar em torno de 3,0 g.cm^{-3}. Mais frequentemente, em solos minerais e com baixos teores de óxidos de ferro, os valores giram em torno de 2,6 g.cm^{-3}, isto porque essa densidade é próxima da de muitos minerais do solo, como a do quartzo (2,65 g.cm^{-3}) e a da caulinita (2,6 g.cm^{-3}).

Apesar de a densidade de partículas (Dp) ser uma importante característica do solo, ela, por si só, nada nos informa acerca da porosidade ou do arranjo das partículas; indica somente atributos referentes ao tipo de partículas sólidas e serve para cálculo da densidade do solo (Boxe 6.2).

A densidade mais útil às aplicações práticas é a do solo (Ds, ou global), porque inclui o espaço poroso, ou seja, aquele que corresponde à massa de solo seco por volume. A Ds baseia-se no volume ao natural (tal como se encontra na natureza); portanto, leva em conta os poros. Sendo assim, e ao contrário da densidade de partículas, a Ds pode variar em um mesmo horizonte de determinado solo porque depende da sua estru-

Boxe 6.2 Densidade de partículas, densidade do solo, porosidade e algumas das suas aplicações

Densidade de partículas (Dp)

É a relação entre a massa de uma amostra de solo e o volume ocupado pelas suas partículas sólidas. Refere-se, portanto, ao volume de sólidos de uma amostra de um horizonte do solo sem considerar a sua porosidade. É expressa por:

$$Dp = M/V = g.cm^{-3}$$

em que: Dp = densidade de partícula; M = massa em gramas; V = volume que os sólidos ocupam.

Exemplo:

Supondo que um decímetro cúbico de uma amostra indeformada de um determinado horizonte do solo pese 1,330 g, e que os sólidos (e poros) nela existentes ocupem 500 cm³ desse volume, a densidade de partículas seria:

$$\text{massa/volume} = 1{,}330 \text{ g}/500 \text{ cm}^3 = 2{,}66 \text{ g/cm}^3 \text{ (ou 2,66 g.cm}^{-3}\text{)}$$

Vários métodos de determinação podem ser empregados, como o do picnômetro com água e o do balão volumétrico com álcool. No laboratório, podemos usar balão volumétrico de 50 mL, no qual colocamos 20 g de terra fina bem seca (seca em estufa a 100 ºC). Depois, completamos o volume com um líquido, usando uma bureta. O líquido normalmente utilizado é o álcool etílico, por seu grande poder de penetração. O volume de álcool (Va) gasto para completar o balão volumétrico (Vb) é anotado e corresponderá ao volume de todas as partículas da amostra de solo contidas no balão.

$$Dp = M/(Vb - Va)$$

em que: Dp = densidade de partícula; M = massa da amostra do solo (20 g); Vb = volume do balão; Va = volume de álcool gasto para completar o do balão volumétrico.

No exemplo aqui apresentado, subtraindo o volume do balão (50 mL) da quantidade de álcool gasta para completar seu volume (42,48 cm³), obteremos o volume das partículas da amostra e, assim, será possível calcular a densidade de partículas:

$$Dp = 20 \text{ g}/(50 \text{ mL} - 42{,}48 \text{ mL}) = 20/7{,}52 = 2{,}66 \text{ g.cm}^{-3}$$

Densidade do solo (Ds)

Os métodos empregados para a determinação da densidade do solo fundamentam-se na massa e no volume do solo, tal como ele se encontra na natureza. A massa pode ser facilmente obtida, pesando-se a amostra depois de seca. O volume pode ser determinado pelo uso de várias técnicas, algumas das quais utilizam corpos de prova – os chamados "anéis volumétricos" – de volumes conhecidos e retirados diretamente dos horizontes do perfil do solo, e outras se valem de torrões.

Por exemplo, em um anel volumétrico de 100 cm³, o material do solo, depois de bem seco, pesou 112 g. A densidade do solo (Ds) será então:

$$Ds = \text{peso do solo seco do anel/volume do anel} = 112 \text{ g}/100 \text{ cm}^3$$

Porosidade total (Pt)

Calcula-se a porosidade total por meio de uma das seguintes equações:

$$Pt = [1 - (Ds/Dp)] \times 100 \text{ ou } [(Dp - Ds)Dp] \times 100$$

> No exemplo do solo aqui apresentado:
> $$Pt = [1 - (1{,}12/2{,}66)] \times 100 = 58\%$$
>
> Significa que 58% do volume daquele horizonte do solo estudado é constituído de poros.

tura e da compactação. Por exemplo: um horizonte A, por onde frequentemente passa o piso de um arado, tanto antes como depois da **aração**, continuará tendo a mesma densidade de partículas, mas terá Ds menores.

Existem algumas relações entre essa densidade do solo e a textura: em geral, valores de Ds mais baixos correspondem a solos argilosos com agregados muito pequenos e estáveis, tal como a maior parte dos solos popularmente denominados de "terra roxa" (Latossolos Vermelhos), que estudaremos na Lição 15. Num solo arenoso (mesmo solto), ou num argiloso, se muito compactado, teremos os valores de Ds mais próximos dos da densidade de partículas.

A porosidade refere-se ao espaço, entre e dentro dos agregados, ocupado pelo ar ou pela água. Um horizonte mineral do solo com boa porosidade terá cerca de 50% de seu volume ocupado pelos poros. Contudo, é sempre bom lembrar que o espaço ocupado pelos poros influi no cálculo da Ds. Em outras palavras, o espaço poroso varia na razão inversa da Ds. No Boxe 6.2, você poderá notar que existem dois modos de calcular as relações entre o espaço poroso, a Ds e a Dp. As duas equações ali encontradas são equivalentes e você poderá utilizar qualquer uma delas para resolver os seus problemas de Física do Solo.

O volume total de poros é o somatório de todos os tamanhos: grandes, médios e pequenos, incluindo até os pequeníssimos capilares. Como poros de diversos tamanhos comportam-se de modo diferente em relação ao ar e à água neles contidos, suas proporções também são muito importantes e determinam várias das propriedades ecológicas do solo. Na Lição 7 você encontrará algumas explicações sobre tais funções desempenhadas pelos poros.

6.4 Consistência

A **consistência** é outro importante atributo do solo. Refere-se à resistência do material do solo a manipulações ou estresses mecânicos em vários estágios de umidade. Descreve as manifestações apresentadas pelo material do solo resultantes das forças de coesão e adesão, as quais atuam sobre uma amostra do solo, quando mais ou menos úmido. É resultante das forças de **tensão superficial** da água (Fig. 6.7).

A consistência pode ser avaliada quando da descrição do **perfil do solo** no campo, estimando-se a resistência à ruptura, com a força de nossas mãos, de pedaços do solo, secos, úmidos ou molhados. Veremos isso com detalhes na Lição 9. Dentro dos agregados, as partículas de areia, silte e argila aderem umas às outras para formar as unidades estruturais do solo. Essas adesões podem ser mais fortes ou mais fracas, dependendo tanto do tipo de agentes cimentantes como do

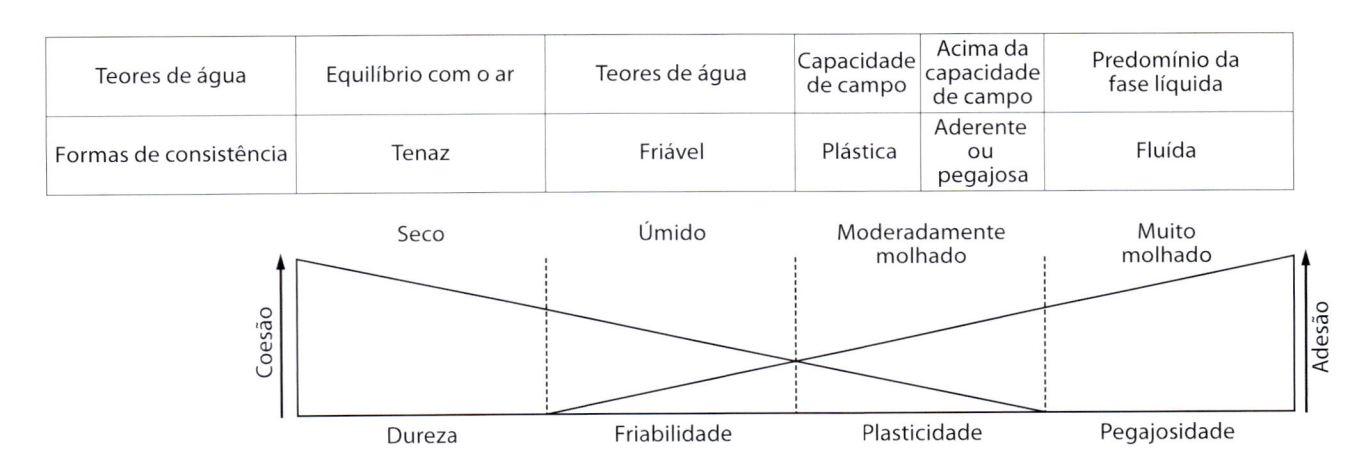

Teores de água	Equilíbrio com o ar	Teores de água	Capacidade de campo	Acima da capacidade de campo	Predomínio da fase líquida
Formas de consistência	Tenaz	Friável	Plástica	Aderente ou pegajosa	Fluída

Fig. 6.7 Esquema dos diversos graus de consistência do solo e suas relações com adesão, coesão e teores de água da amostra

conteúdo de água. Isso faz com que alguns solos sejam mais macios e outros mais duros quando esboroados ou escavados. Além das estimativas feitas na descrição morfológica, em Física do Solo existem os chamados índices de consistência, os quais são muito usados em estudos de mecânica dos solos, uma vez que só a análise granulométrica não caracteriza bem os materiais do solo do ponto de vista da engenharia.

Em mecânica dos solos, tal como chamado pelos engenheiros civis, um dos métodos para determinar a consistência é o de medir a **resistência do solo** à penetração por um objeto. Em vez de tentar partir um pedaço de solo com as mãos, como faz o pedólogo, o engenheiro civil tenta penetrá-lo com um objeto (p. ex., a extremidade oposta à da ponta de um lápis): se ele não penetra muito, fazendo apenas uma pequena marca, o solo é descrito como muito firme. As avaliações da consistência no campo fornecem boas informações sobre a maior ou menor facilidade de manipulação e preparo mecânico do solo para plantios. Contudo, para fins de construções e outros trabalhos de engenharia, são necessárias mensurações mais precisas de um bom número de propriedades físicas do solo que possam predizer como um determinado material de solo colocado em um aterro, por exemplo, responde a determinados estresses mecânicos. Para isso, são utilizadas várias determinações ou ensaios de laboratório, entre os quais os chamados limites de Atteberg, muito usados como parte das investigações sobre consistência do solo para ajudar a predizer o comportamento de um determinado solo para diferentes obras.

6.5 O ar do solo

O **ar do solo** é tão importante quanto a água, tanto do ponto de vista ecológico (para respiração das plantas e micro-organismos) como nos processos pedogenéticos.

Quando o solo está com pouca água, ou seja, perto do ponto em que as plantas murcham, a maior parte dos poros está preenchida com ar. Ao cair uma chuva, esse ar sai do solo para dar lugar à água, e podemos até percebê-lo na atmosfera quando o respiramos e sentimos o característico "cheiro de chuva".

No ar da pedosfera, como no da atmosfera, o nitrogênio predomina, ocupando cerca de 78% de seu volume. Já o oxigênio, que compreende cerca de 21% da atmosfera, diminui no solo porque uma boa parte dele é substituída pelo gás carbônico proveniente da respiração de micro-organismos e raízes. Na fotossíntese, as plantas aproveitam a energia do Sol para produzir carboidratos nas folhas. Partes desses carboidratos são transportadas para as raízes, onde estas então os transformam, liberando esse gás carbônico. Portanto, a composição do ar do solo depende tanto da facilidade com que ele é trocado com o ar da atmosfera como da intensidade dos processos biológicos.

A renovação do ar do solo é feita principalmente pela difusão de gases entre o ar que está dentro do solo e o que está imediatamente acima deste, sendo que vários fatores meteorológicos influenciam esse processo, como chuva, umidade e ventos. Uma forma de renovação do ar é pela infiltração da água da chuva. Quando penetra no solo, a água vai deslocando o ar contido nos poros e, com a continuidade dessa infiltração, o ar é renovado pelo da atmosfera.

Quando o suprimento de ar do solo é reduzido (p. ex., no caso de encharcamento), algumas atividades da planta são afetadas, e as raízes não crescem tanto como deveriam, ocasionando também uma redução da absorção de nutrientes, pela redução da concentração de oxigênio. Vemos então que, da mesma forma que para a água, é importante ter uma ideia de quanto ar um solo contém e de como adicioná-lo ao solo quando ele faltar. Quando a água permanece em excesso (além da capacidade de campo) por muito tempo, a atividade respiratória das raízes e dos organismos do solo pode consumir em pouco tempo a maior parte do oxigênio nele contido, afetando assim o crescimento das plantas. Tal situação poderá ser corrigida com uma drenagem do terreno. Outros fatores que podem influenciar a permeabilidade e a capacidade de retenção do ar são a textura, a estrutura e a matéria orgânica. Na próxima lição abordaremos a retenção e a movimentação da água no solo.

6.6 Perguntas para estudo

1. Qual a principal diferença entre a textura e a estrutura do solo? *(Dica: consulte a seção 6.1 e as definições do Glossário).*

2. São comumente usados na análise granulométrica o hidróxido de sódio ou o hexametafosfato

de sódio, ou ainda uma mistura dos dois. Observe que ambos os compostos têm sódio (Na^+) na sua composição. Comente o porquê da eficiência do Na^+ na dispersão de partículas do solo. Poderiam ser usados Ca^{2+} ou Mg^{2+}, visto que também são cátions solúveis? *(Dica: consulte a seção 6.1 e a Fig. 4.1).*

3. A lei de Stokes explica o tempo de sedimentação de um material sólido no meio líquido. Informe cada variável da equação de Stokes que afeta o tempo de queda das partículas e explique como a temperatura afeta o tempo de sedimentação. *(Dica: consulte a seção 6.1 e o Boxe 6.1).*

4. Qual a classe textural dos solos A e B com as seguintes proporções de argila (51%), silte (5%) e areia (44%) (solo A) e argila (8%), silte (1%) e areia (91%) (solo B)? Onde você espera que os implementos arado e grade tenham maior desgaste físico? *(Dica: consulte a seção 6.1).*

5. Um anel volumétrico com dimensões 10 cm × 10 cm × 10 cm tem uma massa úmida de 1.600 g, sendo 260 g de água. Admita a densidade da água (D_{H2O}) igual a 1,0 g cm^{-3} e a densidade da partícula (Dp) igual a 2,65 g cm^{-3}. Calcule: a) a umidade à base de peso; b) a umidade à base de volume; c) a densidade do solo; d) a porosidade total; e) a porosidade ocupada pelo ar. *(Dica: consulte a seção 6.3 e o Boxe 6.2).*

6. Um pesquisador foi ao campo e coletou uma amostra de solo úmida com 0,250 cm^3, porosidade total de 53% e densidade de partícula de 2,65 g cm^{-3}. Acontece que ele necessita de exatamente 100 g de um solo seco. Quanto de solo ele deve pesar para obter o peso de solo seco desejado? *(Dica: consulte a seção 6.3 e o Boxe 6.2).*

7. Sabendo que a estrutura se refere ao arranjo das partículas areia, silte e argila em unidades estruturais denominadas agregados, seria possível a formação de estrutura na ausência de argila floculada e agentes cimentantes (p. ex., argila, matéria orgânica)? *(Dica: consulte a seção 6.2).*

8. Sabendo que a compactação desorganiza o espaço poroso natural do solo, você espera que a maior parte dessas mudanças tenha acontecido nos macroporos ou nos microporos? Explique o porquê, com base nos fatores que influenciam a formação da estrutura do solo. *(Dica: consulte a seção 6.2).*

9. A que se refere a densidade de partícula, e como ela interfere na densidade do solo? *(Dica: consulte a seção 6.3).*

10. De forma geral, os solos arenosos apresentam maior quantidade de macroporos, ao contrário dos solos argilosos, que, por sua vez, apresentam maior espaço poroso total. Não era esperado maior espaço poroso nos solos arenosos? Por que isso não ocorre? *(Dica: consulte a seção 6.3).*

11. Das várias características físicas dos solos, qual delas abrange o comportamento mecânico do solo sob diferentes conteúdos de umidade? Explique a razão. *(Dica: consulte a seção 6.4).*

12. Quantas toneladas de solo fértil você teria que transportar para compor um gramado de campo de futebol medindo 45 m de largura e 90 m de comprimento, supondo que a espessura do solo é de 30 cm e que a sua densidade global, para um bom desenvolvimento da grama, deve ser de 1,1 g/cm^3? *(Dica: consulte o Boxe 6.2).*

Lição 7

Física do solo II: características e comportamento da água e da temperatura do solo

O solo era profundo, absorvia e mantinha a água em terra argilosa, e a água que era absorvida nas colinas alimentava as nascentes e havia água corrente por toda a parte.

(Platão, 427-347 a.C., *Os diálogos*)

Para muitos de nós, a água límpida que brota do solo é tão abundante e disponível que raramente – ou nunca – paramos para pensar o que seria da vida sem ela (Rio Paquequer, no Parque Nacional da Serra dos Órgãos, Teresópolis, RJ) (Foto: Mendel Rabinovitch)

Vamos abordar, nesta lição, as interações do solo com a substância mais reciclável da Terra: a água. Em uma sequência de eventos periodicamente repetidos, a água evapora, condensa e cai no solo na forma de chuva ou neve. Ali a água pode permanecer, por algum tempo, armazenada e disponível para as plantas e outros organismos do solo; porém, se sua quantidade exceder aquela na qual o espaço poroso do solo pode armazená-la, irá então deslocar-se vertical e lateralmente para alimentar os lençóis freáticos e as águas subterrâneas, que depois emergirão nas nascentes, rios, lagos e oceanos. Contudo, mesmo depois de cessada a chuva, a água armazenada dentro do solo não fica parada, mas se move em todas as direções: para os lados, de cima para baixo e também de baixo para cima. A água do solo é parte importante do chamado ciclo hidrológico – passando da pedosfera para a hidrosfera e atmosfera, e vice-versa –, que perfaz um ciclo global e contínuo, o qual também pode ser representado, de forma mais simples, nos ecossistemas agrícolas (Fig. 7.1) e florestais.

O ciclo hidrológico refere-se à troca contínua de água entre a hidrosfera, a atmosfera e a pedosfera. Inclui águas superficiais, subterrâneas e das plantas, segundo os processos de transferência, evaporação, precipitação e escoamento. A água utiliza a energia do Sol para evaporar; com isso, suas moléculas têm que absorver uma grande quantidade de energia a fim de romper sua superfície na forma de vapor da atmosfera. Essa energia é então liberada quando o vapor se condensa e retorna ao estado líquido. No entanto, a energia no vapor teve tempo para viajar, por vezes a grandes distâncias, antes de ser liberada novamente na formação de nuvens (condensação) e precipitação (chuva ou neve).

Como vimos, juntamente com os sólidos e o ar, a água constitui uma das fases do solo, podendo ocupar uma boa parte do seu volume. Um horizonte A, em boas

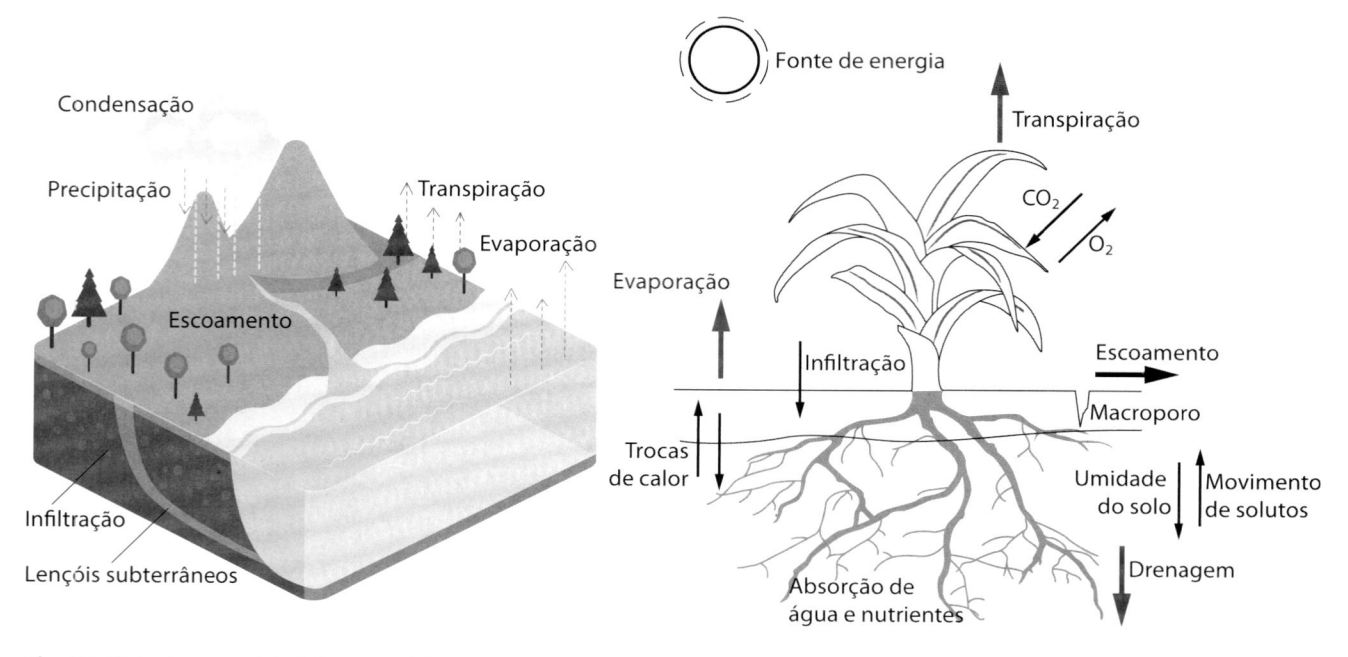

Fig. 7.1 Ciclo da água global (à esquerda) e em ecossistemas agrícolas (à direita). A água adicionada à superfície do solo pela precipitação pluvial (ou irrigação) pode perder-se (escoando superficialmente) ou infiltrar-se nele. Do solo ela pode ser retirada tanto pela evapotranspiração como pela percolação (drenagem) para os lençóis subterrâneos

condições para crescimento das plantas, apresenta cerca de 25% de seu volume ocupado pela água (Fig. 2.2).

Ecologicamente, a água é importante por ser uma solução diluída que carrega nutrientes que alimentam organismos vivos. Pedologicamente, é um fator essencial em certos processos pedogenéticos, como intemperismo, formação do húmus, mobilização e transporte de substâncias – tanto em solução como em suspensão – de uma parte do perfil para outra (ver Lições 3 e 8).

Todos nós estamos bem familiarizados com essa substância formada por conjuntos de moléculas que se constituem de dois íons de hidrogênio ligados a um de oxigênio (H_2O), como ilustrado na Fig. 7.2. O líquido que aqui chamamos de água do solo tem sua especificidade, o que o torna diferente daquela substância contida em um frasco de beber, nas gotas da chuva ou nas correntes de rios e mares. Isso porque, dentro dos poros do solo, ela está intimamente associado às suas partículas sólidas e ao ar, o que provoca a mudança de comportamento.

A água é um excelente veículo para transportar sólidos, íons dissolvidos e gases. Por exemplo, se adicionarmos à superfície do solo o sal nitrato de potássio (KNO_3), que é usado como fertilizante, depois de uma chuva ele será dissolvido em íons de potássio (K^+) e nitrato (NO_3^-), e a água do solo os transportará para o interior de seus horizontes, para que os coloides do solo os adsorvam e as raízes das plantas os absorvam. Além disso, a água do solo pode transportar materiais em solução (como carbonatos) ou em suspensão (como as argilas) que se movem dos horizontes A e E e se depositam no horizonte B. A água promove também várias outras reações químicas, como a hidrólise e a hidratação, conforme vimos nas reações do intemperismo (Lição 3). Quando ela satura os poros e, concomitantemente, nela há pouco oxigênio dissolvido, provoca as reações químicas de redução de óxidos metálicos, como os de ferro (ver Boxe 3.3). Percolando no solo, a água desloca íons que podem ser carregados para as águas subterrâneas, as quais, depois, afloram em nascentes, iniciando os rios, que acabam desembocando nos mares, cujas águas são salgadas justamente em razão do constante acúmulo dos íons conduzidos pela água que havia passado pelos solos.

A água tem um comportamento diferente, dependendo da sua quantidade e do tipo de solo em que se infiltra. Depois da infiltração, sua retenção e movimentação dependem de vários fatores, tais como textura, estrutura, quantidade, e tamanho dos poros e a forma como os horizontes estão dispostos no perfil do solo.

Os vegetais necessitam de grandes quantidades de água; a maioria das plantas cultivadas precisa absor-

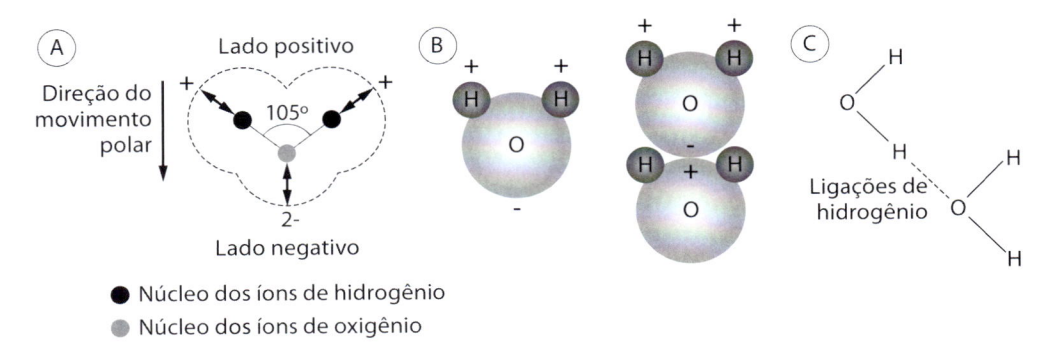

Fig. 7.2 (A) A estrutura atômica da molécula de água consiste de dois íons de hidrogênio (H^{2+}) ligados por covalência a um de oxigênio (O^{2-}) (Fig. 2.5); a forma única com que os íons de hidrogênio estão ligados aos de oxigênio faz um lado da molécula ter uma pequena carga negativa e, no lado oposto, uma pequena carga positiva (B). A polaridade resultante da carga faz as moléculas de água serem atraídas umas pelas outras, formando ligações moleculares, com pontes de hidrogênio (C). Os lados ligeiramente positivos e negativos também podem ser atraídos por cargas elétricas de sinal oposto (como as da superfície dos coloides) (ver Boxe 7.1)

ver cerca de 400 litros de água para produzir um quilo de matéria seca. Dessa grande quantidade, porém, apenas 1% é utilizado para "fabricar" os tecidos vegetais no processo de fotossíntese; o restante é perdido na forma de evaporação e transpiração (Fig. 7.1).

7.1 Estrutura e propriedades da água

Além de estar familiarizado com a água dentro de um copo, ou em uma piscina, você já deve tê-la visto, por exemplo, sob a forma de gotas espalhadas sobre uma superfície lisa e polida, como o para-brisa de um automóvel, logo após a chuva. É a atração entre as moléculas da água que forma as suas gotas, cujo volume tem a mínima superfície possível. Esse fenômeno de formação de gotas pela atração entre uma e outra molécula pode ser mais bem compreendido no esquema da posição dos átomos nas moléculas de H_2O, ilustrado na Fig. 7.2.

Na molécula de H_2O, a disposição dos íons de oxigênio (os maiores) e hidrogênio (bem menores) não é simétrica: o ângulo entre os núcleos desses íons é de 105°. Por causa dessa disposição assimétrica, apesar de ser neutra em seu todo, a molécula é um pouco positiva no lado do hidrogênio e um pouco negativa no outro lado. Isso a faz ter dois polos diferentes e ser chamada de *bipolar*. Mas o importante é que essa bipolaridade posiciona as moléculas de modo que o lado positivo de uma atrai o negativo de outra que lhe está próxima (Fig. 7.3). O lado positivo pode também ser atraído por qualquer outra partícula com uma superfície com cargas negativas (p. ex., as argilas silicatadas e o húmus). A atração entre o hidrogênio de uma molécula e o oxigênio de outra, formando uma junção de baixa energia, é chamada de *ligação* (ou "ponte") *de hidrogênio* e é muito importante para entendermos como os solos retêm e distribuem a água. Outros conceitos muito importantes para entender as relações solo-água-planta são os de coesão, adesão, tensão superficial e ascensão capilar (Boxe 7.1).

A retenção e o movimento da água do solo envolvem muitas formas de transferências energéticas, pois ela interage com os sólidos do solo com certa energia. Esse estado ativo da água apresenta-se sob várias formas, que chamamos de potenciais, entre os quais está o **potencial matricial**, decorrente de forças de atração pela matriz (ou sólidos) do solo e têm sempre valores negativos porque significam reduções de energia em relação ao estado livre da água (o seu estado de energia dentro dos poros é menor em relação à água que está fora dos poros, e seu ponto de referência é zero). Contudo, por simplificação, a maioria dos textos não mostra o sinal negativo. Quando a água está retida no solo com algum potencial matricial, ela não poderá mover-se tão livremente como se nenhuma tensão existisse.

O conceito de potencial é muito útil porque nos dá uma base para classificar os diferentes estados da água do solo, expressando quantitativamente a energia de retenção. O processo de exercer energia para remover a água de um solo pode ser simulado, em laboratório, pela aplicação de uma tensão de sucção em uma amostra de solo úmido. A energia requerida para remover essa água é o que chamamos de "potencial matricial da amostra solo em certas condições de umedecimento" (Fig. 7.5).

Boxe 7.1 Conceitos para entender as relações solo-água-planta

Coesão *versus* adesão: a atração entre uma e outra molécula de água (coesão) e a atração dessas moléculas por superfícies sólidas (adesão) são importantes porque, entre outras coisas, proporcionam ao solo a habilidade de reter água. A Fig. 7.3 esquematiza como algumas moléculas de água aderem à superfície de um coloide mineral com carga negativa, enquanto outras estão presas por coesão entre suas moléculas.

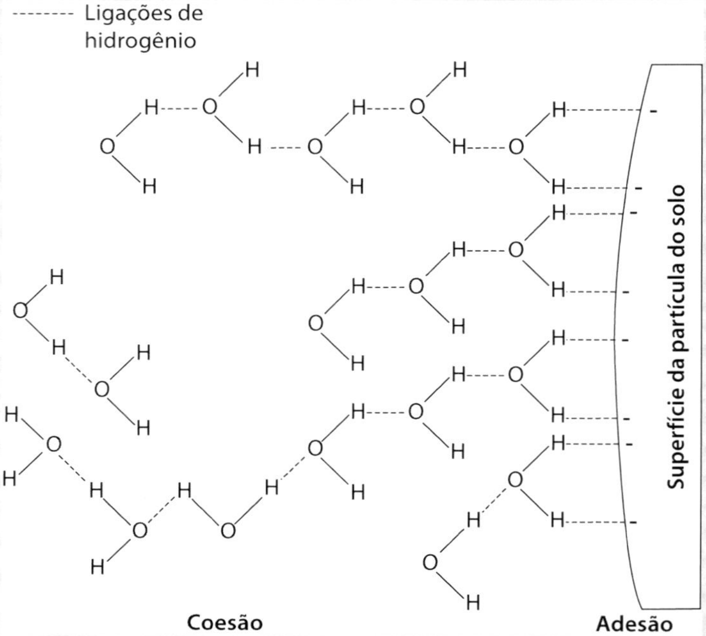

Fig. 7.3 As forças entre as moléculas de H_2O (coesão) e entre estas e as partículas do solo (adesão) são resultado, sobretudo, de ligações do tipo ponte de hidrogênio. A força adesiva diminui com a distância da superfície sólida
Fonte: adaptado de Brady e Weil (2002).

Tensão superficial: é outra importante propriedade da água que influencia seu comportamento. Dentro de um corpo d'água (como um lago), as forças coesivas atuam em cada molécula em todas as direções, como indicado pelos vetores (Fig. 7.3); contudo, na superfície, as moléculas de água têm maior atração pelas que estão dentro do líquido do que pelas do ar acima. Isso faz as moléculas de água próximas da superfície desse corpo d'água terem mais energia do que aquelas situadas em seu interior, como se formassem uma película que minimiza a sua energia. É o que chamamos de tensão superficial.

O efeito é uma força para o interior do corpo d'água como se este estivesse coberto por uma fina membrana elástica. Por causa da grande atração entre uma e outra molécula de água, esta possui grande tensão superficial (da ordem de 72,8 N/mm, a 20 °C) quando comparada com muitos outros líquidos (p. ex., etanol, 22,4 N/mm). Essa tensão superficial é um fator importante no fenômeno da capilaridade, que explica como a água se move e é retida no solo.

Capilaridade: se a parte inferior de um tubo de vidro muito fino (capilar) for colocada verticalmente na água, como representado na Fig. 7.4, a água subirá acima de sua superfície livre. Esse fenômeno, chamado de capilaridade, ocorre devido tanto à força de atração adesiva da água pela superfície sólida do tubo como à atração coesiva entre uma e outra molécula de H_2O.

O formato do menisco formado dentro do tubo capilar sugere que a água no seu interior tem pressão (P_{H_2O}) menor que a atmosférica (P_{atm}) e menor também que a pressão da água livre fora do tubo. A pressão relativamente alta da água fora do tubo (equivalente à P_{atm}), comparada com aquela abaixo do menisco (P_{H_2O}), força a água a subir no orifício capilar. Esse movimento para cima continua até que o peso da água dentro do tubo proporcione uma força suficiente para balancear a diferença de pressão entre P_{atm} e P_{H_2O}. Portanto, quanto menor o raio do tubo, maior a altura da ascensão, e isso poderá ser calculado pela fórmula:

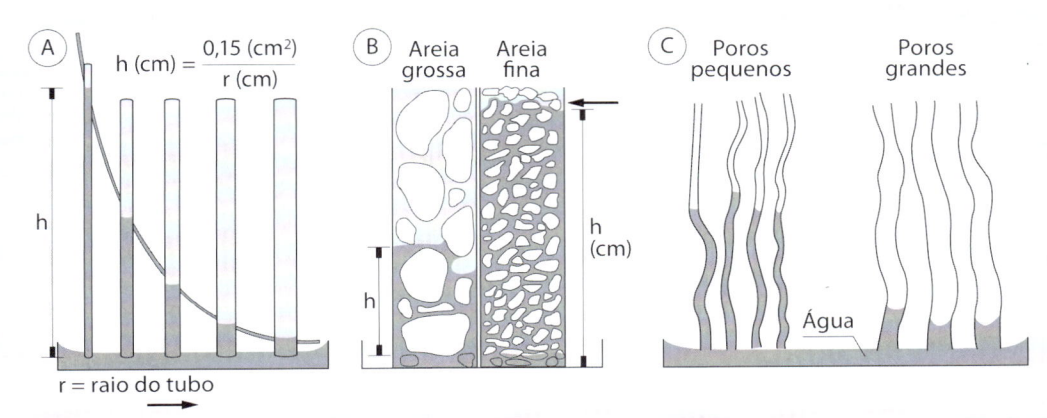

Fig. 7.4 Ilustração do movimento ascendente da água através de tubos de diferentes aberturas (A), de materiais de solos com diferentes tamanhos de poros (B) e de poros do solo de diferentes tamanhos (C). A equação (h = 0,15/r) colocada no gráfico demonstra que a altura da ascensão capilar (h) dobra quando o diâmetro do tubo é reduzido à metade. O mesmo princípio pode ser aplicado aos poros do solo; contudo, a ascensão no solo é aleatória e irregular em razão da tortuosidade e variabilidade em tamanho dos poros, bem como das bolhas de ar
Fonte: adaptado de Brady e Weil (2002) e McLaren e Cameron (1996).

$$h = 2\gamma/(r\rho_a g)$$

em que h é a altura da ascensão capilar no tubo; γ é a tensão superficial; r é o raio do tubo; ρ_a é a densidade da água e g, a força da gravidade. Para a água, essa equação poderá ser simplificada para:

$$h = 0{,}15/r \text{ (com } h \text{ e } r \text{ expressos em cm)}$$

Uma vez que existe uma pressão negativa no menisco (isto é, $P_{H_2O} < P_{atm}$), a água é considerada como estando sob tensão e sucção.

O princípio de capilaridade explica por que o solo pode reter água contra a força da gravidade. A sucção e a elevação da água nos poros do solo acontecem apesar de eles não serem simétricos como um tubo de vidro. Assim, elas são maiores em solos onde predominam poros muito pequenos (microporos) do que em solos onde predominam poros grandes (macroporos). Em um solo saturado com água, a água livre pode estar presente nos macroporos; porém, em um horizonte não saturado, esses poros maiores são esvaziados pelo efeito da gravidade, e a água que permanece é a retida por capilaridade.

Fonte: Brady e Weil (2002) e McLaren e Cameron (1996).

Ela é normalmente medida em unidades de quilopascal (kPa) ou atmosferas (atm).

Na Fig. 7.5 está representada uma partícula de argila envolvida por uma película de água, a qual pode ser teoricamente subdividida em várias camadas de diversas espessuras, onde a água está retida por diferentes tensões. As primeiras camadas, mais próximas da argila, estão retidas por adesão e com uma tensão muito elevada, que, em verdade, significa muito negativa. À medida que se afastam da superfície dessa argila, as forças das ligações de hidrogênio diminuem até que, a certa distância, a água não é mais retida, pois a força da gravidade supera as forças de adesão. Assim, quando o solo está próximo da saturação com água, é relativamente fácil remover o seu excesso, e à medida que a umidade do solo vai diminuindo, torna-se mais difícil seu movimento e/ou sua remoção pelas raízes. A Fig. 7.6 mostra uma representação, em escala bem maior, de várias partes de um solo de uma região desértica, de acordo com sua proximidade à água de um canal de irrigação.

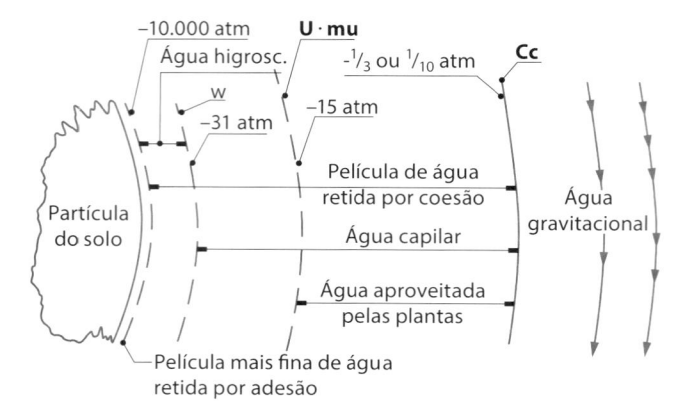

Fig. 7.5 Esquema do espessamento progressivo de uma película de água em um macroporo, à medida que um solo seco é reumedecido. As primeiras camadas, mais perto da partícula de solo (argila), são retidas por grandes tensões; à medida que se afastam, as forças da atração entre as moléculas de água e a argila diminuem até que, a certa distância, a água não é mais retida, porque a força da gravidade supera as forças de retenção por coesão (U · mu = umidade de murchamento; e Cc = capacidade de campo)
Fonte: adaptado de Medina (1972).

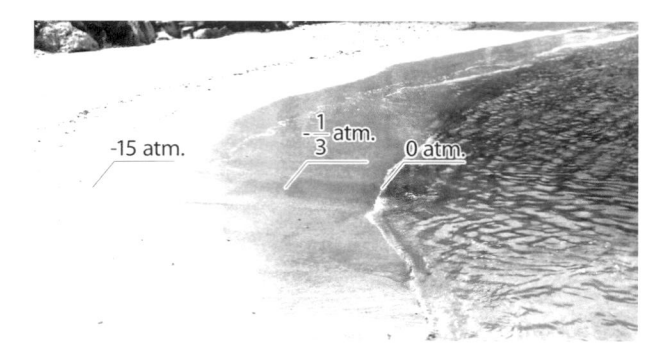

Fig. 7.6 Representação de uma porção de solo muito seco (em um deserto) depois de interceptado por um canal de irrigação. Na superfície da água, o potencial matricial é zero; mais próximo à água livre do canal, o solo está com um potencial matricial de −1/3 atm (ou −33,8 kPa, valor próximo à "capacidade de campo"), até que, em um local onde a água ainda alcança, mas as plantas não conseguem aproveitar e crescer (ponto de murcha permanente), esse potencial será de aproximadamente −15 atm (Foto: I. F. Lepsch)

7.2 Diferenças entre moléculas de água retidas por coesão e por adesão

Conforme explicado no Boxe 7.1, a atração adesiva ocorre entre duas substâncias muito diferentes, como, por exemplo, moléculas de água e argila (ou húmus), ao passo que a atração coesiva ocorre entre substâncias iguais ("água com água"). A maioria das moléculas de água mais perto das partículas de solo está muito fortemente retida pelas ligações de hidrogênio que as unem às suas cargas elétricas negativas. Existem até algumas que também estão atraídas pelos íons que neutralizam cargas elétricas da superfície dos coloides do solo (o sódio, por exemplo, é um dos íons que mais atraem moléculas de água). Já as moléculas bem mais distanciadas das superfícies dos sólidos estão retidas pela atração de uma molécula de H_2O sobre a outra.

À medida que a água é adicionada a um solo seco, por chuva ou irrigação, ela vai aos poucos penetrando nos poros e aderindo à sua matriz, de forma que os espaços entre suas moléculas e as partículas sólidas vão aumentando. Assim, quanto mais distantes as moléculas de água estiverem da superfície das partículas, com menos energia estarão retidas. Portanto, se água é adicionada constantemente a um solo seco, ela será aderida por ele cada vez com menos energia, e somente até o ponto em que a distância entre as moléculas adicionadas e a superfície sólida for tal que permita ainda a atração entre uma e outra. À medida que vai aumentando a distância entre as moléculas de água e a matriz, a participação da gravidade aumenta até superar a de adesão e coesão – nesse ponto a água pode começar a mover-se solo abaixo, pela força da gravidade.

Observe de novo a Fig. 7.5 e note que as películas de água, retidas por adesão e situadas mais próximas à superfície sólida, estão armazenadas com uma tensão equivalente a cerca de 10.000 atm (ou 1.012.500 kPa). Por outro lado, as películas de água retidas por coesão estão retidas por tensões cada vez menores, até cerca de um terço de atmosfera (ou 33 kPa). Pesquisadores por muito tempo tentaram desenvolver o que chamaram de "pontos de equilíbrio" ou "constantes de umidade", para descrever os vários estados de umidade do solo com base nesses valores de tensão. Termos como "capacidade de campo" e "ponto de murcha permanente" chegaram a ser definidos como "constantes de umidade", que encontraram muita receptividade na literatura especializada. A maior parte desses termos decorre de conceitos hipotéticos e não se aplicam igualmente a todas as condições e tipos de solos. Contudo, pela sua simplicidade e facilidade de aplicação em problemas práticos de irrigação, ainda são muito usados, apesar de não mais poderem ser considerados como "constantes físicas do solo".

7.3 Capacidade de campo (Cc)

Na prática, a capacidade de campo é muito utilizada (p. ex., em cálculos de projetos de irrigação). Cc é a abreviatura de uma expressão utilizada para designar a propriedade que todos os solos têm de manter certa quantidade de água distribuída em seus poros e numa relação de equilíbrio com a força da gravidade. Existem definições semelhantes desse nível de umidade, tais como: (a) quantidade máxima de água que pode permanecer em seus poros depois que o movimento descendente desse fluido diminui de forma acentuada; (b) condição de umidade do solo depois que toda a água livre foi deixada de ser drenada pela gravidade; e (c) limite superior da água disponível para as plantas.

Para compreendermos melhor o que é a capacidade de campo, podemos imaginar o solo como uma esponja que, depois de imersa em água, é colocada sobre uma peneira e em contato com o ar. Primeiro vamos observar uma grande quantidade de gotas d'água caindo de sua face inferior. Com o tempo, os pingos vão demorando mais a cair, até que cessam. Nesse momento, podemos dizer, em analogia ao que aconteceria com o solo, que a esponja está "na capacidade de campo", ou seja, com a máxima quantidade de água que pode reter em equilíbrio com as forças da gravidade.

Existem problemas para fixar números a esse parâmetro. Um deles está ligado ao fato de que o movimento da água nunca cessa, pois mesmo na simples analogia com a esponja, além da drenagem dos seus pingos, há uma perda contínua de água por evaporação e movimentação nos poros mais finos. Outro problema é que a determinação deve ser feita no campo, o que é muito trabalhoso. Esforços para simular em laboratório, trabalhando com materiais do solo secos e destorroados (TFSA), ou mesmo com pequenos blocos indeformados, têm sido feitos, mas dúvidas ainda existem quanto à sua precisão e representatividade. O valor de 1/3 de atmosfera (que equivale a 33 kPa) tem sido preconizado para essas estimativas de Cc. Contudo, os valores de Cc assim determinados têm sido contestados, porque variam muito entre os solos, principalmente quando existem diferenças de textura e estrutura. Por exemplo, para solos arenosos, e/ou para os argilosos, com argila de baixa atividade e com microestrutura forte e microgranular (geralmente muito intemperizados com argilas oxídicas), valores de 1/10 de atmosfera (ou 9,8 kPa) costumam ser mais recomendáveis. Para solos argilosos, com argilas de alta atividade ou sem estrutura microgranular, valores de 1/2 atm (ou 49 kPa) parecem ser melhores, uma vez que as altas superfícies específicas das argilas retêm água com tensões muito fortes.

7.4 Ponto de murcha permanente (PMP)

Outro valor crítico de umidade de um solo é o ponto de murcha permanente (PMP). Ele é definido como a tensão na qual as plantas murcham permanentemente – não são mais capazes de se recuperar, mesmo fornecendo água, porque suas células não são mais capazes de voltar ao turgor inicial. O valor de tensão estabelecido para o PMP é de 15 atm (ou 1.500 kPa), que é mais aceito que os preconizados para a Cc. Vários estudos indicam que, no caso de altas tensões, esse valor pouco depende da textura e da agregação do solo.

A determinação do PMP de um dado solo pode ser feita pelo método indireto (com o uso de panela de pressão ou membrana de Richards) ou pelo método direto ou fisiológico, em casa de vegetação, utilizando-se como plantas indicadoras feijão, girassol ou sorgo.

7.5 Água disponível (AD) e capacidade de água disponível (CAD)

Uma vez estimados os valores de capacidade de campo e ponto de murcha permanente, poderemos estabelecer a faixa de variação do que chamamos de água disponível (AD) para o crescimento vegetal. Seu valor máximo, que é o "total de água disponível" que um solo pode reter, é denominado de "capacidade de água disponível" (CAD), variável de solo para solo.

Como vimos, nem toda a água armazenada pelo solo está disponível para as plantas, apenas uma faixa, a retida entre a capacidade de campo e o ponto de murcha. Portanto, esse não é um conceito rígido. Contudo, a quantidade de água que pode ser utilizada pelas plantas depende de uma série de fatores do solo, da planta e do ar. No solo, a porcentagem dessa água disponível varia principalmente com a quantidade e o tipo de argila, a quantidade de matéria orgânica (húmus) e a concentração de sais.

Além da quantidade, também a qualidade da argila tem influência no montante de água que um solo pode reter. As argilas esmectitas (como a montmorilonita), por exemplo, adsorvem tanta água a ponto de "incharem-se" (ou expandirem-se) quando estão molhadas, e se fendilharem quando secam. Solos muito ricos em húmus também retêm muita água, porque a energia que retém água está relacionada com a elevada superfície específica das suas partículas.

Outro fator que influencia a faixa de água disponível é a concentração de sais. Quando adicionamos ao solo fertilizantes inorgânicos, a faixa de retenção de água disponível se estreita. Nesse caso, a umidade retida na Cc permanece a mesma; o que aumenta é a água retida no PMP, devido à tensão osmótica. A água se move para os locais onde a concentração de sal é maior – o que pode acontecer, na prática, em solos com crostas salinas ou quando fertilizantes minerais são colocados na forma concentrada e próximo às raízes das plantas.

Existem vários modos de representação da energia com que a água é retida no solo, entre os quais o que compara a energia de retenção com a pressão exercida pelo peso de uma coluna de água (também chamada de carga hidráulica). Sua altura é dada em centímetros e com valores que podem também ser representados em atmosferas (ou Pf, que corresponde ao logaritmo decimal da altura dessa coluna de água).

Veja no Boxe 7.2 os conceitos mais modernos sobre retenção de água pelo solo e as unidades de medidas relacionadas aos potenciais da água mais utilizadas.

Um método muito utilizado para ilustrar as relações entre a quantidade de água retida pelo solo e a energia com que ela é retida são as curvas de retenção de água. Elas representam as relações entre a quantidade de água presente no solo e a energia com que essa água está retida (ou potencial da água do solo). A Fig. 7.7 mostra duas curvas para solos de textura arenosa e francoargilosa. Comparando-se os dados dessas duas amostras de solos, observa-se o seguinte: no solo francoargiloso,

Boxe 7.2 Potencial total da água no solo

O movimento de massas na natureza se dá de pontos de energia livres mais altos para pontos de energia mais baixos. Na física clássica, duas formas principais de energia são reconhecidas: a cinética e a potencial. A primeira é proporcional ao quadrado da velocidade e geralmente desprezível para o caso da água dentro do solo que se move em velocidades muito pequenas. Por outro lado, a energia potencial, que é uma função da condição e da posição da água, é de grande importância na caracterização de seu estado de energia. Portanto, o potencial total da água (γ) é uma medida de sua energia potencial.

O potencial da água do solo (γ) representa a energia livre de Gibbs (G) entre o estado energético da água no solo e um padrão. Para determinar essa diferença, uma unidade de massa (ou volume) deveria ser levada do estado padrão para o solo; como G (ou γ) é uma função do ponto, dependendo apenas do seu estado inicial e final, qualquer processo pode ser utilizado. Se escolhermos uma transformação isotérmica ou isobárica, a energia livre de Gibbs representará todos os trabalhos, que não o mecânico, contra a pressão externa. Podemos então definir o potencial de água no solo como "a somatória dos trabalhos realizados quando a unidade de massa de água em estado padrão é elevada (isotérmica, isobárica e reversivelmente) para o potencial considerado no solo". O estado padrão – o ponto zero – normalmente escolhido é a superfície livre da água.

Este potencial pode ser expresso de várias maneiras, entre as quais:
- por unidade de massa: por exemplo, joules por quilo (J/kg);
- por unidade de volume, mais comum para os potenciais osmóticos e matriciais, como newtons por metro quadrado (N/m^2) ou pascais (Pa); este último é a unidade preferida, mas como pascal é uma unidade pequena, prefere-se quilopascal (kPa). Potenciais por unidade de volume são também dados em atmosfera ou bar, que são outras unidades de pressão. Um bar é equivalente a 100 kPa, ou aproximadamente uma atmosfera, que é uma unidade de pressão do ar ao nível do mar (equivalente a 101,3 kPa).

O potencial de água no solo é entendido também como sendo uma combinação de uma série de componentes:

$$\gamma = \gamma_p + \gamma_g + \gamma_{os} + \gamma_m + \ldots$$

em que:

γ é o **potencial total da água do solo**;

γ_p é a componente pressão, que aparece toda vez que a pressão que atua sobre a água do solo é maior que a pressão P_0, que atua sobre a água livre tomada como padrão (na superfície onde γ = zero). Em um solo (p. ex., de uma baixada úmida), na sua porção situada abaixo do nível freático, um potencial positivo estará presente, por causa do peso da água do solo saturado que lhe estiver acima. Esse potencial não inclui os efeitos da matriz do solo;

γ_g é o componente gravitacional, que aparece em razão da presença do campo gravitacional terrestre. Ele pode ser definido como função da densidade da água, aceleração da gravidade e altura de um corpo d'água. Informalmente, esse potencial é a quantidade de trabalho que pode ser efetuado por uma quantidade unitária de água movendo-se de certa localidade (z) até um corpo d'água idêntico em um nível de referência. Se este for tomado abaixo da superfície do solo, então qualquer água livre localizada acima terá um potencial positivo;

γ_{os} é o componente osmótico, que aparece pelo fato de a água do solo ser uma solução de sais minerais e outros solutos, enquanto a água padrão é pura. Esses solutos atraem moléculas de água, hidratando-as, o que reduz a energia potencial das moléculas hidratantes. No solo, as concentrações de sais tendem a se igualar por difusão, e a diferença de energia ocorre por causa de forças osmóticas, predominantes no domínio solo-raiz, influindo pouco no movimento da água;

γ_m é o componente matricial, que é a soma de todas as outras energias que envolvem a interação entre a matriz sólida do solo e a sua água, tais como as relacionadas com as forças capilares e de adesão que ocorrem nas interfaces sólido-água. Elas decorrem da interação da água com os sólidos do solo (ou sua matriz). O potencial matricial PE é de grande importância para as plantas, porque suas raízes têm que ultrapassá-lo para obter água e crescer. Quando a água é removida do solo pela absorção das plantas, a parte que nele permanece está retida com um potencial ainda mais baixo, e isso torna mais difícil a sua absorção pelas raízes; e assim permanece até que alguma água próxima da raiz e em local com potencial mais elevado possa se mover para aí e/ou a raiz crescer para mais rapidamente alcançá-lo;

..... As linhas pontilhadas indicam que existem outros potenciais, ainda que insignificantes na maioria dos casos.

Fonte: adaptado de Reichardt (1985).

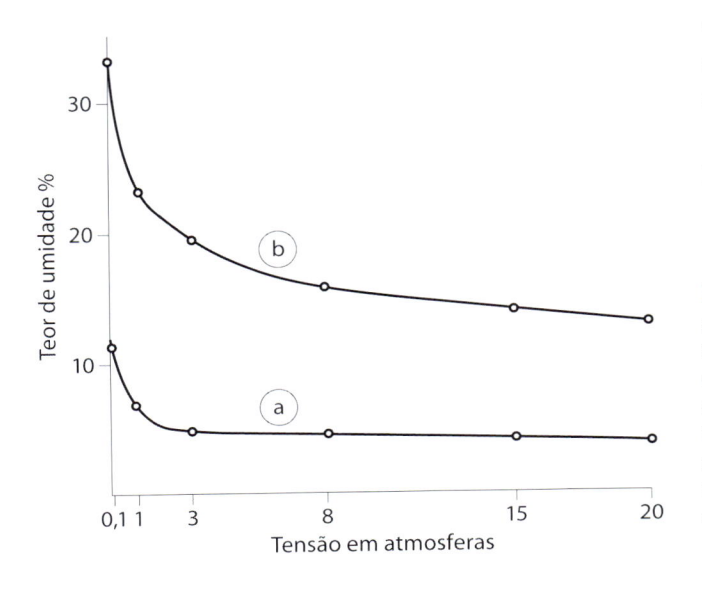

os teores de água, sob iguais tensões, são três vezes superiores aos do solo arenoso; por outro lado, no solo arenoso, os teores de água sob tensões de 3 atm a 20 atm são praticamente iguais, enquanto no solo francoargiloso são diferentes, indicando que, nele, a capacidade máxima de retenção de água disponível (pressupondo

Fig. 7.7 Curvas de retenção de água de duas amostras de solos com horizontes Ap (0-15 cm) de diferentes texturas: (a) arenoso e (b) francoargiloso. Elas mostram as correspondências entre porcentagens de água retida e as respectivas tensões a que as amostras desses horizontes foram submetidas. Para isso, no laboratório, várias sucções (ou tensões), expressas em atmosferas, foram aplicadas a várias amostras, que depois tiveram seus teores de água determinados por pesagem antes e depois de secagem em uma estufa regulada a 100 °C
Fonte: adaptado de Medina (1972).

que seja equivalente à retida com potenciais entre 1/3 e 15 atmosferas) é bem maior.

7.6 Como medir a quantidade de água contida em um solo?

Existem vários métodos para medir a quantidade de água presente em um solo em determinado momento ou sob determinada tensão. Um deles consiste em pesar amostras antes e depois de secas em um forno (regulado a 100-110 °C), durante 24 horas, para depois calcular a porcentagem de água perdida com esse aquecimento. Apesar de ser um método bem simples, requer certo tempo, pois ele não oferece uma medida instantânea da água presente. No entanto, medições mais rápidas podem ser necessárias para atender às necessidades de irrigação das plantas de uma lavoura. Para essas medidas mais ligeiras, existem aparelhos denominados *tensiômetros*, que medem potenciais matriciais *in situ*.

Um tensiômetro consiste em uma cápsula porosa de porcelana (Fig. 7.8) ligada a um medidor de tensão (manômetro) por meio de um tubo plástico preenchido com água. Quando inserido no solo, a água desse tubo entra em contato com a matriz do solo por meio dos poros da cápsula, estabelecendo um equilíbrio. Inicialmente a água do tubo está sob pressão atmosférica, mas, depois de inserido no solo (onde a água está armazenada sob tensões menores que 1 atm), acontece uma sucção, porque o solo retira certa quantidade de água. Estabelecido o equilíbrio, o potencial de água dentro do tensiômetro é igual ao do solo em torno da cápsula e, cessando o fluxo de água, a tensão (em atm ou outra unidade) pode ser lida no manômetro.

Para transformar as tensões lidas no tensiômetro, é necessário que se tenha a curva de retenção da água no solo, tal como ilustrado na Fig. 7.7. Com algumas leituras de tensiômetro em profundidade, pode-se calcular a água do solo em mm (litros/m^2), assim como são apresentados os dados de curva ou evapotranspiração. O valor médio das unidades (à base de volume, cm^3/cm^3), multiplicado pela espessura da camada do solo (em mm), fornece o seu teor de água em mm.

7.7 Movimentos da água no solo

Muito mais água cai sobre a superfície da Terra, penetrando ou escorrendo sobre ela, do que a que sai dela para os rios, lagos e oceanos. No entanto, as terras não estão se tornando cada vez mais encharcadas. Isso porque, para manutenção de um estado de equilíbrio, a água tem que se movimentar para fora da pedosfera. Ela assim o faz, movimentando-se na forma líquida para os oceanos e na de vapor para a atmosfera, muitas vezes passando pelo sistema solo-planta (evapotranspiração),

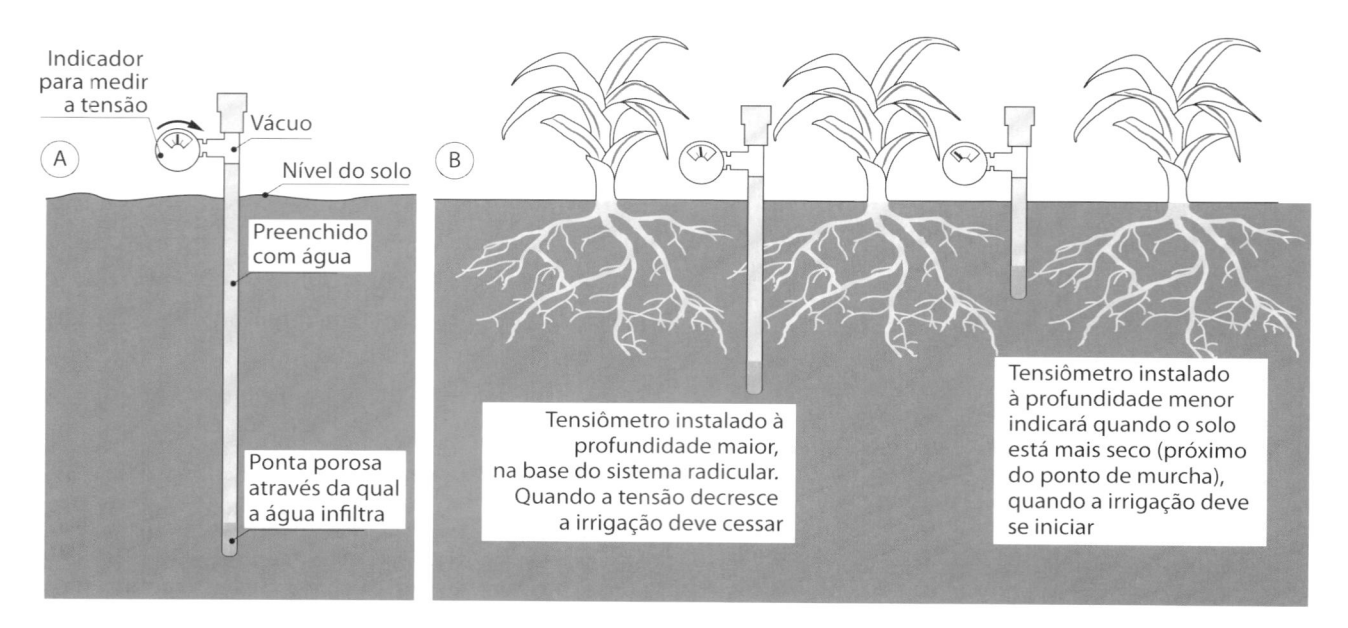

Fig. 7.8 (A) Seção transversal mostrando as principais partes de um tensiômetro: a água move-se através da cápsula porosa em resposta à força de sucção (potencial mátrico) do material de solo ao seu redor; (B) dois tensiômetros instalados em um mesmo solo, a duas profundidades
Fonte: adaptado de McLaren e Cameron (1996).

que é a soma da evaporação na superfície do solo e da transpiração das plantas (Fig. 7.1).

O movimento da água do solo ocorre principalmente na forma líquida, e somente uma pequena quantidade se dá na forma de vapor. Os fluxos desse líquido podem se dar por percolação de água na forma livre e em resposta à força da gravidade (fluxo saturado), ou como água retida por adesão (fluxo não saturado). A força da gravidade faz a água fluir, vertical e lateralmente, de uma parte mais elevada do solo para uma mais baixa. As forças de sucção fazem a água mover-se em resposta a diferenças de potenciais matriciais.

Quando uma chuva cai sobre um solo seco, a água, que é primeiramente absorvida, deixa uma parte do interior do solo a níveis próximos da Cc, até alguns centímetros de profundidade, formando uma "frente de umedecimento". Depois, se a chuva continua, essa frente vai se movendo para os horizontes mais profundos. Conforme vimos, a água pode mover-se em todas as direções, na forma de finas películas nos poros capilares, em direção a outras partes do solo que ainda estão com níveis de água menores que a Cc. Quando os teores de água ultrapassam a Cc (ou as forças de coesão e adesão), ela percola (ou drena). Nos teores de água acima da Cc, a percolação é mais lenta quando atravessa os microporos (em torno de 0,1 mm), e bem mais rápida quando flui nos macroporos (maiores que 0,1 mm).

Na natureza, o movimento da frente de umedecimento raramente se faz de forma regular, porque podem existir alguns canais com grande diâmetro (rachaduras, escavações de animais etc.), através dos quais a água pode movimentar-se mais rapidamente.

Vários termos são usados para definir os diferentes tipos de movimentos da água no solo:

a] infiltração: ato de a água penetrar no solo;
b] percolação: movimentação vertical da água no corpo do solo;
c] ascensão capilar: a água sobe, contra a ação da gravidade, por diferenças de tensão entre o lençol freático (potencial = zero) e as camadas superiores mais secas;
d] condutividade hidráulica (ou permeabilidade): capacidade que o solo apresenta de permitir a movimentação da água – varia com o tamanho e a tortuosidade dos poros. Já a permeabilidade do solo à água varia com pressão de sucção.

7.8 Permeabilidade do solo em fluxo saturado e não saturado

O fluxo saturado acontece quando a água se move no momento em que os poros maiores do solo estão totalmente cheios de água. Ele corresponde à água que primeiro se move no solo depois de este estar saturado de água – depende, portanto, mais da força da gravidade do que das tensões matriciais. Em outras palavras, trata-se da permeabilidade de todos os poros, de qualquer tamanho, completamente preenchidos com água. Dessa forma, ela dependerá do número, do tamanho, da distribuição e da continuidade desses poros. Na equação de Darcy (ver Boxe 7.3), essa permeabilidade é designada pela letra K e expressa como uma velocidade. Solos com muitos poros contínuos podem ter alta permeabilidade (p. ex., 70 mm/h).

À medida que o solo vai secando, os poros maiores, primeiramente, esvaziam-se de água, e o movimento dela fica restrito a poros cada vez menores. Nessas condições, a condutividade não saturada (k) é determinada, em grande parte, pelo conteúdo de água (portanto, pela pressão de sucção ou potencial matricial). Como exemplo, a alta condutividade saturada de um solo arenoso com todos os poros preenchidos pode decrescer para valores 10 a 20 vezes menores (potencial de 0,01 atm) quando os fluxos de água se dão apenas através dos poros menores (30 µm de diâmetro e preenchidos com água). Decresce mais ainda para valores 100 vezes menores quando a matriz do solo estiver em um potencial de 0,1 atm (ainda na faixa de água disponível; somente poros com cerca de 3 µm preenchidos). No ponto de murcha permanente, o movimento da água é insignificante. Esses valores seriam para gradientes de pressão similares, em torno de 0,1 atm/cm. Com gradientes mais elevados, o movimento seria mais rápido, mas, à medida que a pressão de sucção aumenta para seu valor limite, a condutividade hidráulica decresce e a influência da pressão de sucção é também muito reduzida.

Outro aspecto é que, para solos não saturados, diferenças de potencial matricial poderão exceder a força gravitacional e provocar movimentos ascendentes por capilaridade. Isso poderá acontecer, por exemplo, se o solo arenoso do nosso exemplo situar-se no nível de um lençol freático.

Boxe 7.3 Fluxo de água no solo e a equação de Darcy

O conhecimento do estado de energia da água no solo é importante, pois permite saber se essa água encontra-se em equilíbrio ou movendo-se em alguma direção. Fluxo saturado é o movimento vertical de água resultante da força da gravidade em um solo no qual todos os poros estão completamente preenchidos (saturados) com água. Sob essas condições, o potencial matricial é zero.

Fluxo de água é o volume de água (cm^3) no qual o fluxo atravessa por uma unidade de área de solo (cm^2) por um período de tempo (s). A equação mais comumente utilizada para quantificar o movimento na água no solo é a de Darcy:

$$q = -K \cdot \text{grad}\, \psi$$

Ela nos mostra que o fluxo de água q é igual ao produto da condutividade hidráulica K pelo gradiente ψ (o sinal menos aparece porque a força que mede a água tem valores negativos, sendo igual a $-\text{grad}\,\psi$).

Darcy (1856) foi o primeiro a estabelecer uma equação que possibilitasse a quantificação do movimento de água em materiais porosos saturados. Na sua equação, o fluxo de água q tem a mesma dimensão da condutividade hidráulica K, isto é, cm/min, cm/h etc., pois se trata de certa quantidade de líquido que passa em um determinado tempo. Por exemplo, se tivermos um fluxo de água de 10 cm/h, significa que 10 litros de água passam por uma área de 1 m^2 de solo em uma hora.

O fluxo da água na planta e na atmosfera obedece a leis semelhantes. Nesses sistemas, a condutividade hidráulica é sempre muito grande e sem limitações para o fluxo: na maioria dos casos, o que determina a intensidade do fluxo de água é o gradiente ψ.

Como exemplo, a Fig. 7.9 mostra esquematicamente uma planta de milho, indicando um ponto genérico A no solo, outro B na raiz da planta, outro C na folha e um D na atmosfera. Durante um dia ensolarado, e em condições de boa umidade no solo, o potencial total da água no solo ψ_A permanece em torno de –0,1 atm (–0,01 kPa a –0,02 kPa); na raiz ψ_B, em torno de –1 atm a –5 atm (–10 kPa a –50 kPa); na folha ψ_C, em torno de –3 atm a –10 atm (–0,3 kPa a –1 MPa); e na atmosfera ψ_D, próximo de –50 atm a –200 atm (–5 kPa a –20 kPa).

Uma vez que:

$$\psi_A > \psi_B > \psi_C > \psi_D$$

o movimento da água se dará do solo para a atmosfera (de A para B, para C e, finalmente, para D). Tal movimento é espontâneo porque a água procura sempre um estado de energia mais baixo – que, no caso, será o da atmosfera. Portanto, sob esse ponto de vista, não é correto afirmar que a planta retira água do solo porque esta vai espontaneamente do solo para a planta e desta

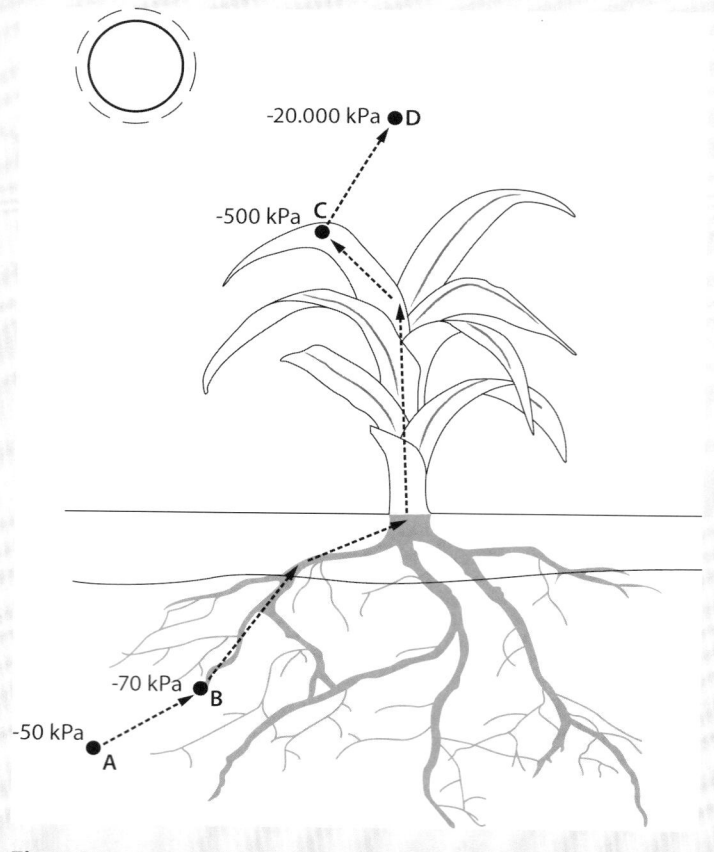

Fig. 7.9 Planta de milho: movimento da água do solo para a atmosfera
Fonte: Reichardt (1985).

para a atmosfera, não consumindo energia nesse processo. Contudo, é muito comum falarmos em "absorção de água pelas plantas" e "sucção de água pelas raízes".

O movimento da água de A para B se dá através do espaço poroso do solo e é regido pela equação de Darcy; portanto, é um deslocamento de água proporcional ao gradiente ψ entre os pontos A e B. Se esse fluxo d'água estiver sempre atendendo à demanda atmosférica, significa que toda água que está sendo perdida pela transpiração das folhas está sendo reposta pelo solo, e a planta permanece túrgida, sem murchar.

O movimento da água do solo para a atmosfera, esquematizado na Fig. 7.9, é afetado por fatores do solo, da planta e da atmosfera. Os fatores importantes do solo são: umidade (θ), relação entre θ e ψ_m (curva característica de retenção de água) e condutividade hidráulica. No solo, os fatores mais importantes são textura, estrutura, densidade do solo etc. Na planta, são a atividade radicular, a distribuição das raízes, a área foliar, a arquitetura foliar etc.; na atmosfera, a radiação solar, o vento e a umidade relativa do ar. Deduz-se daí que a perda de água pelas plantas é um processo complexo, sendo sempre necessário analisar o conjunto solo-planta-atmosfera.

Fonte: adaptado de Reichardt (1985).

Em solos não saturados, a força gravitacional não é significativa para o movimento da água, porque não existem quantidades suficientes de água para preencher totalmente os poros. Assim, a água acaba sendo adsorvida pelas partículas de solo e também passando de partícula para partícula, pela diferença de teor de água entre elas. Esse processo é chamado de *difusão*. Sabemos que as raízes da maior parte das espécies de plantas podem exercer uma "pressão de sucção" até 15 atm (que, como vimos, é o valor do ponto de murcha). Dois importantes movimentos existem para o alcance da água pelas plantas: o da água caminhando para as raízes e o das raízes crescendo em direção à água. Quando uma raiz absorve água, ela cria um gradiente de tensão em alguns centímetros à sua volta; então, a água (retida a tensões menores) começa a se movimentar para lá, enquanto a raiz procura alongar-se para essa direção, a fim de que possa prontamente alcançá-la.

7.9 Relações solo-água-planta

A quantidade de água que as plantas necessitam para completar todo o seu ciclo de crescimento e florescimento varia de espécie para espécie e compreende a porção que retorna à atmosfera em forma de vapor, quando transpirada das folhas, e a porção evaporada da superfície do solo. A esse conjunto chamamos de *evapotranspiração*. Muitos fatores influenciam a evapotranspiração, tais como clima, tipo de solo e cobertura vegetal, sendo o clima considerado o mais importante: uma cultura de milho no nordeste do Brasil, por exemplo, necessitará de muito mais água que no sul, uma vez que lá a intensidade da radiação solar é maior e a umidade do ar, menor.

Para que tenhamos uma quantidade de água adequada às plantas, temos que considerar (a) a quantidade e a distribuição de água proveniente da chuva (e/ou da irrigação); (b) a capacidade de armazenamento de água disponível do solo; e (c) a evaporação potencial do local. Esta última é a quantidade de água que passaria pela planta, somada àquela que evaporaria do solo se ele estivesse sempre úmido. Como essa condição nem sempre ocorre, temos que considerar também a evapotranspiração real que, como o nome já diz, é a evapotranspiração que realmente ocorre com as várias oscilações de umidade do solo.

Se água estiver sendo sempre adicionada ao solo, a evapotranspiração potencial será igual à real; se a quantidade de água evapotranspirada exceder a que é adicionada ao solo, as plantas utilizarão a água armazenada no solo. Se essa água disponível suprir as necessidades de evaporação e transpiração, a evapotranspiração potencial será também igual à real. Se a água disponível atingir pequenos valores, então a evapotranspiração atual será menor que a potencial, e a essa diferença podemos chamar de *déficit de água*. Quando esse déficit é pequeno, as plantas pouco sofrem, apenas retardando um pouco seu crescimento. Contudo, se houver um déficit muito grande, os vegetais poderão ser muito afetados – no caso de plantas cultivadas, esses déficits de água poderão ser corrigidos com irrigação artificial.

Considerando esses fatores, podemos construir um gráfico representando o balanço hídrico anual do solo. Na Fig. 7.10 estão alguns desses balanços hídricos efetuados para várias regiões do Brasil.

7.10 Temperatura do solo

A temperatura do solo é importante em relação à germinação e ao crescimento das plantas superiores, à atividade de micro-organismos, ao intemperismo,

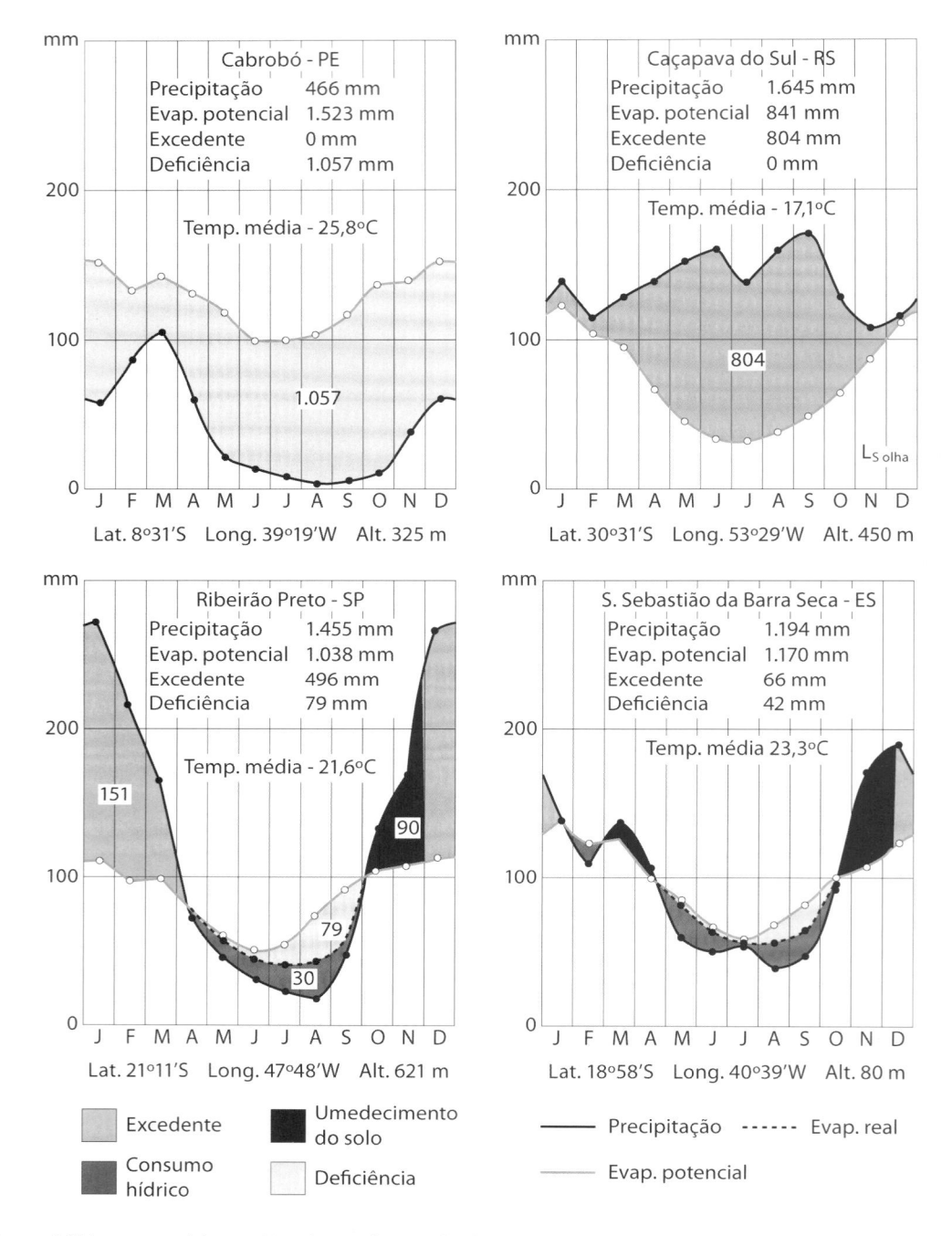

Fig. 7.10 Balanços hídricos para várias regiões do Brasil. Em Cabrobó (cidade situada na região semiárida do nordeste brasileiro), em todos os meses, a precipitação pluvial é menor que a evapotranspiração, de forma que o solo permanece próximo ao ponto de murcha permanente na maior parte dos dias do ano. Em Caçapava do Sul (RS) acontece o contrário: há um grande excedente hídrico, porque a precipitação é sempre superior à evapotranspiração, permanecendo os solos, na maior parte do tempo, próximos da capacidade de campo. Em Ribeirão Preto (SP), há uma pequena deficiência hídrica no inverno e um excedente nos meses do verão; em São Sebastião da Barra Seca (ES), a precipitação pluvial, em quase todos os meses, é semelhante à evapotranspiração potencial, caracterizando um pequeno excedente hídrico (ou pouca água gravitativa percolando no solo)
Fonte: adaptado de Lepsch et al. (2015).

à decomposição e à humificação da matéria orgânica, à quantidade de água e à composição do ar e da água do solo. A superfície do solo, como limite da pedosfera com a atmosfera, atua como face intermediária, através da qual se desenvolvem fluxos de energia térmica. Desse modo, o solo comporta-se como estabilizador térmico, pois, aquecendo-se durante o dia pela radiação solar, cede calor durante a noite para a atmosfera.

Os valores da temperatura do solo, tanto no espaço como no tempo, determinam as trocas de massa e de energia com a atmosfera. Trata-se de um indicativo da quantidade de energia que foi absorvida pela superfície e transferida para os horizontes dos solos. O solo armazena e transfere tanto água como calor, e sua capacidade de fazê-lo é determinada tanto pelas propriedades térmicas do solo como pelas condições climáticas. Entre essas propriedades térmicas, estão o *albedo*, a *emissividade*, o calor específico, a capacidade térmica volumétrica e a condutividade térmica. A temperatura depende das entradas e saídas de calor, calor específico do solo e da produção de calor.

A entrada de calor depende quase exclusivamente do Sol e sua intensidade é determinada pelos seguintes fatores: latitude, estação do ano, hora do dia, tempo atmosférico, aspecto (face voltada para o norte, o sul etc.), inclinação da superfície do solo, cor do solo e cobertura vegetal. Podem existir outras entradas de calor, como as decorrentes dos processos de oxidação (decomposição) de materiais orgânicos. As saídas de calor se fazem pela radiação da superfície do solo e pela evaporação de sua água. Dependem muito do conteúdo de água, da cor e da cobertura do solo.

A capacidade calorífica (cal/g°C) é o produto do calor específico pela densidade do solo. O calor específico da água é igual a 1; do ar, 0,24; das partículas minerais do solo, aproximadamente 0,2 e da matéria orgânica, por volta de 0,4. Portanto, o calor específico do solo depende principalmente de seu conteúdo de água.

A condutividade térmica pode ser medida em calorias transferidas por segundo em 1 cm^2 de superfície, para um gradiente de temperatura de 1 °C. Ela é muito afetada pelo conteúdo de ar, uma vez que a condutividade térmica do ar é 20 vezes menor que a da água e 60 vezes menor que a das partículas sólidas. Dessa forma, o ar funciona como um isolante.

Os efeitos gerais do balanço de temperatura, calor específico e condutividade fazem a temperatura de um solo ter padrões definidos, com um máximo nos meses mais quentes e no meio dos dias, e uma variação muito maior na superfície do que em profundidade. Essa variação à superfície é bem menor quando o solo se encontra recoberto, por exemplo, com palha (*mulch*). Na Fig. 7.11 está um exemplo das variações de temperatura do solo na superfície e em profundidade, em condições de ausência e presença de cobertura vegetal (recobrimento com palha).

É relativamente pequena a capacidade de o homem interferir na temperatura do solo. O manejo da água parece ser a solução para algum controle prático sobre essa propriedade dos solos. A drenagem e a irrigação são, portanto, práticas importantes na regularização da temperatura do solo. Outras práticas de controle da temperatura do solo são: (a) sombreamento; (b) coberturas mortas (*mulches*); (c) cobertura com determinados materiais (p. ex., plásticos de outra cor, pois, em função do seu poder absorvente, modificam as características térmicas do solo); (d) revolvimento (afofamento) da terra, pois, como altera (aumenta) a porosidade, contribui para modificar a temperatura do solo. Ao aumentar a porosidade do solo, diminui o teor de umidade e, consequentemente, reduz a condutividade térmica à superfície do solo.

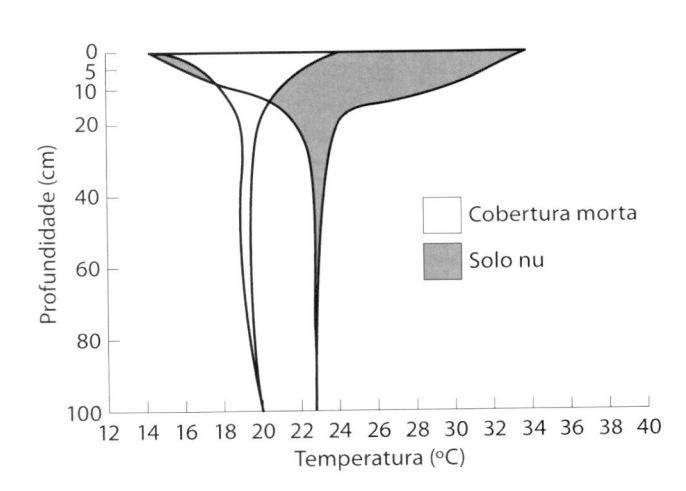

Fig. 7.11 Amplitude de temperatura média a diferentes profundidades obtidas em uma "terra roxa" (Latossolo Vermelho Férrico), em Ribeirão Preto (SP), em condições de cobertura morta (*mulch*) e solo nu
Fonte: adaptado de Costa e Godoy (1962).

7.11 Perguntas para estudo

1. Na natureza, os corpos buscam um estado mínimo de energia. O movimento de água no solo segue esse comportamento, sendo esse movimento o produto da diferença de potenciais. Qual a importância do conhecimento do estado de referência da água na definição do potencial de água do solo? Quais são os potenciais que regem o movimento de água no solo? *(Dica: consulte a seção 7.7).*

2. Comente sobre a bipolaridade das moléculas de água e sua importância no estudo da retenção de água no solo. *(Dica: consulte a seção 7.1).*

3. Diferencie as forças atuantes na condução da água do lençol freático até a superfície de um solo mineral: adesão, coesão, tensão superficial e capilaridade. *(Dica: consulte a seção 7.2).*

4. Diferencie macro, meso e microporos, e explique qual a sua importância no armazenamento de água no solo. *(Dica: consulte a seção 7.7).*

5. O senhor Amauri, um agricultor de quiabo, realizou uma adubação fosfatada e potássica concentrada próximo ao sistema radicular; logo em seguida, ocorreu uma rápida chuva. Com o passar de alguns dias, o agricultor observou que os quiabeiros desidrataram, como se o solo estivesse no ponto de murcha permanente (PMP). Assim, não foi possível salvar o plantio. Explique o que pode ter acontecido, considerando os potenciais de água no solo, o PMP, a água disponível e a capacidade de campo. *(Dica: consulte as seções 7.3, 7.4 e 7.5).*

6. Visando um melhor aproveitamento da água irrigada, um produtor de banana instalou, em uma camada de 150 cm, dois tensiômetros, um a 135 cm e outro a 165 cm de profundidade, que medem o gradiente de potencial. O primeiro tem uma leitura de $\psi_m = -75$ cm de H_2O e o segundo, $\psi_m = -88$ cm de H_2O. Qual o fluxo de água nesta camada, assumindo que o fluxo saturado de água é de aproximadamente 5,515 cm por dia? *(Dica: consulte a seção 7.8).*

7. Cite algumas razões pelas quais a compactação do solo diminui a quantidade de água disponível à planta.

8. Como você montaria um experimento para determinar o ponto de murcha permanente de um solo? *(Dica: consulte a seção 7.4).*

9. O que é água disponível de um solo e como ela pode ser calculada? *(Dica: consulte a seção 7.5).*

10. Qual a utilidade das curvas de retenção de umidade para projetos de irrigação que usam tensiômetros? *(Dica: consulte a seção 7.6).*

11. Observe a Fig. 7.11 e comente sobre a importância de uma cobertura morta para minorar as altas temperaturas do solo.

Lição 8

Composição química e dinâmica da solução do solo

A solução do solo é uma "sopa rala" com dúzias de produtos químicos providos pela fase sólida e por adições da atmosfera, e desprovidos por processos de absorção pelas plantas e movimentos em direção à fase sólida.

(Wolt, 1994).

Mar Morto (Foto: Mendel Rabinovitch)
As diluídas soluções dos solos da bacia hidrográfica deste corpo d'água, há muitos milhares de anos estão sendo levadas pelos rios para uma depressão fechada (423 m abaixo do nível do mar), de forma que, aí sempre evaporando, formaram uma das mais salgadas águas do mundo

Já falamos sobre os sólidos do solo dando ênfase aos mais ativos (Lição 4), e nas lições sobre física do solo, aprendemos que o que comumente chamamos de água do solo na realidade não se trata de água pura, mas sim de uma solução diluída que interage tanto com as outras duas fases como com as raízes das plantas e micro-organismos. Vimos também que podemos considerar vários tipos de água do solo, tais como a gravitativa, a capilar e a higroscópica (Lição 7).

A solução do solo pode estar na forma de uma delgada película ou de um volume de **água capilar** ou **gravitacional**, a depender do grau de umidade do solo. Normalmente se considera a água capilar (ou aquela correspondente à capacidade de campo) a mais representativa da solução do solo, isto porque ela está em condição de equilíbrio com seus sólidos e seu ar (Fig. 8.1). Na Lição 4, abordamos vários aspectos relacionados à adsorção de íons pelos sólidos do solo; agora vamos abordar alguns aspectos da química da parte líquida do solo, que envolve os sólidos e também o ar, os micróbios, os vermes e as raízes, interagindo com todos eles.

8.1 As reações biogeoquímicas da fase líquida do solo

Quase todas as reações biogeoquímicas do solo ocorrem em sua fase líquida. Entre elas, destacam-se as do intemperismo (dissolução, hidrólise, oxidação e redução, abordadas na Lição 3). A solução do solo, situando-se na interface dos sólidos do solo com a biosfera, a atmosfera e a hidrosfera, atua como mediadora dos fenômenos

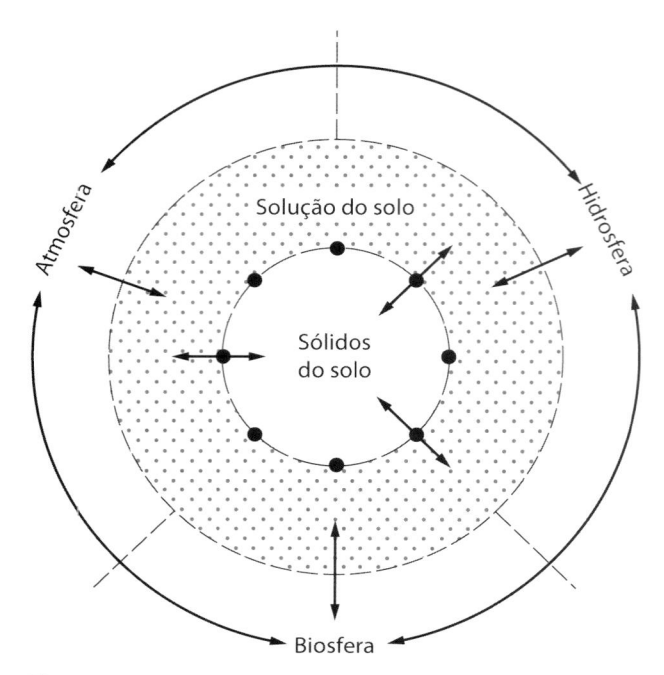

Fig. 8.1 A solução do solo situa-se entre os seus sólidos e os outros três compartimentos ambientais ativos: atmosfera, biosfera e hidrosfera. Os limites das linhas tracejadas indicam que energia e matéria se movimentam ativamente de um compartimento para outro
Fonte: adaptado de Bohn, McNeal e O'Connor (2001).

que controlam a retenção pelos sólidos ativos (Lição 4) de muitas substâncias por meio de importantes fenômenos, como troca iônica, adsorção-**dessorção** específica e precipitação-dissolução (Boxe 8.1).

Por meio de inúmeras reações biogeoquímicas, os íons e outras substâncias armazenadas no interior dos minerais primários e nas superfícies dos coloides são liberados para que as plantas e os micro-organismos possam se nutrir. No sistema solo-planta, um desequilíbrio pela adição ou remoção de um dado íon desencadeia uma série de reações na solução do solo, visando estabelecer um novo equilíbrio. Por isso a solução do solo tende a resistir a alterações em sua composição, mesmo quando alguns compostos são removidos ou adicionados nela. Essa capacidade de resistir às mudanças é chamada de **capacidade tampão**.

O tipo do material dissolvido e a sua concentração na solução do solo são muito influenciados pelo que está adsorvido na superfície dos coloides e, principalmente, pelas suas proporções relativas entre cátions básicos e ácidos. Essas proporções podem influenciar as concentrações dos íons de hidrogênio (H^+) e hidroxila (OH^-). Quando existem as mesmas quantidades desses dois íons, a solução do solo será neutra; quando o hidrogênio predomina, ela será ácida, e um excesso de hidroxilas produzirá alcalinidade. Muitas das interações entre as plantas e o solo dependem da concentração desses dois íons, a qual é avaliada pelas medidas de seu **pH** (ou potencial de hidrogênio). Esse parâmetro é uma das mais importantes variáveis da fase líquida do solo, porque controla a natureza de suas muitas reações biogeoquímicas, e será abordado na Lição 10.

8.2 Os solutos e os solventes da solução do solo

Em química, uma solução é definida como uma mistura homogênea de dois componentes: o soluto e o solvente. Ela também pode ser considerada como uma fase – sólida, líquida ou gasosa – com dois ou mais componentes dispersos uniformemente. O soluto corresponde ao conjunto de substâncias dissolvidas que estão mais frequentemente nas formas iônicas; e o solvente é qualquer agente utilizado para dissolver os solutos. Gases, líquidos e até mesmo sólidos podem agir como solventes para outros gases, líquidos ou sólidos. Por exemplo, oxigênio (um gás), álcool (um líquido) e açúcar (um sólido) podem dissolver-se na água, a qual passa a ser denominada uma solução líquida. Na solução do solo, a concentração dos solutos, por ser bastante pequena, é comumente medida em micromols de carga por litro ($\mu mols_c/L$).

Nos solos, o solvente é a água pura (H_2O). Quando a água está presente no solo, ela pode ser distinguida de várias formas: (a) água sobre o solo (como em alguns **pântanos**); (b) água sob o solo (como no lençol freático); e (c) água dentro dos poros do solo, o principal componente do que chamamos solução do solo.

Há que se considerar que a água, além de solvente, é também um nutriente, porque, depois de absorvida pelos vegetais e movida pela energia do Sol, consegue combinar-se com o gás carbônico para formar carboidratos por meio da fotossíntese (Fig. 8.3).

Grande porção dos solutos dessa água tem cargas elétricas negativas (ânions) ou positivas (cátions), e boa parte desses solutos são nutrientes de vegetais. Além dos íons, moléculas neutras também estão dispersas, como as de ácido silício $[Si(OH)_4]^0$, de gases (CO_2) e de componentes orgânicos e orgânico-minerais.

Boxe 8.1 INTERAÇÕES ENTRE A FASE LÍQUIDA DO SOLO E A ATMOSFERA, A HIDROSFERA E A BIOSFERA

A composição da solução do solo deriva de reações e interações entre os componentes geoquímicos e biológicos, os quais, por sua vez, dependem de diferentes fatores. Os diversos contatos entre os componentes orgânicos, minerais e biológicos definem as complexas interfaces entre o líquido e os gases do solo. Tudo o que se passa nessa solução interfere nas interações biogeoquímicas entre a superfície do solo e a atmosfera – acima – e o lençol freático – abaixo –, conforme esquematizado na Figs. 8.1 e 8.2.

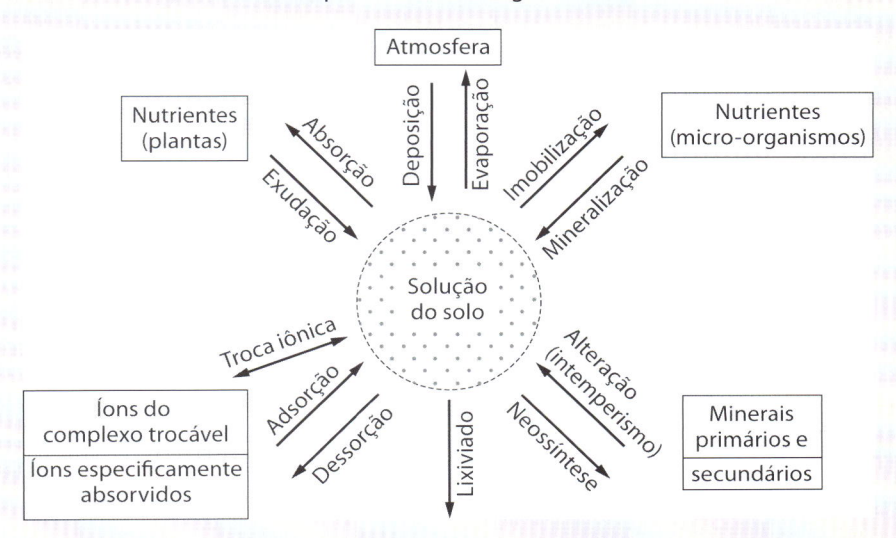

Fig. 8.2 Esquema dos principais reservatórios que contribuem para a movimentação dos solutos da solução do solo e os processos que transferem substâncias químicas desses reservatórios para a solução, e vice-versa

Interações entre a solução do solo e a atmosfera (deposições e evaporações): a atmosfera deposita no solo as chuvas, que já contêm algumas substâncias nelas dissolvidas, das quais destacam-se o gás carbônico, o oxigênio e o nitrogênio. Este último é um importante nutriente, que provém quase exclusivamente do ar atmosférico, sendo depositado no solo na forma de nitrito (NO_2). Fluxos de gases também emanam da solução para a atmosfera, na forma de vapor d'água, gás carbônico etc.

Interações entre a solução do solo e a hidrosfera (lixiviações): a água contida em todos os solos do planeta representa somente cerca de 0,0001% de seu suprimento total. Contudo, é ela que recebe a maior parte dos solutos dissolvidos da fase sólida do solo, os quais podem ser, assim, lixiviados para o lençol freático, que depois abastece os mananciais. São esses solutos que, direta ou indiretamente, irão alimentar as populações aquáticas. O destino final dessas águas são os mares, que devem grande parte de sua salinidade aos elementos lixiviados das soluções dos solos.

Interações entre a solução do solo e a biosfera (e a litosfera): os nutrientes das plantas e micro-organismos estão em equilíbrio com a solução do solo, a qual interage com os reservatórios dos íons que são armazenados como: (a) trocáveis; (b) especificamente adsorvidos ou (c) incluídos na rede cristalina dos minerais primários ou da matéria orgânica bruta.

Nutrientes das plantas: passam da solução do solo para os vegetais por processos de absorção.

Nutrientes dos micro-organismos: quando os micro-organismos se alimentam, podem imobilizar nutrientes, competindo com os vegetais. Contudo, quando morrem, eles se decompõem, liberando novamente os nutrientes por processos de **mineralização**.

Nutrientes armazenados no complexo trocável: estão em constante movimento dos coloides para a solução do solo, e vice-versa, por meio das trocas iônicas. Os íons de cálcio, magnésio e potássio são os nutrientes que mais comumente estão armazenados nos pontos de troca.

Nutrientes adsorvidos especificamente: podem ser adsorvidos (e dessorvidos) da solução do solo para a superfície dos coloides (e vice-versa, em um processo denominado dessorção). Tais processos costumam ser mais lentos que os de troca iônica, uma vez que um íon especificamente adsorvido é retido pelos coloides com muito mais força que um íon trocável. Fosfatos, sulfatos e ácido silícico costumam ser estocados nos coloides do solo por esses processos.

Íons incluídos nos minerais primários, secundários e restos orgânicos: com o intemperismo dos minerais, os íons de seus cristais são colocados em solução por processos de alteração. Quando em solução, tais íons podem ser absorvidos pelos vegetais, imobilizados pelos micro-organismos, lixiviados ou reagrupados, para formar os minerais secundários, entre os quais destacam-se as argilas. O tipo dessas argilas dependerá da composição da solução do solo e do seu tempo de permanência nele.

Fonte: baseado em Fisher e Binkley (1999).

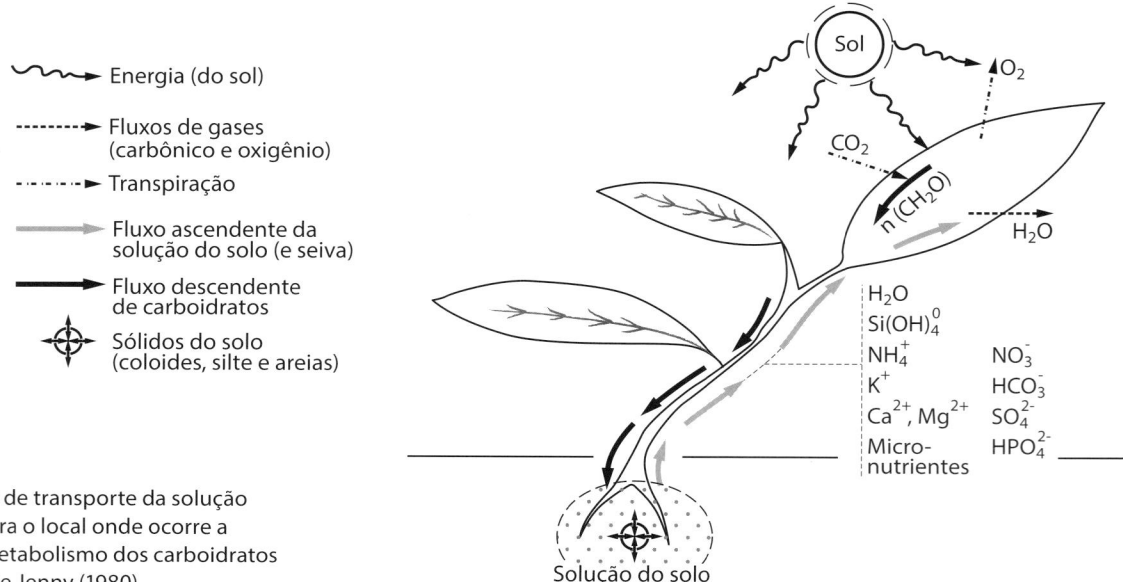

Fig. 8.3 Esquema de transporte da solução aquosa do solo para o local onde ocorre a fotossíntese e o metabolismo dos carboidratos
Fonte: adaptado de Jenny (1980).

Muitos consideram a solução do solo como o "sangue do solo" que se transforma em seiva – o "sangue das plantas" –, pois é por meio dela que se realizam diversos processos que capacitam as plantas a assimilarem seus nutrientes. À medida que esse "sangue" corre no "aparelho circulatório" do solo, ele vai disputando espaço com o ar dos poros, tornando-se, assim, o centro de muitas atividades químicas e biológicas (Fig. 8.4). Desse modo, a solução do solo promove inúmeras reações físico-químicas, como a formação de novos minerais (a longo prazo) e a nutrição dos vegetais (a curto prazo). Quando as plantas estão crescendo, por vezes existe um excesso ou uma carência de solutos nessa solução, afetando seus desenvolvimentos.

Quando a água de uma intensa chuva cai sobre um solo e nele se infiltra, transformando-se em sua solução líquida, uma parte pode fluir solo abaixo num processo a que chamamos percolação e que pode provocar a perda de solutos com o que chamamos de lixiviação. Da porção que permanece no solo, uma parte pode ser perdida por evaporação e outra pode ser tanto absorvida pelos vegetais quanto perdida por meio da transpiração de suas folhas.

Quando há excesso de chuvas, uma parte da solução do solo pode percolar para o lençol freático e a concentração de seus solutos momentaneamente diminuir; ao contrário, com a evaporação e a transpiração, à medida que seu teor diminui, a concentração dos solutos aumenta. Portanto, o líquido que preenche as "veias do solo" é bastante dinâmico: ora mais diluído (quando em excesso), ora mais concentrado (quando escasseia), ora movendo-se para baixo (com a percola-

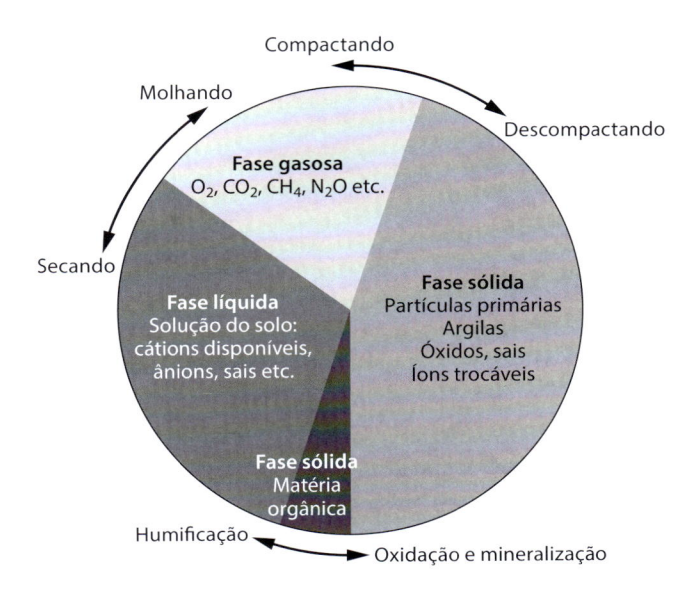

Fig. 8.4 A fase líquida do solo contém água, cátions, ânions etc. Ela está sempre disputando o mesmo espaço poroso com a fase gasosa, nos ciclos de umedecimento e secagem. Por sua vez, o espaço poroso depende também do arranjo dos sólidos minerais e orgânicos do solo, que podem estar em diferentes estados de compactação ou humificação

ção), ora movendo-se para cima (com a evaporação e a transpiração).

Esse movimento constante se faz de um local de maior potencial para outro de menor potencial, como vimos na Lição 7. Esses potenciais se fazem sentir em razão de várias forças, como a de capilaridade e a da gravidade. Uma gota de chuva cai da copa de uma árvore para o solo em resposta a um **potencial gravitacional** – afinal, as gotas presas nas folhas têm mais energia potencial do que as que pousam na superfície do solo. Mas, essas mesmas gotas, depois de penetrar no solo e transformar-se em solução, podem fazer um caminho inverso, subindo até as folhas.

A solução do solo, por ser mais diluída que a do interior das células das raízes, move-se para o interior destas, em razão de uma diferença de potencial osmótico. A continuação do movimento de ascensão se dá com a ajuda da força produzida pela evaporação da água na transpiração (ver Fig. 7.2).

8.3 Movimento dos íons: da fase sólida para a líquida

Os íons que são nutrientes vegetais podem ser imaginados como pertencentes a três diferentes reservatórios.

Na Fig. 8.5 estão esquematizados esses três reservatórios principais de nutrientes, usando-se como exemplo o íon potássio (K^+). Esses íons comportam-se como inseridos em diferentes "estoques" desse nutriente: (a) um grande estoque não diretamente disponível, com esse íon ligado aos minerais primários (ou restos orgânicos não decompostos), os quais só muito lentamente podem ser daí liberados; (b) um segundo reservatório, o do potássio trocável, de tamanho menor, mas que pode liberar instantaneamente esse íon para um terceiro reservatório; (c) a solução do solo, uma reserva relativamente minúscula, mas livre, podendo daí ser imediata e facilmente tomada pelas plantas. Quando acontece a lixiviação, ou se o íon potássio for absorvido pela raiz de um vegetal, outros íons desse elemento podem ser fácil e rapidamente liberados da porção adsorvida nos coloides, compensando, assim, suas perdas. Para repor os íons adsorvidos nos coloides, seria necessário que outros íons fossem liberados pela ação do intemperismo dos minerais primários. Contudo, se o solo for muito intemperizado e, por isso, desprovido de minerais primários que contêm potássio, o único reservatório será o do complexo de troca.

Os pontos de carga existentes na superfície dos coloides atraem e liberam os íons da solução do solo, que assim se movem para manter a eletroneutralidade do sistema. A Fig. 8.6 apresenta um esquema da distribuição e movimentação dos íons da superfície dos coloides para a solução do solo, e vice-versa. Os cátions adsorvidos pelos pontos de troca são trocáveis e sua concentração é máxima junto à superfície do coloide, diminuindo progressivamente até igualar com a da solução mais externa. Contrariamente a essa força de atração, opera-se a força de difusão dos cátions, em razão do gradiente

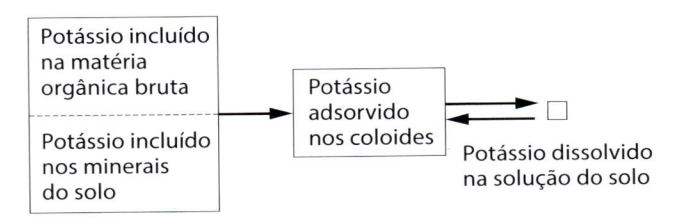

Fig. 8.5 Os três principais reservatórios em que um nutriente do solo (potássio) pode situar-se. Um solo com pouca matéria orgânica e nenhum mineral primário, contendo potássio, dependerá quase exclusivamente da solução do solo e dos íons adsorvidos no complexo de troca
Fonte: adaptado de Fisher e Binkley (1999).

de concentração criado entre os cátions trocáveis e os da solução do solo. Por causa dessas duas forças (atração e difusão), em um solo com água disponível próxima à sua capacidade de campo, os íons estão constantemente mudando de posição.

Quando uma raiz está em contato direto com uma partícula de solo, ela pode retirar um nutriente fazendo uma troca direta entre nutriente adsorvido e íons de hidrogênio exsudados das paredes de suas células. Porém, quando os íons em contato direto com a **rizosfera** acabam, outros mecanismos existem para que a raiz possa adquirir mais nutrientes: **fluxo de massa** e difusão.

Os íons nutrientes presentes na solução do solo são transportados em direção à superfície das raízes pelo movimento do fluxo de massa, que acontece quando as plantas estão ativamente transpirando e, com isso, absorvendo mais a solução do solo. No processo de difusão, os solutos se movem, independentemente do solvente, devido a um gradiente de concentração: parte da solução, em contato direto com raiz – e, por isso, empobrecida de nutrientes –, recebe íons difundidos de outras partes da solução do solo, não sendo necessário que ela se movimente.

8.4 Principais ânions: fosfatos, cloretos, sulfatos, bicarbonatos e nitratos

Alguns dos íons da solução do solo não são nutrientes vegetais, como os bicarbonatos, comuns em solos alcalinos, e os de alumínio e hidrogênio, comuns em solos ácidos. A carga total de ânions pode variar desde poucas dezenas até algumas centenas de $\mu mol_c/L$, e, para manter a eletroneutralidade, o número das cargas dos cátions e dos ânions tem que ser equivalente.

Os principais ânions nutrientes são os nitratos (NO^{3-}), fosfatos ($H_2PO_4^-$), cloretos (Cl^-) e sulfatos (SO_4^{2-}); outros, como os bicarbonatos (HCO^{3-}), também podem estar presentes, dependendo do pH do solo. Na maioria dos solos, existem menos ânions que cátions nutrientes dissolvidos em suas soluções. Uma exceção são os horizontes pobres em húmus dos solos muito intemperizados, que têm um balanço de carga positivo e que, por isso, podem possuir mais ânions nutrientes – como fosfatos, nitratos e sulfatos – que cátions – como cálcio e

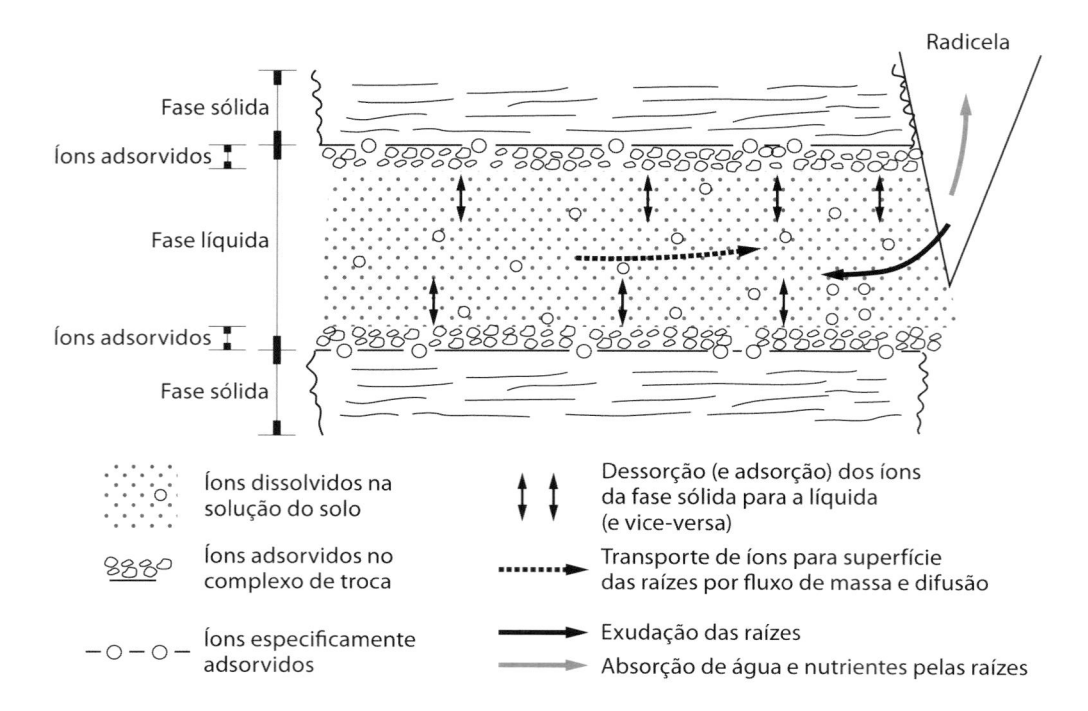

Fig. 8.6 Representação esquemática dos processos de transferência de nutrientes da solução do solo para uma radicela. A raiz intercepta uma porção do solo que consiste de líquidos e sólidos (p. ex., um filme de argila recobrindo um microporo saturado com água). Os sólidos são coloides que têm adsorvido muitos íons em suas superfícies, os quais podem se dissolver na fase líquida – em quantidades muito menores, chegam à raiz pelo movimento da solução do solo (quando a raiz os capta) ou pela difusão iônica

magnésio. Nesses solos, por serem ricos em argilas oxídicas, os íons de fósforo costumam estar muito específica e fortemente adsorvidos por suas cargas positivas, o que dificulta sua liberação para a solução do solo – isto é o que chamamos de **fixação de fósforo**.

Certas plantas retiram da solução do solo mais ânions que cátions, fazendo com que estes fiquem momentaneamente em excesso e favorecendo o aumento de íons básicos, como o bicarbonato (HCO_3^-), o que leva a solução do solo a tornar-se menos ácida na região de contato com as raízes dessas plantas. Se o contrário acontece (absorção de mais cátions que ânions), então a solução tende a ficar mais ácida, e cátions de alumínio e hidrogênio são liberados para manter a eletroneutralidade da solução do solo.

8.5 Principais cátions: cálcio, magnésio, potássio, sódio, amônia, alumínio e metais-traço

Os cátions dissolvidos na solução do solo interagem muito com a sua fase sólida, particularmente com o complexo de trocas catiônicas. O cálcio e o magnésio são os cátions dominantes nos solos neutros ou pouco ácidos. Em solos muito ácidos (com pH inferior a 5,0), o alumínio pode dominar. As concentrações de magnésio são comumente 50% a 80% menores que as de cálcio. O sódio é mais comum em solos de regiões semiáridas (onde a taxa de lixiviação é menor) ou costeiras marinhas (onde adições pela "maresia" são importantes). O potássio, nutriente móvel e bastante importante no solo, costuma apresentar-se em quantidades razoáveis na solução do solo, mas quase sempre menores que as de cálcio e magnésio. Entre os cátions, que podem estar presentes em pequenas concentrações, estão incluídos a amônia (NH_4^+) e uma série de metais-traço, entre eles ferro, manganês, zinco e cobre. Os de ferro e de manganês podem estar presentes em quantidades significativamente grandes em solos encharcados, em razão das condições anaeróbicas que induzem reações de redução (ver Boxe 3.3).

As concentrações desses cátions podem mudar muito com o tempo e a profundidade do solo. Isso porque a composição química da solução do solo depende das entradas e saídas de matéria e energia, as quais são condicionadas por processos originados na atmosfera e na biosfera. Várias pesquisas têm mostrado que, em regiões brasileiras com longa estação seca – como no cerrado –, o reumedecimento do solo, no início da estação chuvosa, induz fluxos de mineralização que fazem a solução do solo, nesta época do ano, ter composição muito peculiar: matérias orgânicas facilmente decomponíveis, micróbios e pequenos insetos morrem e se acumulam sem se decompor durante a estação seca – mas, com as primeiras chuvas e o calor da primavera, eles se decompõem rapidamente, provocando um aumento da concentração de cátions, especialmente de nitratos, e um decréscimo no pH, visto que nos processos de nitrificação há liberação de H^+.

8.6 Outros solutos: ácido silícico, compostos orgânicos e gases

Além de cátions e ânions, a fase líquida da maior parte dos solos contém substâncias não ionizadas, destacando-se entre elas o ácido silícico $[Si(OH)_4]^0$, substâncias orgânicas e organometálicas e vários gases.

O ácido silícico forma-se mais frequentemente como produto de intemperismo de minerais silicatados, tanto primários como secundários. Suas concentrações podem estar entre 1 mg/L e 10 mg/L. O ácido silícico não se dissocia nos níveis de pH mais comumente encontrados na solução do solo, e a maior parte de suas moléculas são lixiviadas para fora do perfil do solo. Quando o solo se situa em local mal drenado, onde a solução percola muito lentamente, as altas concentrações do ácido silícico favorecem a síntese de argilas do tipo 2:1. Ao contrário, isto é, sendo sempre baixa a sua concentração e permanecendo pouco tempo no solo, argilas 1:1, ou mesmo gibbsita, serão sintetizadas.

Os compostos orgânicos variam desde simples açúcares até complexos ácidos fólicos. Geralmente a concentração de carbono na solução do solo é próxima da concentração dos íons (1 mol de carbono para cada mol de íon).

Os gases da atmosfera estão sempre em constante troca com os do ar do solo e este, com a sua fase líquida. A solução de um solo bem drenado pode conter cerca de 1 mg/L de gás carbônico (CO_2) e 10 mg/L de oxigênio livre (O_2). A diminuição da quantidade de oxigênio pode levar a condições anaeróbicas, o que provoca muitas reações bioquímicas de redução. Mais sobre essas reações você encontrará no Boxe 8.2.

> **Boxe 8.2 Mudanças na solução do solo com encharcamento prolongado**
>
> Com o encharcamento prolongado, a solução do solo pode ficar empobrecida de oxigênio, o que ocasiona a redução do potencial de oxidação pela ação de agentes redutores orgânicos que agem através de bactérias. Um dos resultados mais significativos dessas mudanças é a transformação dos compostos sólidos de ferro e de outros metais em cátions solúveis, por redução de seus óxidos insolúveis. Alguns desses íons, como o Fe^{2+} e o Mn^{2+}, são tóxicos para as plantas quando em níveis muito altos. Por outro lado, o processo reverso – nos períodos não encharcados – pode causar a formação de concentrações de óxidos de ferro e/ou manganês na forma de mosqueados e/ou concreções.
>
> Quando um solo é **inundado** para **cultivo** de arroz, o oxigênio de sua solução pode decrescer a níveis ínfimos em poucos dias, porque os organismos **aeróbicos** o consomem muito rapidamente, para depois se tornarem dormentes ou morrerem. Daí por diante, os organismos **anaeróbicos** multiplicam-se, usando, em vez de oxigênio do ar, o de componentes oxidados do solo (incluindo suas argilas oxídicas), que atuam como receptores de elétrons. Tais produtos são reduzidos na seguinte sequência: nitratos, compostos mangânicos, compostos férricos, produtos intermediários da decomposição da matéria orgânica, sulfatos e sulfitos.
>
> O resultado dessa carência de oxigênio na solução que satura o solo é a sua mudança do estado oxidado para o reduzido; resultado: o perfil do solo torna-se bastante modificado. Uma delgada camada mais superficial, com menos de 1 cm de espessura, permanece oxidada por causa do equilíbrio com o oxigênio dissolvido na água que cobre a superfície do solo e mantém sua **cor** original. O restante da **camada arável** é reduzido e muda para uma cor acinzentada, exceto no contato das raízes do arroz, porque elas têm a capacidade de exsudar compostos de oxigênio, o que pode ser identificado pela presença de revestimentos amarelo-avermelhados nessas raízes, causados pela precipitação de compostos férricos.
>
> Durante esses fenômenos de redução, muitas mudanças ocorrem, entre as quais destaca-se o aumento do pH da solução do solo e a liberação de fosfatos antes fixados nos óxidos de ferro. O aumento de pH acontece por causa da liberação de hidroxilas (OH^-), quando, por exemplo, oxihidróxidos de ferro [$Fe(OH)_2$] são reduzidos para $Fe(OH)_3$, conforme a seguinte reação:
>
> $$Fe(OH)_3 + e^- \rightarrow Fe(OH)_2 + OH^-$$
>
> *Fonte: baseado em Sanchez (1976).*

8.7 Solução do solo e pedogênese

8.7.1 Solução do solo e intemperismo

Quando abordamos os processos do intemperismo (Lição 3), vimos que uma rocha se decompõe mais rapidamente quando em torno dela existe um solo. Isto porque, no contato com o solo, a rocha estará sob a influência da solução do solo, diferentemente do que aconteceria se estivesse exposta à atmosfera. Essa solução contém íons favoráveis ao intemperismo, como H^+ e HCO_3^-, que são provenientes da dissociação do ácido carbônico (H_2CO_3) a partir do gás carbônico (CO_2). A existência do solo favorecerá a percolação dessa água ao longo do perfil, permitindo que a ela sejam adicionadas outras substâncias além do CO_2 atmosférico. Várias dessas substâncias, tais como os ácidos orgânicos, são produzidas pelo metabolismo de organismos e de outros produtos originados da alteração dos minerais que também são solubilizados e transportados do solo para o contato com a rocha. O resultado é que os tipos de argila que serão sintetizados pelo intemperismo dessa rocha, sob a ação de uma solução proveniente de um solo, serão diferentes dos que se formariam se ela estivesse em contato direto com a atmosfera.

Portanto, o tipo de argila formado pelo intemperismo depende muito das características químicas da solução do solo. À medida que os minerais da rocha e do solo se alteram quimicamente, seus elementos vão sendo liberados para fazer parte da solução que os envolve. Então, esses produtos podem permanecer, por algum tempo, condicionando a síntese dos vários tipos de argila. Contudo, se a solução do solo permanece por pouco tempo, percolando rapidamente como água gravitacional, boa parte dos produtos mais solúveis do intemperismo – principalmente cátions básicos e sílica solúvel

– é removida para o lençol freático, permanecendo no solo somente aqueles menos solúveis e que mais rapidamente se precipitam em solo de regiões tropicais úmidas – os óxidos de ferro e de alumínio.

Em climas muito quentes e úmidos, e em posições de relevo que favoreçam uma rápida drenagem, a maioria dos cátions básicos e de sílica solúvel é removida com a percolação da solução do solo. Por exemplo, se um feldspato potássico está se alterando nessas condições, todo o seu potássio e boa parte de sua sílica serão liberados e lixiviados do solo. Por isso, a solução que permanece no interior de um solo em desenvolvimento, depois de um período de intensa e rápida lixiviação, será muito pobre em bases e em sílica. Tais condições favorecem a formação de minerais de argila oxídicos, como gibbsita, hematita e goethita, bastante comuns nos solos bem drenados de regiões tropicais muito úmidas.

No intemperismo geoquímico, a água da chuva que entra em contato com uma rocha fresca, apenas fisicamente fragmentada, é levemente ácida. Contudo, quando embebe os minerais, seu pH aumenta por causa das reações de hidrólise dos minerais primários, mais facilmente intemperizáveis. Assim, o **lençol freático** recebe a solução do solo com todos esses produtos, que depois irão abastecer nascentes, córregos, rios e, finalmente, os oceanos, onde então se concentram.

No intemperismo pedoquímico, isto é, aquele que se passa no *solum*, a presença de matérias orgânicas e de uma menor quantidade de cátions básicos faz com que a solução que envolve os minerais modifique o pH para mais ácido, afetando assim a qualidade dos produtos finais do intemperismo.

Portanto, a decomposição e a sintetização dentro da solução do solo dependerão principalmente dos elementos e dos compostos nela dissolvidos. Entre eles, destacam-se o oxigênio, o hidrogênio, os cátions básicos, a sílica e o alumínio.

8.7.2 Influência das concentrações de oxigênio, cátions e sílica na formação das argilas

Os teores de oxigênio (O_2) e hidrogênio (H^+) da solução do solo controlam o tipo de minerais de ferro e manganês, que são sintetizados como minerais secundários durante o intemperismo. Esses teores podem ser estimados pelos valores de **Eh** (potencial de oxirredução) e **pH** (potencial de hidrogênio). Se a solução do solo for pobre em oxigênio e rica em H^+ – portanto, com Eh e pH baixos –, a tendência é formar lepidocrocita e pirita a partir dos íons ferrosos (Fe^{2+}) liberados. Contudo, em ambientes ricos em oxigênio e menos ácidos, esses íons ferrosos, quando dissolvidos na solução do solo, tenderão a oxidar-se para, na forma de íon férrico (Fe^{3+}), formar goethita e/ou hematita. Tais reações de oxidação já foram esquematizadas no Boxe 3.2.

Provavelmente o que mais condiciona a formação e as modificações dos argilominerais são a concentração e o tempo de residência do ácido silícico e dos cátions básicos em um determinado local do regolito. Se o ácido silícico e esses cátions são rapidamente removidos do sistema, as reações químicas se processam no sentido de sintetizar argilas associadas a estágios muito avançados do intemperismo, como a gibbsita. Por outro lado, se sílica e cátions básicos são liberados em quantidades relativamente grandes e não são removidos, em razão do movimento lento da solução do solo, as altas concentrações de ácido silícico e bases tendem a formar argilas do tipo 2:1, como a montmorillonita (Fig. 8.7). Mais detalhes sobre condições da solução do solo para a formação e a persistência de minerais de argila estão no Boxe 8.3.

Em termos de processos de formação do solo e transporte de substâncias minerais e orgânicas – que condicionam os movimentos das substâncias dissolvidas ou em suspensão –, os movimentos da solução do solo acontecem tanto dentro de um mesmo perfil do solo –

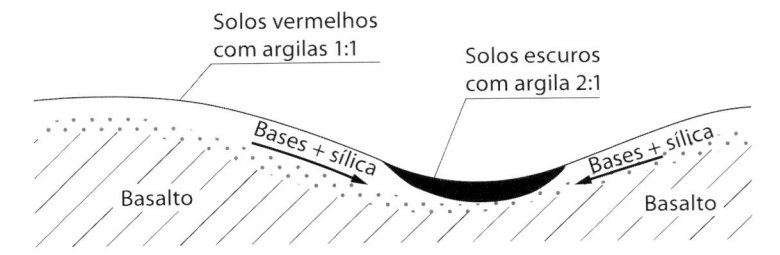

Fig. 8.7 Nos locais do relevo que recebem fluxos laterais de soluções ricas em cátions básicos (cálcio magnésio) e sílica solúvel (ácido silícico), pode haver síntese de argilominerais do tipo 2:1 (montmorillonita) Fonte: Sanchez (1976).

> **Boxe 8.3** Principais condições em que argilominerais são sintetizados
>
> As condições mais comuns da solução do solo para formação e persistência das argilas são:
>
> **Esmectita (montmorillonita):** para sua síntese, é necessária uma concentração relativamente alta de ácido silícico e magnésio. Tais condições aparecem nas proximidades de rochas básicas em decomposição e quando as soluções permanecem estagnadas.
>
> **Vermiculita:** é sintetizada quando o material de origem é rico em micas, as soluções têm altas concentrações de sílica e favorecem a remoção do íon potássio das suas entrecamadas.
>
> **Caulinita:** é sintetizada quando as soluções têm concentrações aproximadamente equivalentes de sílica e alumina, com teores relativamente altos de hidrogênio e baixos de magnésio e outros cátions básicos.
>
> **Gibbsita:** forma-se e persiste sob condições de baixas concentrações de sílica e cátions básicos e de elevada acidez. Feldspatos podem alterar-se diretamente para gibbsita, quando as soluções ácidas que os envolvem são renovadas muito frequentemente, favorecendo assim a lixiviação de toda a sílica liberada pelo intemperismo. Os óxidos de alumínio, por serem insolúveis, permanecem formando esse mineral.
>
> **Goethita e hematita:** podem formar-se em condições de soluções ricas em oxigênio pela rápida alteração de minerais ferromagnesianos. Os íons ferrosos (Fe^{2+}) liberados são oxidados para íons férricos (Fe^{3+}) que, reagindo com água, formam esses minerais.
>
> *Fonte: baseado em Buol et al. (2003).*

verticalmente, de cima para baixo e de baixo para cima – como lateralmente, de um local mais alto para outro mais baixo do relevo. Em posições mais baixas do relevo, que recebem soluções do solo enriquecidas de sílica solúvel e cátions básicos, é comum a formação de argilas do tipo 2:1, principalmente se as condições climáticas favorecerem os processos de **evapotranspiração**, que tendem a concentrar ainda mais essas substâncias nas soluções que se acumulam nessas partes mais baixas do relevo. Por isso, é muito comum a ocorrência de solos com argilas expansivas, do tipo 2:1, nas partes mais baixas do relevo das regiões semiáridas, como no nordeste do Brasil.

8.8 Como retirar amostras da solução do solo?

A solução do solo pode ser amostrada de várias formas; nenhuma, no entanto, é perfeita. Existem muitas dificuldades para recolher a água gravitacional e, mais ainda, a água capilar. Os métodos mais comuns são aqueles que amostram a água gravitacional, no campo, por meio de **lisímetros** inseridos no próprio corpo do solo, ou que amostram a água capilar, no laboratório, por meio de centrifugação de amostras da **fração** sólida do solo.

Um lisímetro é um aparato utilizado para capturar, em condições controladas, a solução que percola e/ou lixivia dentro do solo. O mais simples utiliza bandejas de plástico que são inseridas em cavidades feitas em paredes de trincheiras. Essas bandejas coletam a água gravitacional que percola no interior do solo por ocasião dos períodos diversos, conduzindo-a para um recipiente onde poderá ser periodicamente retirada e analisada em laboratório. A solução é coletada a uma tensão equivalente à pressão atmosférica, ou "tensão zero". Outro tipo de amostragem emprega cápsulas porosas coladas a tubos plásticos de vários tamanhos, que podem ser inseridos no solo a várias profundidades. Esses tubos são ligados a câmeras de vácuo que, assim, podem sugar a solução do solo a tensões superiores a 1 atm. A Fig. 8.8 apresenta um esquema desses aparelhos.

Entre os métodos mais difundidos estão os baseados em centrifugações de amostras de solo no laboratório. Contudo, este e os demais métodos não garantem que a real solução do solo seja amostrada, pelas suas frequentes mudanças, tanto no espaço como no tempo. Consideráveis variações nas concentrações dos solutos ocorrem em pequenas distâncias, em razão do conteúdo de água do solo e de diferentes temperaturas.

Os poros do solo estão ocupados pelo ar e pela água, que competem pelo mesmo espaço. A solução do solo representa a fase líquida do solo, quando ele está em sua capacidade de campo ou abaixo dela, isto é, distribuindo-se nos poros capilares (ou **microporos**) ou como películas muito delgadas em torno das partículas coloidais. Por isso, a solução do solo apresenta grandes variações em sua composição.

Os estudos da solução do solo são de grande importância para o entendimento da pedogênese.

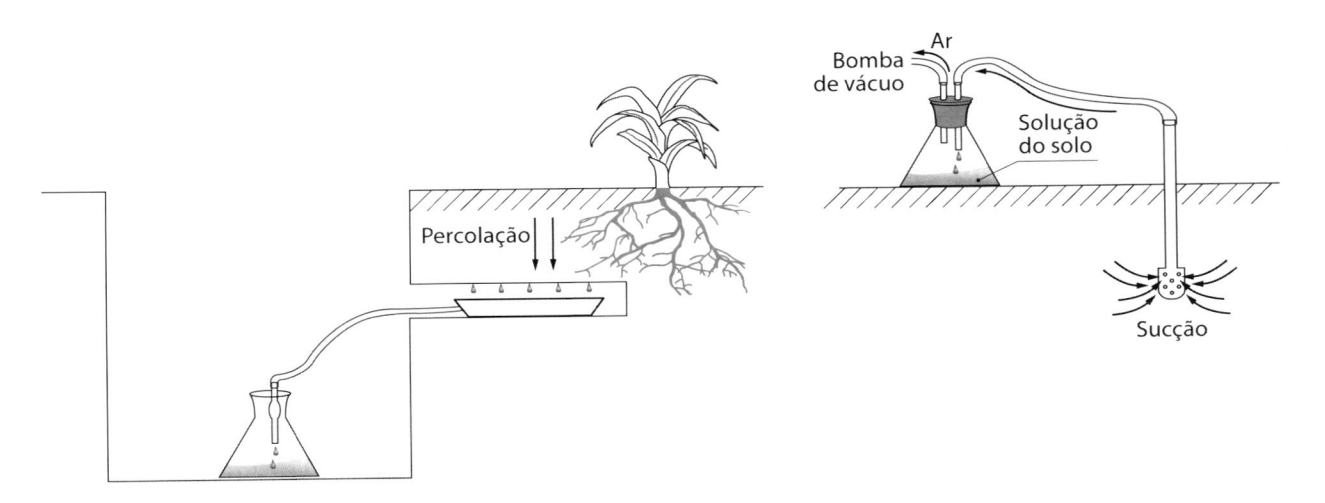

Fig. 8.8 Dois dos métodos empregados para amostragem da solução do solo: (à esquerda) coleta da água gravitativa por meio de um lisímetro; (à direita) extração da solução retida a tensões maiores por intermédio de uma cápsula porosa, com a qual a solução é sugada

Soluções pouco ácidas, com altos teores de sílica e de cátions básicos e que permanecem no solo por muito tempo, favorecem a formação e a manutenção de argilas do tipo 2:1. Por outro lado, soluções ácidas, pobres em cátions básicos e que permanecem pouco tempo na matriz do solo, favorecem a formação de argilas do tipo 1:1 e de óxidos de ferro e de alumínio.

Outro aspecto importante para a pedogênese é o conteúdo de oxigênio da solução do solo: quando suas concentrações são baixas, como frequentemente acontece nos solos constantemente encharcados, há o favorecimento de condições redutoras, que fazem o ferro férrico (Fe^{3+}) ser reduzido a ferro ferroso (Fe^{2+}), o qual tende a ser removido do corpo do solo (ver Boxe 8.2).

Embora seja reconhecida a importância da solução do solo para o entendimento dos processos pedogenéticos e nutricionais dos vegetais, seu estudo é muito difícil, por vários motivos. Entre eles está a dificuldade para se retirar amostras em teores similares aos que ocorrem em condições de campo, uma vez que a solução do solo está retida a tensões muito elevadas. Por outro lado, por ser uma solução muito diluída e com uma composição que varia muito de acordo com o teor de umidade do solo, seu equilíbrio com os sólidos ativos altera-se em função das maiores ou menores diluições. Por essa razão, quando falamos em análise do solo, quase sempre nos referimos apenas às determinações químicas, em laboratório, dos componentes extraídos da fração sólida de uma amostra de solo seca ao ar e passada por uma peneira com abertura de malha de 2 mm (TFSA), como veremos mais adiante na Lição 12.

8.9 Perguntas para estudo

1. Qual a importância da solução do solo na síntese dos minerais das argilas?

2. Em que condições de solução do solo você esperaria encontrar mais argilas do tipo 2:1 do que argilas do tipo 1:1? *(Dica: consulte o Boxe 8.3 e a seção 8.7.2).*

3. Em uma região com estação seca prolongada, quais principais mudanças ocorrem no início da estação chuvosa? *(Dica: consulte a seção 8.5).*

4. Se as plantas se alimentam diretamente da fração líquida do solo, por que razão a maior parte das análises de solo para recomendações de adubação é feita na sua fração sólida? *(Dica: consulte a seção 8.8 e a Lição 12).*

5. Quais os principais ânions que podem ser encontrados dissolvidos na solução do solo e quais deles são nutrientes vegetais? *(Dica: consulte a seção 8.4).*

6. Compare o tamanho do reservatório de nutrientes contidos na solução do solo com o de nutrientes adsorvidos nos coloides do solo. Quantas vezes um é maior que o outro? *(Dica: consulte a Fig. 8.5).*

7. Quais as principais interações da solução do solo com a biosfera e a litosfera?

8. Compare a solução do solo com a seiva das plantas. *(Dica: consulte a seção 8.2).*

9. Como se dá a movimentação da solução do solo em direção às raízes das plantas? *(Dica: consulte a seção 8.2).*

10. Quais as principais reações do intemperismo que ocorrem na solução do solo? *(Dica: consulte a seção 8.1 e a seção 3.3 da Lição 3).*

11. Qual das análises da fração sólida do solo mais "imita" a da solução do solo?

Lição 9

Morfologia: organização do solo como corpo natural

Todo solo é um corpo individual na natureza, com suas características próprias, sua história de vida e sua capacidade de sustentar plantas e animais.

(Hans Jenny, 1899-1992)

Depois de o corpo de solo ter sido identificado na paisagem, é necessário "autopsiá-lo". Para tanto, uma trincheira (representando um *pedon* modal) é aberta para expor o perfil do solo e seus horizontes, para que suas "anatomias" possam ser descritas. Paisagem em Monte Alto (SP) (Fotos: John Kelley)

Nas lições anteriores, vimos como estão arranjados os íons nos minerais das rochas, como elas podem ser identificadas e como se intemperizam para formar os sólidos ativos. Depois, explicamos algo sobre química e física do solo, ressaltando serem muitos os processos que influenciam o desenvolvimento do solo, nenhum dos quais é mais importante do que aqueles decorrentes da abundância, do fluxo, do percurso e da distribuição sazonal da água, a qual promove inúmeras reações físicas e biogeoquímicas. Tais fluxos costumam ser expressos, em física do solo, por equações matemáticas e, em química do solo, por análises laboratoriais da solução do solo e da sua fração sólida.

Depois disso tudo você pode estar pensando que, para reconhecer e interpretar as características de um solo, é indispensável que se façam inúmeras análises químicas e físicas usando requintados aparelhos de laboratório. Puro engano: muitos dos atributos do solo podem ser estimados em campo e com o uso de nossos sentidos, principalmente visão e tato.

Dessa forma, nesta lição veremos como estão organizadas as feições das superfícies (as paisagens) e dos interiores (os horizontes) dos solos; essas feições devem ser descritas em um determinado local no qual um volume mínimo representativo (o *pedon*) foi "autopsiado".

A **morfologia do solo** é definida como as características visíveis de todas as suas partes, tanto externas (principalmente seu relevo) como internas. Corresponde, portanto, à anatomia das ciências biológicas.

Em biologia, por exemplo, o termo morfologia refere-se à forma, estrutura e configuração de organismos, incluindo aspectos de sua aparência externa.

Assim como os animais, com suas formas externas e partes distintas e reconhecíveis (cabeça, tronco e membros) que podem ser dissecadas e descritas com uma nomenclatura universal, os solos têm uma forma externa e, por dentro, os diferentes horizontes (A, B, C). Essas "anatomias pedológicas" são o resultado da história da evolução e também da dinâmica atual dos constituintes do solo. Dessa forma, a morfologia permite-nos fazer inferências sobre vários dos atributos físicos, químicos e biológicos do solo, bem como interpretações relacionadas à sua gênese e ao seu uso e manejo.

Da mesma forma que um médico veterinário examina o aspecto geral do corpo de um animal antes de fazer um diagnóstico preliminar e encomendar análises de laboratório, também devemos examinar as formas dos solos antes de prescrever as análises de laboratório e decidir quais técnicas de manejo devem ser empregadas.

9.1 Paisagens, corpos, *pedons* e perfis de solos

Observe a Fig. 9.1. Ela ilustra a porção de uma paisagem que representa um determinado solo em todas as suas dimensões: profundidade, largura e amplitude. Tal porção de solo está subdividida em pequenos prismas hexagonais imaginários. Nela, na maior parte dos lugares em que venhamos a escavar, encontraremos perfis idênticos que, em conjunto, formam uma área individualizada na paisagem. É o que chamamos de "corpo de solo delineado", e que está relacionado a uma feição distinta da paisagem (p. ex., uma pequena várzea, um topo de um morro ou um sopé).

Na maior parte dos casos, não existem limites rígidos entre um e outro solo, e por razões práticas, qualquer estudo que se queira fazer da sua porção interna, uma vez que é impossível escavá-lo todo, deve ser feito em um volume relativamente pequeno, mas que represente bem o seu todo. Isso pode ser feito em um local da sua parte mais interior, bem representativa e fora da zona de transição entre um e outro solo. Portanto, é necessário caracterizar um indivíduo solo em termos de uma unidade tridimensional imaginária que chamamos de *pedon* e de um corte transversal dele, que chamamos de perfil do solo (Fig. 9.1). O *pedon* e o perfil são as menores unidades de amostragem e descrição que melhor representam todas as características internas de um determinado corpo de solo (ver Fig. 14.1).

O *pedon* pode ter uma dimensão de até 10 m², sendo o volume base para a amostragem. O perfil, por só ter duas dimensões (uma lateral e outra vertical), é uma imagem que serve de base para observar e descrever a morfologia dos horizontes do solo, uma vez que expõe somente em uma de suas partes: a interna.

Horizontes são definidos como camadas do solo mais ou menos paralelas à superfície, com caracterís-

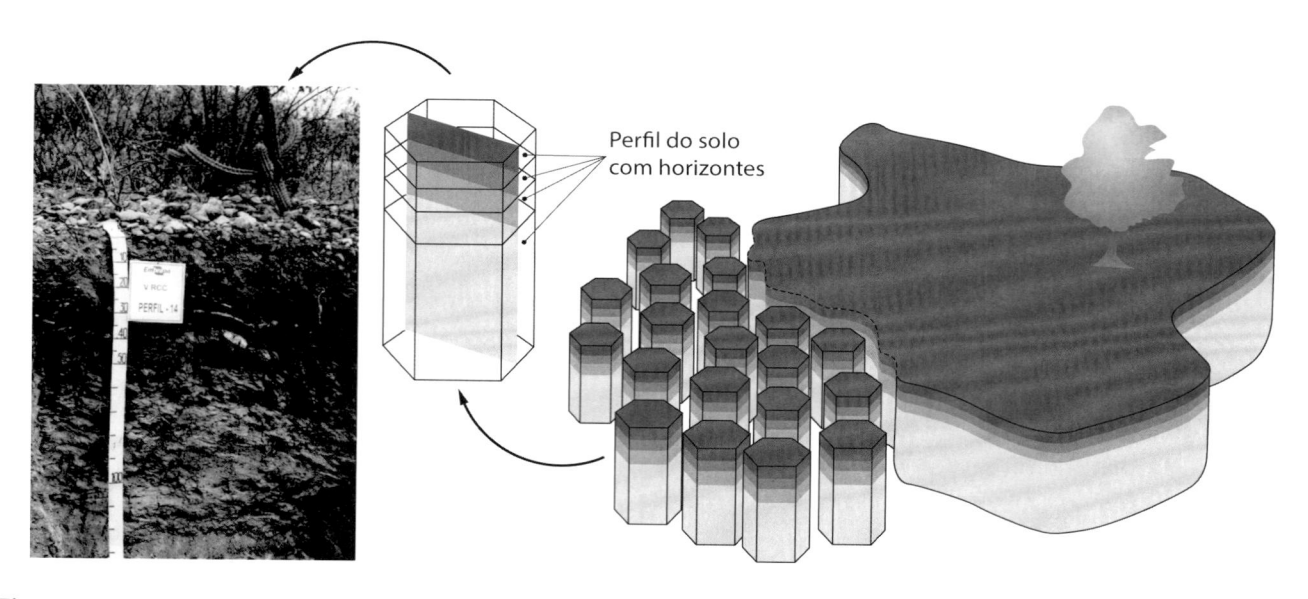

Fig. 9.1 Ilustração do corpo do solo delineado, *pedon*, perfil e seus horizontes (Foto: I. F. Lepsch)
Fonte: adaptado de Schroeder (1984).

ticas produzidas pelos processos formadores do solo. Os horizontes podem ser considerados também como corpos reais e podem ser identificados e separados pela sua morfologia.

Em princípio, a morfologia (do grego *morphos*, forma; *logos*, estudo) era aplicada apenas aos estudos de Botânica, Zoologia e Medicina, mas, com o passar do tempo, foi adotada pela maior parte das ciências naturais. O conjunto de características morfológicas constitui a base fundamental para a identificação do solo, que deverá ser completada com as análises de laboratório. Outro estudo correlato é o da micromorfologia, que estuda o solo com o auxílio de microscópios (Fig. 9.8).

9.2 Como descrever um solo?

Primeiro, observe a aparência da paisagem em que o corpo de solo se situa e faça indagações como as seguintes:

- Trata-se de uma baixada, colina, morro ou montanha?
- A superfície do terreno é plana, ligeiramente inclinada ou muito inclinada?
- Se a superfície for inclinada, sua forma é côncava, linear ou convexa?
- A vegetação sobre o solo é de mata, um cerrado, uma pastagem ou uma lavoura?
- Existem pedras e/ou matacões?
- Há indícios de atividade biológica (como ninhos de cupins, formigas etc.)?
- Sulcos de erosão estão presentes?

Em seguida, questione-se acerca dos seus aspectos internos, ou seja, o perfil. Escolha um local que achar ser mais representativo desse solo para nele amostrar um *pedon* e descrever seu perfil. Anote a respectiva posição topográfica; por exemplo: se está na parte inferior, mediana ou superior de uma encosta (Fig. 9.2).

Depois, escave uma trincheira ou, se existir, escolha um lugar onde todo o *solum* esteja exposto (p. ex., barranco de estrada). Se escolher um barranco, primeiro é necessário limpá-lo adequadamente, raspando cerca de 30 cm até expor uma face vertical. Fazendo isso, você já estará começando a notar vários atributos dessa pequena unidade tridimensional que escolheu para representar o solo: se duro ou macio, com pedras ou sem pedras etc. Após dissecar seu *pedon*, empunhe uma faca ou martelo e comece a "futucá-lo". Logo irá expor o perfil do solo e, à medida que o examina de cima para baixo, note seus diferentes horizontes, de diferentes cores e consistências. Feito isso, demarque os horizontes com a ponta de sua faca, por exemplo.

Se você estiver diante de um solo que tem um horizonte B de **iluviação** de argila e sob vegetação de floresta, poderá encontrar a seguinte sequência vertical:

1. uma camada mais superficial, orgânica, constituída de folhas, mais ou menos decompostas, com apenas alguns centímetros de espessura: o **horizonte O**;
2. logo abaixo, outra camada que não é orgânica, mas está escurecida pelo húmus: o horizonte A;
3. abaixo desta, outra camada com cores mais claras do que as que lhe estão acima e abaixo: o **horizonte** E;
4. continuando, e descendo, uma porção mais avermelhada ou amarelada, mais consistente: o horizonte B;
5. abaixo desta, se você escavou suficientemente fundo (até 2 m ou mais), encontrará outra camada, que lembra uma rocha, porém não tão endurecida: o horizonte C;
6. se você conseguiu cavar mais fundo ainda, verá também, abaixo do horizonte C, a rocha da qual, presumivelmente, o solo se desenvolveu.

Várias características podem ser observadas e anotadas no exame e na descrição das feições de um perfil e na amostragem de seus horizontes. No Brasil, as normas para essas descrições estão padronizadas em manuais, como o da Embrapa e o do IBGE, que se baseiam no *Manual de Levantamentos de Solos* (*Soil Survey Manual*), publicado nos Estados Unidos (USA, 1993).

As principais características são: cor, mosqueados, textura, estrutura, cerosidade, consistência, espessura e tipo de transição entre os horizontes. Um exemplo de descrição de perfil de solo está no Boxe 9.1.

9.3 Principais feições morfológicas

9.3.1 Cor

Ao viajar em estradas, você já deve ter notado como as cores do solo variam, tanto na sua vertical como na

Fig. 9.2 O início do exame do perfil do solo: (à esquerda) exposição do perfil em um barranco ou trincheira; (à direita) delimitação dos horizontes e primeiro exame de suas amostras na palma da mão (Fotos: Rodrigo E. M. de Almeida)
Fonte: adaptado de Ruellan e Dosso (1993).

sua lateral. Realmente o solo é um meio multicolorido: ora escuro em cima e mais claro em baixo, ora vermelho no alto de uma encosta e amarelo na sua parte mais baixa. Normalmente a cor é a variação morfológica que primeiro notamos.

Muitos nomes populares de solos são dados em função de suas respectivas colorações, como, por exemplo, "terra roxa" (do italiano *rossa*, vermelho), "terra preta" e "sangue de tatu". Também muitos nomes de classes do sistema de classificação pedológico atualmente em uso no Brasil, como será visto adiante, referem-se comumente às cores do horizonte B como, por exemplo, Latossolo Amarelo, Latossolo Vermelho-Escuro etc.

As várias tonalidades existentes no perfil são muito úteis para a identificação e delimitação dos horizontes e, às vezes, ressaltam certas condições de extrema importância. Horizontes de cor escura, por exemplo, costumam indicar altos teores de húmus. As cores vermelha e amarela estão normalmente relacionadas com solos bem drenados e com altos teores de óxidos de ferro; por outro lado, tons acinzentados indicam solos em que esses óxidos de ferro foram transformados, tendo sido o ferro removido, como acontece, por exemplo, nos solos situados nas baixadas úmidas.

A cor deve ser descrita por comparação com uma escala padronizada. A mais usada é a "tabela Munsell", que consiste de muitos pequenos retângulos com colorações diversas, arranjados num livro de folhas destacáveis. A anotação da cor de um horizonte é feita por comparação de um torrão desse horizonte com esses

Boxe 9.1 Exemplo de descrição de perfil do solo

Descrição geral:
Perfil nº 24; coletado em 20/6/1967.
Classificação: Luvissolo Crômico Órtico típico, A fraco, textura média/argilosa (antigo Bruno não Cálcico).
Unidade de mapeamento: TCo fase pedregosa, caatinga hiperxerófila, relevo suave ondulado.
Localização: município de Pombal, estrada BR-230 a 14,5 km de Pombal (zona do sertão do Piranhas).
Relevo: terço médio de encosta de uma colina ampla, com 10% de declividade em relevo suave ondulado.
Altitude: 200 metros.
Material de origem: solo formado sobre gnaisse com biotita do Pré-Cambriano e material pseudoautóctone no horizonte A; presença de cascalhos e calhaus de quartzo (diâmetro variando de 1 cm a 10 cm) na superfície.
Vegetação: caatinga hiperxerófila arbórea arbustiva aberta com porte de 2 m a 3 m. Ocorrência de marmeleiro e pereiro no estrato arbustivo, e mandacaru, pinhão e mofumbo no estrato arbóreo angico.
Erosão: laminar moderada e severa.
Designações de descrições dos horizontes:

Designação do horizonte	Horizonte diagnóstico	Limites do horizonte	Descrição morfológica
A	A fraco	0-15 cm	Bruno acinzentado muito escuro (10 YR 3/2,5, úmido), bruno escuro (10 YR 4/3, seco); textura: franco-arenoso cascalhento; estrutura: fraca, pequenos blocos subangulares; muitos poros, muito pequenos e poucos médios e grandes; consistência: ligeiramente duro, friável, ligeiramente plástico e ligeiramente pegajoso; transição abrupta e plana
2Bt	Horizonte B textural	15-45 cm	Vermelho (2,5 YR 4/6, úmido e 2,5 YR 5/6, seco); textura: argila; estrutura: moderada, média a grande, prismática composta de moderada média, blocos subangulares; poros comuns muito pequenos; consistência: muito duro, firme, muito plástico e muito pegajoso; transição clara e ondulada (24 cm a 43 cm)
2C		45-60+ cm	Bruno escuro (7,5 YR 4/4, úmido); textura: franco; estrutura: maciça; muitos poros pequenos e muito pequenos; macio, muito friável, plástico e pegajoso

Fonte: Resende (1983).

retângulos. Uma vez que se ache o retângulo de cor mais próxima, deve-se fazer uma anotação que indique os três elementos da cor: o **matiz** (cor fundamental de arco-íris), **valor** (tonalidade de cinza) e **croma** (expressão do matiz que aponta a proporção de mistura com tonalidade de cinza indicada pelo valor). Esses elementos são registrados em forma de números e letras, como, por exemplo, 2,5 YR 4/6 (vermelho-amarelado), sendo 2,5 YR o matiz, 4 o valor e 6 o croma (Fig. 9.3).

Além da cor predominante, devemos descrever outras, se as colorações não forem uniformes. Por exemplo, se houver certas manchas (ou mosqueados), elas devem ser descritas de acordo com o tamanho, a abundância e o contraste.

9.3.2 Textura

A determinação das diferentes porcentagens de areia, silte e argila no solo pode ser feita com precisão no labora-

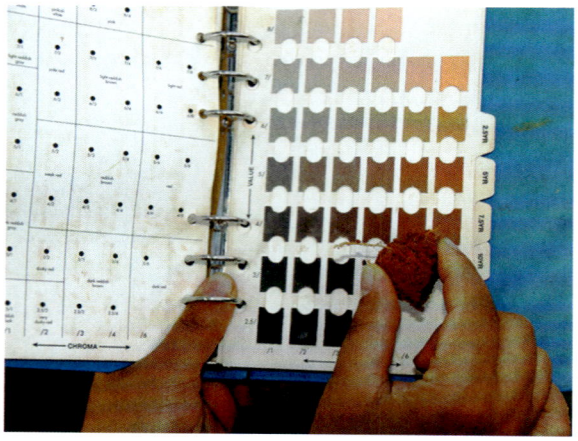

Fig. 9.3 Amostras de solo e tabela de cores Munsell aberta na página do matiz 2,5 YR (vermelho-amarelo). À esquerda, amostras mais escuras do horizonte A (com croma e valores menores: 2,5 YR 3/4) e do horizonte B (com croma e valores mais elevados); à direita, detalhe da identificação da cor do horizonte B do mesmo solo (2,5 YR 4/6) (Fotos: Rodrigo E. M. de Almeida)

tório. Contudo, nas descrições morfológicas no campo, ela pode ser estimada com o tato e identificada por meio das chamadas *classes texturais*, que são representadas em diagrama de forma triangular. Dois desses diagramas costumam ser utilizados: um mais simplificado, com cinco classes de textura (arenosa, siltosa, média, argilosa e muito argilosa) e outro mais detalhado, com treze classes texturais, conforme ilustrado na Lição 6 (Fig. 6.2).

O método de campo consiste na verificação da sensação tátil quando se fricciona uma amostra úmida do material do solo entre os dedos. Depois que a amostra for suficientemente trabalhada entre os dedos e a mão, pelo tato procura-se sentir como ela "desliza ou escorrega" entre os dedos, e tenta-se enrolar uma parte da massa. Quanto mais finos e inteiriços forem os pequenos rolos de terra, tanto maior será o teor de argila (Fig. 9.4).

Nas amostras em que predomina a areia, a sensação é de muita aspereza; o material produz uma pasta sem consistência que não forma rolinhos e que, quando manipulada perto do ouvido, gera um ruído proveniente do atrito das areias. Nas amostras em que há prevalência de argila, a impressão é de suavidade e pegajosidade. O material forma rolos longos que podem ser dobrados em argolas. Nas amostras em que predomina silte, há uma sensação sedosa, e o material só forma rolos com alguma dificuldade, os quais são muito quebradiços. Finalmente, nos materiais de solo com textura média (ou franca), há alguma sensação de aspereza e de plasticidade, razão pela qual os rolos conseguem ser formados, embora se quebrem quando dobrados. Esse método de campo requer perícia e treino para ser executado com boa precisão. Para isso necessitamos "calibrar" o tato, memorizando o tipo de sensação sentida e compa-

Fig. 9.4 Avaliação da classe textural e da plasticidade de uma amostra de solo, depois de umedecida e amassada entre os dedos, verificando-se a capacidade de formar pequenos "rolos" (Fotos: Rodrigo E. M. de Almeida)

rando-a com as de amostras que já têm resultados da análise textural efetuada no laboratório.

9.3.3 Estrutura

A estrutura do solo refere-se ao modo de arranjo das suas partículas primárias (areias, siltes, argilas e matéria orgânica); devido a várias forças decorrentes de processos pedogenéticos, essas partículas se unem para formar unidades estruturais discretas, chamadas de agregados.

A agregação diz respeito à forma como as partículas do solo estão agrupadas. Portanto, essa é uma característica macroscópica, que pode ser avaliada a olho nu, o que contrasta com a textura, que se refere a objetos de tamanho menor, muitos dos quais, como as argilas, só podem ser avaliados com o tato.

Os agregados têm formato e tamanho variados e estão separados uns dos outros por fendilhamentos. Para examinar a estrutura do solo, é necessário retirar um bloco de terra de um horizonte e calmamente selecionar, com os dedos, aqueles pedaços que, em condições naturais, estão fracamente ligados. Depois que estão separados, verifica-se sua forma, seu tamanho e seu grau de desenvolvimento ou coesão (Fig. 9.5).

A terminologia utilizada para descrever os agregados foi desenvolvida com base no visual que os seus diferentes tipos aparentam quando destacados do solo e segurados com a mão – por exemplo, granular, prismática, blocos etc. (ver Figs. 9.5, 9.6 e 9.15A-G). Na descrição da estrutura de um solo, deve-se anotar, além do tipo (ou forma) dos agregados, o seu tamanho relativo (pequeno, médio ou grande; ver Fig. 9.6A) e o seu grau de desenvolvimento (forte, moderado e fraco).

A formação de agregados é ocasionada por vários fatores, que podem ser visualizados em três etapas: (a) ajuntamento ou floculação das partículas do solo; (b) cimentação desses flocos pelo húmus, argilas ou compostos de ferro, cálcio ou silício; (c) aparecimento de fendas que separam as unidades estruturais.

O agrupamento das partículas é provocado por substâncias ligantes, devido principalmente à existência de cargas elétricas nas suas superfícies; alguns exemplos dessas substâncias são os produtos orgânicos (como o húmus) e minerais (como os óxidos de ferro). Depois que as partículas são unidas por esses agentes, os ciclos alternados de umedecimento e secamento causam expansão

Fig. 9.5 As unidades estruturais têm formato e tamanhos variados, formando agregados dos seguintes tipos: (A) *prismáticos* (quando todas as faces são planas); (B) *colunares* (quando a face superior é arredondada); (C) *blocos angulares* e *subangulares* (quando as dimensões horizontais são próximas das verticais e as faces são planas ou quase planas); (D) *laminares* (quando as faces são planas e as dimensões horizontais excedem as verticais); e (E) *granulares* (quando têm aspecto de esferas)

e contração da massa do solo, o que provoca fendas (ou planos de fraqueza) e inicia a formação dos agregados.

Entre os agregados do solo, encontram-se os poros maiores ou **macroporos** e, dentro destes, os microporos. A quantidade de macroporos depende do modo como os agregados se ajustam.

Ao observarmos as Figs. 9.5E e 9.6A, vemos a representação de uma estrutura com agregados do tipo granular que ocorre quando as partículas se agrupam em unidades de aspecto arredondado. Quando esses grânulos são muito porosos, usa-se o termo **grumos**. A estrutura com agregados de formato granular é comum nos horizontes A dos solos e é formada pela íntima mistura de húmus com partículas minerais e organismos vivos.

Os agregados em blocos (Fig. 9.5C e 9.6A) têm a maior parte das suas faces planas, mas as dimensões horizontais são similares às verticais – certa quantidade de argila é necessária para que ela ocorra e, por isso, é mais comum nos horizontes B. Já os agregados do tipo prismático e colunar (Fig. 9.5A,B, respectivamente) ocorrem quando as dimensões verticais excedem as horizontais. Na Fig. 9.5D podemos observar agregados

Fig. 9.6 (A) Conjunto de agregados do tipo granular de um horizonte A sob mata (Foto: John Kelley, NRCS/USDA). (B) Determinação do tamanho de agregados subangulares de um horizonte B, por comparação com uma escala padronizada existente nos manuais para descrição do solo no campo (Foto: Osmar Bazaglia Filho)

do tipo laminar, que são aqueles cujas faces têm aspecto plano e as dimensões laterais são maiores que as verticais – não é um tipo muito comum, mas pode ocorrer em horizontes compactados pelas rodas de máquinas agrícolas ou pelo piso do arado (Fig. 9.14), e em alguns horizontes com grandes quantidades de plintita (Fig. 9.15A,B). Agregados do tipo colunar (Fig. 9.5B) não são comuns nas regiões mais úmidas, mas ocorrem no nordeste do Brasil, onde o clima é **semiárido** e a quantidade de cálcio e sódio nos solos é grande.

A estrutura é uma característica do solo muito importante, uma vez que ela faz dele um meio poroso – o tamanho e o grau de desenvolvimento dos agregados condicionam o tipo, o tamanho e o desenvolvimento dos poros, por onde circulam a água e o ar do solo. A maior ou menor capacidade de retenção de água pelo solo, característica que muito influencia o desenvolvimento das plantas, depende fundamentalmente do tamanho e do arranjo desses espaços porosos. Existe uma interação muito dinâmica entre vários processos que se passam no solo e a formação de sua estrutura. Por exemplo, a velocidade de decomposição de resíduos das plantas pela biota do solo pode ser influenciada pela estrutura, como também pode alterá-la. Uma vez que a estrutura do solo pode ser afetada pelo homem (quando, por exemplo, o solo é arado), é importante utilizar práticas adequadas de manejo, que conservem os seus agregados.

9.3.4 Feições da superfície dos agregados e dos poros

A superfície dos agregados do solo por vezes está revestida de películas, as quais podem ser mais bem observadas com o uso de lentes de bolso. Quando essas películas são de argila, nós as chamamos de *cerosidade* (Fig. 9.7).

Cerosidade é o revestimento quase sempre de argila acumulada sobre agregados, que aparenta ser uma espécie de filme do material, o qual apresenta um brilho com aspecto ceroso ou lustroso (Fig. 9.7B). Ocorre na

Fig. 9.7 (A) Nos solos com horizonte B textural (ou nítico), a argila suspensa na água gravitacional move-se dos horizontes mais superficiais para baixo, onde a solução do solo é absorvida nas faces dos agregados. Durante essa absorção, a superfície dos agregados age como um filtro, impedindo que a argila penetre no seu interior. (B) As partículas de argila revestem, então, a superfície dos agregados, ou dos poros, dando a ela uma aparência "cerosa". Essas películas (ou "filmes") são constituídas de partículas de argila orientada e são chamadas de argilãs (Fig. 9.8), ou, nas descrições de campo, de "cerosidade" (Fotos: John Kelley, NRCS/USDA)

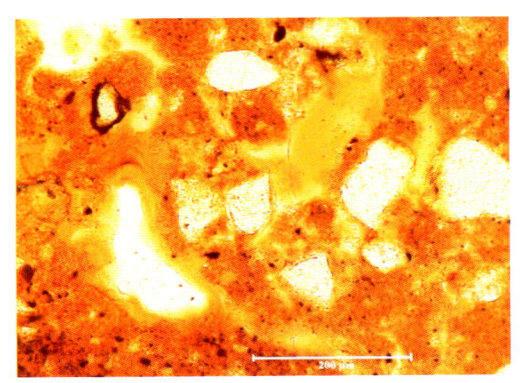

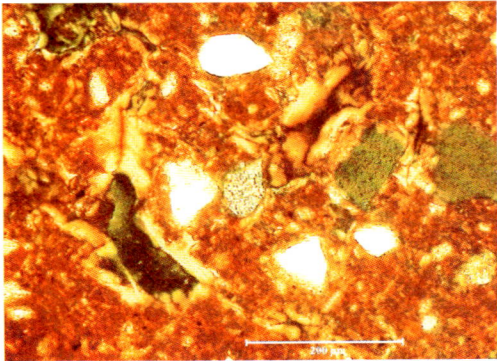

Fig. 9.8 Filmes de argila (cutãs) de um horizonte iluvial vistos em um corte delgado de uma amostra indeformada de um horizonte B argílico (Bt de um Argissolo). Fotos feitas a partir de uma lâmina delgada (0,3 mm de espessura), aumentada com o auxílio de um microscópio petrográfico com luz polarizada (à esquerda) e com luz polarizada cruzada (à direita). Notar as finas camadas (áreas amareladas mais claras) de deposições sucessivas de argila iluvial com partículas orientadas (Fotos: Miguel Cooper e Mariana Delgado, Esalq/USP)

superfície dos agregados dos horizontes B – por vezes, no C – e pode ser mais bem visualizada em lâminas delgadas utilizadas para estudos de micromorfologia. É uma característica muito importante para fins de classificação do solo.

A cerosidade mais comum é aquela proveniente de revestimento de argilas e que assim ficou devido a uma migração do horizonte A e/ou E de argila em suspensão na água que infiltra no solo, e sua deposição em torno dos agregados do horizonte B; nesse caso, é denominada filmes de argila ou **cutãs**. Quando um horizonte apresenta essas feições, dizemos que é um horizonte de acumulação ou **horizonte iluvial**.

9.3.5 Consistência

As partículas de areia, silte e argila podem estar aglomeradas em agregados; contudo, elas estão unidas em diferentes graus de adesão. Isso torna alguns solos mais macios e outros mais duros. A resistência dos torrões a alguma força que tende a rompê-los é conhecida como *consistência*. Ela é definida como "o grau ou tipo de coesão e adesão entre as partículas e/ou como a resistência que o solo apresenta para ser deformado ou rompido quando um estresse lhe é aplicado".

O grau de consistência do solo varia em função de uma série de outras características, tais como textura, estrutura, agentes cimentantes e tipo dos minerais da fração argila.

A consistência de um horizonte do solo deve ser determinada em três estados de umidade, manipulando-se os torrões entre os dedos: (a) molhado, para verificação da plasticidade e pegajosidade; (b) úmido, para verificação de friabilidade; (c) seco, para verificação da dureza ou tenacidade (Fig. 9.9). Por exemplo, um **torrão** de solo úmido pode ser **friável**, quando se desfaz sob uma leve pressão entre o indicador e o polegar; *firme*, quando se desfaz sob uma pressão moderada, porém apresentando pequena resistência; e *muito firme*, quando é dificilmente

Fig. 9.9 Avaliação da consistência de um torrão seco de solo, apertando-o; nesse caso, o torrão é classificado como "ligeiramente dura", porque pode ser quebrado com alguma pressão entre o polegar e o indicador) (Foto: Rodrigo E. M. de Almeida, Esalq/USP)

esmagável entre o indicador e o polegar, sendo mais fácil fazê-lo segurando-o entre as palmas das mãos.

9.3.6 Outras características

Além dessas características morfológicas, outras devem ser observadas e anotadas por ocasião da descrição do perfil do solo. Ilustrações sobre algumas dessas feições estão nas figuras da parte final desta lição (Fig. 9.15 em diante). Entre essas feições, destacam-se:

a] as relacionadas com a quantidade e o tamanho dos poros, o tipo e a quantidade de raízes, feições decorrentes de marcantes atividades do homem, como pisos de arado (pãs) (Fig. 9.14), quantidade de fibras em materiais orgânicos (Fig. 9.13), linhas de pedra (Fig. 9.18) e feições derivadas da atividade de organismos, como os orifícios escavados por formigas e/ou cupins;

b] túneis vazios ou preenchidos com material do solo (estes últimos chamados de **crotovinas**);

c] superfícies de fricção ou de deslizamento (*slickensides*): superfícies alisadas e lustrosas produzidas por atrito da massa do solo causado por movimentação decorrente da forte expansão e contração das argilas expansivas (Fig. 9.17);

d] nódulos e concreções minerais: formações mais endurecidas que a massa do solo, facilmente destacáveis desta, com formato e dimensões variadas, entre as quais as constituídas de óxidos de ferro (plintita e petroplintita), formadas por condições atuais ou pretéritas de alternância entre oxidação e redução (Fig. 9.15C);

e] quantidade e tipo de material fibroso em materiais orgânicos (horizontes H) (Fig. 9.13);

f] testes químicos rápidos também costumam ser feitos no campo, como a determinação de pH por meio do uso de indicadores (Fig. 9.10).

9.4 Denominações dos horizontes

A Fig. 9.11 apresenta uma foto de um perfil de solo, mostrando a denominação dos principais horizontes. Nem todos eles podem estar presentes no mesmo perfil. Temos nessa figura a sequência dos horizontes principais. Como vimos, eles são representados por letras maiúsculas. Mas, como existem vários tipos de horizontes (A, B etc.), é necessário um pouco mais de detalhe para descrevê-los melhor.

Um número – 1, 2 ou 3 – antes da letra maiúscula indicará uma descontinuidade do material de origem do solo, isto é, o solo é formado, por exemplo, em sua parte superior, por um tipo de material acima de outro tipo. É uma situação comum em colúvios e aluviões.

Fig. 9.10 Avaliação do índice de acidez (pH) dos horizontes do solo por meio do uso de um *kit* de campo, com indicadores (soluções químicas que mudam de cor conforme as variações do pH) (Foto: Rodrigo E. M. de Almeida)

Fig. 9.11 Denominação dos principais horizontes de um perfil de solo bem desenvolvido (Foto: Rodrigo E. M. de Almeida)

O — Horizonte com predominância de restos orgânicos
A — Horizonte mineral escurecido pela acumulação de matéria orgânica
E — Horizonte de cores claras, de onde as argilas e outras partículas finas foram lixiviadas pelas águas percolantes
B — Horizonte de acumulação de materiais provenientes dos horizontes superiores, nomeadamente argilas. Pode apresentar cores avermelhadas, devido à presença de óxidos e hidróxidos de ferro
C — Horizonte constituído por material não consolidado

Após as maiúsculas, podem vir notações minúsculas e outros números, os quais indicam subdivisões dentro de um mesmo tipo de horizonte. Por exemplo, uma subdivisão de A seria: A1 - A2 - A3, e assim por diante. No Boxe 9.2 encontra-se uma lista das diferentes notações de letras minúsculas (sufixos) que podem seguir-se às maiúsculas dos horizontes principais.

9.4.1 Horizontes O e H

Os símbolos O e H são utilizados para designar horizontes predominantemente orgânicos. Dois tipos principais são reconhecidos:

- **O**: *horizonte ou camada superficial de cobertura, sobreposto a alguns dos solos minerais. Também indica um horizonte superficial orgânico, pouco ou nada decomposto, originado em condições de drenagem livre, mas muito frias, de solos minerais situados em elevadas altitudes.*

- **H**: *horizonte ou camada orgânica, superficial ou não, composto de resíduos orgânicos acumulados ou em acumulação, sob condições de prolongada estagnação com água – salvo se artificialmente drenado.*

O horizonte O é constituído pelas folhas e pelos galhos que caem das árvores e seus produtos de decomposição. Por isso, não existe em superfícies revolvidas pelo arado. Várias outras denominações são utilizadas para esse horizonte: serrapilheira, liteira, palhada, cobertura morta (*mulch*) etc. No interior das matas ou nas áreas de plantio direto na palha, esse horizonte exerce importantes funções: evita o impacto destruidor direto das gotas de chuva, impede a erosão, armazena água, evita o excesso de evaporação da água, protege e desenvolve a biota, regula temperaturas etc.

Na parte mais superficial desse horizonte, encontram-se os **detritos** recém-caídos, não decompostos

---

Boxe 9.2 SÚMULA DE SUFIXOS APLICADOS AOS SÍMBOLOS DE HORIZONTES E CAMADAS PRINCIPAIS

- **b** – horizonte enterrado (p. ex., Ab)
- **c** – concreções ou nódulos endurecidos (p. ex., Bc)
- **d** – acentuada decomposição da matéria orgânica (p. ex., Od, Hd)
- **e** – escurecimento externo dos agregados por material orgânico (Be)
- **f** – presença de plintita (p. ex., Bf, Cf)
- **g** – horizonte glei (p. ex., Bg, Cg)
- **h** – acumulação iluvial de matéria orgânica (p. ex., Bh)
- **i** – desenvolvimento incipiente do horizonte B (p. ex., Bi)
- **j** – presença de ácidos sulfatados: tiomorfismo (p. ex., Bj)
- **k** – presença de carbonatos (p. ex., Ck)
- **m** – horizonte extremamente cimentado (p. ex., Bm)
- **n** – acumulação de sódio (p. ex., Bn)
- **o** – material orgânico mal ou não decomposto (p. ex., Oo, Ho)
- **p** – horizonte arado ou revolvido (p. ex., Ap)
- **q** – acumulação de sílica (p. ex., Bq, Cq)
- **r** – rocha branda ou saprólito (p. ex., Cr)
- **s** – acumulação iluvial de sesquióxidos de Fe e de Al com matéria orgânica (p. ex., Bs)
- **t** – acumulação de argila iluvial (p. ex., Bt)
- **u** – modificações antropogênicas (p. ex., Au)
- **v** – argilas expansíveis ou características vérticas (p. ex., Bv)
- **w** – intenso intemperismo do horizonte B (p. ex., Bw)
- **x** – cimentação aparente que se desfaz quando umedecida (p. ex., Bx)
- **y** – acumulação de sulfato de cálcio (p. ex., By)
- **z** – acumulação de sais mais solúveis do que sulfato de cálcio (p. ex., Bz)

Fonte: IBGE (2007).

(sub-horizonte Oo), que repousam sobre detritos mais antigos já decompostos ou em estado de fermentação (sub-horizonte Od) (Fig. 9.12).

O horizonte H consiste em camadas ou horizonte, superficiais ou não, que podem estar em vários estágios de decomposição, podendo até incluir material fibroso e bem pouco decomposto (Fig. 9.13). Esse material é acumulado em condições de saturação prolongada com água (ou palustres), como nos pântanos, e é característico dos solos orgânicos.

9.4.2 Horizonte A

O horizonte A é a camada mineral mais próxima da superfície. Sua característica fundamental é o acúmulo de matéria orgânica em decomposição, humificada, e/ou a perda de materiais sólidos translocados para o horizonte B.

Quando o solo é cultivado, esse horizonte é revolvido pelo arado e, se for menos espesso que 20-25 cm (profundidade normal da aração), pode ser misturado com horizontes subjacentes. Quando isso acontece, essa camada é referida como Ap (p = *plowed*; arado em inglês). Algumas vezes o Ap inclui duas camadas: Ap1 (recém-arada ou afofada) e Ap2 (logo abaixo desta e compactada pela ação do pisar da aração) (Fig. 9.14).

9.4.3 Horizonte E

Entre o horizonte B de acumulação e o horizonte A escurecido pela matéria orgânica pode existir uma camada com cores mais claras, que é denominada horizonte E. É um

Fig. 9.12 Aspectos de dois horizontes O (ou "serrapilheiras"): à direita, sob vegetação de floresta atlântica; à esquerda, sob floresta cultivada de pínus (parte do horizonte A também aparece sob o horizonte orgânico constituído de detritos orgânicos mais decompostos: Od, cujo material é popularmente conhecido como "terra vegetal") (Fotos: I. F. Lepsch)

Fig. 9.13 Estimativa do tipo e da quantidade de fibras em um solo que possui um espesso horizonte H (orgânico). Muitas fibras não decompostas oriundas de plantas existem nesse horizonte (abaixo, à direita) (Foto: John Kelley, NRCS/USDA)

Fig. 9.14 "Piso de arado" (ou pã induzido) abaixo de um horizonte Ap1 de um solo que foi inadequadamente arado durante muitos anos. Essa camada densa e compacta limita significativamente a infiltração da água e a penetração das raízes (Foto: John Kelley, NRCS/USDA)

horizonte empobrecido em partículas de argila. Esse empobrecimento é suficiente a ponto de esse horizonte se destacar quando exposto no perfil do solo. Nem todos os solos possuem esse horizonte, sendo escasso nas regiões tropicais úmidas.

Ele pode, assim, ser definido como horizonte mineral cuja principal característica é a perda de argilas silicatadas, óxidos de ferro e alumínio ou matéria orgânica, individualmente ou em conjunto, com resultante concentração residual de areia e silte.

9.4.4 Horizonte B

O horizonte representado pelo símbolo B situa-se abaixo do horizonte A ou E, desde que não tenha sido exposto à superfície pela erosão, e é definido como aquele que apresenta máximo desenvolvimento de cor, estrutura e/ou concentração residual de óxidos de ferro ou alumínio, ou, ainda, o que possui acumulação de materiais translocados dos horizontes A e/ou E.

Neste último caso, são os materiais removidos dos horizontes superiores pelas águas das chuvas que infiltram no solo e ficam retidos nas camadas mais inferiores, formando assim esses horizontes de acumulação ou horizontes eluviais (Fig. 9.16).

9.4.5 Horizonte C

Abaixo do horizonte B situa-se uma zona de transição para rocha, que é o horizonte C. Essa camada corresponde ao regolito e foi pouco alterada pelos processos de formação do solo, muitas vezes conservando a estrutura original da rocha (Fig. 9.18). Portanto, tem características mais próximas do material do qual o solo, presumivelmente, se formou.

Nas Figs. 9.15 a 9.18 você poderá apreciar vários aspectos dos horizontes O, H, A, E, B e C de diferentes solos.

9.5 Perguntas para estudo

1. Por que a descrição da morfologia do solo pode ser considerada como o estudo de sua "anatomia"? *(Dica: consulte a Fig. 9.1 e os parágrafos iniciais desta lição).*

2. Por que é mais correto chamar a fase líquida do solo de "solução do solo" do que de "água do solo"? *(Dica: consulte o Glossário e os parágrafos iniciais desta lição).*

3. Diferencie corpos de solos de perfis de solos. *(Dica: consulte a seção 9.1).*

4. Comente a seguinte afirmação: o perfil do solo pode ser considerado como o solo em si. *(Dica: consulte a seção 9.1).*

5. Como o sentido da audição pode auxiliar na descrição de um perfil do solo no campo? *(Dica: consulte a seção 9.2).*

6. Na escolha do local para a descrição do solo no campo, a descrição do perfil pode ser feita num barranco, onde não há trincheiras escavadas? Explique. *(Dica: consulte a seção 9.2).*

Fig. 9.15 (A) Agregados grandes, de formato laminar, em (B) horizonte Btc (B textural com plintita). As raízes só conseguem crescer entre as lâminas, ricas em plintita; (C) nódulos de plintita de um horizonte Btf; esses nódulos são fracamente cimentados, ricos em óxidos de ferro e pobres em húmus; (D, E) efeito do excesso de água (má drenagem) nas cores de um perfil de solo (horizonte Bg). As cores cinzentas indicam remoções de ferro (empobrecimento por condições alternadas de oxidação e redução) e as cores vermelhas, concentrações de ferro (enriquecimento por condições alternadas de oxidação e redução); (F) um agregado prismático grande (de um horizonte Bt) que se rompe em (G) blocos subangulares médios, bem desenvolvidos; (H, I) agregados grandes em forma de prismas (H) e como eles aparecem em um horizonte Bt (I) (Fotos: John Kelley, NRCS/USDA)

Fig. 9.16 Perfil do solo com horizontes bem distintos (sequência A-E-Bhs-R) e transição irregular entre os horizontes E (parte mais clara) e Bhs (faixa estreita e mais escurecida, logo abaixo do E) e a rocha (Foto: cortesia de NRCS/USDA)

Fig. 9.17 Superfícies e fricção (*slickensides*): são superfícies alisadas e lustrosas, com estrias produzidas por uma porção do solo deslizando sobre outra. Essas feições são comuns abaixo de 50 cm em solos com grandes quantidades de argilas expansivas, que são submetidos a grandes variações do conteúdo de água (Foto: cortesia de NRCS/USDA)

Fig. 9.18 Linhas de pedra (*stone lines*) indicam que o solo se desenvolveu de material coluvial. Na foto, o colúvio depositou-se sobre um saprólito (horizonte C), conservando feições (dobras etc.) de uma rocha metamórfica (xisto) (Foto: John Kelley, NRCS/USDA)

7. Quais os três elementos que definem a cor do solo? Dê exemplos. *(Dica: consulte a seção 9.3.1)*.

8. Na avaliação de quais atributos morfológicos uma pessoa com deficiência visual poderia colaborar? *(Dica: consulte as seções 9.3.2 e 9.3.5)*.

9. Quais são as diferenças entre paisagem, corpo do solo, *pedon* e perfil do solo? *(Dica: consulte a seção 9.1)*.

10. Que problemas poderiam surgir na colheita de amendoim, durante a estação seca do ano, se o solo possuir consistência seca extremamente dura? *(Dica: consulte a seção 9.3.5)*.

11. Como identificar se um horizonte B de um solo tem estrutura com agregados angulares ou subangulares? *(Dica: consulte a seção 9.3.3 e a Fig. 9.5)*.

12. Qual a denominação que você daria aos horizontes dos seguintes tipos: (a) com acúmulo de argila iluvial; (b) sem acúmulo de argila e com intenso intemperismo; (c) com argilas expansíveis; e (d) com acúmulo de argila e com presença de plintita. *(Dica: consulte o Boxe 9.2)*.

13. O que são materiais orgânicos, com que símbolo eles devem ser identificados e como é possível estimar a quantidade de fibras? *(Dica: consulte a Fig. 9.13 e o Boxe 9.2)*.

Lição 10

ACIDEZ, ALCALINIDADE E SALINIDADE DO SOLO

Deves admitir que quando se coloca esterco no terreno é para devolver ao solo algo que foi retirado (...) Quando uma planta é queimada, ela é convertida em uma cinza salgada, chamada de álcali por farmacêuticos e filósofos (...) Nas cinzas é encontrado o sal que a palha retirou do solo; se isto é devolvido, o solo é melhorado.

(Bernard Palissy, 1510-1589)

Trator espalhando pó calcário no solo agrícola para corrigir sua acidez (Uberaba, 2010) (Foto: Rodrigo E. M. de Almeida)

Nesta lição abordaremos algo mais sobre a solução do solo: a sua reação, ou seja, se ela reage mais como um ácido ou como um álcali. A **reação do solo** é um tipo específico de condição química que descreve seu grau de acidez ou alcalinidade e é expressa principalmente pelo seu valor de pH. O pH do solo é um parâmetro de muita importância, pois indica uma série de condições químicas que, a longo prazo, afetam a sua gênese e, a curto prazo, o crescimento de organismos.

Como regra geral, solos de regiões úmidas costumam ser ácidos e os de regiões áridas, neutros ou alcalinos. Em solos ácidos, a solução do solo contém mais íons hidrogênio (H^+) do que hidroxilas (OH^-). Em solos alcalinos, acontece o contrário.

A acidificação é um processo natural na formação de muitos solos, mas que tem sua expressão máxima em regiões úmidas. As espécies vegetais que crescem nas florestas e nos cerrados – que compreendem grande parte da vegetação natural das regiões norte e central do Brasil – estão muito mais adaptadas aos solos ácidos que as plantas cultivadas. Por isso, um bom entendimento das causas da acidez e de como corrigi-la é muito importante, principalmente para a agricultura.

Vários fatores afetam o pH do solo, entre os quais destacam-se as proporções entre cátions ácidos e básicos adsorvidos nos sólidos ativos e o balanço entre íons de hidrogênio (H^+) e de hidroxilas (OH^-) na solução do solo.

10.1 O que significa pH?

O pH, conceito proposto pelo dinamarquês Sörensen em 1909, significa potencial (p) de hidrogênio (H). É uma medida que nos permite descrever o caráter ácido ou básico que predomina em um meio aquoso, tendo em conta o seu valor determinado numa escala de zero a 14.

Para a temperatura de 25 °C, um meio aquoso será ácido se tiver pH entre 0 e 6,9; será básico se o pH for de 7,1 a 14; e será neutro para pH igual a 7,0 – isto porque, no pH 7,0, existem concentrações iguais de íons de hidrogênio (H^+) e de hidroxilas (OH^-), e essa concentração é igual a 10^{-7} ou 0,0000001 mols por litro. O cálculo é baseado na concentração, em moléculas grama (ou mols) por litro, do íon hidrônio (H_3O^+), que costuma ser chamado simplesmente de íon hidrogênio (H^+).

O potencial de hidrogênio (pH) é definido como o logaritmo do inverso (ou logaritmo negativo) da concentração do íon de hidrogênio:

$$pH = -\text{logaritmo } [H^+] \text{ ou } pH = \log(1/H^+)$$

Em química, essa concentração é expressa em mols por litro de solução. Para o hidrogênio, cujo peso atômico é igual a um, uma solução molar é igual à solução normal (1 m = 1 N) ou um equivalente por litro. O logaritmo negativo de um número é igual ao logaritmo do inverso desse número; para uma concentração de H^+ de 10^{-7} mols/L:

$$\log(1/10^{-7}) = 7$$

Vamos a um rápido exemplo de cálculos simples envolvendo pH e concentrações de H^+:

▦ Qual seria o pH de uma solução cuja concentração de H^+ é de 0,003 mols por litro (ou 10^{-3} mol/L)?

O logaritmo de 10^{-3} é –3. Como o pH é o logaritmo negativo da concentração de H^+, e "menos vezes menos é igual a mais", a resposta é 3. Portanto, o pH de uma solução cuja concentração de hidrogênio é de 0,003 mols por litro é igual a 3.

Como o pH é uma escala logarítmica, é necessário considerar que o intervalo entre as suas unidades está também nessa escala; por isso, quando o pH é 6,0, existem dez vezes mais íons H^+ em solução do que a pH 7,0; mas, entre pH 6,0 e pH 5,0 existem 100 vezes mais desses íons de hidrogênio. Da mesma forma, entre pH 5,0 e 4,0 existirão 1.000 vezes mais íons de hidrogênio do que no intervalo entre pH 7,0 e 6,0.

10.2 Por que existem solos ácidos?

A maior parte dos solos brasileiros comporta-se mais como ácidos, sendo muitos considerados muito ácidos (pH entre 5,5 e 4,5: Fig. 10.1), e isso explica muitos de seus outros atributos. Solos com elevado grau de acidez são pobres em cátions básicos. Se estiverem situados em regiões tropicais com longa estação seca e baixa umidade do ar, podem ter, como vegetação original, os cerrados. Quando agricultados, necessitam ser manejados com práticas especiais para monitorar os efeitos prejudiciais do excesso de acidez.

Processos ecológicos complexos, associados aos climas úmidos, acidificaram naturalmente muitos dos solos brasileiros. A agricultura intensiva no Brasil, até metade do século XX, era feita somente em solos originalmente sob florestas e naturalmente mais férteis. Esses solos são apenas ligeiramente ácidos (pH entre 5,5 e 6,0), e comumente têm uma reserva de minerais primários que,

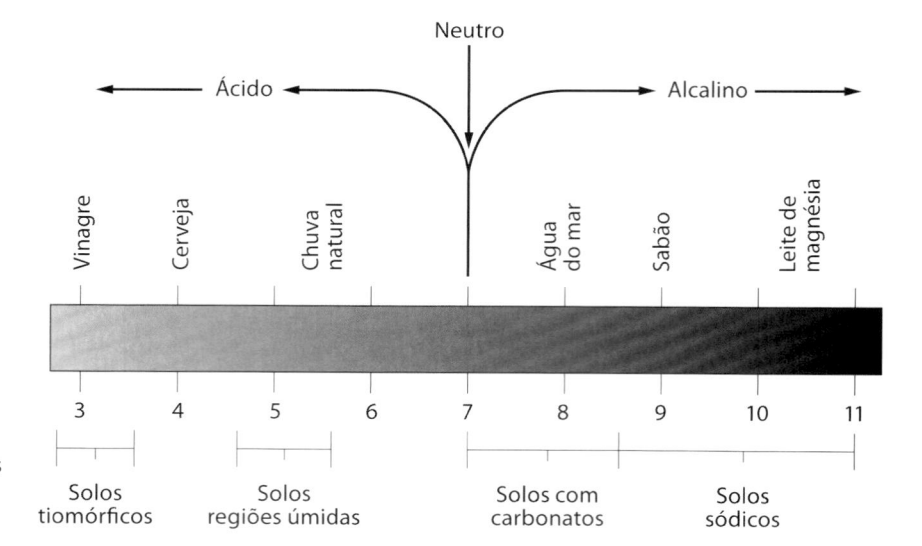

Fig. 10.1 Esquema mostrando as variações de pH de várias substâncias de nosso dia a dia e de vários tipos de solos

com o intemperismo, liberam os cátions básicos cálcio e magnésio, impedindo a sua pronunciada acidificação. Já os solos que não eram intensivamente agricultados tinham pH muito baixo e eram pobres em bases trocáveis (p. ex., os solos sob vegetação nativa de cerrado). Hoje, graças aos conhecimentos sobre acidez do solo, suas causas e sobre como corrigi-la, tais solos estão sendo usados para a agricultura com muito sucesso, criando, assim, uma nova fronteira agrícola.

A acidez dos solos está relacionada principalmente com sua capacidade de troca e os tipos de cátions com que as posições de troca estão ocupadas. Dois cátions são os mais responsáveis pela reação ácida do solo: hidrogênio (H^+) e alumínio (Al^{3+}). Eles são chamados de cátions ácidos. Nas regiões de clima úmido, uma grande quantidade de água da chuva penetra anualmente no solo. Com o tempo, essas águas, já contendo algum gás carbônico da atmosfera e enriquecidas com aquele que é liberado com a respiração dos organismos, acidificam naturalmente o solo.

O processo de remoção e substituição dos cátions básicos pode ser visualizado em etapas. Na primeira, os que estão adsorvidos nas superfícies das argilas são deslocados e trocados pelos de hidrogênio, que têm grande capacidade de penetrar e modificar as estruturas das argilas. Se a maior parte dos pontos de troca das cargas negativas das argilas for neutralizada pelo H^+, elas ficam "saturadas por hidrogênio". Quando isso acontece, elas tornam-se instáveis e decompõem-se parcialmente, liberando o cátion alumínio (Al^{3+}) com o "desmantelamento" das bordas expostas de suas lâminas octaédricas. O cátion alumínio assim liberado substitui os hidrogênios, estabilizando as argilas, que ficam "saturadas por alumínio" (Fig. 10.2).

O alumínio – deslocado dos pontos de carga e dissociado na solução do solo – se hidrolisa, liberando hidrogênios que mantêm a acidez.

Outra fonte de íons de hidrogênio nos solos é a decomposição da matéria orgânica, a qual, em certas condições, produz ácidos orgânicos. É um processo importante em solos orgânicos, principalmente nos horizontes H, definidos como aqueles formados sob condições de prolongada estagnação de água. Quando esses solos são drenados, a matéria orgânica sofre oxidação biológica, o que favorece a liberação de ácidos. Nesse caso, o hidrogênio desses ácidos satura os pontos de troca dos coloides orgânicos, as quais, ao contrário das argilas, podem permanecer estáveis mesmo quando saturadas por esse íon.

Um caso extremo de acidez provocada por processos bioquímicos de oxidação pode acontecer nos solos chamados de ácidos sulfatados (ou tiomórficos), que se desenvolvem em condições de encharcamento, quando possuem enxofre na forma de sulfetos. Ao serem drenados e expostos ao oxigênio do ar, tais sulfetos transformam-se em sulfatos (SO_4^{-}) ou tiossulfatos ($H_2S_2O_3$)

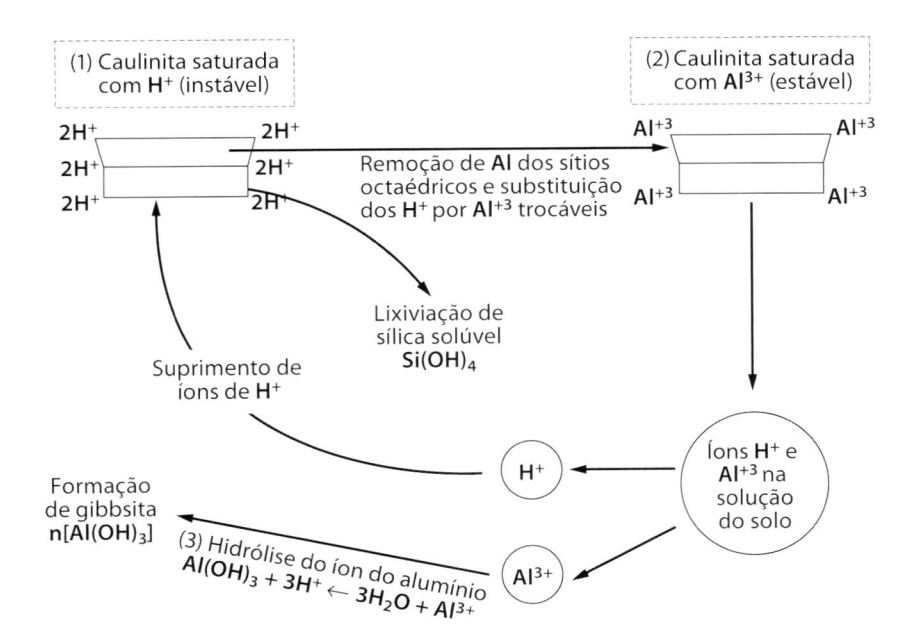

Fig. 10.2 Esquema ilustrando o que acontece quando uma argila caulinítica é saturada com íons de hidrogênio (1), tornando-a instável. Em consequência, acontece a remoção de íons de alumínio dos sítios octaédricos para a solução do solo e ocupando todos os sítios de troca (2), tornando a argila saturada por alumínio e, por isso, estável. No processo, o alumínio liberado para a solução do solo reage com a água, hidrolisando-se para liberar íons de hidrogênio (H^+) e formar hidróxidos de alumínio [$Al(OH)_3$], que permanecem precipitados no solo (podendo sintetizar gibbsita). O ácido silícico liberado [$Si(OH)_4$], se não for absorvido pela raiz de um vegetal, será lixiviado para o lençol freático. Essas reações, quando ocorrem continuadamente, dessilicatizam as argilas do solo, transformando a caulinita em gibbsita
Fonte: baseado em Coleman (1962).

– que, quando oxidados (p. ex., após drenagem artificial), formam ácido sulfúrico (H_2SO_4), levando o pH a baixar a níveis extremos (menor que 3,5 – ver Boxe 12.2).

Fatores climáticos e o manejo agrícola do solo influenciam sua acidez. Com a agricultura, há um pronunciado aumento do processo de lixiviação, porque as plantas cultivadas, através de suas raízes, absorvem os cátions básicos da solução do solo, não os repondo, por serem retiradas com as colheitas. O solo cultivado intensamente, se não neutralizado com pó de calcário agrícola, pode tornar-se cada vez mais ácido com as repetidas colheitas.

Alguns dos fertilizantes utilizados na agricultura, especialmente os nitrogenados, podem também contribuir para aumentar a acidez dos solos. É o caso, por exemplo, dos fertilizantes amoniacais e da ureia, que, durante sua transformação no solo pelos micro-organismos, liberam H^+.

Também alguns solos de regiões mais úmidas são naturalmente mais ácidos que outros, por se originarem de materiais pobres em bases, como, por exemplo, as rochas ácidas, que são ricas em sílica e alumina, mas pobres em cátions básicos, como os de cálcio, magnésio e potássio.

Em resumo, com exceção do nordeste semiárido e de alguns locais onde solos originam-se de rochas básicas (como o basalto), os solos brasileiros são naturalmente muito ácidos. Essa pronunciada acidez é um dos fatores que condicionam a formação de diferentes tipos de vegetação natural. Um exemplo disso é o do bioma do cerrado com seus arbustos tortuosos de espécies adaptadas à forte acidez dos solos. Outros solos naturalmente menos ácidos e originalmente sob florestas, quando submetidos à agricultura, podem ter sua acidez aumentada (pelas frequentes colheitas e aplicações de alguns fertilizantes nitrogenados como a ureia ou o sulfato de amônio) se correções com calcário não forem feitas.

10.3 Os diferentes tipos de acidez do solo

Existem dois tipos de acidez: a ativa e a potencial. Saber distinguir uma da outra é muitíssimo importante. A **acidez ativa** refere-se somente à atividade dos íons de hidrogênio dissociados na solução do solo e é medida como um valor de pH. Já a **acidez potencial** refere-se aos íons não dissociados adsorvidos na superfície dos coloides do solo: tanto os de hidrogênio como – e principalmente – os de alumínio. Ela é considerada a soma da **acidez trocável** com a **acidez não trocável**, sendo que os íons de hidrogênio e alumínio adsorvidos nos coloides do solo representam a acidez trocável e os íons de hidrogênio de ligação covalente associados aos coloides com carga negativa, a acidez não trocável.

A quantidade de acidez potencial é bem maior do que a de acidez ativa. Quando medimos a acidez ativa – por meio do pH –, estamos medindo apenas uma pequeníssima fração da acidez total. A quantidade maior é aquela retida nos pontos de troca dos coloides. Portanto, a propriedade do solo que mais governa a quantidade de cátions ácidos que um solo pode reter – e que potencialmente pode acidificar a solução do solo – é a capacidade de troca de cátions (CTC). É ela que irá determinar quanto de alumínio e hidrogênio pode ser adsorvido nos pontos de troca dos coloides.

A Fig. 10.3 ilustra que é a proporção dos diversos cátions adsorvidos nos pontos de troca dos coloides do solo que determinará o pH do solo. O gráfico da esquerda representa um solo com menos de 50% de saturação por

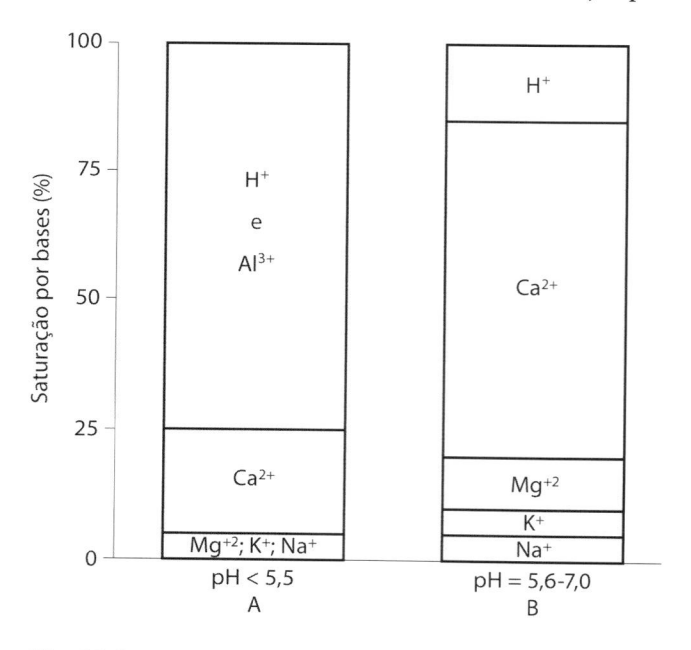

Fig. 10.3 Exemplo da relação entre a quantidade de cátions adsorvidos nos pontos de troca dos coloides do solo (expressa pela saturação por bases) e o índice de acidez (pH) do solo. (A) Solo com 25% de saturação por bases; (B) o mesmo solo (depois de uma calagem) com 80% de saturação por bases. Note que, quando o solo tem pH igual ou menor que 5,5, os cátions que predominam nos pontos de troca são o alumínio (Al^{3+}) e hidrogênio (H^+)
Fonte: McLaren e Cameron (1996).

bases, que, com o predomínio do Al^{3+} e H^+ nele adsorvidos, tem um pH menor que 5,5. O gráfico da direita (solo **eutrófico**) representa um solo com mais de 50% de seus pontos de troca ocupados por cátions básicos (Ca^{2+}, Mg^{2+}, K^+ e Na^+) e pH entre 5,6 e 7,0, indicando baixo nível de acidez e condições ótimas para o cultivo de plantas.

Na solução do solo, existe certa quantidade de íons H^+, que é bem menor do que a quantidade de cátions ácidos do alumínio (Al^{3+}) que estão adsorvidos nos inúmeros pontos de troca dos coloides. Para os cálculos relacionados à neutralização do solo, essa acidez potencial é muito mais importante que a ativa, porque ela se refere ao alumínio adsorvido nos coloides e ao hidrogênio potencialmente dissociável dos grupos hidroxílicos. Se quisermos avaliar toda a acidez do solo, temos que nos preocupar com a quantidade de cátions ácidos armazenada nas argilas e no húmus – "de plantão e esperando para entrar em atividade".

Conforme assinalado anteriormente, o tipo e a quantidade dos elementos que se encontram dissolvidos na solução do solo muito dependem dos cátions e ânions estocados nos coloides, os quais funcionam como um grande armazém desses elementos, sendo a água o meio de transporte dos "varejos" desse estoque. Entre os cátions armazenados nos coloides e os liberados para a solução do solo, um equilíbrio dinâmico é mantido graças aos fenômenos da capacidade de troca. Assim, se, por exemplo, o cálcio é o cátion que prevalece entre os armazenados, ele prevalecerá também no "varejo" da solução do solo, que será neutra ou apenas ligeiramente ácida. Se, pelo contrário, o cátion do alumínio (Al^{3+}) predominar entre os adsorvidos nos coloides, ele predominará também na solução do solo, a qual, consequentemente, será ácida, uma vez que esse cátion reage com a água liberando íons de hidrogênio (H^+).

Existem muitas propriedades do solo que estão bem relacionadas com o seu pH. Uma dessas "propriedades-chave" é sua relação com a saturação por bases. Já abordamos isso nas duas lições anteriores, mas sempre é bom reprisar esse assunto.

A saturação por bases é simplesmente o percentual da capacidade de troca ocupado com os cátions básicos. Cálcio, magnésio, potássio e sódio são os principais cátions básicos do solo. Portanto, a porcentagem de saturação por bases nos dá uma medida das quantidades relativas desses cátions e, por meio dela – e por diferença –, poderemos determinar as quantidades relativas de cátions ácidos.

Vejamos um exemplo: se a CTC de um determinado horizonte do solo é de 12 $cmol_c/kg$ e temos 8 $cmol_c$ de bases, a porcentagem de saturação por bases será de 67% – isto calculado com uma simples "regra de três":

12 ($cmol_c/kg$) está para 8 $cmol_c$

assim como 100(%) está para x

portanto:

x = (100 × 8)/12 = 66,66 ou (aprox.) 67%

Existe uma boa correlação entre pH e saturação por bases em solos similares, ou seja, entre solos que tenham argilas e matérias orgânicas do mesmo tipo e em quantidades similares. Entre as argilas, a caulinita terá um pH mais elevado que a montmorillonita para uma determinada saturação por bases. Por outro lado, o húmus, com os mesmos valores de saturação por bases, terá um pH mais baixo que a montmorillonita. Um valor "chave" de saturação por bases é o de 50%: solos com mais da metade de seu complexo de adsorção ocupada por cátions básicos costumam ser os mais férteis. Em torno do valor de 50% de saturação por bases para os vários tipos de materiais existe certa variação da acidez: no húmus, o pH estará em torno de 4; para a montmorillonita, perto de 4,5 e para a caulinita, em torno de 6,5. O que provoca tais diferenças? Lembre-se de que, na Lição 5, vimos que esses materiais têm CTC muito diferente, e quanto mais alta for a CTC, menor será o pH a uma determinada saturação por bases.

Por exemplo, se a montmorillonita, que tem uma CTC de 100 $cmol_c/kg$, estiver saturada pela metade (50%) com bases, existirão 50 $cmol_c$ de cátions ácidos nessa argila em equilíbrio com a solução do solo. Para a caulinita, que tem uma CTC de 10 $cmol_c/kg$, os mesmos 50% de saturação por bases resultam somente em 5 $cmol_c$ de cátions ácidos adsorvidos nessa argila em equilíbrio com a solução do solo. Para grande parte dos solos brasileiros, que têm argilas do tipo caulinita, valores acima de 50% de saturação por bases equivalem, aproximadamente, a valores de pH acima de 5,7.

10.4 Efeito do tipo de cátion básico sobre o pH do solo

Em relação ao efeito de diferentes cátions básicos sobre o pH, há que considerar que, para um mesmo valor de saturação por bases, um solo com elevada porcentagem de saturação por sódio terá um pH mais alto que outro saturado, em sua maior parte, com cálcio. Isso se deve ao efeito da hidrólise dos íons de sódio (Na^+) quando dissolvidos na solução do solo. Em condições de altas concentrações do cátion Na^+ na solução do solo, o ânion HCO_3^-, proveniente da dissociação do ácido carbônico, reage com o cátion H^+ da água, formando um ácido fraco; com isso, ânions OH^- são liberados, tornando a solução básica (pH > 7,0). Regiões semiáridas com solos ricos em sódio são um exemplo deste efeito.

No nordeste semiárido brasileiro, os solos saturados por sódio têm valores de pH acima de 8,0. Por sua vez, nos solos saturados com cálcio dessa mesma região, os valores de pH costumam estar em torno de 6,5, enquanto a maior parte dos solos saturados por alumínio (um cátion ácido após hidrólise, com liberação de H^+; ver Fig. 10.2) têm valores de pH entre 5,5 e 4,5. Para modificar esses valores de pH de solos ácidos, é necessário que sejam adicionadas a eles quantidades relativamente grandes de substâncias que liberem hidroxilas e cátions básicos, por causa do tamponamento que os solos possuem.

10.5 Poder tampão dos solos

O tamponamento é definido como a habilidade de um sistema em resistir a mudanças de pH quando pequenas quantidades de bases, ou ácidos, lhes são adicionadas. Voltando um pouco aos nossos conhecimentos básicos de química, vamos recordar como se faz uma titulação de um ácido fraco (como o acético: CH_3COOH) com uma base forte (como o hidróxido de sódio: $NaOH$). Nesse caso, há uma tendência de o hidrogênio ficar associado com o acetato, em vez de dissociar-se em íons de hidrogênio (H^+) e acetato (CH_3COO^-), já que se trata de um ácido fraco. Dessa forma, o hidróxido de sódio neutralizará apenas uma pequena parte do hidrogênio que seria liberado, porque o equilíbrio entre o ácido acético e o sal daquele ácido fraco não favorece a formação do acetato de sódio. Assim, se montarmos uma curva de titulação, ela tenderá a ficar na horizontal porque haverá pouca mudança no pH, até que todo o hidrogênio seja neutralizado e o íon hidroxila fique em excesso.

De certa forma, o solo funciona como os ácidos fracos: se a um solo ácido formos adicionando uma substância que libere hidroxilas, como o carbonato de cálcio, ele irá responder aumentando o seu pH, mas muito lentamente.

O principal fator que afeta a capacidade de um solo de alterar seu pH é sua capacidade de troca. Como regra geral, as argilas do tipo 2:1 e os coloides orgânicos têm capacidade de troca de cátions e poder tampão mais elevados. Portanto, solos que contêm grandes quantidades desses coloides são os que possuem maior poder tampão e, por isso, em condições idênticas de pH, são os que necessitarão de maior quantidade de calcário para serem neutralizados. Isso também significa que, à medida que o pH aumenta – e com ele a CTC –, aumenta o poder tampão do solo.

10.6 Importância da acidez do solo no crescimento das plantas

Talvez nenhum outro fator tenha tão grande influência na formação do solo e na sua capacidade e especificidade de nutrir vegetais do que a acidez. O pH nos dá alguma ideia do ambiente em que o solo se formou e de sua capacidade em suprir muitos dos nutrientes para as plantas.

Em relação aos solos das regiões úmidas do Brasil, nos quais predominam as argilas cauliníticas e oxídicas, quando o pH é muito baixo – na faixa de 4,0 a 5,0 –, é de se esperar baixas concentrações de bases e, portanto, há necessidade de calagem e fertilização quando submetidos à agricultura intensiva.

A concentração de alguns elementos-traço na solução do solo é muito influenciada pelo seu pH. Entre esses elementos-traço, estão os chamados micronutrientes, como cobre, boro, manganês e zinco. A maior parte desses elementos é muito solúvel em solos ácidos – uma exceção é o molibdênio, cuja disponibilidade é maior em solos neutros ou alcalinos. Pode acontecer de alguns elementos-traço serem tão solúveis que venham a atingir níveis tais que intoxiquem as plantas.

Como vimos anteriormente, o alumínio é solúvel como cátion trivalente (Al^{3+}) em condições de pH abaixo de 5,5. Nessas condições, ele é tóxico para a maior parte das plantas cultivadas. Aumentando o pH da solução do solo para mais de 5,5, a maior parte desse cátion trivalente se precipita, deixando, assim, de ser tóxico. De forma semelhante, os micronutrientes manganês e ferro, apesar de essenciais, mas com acidez pronunciada, podem elevar-se a níveis tais que se tornem tóxicos para muitas das plantas que cultivamos.

As condições de pH dos solos estão, portanto, bastante relacionadas à disponibilidade e toxicidade de vários elementos. A maioria das plantas cultivadas cresce melhor em solos com pH entre 5,6 e 7,0.

10.7 Ajuste do pH em solos agrícolas

Os vários problemas da acidez em solos agrícolas – tais como a toxicidade de alumínio, a deficiência de fósforo, a toxicidade de elementos-traço e a redução da atividade microbiológica – podem ser solucionados com o uso de corretivos que neutralizam a acidez. Os materiais utilizados para essa neutralização e ajuste do pH a um nível desejado para um determinado cultivo são chamados de calcários, os quais são materiais finamente moídos que contêm cálcio e/ou magnésio na forma de carbonatos.

Quando aplicamos calcário no solo – prática que denominamos *calagem* –, o objetivo primário não é somente diminuir as concentrações do íon hidrogênio na solução do solo, mas também fornecer cálcio e magnésio para aumentar a saturação por essas bases nos coloides do solo.

Os calcários são obtidos direta e simplesmente pela moagem de rochas que contêm apreciáveis quantidades dos minerais calcita ($CaCO_3$) e dolomita ($MgCO_3$). Outros materiais utilizados como corretivos incluem vários tipos de silicatos de cálcio, a maior parte obtida em resíduos da indústria siderúrgica, os quais são ricos em silicatos de cálcio que, ao serem colocados no solo, reagem com sua água e ácido carbônico, formando os carbonatos.

Os carbonatos de cálcio e magnésio são pouquíssimo solúveis em água pura; contudo, em contato com a solução do solo que contenha ácido carbônico, sua solubilidade aumenta consideravelmente. As finas partículas de calcita e dolomita, ao entrarem em contato com a solução ácida do solo, rica em ácido carbônico, reagem de forma que se convertem gradualmente em bicarbonato de cálcio e magnésio. Esses bicarbonatos dissociam-se em íons de Ca^{2+} e Mg^{2+} e ânions HCO_3^-. Este último, após sofrer hidrólise, transforma-se em hidróxido de cálcio [$Ca(OH)_2$] ou de magnésio [$Mg(OH)_2$], dissociados (Ca^{2+}, Mg^{2+} e OH^-), elevando a concentração da solução do solo em hidroxilas e bases trocáveis. As hidroxilas assim liberadas neutralizam a acidez, enquanto os íons de cálcio e magnésio deslocam os de alumínio e hidrogênio dos pontos de troca das micelas. Como resultado final, tem-se a neutralização de boa parte da acidez do solo, o aumento da saturação por bases e a precipitação do alumínio como composto insolúvel.

Com a aplicação de $CaCO_3$ (ou $MgCO_3$) no solo, sob influência do gás carbônico dissolvido em sua solução, ele se converte gradualmente em bicarbonato de cálcio – $Ca(HCO_3)_2$ (ou bicarbonato de magnésio) –, que é bastante solúvel:

$$CaCO_3 + H_2O + CO_2 \rightarrow Ca(HCO_3)_2 \quad (10.1)$$

O bicarbonato de cálcio se dissolve, hidrolisa e forma hidróxidos, liberando o gás carbônico:

$$Ca(HCO_3)_2 + 2H_2O \rightarrow Ca(OH)_2 + 2H_2O + 2CO_2 \uparrow \quad (10.2)$$

O hidróxido de cálcio facilmente se ioniza na solução do solo:

$$Ca(OH)_2 \leftrightarrow Ca^{2+} + 2OH^- \quad (10.3)$$

Na solução do solo que contém bicarbonato de cálcio (ou de magnésio), a concentração dos íons de cálcio e hidroxilas aumenta (Eq. 10.3). Os cátions de cálcio (ou de magnésio) deslocam os íons de alumínio dos pontos de troca dos coloides e a acidez se neutraliza, enquanto os íons de alumínio se transformam nos hidróxidos [$Al(OH)_3$] insolúveis.

10.8 Como calcular a quantidade de calcário necessária para neutralizar os níveis elevados de acidez?

Muitos são os benefícios da calagem. Com ela, tanto a acidez ativa como a potencial são consideravelmente reduzidas: eleva-se o conteúdo de cálcio e magnésio trocáveis, diminui-se (ou elimina-se completamente) o de alumínio trocável e, consequentemente, há um aumento da porcentagem de saturação por bases. Além disso, efeitos tóxicos de outros elementos – que, em condições ácidas, podem estar em excesso, como manganês e ferro – são eliminados. A solubilidade do fósforo também é aumentada e a atividade microbiana estimulada, promovendo, por exemplo, o crescimento de bactérias úteis, como as fixadoras de nitrogênio.

A Fig. 10.4 apresenta um gráfico que mostra a amplitude dos valores de pH em relação à disponibilidade de nutrientes (e do alumínio tóxico) na solução do solo. Contudo, para que haja esses benefícios, é necessário que a quantidade de calcário a ser aplicada seja adequada a cada solo em particular, ou calculada a partir da "necessidade de calagem" do solo.

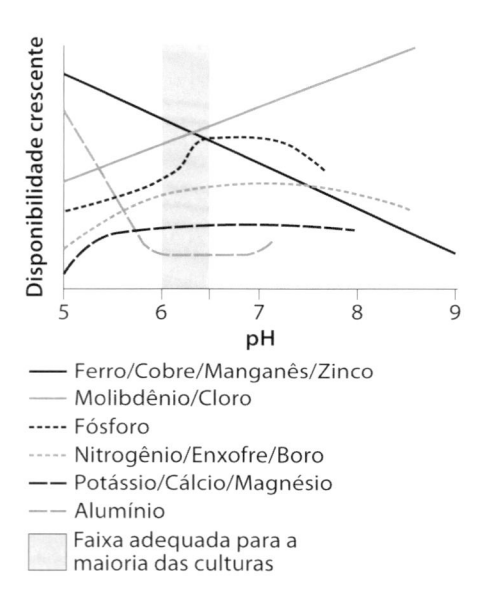

Fig. 10.4 Amplitude de pH e sua relação com a disponibilidade de nutrientes e alumínio
Fonte: Malavolta (1979).

Para saber calcular a quantidade de calcário necessária para elevar o pH de determinada camada de solo, é preciso conhecer bem algumas de suas características químicas por meio de análise de suas amostras no laboratório. O que necessitamos neutralizar é a acidez potencial, e esta, como vimos, depende da capacidade de troca de cátions. Portanto, precisamos saber qual a CTC e o pH atual desse solo, o pH que queremos atingir com a aplicação de material calcário, bem como a qualidade desse material.

10.9 Alcalinidade, salinidade e sodicidade

Ao contrário dos processos de acidificação, que ocorrem onde o clima é úmido, a ausência de lixiviação intensa deixa os solos com alta saturação por bases e pH elevado. Nessas regiões é comum o acúmulo de carbonato de cálcio a uma determinada profundidade dos solos: quanto menor a precipitação pluviométrica, mais perto da superfície estará esse horizonte carbonático. Como resultado dessa escassez de lixiviação, os solos podem apresentar alcalinidade nos horizontes subsuperficiais. Em alguns casos, pode haver também acúmulo de sais mais solúveis do que o carbonato de cálcio, como os sulfatos e cloretos, fazendo com que os solos apresentem salinidade.

Solos com sodicidade (os sódicos) são os que têm altas quantidades de sódio trocável, ocupando mais de 15% da CTC. Os solos que possuem tanto altos teores de sais como excesso de sódio trocável são chamados de salino-sódicos. Seu pH atinge valores acima de 8,5, por causa da hidrólise do carbonato de sódio, que libera hidroxilas. Argilas com alto teor de sódio trocável tornam-se dispersas, o que provoca condições físicas indesejáveis, como baixa permeabilidade à água. O excesso de sódio pode ser corrigido com sua lixiviação, provocada por águas de irrigação. Antes, porém, é necessário flocular as argilas, para que a água possa percolar. Isso pode ser feito com a adição de gesso ($CaSO_4$): depois que as argilas retiverem o cálcio, elas podem flocular para fazer a água de irrigação lixiviar o excesso de íons de sódio.

Quando um solo tem mais sais solúveis do que o que sua CTC pode suportar, ele é considerado salino (também chamado de halomórfico). Esse tipo de solo é comum em áreas com baixa precipitação pluviométrica e em áreas afetadas por águas do mar (como os mangues).

Quando o nível de sais se eleva, chegando a uma concentração muito alta, o desenvolvimento de alguns vegetais mais sensíveis é afetado ou mesmo impedido. A salinização do solo pode ser causada pelo mau manejo da irrigação em regiões áridas e semiáridas. A baixa eficiência da irrigação e a drenagem insuficiente nessas áreas contribuem para a aceleração desse processo, tornando-as improdutivas em curto espaço de tempo.

10.10 Perguntas para estudo

1. Considere dois solos ácidos com o mesmo valor de pH em água (por exemplo, 4,8). Você espera usar a mesma quantidade de calcário para corrigir a acidez desses solos? Explique sua resposta. *(Dica: consulte a seção 5.5 da Lição 5)*.

2. Como a matéria orgânica pode acidificar o solo? *(Dica: consulte a seção 10.2)*.

3. Por que, nas regiões tropicais muito úmidas, predominam solos muito ácidos? *(Dica: consulte os primeiros parágrafos desta lição)*.

4. Cite cinco fatores que contribuem para a acidificação do solo. *(Dica: consulte a seção 10.2)*.

5. Como a drenagem de certos solos inundados (solos tiomórficos) pode acidificar o solo? *(Dica: consulte a seção 10.2)*.

6. Diferencie acidez ativa, acidez potencial e acidez trocável. Como o calcário atua na correção dessas três formas de acidez? Use ilustrações. *(Dica: consulte a seção 10.3)*.

7. Defina pH e explique o seu efeito na disponibilidade dos elementos nutrientes do solo. *(Dica: consulte as seções 10.3 e 10.6)*.

8. Qual o significado do efeito tampão do solo? Por que ele é importante para o solo, e quais os mecanismos do meio nos quais ele ocorre? *(Dica: consulte a seção 10.5)*.

9. Explique por que os cátions Fe, Cu, Mn e Zn apresentam maior disponibilidade em solos ácidos em relação ao Ca, Mg e K. *(Dica: consulte a seção 10.8)*.

10. Qual é a prática comumente utilizada para a correção da acidez do solo? Exemplifique com uma reação simplificada. *(Dica: consulte a seção 10.7)*.

11. Como o gesso contribui para diminuir o efeito da alcalinidade? Quais são as fontes básicas de alcalinidade nos solos? Discuta sua resposta. *(Dica: consulte a seção 10.9)*.

12. O que são solos salinos, sódicos e salino-sódicos? *(Dica: consulte a seção 10.9 e o Glossário)*.

Lição 11

Biologia do solo: organismos vivos e matéria orgânica

A importância dos infinitamente pequenos é infinitamente grande.

(Louis Pasteur, 1822-1895)

Colônias simbióticas de fungos e algas – os líquenes, junto com musgos, iniciam a formação de um novo solo que se desenvolve sobre uma rocha granítica (Foto: I. F. Lepsch)

Até agora abordamos vários aspectos relacionados à morfologia, física e química do solo. Contudo, se ficássemos por aí, a história estaria incompleta. Para continuar, vamos ver agora algo sobre a sua biologia.

Quando falamos em biologia, pensamos logo em vidas – animais e vegetais – e no material de que são constituídas: a **matéria orgânica do solo**. A fração orgânica do solo contém tanto organismos vivos como mortos, além de seus produtos de decomposição.

O solo é habitado por uma grande variedade de organismos, tais como **fungos**, bactérias, vermes e insetos. Os efeitos desses organismos na formação do solo serão vistos em alguns detalhes na Lição 13. Nesta lição daremos ênfase à sua influência em alguns importantes processos que ocorrem no solo, especialmente à reciclagem de nutrientes.

O número de organismos vivos no solo – tanto vegetais como animais – é muito grande e varia de acordo com as condições ambientais. Em condições de ecossistemas naturais (p. ex., sob florestas e cerrados), esse número é muitíssimo maior que em solos agrícolas.

Sob o ponto de vista pedogenético, é necessário considerar que um solo hoje desmatado e agricultado formou-se sob a influência de muitos outros, além dos que hoje o habitam. Essa influência é maior nos climas tropicais úmidos, uma vez que, nas latitudes temperadas, o frio do inverno gelado reduz o número de espécies.

A biota do solo forma uma intrincada rede alimentar, na qual há participação de nutrientes e energia. Sua influência na formação do solo por vezes é estudada separadamente, mas é impossível isolar a atividade biológica de outras atividades, principalmente da química, uma vez que os organismos participam da maior parte das reações químicas que passaram nos solos. Importantes processos desenvolvem-se à custa da energia de organismos, como, por exemplo, a redução e oxidação do ferro em solos, em que o lençol freático oscila próximo à sua superfície (Boxe 8.2); outro exemplo é a conversão de formas orgânicas de fósforo e nitrogênio em **compostos inorgânicos**, sem a qual os vegetais não poderiam se alimentar deles.

11.1 Tipos de organismos

Os organismos do solo podem ser subdivididos em duas grandes classes: a dos animais e a dos vegetais (Quadro 11.1). Podemos então visualizar a população do solo como composta de cinco grupos: macrofauna, macroflora, **mesofauna**, microfauna e **microflora**. O número de indivíduos de cada grupo varia com as condições ambientais; porém, geralmente as bactérias são as mais abundantes em número. É interessante notar, todavia, que, em peso, os fungos costumam estar em maior quantidade e que todos eles são aeróbicos.

A maioria dos micro-organismos é **aeróbica**, isto é, usam oxigênio na forma de O_2 como receptor de elétrons em seu metabolismo. Algumas bactérias, todavia, são anaeróbicas e extraem seu oxigênio de substâncias diferentes do O_2 (p. ex., NO^{3-}, SO^{2-}, Fe_2O_3). Já as bactérias facultativas podem usar as formas de metabolismo tanto aeróbica como anaeróbica.

Alguns desses organismos do solo vivem de plantas vivas (herbívoros); outros, de seus detritos (**detritívoros**); outros, ainda, consomem animais (predadores) e devoram fungos (fungíferos) ou bactérias (bacterívoros). Os organismos autótrofos são os que conseguem utilizar dióxido de carbono ou carbonatos como única fonte de carbono e energia para a sua vida, por meio dos processos de oxidação de elementos inorgânicos ou

Quadro 11.1 CLASSIFICAÇÃO GERAL DE GRUPOS DE IMPORTANTES ORGANISMOS DO SOLO

Grupo generalizado	Grupos mais específicos	Exemplos
Macrofauna (> 2 mm)		
Todos os heterótrofos, grande parte dos herbívoros e detritívoros	Vertebrados	Tatus, camundongos, toupeiras, marmotas
	Artrópodes	Formigas, cupins, besouros e suas larvas, centopeias, aranhas
	Anelídeos	Minhocas
	Moluscos	Caracóis e lesmas
Macroflora		
Grande parte dos autótrofos	Plantas Vasculares	Raízes alimentadoras
	Briófitas	Musgos
Mesofauna (0,1-2 mm)		
Todos os heterótrofos, grande parte dos detritívoros e dos predadores	Artrópodes	Ácaros e *Collembola* (colêmbolas)
	Anelídeos	Vermes enquitreídeos
	Artrópodes	*Protura*
Microfauna (< 0,1 mm)		
Detritívoros, predadores, fungívoros, bacterívoros	Nematoda	Nematoides
	Rotifera	Rotíferos
	Protozoários[1]	Amebas, ciliados e flagelados
Microflora (< 0,1 mm)		
Grande parte dos autótrofos	Plantas Vasculares	Radicelas
	Algas	Verdes, verdes amarelas, diatomáceas
Grande parte dos heterótrofos	Fungos	Leveduras, míldios, mofos, ferrugens, cogumelos
	Actinomicetos	Muitos tipos de actinomicetos
Heterótrofos e autótrofos	Bactéria (e *Archaea*)	Aeróbias e anaeróbias
	Cianobactérias[2]	Algas verdes e azuis

(1) Geralmente classificada no reino Protista.
(2) Tradicionalmente classificadas com as bactérias no reino Monera, esses organismos com células procarióticas agora são classificados no domínio *Archea*, com base nas diferenças de RNA.

Fonte: adaptado de Brady e Weil (1990).

compostos, como ferro, enxofre, hidrogênio, amônio e nitritos. Já os organismos **heterotróficos** são capazes de gerar energia para processos de vida apenas a partir da decomposição de compostos orgânicos, mas são incapazes de usar compostos inorgânicos como fonte única de energia ou de síntese orgânica.

As atividades da **flora** e da **fauna** do solo estão tão interligadas que é difícil estudá-las independentemente. Assim que uma folha de uma árvore cai ao solo, ela fica sujeita ao ataque simultâneo tanto da micro como da macroflora e macrofauna. Se alguma umidade está presente, bactérias, fungos, ácaros, vermes, insetos e mesmo alguns vertebrados a atacam. Enquanto a ação da microflora é essencialmente química, a da macrofauna é tanto química como física. Formigas e cupins cavam o solo e levam restos da folha para dentro dele. Vermes incorporam os resíduos das plantas, engolindo-os com o solo. No fim, todos os organismos do solo liberam energia, produzem gás carbônico e húmus, mas a maior parte da decomposição de uma folha sob o solo se dará por meio dos micro-organismos.

Os organismos do solo podem ser separados também em três categorias, de acordo com seu tamanho (Fig. 11.1). Os maiores são todos animais e podem ser subdivididos em macrofauna e mesofauna; os menores consistem tanto de flora como de fauna e geralmente são referidos como micro-organismos. Um hectare de solo sob uma floresta natural pode conter algumas espécies da macrofauna, como tatus, tamanduás e ratos, perto de uma dúzia de vermes, 30 espécies de ácaros, uma centena de espécies de insetos, centenas de espécies de nematoides e fungos e milhares de espécies de bactérias.

11.2 Macroanimais mais comuns do solo: artrópodes e vermes

Os artrópodes compreendem um grupo de invertebrados com o corpo segmentado e membros articulados, cujos representantes se encontram em grande número, principalmente nos horizontes O e A de solos sob florestas tropicais (p. ex., os insetos – com destaque para cupins e formigas –, os ácaros, os crustáceos e as centopeias). A maioria vive triturando restos vegetais e

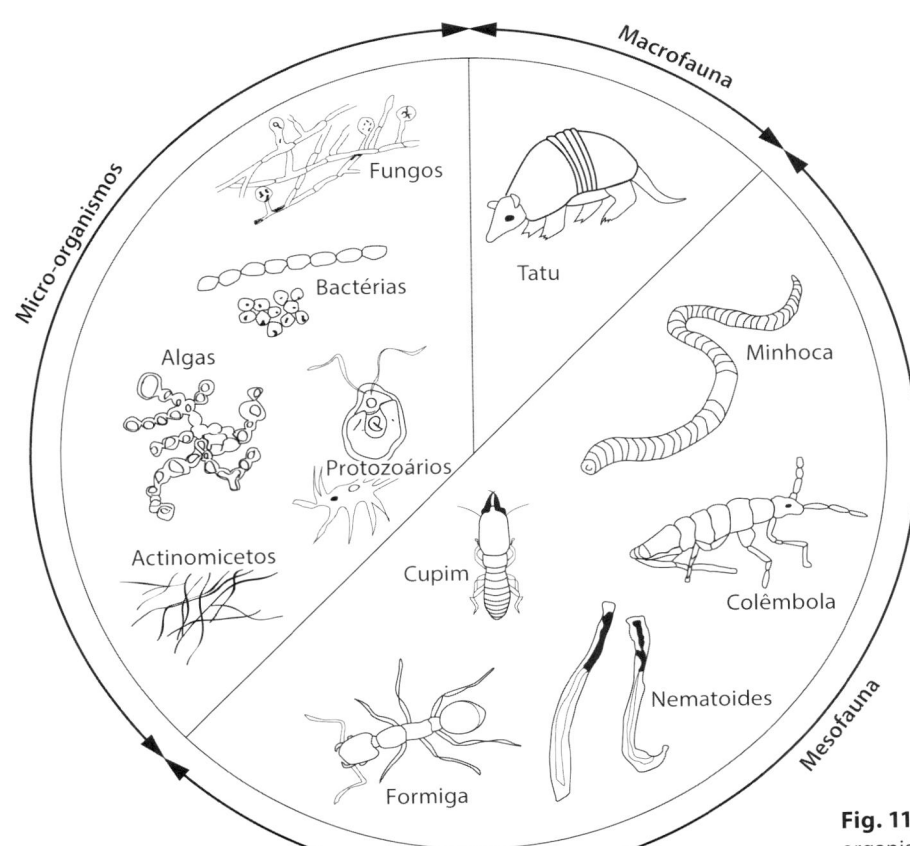

Fig. 11.1 Exemplos dos principais grupos de organismos que vivem no solo
Fonte: adaptado de McLaren e Cameron (1996).

escavando, remexendo e revirando o sol; tais mecanismos mereceram até um nome especial: pedoturbação faunística. Formigas e cupins podem transportar grandes quantidades de materiais do horizonte B para a superfície (Fig. 11.2).

Cupins – ou térmitas – são considerados importantíssimos em solos de climas tropicais e subtropicais. Eles podem ser subdivididos em dois grupos, com base em seus hábitos alimentares: os que se alimentam de restos vegetais brutos (p. ex., madeiras e raízes), e os que, como muitas das formigas, alimentam-se de micro-organismos do solo (p. ex., fungos).

Os cupins que se alimentam de celulose de madeiras necessitam de uma enzima especial para digeri-la: a celulase. Contudo, nem todos produzem essa substância, ficando dependentes de outros organismos do solo que vivem em seus intestinos: os protozoários do tipo flagelados. Nem todos constroem aqueles pequenos montes, mas todos constroem canalículos solo adentro e têm grande importância na pedoturbação e na decomposição da matéria orgânica bruta.

Em condições tropicais e de vegetação natural, destacam-se também os animais do grupo dos anelídeos, que incluem várias espécies de minhocas. Elas têm habilidade de ingerir, ao passar pelo seu trato digestivo, quantidades enormes de material de solo que escavam. Isso faz com que enzimas atuem diretamente sobre a matéria orgânica bruta desses materiais escavados e engolidos, o que ajuda na formação do húmus, resultando em uma melhor estrutura e **aeração do solo**.

11.3 Microfauna (nematoides, protozoários e rotíferos)

Entre os menores animais, provavelmente os mais conhecidos são os nematoides. Eles são poucos em número, mas algumas espécies recebem muita publicidade porque danificam as raízes de algumas plantas cultivadas, nas quais formam nódulos conhecidos como "galhas", que podem favorecer a entrada de outros patógenos. Os nematoides têm uma alta capacidade reprodutiva e suas populações podem se expandir muito, em razão do desequilíbrio causado por mudanças das condições do solo (p. ex., desmatamento). Boa parte do declínio de produções agrícolas em áreas recém-desmatadas pode estar associada ao desequilíbrio decorrente desse rápido aumento das populações de nematoides. Eles vivem em películas de água vizinhas às superfícies de raízes e alguns parasitam as plantas, contudo, a maioria deles atua como importantes reguladores e concentradores de nutrientes que as ajudam a crescer.

Os protozoários são os micro-organismos mais abundantes da fauna do solo. Eles podem estar ativos ou dormentes. Alguns podem ter importante papel na biodegradação de substâncias adicionadas ao solo. Eles

Fig. 11.2 Formigas saúvas e cupins, muito comuns nas regiões tropicais. Esses artrópodes cavam galerias no solo e transportam grande quantidade de materiais dos horizontes inferiores para formar seus ninhos à superfície do solo (Fotos: Eloana J. Bonfleur, Rodrigo E. M. de Almeida e I. F. Lepsch)

se alimentam de bactérias e outros micro-organismos; assim, influenciam a decomposição da matéria orgânica, regulando a população dos organismos decompositores.

Os rotíferos são micróbios aquáticos que habitam solos alagados ou mal drenados, onde aparecem em grandes quantidades. Em eventuais períodos de seca, eles podem se recolher em pequenas conchas ou entrar em estado de dormência. Geralmente habitam horizontes H (orgânicos de solos mal drenados) e se alimentam tanto de algas como de protozoários.

11.4 Microflora (algas, bactérias, fungos e actinomicetos)

As algas representam um grupo de organismos que retira energia do Sol, ou seja, possui clorofila. Taxonomicamente podem pertencer a dois reinos diferentes: as *Procariotes* são do reino *Bacteria*, que englobam as cianobactérias, possuindo pigmentos fotossintéticos no citoplasma; as demais algas, eucarióticas, pertencem ao reino *Protista* e possuem cloroplastos para a realização de fotossíntese. As **diatomáceas** são um exemplo.

Muitas algas, comuns em muitos ambientes diferentes, também são capazes de absorver e metabolizar o nitrogênio da atmosfera para a formação de seus corpos. Alguns gêneros de bactérias, junto com algumas algas e suas associações, promovem o que chamamos de *fixação microbiana de nitrogênio*. É primariamente por meio desses organismos que, do enorme reservatório de nitrogênio da atmosfera, parte é transferida para a pedosfera. Uma vez que necessitam da energia da luz do Sol, as algas encontram-se usualmente restritas aos primeiros centímetros do horizonte mais superficial do solo. Elas podem crescer diretamente na superfície das rochas ou de restos orgânicos brutos, como troncos e galhos; basta haver suficiente luz e umidade. Nessas superfícies elas comumente se associam a fungos, formando os **liquens**, que ajudam as rochas a se decomporem. As algas também contribuem com substâncias que podem alimentar bactérias que passam a viver com elas.

Em contraste com as algas, os fungos não possuem clorofila. A maioria são organismos saprófitos e, como tais, obtêm sua energia de qualquer matéria orgânica morta que estiver no solo. Variam em tamanho, de microscópicos até os de porte arbustivo conhecidos como "chapéus-de-sapo". Alguns são unicelulares e outros são compostos de várias células que tipicamente formam aglomerados denominados micélios. Os fungos podem ser divididos em três grupos: leveduras (ou fermentos), bolores (ou mofos) e cogumelos. As leveduras são quase todas unicelulares; talvez a mais importante de todas seja a do gênero *Saccharomices*, utilizada desde a mais remota antiguidade para fermentar pão, vinho e cerveja, e considerada como um dos primeiros organismos do solo que foram domesticados pelo homem.

Diferentemente das leveduras monocelulares, os bolores desenvolvem-se na forma de filamentos multicelulares que se ramificam. Entre os mais famosos e que foram inicialmente isolados de solos estão os do gênero *Penicillium*, muito comuns em solos, dos quais Alexander Fleming foi o primeiro a isolar a penicilina.

Muitos fungos vivem em **simbiose** com raízes, especialmente de árvores. Muitas vezes seus filamentos se estendem, funcionando como extensão das raízes: trata-se das micorrizas, que são de grande importância, porque formam simbioses com as plantas. Os fungos micorrízicos obtêm os açúcares diretamente a partir das raízes das plantas e, em contrapartida, estas recebem desses fungos muitos benefícios. Suas hifas fúngicas crescem cerca de 5 cm a 15 cm para além da raiz infectada. Essa extensão do sistema radicular aumenta a sua eficiência, proporcionando à planta mais superfície de absorção do que as raízes de uma planta não infectada.

Os actinomicetos são o segundo grupo mais numeroso de micróbios do solo. Eles são constituídos de uma única célula, que tem filamentos em sua volta; por isso, são descritos como parecidos com fungos, mas se comportando como bactérias. Muitos dos actinomicetos dos solos têm a capacidade de produzir **antibióticos**, como os do gênero *Streptomyces*, produtores da estreptomicina. Selman Waksman (1888-1973) isolou este antibiótico da biota do solo a partir do fungo *Streptomyces griseus*.

As bactérias são os organismos mais numerosos do solo quando existem condições favoráveis ao seu crescimento. Elas são descritas de acordo com o formato, o tamanho e as reações químicas. Podem ser bacilos (na forma de bastonetes), cocus (na forma esférica) e espirilas (na forma de espirais). São todas unicelulares e, se em condições favoráveis, reproduzem-se muito rapidamente: preferem os solos pouco ácidos aos alcalinos.

11.5 Fatores que condicionam o tipo e a quantidade de micro-organismos do solo

Muitos são os fatores que determinam o tipo e a quantidade dos micro-organismos do solo. A disponibilidade de nutrientes minerais é o primeiro deles. Apesar de serem muito pequenos, eles necessitam de comida, tal como nós. Portanto, a natureza dos resíduos orgânicos poderá, em grande escala, determinar o número e o tipo de micro-organismos. Se os resíduos forem ricos em nutrientes, o crescimento de muitos tipos de micro-organismos será encorajado. A umidade é essencial para a maioria deles: bactérias normalmente necessitam de mais água que fungos e actinomicetos. O número de bactérias aumenta proporcionalmente à medida que a umidade do solo também se eleva; o ponto máximo desse aumento é próximo da quantidade de água que chamamos capacidade de campo.

O grau de acidez do solo, ou seu pH, é outro fator vital. Como regra geral, a maior parte dos micróbios prefere níveis de pH próximos da neutralidade. Fungos são bem mais tolerantes à acidez que bactérias e actinomicetos; portanto, em solos muito ácidos, eles quase sempre predominam. A aeração também é muito importante: a maioria dos fungos, actinomicetos e bactérias são aeróbicos. Outros fatores que afetam a população microbiana são a temperatura e as concentrações de sais: baixas temperaturas e altas concentrações de sais inibem o seu crescimento.

As raízes das plantas superiores exercem uma grande influência no desenvolvimento e na atividade dos micro-organismos. Elas crescem e morrem no interior do solo, suprindo-os com alimento e energia. Em torno dessas raízes (a rizosfera) existe um verdadeiro nicho de micro-organismos que costumam ter características bem distintas dos restantes. Essa diferença decorre da liberação, pelas raízes, de substâncias orgânicas e inorgânicas que podem ser prontamente consumidas pelos organismos.

11.6 Efeitos dos organismos no solo

As muitas atividades dos inúmeros organismos do solo têm um profundo efeito na habilidade do solo em sustentar ecossistemas terrestres naturais e campos de cultivo. Esses organismos também têm grande influência na qualidade da água e do ar. Na bibliografia científica, as interações da biosfera do solo com a atmosfera, a litosfera e a hidrosfera costumam ser ilustradas por meio dos processos de fitociclagem ou biociclagem. Por vezes, o termo "ciclos biogeoquímicos" também é empregado. Muitos dos elementos reciclados pelas plantas ocorrem também como gases; é o caso do carbono, do nitrogênio, do oxigênio e do enxofre, que participam de trocas entre a atmosfera e o solo. Outros elementos, como o cálcio, o magnésio, o potássio e o silício, participam dos ciclos do solo em geral sem passar pela fase gasosa. Um dos mais importantes ciclos é o do silício (Boxe 11.1).

Em solos agrícolas, os micro-organismos produzem muito mais efeitos benéficos que maléficos. Algumas bactérias incorporam nitrogênio do ar para o solo por meio da sua fixação e outras são importantes para decompor pesticidas usados na agricultura. Outros efeitos benéficos de micro-organismos incluem sua ajuda na decomposição dos restos culturais, ricos em carbono, na estabilização da estrutura do solo e no aumento do suprimento dos nutrientes nitrogênio, enxofre e fósforo. Existem também alguns aspectos maléficos de uns poucos organismos do solo, mas que recebem muito mais publicidade que os benéficos. Alguns desses aspectos prejudiciais às plantas cultivadas referem-se a macroanimais, especialmente formigas e cupins, que cortam folhas e raízes para se alimentarem; outros referem-se a micro-organismos, como os **nematoides** patogênicos.

11.7 Matéria orgânica

O termo matéria orgânica do solo, em seu sentido mais amplo, refere-se a toda a gama de materiais orgânicos presentes no solo, incluindo organismos mortos ou vivos. Contudo, na maior parte das vezes, essa expressão nomeia somente o material vegetal ou animal morto, em decomposição, e o **material amorfo** escuro chamado *húmus*.

Durante a decomposição da matéria orgânica bruta, os elementos são transformados em formas orgânicas mais simples em um processo denominado **mineralização**, no qual boa parte do carbono é convertida em gás carbônico. As várias ações de síntese e alteração pelas quais o carbono circula no solo compreendem o **ciclo do carbono** (Fig. 11.4).

Nos últimos dois séculos, a liberação de gás carbônico por meio das queimadas, da queima de

Boxe 11.1 Ciclo do silício

O silício é o segundo elemento mais abundante no solo depois do oxigênio. Os minerais primários e secundários silicatados se intemperizam produzindo ácido silícico [$Si(OH)_4$] – ou sílica solúvel –, que é precursor tanto de novos minerais secundários (argilas) como dos corpos silicosos das plantas. Tais corpúsculos de sílica desempenham importantes funções em vegetais que mais absorvem sílica (como as gramíneas), tais como aumento de resistência a predadores, regulagem da transpiração, aumento da atividade fotossintética, imobilização de metais pesados e alumínio etc.

Os vegetais absorvem o $Si(OH)_4$ dissolvido na solução do solo, concentrando-o no interior de seus tecidos por meio da transpiração da água. Isso faz com que essa sílica se polimerize, resultando na deposição de partículas sólidas (e amorfas) de sílica hidratada ($SiO_2 \cdot nH_2O$), conhecida também como opala biogênica e fitólitos. Com a senescência da planta, seus restos são incorporados aos solos. Quando eles se decompõem (para formar o húmus), uma parte desses fitólitos se dissolve, liberando ácido silícico para a solução do solo, onde ele poderá ser reciclado pela biota. Outra parte do $Si(OH)_4$ é lixiviada para o lençol freático e os cursos d'água. Contudo, muitos sílico-fitólitos são preservados no solo por longos períodos, apesar de a sílica amorfa ter solubilidade menor que o quartzo, formando um perfil de microfósseis muito útil para vários estudos paleoetnobotânicos (Fig. 11.3).

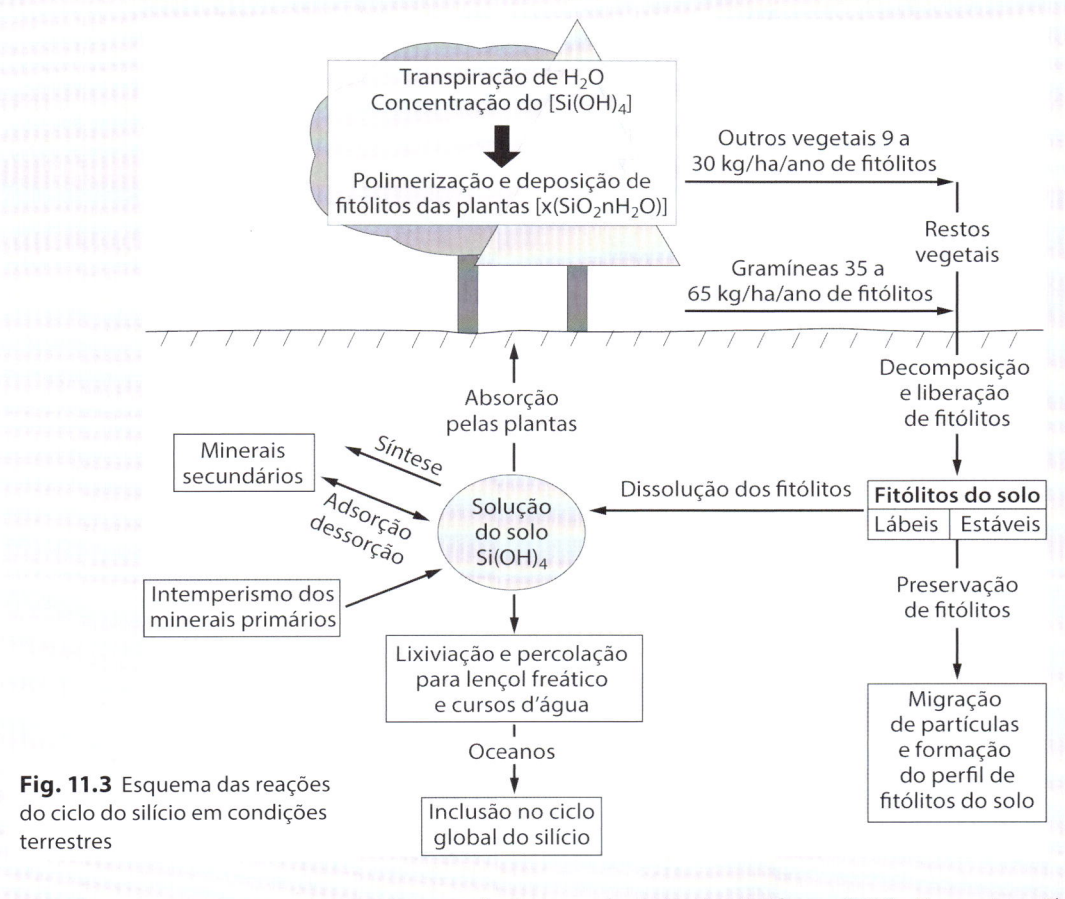

Fig. 11.3 Esquema das reações do ciclo do silício em condições terrestres

Fonte: baseado em Cooke e Leishman (2011) e Kamamina e Shoba (1997).

combustíveis e dos desmatamentos excedeu a quantidade de carbono que é normalmente sequestrada por organismos do solo e da água. Isso está ocasionando um acréscimo constante na concentração de gás carbônico na atmosfera e um aumento do efeito estufa. Em termos globais, o solo é um bom sequestrador de carbono; por isso, mudanças no balanço entre o solo, a vegetação e a atmosfera podem comprometer em muito

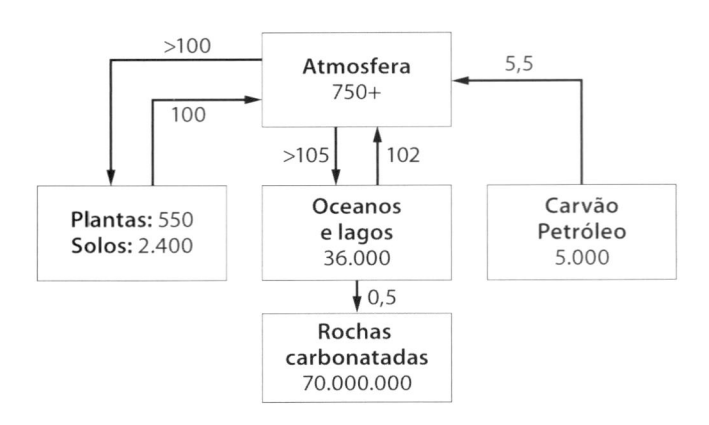

Fig. 11.4 Representação simplificada do ciclo global do carbono (C), com ênfase nas reservas de C que mais interagem com a atmosfera. Os números nos retângulos indicam a quantidade (em toneladas) de C estocado em cada um dos vários reservatórios; os números nas setas, a quantidade que anualmente circula em várias direções. A pedosfera contém cerca de duas vezes mais carbono que a biosfera. Desbalanceamentos causados pela atividade do homem nos últimos 200 anos vêm fazendo os fluxos de carbono (pela queima dos combustíveis fósseis – carvão e petróleo – e pela decomposição da matéria orgânica do solo) aumentar o CO_2 da atmosfera e o seu efeito estufa, causando assim o aquecimento global
Fonte: adaptado de Brady e Weil (2002).

o fluxo de gás carbônico para a atmosfera e aumentar o efeito estufa. Tal fato tem feito com que o estudo da composição, do acúmulo e da decomposição da matéria orgânica do solo seja assunto prioritário de muitas pesquisas.

Podemos considerar dois tipos de matéria orgânica: a decomposta e a bruta (ou em estágio inicial de decomposição). A matéria orgânica decomposta e mais estável é o húmus. Ele é a parte da fração sólida do solo mais responsável por boa parte de suas propriedades químicas e físicas, uma das quimicamente mais ativas. E toda essa atividade advém de transformações que acontecem quando a matéria orgânica bruta é digerida no interior dos corpos dos organismos vivos. Os organismos maiores contribuem bastante na fase inicial da decomposição, fragmentando os tecidos vegetais, especialmente os artrópodes. Contudo, na fase final do processo de **humificação**, os micróbios são muitíssimo mais importantes.

A formação do húmus é um processo bioquímico bastante complexo. Por enquanto, vamos ter em mente que se trata de um produto residual da decomposição da matéria orgânica bruta, depois que produtos mais simples forem removidos ou transformados. Nem todo húmus é idêntico; certamente diferem uns dos outros de acordo com o material inicial de que se formaram e as condições do ambiente pelas quais passaram. Os húmus contêm principalmente ligninas, mas também substâncias similares às proteínas.

Vamos relembrar algumas propriedades do húmus: (a) são partículas pequenas em tamanho, tão pequenas quanto as argilas (coloides); (b) estrutura amorfa (isto é, não cristalina); (c) baixa plasticidade (difícil de moldar); (d) baixa coesão e adesão (esboroa com facilidade e adere pouco nas mãos); (e) alta capacidade de troca de cátions (CTC); (f) alta capacidade de reter água.

As duas últimas, CTC e retenção de água, fazem do húmus uma parte crítica e muito dinâmica do solo. Sem toda aquela grande atividade biológica, os solos não poderiam ser apelidados de corpos dinâmicos, porque muitas de suas reações físicas e químicas seriam paralisadas. A matéria orgânica é a principal fonte de energia para a maior parte dos seus micro-organismos: ela é também a principal fonte de dióxido de carbono do solo, por meio dos processos de sua decomposição, e fonte de nutrientes inorgânicos para as plantas. A maior parte do nitrogênio do solo vem da matéria orgânica. Contudo, é importante levar em conta que alguns tipos de materiais orgânicos têm mais nitrogênio que outros, e essa proporção entre esses elementos costuma ser representada pela razão (ou relação) carbono/nitrogênio do solo.

11.8 Relações carbono/nitrogênio

A relação entre o carbono e o nitrogênio do solo é um importante parâmetro em relação ao seu comportamento, e pode ser calculada dividindo a porcentagem em peso de carbono pela de nitrogênio. Essa relação (ou, mais corretamente, razão matemática) varia de 15 a 1 na maior parte dos solos. Relações C/N são relativamente constantes para solos de uma determinada região. Horizontes A de solos sob a floresta amazônica tendem a ter valores similares de C/N, mas bem diferentes dos solos sob a vegetação de caatinga do Nordeste ou dos pampas da região da Campanha do Rio Grande do Sul. Além disso, os valores de C/N variam com a posição no perfil do solo: a relação estreita-se com a profundidade, sendo, portanto, os valores menores. À medida que a decomposição do material orgânico bruto aumenta, há também uma redução nos valores de C/N.

Os valores da relação C/N nos dão uma boa indicação da possibilidade de falta do nitrogênio no solo. Por exemplo, a relação C/N de resíduos orgânicos varia de 10 a 12 para a maior parte dos húmus, ao passo que, para a serragem de madeira, está em torno de 600 (Tab. 11.1).

Tab. 11.1 Relação carbono/nitrogênio de vários materiais

Material	Relação C/N
Serragem de madeira	600/1
Palha de milho	100/1
Casca de semente de algodão	80/1
Gramíneas	60/1
Bagaço de cana	30/1
Esterco de gado	19/1
Folhas de mandioca	12/1
Esterco de galinha	10/1

Quando a relação C/N é muito elevada, os micro-organismos têm pouco nitrogênio para se alimentar, competindo com os vegetais superiores por esse nutriente, e como aqueles crescem e se multiplicam muito rapidamente, quase sempre levam vantagem sobre estes. Em áreas em que materiais orgânicos brutos com altos valores de C/N são adicionados ao solo, vegetais que aí crescem podem ficar carentes de nitrogênio até que todo ele seja decomposto e a população microbiana diminua para que a decomposição de seus cadáveres finalmente libere o nitrogênio.

Vamos ver agora algumas das reações do ciclo do nitrogênio no solo, uma vez que, com frequência, perto de 90% desse elemento estão contidos na matéria orgânica.

O nitrogênio pode ter vários caminhos na natureza e passa por muitas transformações químicas. Todo ele, direta ou indiretamente, vem da atmosfera, que contém 70% a 80% desse elemento na forma não combinada e gasosa (N_2). Contudo, o nitrogênio atmosférico não pode ser utilizado diretamente pelas plantas superiores até que seja quimicamente combinado com hidrogênio, oxigênio ou carbono. Esse processo de combinação por processos bioquímicos que incorporam nitrogênio em compostos orgânicos do solo é conhecido como fixação de nitrogênio. Na natureza, a captação e a transformação do nitrogênio do ar acontecem primordialmente por meio do metabolismo de certos micro-organismos e, em menor proporção, por meio da chuva e suas descargas elétricas. Normalmente, as quantidades de nitrogênio armazenadas no solo na forma de íons e na matéria orgânica bruta (p. ex., proteínas) são muito pequenas e muitas vezes insuficientes para nutrir as plantas, especialmente as cultivadas. Contudo, certas plantas da família das **leguminosas** têm a capacidade de fixar nitrogênio por meio da simbiose com micro-organismos. Nos solos agrícolas é possível aumentar o teor de nitrogênio com o plantio de leguminosas e utilizando os chamados inoculantes, que adicionam ao solo estirpes selecionadas de bactérias. A maior parte dos micro-organismos envolvidos nesse processo são as bactérias fixadoras de nitrogênio do gênero *Rhizobium*, que tem espécies que fazem simbiose específica com as *Leguminosae*. Também fixam o N atmosférico as bactérias do gênero *Azotobacter*, em simbiose com gramíneas.

Quando as bactérias do gênero *Rhizobium* infectam a leguminosa, formam nódulos em suas raízes com as quais iniciam um relacionamento simbiótico, isto é, ambos se beneficiam com esta íntima associação. Nela, grandes quantidades de nitrogênio do ar são combinadas com carbono e hidrogênio para formar proteínas e outras moléculas orgânicas. O nitrogênio está ligado por covalência nesses complexos compostos de carbono; portanto, não pode ionizar-se, significando que a molécula orgânica terá que se decompor antes que o nitrogênio fique disponível para a planta aproveitá-lo como um de seus macronutrientes. Nesse processo de decomposição, o nitrogênio muda da forma orgânica para a inorgânica, ação que é denominada mineralização. A forma inorgânica inicial é a do íon amônia (NH_4^+), e a liberação desses íons no processo de decomposição é chamada de **amonificação**.

A amonificação se processa bem rapidamente quando as condições do solo favorecem a atividade microbiana, isto é, quando há umidade e calor suficientes, além de um bom suprimento de ar, outros nutrientes minerais e matéria orgânica. Quando essas condições são favoráveis, outra transformação do nitrogênio acontece: a **nitrificação**.

Na nitrificação, várias reações químicas de oxirredução acontecem. O íon amônia é primeiro oxidado para nitrito (NO_2^-), que, por sua vez, é novamente oxidado, transformando-se em nitrato (NO_3^-). Enquanto a amonificação é feita por muitos tipos de micro-organismos, a nitrificação se dá por ação de bactérias muito específicas. Essas bactérias especiais são as do gênero *Nitrosomas*, que tomam conta do primeiro estágio – oxidação da amônia para nitrito –, e as do gênero *Nitrobacter*, que oxidam nitrito em nitrato. Ambos os organismos são suficientes na maioria dos solos, de forma que a nitrificação raramente deixa de acontecer por falta de bactérias. Ela diminui muito somente no caso de essas bactérias também diminuírem, e isso acontece se o solo estiver muito seco, muito frio ou alagado, com deficiência de oxigênio.

11.9 Perguntas para estudo

1. O que é bioturbação e qual sua influência na formação dos horizontes do solo? *(Dica: consulte a seção 13.2 da Lição 13 e o Glossário).*

2. O que é rizosfera e de que modo o solo ao seu redor difere do restante do solo? *(Dica: consulte a seção 11.5 e o Glossário).*

3. Usando todos os equipamentos adequados de laboratório, você determina que existem 63 nematoides em um grama de um solo. Quantos nematoides existem em uma área de 15 m² desse solo? Suponha que a amostra proveio de uma camada superficial de 20 cm de espessura e que o solo tem uma densidade de 1,2 g/cm³). *(Dica: consulte a seção 6.3 e o Boxe 6.2 da Lição 6).*

4. De que maneira a atividade de minhocas pode melhorar um solo? *(Dica: consulte a seção 11.2).*

5. De que forma os organismos do gênero *Rhizobium* podem melhorar a colheita de plantas como a soja? *(Dica: consulte a seção 11.8).*

6. O nitrogênio, elemento muito comum na atmosfera, pode ser diretamente absorvido pelas plantas? E o nitrogênio contido na matéria orgânica do solo? *(Dica: consulte a seção 11.8).*

7. Se um solo com pouca matéria orgânica adicionar serragem rica em carbono, por que pode haver carência de nitrogênio para as plantas? *(Dica: consulte a seção 11.8).*

8. Que papel desempenha o oxigênio (O_2) no metabolismo aeróbico das plantas? Quais compostos tomam seu lugar quando as condições são anaeróbicas? *(Dica: consulte a seção 11.1).*

9. Descreva o ciclo do silício no solo e discorra sobre sua importância na proteção de alguns vegetais. *(Dica: consulte o Boxe 11.1).*

10. Descreva a importância dos ciclos biogeoquímicos para a manutenção das boas condições do solo para agricultura. *(Dica: consulte a seção 11.6).*

11. Sabe-se que as micorrizas participam de simbioses – com que parceiros? Quais benefícios são recebidos por eles? *(Dica: consulte a seção 11.4 e o Glossário).*

12. O que é mineralização da matéria orgânica e como ela se processa? *(Dica: consulte a seção 11.7 e o Glossário).*

Lição 12

ANÁLISES QUÍMICAS DO SOLO E SUAS INTERPRETAÇÕES

Em seus escritos acerca do retorno de Ulisses, Homero menciona que ele foi reconhecido pelo seu velho e fiel cão, que estava deitado em uma pilha de esterco com a qual os escravos queriam adubar a terra.

Kellog (1941) referindo-se a um trecho da Odisseia, atribuída ao escritor grego Homero – século VIII a.C.

O solo no laboratório. Quadro de Lucília B. Lepsch

Já mencionamos quão importante é o solo para nós, importância essa que não se restringe à agricultura porque, além dos campos de cultivo, nele assentam-se também as nossas estradas e edifícios, nossos bosques e gramados. Além disso, o solo também é utilizado como material de construção e como despejo de lixo e esgotos. Contudo, principalmente em um país como o Brasil, que produz alimentos para si e para boa parte do mundo, o interesse maior tem sido na habilidade do solo em produzir plantas que fornecem alimentos, fibras de produtos florestais e combustível. E, para sabermos quais solos são economicamente mais viáveis para produzir esses bens, é necessário conhecê-los para podermos avaliar sua fertilidade e produtividade. Isso pode ser feito de várias formas, entre as quais a análise em laboratório de sua fração sólida.

12.1 Fertilidade *versus* produtividade e fatores limitantes do solo

Para as plantas cultivadas, o solo deve prover um ambiente no qual as sementes possam germinar e suas raízes possam crescer e funcionar adequadamente, a fim de absorver água e nutrientes. Isso requer que o solo tenha uma temperatura adequada e um espaço poroso preenchido com proporções adequadas de água e de oxigênio; ademais, é necessário que o solo tenha uma quantidade adequada de sólidos ativos (argilas e húmus) embebidos em uma solução com pH conveniente, e que, ao redor deles, esteja adsorvida uma adequada quantidade de nutrientes. Quando todas essas condições são favoráveis ao crescimento das plantas, dizemos que o solo é fértil ou produtivo.

O termo produtividade costuma ser definido como a capacidade do solo em produzir certos cultivos continuadamente, quando submetido a um determinado sistema de manejo. Para que um solo seja produtivo, ele não deve ter fatores limitantes a um cultivo. Por sua vez, o termo fertilidade do solo é utilizado para descrever a habilidade do solo em prover nutrientes em quantidades e proporções adequadas. Para que um solo seja produtivo, ele deve, antes de tudo, ser quimicamente fértil e não ter algum outro **fator limitante** que não a carência de algum nutriente que possa ser economicamente suprido com adubos e/ou corretivos.

O princípio do fator limitante significa que, sob determinado conjunto de condições, pode existir um fator que, em particular, é o que mais limitará o crescimento da planta. Pode ser a deficiência de um elemento nutritivo, mas pode ser também uma carência de água, um excesso de calor, pouca espessura, inclinação muito forte, patógenos e muitos outros de uma imensa lista. Muitos dos fatores limitantes podem ser corrigidos pelo homem, e, quando um deles é corrigido, algum outro diferente pode aparecer.

Dessa forma, quando alguém cultiva um solo, deve estar sempre procurando corrigir o fator que mais limita sua produtividade. Tais fatores podem ser imaginados como elos de uma corrente que, quando submetida a um esforço, irá quebrar sempre naquele mais fraco: se antes do esforço esse elo puder ser identificado e reforçado, a atenção do agricultor deverá voltar-se para identificar qual será o outro elo que agora é o mais frágil. Aplicando esses princípios aos vegetais cultivados, significa que o seu crescimento, florescimento e frutificação serão sempre governados pelo fator mais limitante. Felizmente os estudos de química do solo e de fertilizantes já evoluíram a tal ponto que hoje existe tecnologia para corrigir economicamente deficiências dos nutrientes do solo. Por essa razão, atualmente, e na maior parte dos casos, os fatores que limitam por completo um cultivo estão mais relacionados a condições outras que não a deficiência de nutrientes, como carência de chuvas, excesso de calor, ervas invasoras, pouca espessura do *solum*, declividade muito acentuada etc.

12.2 Tecnologias que devem ser utilizadas para se conhecer o solo

O conhecimento dos solos para fins agrícolas pode ser feito de duas formas: uma diz respeito aos chamados levantamentos de solo e a outra, às "análises de terra" (ou "testes de fertilidade do solo").

Os levantamentos de solos são executados com intenso trabalho de campo, incluindo exame e descrições dos horizontes pedogenéticos, e mapeamento e classificação dos solos de uma determinada área. Esses levantamentos mostram, em seus mapas, onde se localizam os diversos tipos de solos; com eles, podemos diagnosticar quase todos os fatores limitantes, principalmente aqueles que não podem ser economicamente corrigidos, e assim decidir qual o melhor uso que podemos fazer para cada solo. Tais levantamentos auxiliam mais a respeito das decisões sobre quais são e onde estão os melhores solos que podem ser cultivados com determinadas espécies vegetais do que a respeito de como fazê-lo. Veremos isso em mais detalhe na Lição 16.

A segunda forma de conhecimento dos solos para fins agrícolas, referente às análises da fertilidade do solo, é menos detalhada, porém mais frequente, e visa atender às necessidades mais imediatas da agricultura depois de ter sido decidido se um determinado solo pode ser cultivado sem risco de degradação. A ênfase é naquela porção do solo onde vai se desenvolver a maior parte das raízes de uma determinada espécie vegetal. No Brasil, são encaminhadas aos laboratórios de análise de solo muito mais amostras do horizonte mais superficial do solo do que amostras de todos os horizontes do solo.

Os levantamentos pedológicos servem como base para os mapas de aptidão agrícola necessários aos trabalhos de planejamento do uso racional da terra. Por sua vez, as análises de fertilidade do solo visam diagnosticar os fatores químicos limitantes passíveis de serem corrigidos com recursos de tecnologia e capital disponíveis para um agricultor. Nesse processo – que deve ser realizado anualmente –, amostras do solo são retiradas, com o auxílio de um **trado,** de uma determinada área e enviadas para análise em laboratórios especializados (ver a Fig. 12.5). Com base nos resultados de acidez, da quantidade de **nutrientes disponíveis** para as plantas e de elementos tóxicos detectados, os resultados obtidos são utilizados para recomendar a quantidade de fertilizantes e corretivos que deve ser adicionada ao solo para obter uma boa colheita.

Uma vez que a amostragem e a análise dos nutrientes contidos na solução do solo são muito problemáticas, conforme visto na Lição 8, a maior parte dos nutrientes disponíveis do solo é avaliada pela análise química de sua fração sólida, também chamada de "terra fina seca ao ar" (TFSA). Para isso, o Brasil dispõe, além de laboratórios de rotina para análises de fertilidade, de uma rede de outros que executam também análises para fins de caracterização pedológica. Existem ainda os laboratórios que fazem análises físicas geotécnicas (relacionadas à mecânica dos solos, para fins de engenharia civil).

Os exames que vêm sendo efetuados nesses laboratórios que fazem análises para fins pedológicos muito auxiliam ao nos informar especificamente como um solo irá comportar-se, quer seja como suporte para uma lavoura, um filtro para dejetos, um reservatório de carbono sequestrado da atmosfera ou como suporte para edificações. Já as análises para fins de fertilidade são usadas essencialmente para adubação e correção do horizonte Ap. Quanto mais informações tivermos acerca dos atributos da fração sólida dos solos, tanto melhor poderemos avaliar a qualidade de nossos recursos naturais e o potencial desses solos para produzir alimentos ou outros bens de consumo.

12.3 Análises químicas e físicas para fins pedológicos

Para identificar, caracterizar e classificar objetivamente solos de vasta área (p. ex., uma grande propriedade agrícola), o pedólogo examina os aspectos externos (declividade, pedregosidade etc.) e internos (horizontes e suas cores, estrutura etc.) do solo em vários locais. Com isso, ele identifica, delineia e nomeia várias áreas que correspondem a diferentes tipos de solos (ver Fig. 16.1) e procede à amostragem dos horizontes nos *pedons* mais representativos. Várias análises físicas e químicas são, então, efetuadas nessas amostras.

As análises físicas mais comuns são as relacionadas à granulometria, densidade e retenção de umidade. A partir dessas análises, vários outros parâmetros são calculados, tais como porosidade, capacidade de retenção de **água disponível** etc.

Entre as análises químicas, destacam-se as determinações de: (a) cátions trocáveis (Al^{3+}, Ca^{2+}, K^+ e Na^+); (b) acidez potencial ($H^+ + Al^{3+}$); (c) acidez trocável (Al^{3+}); (d) fósforo "assimilável"; (e) pH (em H_2O e em KCl); (f) carbono orgânico (C); (g) nitrogênio total (N); e (h) análise total das argilas pelo chamado "ataque sulfúrico". Com elas é possível calcular: capacidade de troca de cátions (CTC), **porcentagem de saturação por bases** (V%) e por alumínio (valor m), relações C/N e os índices de intemperismo Ki e Kr.

Antigamente, lá pelo início do século XX, a análise química total do solo era a única utilizada. Amostras eram moídas e totalmente dissolvidas para que os conteúdos dos elementos pudessem ser determinados por processos gravimétricos – isto é, o elemento era dissolvido e precipitado na forma de algum sal que, depois de ser separado, tinha de ser pesado. Imagine então quão demoradas e tediosas eram essas análises! Os elementos, depois de determinados, eram expressos em óxidos (SiO_2, Al_2O_3, Fe_2O_3, CaO, K_2O etc.).

A partir dos anos 1930, surgiram aparelhos com mais recursos, que permitiam analisar mais detalhada e facilmente as amostras de solos, tais como os de difração de raios-X, colorímetros, espectrômetros, fotômetros e, mais recentemente, técnicas de espectroscopia vibracional com o uso de inteligência artificial. Descobriu-se também que a maior parte das argilas do solo era cristalina e que, para estudar nutrição vegetal, era mais importante considerar a porção ativa, ou disponível, de um elemento nutriente adsorvido ao redor dos coloides. Com isso, surgiram novos métodos de laboratório, que permitiam extrair do solo somente os nutrientes que estavam nas formas prontamente disponíveis. Essas descobertas trouxeram muitas mudanças nos métodos de análise da fração sólida do solo. Contudo, apesar de hoje ser mais comum a determinação dos elementos adsorvidos ao redor dos coloides, algumas análises totais ainda são feitas para caracterização mais detalhada ou para fins pedológicos. Entre elas, as da fração argila, as de carbono e de nitrogênio.

12.3.1 Análise total da fração argila e cálculo dos índices Ki e Kr

No Brasil, algumas análises totais da fração argila ainda são efetuadas, embora com método mais simples que aqueles empregados no início do século passado. O método é o do "ataque sulfúrico", a partir do qual é possível estimar teores totais dos elementos mais comuns das argilas. A partir dos resultados dessas análises –

expressos em porcentagem de óxidos (%SiO_2, %Al_2O_3 e %Fe_2O_3), é possível calcular as relações moleculares, ou índices Ki e Kr, muito úteis para indicar o estágio de intemperização de um solo e também para fins de taxonomia pedológica.

Os valores dos índices Ki e Kr, considerados como índices de intemperismo, representam o quociente da divisão de um elemento de grande mobilidade – o silício – em relação a outros dois de baixa mobilidade – o alumínio e o ferro (ver Boxe 3.1). Sendo assim, baixos valores desses índices são indicativos de avançados estágios de intemperismo.

Para interpretar valores totais de alumínio e silício – dois dos elementos mais comuns nos solos –, usa-se o valor da relação molecular sílica/alumínio (Ki), dividindo-se os valores de SiO_2 pelos de Al_2O_3. Para tal cálculo, utilizam-se as massas moleculares do SiO_2 (= 60) e do Al_2O_3 (= 102):

$$Ki = [\%SiO_2/60] \div [\%Al_2O_3/102]$$
$$= (\%SiO_2/\%Al_2O_3) \times 1{,}7$$

Valores de Ki menores que 2 indicam solos muito intemperizados (ou com argilas de baixa atividade).

Outro parâmetro muito usado é o Kr, que mostra a relação molecular entre sílica (SiO_2) e a soma dos óxidos de ferro com os de alumínio ($Fe_2O_3 + Al_2O_3$). Para calculá-lo, utilizam-se as massas moleculares já apresentadas do SiO_2 e do Al_2O_3 e também a do Fe_2O_3 (= 160):

$$Kr = [\%SiO_2/60] \div [(\%Al_2O_3/102) + (\%Fe_2O_3/160)]$$
$$= [(\%SiO_2)/(\%Al_2O_3 + \%Fe_2O_3)] \times 1{,}84$$

Valores de Kr iguais ou menores que 0,75 indicam solos com elevadas quantidades de argilas oxídicas.

12.3.2 Carbono e nitrogênio

O carbono é um **macronutriente** vegetal que é absorvido não do solo, mas da atmosfera, na forma de CO_2. Contudo, as determinações da quantidade de carbono do solo são muito úteis por estarem relacionadas a vários outros atributos do solo. O carbono é mais comumente determinado por um método denominado combustão úmida, em que o material do solo é digerido a quente com uma solução de ácido crômico, transformando em gás carbônico (CO_2) todas as formas orgânicas de carbono. O excesso de dicromato é titulado com $(NH_4)_2Fe(SO_4)_2 \cdot 6H_2O$, e os teores de carbono, calculados por diferença.

A matéria orgânica é estimada multiplicando-se a porcentagem de carbono pelo fator 1,724; isto porque trabalhos clássicos estipularam que a matéria orgânica humificada tem, em média, 58% de carbono.

O nitrogênio é um macronutriente extraído do solo pelas plantas. As plantas o absorvem na forma do ânion nitrato (NO^{3-}) ou do cátion amônio (NH^{4+}), cujas quantidades são muito variáveis, conforme as condições de umidade. As maiores quantidades encontram-se na matéria orgânica do solo e na forma não trocável. Ao indicar o teor de carbono e os cálculos da relação C/N, ela nos dá informações úteis sobre o grau de decomposição da matéria orgânica. Relações C/N maiores que 20, em termos gerais, indicam o limite entre imobilização e liberação de N.

12.3.3 Determinações dos índices de acidez (pH)

O pH é, provavelmente, a medida mais simples e informativa acerca de vários atributos do solo. É de grande importância para interpretações relacionadas à formação do solo e à avaliação da disponibilidade de nutrientes. Com um único número, ele fornece inúmeras informações, muito mais do que dizer apenas se o solo é ácido, neutro ou básico (conforme vimos na Lição 10). No Boxe 12.1 e na Fig. 10.4 estão as várias interpretações para pH do solo.

Para sua determinação, um eletrodo (Fig. 12.1) mede a atividade do íon H^+ quando mergulhado em uma amostra suspensa em água destilada ou solução salina de cloreto de potássio (KCl 1 mol.L^{-1}). O pH determinado em KCl mede a acidez condicionada pela quantidade de cátions e ânions que são removidos do complexo de troca pela ação eletrolítica da solução salina; por isso, seus valores podem ser maiores ou menores que os do pH determinado em água. As avaliações de pH também podem ser feitas diretamente no campo com auxílio de *kits* com indicadores (ver Fig. 9.10).

Nas análises para fins pedológicos, o pH também costuma ser determinado em solução salina de KCl. Valores de pH em KCl menores que os determinados em H_2O acontecem quando essa solução remove mais

Boxe 12.1 INTERPRETAÇÕES DOS VALORES DE pH (EM H_2O) DO SOLO

- Valores de pH em água menores que 3,5 (obtidos em amostras submetidas a ciclos repetidos de umedecimento e secagem) indicam a presença de ácidos sulfatados (solos tiomórficos).
- Valores de pH entre 3,6 e 4,5 podem significar que quantidades apreciáveis de hidrogênio trocável, além de alumínio trocável, estão presentes.
- Valores de pH entre 4,6 e 5,2, na maioria dos solos minerais, indicam problemas de toxicidade de alumínio para a maior parte das plantas cultivadas (solos álicos).
- Valores de pH entre 5,3 e 6,4 indicam solos com saturação por bases acima de 50%, mas ainda com alguma acidez que poderia afetar cultivos muito sensíveis (p. ex., alfafa).
- Valores de pH entre 6,5 e 8,0 indicam solos completamente saturados por bases ou solos eutróficos (carbonatos livres podem estar presentes).
- Valores de pH entre 8,1 e 8,5 indicam que o solo tem carbonatos livres (solos carbonáticos).
- Valores de pH entre 8,6 e 10 indicam que apreciáveis quantidades de sais e/ou sódio trocável estão presentes (solos sódicos, salinos e sódico-salinos; ver seção 10.9).

Fonte: baseado em Buol et al. (2003).

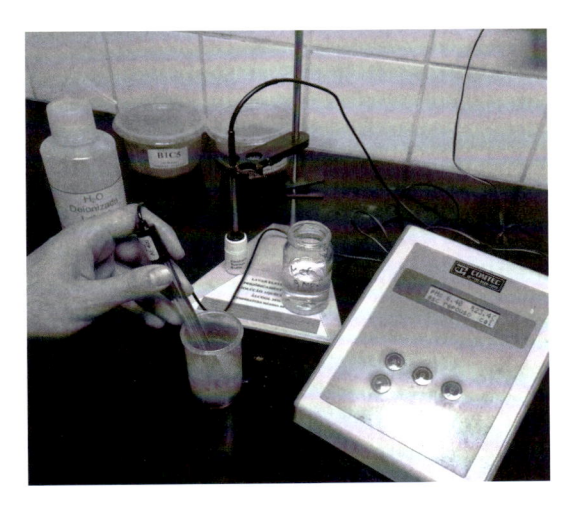

Fig. 12.1 Determinação do pH em água e em solução salina de cloreto de potássio por meio da inserção de um eletrodo em uma suspensão aquosa de uma amostra de solo (que simula a "solução do solo") (Foto: Gustavo P. de Arruda)

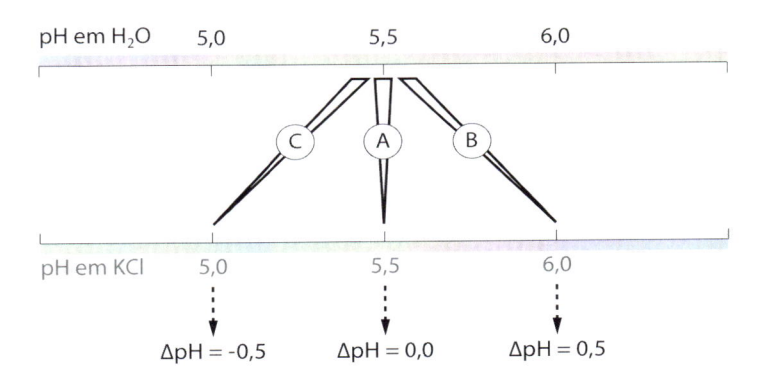

Fig. 12.2 Relação do pH determinado em água e em cloreto de potássio (KCl, 1 mol) ou "delta pH" em três solos. Valores de pH em água iguais aos de pH em KCl ($\Delta pH = 0$) indicam que os coloides têm igual número de cargas positivas e negativas (solo A). Quando o pH em água é maior que o pH em KCl (ΔpH negativo), o solo tem mais cargas negativas que positivas (solo C). Quando a quantidade de cargas positivas é maior que as negativas (ΔpH positivo), o pH em KCl será maior que o pH em água (solo B)

cátions dos sítios de troca do que ânions. Contudo, em alguns solos mais intemperizados, e essencialmente nos horizontes mais profundos, o pH determinado em KCl costuma ser maior do que o determinado em água. Se isso acontecer, é uma indicação de que a solução salina está removendo mais ânions do que cátions, o que significa um solo com maior quantidade de cargas positivas que negativas (Fig. 12.2), sendo uma indicação de alto grau de intemperismo (presença de muitas argilas oxídicas).

A diferença entre o pH determinado em água e em KCl – que chamamos de delta pH (ΔpH) – expressa, portanto, o balanço de cargas elétricas dos coloides do solo: um ΔpH negativo indica balanço de cargas negativas, enquanto um ΔpH positivo indica que a quantidade de cargas positivas supera a de cargas negativas.

Outro método é a determinação de pH em uma solução salina muito diluída (comumente $CaCl_2$, 0,01 mol), que é utilizado mais para testes de fertilidade do solo e simula uma concentração salina similar à que o solo pode ter no campo (Fig. 12.5). Essa determinação da acidez embebendo a amostra de solo em uma solução salina de baixa concentração é considerada suficiente para minimizar variações de pH sazonais ou causadas pela recente adição de fertilizantes; por isso ela é muitas vezes preferida para as análises para fins de fertilidade. Valores de pH em $CaCl_2$ costumam ser aproximadamente 0,5 unidade menores que os determinados em água.

12.3.4 Análise de complexo sortivo

O denominado complexo sortivo do solo – ou seja, o conjunto de íons adsorvidos na superfície de seus coloides – compreende os cátions trocáveis e a acidez potencial. Em conjunto, eles permitem calcular a capacidade de troca de cátions.

Para os cátions trocáveis, faz-se primeiro sua extração (Fig. 12.3) para depois efetuar as determinações (Fig. 12.4). A extração pode ser feita com uma solução salina neutra ou ácido diluído percolados através de uma determinada quantidade de solo. Frequentemente se utiliza uma solução de KCl (concentração 1 mol.L^{-1}: 100 mL para 10 g de solo) para extrair o alumínio trocável, o cálcio e o magnésio. Uma solução de ácido clorídrico diluído (HCl, 0,05 mol) pode ser utilizada para a extração do potássio e do sódio trocáveis.

Um método de extração hoje muito usado é o da resina trocadora de íons. Nesse caso, a amostra de solo é primeiro agitada, em meio aquoso, junto com uma resina que tem cargas tanto negativas como positivas. Com essa agitação, todos os íons trocáveis do solo são adsorvidos pela resina. Posteriormente, separa-se o solo da resina e determina-se nela os íons trocáveis de forma semelhante à mostrada na Fig. 12.3.

Para a acidez potencial ($H^+ + Al^{3+}$), determinam-se, além dos íons de alumínio, os de hidrogênio, que estão mais fortemente adsorvidos em grupos carboxílicos. Para isso, utiliza-se como extrator o acetato de cálcio [Ca(OAc)$_2$] tamponado a pH 7. Outros países, como os EUA, utilizam uma solução tamponada a um pH maior, de 8,2. Na solução (assim extraída da amostra de solo), além da acidez dos grupos carboxílicos, existirá também a decorrente da hidrólise do alumínio (ver Fig. 10.2). Por isso, os teores de "H$^+$ extraível" são calculados por diferença entre a acidez potencial (H + Al) e a trocável (Al):

"H extraível" (a pH7) = [(H + Al) – Al]

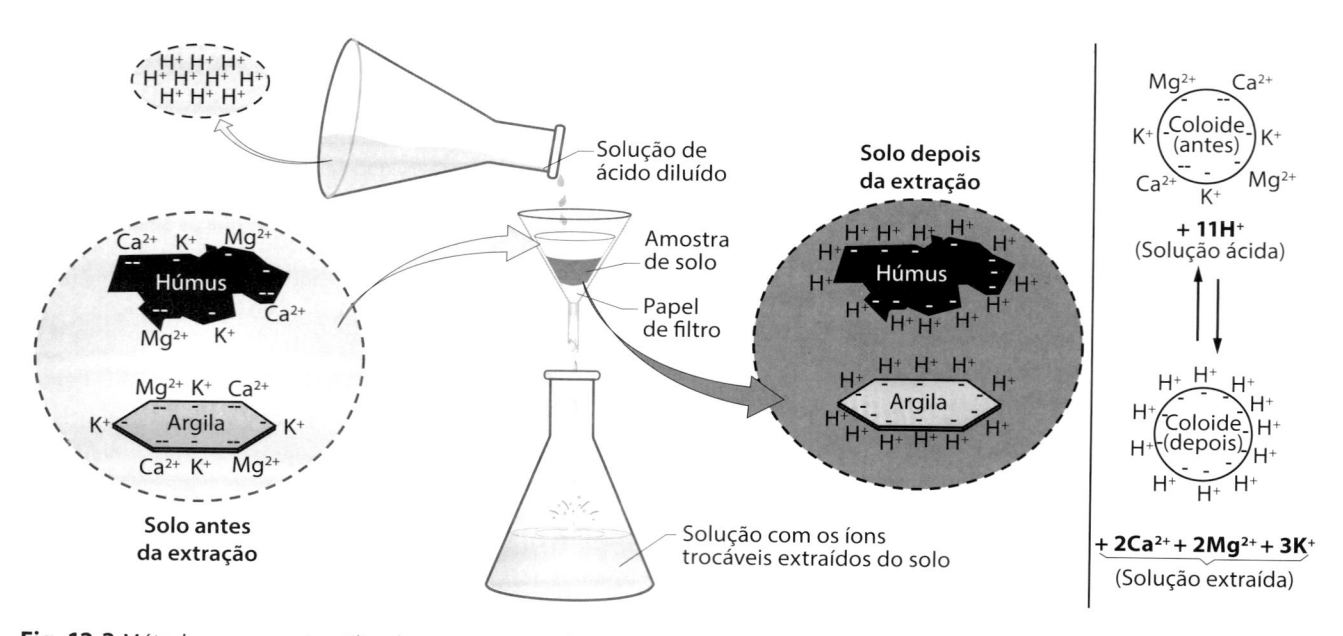

Fig. 12.3 Método comumente utilizado para extração dos íons trocáveis de uma amostra de solo. A solução de ácido (ou sal) diluído, ao percolar pelo solo (na forma de terra fina seca ao ar), desloca todos os íons adsorvidos nas cargas elétricas dos seus coloides, trocando-os pelo hidrogênio (ou íons do sal). No funil, em vez de terra fina seca ao ar, pode ser colocada uma resina trocadora de íons que antes esteve em contato com o solo sob intensa agitação e que, por isso, adsorveu todos seus íons trocáveis. Depois de extraídos, os íons trocáveis podem ser facilmente analisados
Fonte: Lepsch (2010).

Fig. 12.4 As duas etapas principais das análises dos íons trocáveis dos solos: (A) extração: uma solução extratora é derramada para percolar dentro de amostra colocada em um funil e recebida abaixo para posterior análise; (B) determinação: por meio de vários aparelhos modernos (fotômetros de chama, de absorção atômica etc.), as quantidades de íons deslocados das amostras de solos são determinadas (Fotos: Osmar Bazaglia Filho – laboratório do Dep. de Ciência do Solo da Esalq/USP)

Com base nos resultados das análises químicas dos cátions trocáveis e acidez potencial, calculam-se diversos outros parâmetros para caracterizar os horizontes do solo. Entre eles está a soma de bases trocáveis ($Ca^{2+} + Mg^{2+} + K^+ + Na^+$), também chamada de valor S. Outro importante valor calculado é a capacidade de troca de cátions (CTC^7), calculada pela soma das bases trocáveis (S) com a acidez potencial ($H^+ + Al^{3+}$) (ver Boxe 12.2).

Conforme vimos anteriormente, para a maior parte dos solos brasileiros, predominam as cargas dependentes do pH: as cargas negativas aumentam à medida que o pH aumenta (ver seção 5.6). Como a capacidade de troca dos solos depende do pH em que são determinadas, suas medidas são muito influenciadas pelas condições das soluções extratoras utilizadas no laboratório. Uma vez que a CTC varia com a acidez do solo, é necessário padronizar determinado valor de pH para que a CTC de diferentes solos, com diferentes pHs, possa ser comparada. A determinação mais comum é a da capacidade de troca a pH 7; ela inclui todas as cargas negativas permanentes do solo e todas as cargas dependentes de pH possíveis de serem desenvolvidas até aquele valor de pH. Para que isso possa ser feito, extrai-se toda a acidez potencial do solo com uma solução tamponada a pH 7. Essa solução irá extrair os dois tipos de acidez (ver seção 10.3): a trocável (em solos minerais, representada quase exclusivamente pelo alumínio) e a potencial.

Dois tipos de CTC podem então ser calculados a partir das análises do complexo sortivo do solo: a CTC efetiva (CTC^e: a que o solo efetivamente apresenta em condições de campo) e a CTC a pH 7 (CTC^7: a que o solo apresentaria se tivesse sua acidez completamente neutralizada). Para o cálculo da CTC^e, utiliza-se o valor da soma de bases (S) somado ao da acidez trocável (representada pelo Al^{3+} na maior parte dos casos), que é determinada pela solução salina não tamponada (KCl). Para o cálculo da CTC^7, utiliza-se o valor da soma de bases (S) somado ao da acidez potencial.

Várias inferências acerca do tipo de minerais da fração argila podem ser feitas a partir da CTC. Para isso, costuma-se calcular a CTC em função da fração argila, descontando ou não os valores da CTC da matéria orgânica (ver Boxe 12.2).

A partir dos resultados obtidos para os cátions trocáveis, importantes cálculos podem ser feitos usando valores de CTC como denominador (Boxe 12.2). Eles calculam valores relativos à maior ou menor presença de cátions no complexo sortivo, expressando suas quantidades em "porcentagens de saturação". Dessa forma, fazem-se cálculos para determinar porcentagens de saturação por bases, por alumínio e por sódio.

A saturação por bases (V%) expressa a proporção de cátions básicos contidos na capacidade de troca do

---

Boxe 12.2 Cálculos da capacidade de troca de cátions (CTC), saturação por bases (V%) e outros

A capacidade de troca de cátions (ou valor T) corresponde à soma do resultado da soma de bases trocáveis (Ca^{2+} + Mg^{2+} + K^+ + Na^+) com a acidez potencial (H^+ + Al^{3+}) e costuma ser expressa na unidade centimol de carga por quilograma de solo ($cmol_c.kg^{-1}$). A acidez potencial é determinada com um sal tamponado a pH 7, razão pela qual é denominada também CTC a pH 7, ou CTC^7.

Outro tipo de CTC é a CTC efetiva, ou "a pH do solo" (por vezes representada como CTC^e), assim denominada por considerar somente a acidez extraída por um sal neutro (KCl).

Para o cálculo da CTC a pH 7 (CTC^7) e da CTC efetiva (CTC^e), utilizam-se, respectivamente, as expressões:

$$CTC^7 \text{ ou } T \ (cmol_c.kg^{-1}) = S + (H^+ + Al^{3+})$$

$$CTC^e \ (cmol_c.kg^{-1}) = S + Al^{3+}$$

em que:

$$S = Ca^{2+} + Mg^{2+} + K^+ + Na^+$$

A porcentagem de saturação por bases (valor V) é calculada pela proporção de bases trocáveis contida na capacidade de troca de cátions a pH 7 (CTC^7 ou T), segundo determinações. É dada pela expressão:

$$V\% = 100 \cdot (S/CTC^7)$$

A porcentagem de saturação por alumínio (m%) é calculada pela proporção de alumínio trocável contido na capacidade de troca efetiva. É dada pela expressão:

$$m\% = 100 \cdot [Al^{3+}/(S + Al^{3+})]$$

A porcentagem de saturação por sódio é calculada pela proporção de sódio trocável abrangido na capacidade de troca de cátions. É dada pela expressão:

$$\%Na = 100 \cdot (Na^+/CTC^7)$$

Outro cálculo que costuma ser feito, para amostras com baixos teores de C, é o da capacidade de troca da fração argila. Nesse caso, o teor de argila da amostra tem que ser considerado, e o cálculo é feito de acordo com a expressão:

$$CTC \text{ por } 100 \text{ g de argila} = (CTC^7)/(\% \text{ de argila}/100)$$

Fonte: adaptado de IBGE (2007).

solo. Ela representa a participação de cátions básicos em relação ao total de cátions na CTC determinada a pH 7. É um parâmetro utilizado para a distinção de solos eutróficos e **distróficos** – os primeiros normalmente mais ricos em nutrientes – com mais de 50% do complexo sortivo saturado com bases trocáveis.

A saturação por alumínio expressa a participação do cátion Al^{3+} em relação ao total de cátions do complexo de troca, calculada pelo somatório de bases extraíveis com alumínio trocável. É um parâmetro utilizado para a distinção de solos álicos e alumínicos, muitas vezes referido como "valor m". Se o alumínio trocável ocupar mais de 50% do complexo de troca, é porque existem teores tóxicos à maior parte das plantas cultivadas.

A saturação por sódio é calculada pela relação entre os teores de sódio trocável e o total de cátions no complexo; expressa, portanto, o percentual do elemento sódio em relação à capacidade de troca total (CTC[7]) (Boxe 12.2). Os valores são utilizados para a distinção entre solos solódicos e sódicos; os primeiros com saturação por sódio maior que 5% (e menor que 15%) e os segundos com essa saturação igual ou superior a 15%.

Outras análises para fins pedológicos podem ser feitas, normalmente em casos especiais de solos de regiões semiáridas e para fins de estudos de pedogênese. Entre elas, estão as medições da quantidade de sais solúveis e da condutividade elétrica, que são de grande importância tanto para a caracterização de solos sódicos e salinos como para o monitoramento da **salinização** de substratos cultivados em casa de vegetação. Tais determinações são feitas em amostras saturadas com água (pasta saturada). Outro tipo de análise, também muito utilizado em solos de regiões semiáridas, é o equivalente $CaCO_3$. Nessas análises, a amostra é atacada com solução padrão de ácido clorídrico; depois, o ácido que não reagiu com os carbonatos do solo é titulado com NaOH, para efeito do cálculo da quantidade de carbonatos.

12.4 Análises de solo para fins de recomendação de adubações

Se você é um estudante de agronomia, provavelmente já cursou ou vai cursar a disciplina Fertilidade do Solo, na qual são abordados muitos dos aspectos ligados à amostragem, a métodos de análise para fins de recomendações de adubação e calagem. Todavia, se você não cursou ou não vai cursar tal disciplina, será útil conhecer algo sobre esse assunto.

Para a maior parte das plantas cultivadas no Brasil, fertilizantes têm que ser eficientemente utilizados para se obter uma produção lucrativa de alimentos, combustíveis ou fibras. Em muitos casos, fertilizantes são utilizados em doses abaixo das adequadas, o que redunda em colheitas e lucros menores, preocupações com a escassez de alimentos e consequente alta de preços. Em outros casos, eles estão sendo utilizados em excesso, o que tem causado muitas preocupações, tanto econômicas como ambientais.

12.4.1 Os elementos essenciais, não essenciais e tóxicos às plantas

Geralmente 18 elementos são considerados essenciais para as plantas, e estes podem ser subdivididos em dois grupos: macro e micronutrientes.

Os macronutrientes formam uma parte bem significativa da matéria seca total do tecido das plantas cultivadas. Os micronutrientes, por sua vez, estão em quantidades muito pequenas. Há que se considerar que estamos nos referindo aqui a quantidades em necessidade, não em importância: poucas partes por milhão de cobre, por exemplo, podem, em alguns solos, vir a ser um fator tão limitante (ver a lei do mínimo na Lição 1) como algumas partes por cem de fósforo ou potássio.

O carbono é um macronutriente que é absorvido na forma de gás carbônico (CO_2) da atmosfera; o hidrogênio e o oxigênio são absorvidos da água (H_2O). Os demais são absorvidos do solo: o nitrogênio (N) em duas formas: como ânion nitrato (NO^{3-}) ou como cátion amônio (NH_4^+). O fósforo pode ser aproveitado na forma dos ânions $H_2PO_4^-$ ou HPO_4^{2-}; o cálcio, o magnésio e o potássio, na forma de seus cátions Ca^{2+}, Mg^{2+} e K^+. Já o enxofre pode ser absorvido na forma de sulfato (SO_4^{2-}) ou sulfitos (SO_3^{2-}).

Em resumo, dos nove macronutrientes, os três primeiros – C, H e O – não concernem muito ao tema da fertilidade dos solos, porque são retirados do ar e da água. Porém, em algumas circunstâncias, temos de nos preocupar se existe oxigênio suficiente no solo quando, por exemplo, a porosidade é pequena e também ao permanecer o solo saturado com água por períodos muito longos (ver Boxe 8.2).

O Quadro 12.1 apresenta a relação de macronutrientes, a forma como eles podem ser absorvidos pelas plantas e onde inicialmente podem ter-se originado.

Vamos agora aos micronutrientes. Muitos deles, em condições de excesso, além de nutrir, causam problemas de toxicidade. O cobre, o zinco, o manganês e o ferro são absorvidos na forma de seus cátions divalentes: Cu^{2+}, Zn^{2+}, Mn^{2+} e Fe^{2+}. O boro pode ser absorvido na forma de vários ânions: $B_4O_7^{2-}$ e $H_2BO_3^-$. O molibdênio é também absorvido como um ânion, MoO_4^{2-}, e o cloro, como Cl^-.

12.4.2 Como deve ser avaliada a fertilidade do solo?

Análises químicas do solo para fins de avaliação de sua fertilidade têm sido amplamente utilizadas como uma ferramenta de diagnóstico do *status* dos nutrientes e da acidez do solo, para problemas tanto agrícolas como ambientais. No Brasil, existe hoje mais de uma centena de laboratórios de análise de solo para fins agrícolas, onde milhares de amostras são analisadas anualmente visando recomendar, especificamente para um solo, qual a melhor qualidade e quantidade de fertilizantes e corretivos, para uma maior e melhor produtividade agrícola.

A análise da camada arável do solo é uma ferramenta muito importante para a tomada de decisões que contemplem uma favorável razão custo/benefício de uma atividade da agricultura, silvicultura ou pecuaricultura. Adubo mal escolhido ou aplicado significa dinheiro perdido, colheitas diminuídas, solo erodido e ambientes poluídos.

12.4.3 A importância de uma boa amostragem

Normalmente se coletam cerca de 500 gramas de material do solo, que é embalado e enviado ao laboratório. Se iniciarmos uma análise com o equivalente a uma simples colher de chá desse material (que terá que representar, por exemplo, dez hectares de solo), pode-se imaginar quantos erros poderão ocorrer daí por diante se essa amostra não for representativa da área em estudo. Portanto, devem-se retirar pequenas subamostras de várias partes (em 15 a 25 locais), para obter o que chamamos de amostra composta. Antes de amostrar, deve-se também separar a área de plantio em subáreas, de acordo com o aspecto que apresentem, isto é, áreas com diferente cor, drenagem, **declive** etc. devem ser amostradas separadamente. A Fig. 12.5 mostra um esquema – geralmente fornecido pelos laboratórios – para instruir agricultores a retirar amostras de solo.

12.4.4 Interpretação dos resultados

Um aspecto importante em relação aos programas de análises de solo para fins de fertilidade é o da correla-

Quadro 12.1 RELAÇÃO DE MACRONUTRIENTES DO SOLO, A FORMA COMO ELES PODEM SER ABSORVIDOS PELAS PLANTAS E FORMAS ORIGINAIS (OU MENOS ATIVAS)

Macronutriente	Formas passíveis de absorção (e respectivos íons)	Formas originais ou menos ativas
Nitrogênio	Amônia (NH_4^+) Nitratos (NO_3^-)	Compostos orgânicos: proteínas, aminoácidos e formas similares passíveis de decomposição
Fósforo	Fosfatos (HPO_4^{2-} e $H_2PO_4^-$)	Minerais como a apatita e fosfatos secundários de ferro, alumínio e cálcio
Potássio	Íons adsorvidos nos coloides (K^+) e sais de potássio	Minerais como os feldspatos potássicos, micas e alguns argilominerais (principalmente ilita)
Cálcio	Íons adsorvidos nos coloides (Ca^{2+}) e sais simples de cálcio (sulfatos, p.ex.)	Minerais como feldspatos calcossódicos, hornblenda, calcita e dolomita
Magnésio	Íons adsorvidos nos coloides (Mg^{2+}) e sais simples de magnésio	Minerais como micas, hornblenda, dolomita, magnesita e do grupo das serpentinas (serpentinitas). Argilominerais como esmectitas e vermiculitas
Enxofre	Vários sulfitos (SO_3^{2-}) e sulfatos (SO_4^{2-}) de cálcio, potássio, magnésio etc.	Combinações de minerais como piritas e gesso. Formas orgânicas coloidais e passíveis de decomposição

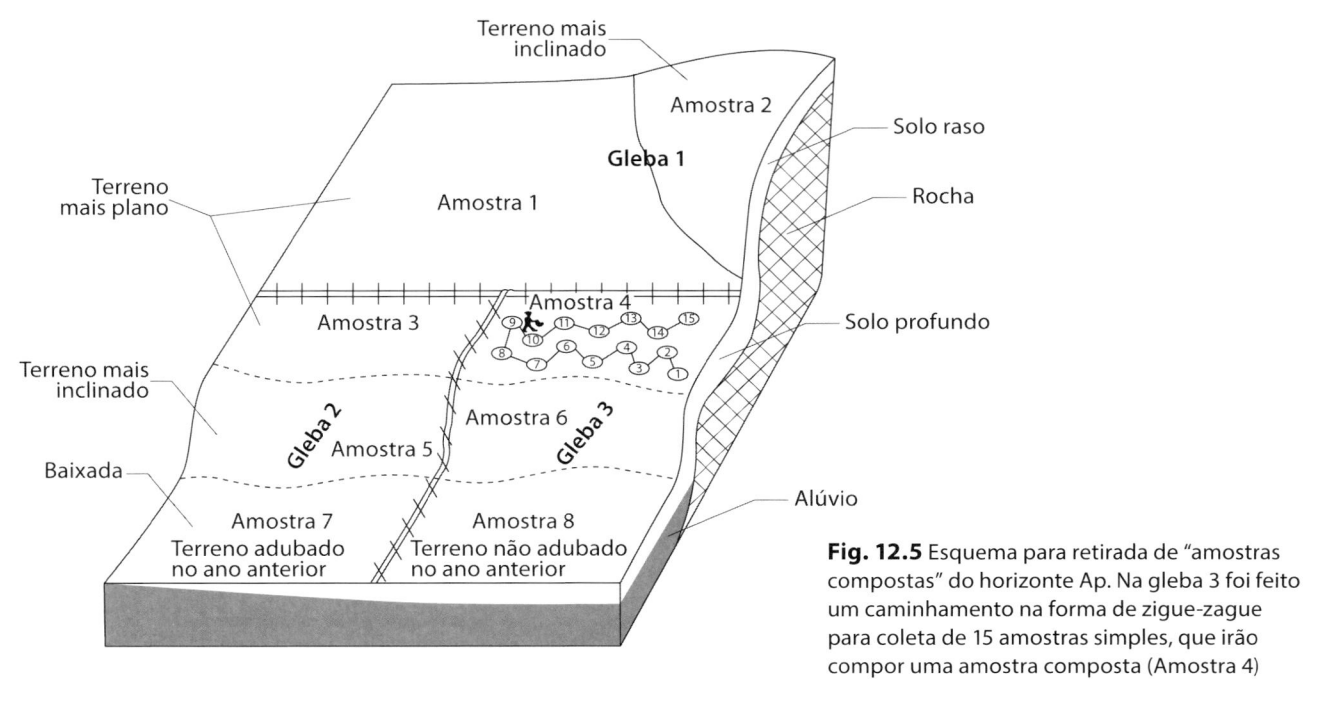

Fig. 12.5 Esquema para retirada de "amostras compostas" do horizonte Ap. Na gleba 3 foi feito um caminhamento na forma de zigue-zague para coleta de 15 amostras simples, que irão compor uma amostra composta (Amostra 4)

ção e interpretação dos resultados analíticos. Essa interpretação requer que consideremos, além dos números vindos do laboratório, como e onde o solo foi amostrado e analisado.

Os números que representam as quantidades de nutrientes e acidez no solo devem ser interpretados de forma significativa, razão pela qual deve-se calculá-los nos experimentos científicos que antecedem nossa amostragem. Esses experimentos agronômicos que visam obter correlações com os resultados de análise de solo podem, na maioria das vezes, ser matematicamente tratados como uma variável independente em relação à porcentagem relativa de produção e/ou à resposta obtida para um cultivo específico. Daí é calculado o que os pesquisadores especializados em química e fertilidade do solo chamam de "curvas de calibração", "níveis críticos no solo" etc.

12.4.5 Recomendações de fertilizantes e corretivos

Outra etapa de um programa de análise de solo é relacionada à recomendação de corretivos e fertilizantes. A análise de solo, por si só, nada diz acerca do potencial de produção agrícola de um solo, das práticas de manejo e do tipo e quantidade de fertilizantes ou corretivos a serem utilizados. A finalidade única da análise é simplesmente indicar os níveis atuais de acidez e nutrientes disponíveis, a partir dos quais os julgamentos subsequentes devem basear-se.

Muitas vezes, a análise do solo tem que ser complementada pelo que chamamos de análise foliar (das folhas das plantas), para ver nelas algum nutriente que o solo não esteja suprindo bem.

12.5 Análises de solo e agricultura de precisão

Análises de laboratório são, portanto, críticas tanto para conhecer os atributos e entender a gênese de um perfil representativo de um corpo de solo, como para perceber as relações fundamentais entre vários solos, com base em observações de um grande número deles, representados em um mapa de solos. As informações desses mapas, aliadas às análises químicas e físicas da camada arável do solo, podem ser usadas em técnicas de **agricultura de precisão**, que são capazes de aplicar medidas corretivas, planejadas de acordo com os graus de fertilidade de todas as pequenas partes de uma extensa área a ser cultivada. O processo padrão, de retirar muitas amostras de solo para depois misturá-las para formar uma única amostra composta em uma grande gleba de cultivo, deve ser interpretado com muito cuidado. Uma recomendação de adubação baseada nessa amostra, que representa as condições "médias" do solo da gleba, pode ser maior ou menor para muitos locais específicos do solo, o que significa que alguns pontos receberão mais ou menos adubo do que realmente necessitam para uma produtividade máxima.

Contudo, hoje em dia, a agricultura de precisão pode usar sistemas computadorizados que possibilitam a implantação de um sistema de manejo espacialmente variável de um grande campo de cultivo, com base em informações específicas sobre os atributos do solo e da cultura. Para isso, a área é parcelada em subunidades pequenas de terra, nas quais são utilizados equipamentos de taxa variável, sistemas de posicionamento de geotecnologia e controles de computador. As ações incluem o trabalho no campo para coleta de um grande número de amostras de solo, com essas amostras dispostas em um padrão de malhas ou grades (*grid*). Como cada amostra é georreferenciada em relação à sua localização específica, o programa informatizado pode originar mapas de zonas de manejo homogêneas, nas quais as necessidades de adubos podem ser bem determinadas. Com isso, máquinas para a aplicação de adubos, controladas por computador, podem ser programadas para aplicar de forma automatizada fertilizantes e/ou corretivos em quantidades apropriadas, de acordo com as indicações das zonas específicas de manejo que compreendem normalmente somente um ou meio hectare.

Normalmente uma amostra (composta de 20 subamostras de solo) é retirada de cada subárea (p. ex., de 0,5 a 1 ha) e analisada. Com os mapas obtidos pelos resultados da análise do solo e com outros parâmetros dessas subáreas, os computadores combinam esses dados com outros mapas (de levantamento pedológico, produções em anos anteriores etc.) que definem as "zonas de taxa de aplicação de fertilizantes". Por ocasião da colheita, dados via satélite tornam possível o monitoramento do rendimento das culturas em função da mesma grade de subáreas, à medida que os tratores com colhedeiras percorrem a gleba. Nesse mesmo sistema, os dados das colheitas podem ser aproveitados para gerar mapas de produtividade, que futuramente podem apurar ainda mais as necessidades de coletas de amostra de solo para análise e as respectivas necessidades de aplicações pontuais de fertilizantes. Na agricultura de precisão, além desse controle para aplicação de adubos em taxas diferenciadas para locais específicos, é possível fazer também adaptações para controle de insetos e ervas invasoras.

12.6 Perguntas para estudo

1. Explique por que as análises pedológicas são importantes para o manejo da fertilidade de solos cultivados. *(Dica: consulte a seção 12.2).*

2. Os valores do índice de intemperismo (Ki) estão relacionados com o grau de intemperismo do solo? Explique sua resposta. *(Dica: consulte a seção 12.3.1).*

3. Por que a interpretação dos valores de pH em água é de grande importância para a avaliação da disponibilidade dos nutrientes de plantas? *(Dica: consulte a seção 12.3.3 e o Boxe 12.1).*

4. Por que a interpretação dos valores de pH em KCl é de grande importância para a avaliação do grau de intemperismo de um solo? *(Dica: consulte a seção 12.3.3).*

5. Quais as análises para fins pedológicos realizadas somente em solos de regiões semiáridas, e quais as suas finalidades práticas? *(Dica: consulte a seção 12.3.3).*

6. Nas análises de solos para fins de recomendação da adubação, qual a camada amostrada e por quê? *(Dica: consulte a seção 12.4).*

7. Calcule a porcentagem de saturação por bases (V%) e por alumínio (m%) de uma amostra de solo que apresentou os seguintes resultados (em $cmol_c/kg$): Ca = 3,4; Mg = 1,4; K = 0,38; Na = 0,07; Al = 0,20; H + Al = 4,5. *(Dica: consulte o Boxe 12.2).*

8. Calcule os índices Ki e Kr de um solo cuja análise total da fração argila apresentou os seguintes resultados (em g/kg): SiO_2 = 193; Al_2O_3 = 128; Fe_2O_3 = 220. *(Dica: consulte a seção 12.3.1).*

9. Qual a diferença entre fertilidade e produtividade do solo? *(Dica: consulte a seção 12.1 e o glossário).*

10. Quais principais análises de solo são normalmente feitas para recomendações de adubações? *(Dica: consulte a seção 12.4).*

11. Quais principais análises de solo são feitas para fins pedológicos? *(Dica: consulte a seção 12.3).*

12. Um solo foi analisado e os resultados mostram que ele contém cátions trocáveis nas seguintes quantidades: Ca^{2+} = 10 $cmol_c$/kg; Mg^{2+} = $cmol_c$/kg; K^+ = 2 $cmol_c$/kg; Al^{3+} = 2 $cmol_c$/kg. Qual é a capacidade de troca efetiva desse solo? *(Dica: consulte a seção 5.5).*

13. Uma análise de um solo apresentou os resultados a seguir: V% = 23%; m% = 55%; Ca^{2+} + Mg^{2+} = 1,4 $cmol_c$/kg; K = 40 mg/kg; P = 8 mg/kg. Esse solo teria uma baixa, média ou alta necessidade de insumos (adubos, calcário etc.) para ser cultivado com sucesso?

Lição 13

Processos e fatores de formação do solo

Todos nós temos máquinas do tempo, as que nos fazem voltar ao passado são as lembranças, e as que nos fazem seguir em frente são os sonhos.

(H. G. Wells)

À direita: exemplo de perfil apresentando feições redoximorfas por ter sido submetido a processo de gleização (redução e depleção do ferro sob condições anaeróbicas provocadas pelo excesso de água e carência de oxigênio), evidenciado pelas cores acinzentadas e redeposições de óxidos de ferro formando os mosqueamentos avermelhados. À esquerda: detalhe de um de seus agregados, que apresenta depleções de Fe (áreas cinzentas) e concentrações (áreas avermelhadas) onde houve aeração e consequente oxidação e redistribuição dos óxidos de ferro, com sua precipitação em um poro escavado por uma antiga raiz (Fotos: John Kelley)

Nesta lição trataremos da gênese (do grego *génesis*, que significa "origem, criação, geração") dos solos, que é a parte da Ciência do Solo que se ocupa em estudar sua formação, suas origens, seus processos e fatores de formação, levando o nome de pedogênese.

Para os estudos pedogenéticos, não precisamos considerar aspectos práticos. Do ponto de vista genético, os solos são considerados tão somente como componentes distintos do meio ambiente, tal como as espécies neles viventes. Contudo, o estudo da origem dos solos – que teve em Dokuchaev um dos seus principais iniciantes – é tão importante para as Ciências da Terra como o da origem das espécies – que teve em Darwin um de seus mais famosos iniciantes – é para as Ciências Biológicas.

Os atributos encontrados em um determinado solo, e representados principalmente pelos seus horizontes, podem ser entendidos e interpretados como se fossem uma síntese de todos os acontecimentos daquele local específico. Dessa forma, um dos maiores desafios do pesquisador que estuda pedogênese será o de aprender como interpretar a origem e o desenvolvimento de um solo a partir das muitas características que vê e descreve no campo e dos resultados das análises de seus materiais em laboratório.

Ao examinar um solo, a maior parte dos pedólogos fica fascinada ao imaginar como o seu perfil – e o seu relevo – se originou. À medida que avançam as técnicas de análise do solo e os detalhes das suas descrições em seu ambiente natural, os estudos de pedogênese também avançam; talvez na mesma medida que as técnicas de análise de DNA, em relação às espécies biológicas.

O entendimento da gênese do solo é base para seu mapeamento e sua classificação. Se não tivermos algum conhecimento de como o solo – no passado – se formou, não poderemos saber – no presente – como preservá-lo ou prever – para o futuro – como ele irá se comportar.

13.1 Voltando no tempo

Seria necessário voltar no tempo para saber como um solo se formou. O sonho de muitos pedólogos é ter uma "máquina do tempo" para testar o quanto suas teorias são verdadeiras. Imagine que você esteja examinando um perfil semelhante ao da Fig. 13.1, um solo "bem desenvolvido", porque tem vários horizontes. Depois você observa um desenho do *pedon* desse perfil com designações dos horizontes A-E-B-C-Rocha.

Imagine também que, possuindo uma máquina do tempo, você queira observar como esse solo evoluiu. Aí você entra nessa máquina e a regula para uma volta ao passado – vamos supor 12.000 anos a.C., porque um pedólogo lhe informou que seus estudos de pedogênese revelaram ser esta a idade mais provável desse solo e que ele passou por várias etapas de desenvolvimento: primeiro com apenas um delgado horizonte A sobre a rocha, depois com um incipiente horizonte B, à medida que o saprólito (horizonte C) ia se espessando à custa do intemperismo da rocha. Você fica curioso para saber se tudo isso que lhe está sendo contado é verdade; então, aciona a máquina do tempo para ver como era o tal solo no ano 12.000 a.C. – por sinal, perto do fim da última era do gelo.

Chegando lá, você se depara com uma rocha gnáissica, recém-exposta, provavelmente pelo fato de o gelo que a cobria ter-se derretido ou por ter havido algum deslizamento do solo que antes existia ali. A rocha exposta há algumas dezenas de anos já tem algumas fraturas, devidas ao intemperismo físico e liquens se desenvolvendo em sua superfície, iniciando o intemperismo biogeoquímico, tal como na Fig. 13.2.

Olhando a rocha, você se lembra das reações do intemperismo estudadas na Lição 3 (hidrólise, oxidação etc.). Depois você regula a máquina do tempo para iniciar a volta ao presente, primeiro fazendo duas outras paradas, em intervalos regulares de 4.000 anos. Na primeira dessas paradas, você se depara com um solo jovem (com apenas 4.000 anos de idade), ainda delgado, com um só horizonte (A) sobre a rocha, semelhante ao representado na Fig. 13.3.

Continuando o retorno ao presente, você faz outra parada, 8.000 anos depois. Nessa segunda parada, você se depara, naquele mesmo lugar, com o *pedon* de um solo um pouco mais espesso, mas ainda pouco desenvolvido, com somente três horizontes, um A sobre um B de formação incipiente e um C (Fig. 13.4).

Finalmente, regressando agora ao tempo presente, você se depara novamente com o solo mais espesso, que já possui um horizonte B bem desenvolvido, com acúmulo de argila eluviada dos horizontes A e E para o B (Fig. 13.1), e você imagina toda uma sequência de evolu-

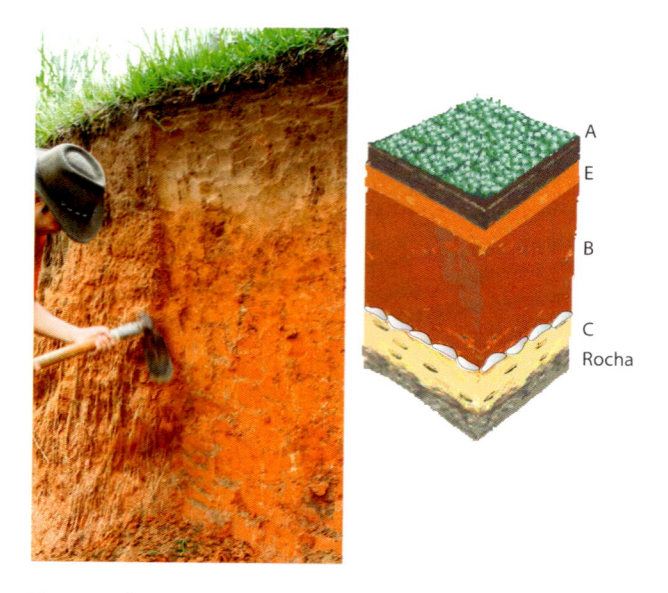

Fig. 13.1 À esquerda: trincheira recém-escavada para exibir o perfil de um solo bem desenvolvido, com horizonte B de acúmulo de argila. À direita: desenho do *pedon* referente ao mesmo perfil, com designação dos horizontes (Foto: Rodrigo E. N. de Almeida)

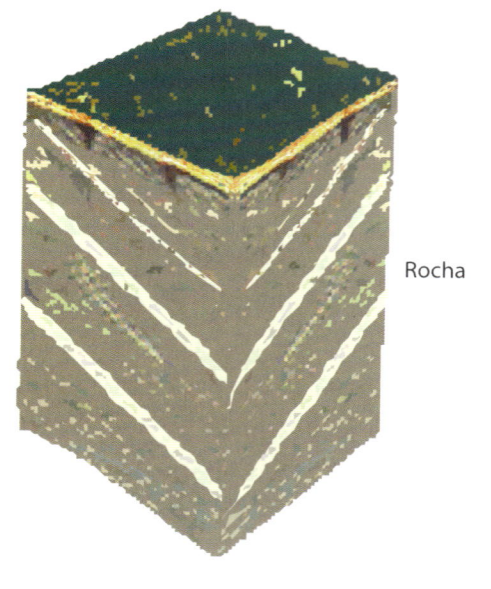

Fig. 13.2 Cortes verticais em uma rocha com incipiente evolução de solo à sua superfície (fendas causadas pelo intemperismo físico e alguns liquens iniciando o intemperismo biogeoquímico)

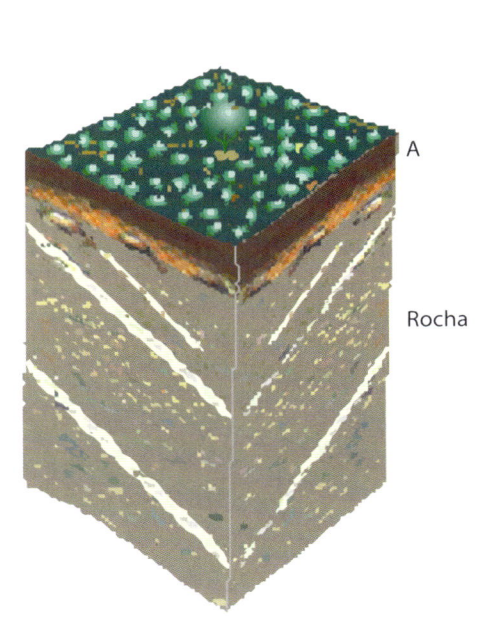

Fig. 13.3 *Pedon* de um solo jovem, pouco desenvolvido, mas que já apresenta no seu perfil um horizonte A, onde alguns vegetais superiores já se desenvolvem

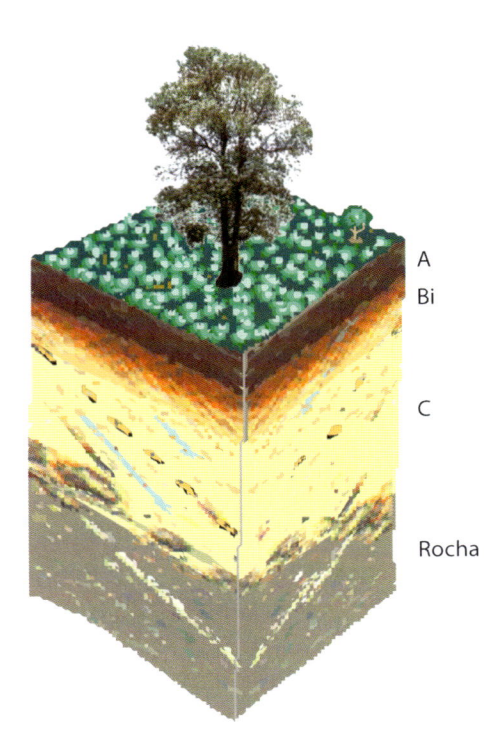

Fig. 13.4 *Pedon* de um solo com um perfil de desenvolvimento mediano, que já apresenta um horizonte B incipiente (pouco espesso e ainda com alguns minerais primários facilmente intemperizáveis)

ção do solo durante todos esses 14.000 anos, tal como lhe havia sido ensinado (Fig. 13.5).

Depois dessa fantástica "viagem", você procura novamente o pedólogo, cumprimenta-o pelos acertos e pergunta como lhe foi possível prever o modo como esse solo se desenvolveu, se ele nunca tinha viajado no tempo. Ele poderá lhe responder que, em seus estudos de gênese desse solo, procurou locais em que a mesma rocha gnáissica havia sido exposta, tanto em tempos mais recentes como em mais antigos. Tal procura deve ter sido feita com a ajuda de um geomorfólogo, que estuda a origem das formas do relevo com base no princípio do uniformitarismo, que se fundamenta na busca de evidências de processos que se iniciaram há milhares de anos, a partir de informações atuais.

Nesses locais, o pedólogo notou a existência de solos diferentes e, por perceber estarem em idênticas condições de clima, vegetação e rocha-mãe, ele pôde concluir que as diferenças eram decorrentes de um maior ou menor tempo de formação do solo. Como ele não dispunha de uma máquina do tempo, fez suas viagens no espaço, procurando locais em que a mesma rocha havia sido exposta em épocas diferentes. Para demonstrar isso, ele poderia mostrar a você um desenho da paisagem e dos solos que estudou (Fig. 13.5).

Esse exemplo pode parecer um estudo complexo; contudo, do ponto de vista pedológico, é relativamente simples, uma vez que, para as condições dos trópicos úmidos, 14.000 anos é um tempo relativamente curto para a formação de um solo.

Grande parte dos solos brasileiros é mais antiga que esses quatorze de milhares de anos e não se desenvolve diretamente de uma rocha, mas sim a partir de materiais que já sofreram intemperismo anteriormente à sua deposição. Por isso, muitos dos nossos solos são considerados *poligenéticos*, isto é, seus materiais de origem provêm do retrabalhamento de outros solos que existiram anteriormente a eles e foram erodidos, retrabalhados e redepositados uma ou mais vezes.

O desenvolvimento do solo envolve muitos processos físicos, químicos e biológicos que atuam durante muito tempo sobre rochas e sedimentos. Tais processos são influenciados pelo relevo e pelas condições climáticas. Essa é a razão de termos tantos solos

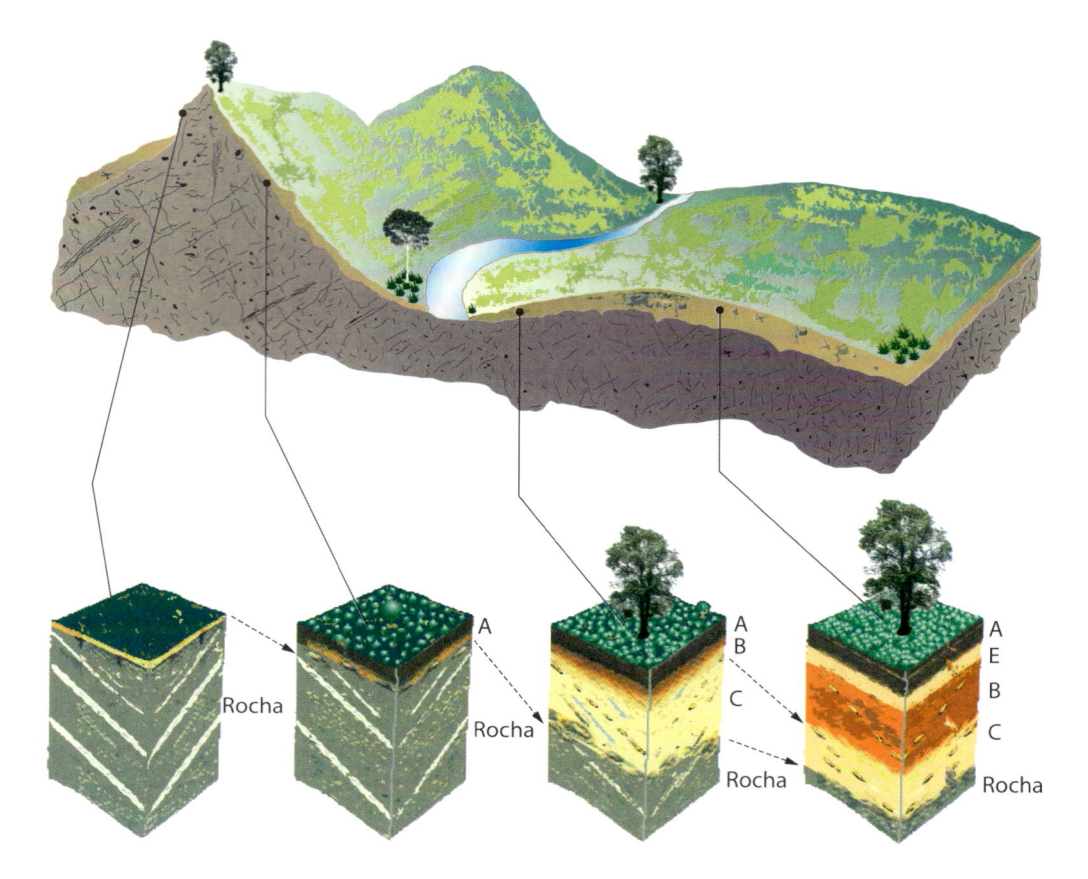

Fig. 13.5 Acima: distribuição atual dos solos em diversas partes do relevo expostas em diferentes épocas. Abaixo: sequência da evolução interpretada segundo diferentes tempos de formação do solo, desde a exposição da rocha à atmosfera (à esquerda) até a formação do solo na parte mais antiga (e menos erodida) do relevo (à direita)

diferentes. Estudando esses processos, poderemos entender melhor as diferenças entre horizontes de um mesmo solo e de diferentes solos de uma mesma região.

13.2 Principais processos de formação do solo

Na bibliografia aparecem vários termos que se referem a complexos e específicos processos de formação do solo, tais como **podzolização**, *calcificação*, *laterização* etc. O Quadro 13.1 apresenta uma lista desses processos com suas definições abreviadas. Eles não somente atuam na transformação de um material de origem em solo, mas também abordam as mudanças que hoje ainda estão operando e modificando os solos. Essas modificações refletem-se na morfologia e nos atributos físicos, químicos e mineralógicos do solo.

Por exemplo, um solo que se formou por processos de **latossolização** – antes denominado *laterização* – ficou exposto, por muito tempo, a condições de clima quente e úmido que induziram intensas transformações minerais, as quais provocaram remoção de íons básicos e sílica, resultando em um resíduo sólido rico em óxidos de ferro e alumínio. Muito provavelmente, no local desse solo, cupins e formigas fizeram seus ninhos, misturando toda a massa do solo (ou *bioturbação*). Tais processos refletem-se na pequena diferenciação de horizontes, em cores avermelhadas, na ausência de horizonte iluvial com acúmulo de argila na baixa saturação por bases e presença de argilominerais do tipo caulinita e oxídicos.

Já um solo que se formou predominantemente pelo processo de lessivage (eluviação no A e E seguida de iluviação no B) é caracterizado pela migração de argilas em suspensão dos horizontes A e E, resultando em um horizonte Bt com textura mais argilosa devida ao acúmulo de argilas silicatadas; comumente, esse horizonte Bt apresenta agregados cobertos por películas de argilas. Isso acontece em razão de as argilas suspensas na água gravitacional moverem-se dos horizontes mais superficiais para baixo, onde a solução do solo – contendo argilas em suspensão – é absorvida pelos agregados do horizonte B; durante essa absorção, a superfície dos agregados age como um filtro, impedindo as argilas de penetrarem em seu interior e, com isso, formando um revestimento que tem uma aparência "cerosa".

Outro exemplo é o processo de podzolização (ou iluviação de produtos dissolvidos dos horizontes A e E), que envolve dissolução de óxidos de ferro e alumínio dos

QUADRO 13.1 ALGUNS PROCESSOS DE FORMAÇÃO DO SOLO E SUAS BREVES DEFINIÇÕES (PARA DEFINIÇÕES DE HORIZONTES (EX.: B LATOSSÓLICO) OU CRITÉRIOS DIAGNÓSTICOS (EX.: CARÁTER SÓDICO), VER QUADRO 15.2)

Termo	Categoria	Breve definição
Eluviação	Translocação	Saída de materiais, em suspensão ou solução, pelo movimento vertical (ou lateral) da água dentro do solo, como em um horizonte E
Iluviação		Deposição de material do solo removido de um horizonte para outro dentro do mesmo perfil; p. ex., horizonte B textural (Bt) e B espódico (Bhir)
Lixiviação	Remoção	Perda (ou "lavagem") de materiais em solução do perfil do solo, pela movimentação da água gravitativa
Enriquecimento	Adição	Ganho de algum material adicionado ao solo
Erosão	Remoção	Remoção de material da superfície do solo pela água ou pelo vento
Deposição	Adição	Acúmulo de partículas minerais ou orgânicas na superfície do solo
Descalcificação	Translocação	Remoção de carbonato de cálcio de um ou mais horizontes do solo
Calcificação		Acúmulo de carbonato de cálcio formando um horizonte cálcico ou petrocálcico do perfil
Sodificação (alcalização)	Translocação	Elevado aumento do sódio trocável (caráter sódico)
Solodização (desalcalização)	Remoção	Lixiviação de sais e sódio trocável de solos sodificados (caráter solódico)
Salinização	Translocação	Acúmulo de sais solúveis, tais como sulfatos e cloretos de cálcio, magnésio, sódio e potássio, em horizontes salinos
Dessalinização		Remoção de sais solúveis de horizontes salinizados (horizonte salino ou sálico)
Alcalização	Translocação	Acúmulo de íons de sódio trocável nos coloides (caráter sódico)
Desalcalização		Lixiviação dos íons de sódio e sais de horizontes saturados por sódio
Lessivage (migração de argila)	Translocação	Migração física de argila do horizonte A ou E para o B, produzindo horizonte B com acúmulo de argila eluvial (B textural)
Pedoturbação		Movimentação biológica ou física do solo, homogeneizando horizontes
Podzolização	Translocação	Migração química de ferro, alumínio e húmus, resultando em empobrecimento de Fe e Al na camada eluviada, formando horizonte B espódico
Dessilicatização (ferralitização)	Transformação e remoção	Migração química de sílica, resultando em enriquecimento residual de Fe e Al em todo o *solum*, com ou sem formação de plintita ou petroplintita
Decomposição	Transformação	Alteração de minerais e matéria orgânica
Síntese		Formação de partículas de novos minerais (principalmente argilas) e de materiais orgânicos
Melanização (ebanização)	Adição e Translocação	Escurecimento de materiais claros pela adição de húmus (como na formação de horizonte A proeminente ou chernozêmico)
Leucenização		Clareamento de horizontes por meio da transformação ou remoção de húmus
Rubificação	Transformação	Liberação de Fe dos minerais primários, transformação em óxidos e dispersão destes, avermelhando o solo
Gleização	Transformação	Redução do Fe sob condições redoximorfas anaeróbicas de excesso de água, com a produção de cores acinzentadas, com ou sem mosqueamentos ou concreções de Fe e/ou Mn.

Nota: para definições de horizontes (p. ex., B latossólico) ou critérios diagnósticos (p. ex., caráter sódico), ver Quadro 15.2.
Fonte: adaptado de Buol, Hole e McCracken (1973).

horizontes mais superficiais, refletindo em um solo com horizonte E esbranquiçado e um B bem destacado, com acúmulo de matéria orgânica e/ou óxidos de ferro e de alumínio.

Outro processo muito importante é a síntese – solos são considerados como verdadeiras "fábricas" de argila.

Muito comumente nas várzeas mais úmidas, onde há excesso de água e carência de oxigênio, encontramos solos formados pelo processo de **gleização** que apresentam **feições redoximorfas** (cores acinzentadas com ou sem mosqueamentos). As cores cinzentas (Fig. 17.12A) e as "manchas" avermelhadas (mosqueamento) indicam remoção (ou depleção) e/ou redistribuição do ferro, respectivamente, devido a condições alternadas de oxidação e redução.

A Fig. 13.6 mostra um esquema dos fatores e processos de formação do solo e as relações entre fatores, processos e propriedades. No topo dessa figura, dentro de retângulos, aparecem os principais fatores que formam o solo: clima, organismos (incluindo o homem), relevo, material de origem e tempo. No restante da figura, em círculos, estão os processos que ocorrem e são decorrentes de quatro principais ações: *adições*, *transformações*, *translocações* e *remoções*; estas são condicionadas pelos cinco fatores de formação dos solos – clima principalmente. A maior ou menor intensidade desses quatro processos origina determinado corpo do solo que, por conveniência, é representado pelo *pedon* que estudamos.

Como a ação dos processos físicos, químicos e biológicos que ocorrem não é uniforme em profundidade, o perfil do solo individualiza-se em diversas camadas. As transformações e remoções, provocadas pelo intemperismo, ocorrem com maior intensidade na parte superior do solo. Portanto, são maiores, menores ou diferentes os tipos de adições, transformações, remoções e translocações que fazem com que um determinado material de origem se modifique e se organize em horizontes. Esses processos ocorrem em todos os solos, mas com tipos, tempos e intensidades diferentes. Por exemplo, a remoção de sílica ocorre tanto em solos formados por processo de podzolização como de latossolização; no entanto, nos primeiros ela é menor, ao passo que nos segundos ela apresenta um máximo grau de expressão. A Fig. 13.7 ilustra os quatro processos gerais que levam à formação de um solo.

13.2.1 Adições

Tudo que entra em um corpo de solo vindo do seu exterior é considerado adição. Solos podem estar recebendo, ou ter recebido, inúmeros tipos de adições: água, matéria orgânica, poeiras, alúvios, colúvios. Um exemplo comum são as adições de carbono, pela incorporação ao solo de restos vegetais, tanto folhas caídas à superfície como raízes que morrem e se decompõem. Outro exemplo são as poeiras que caem à superfície, as

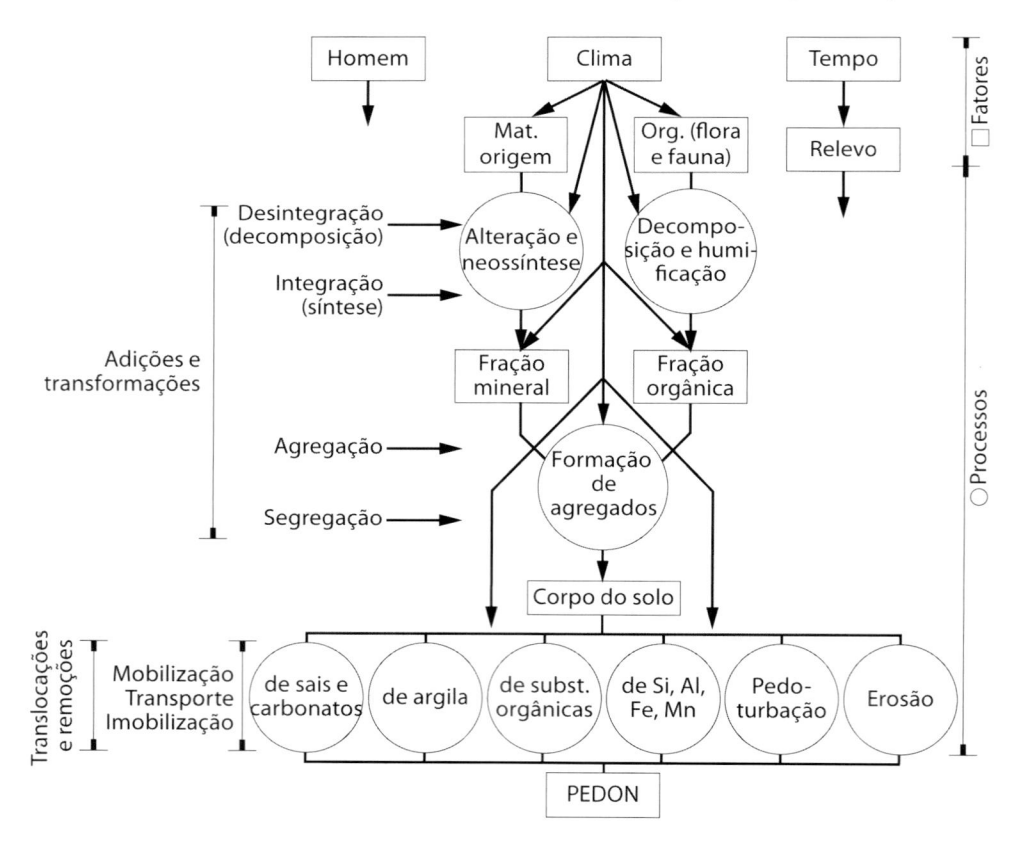

Fig. 13.6 Esquema dos processos pedogenéticos mostrando relações entre fatores, processos de formação do solo e suas propriedades
Fonte: adaptado de Schroeder (1984).

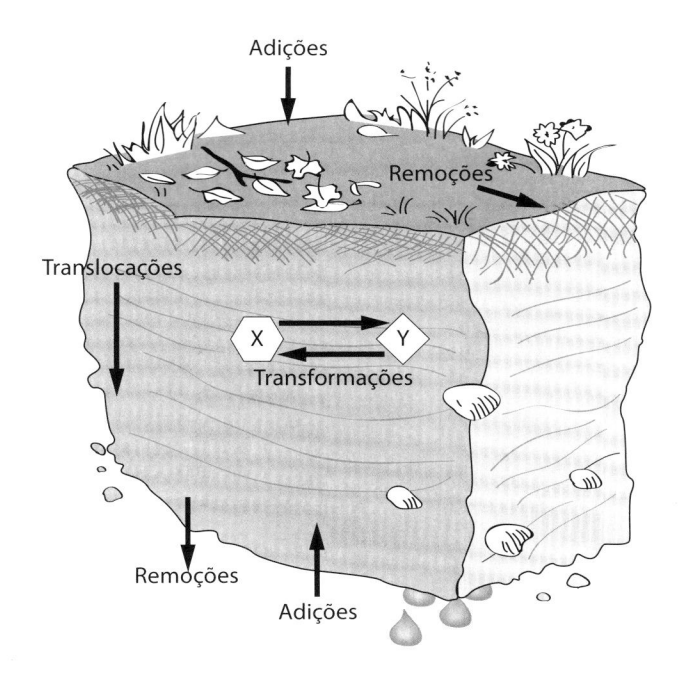

Fig. 13.7 Ilustração esquemática de um *pedon* e dos processos gerais da pedogênese: adições, remoções, translocações e transformações
Fonte: adaptado de Simonson (1959) e Brady e Weil (1996).

quais podem vir de alguns metros ou mesmo através de oceanos. No Quadro 13.1 estão as definições das principais formas de adição: enriquecimento, deposição e melanização.

Algumas dessas adições são feitas à superfície; outras são feitas internamente, como nas partes mais baixas das encostas, que recebem soluções de outros solos adjacentes e mais elevados. Dessas adições, destacam-se as de água. Fluxos de água são considerados como a força maior que direciona a gênese dos solos. É a água adicionada que provocará a maior parte das transformações, translocações e remoções. Em regiões áridas, pouca água é adicionada ao solo: por isso, ele se desenvolve menos.

Nós, humanos, principalmente nas áreas agrícolas e urbanas, muitas vezes adicionamos ao solo uma significativa quantidade de materiais que podem modificá-lo bastante. Em alguns casos, o homem deposita grandes quantidades de materiais à superfície de um solo, a ponto de enterrar um solo e criar outro acima dele. A adição de alguns resíduos (p. ex., lodo de esgoto) causa preocupações acerca da poluição do solo, porque tais resíduos podem conter níveis indesejáveis de metais pesados, que são tóxicos. Alguns ingredientes são adicionados ao solo deliberadamente, com o intuito de melhorá-lo para agricultura. É o caso de fertilizantes, calcário, gesso, pesticidas, água para irrigação e outros.

13.2.2 Transformações

As transformações ocorrem quando constituintes do solo são química e/ou fisicamente alterados, ou mesmo totalmente extinguidos para dar lugar a outros que são sintetizados a partir dos compostos por eles liberados. Elas se processam no interior do corpo do solo, isto é, ocorrem *in situ,* e boa parte delas acontece devido ao intemperismo químico, principalmente por hidrólise. No Quadro 13.1 estão as definições das transformações, qualificadas como ferralitização, dessilicatização, decomposição e síntese.

Minerais e resíduos orgânicos estão em constantes transformações no corpo do solo. Micro-organismos, alimentando-se de resíduos orgânicos brutos, os transformam em húmus. Minerais primários desintegram-se em cátions, que depois se integram para se converterem em minerais das argilas, as quais se juntam para formar os agregados do solo. Cátions dissolvidos na solução do solo estão constantemente mudando para cátions adsorvidos na superfície dos coloides. Um solo vermelho pode modificar-se para um cinzento se ficar saturado com água por causa das transformações do ferro férrico (Fe^{3+}) em ferro ferroso (Fe^{2+}) e da depleção deste último. O solo, como bom corpo dinâmico que é, está sempre passando por transformações, sejam elas físicas, químicas, mineralógicas ou biológicas.

13.2.3 Remoções (ou perdas)

Perdas ocorrem tanto na superfície do solo como no seu interior. Na superfície, a erosão pode remover partículas sólidas e os cátions nelas adsorvidos. No Quadro 13.1, as remoções são representadas pelos processos de lixiviação, erosão, dessilicatização e solodização.

Em áreas de relevo estável, pouco sujeitas a erosão, sob climas quentes e úmidos, as perdas por lixiviação são muito intensas. Em regiões úmidas, a água, percolando no corpo do solo, vai se enriquecendo cada vez mais com ácido carbônico; em longo prazo, vai intemperizando cada vez mais os minerais do solo, removendo os cátions básicos e a sílica, que terminam por ser lixiviados. Como resultado, solos de regiões quentes e úmidas são pobres em bases e ricos em óxidos de ferro e de alumínio, que se concentram no solo por serem materiais mais difíceis de serem removidos. O Boxe 3.1 ilustra os principais íons que tendem a permanecer no solo e os mais propensos a ser removidos pela lixiviação.

13.2.4 Translocações

As translocações envolvem deslocamento, selecionamento e mescla dentro ou sobre o solo, resultando em maior ou menor diferenciação dos horizontes. No Quadro 13.1, está a definição das principais translocações: iluviação, descalcificação, calcificação, sodificação, salinização, **dessalinização**, alcalização, desalcalização, lessivage, pedoturbação, podzolização e leucinização. Ao contrário das remoções, as translocações envolvem movimento a distâncias menores, dentro do perfil do solo, como, por exemplo, o deslocamento de argilas do horizonte A para o B nos processos de eluviação, iluviação e pedoturbação. Em regiões onde chove pouco, a lixiviação frequentemente é incompleta: a solução do solo começa a movimentar-se, parando em um horizonte subsuperficial, aí evaporando e deixando os sais que dissolveu para trás; se esse ciclo ocorre com frequência, uma camada de carbonato de cálcio se acumula.

Translocações laterais e verticais também podem ocorrer, principalmente em regiões semiáridas, quando solos na parte mais baixa do relevo permanecem temporariamente com lençol freático elevado. Nesse caso, a evaporação de água na superfície faz ela mover-se para cima, por capilaridade; essa água, ao mover-se, pode depositar sais na superfície à medida que evapora, formando uma crosta salina. Esse processo de salinização pode ocorrer tanto em condições naturais como ser provocado pelo homem quando este irriga o solo com água de má qualidade (salobra) e sem executar drenagem.

É importante destacar que, quando o solo se encontra disposto em uma vertente, o processo de translocação leva à migração de elementos dissolvidos na água que penetra no solo, e há uma grande influência desses movimentos de soluções na gênese de camadas (horizontes) enriquecidas de certos elementos na base das vertentes.

13.3 Fatores de formação do solo

Os diversos processos de formação do solo são controlados por vários fatores ambientais. Estudos realizados em várias regiões do mundo mostraram que são cinco os principais fatores que os controlam: (a) clima; (b) organismos; (c) material de origem; (d) relevo; e (e) idade da superfície do terreno.

O clima e os organismos são considerados "fatores ativos" porque, durante determinado tempo e sob certas condições de relevo, agem diretamente sobre o material de origem que, portanto, é fator de resistência ou passivo. Em certos casos, um desses fatores tem maior influência sobre a formação do solo do que os outros.

A ideia de que os solos são resultantes de ações combinadas dos fatores clima, organismos, material de origem e idade da superfície do terreno foi inicialmente elaborada por Dokuchaev. Em 1941, nos Estados Unidos, Hans Jenny ressaltou o relevo como fator adicional e sugeriu também uma equação, segundo a qual a formação de um determinado solo (ou de uma propriedade específica dele) pode ser representada com o seguinte modelo matemático (Jenny, 1941):

$$\text{solo} = f \text{ (clima, organismos, material de origem, relevo e tempo)}$$

Segundo essa equação, é possível verificar a ação de cada um dos fatores, desde que se mantenham todos os demais constantes. Por exemplo, se quisermos estudar, em separado, como o clima controla a formação de um solo, teremos de procurar vários lugares com climas diferentes, mas que se desenvolveram em condições idênticas de materiais de origem, bem como de organismos, relevo e duração de atuação desses fatores.

Essa equação serve de base para a elaboração dos modelos usados para mapear solos. Nesses modelos, nas feições da paisagem em que os cinco fatores de formação do solo são idênticos, os mesmos tipos de solos serão encontrados, o que faz com que a natureza dos solos possa ser predita e mapeada, como veremos na Lição 16.

A seguir, destacaremos como agem os cinco fatores na formação do solo, considerando-os um por um, como se fossem variáveis independentes da equação proposta por Jenny. Apesar de, na prática, ser difícil isolar determinado fator para melhor estudá-lo, esse método é útil para entender por que os solos diferem em espessura, cor, textura, sequência de horizontes etc. Em certas situações, um dos cinco fatores atua de forma dominante, condicionando as diferenças existentes em um grupo de solos. Os pedólogos referem-se a tais conjuntos como **climossequência, litossequência, biossequência, toposequência** e **cronosequência**.

13.3.1 Clima

O fator clima costuma ser posto em evidência sobre os outros, pela sua forma ativa e diferencial de atuação: uma mesma rocha poderá formar solos completamente diversos, se intemperizada em condições climáticas diferentes. Por outro lado, rochas diferentes podem formar solos similares quando sujeitas, por um longo período, ao mesmo ambiente climático. Os elementos principais do clima – temperatura e umidade – regulam o tipo e a intensidade tanto do crescimento dos organismos como do intemperismo das rochas e, consequentemente, as características dos horizontes pedogenéticos. É o clima que controla o tipo de vegetação e os processos geomorfológicos que operam na paisagem e que podem resultar em erosões e deposições.

Sabe-se que, para cada 10 °C de aumento de temperatura, a velocidade das reações químicas dobra. Sabe-se também que a água e o gás carbônico nela dissolvido são os responsáveis pela maior parte das reações biogeoquímicas do intemperismo dos minerais. Portanto, quanto mais quente e mais úmido for o clima, mais rápida e intensa será a decomposição das rochas, as quais, nessas condições, fornecerão materiais muito intemperizados, que darão origem a solos bastante espessos, com abundância de minerais secundários, ácidos e pobres em cátions básicos. Por outro lado, solos que se desenvolvem em **clima árido** e/ou muito frio são pouco espessos e contêm mais minerais primários – que pouco ou nada foram afetados pelo intemperismo químico –, argilominerais do tipo 2:1, bem como maiores quantidades de cátions básicos trocáveis.

A distribuição da vegetação no globo terrestre está bastante relacionada com as diferentes zonas climáticas (Fig. 18.1). Nos climas mais quentes e úmidos, encontram-se exuberantes florestas de árvores constantemente verdes, que estão sempre adicionando resíduos orgânicos à superfície, onde rapidamente se decompõem. Em climas temperados mais úmidos, existem tanto florestas de pinheiros como de árvores cujas folhas caem no outono e que só vão iniciar sua decomposição na primavera. Em climas temperados mais secos, domina a vegetação de pradarias, cujas gramíneas incorporam anualmente, no interior do solo, uma grande quantidade de raízes. Portanto, uma boa parte da influência do clima é também exercida por um segundo fator de formação dos solos, que é o conjunto de organismos vivos.

13.3.2 Organismos

Os organismos que vivem no solo são também de grande importância para a diferenciação dos seus perfis. Tais organismos compreendem (a) micro-organismos, (b) vegetais superiores, (c) animais e (d) o homem.

Os vegetais atuam direta e indiretamente na formação do solo (Fig. 13.8). A ação direta consiste principalmente na penetração do sistema radicular em fendas das rochas. Liquens e musgos podem estabelecer-se diretamente sobre a rocha recém-exposta, auxiliando no seu intemperismo, iniciando as condições de uma sucessão de vegetais superiores. Estes, apesar de dependerem do tipo climático, têm efeitos específicos no desenvolvimento do solo: diferentes formas de materiais orgânicos surgem em diferentes tipos de vegetação, os quais darão origem a compostos húmicos diversos, que têm ações específicas sobre fenômenos de translocação nos perfis do solo. Em climas temperados úmidos, as folhas aciculares de florestas de pinheiros, ao se decomporem, produzem substâncias húmicas ácidas, que provocam a dissolução de compostos de ferro. Estes são translocados e precipitam-se no horizonte B, formando horizontes com acúmulo de húmus e sesquióxidos de Fe e Al (Bhs).

Tanto as plantas dependem do solo como este delas, pois têm papéis fundamentais, como o relacionado à erosão, quer seja em condições naturais ou provocada pelo homem. Em ecossistemas com escassa cobertura vegetal, a erosão é maior, ao passo que, em coberturas densas, a erosão é menos intensa. No semiárido do nordeste brasileiro, por exemplo, a vegetação rala pouco protege o solo, o que facilita a erosão. Por ocasião das chuvas torrenciais, que ocorrem durante poucos meses do ano, há o favorecimento da remoção das partículas mais finas do solo pelas enxurradas, deixando na superfície as mais grossas, sob a forma de um manto de cascalho e pedras, conhecido como "pavimento desértico".

Os animais que se abrigam no solo estão constantemente triturando restos de vegetais, cavando galerias e

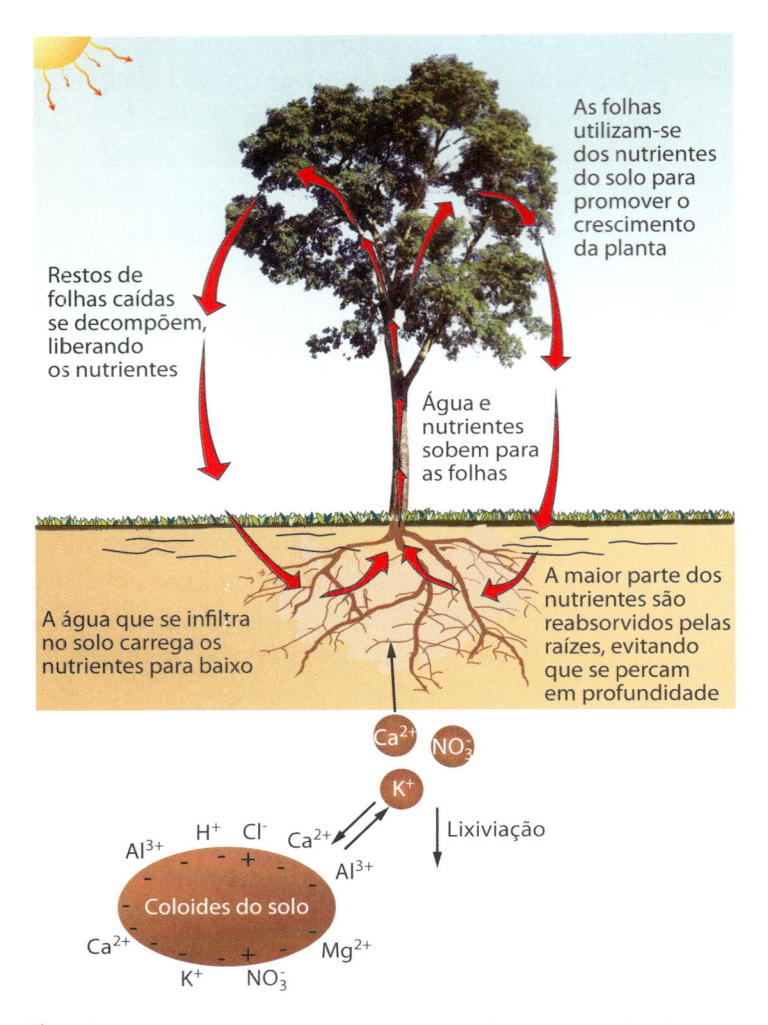

Fig. 13.8 Ciclo de movimentação com adição de nutrientes do solo para a biomassa florestal e desta para o solo, onde podem ser adsorvidos e cedidos às raízes por seus coloides
Fonte: Lepsch (2010).

misturando materiais dos diversos horizontes. Entre os que podem promover grande movimentação dos materiais do solo, estão as formigas, os cupins e os vermes.

Finalmente, o homem tem provocado muitos impactos na formação do solo. A remoção da vegetação natural, o revolvimento do horizonte A (pela aração), a adição de corretivos e fertilizantes, a irrigação e aplicação de resíduos urbanos e industriais estão entre os principais exemplos.

13.3.3 Material de origem

As rochas são normalmente consideradas como matéria bruta que origina a fração mineral do solo: quanto menos desenvolvido for o solo, mais ele se parecerá com a rocha. As propriedades da rocha também influenciam o solo. Sob condições idênticas de clima, organismos, topografia e tempo, os solos diferem uns dos outros e essas diferenças estão muito relacionadas com as rochas de origem (Fig. 13.9).

O solo desenvolve-se concomitantemente à alteração da rocha, e o processo de formação do saprólito confunde-se com o de formação do solo. Essas duas ações são distintas, mas é difícil definir onde termina uma e começa a outra. É o caso, por exemplo, de um solo que começa a desenvolver-se sobre um manto de intemperismo

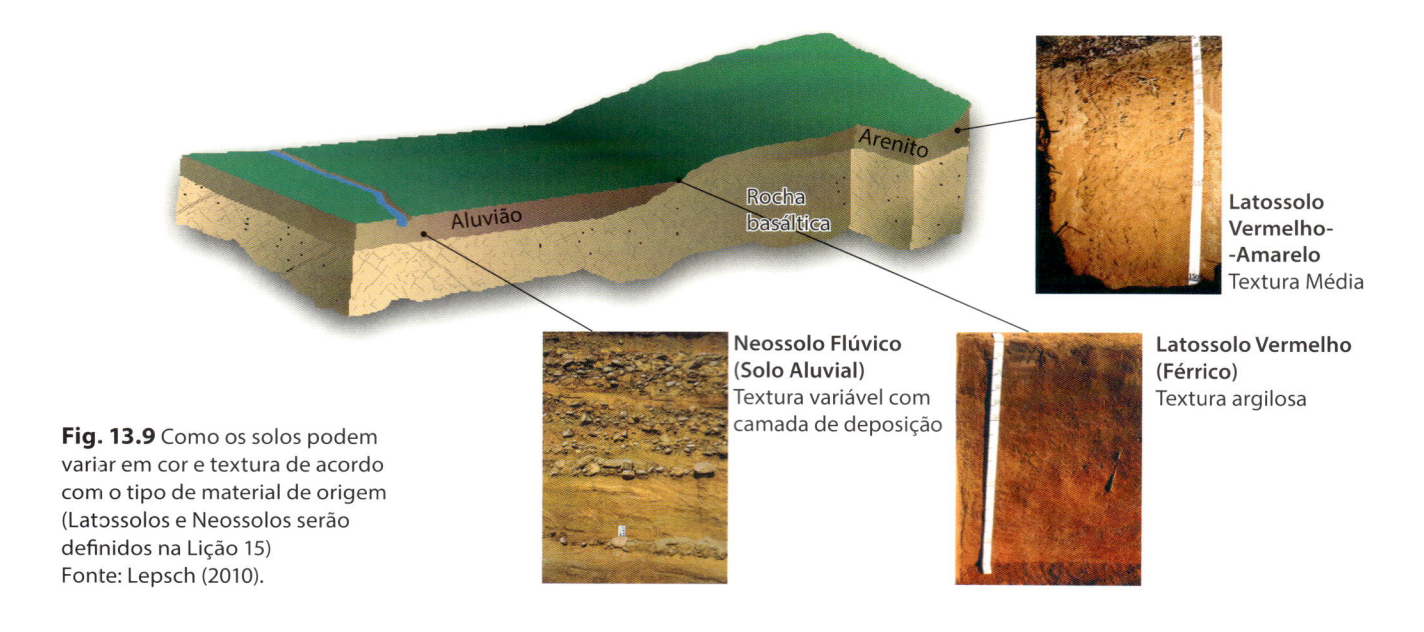

Fig. 13.9 Como os solos podem variar em cor e textura de acordo com o tipo de material de origem (Latossolos e Neossolos serão definidos na Lição 15)
Fonte: Lepsch (2010).

parcialmente erodido ou sobre materiais que são produto de intensa decomposição antes de sua deposição. Esse caso tem como exemplo os detritos erodidos das partes mais altas do relevo, transportados pela ação da gravidade e depositados no sopé das encostas – os colúvios (Fig. 13.11) – ou pela água nas planícies – os alúvios.

Uma das definições mais simples do material de origem é "aquilo que está abaixo dos horizontes pedogenéticos"; contudo, ela não se aplica à maioria dos casos, uma vez que muitos solos desenvolvem-se em materiais de origem bem diversa. Algumas vezes, os materiais de origem diversa são pouco espessos, de forma que o solo pode desenvolver-se tanto desses materiais como da rocha subjacente. Dessa forma, temos que considerar que existe uma grande variedade de materiais de origem: alguns solos – chamados de autóctones ou residuais – desenvolvem-se em rochas idênticas à que lhes está abaixo; outros – os alóctones ou transportados – desenvolvem-se de materiais diferentes da rocha sobposta. Assim, esses materiais podem ser agrupados em quatro categorias:

a] materiais derivados diretamente de rochas que se formaram pela consolidação de rochas ígneas, pelo metamorfismo delas ou de rochas sedimentares. Tais rochas podem ser claras (ou ácidas, ricas em quartzo, como granito e gnaisses) ou escuras (ou básicas, pobres em sílica, como os basaltos);

b] materiais derivados de rochas sedimentares consolidadas, como arenitos, ardósias, siltitos, argilitos e rochas calcárias;

c] sedimentos inconsolidados mais recentes, de idade holocênica, tais como as **aluviões** recentes, os eólicos, cinzas vulcânicas, sedimentos glaciais (incluindo o *loess*), colúvios e depósitos orgânicos. Formam-se pela deposição de sedimentos em épocas relativamente recentes;

d] sedimentos inconsolidados mais antigos (períodos geológicos do Pleistoceno e Terciário) pseudoautóctones (pedissedimentos).

O material de origem pode condicionar um bom número de características do solo, sobretudo nos mais jovens ou formados sob clima frio ou seco. Arenitos, por exemplo, dão origem a solos de **textura média** ou arenosa, enquanto dos argilitos originam-se normalmente solos de textura argilosa. As propriedades químicas também podem ser influenciadas pelo material de origem: a maior parte dos solos derivados de rochas claras, ricas em quartzo, é pobre em bases, enquanto muitos solos derivados de rochas escuras têm maior quantidade de bases trocáveis.

13.3.4 Relevo

O fator relevo é um indicador das diferenças no solo, dada a variação da sua cor, as quais ocorrem em distâncias relativamente pequenas, quando comparadas àquelas resultantes unicamente da ação de climas diversos. Essas diferenças resultam de desigualdades de distribuição no terreno da água da chuva, da luz, do calor e da erosão.

As chuvas precipitam-se de forma homogênea em uma área relativamente pequena; contudo, parte dessa água pode escoar para as partes mais baixas; por isso, acabam por receber mais água que as partes mais altas. Como o encharcamento contínuo dos poros do solo afeta os processos de intemperismo químico, o solo evolui de maneira diferente nos locais mais úmidos em relação aos mais secos. Se o lugar for mal drenado, a evolução do solo ficará sujeita a condições redutoras especiais de solubilização dos óxidos de ferro e do acúmulo de matéria orgânica, em razão do excesso de água nos poros e da consequente escassez de oxigênio. Por isso, a cor do horizonte superficial será escura e, no mais profundo, cinzenta, com pequenas manchas cor de ferrugem (ver Boxe 3.3 e Fig. 9.15D).

Uma rápida infiltração (ou boa drenagem) favorece o intemperismo químico, principalmente no que diz respeito ao grau de oxidação, e promove cores avermelhadas. A infiltração lenta da água altera as reações do intemperismo e imprime cores claras aos solos. Por outro lado, quando há pouca infiltração, o desenvolvimento do perfil também pode ser desfavorecido, em virtude da intensa erosão.

Em regiões de clima árido ou semiárido, as partes mais baixas do relevo ficam sujeitas ao acúmulo de sais que aí se concentram após serem carregados, em solução, pelas enxurradas. Quando essa solução evapora, deixa como resíduo no solo os sais dela precipitados.

Em áreas de relevo montanhoso, as rampas muito íngremes propiciam a erosão, que pode ser de tal ordem que a velocidade de remoção do solo será maior ou igual à velocidade de sua formação. Onde a velocidade da erosão for maior, nenhum solo permanece, ficando a rocha exposta. Quando, ao contrário, a taxa de erosão for muito pequena, pelo fato de o relevo ser praticamente plano, solos bastante espessos podem se formar. A isso denominamos balanço entre *morfogênese* e *pedogênese* (Fig. 13.10).

Outro exemplo da influência do relevo está na diferença existente nos solos das vertentes das montanhas voltadas para a direção norte, em relação às voltadas para o sul, o que fica mais evidente nas latitudes mais elevadas, em razão dos maiores ângulos de azimute solar. Nas áreas situadas abaixo do trópico de Capricórnio, nota-se que as faces das montanhas voltadas para o norte são mais quentes e mais secas que as voltadas para o sul, porque recebem maior quantidade de energia do Sol. Em consequência, os solos dessas encostas são frequentemente mais delgados e têm horizontes menos desenvolvidos que os das voltadas para o sul.

13.3.5 Tempo

A superfície de um afloramento rochoso no qual musgos e liquens começam a se desenvolver sobre uma delgada camada de rocha decomposta é um exemplo do estágio inicial da formação do solo (Fig. 13.2). Com o passar do tempo, e não havendo erosão acelerada, as características desse solo começam a tornar-se cada vez mais distintas: os horizontes vão se espessando e diferenciando-se, e o *solum* pode atingir alguns metros (Fig. 13.5). Portanto, a mais óbvia característica influenciada pelo tempo é a espessura, pois solos mais jovens são normalmente menos espessos que os mais velhos.

A exposição do material de origem na superfície pode ocorrer tanto pela deposição de sedimentos, como o das várzeas dos rios, como por remoção de materiais, como em um desbarrancamento súbito, que remove todo o regolito de uma encosta íngreme e expõe a rocha inalterada subjacente. O início, ou "tempo zero", do novo ciclo de formação do solo é o momento em que os últimos sedimentos se depositam ou quando a rocha da montanha foi exposta pela erosão (Fig. 13.11).

Quando a rocha recém-exposta, ou o sedimento recém-depositado, entra em contato com a atmosfera, ocorre o intemperismo dos minerais primários que constituem a rocha, dando origem a formas mais estáveis, na busca pela manutenção do equilíbrio nessas novas condições ambientais. Os organismos começam a estabelecer-se na rocha, alimentando-se da água nela armazenada e dos nutrientes liberados pela decomposição dos minerais. Com o tempo, outras mudanças ocorrem, tais como adições de húmus (melanização),

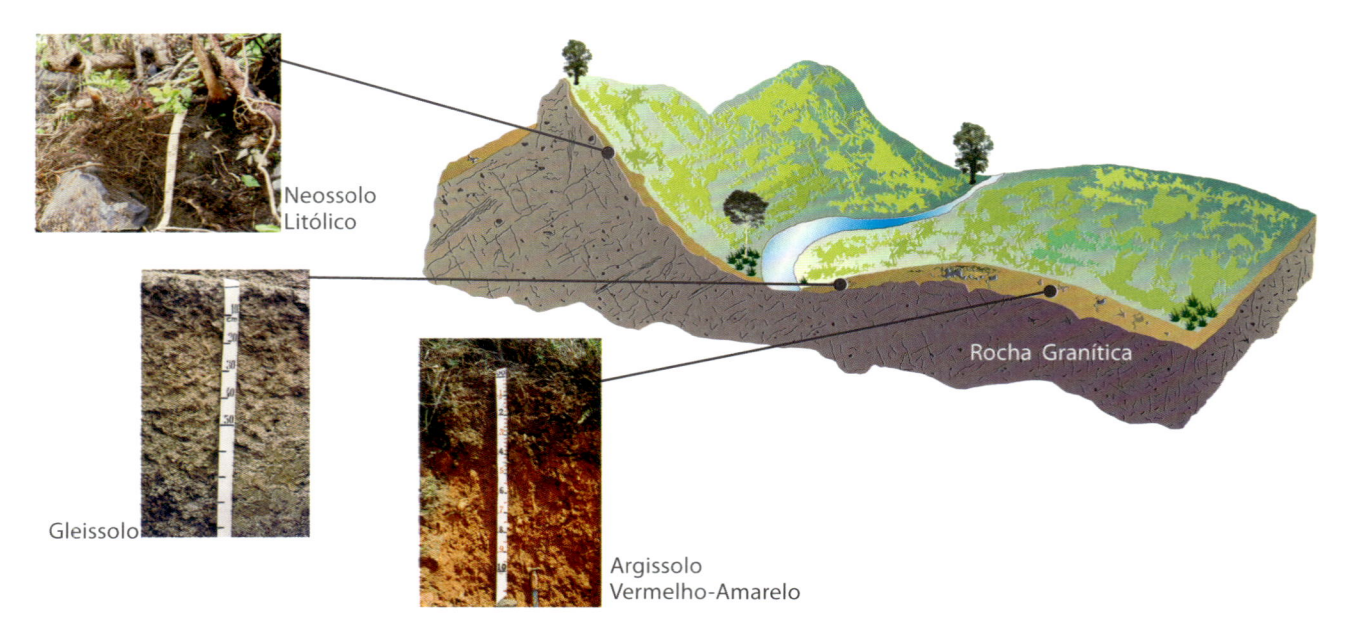

Fig. 13.10 Relevo influindo nas características dos solos (balanço pedogênese-morfogênese). Nas áreas mais declivosas, os solos são menos desenvolvidos que nas áreas mais planas (onde o perfil é avermelhado). Nas áreas mais baixas, próximas do riacho, os solos são acinzentados
Fonte: Lepsch (2010).

Fig. 13.11 Exemplo de dois tipos de materiais recentemente expostos em movimentos de massa ocorridos durante fortes chuvas na Serra do Mar, expondo dois tipos de superfícies (erosional e deposicional) ao "tempo zero" de formação do solo (janeiro de 2011). À esquerda, detalhe de três "cicatrizes" numa encosta íngreme (que antes estava toda coberta com solo). À direita, no sopé de um dos deslizamentos, um depósito de sedimentos coluviais, proveniente do arraste do regolito da encosta (Teresópolis, RJ) (Fotos: Mendel Rabinovitch)

formação e translocação de argila (lessivage) e remoção de sílica e bases (dessilicatização).

Todas essas transformações continuam por um determinado tempo, até acontecer um novo equilíbrio com a natureza. Quando os solos atingem esse estado de equilíbrio, tornam-se espessos e, em geral, com horizontes bem definidos, que refletem bem as condições de sua zona climática, razão pela qual são denominados *zonais*, bem desenvolvidos ou maduros. Ao contrário, no início de sua formação, quando são delgados e sem horizontes bem definidos, são denominados *azonais*, pouco desenvolvidos ou jovens (Fig. 13.12).

Muitas vezes, solos com diferentes graus de desenvolvimento ocorrem lado a lado, mesmo quando se desenvolvem em condições idênticas de clima e de materiais de origem. Isso se dá porque as superfícies do terreno em que ocorrem têm idades diferentes. As várias partes do relevo que ocupam esses solos – topos, encostas, ravinas – foram formadas em épocas diferentes.

O tempo necessário para que um solo passe do estágio jovem para o maduro varia com o tipo de material de origem, as condições de clima e o grau de erosão, este último condicionado principalmente pelo relevo e pela vegetação. Normalmente, se os materiais de origem derivam-se de rochas escuras (básicas), sob clima quente e úmido, e a erosão é mínima, atingem mais rapidamente a maturidade.

O período necessário para a formação de determinada espessura de solo, a partir de um material definido, tem sido assunto de várias investigações. Um

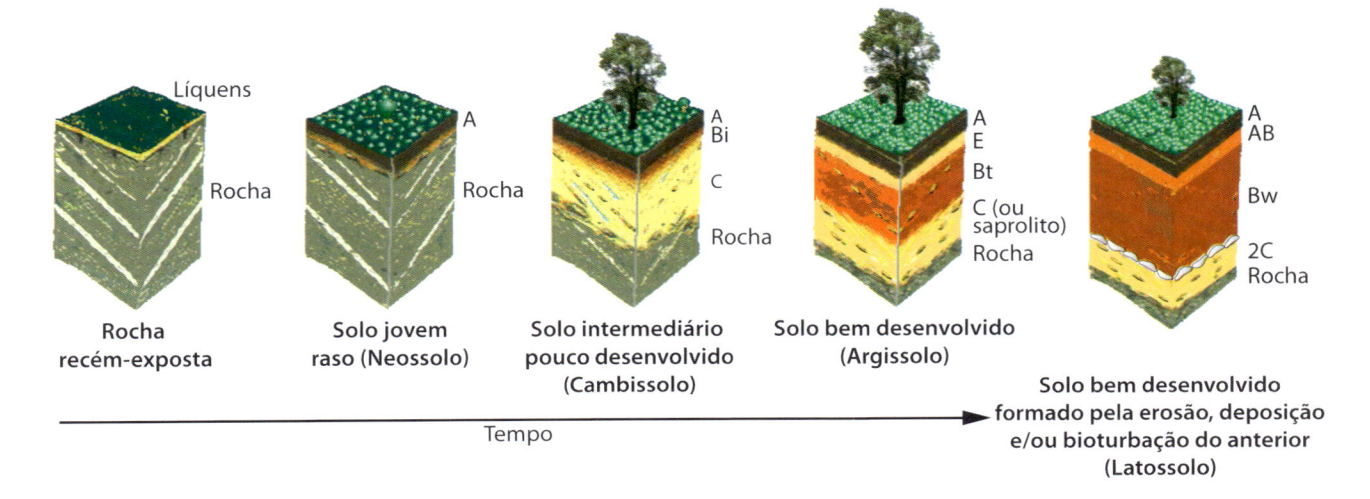

Fig. 13.12 Depois que a rocha é exposta na superfície (tempo zero), o solo começa a se formar, podendo passar, com o tempo, por vários estágios de desenvolvimento
Fonte: Lepsch (2010).

clássico estudo desse tipo foi feito no forte de Kamenetz, localizado na Ucrânia, o qual foi construído em 1362 e permaneceu em uso até 1699, quando sua posição deixou de ser estratégica. Nessa data, a construção foi abandonada e os blocos de rocha calcária com que foi construído começaram a decompor-se e alguns organismos começaram a crescer sobre eles, dando início à formação de um solo (Fig. 13.13). Em 1930, um pedólogo investigou o solo formado no topo de uma das torres desse forte, comparando-o com os solos da redondeza, derivados em condições idênticas de rochas calcárias e clima temperado úmido. As conclusões do estudo foram que os solos da torre eram idênticos aos dos arredores do forte e que, supondo-se não terem ocorrido depósitos de poeira nesse local, formaram-se relativamente rápido. Nos 261 anos em que o forte permaneceu abandonado, um perfil com profundidade média de 30 cm havia ali se desenvolvido, o que dá uma média de 12 cm de solo para cada 100 anos de sua formação.

Fig. 13.13 Vista de como o forte de Kamenetz se apresentava em 1930, depois de ter sido abandonado por 261 anos, o que fez com que um solo se formasse nas rochas de sua construção Fonte: adaptado de Jenny (1941).

13.4 Perguntas para estudo

1. Diferencie fatores, processos e propriedades do solo. *(Dica: consulte a Fig. 13.6).*

2. Cite um processo de adição relacionado ao manejo agrícola do solo e explique-o com exemplos. *(Dica: consulte a seção 13.2.1 e o Quadro 13.1).*

3. Cite um processo de remoção relacionado ao manejo agrícola do solo e explique-o com exemplos. *(Dica: consulte a seção 13.2.3 e o Quadro 13.1).*

4. Como o material originário pode afetar as características de um solo? Dê exemplos. *(Dica: consulte a seção 13.3.3).*

5. De que forma o tempo atua como fator de formação do solo? *(Dica: consulte a seção 13.3.5).*

6. Mencione um exemplo específico para cada um dos quatro amplos processos de formação do solo. *(Dica: consulte a seção 13.2).*

7. Imagine um solo formado por uma rocha que tem em sua composição quartzo e piroxênios, em uma superfície relativamente jovem, sob condições de clima tropical quente e úmido em um relevo ondulado com vegetação de floresta e boa drenagem. Que minerais você esperaria encontrar no horizonte B desse solo? Indique também de quais minerais da rocha os minerais do solo se originaram. *(Dica: consulte a Fig. 3.6 da Lição 3).*

8. Imagine uma encosta perto do lugar onde você mora. Essa encosta tem uma topossequência de solos que termina em um lago, ao redor do qual os solos são encharcados na maior parte do ano. Relate que cor o solo do topo teria em relação ao solo da parte mais baixa. *(Dica: consulte o Glossário e a seção 13.3.4).*

9. Quais as maiores diferenças entre os processos de gleização e rubificação? *(Dica: consulte a seção 13.2).*

10. Quais as principais diferenças entre os processos de podzolização e lessivage? *(Dica: consulte a seção 13.2).*

11. O que são feições redoximorfas e como elas se formam? *(Dica: consulte o início desta lição e a seção 13.2).*

Lição 14

CLASSIFICAÇÃO DOS SOLOS

É bastante constrangedor não concordarmos sobre o que um (corpo de) solo é. Contudo, nisto os pedólogos não estão sozinhos. Biólogos não concordam com uma simples definição de vida e filósofos com a de filosofia.

(Jenny, 1980)

As classificações de solos também são como reflexos do estado de conhecimento que temos sobre eles
(Foto: Mendel Rabirovitch)

Nesta lição vamos abordar a taxonomia dos solos, seus princípios básicos e os principais sistemas de classificação em uso no mundo.

Como vimos, os solos são corpos naturais que fazem parte de vários tipos de paisagens. Contudo, no passado, eles eram considerados um *continuum* de rochas decompostas cobrindo a superfície terrestre. Com o tempo, os mapeadores de solos descobriram que existiam conexões entre certos tipos de solos com feições específicas da paisagem, as quais estavam relacionadas com os fatores de formação do solo. Com isso, tipos de solo puderam ser delineados em mapas e, para organizá-los, era necessário dar-lhes um nome, como as plantas e os animais, que, além de um nome popular, têm um nome científico. Também é assim que procedemos com relação aos solos, os quais recebem nomes científicos que correspondem a classes (ou **táxons**).

Muitas são as vantagens do uso de nomes científicos e da categorização em unidades taxonômicas. Veja, por exemplo, o caso da espécie botanicamente classificada como *Manihot utilissima*. No nordeste do Brasil, ela é chamada de *macaxeira*; no Rio de Janeiro, de *aipim* e *mandioca*; para os que falam espanhol, de *yuca*; em francês é *manioc*, e assim por diante. Com seu nome científico – *Manihot utilissima* –, essa confusão é abolida. Conhecendo a taxonomia desse vegetal, poderemos verificar que a *Manihot utilissima* está categorizada assim: reino *Plantae*; classe *Magnoliopsida*; ordem *Malpighiales*; família *Euphorbiaceae*, que engloba muitas espécies com seiva do tipo leitoso, encontradas nos trópicos.

Da mesma forma, um solo classificado no Brasil como **Vertissolo** Cromado Órtico é chamado de *massapé* na Bahia, *terra preta* no Rio Grande do Sul e *grumossolo* no Mato Grosso. Com o seu nome científico, essa confusão é eliminada. Além disso, com base em sua taxonomia, poderemos verificar que ele é categorizado na ordem *Vertissolo*, a qual reúne solos com grande quantidade de argilas expansíveis do tipo 2:1, pela alta saturação por bases e pela apresentação de fendas na estação seca.

É provável que os solos tenham sido primeiramente classificados, de forma simples, em "bons", "regulares" ou "ruins", para fins práticos imediatos, como o cultivo de determinadas plantas ou a confecção de objetos de cerâmica. Dar nome, descrever e ordenar são atividades inatas da mente humana, que sempre precisa classificar o conhecimento por ela adquirido.

Com o avanço das ciências, surgiram os chamados sistemas hierarquizados, nos quais cada táxon deve pertencer a uma categoria, situada em determinado nível. Por sua vez, todo grupo incluiria um ou vários grupos dos níveis inferiores. Nos primeiros, mais elevados, o número de táxons é pequeno, sendo definidos com poucas características. Em Biologia, as categorias mais conhecidas, em ordem decrescente, são: reino, classe, ordem, família, gênero e espécie. Para solos, as categorias mais utilizadas, das mais gerais para as mais específicas, são: ordem, subordem, grande grupo, subgrupo, família e série. Veja o exemplo do cafeeiro e da "terra roxa" no Quadro 14.1.

Na Pedologia existem vários sistemas de classificação. Visto que esse ramo da ciência foi iniciado somente no fim do século XIX, muitos solos ainda não foram completamente estudados e os sistemas são elaborados para preencher diferentes necessidades de vários países. Por outro lado, devemos considerar as classificações como um reflexo dos conhecimentos pedológicos, que também variam de um país para outro.

Em Pedologia, os táxons são chamados de classes e em muitos sistemas estão agrupados em seis categorias. Em Biologia, na categoria mais superior – o reino – existem apenas dois táxons, separando animais (reino *Animalia*) de plantas (reino *Plantae*). Nas categorias mais baixas – espécies na Biologia e séries na Pedologia – existe um número muito grande de táxons.

A **classificação dos solos** atende principalmente às finalidades: (a) organizar os conhecimentos científicos e práticos que foram acumulados; (b) realçar e entender a relação existente entre indivíduos que têm características em comum e todos os demais que deles diferem; (c) lembrar seus atributos mais essenciais.

14.1 Classificações técnicas e naturais

Quando um determinado sistema de classificação estabelece grupos de indivíduos para uma finalidade específica, visando aplicações de caráter prático, diz-se ser uma **classificação técnica**. É o caso, por exemplo, das classificações de solo para fins de geotécnica em obras de engenharia ou das classes de capacidade de uso para fins de agricultura. Contudo, em estudos mais abrangentes, procura-se fazer grupamentos espontâneos que, além de atenderem a princípios puramente científicos, possam ser periodicamente interpretados: são as **classificações naturais**, que se baseiam na lógica de que se devem considerar todos os atributos conhecidos de uma população, priorizando os mais relacionados com seus processos de formação (ou pedogênese). Uma classificação natural é aquela cuja finalidade é a de trazer à tona as relações das propriedades mais importantes da população a ser classificada, sem referência a um único objetivo. As classificações técnicas são usadas para atender a objetivos imediatos e têm caráter provisório, ao passo que as naturais são de caráter permanente, porque podem ser interpretadas em qualquer época, tanto para fins práticos como teóricos.

QUADRO 14.1 COMPARAÇÃO DA TAXONOMIA DE UMA PLANTA CULTIVADA (CAFÉ) COM A DE UM SOLO ("TERRA ROXA LEGÍTIMA") SEGUNDO O SISTEMA AMERICANO (*SOIL TAXONOMY*)

Classificação do cafeeiro		Classificação da "terra roxa"	
Nível categórico	Unidade taxonômica	Nível categórico	Unidade taxonômica (classe)
Reino	*Plantae*	Ordem	*Oxisol*
Classe	*Magnoliopsida*	Subordem	*Udox*
Ordem	*Gentianales*	Grande grupo	*Eutrudox*
Família	*Rubiaceae*	Subgrupo	*Typic eutrudox*
Gênero	*Coffea*	Família	*clayey, oxidic, isothermic Typic eutrudox*
Espécie	*Coffea arabica*	Série	*Não estabelecida*

Classificações naturais baseiam-se em fatores de formação e processos de formação, mas usam propriedades reconhecidas e medidas no solo, que são chamadas de **atributos diferenciais**. Nas modernas classificações naturais, as teorias sobre fatores e processos de formação do solo formam a base principal e determinam a relevância das propriedades do solo que devem ser escolhidas como atributos diferenciais. Tal princípio segue, em linhas gerais, as teorias da pedogênese – ou evolução –, que é também a base para a taxonomia dos reinos animal e vegetal.

14.2 Atributos diferenciais dos solos

Para fins de definição e estabelecimento das unidades taxonômicas, as classificações pedológicas mais modernas consideram somente os atributos diferenciais que podem ser operacionalmente identificados e que têm um maior número de características associadas a processos pedogenéticos. Por exemplo, o atributo diferencial "cor do horizonte B", na classificação de solos utilizada no Brasil, foi escolhido como diferenciador; isto porque pode ser operacionalmente identificado (com uma tabela de cores) e está associado a várias outras características: a cor indica o tipo e a quantidade de óxidos de ferro, os quais são função das condições da pedogênese.

Solos são tão variáveis quanto os vegetais que neles habitam; podemos utilizar a anatomia das folhas e flores como atributos para diferenciá-los e classificá-los individualmente. Porém, ao contrário dos vegetais, não existem indivíduos ou corpos de solo estritamente independentes. Esse conceito de indivíduo é restrito a ciências como a Botânica (uma planta) ou Zoologia (um animal). Na natureza, os solos compõem uma espécie de contínuo. Contudo, muitas são as vantagens em considerar os solos como se fossem indivíduos distintos, porque: (a) facilita a organização do conhecimento sobre eles sob a forma de classificações, e (b) possibilita o delineamento de seus limites em mapas. Nesse aspecto, a identificação dos descontínuos indivíduos planta muito difere da identificação dos contínuos indivíduos solo. Por isso, apesar de os limites das unidades de mapeamento de solo quase sempre serem naturais, coincidindo com feições definidas da paisagem, os atributos diferenciais, que distinguem as classes de solos, têm limites arbitrários e, portanto, artificiais (por exemplo, percentagem de saturação por bases maior ou menor que 50%). Por outro lado, muitos países costumam adotar aqueles parâmetros diferenciais que são de maior relevância para seus solos em particular; talvez esta seja uma das razões de os solos terem vários sistemas taxonômicos, como o brasileiro, o americano e o australiano.

Para classificar um solo, precisamos primeiro compreender bem como ele é, e essa compreensão é limitada sem a utilização de análises morfológicas, físicas, químicas e mineralógicas de amostras que representem os seus horizontes. Essas amostras são retiradas em uma pequeníssima área, geralmente de 2 m², equivalendo a uma parte do solo que representa menos de um milésimo do todo. Para melhor retirar essas amostras, devemos considerar que um solo só pode ser bem "autopsiado" se soubermos desmembrá-lo (p. ex., em um mapa) e localizar onde se situa um *pedon* que represente bem todo o corpo do solo delineado (Fig. 14.1). Para isso, o pedólogo delineia (mentalmente ou em um mapa) o corpo do solo e escolhe um local situado além da faixa de transição entre dois corpos diferentes e que melhor represente o menor volume daquele indivíduo solo: o *pedon*. Neste, ele examina um perfil representativo, identificando os horizontes pedogenéticos, anotando suas morfologias (ver seção 9.2) e coletando amostras para análises de laboratório (ver Fig. 6.3 e seção 12.3).

Na maior parte das vezes, o solo pode ser provisoriamente classificado no campo, logo após um cuida-

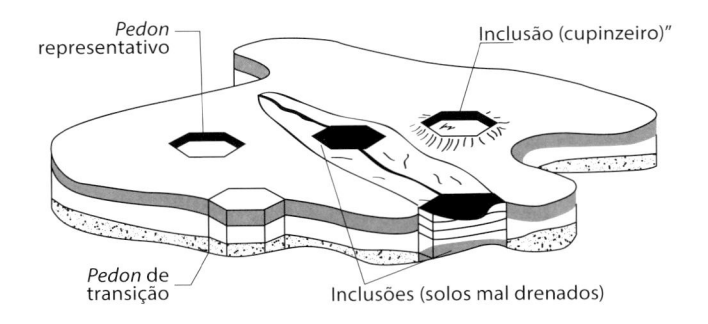

Fig. 14.1 O corpo delineado de um solo é uma unidade natural na paisagem. Para fins de mapeamento, pode ser definido como uma área em que domina uma coleção de *pedons* contíguos mais similares uns aos outros do que aos que os rodeiam. Ele pode compreender até 30% de inclusões de *pedons* com perfis bastante diferentes (p. ex., áreas mal drenadas ou com formigueiros ou cupinzeiros) e, ao seu redor, *pedons* de transição para outros corpos de solo. Para fins de classificação desse corpo de solo, deve ser escolhido um *pedon* representativo que tenha um perfil modal, na sua parte mais central, o qual deve situar-se afastado das inclusões e transições

doso exame e descrição da sua morfologia. Contudo, para confirmar essa classificação, é necessário que se espere pelo resultado das análises de laboratório para, além dos horizontes pedológicos, serem identificados os chamados horizontes diagnósticos e atributos diagnósticos. Estes formam a principal base dos sistemas de classificação pedológica.

Para classificar devidamente qualquer conjunto de solos em uma determinada categoria – grande grupo, por exemplo –, é necessário agrupar os solos que se assemelham segundo os atributos diagnósticos dessa categoria. Nos modernos sistemas taxonômicos, isso deve ser feito com base em dados concretos, sem elementos de conjecturas. Para isso, os atributos escolhidos pelas taxonomias como diagnósticos, além de estarem relacionados com a pedogênese, devem ser passíveis de medição pelos chamados critérios operacionais, ou seja, podem ser mensurados com recursos disponíveis no campo – por exemplo, uma tabela de cores (anotando-se matiz, valor e croma) – ou nos laboratórios, com métodos e aparelhos padronizados – por exemplo, que extraiam e determinem todos os cátions trocáveis (complexo de adsorção).

Os solos possuem características bastante complexas e, como o ramo da ciência que a eles se dedica é relativamente novo, ainda existe muito a ser estudado antes que surja uma classificação de caráter universal. Os sistemas de classificação de solos refletem o conhecimento que temos deles; por isso, devem ser modificados, ou atualizados, à medida que o conhecimento também evolui. Os esquemas de classificações pedológicas atualmente em uso são o produto de diferentes pontos de vista e da maior ou menor presença de determinados tipos de solos em certos países. Apesar disso, a maioria dos modernos sistemas taxonômicos tem suas similaridades, porque se originaram de um ponto comum – a escola de Dokuchaev – e porque tem também uma boa base científica, que atende às finalidades de uma taxonomia natural, similarmente à da Zoologia e à da Botânica.

14.3 Sistemas modernos de classificação – horizontes diagnósticos

Em meados do século XX, houve uma grande expansão dos levantamentos pedológicos, tanto em regiões temperadas como nos trópicos. Tal fato foi acompanhado pelo desenvolvimento de vários sistemas de classificação, entre os quais destacam-se os desenvolvidos nos Estados Unidos, Canadá, França, Austrália e Brasil. Além desses, a Organização das Nações Unidas para Agricultura e Alimentação (FAO/Unesco) desenvolveu um sistema que pudesse ser mundialmente abrangente.

A presença ou a ausência de determinados tipos de horizontes do solo são fatores essenciais para definir a sua classe taxonômica. Por exemplo, para um solo ser classificado como *Spodosol*, tem de possuir um horizonte E de cor acinzentada abaixo do qual se situa um horizonte B escurecido com acúmulo de matéria orgânica e óxidos de ferro e de alumínio. Contudo, no campo, a maioria dos perfis de solos costuma ser subdividida em muitos sub-horizontes – p. ex., A1 – A2 – A3 – E1 – E2 – B1 – B2 – B3 – B4 – C1 – C2 –, o que, de certa forma, complica a análise e a comparação do que estamos vendo com o que está estabelecido no sistema de classificação. Além disso, as definições dos horizontes pedogenéticos são moldadas em termos morfológicos, a maior parte pouco específicos e não qualitativos, possibilitando a existência de certas lacunas e sobreposições. Para contornar essas dificuldades, as taxonomias pedológicas estabeleceram um conceito utilizado na maior parte das classificações: o de **horizontes diagnósticos** – em menor número e mais objetiva e quantitativamente definidos que os pedogenéticos.

Depois que os horizontes pedogenéticos de um solo são identificados pela descrição morfológica e suas amostras são coletadas para as análises no laboratório, todo o conjunto dos sub-horizontes pode ser simplificado, agrupando-os em dois ou três horizontes diagnósticos. Por exemplo, a classe dos *Spodosols* é definida como "solos que possuem um **horizonte espódico** logo abaixo de um **horizonte álbico**".

Não confunda horizontes diagnósticos com horizontes morfológicos, pois estes podem ser identificados diretamente no campo. No campo, a presença de horizontes diagnósticos poderá ser prevista, mas, para confirmá-los, é necessário, além da descrição morfológica, fazer análises químicas, físicas e mineralógicas. A descrição dos horizontes morfológicos sempre envolve certo grau de incerteza, porque requer interpretações que podem variar com a experiência pessoal e os pontos de vista daqueles que descrevem o solo no campo. Por outro lado, os horizontes diagnósticos baseiam-se em atributos quantificados, o que descarta os fatores subjetivos. A maior parte dos modernos sistemas taxonômicos de solos utiliza o conceito de horizontes diagnósticos, inclusive o brasileiro, que adotou como base o sistema norte-americano (*Soil Taxonomy*), elaborado para interpretar levantamentos detalhados de solos, e o da FAO (*World Reference Base for Soil Resources* – WRB), elaborado para facilitar correlações entre diferentes sistemas de classificação.

14.4 Classificação norte-americana (*U.S. Soil Taxonomy*)

No extenso território dos Estados Unidos, os levantamentos detalhados dos solos tiveram início há mais de 120 anos e, aos poucos, foram formando um imenso banco de dados relativo à representação espacial e à caracterização de perfis representativos. Por volta de 1950, milhares de "séries de solos" já tinham sido identificadas, mapeadas em centenas de municípios; até então, tais séries não eram consideradas unidades taxonômicas. Surgiu então a necessidade de elaborar um sistema para organizar e agrupar essas séries de solos e interpretá-las para uso de agricultores e engenheiros civis. Por isso, o governo dos Estados Unidos decidiu desenvolver um novo sistema de classificação (Quadro 14.2).

Tal tarefa foi feita com tentativas, chamadas de "aproximações", enviadas a especialistas do mundo inteiro para fazerem críticas e sugestões, uma vez que a intenção era incluir todos os solos do mundo e não somente os dos Estados Unidos. Durante as aproximações dessa taxonomia, lançou-se o conceito de horizontes diagnósticos, com a adoção de dois tipos: os de superfície (chamados de *epipedons*) e os de subsuperfície. Uma relação desses horizontes diagnósticos subsuperficiais e suas definições abreviadas está na Fig. 14.2.

A *Soil Taxonomy* foi um dos primeiros sistemas de classificação pedológica a adotar características diferenciais bem definidas nos táxons de todas as categorias do sistema. Teorias de pedogênese não são empregadas, a não ser como guia de referência para ponderar as propriedades do solo. Isso não significa que processos pedogenéticos são ignorados; o sistema agrupa solos que têm gêneses similares. As definições são todas quantitativas, em vez de comparativas, e definidas em termos operacionais, isto é, os métodos empregados para medi-las são bem especificados. As 12 ordens atualmente são subdivididas em 61 subordens, 316 grandes grupos, 2.484 subgrupos, um grande número de famílias e mais de 23.000 séries de solos. No Quadro 14.3 está uma relação dessas categorias e um resumo dos principais atributos que as diferenciam.

Quadro 14.2 As 12 ordens do atual Sistema de Classificação de Solos dos EUA

Solo (ordens)	Resumo das características
Gelisols	De climas gélidos, com camada permanente congelada (**permafrost**) a uma profundidade de até 2 m
Histosols	Compostos essencialmente de materiais orgânicos, com mais de 40 cm de espessura
Spodosols	Com húmus ácido, horizonte E acinzentado e horizonte espódico (B com acúmulo iluvial de óxidos de ferro e/ou alumínio e/ou húmus)
Andisols	Pouco desenvolvidos, formados em depósitos de cinzas vulcânicas e outros materiais piroclásticos
Oxisols	Bem desenvolvidos com argila de atividade baixa e horizonte óxico (B com acúmulo residual de óxidos de ferro e de alumínio)
Vertisols	Ricos em argila de alta atividade que se expandem e se contraem periodicamente, formando fendas de até 50 cm de profundidade
Aridisols	Secos por mais de seis meses do ano, com mínimo desenvolvimento de horizonte A, mas com acúmulo de algum material no horizonte subsuperficial (carbonatos etc.)
Ultisols	Com horizonte argílico ou kândico (B de acúmulo de argila iluvial e com baixos teores de bases trocáveis)
Mollisols	Com *epipedon* mólico (horizonte A espesso, escuro e com altos teores de cátions básicos trocáveis (principalmente cálcio)
Alfisols	Com horizonte argílico (B de acúmulo de argila iluvial e com altos teores de bases trocáveis)
Inceptisols	Com horizonte câmbico (B com um mínimo de desenvolvimento em materiais fracamente intemperizados)
Entisols	De origem recente, mais comumente sem horizontes pedogenéticos, exceto o A

Fonte: USA (1999).

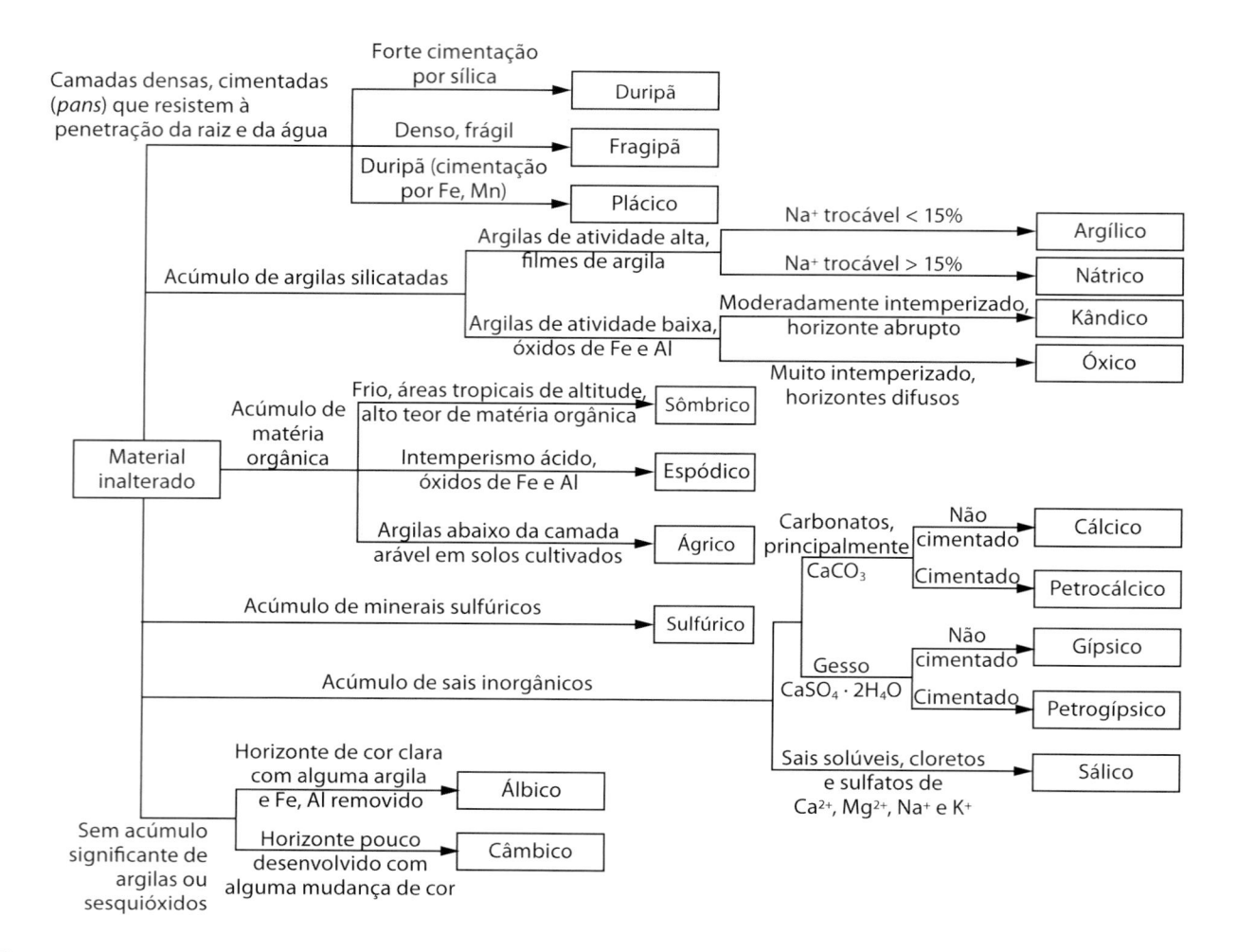

Fig. 14.2 Nomes e principais atributos dos horizontes diagnósticos subsuperficiais do sistema de classificação de solos dos EUA (*Soil Taxonomy*). A presença ou a ausência desses horizontes diagnósticos são a principal base para determinar em que classe um solo se enquadra na *Soil Taxonomy* (USA, 1999)
Fonte: adaptado de Brady e Weil (2002).

O emprego de prefixos e sufixos, em sua maioria de origem grega ou latina, para formar os nomes das classes é um critério original único da *Soil Taxonomy*. Os elementos formativos correspondentes a cada uma dessas classes são sucessivamente utilizados e incluídos até no nível de *família*. Por exemplo, nos solos da ordem *Oxisol* (do latim *ox* = ferrugem e *sol* = solo), todos os subgrupos têm sílabas que, automaticamente, identificam as demais categorias, como no seguinte exemplo:

Aquic Acrudox clay, oxidic, isothermic
4   3   2   1   5

1] **Ordem:** *Oxisol* (**Ox**: elemento formativo da ordem);
2] **Subordem:** *Udox* (**Ud**: regime hídrico údico);
3] **Grande grupo:** *Acrudox* (**Acr**: caráter ácrico = argilas com CTC muito baixa);
4] **Subgrupo:** *Aquic* (com características intermediárias para a subordem *Aquox*);
5] **Família:** *clay* (textura argilosa); *oxidic* (de argilas oxídicas); *isothermic* (temperatura sempre quente).

Outra característica única desse sistema é que as subdivisões, em nível de subordem, baseiam-se no regime de umidade do solo. Por exemplo, os *Oxisols* são subdivididos em cinco subordens, entre as quais os *Udox* (*Ud*, do latim *udus* = úmido), *Torrox* (*Torr*, do latim *torridus* = quente e seco) e *Aquox* (*Aq*, do latim *aqua* = água). Tais subdivisões, baseadas nos climas do solo, mais a nomenclatura, que é de difícil compreensão

QUADRO 14.3 Resumo das principais características diferenciais das seis categorias da Classificação de Solos dos EUA

Categoria	Número de táxons (classes)	Natureza dos atributos diferenciais
Ordem	12	Processos de formação do solo como indicativos da presença (ou ausência) de horizontes diagnósticos, atributos mineralógicos e condições extremas de regimes de temperatura e umidade
Subordem	61	Subdivisão das ordens de acordo com a presença ou a ausência das propriedades associadas com regimes hídricos do solo (encharcamento, estação seca prolongada etc.) e tipos de horizontes diagnósticos
Grande grupo	316	Subdivisão das subordens de acordo com o grau da expressão do horizonte diagnóstico (tipo de semelhança, arranjo, saturação por bases, presença ou ausência de atributos diagnósticos, plintita, fragipã, duripã etc.)
Subgrupo	2.484	Atributos que indicam transição ("intergrades") para táxons de outras ordens, subordens e grandes grupos, ou para materiais que não são solos
Família	–	Regimes de temperatura dos solos, textura e mineralogia da seção de controle dos *pedons* (até 100 cm de profundidade), propriedades importantes para o crescimento das raízes das plantas
Série	≈ 23.000 (nos EUA)	Qualquer atributo do solo que não for especificamente identificado como critério de uma classe de categoria superior (qualquer feição do solo considerado relevante a algum uso potencial pode ser reconhecido como uma "fase de série de solo"; p. ex., declividade, grau de erosão etc.)

Fonte: USA (1999) e Buol et al. (2003).

e leitura, têm sido apontadas como empecilhos para a adoção desse sistema.

O sistema brasileiro, apesar de preferir nomenclatura mais semelhante ao antigo sistema americano de 1949 e ao sistema WRB (Quadro 14.4), adotou da *Soil Taxonomy* o conceito de horizontes diagnósticos e também inclui a categoria subordem, com unidades que podem ser típicas dos **grandes grupos** ou intermediárias – um reconhecimento de que solos formam um *continuum* na natureza e, portanto, muitos têm propriedades que são intermediárias entre um e outro grande grupo. Na Lição 18, está a correspondência aproximada entre a *Soil Taxonomy* dos Estados Unidos e os sistemas usados pela WRB/FAO e pelo Sistema Brasileiro de Classificação dos Solos (SiBCS).

14.5 Classificações da FAO/Unesco e do WRB

Em 1960, a Organização das Nações Unidas para Agricultura e Alimentação (FAO/Unesco) aceitou a incumbência de elaborar um Sistema Internacional de Classificação de Solos com a finalidade de elaborar um mapa-múndi. Dada a inexistência de um sistema taxonômico mundialmente aceitável, esse mapa deveria servir também de denominador comum aos vários sistemas nacionais. Tal sistema foi desenvolvido em três etapas. Na primeira (entre 1960 e 1981), foi elaborado, publicado e divulgado o Mapa Mundial de Solos (FAO – escala 1:5.000.000). Em uma segunda etapa (entre 1981 e 1990), foi feita a revisão da legenda desse mapa. Nessa época, problemas de degradação das **terras**, disparidade dos solos em relação aos seus potenciais de produção e capacidade de alimentar populações tornaram-se preocupações internacionais. Em face dessas circunstâncias, a FAO decidiu que um esquema deveria ser elaborado para que todas as classificações de solos existentes pudessem ser correlacionadas.

Na terceira etapa, tomou-se a legenda do Mapa Mundial de Solos como base para o desenvolvimento de uma nomenclatura universal. Isso foi feito por um grupo de trabalho, de vários países, designado pela Sociedade Internacional de Ciência do Solo. Tal tarefa culminou com a publicação, em 1998, da *Base de Referência Mundial para Recursos de Solos*, conhecida pela sigla WRB (*World Reference Base for Soil Resources* – FAO, 1998), cuja última versão foi publicada em 2015 (disponível em <http://www.fao.org/3/i3794en/I3794en.pdf>). Esse referencial taxonômico não tem por finalidade substituir os vários sistemas nacionais de classificação de solos, mas servir de denominador comum entre eles. Foi elaborado com uma linguagem de fácil compreensão, sendo a nomenclatura das classes adotada em uma espécie de acordo entre pedólogos de várias nacionalidades: nomes históricos foram preservados pela necessidade de acomodar sensibilidades nacionais. Por exemplo, Podzol (do russo *pod* = sob; *zol* = cinza), Ferralsol (do francês *ferrugineux*) e Andosol (do japonês *ando* = solo escuro).

A estrutura, os conceitos e as definições do sistema taxonômico da WRB são semelhantes à legenda revisada do **Mapa de Solos** do Mundo da FAO/Unesco. As unidades taxonômicas são definidas em termos de horizontes diagnósticos, os quais, de forma semelhante à *Soil Taxonomy*, são determinados por uma combinação de propriedades do solo, mas, ao contrário desta, em vez de procedimentos analíticos de laboratório, a ênfase está nas propriedades morfológicas que podem ser identificadas no campo.

O WRB engloba dois níveis categóricos. O primeiro compreende 32 "grupos de referência básica" (GRBs) que são diferenciados principalmente com base em processos pedogenéticos que produziram feições morfológicas especiais, exceto quando alguns tipos especiais de materiais de origem são de maior relevância. O segundo consiste no nome dos GRBs seguido de um grupo de qualificadores que podem ser encontrados em uma única lista de prefixos e sufixos. Esses qualificadores do segundo nível indicam os processos pedogenéticos secundários que afetaram significativamente os atributos do solo, especialmente em relação ao seu uso.

Por exemplo, um solo classificado no GRB dos *Ferralsols* e que tiver **capacidade de troca** muito baixa recebe o prefixo *Geric*; se tiver cor vermelha, for distrófico e tiver textura média, receberá os respectivos sufixos *Rhodic*, *Dystric* e *Loamic*. Dessa forma, a nomenclatura da classe neste segundo nível será: *Geric Ferralsol (Rhodic, Dystric, Loamic)*.

Para evitar que a classificação dos solos fique dependente de dados climáticos, o sistema não especifica os regimes hídricos e **térmicos** dos solos. O Quadro 14.4 apresenta o nome e uma definição resumida dos grupos de referência básica utilizados atualmente pela WRB. As distribuições geográficas dos principais GRBs, ilustradas em mapas-múndi esquemáticos, estão na Lição 18 (p. ex., Fig. 18.2). No Quadro 18.1 está a correspondência aproximada entre o sistema da WRB/FAO, o brasileiro (SiBCS) e o americano (*Soil Taxonomy*).

14.6 Perguntas para estudo

1. Quais as principais finalidades de uma classificação de solos? *(Dica: consulte os últimos parágrafos do texto introdutório desta lição).*

2. Explique a diferença entre um horizonte diagnóstico (usado em um sistema de classificação de solos) e um horizonte genético. *(Dica: consulte a seção 14.3).*

3. Identifique a ordem do solo das seguintes classes da classificação dos Estados Unidos (*Soil Taxonomy*): *Hapludox, Fragiudalfs, Ustolls, Psamments, Udepts*. *(Dica: consulte a seção 14.4).*

4. Quais atributos diferenciais são usados no nível de subordem da classificação dos Estados Unidos (*Soil Taxonomy*)? *(Dica: consulte o Quadro 14.3).*

5. Quais as vantagens de usarmos nomes das classes de solos ("nomes científicos")? *(Dica: consulte o início desta lição).*

6. Qual a diferença entre uma classificação natural e uma classificação técnica de solos? *(Dica: consulte a seção 14.1).*

7. Explique as relações que existem entre uma paisagem, um corpo de solo, um *pedon* e um perfil de solo. *(Dica: consulte as Figs. 9.1 e 14.2).*

8. Explique como os nomes dos solos na classificação da WRB/FAO foram decididos. *(Dica: consulte a seção 14.5).*

Quadro 14.4 Síntese dos principais grupos de referência de solos, de acordo com a WRB (World Reference Base for Soil Resources)

Grupo de solos de referência (e abreviações)	Características principais
Solos orgânicos	
Histosols (HS)	Material orgânico incompletamente decomposto em condições de excesso de água
Solos minerais com forte influência antrópica	
Anthrosols (AT)	Solos construídos pelo homem em função do uso agrícola muito intenso e prolongado
Technosols (TC)	Solos com uma elevada percentagem de artefatos antrópicos
Solos com pedogênese controlada pelo material de origem	
Arenosols (AR)	Solos muito arenosos que apresentam pouco ou nenhum desenvolvimento do horizonte B
Andosols (AN)	Solos jovens desenvolvidos de cinzas e tufos vulcânicos (escuros, frequentemente muito férteis)
Vertisols (VR)	Solos com conteúdo elevado de argilas expansíveis; alternância de condições secas e úmidas (fendas na estação seca)
Solos com pedogênese controlada pela posição no relevo	
Fluvisols (FL)	Solos jovens, formados em planícies aluviais, pântanos e depósitos lacustres (sofrem inundações periódicas)
Gleysols (GL)	Sofrem influência do lençol freático; saturados de água durante períodos prolongados; cores cinzentas
Stagnosols (ST)	Em áreas planas ou levemente onduladas; **lençol freático suspenso** (condições redoximorfas, mosqueados)
Leptosols (LP)	Situados em posições muito sujeitas à erosão; muito delgados; abundância de elementos grossos ou contato lítico a menos de 25 cm
Regosols (RG)	Situados em posições muito sujeitas à erosão; formados a partir de material solto; pouco desenvolvidos
Solos moderadamente desenvolvidos	
Cambisols (CM)	Solos com horizonte B fracamente desenvolvido
Umbrisols (UM)	Solos ácidos com horizonte superficial espesso e escuro
Solos condicionados apenas pelo frio	
Cryosols (CR)	*Permafrost* nos primeiros 100 cm; processos criogenéticos
Solos com fluxos hídricos não percolantes ou ascensionais de climas semiáridos	
Calcisols (CL)	Com horizonte B de acúmulo de carbonato de cálcio; ambientes áridos e semiáridos; cálcicos e petrocálcicos; Perfil AB_k e AB_{km}
Durisols (DU)	Acumulação secundária de sílica (SiO_2); dúrico e petrodúrico; zonas áridas e semiáridas
Gypsisols (GY)	Acumulação secundária de gesso; Gípsicos e Petrogípsicos; ambientes áridos e semiáridos; perfil AB
Solonchaks (SC)	Salinidade elevada, com sais mais solúveis que o gesso; fluxos hídricos ascensionais; zonas áridas, semiáridas ou costeiras
Solonetz (SN)	Sódicos; nátricos; perfil AB_{tna}; muito desfavoráveis à agricultura
Solos minerais com horizonte superficial escuro e rico em bases, típicos das pradarias	
Chernozems (CH)	Pradarias mais frias, com um horizonte A espesso e escuro rico em matéria orgânica e com carbonatos no horizonte B
Kastanozems (KS)	Pradarias mais secas e quentes com um horizonte A espesso, escuro e rico em matéria orgânica e com sulfatos ou carbonatos no horizonte B
Phaeozems (PH)	Pradarias de transição para climas mais úmidos e secos com evidências de remoção de carbonatos
Solos com intensa redistribuição de argilas e/ou de húmus com ferro e alumínio	
Albeluvisols (AB)	Ácidos, com horizontes eluviais claros penetrando em horizontes B enriquecidos de argilas
Luvisols (LV)	Com horizontes iluviais com argila de alta atividade e alta saturação por bases
Planosols (PL)	Com mudança textural abrupta; condições redutoras; propriedades estágnicas
Podzols (PZ)	Ácidos, com horizonte subsuperficial de acúmulo de compostos humoaluminoférricos
Solos dominantes em regiões tropicais e subtropicais com intemperização intensa	
Lixisols (LX)	Com horizontes de acúmulo de argila de baixa atividade e alta saturação por bases
Acrisols (AC)	Com horizontes de acúmulo de argila de baixa atividade e baixa saturação por bases
Alisols (AL)	Com horizontes de acúmulo de argila de alta atividade e baixa saturação por bases
Nitisols (NT)	Espessos, vermelhos ou brunos, com argila de baixa atividade e com agregados com faces reluzentes
Ferralsols (FR)	Muito intemperizados; profundos com horizonte B de acúmulo residual de sesquióxidos de Fe e Al
Plinthosols (PT)	Pronunciado acúmulo de ferro em condições hidromórficas (formação de plintita e/ou petroplintita)

Fonte: IUSS Working Group WRB (2015).

Lição 15

O Sistema Brasileiro de Classificação de Solos (SiBCS)

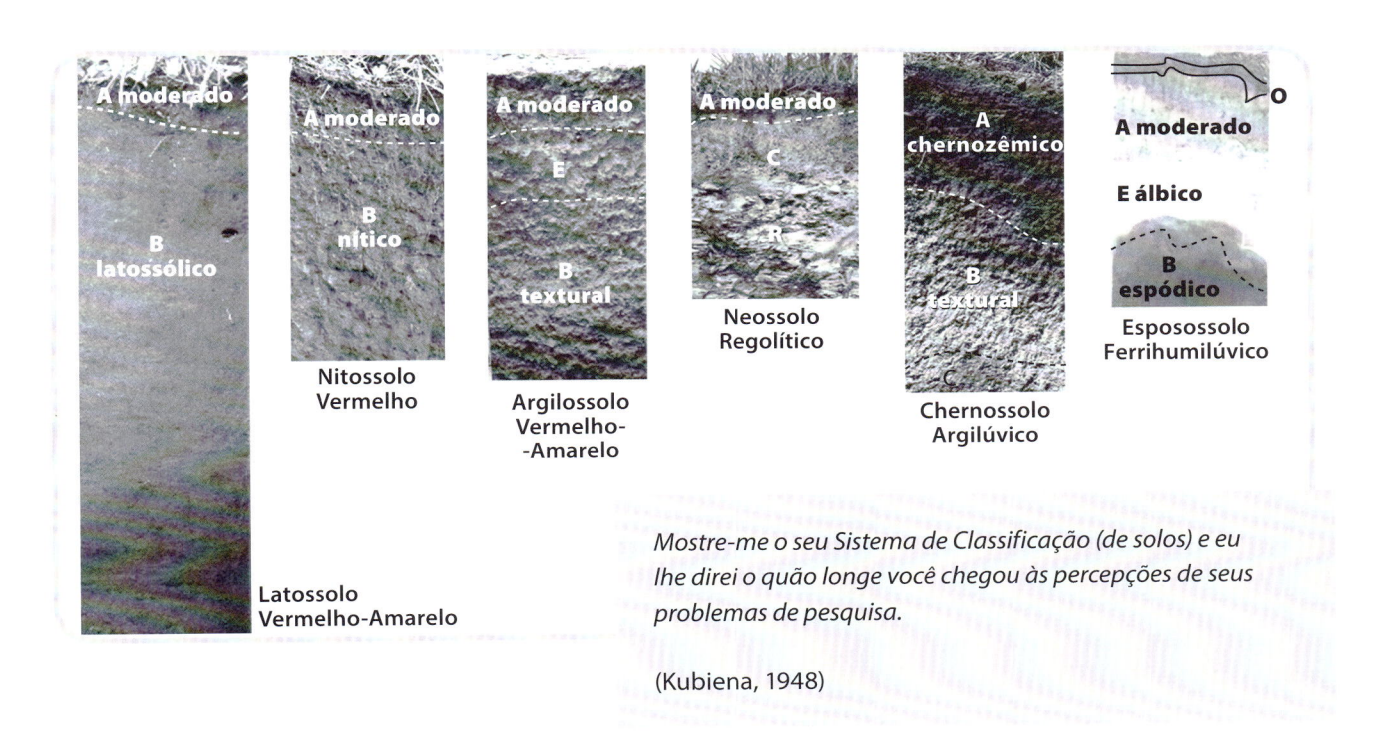

Mostre-me o seu Sistema de Classificação (de solos) e eu lhe direi o quão longe você chegou às percepções de seus problemas de pesquisa.

(Kubiena, 1948)

O Sistema Brasileiro de Classificação de Solos (SiBCS) foi elaborado com a finalidade de (a) categorizar os solos, (b) dar nomes científicos a eles; (c) elaborar legendas para mapas de solos e (d) atingir as finalidades de uma classificação que, relembrando, são: (i) organizar os conhecimentos sobre os solos brasileiros, (ii) entender as relações existentes entre seus diversos tipos e (iii) estabelecer relações entre eles, de uma forma que possa ser útil para objetivos específicos. Portanto, baseia-se somente em dados de solos do Brasil, sendo que a maior parte foi descrita no campo por ocasião de levantamentos pedológicos do tipo reconhecimento, efetuados pelo Centro Nacional de Pesquisas em Solos da Empresa Brasileira de Pesquisa Agropecuária (CNPS/Embrapa).

O CNPS/Embrapa iniciou seus trabalhos na década de 1950, com a denominação de Comissão de Solos do CNEPA. Por volta de 1980, reconheceu-se que muitas unidades taxonômicas então utilizadas não estavam bem definidas e categorizadas. Além disso, elas necessitavam de chaves sistemáticas. Como resultado, em 1999, surgiu a primeira versão do SiBCS.

15.1 Estrutura hierárquica do SiBCS

Dentro da concepção de um sistema multicategórico e hierárquico, à semelhança das classificações biológicas (ver Quadro 14.1), o SiBCS foi estruturado em seis níveis (Fig. 15.1). O primeiro nível – ordem – engloba 13 classes, definidas principalmente pela presença ou ausência de horizontes diagnósticos (ver seção 14.3) que refletem diferenças relacionadas a processos pedogenéticos. A nomenclatura adota termos consagrados em outras taxonomias de solos, boa parte dos quais são

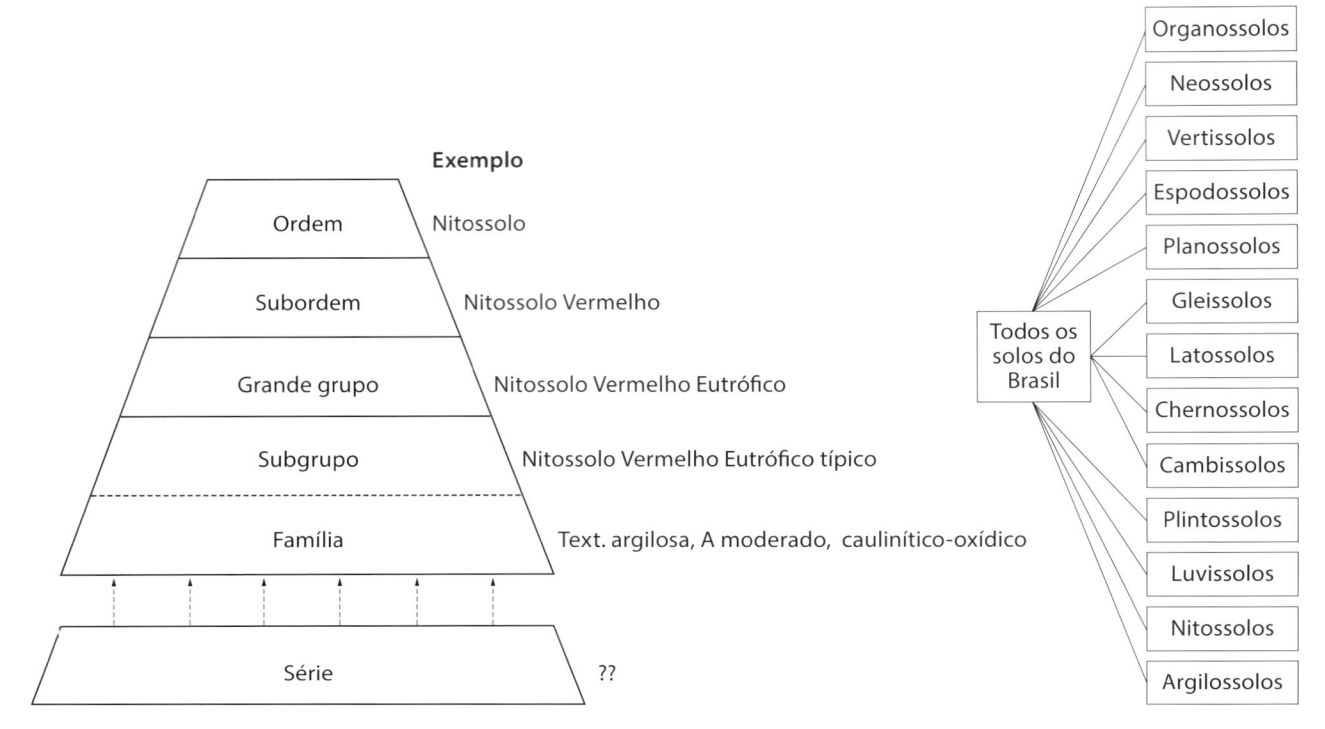

Fig. 15.1 À esquerda, a estrutura da hierarquização do atual Sistema Brasileiro de Classificação de Solos (SiBCS). Das seis categorias (ordem, subordem etc.), as séries ainda não têm suas classes (ou táxons) estabelecidas. À direita, o nome das 13 subordens

também utilizados no sistema de classificação da FAO/Unesco-WRB (ver Quadro 14.4). No Quadro 15.1 estão os nomes seguidos das abreviações e termos de memorização das classes desse nível categórico.

Ao contrário da nova classificação dos Estados Unidos (Quadro 14.3), o SiBCS foi elaborado tomando como base perfis representativos de solos enquadrados em táxons dos níveis hierárquicos mais elevados identificados em levantamentos dos tipos reconhecimento e exploratório com nomes provisórios da antiga classificação dos EUA. Até a última versão da classificação, publicada em 2018, somente classes dos quatro primeiros níveis categóricos foram definidas: as famílias estão com definições de teste e as séries não foram definidas.

Quadro 15.1 Nomenclatura das classes em nível de ordem, elementos formativos e respectivos significados (Embrapa, 2006)

Classes	Elementos formativos	Termos de conotação e de memorização
LATOSSOLO	LATO	Latosol; horizonte B latossólico; do latim: *later* = tijolo
NITOSSOLO	NITO	Agregados com faces bem nítidas (cerosidade)
ARGISSOLO	ARGI	Horizonte B com acúmulo de argila; do latim: *argilla* = barro branco
PLANOSSOLO	PLANO	Plânico; horizonte B plânico (plano)
PLINTOSSOLO	PLINTO	Plintita; horizonte plíntico; do grego: *plinthos* = tijolo
LUVISSOLO	LUVI	Saturado (por bases); acúmulo de argila Ta
CHERNOSSOLO	CHERNO	Chernozêmico; escuro, rico em bases
ESPODOSSOLO	ESPODO	Spodos; horizonte B espódico; do russo: *spodos* = cinza
VERTISSOLO	VERTI	Horizonte vértico; do latim: *vertere* = inverter
CAMBISSOLO	CAMBI	Horizonte B incipiente; do latim: *cambiare* = mudança
NEOSSOLO	NEO	Novo; pouco desenvolvimento
GLEISSOLO	GLEI	Horizonte glei; do russo *gley* = argila branca
ORGANOSSOLO	ORGANO	Orgânico; horizontes H ou O hísticos

O número de classes aumenta de 13 para 44, da categoria taxonômica de ordem para a de subordem, e de 198 para 861, quando nos referimos aos grandes grupos e subgrupos, respectivamente.

Os critérios para distinção das diversas classes de solos brasileiros baseiam-se na presença ou ausência de horizontes diagnósticos (ver seção 14.3), bem como de algumas de suas características mais especiais, denominadas atributos diagnósticos.

15.1.1 Horizontes e atributos diagnósticos

Os horizontes diagnósticos podem ser de dois tipos: superficiais e subsuperficiais. Exemplos dos superficiais são os horizontes A e os horizontes O e H.

Como exemplos de horizontes diagnósticos subsuperficiais, temos tipos de horizontes B (latossólico, textural etc.) e outros que podem corresponder, totalmente ou em parte, aos horizontes morfológicos A, E, B ou C (glei, plíntico, vértico, duripã, álbico etc.).

QUADRO 15.2 Principais horizontes e atributos diagnósticos do *SOLUM* e suas definições simplificadas, segundo o Sistema Brasileiro de Classificação (Embrapa, 2006)

Nome	Resumo dos atributos mais notáveis
Horizontes diagnósticos superficiais	
Hístico	Essencialmente orgânico, com até 40 cm de espessura
A chernozêmico	Mineral superficial muito espesso (mais de 25 cm), escuro e rico em húmus e cálcio
A proeminente	Mineral superficial, também escuro e espesso (entre 25 cm e 75 cm), com baixos teores de cálcio
A húmico	Semelhante ao A proeminente, porém mais espesso (mais de 75 cm)
A antrópico	Muito modificado pelo uso contínuo do solo pelo homem
A moderado	O mais comum, sem destaques (que não se enquadra nas definições dos anteriores)
Horizontes diagnósticos subsuperficiais	
B textural	Com acúmulo de argila iluvial (removida do A e E)
B plânico	Tipo especial de B textural adensado com mudança textural abrupta
B nítico	Sem aumento de argila e com estrutura em blocos e com nítidas superfícies brilhantes
B latossólico	Muito intemperizado com acúmulo residual de óxidos e sem aumento de argila
B incipiente	Pouco desenvolvido e/ou parcialmente intemperizado
B espódico	Com acúmulo iluvial de húmus e/ou ferro e alumínio
Vértico	Horizonte (B ou C) com rachaduras e superfícies de fricção, típicas de argilas expansivas
Plíntico	Com mais de 50% de plintita (ou "laterita" não endurecida)
Concrecionário	Com mais de 50% petroplintita (ou "laterita" endurecida) na forma de concreções
Litoplíntico	Com mais de 50% de petroplintita consolidada (ou "laterita" endurecida) e cimentada
Glei	Acinzentado, fortemente influenciado pelo excesso d'água
Plânico	Tipo especial de horizonte Bt, adensado e com mudança textural abrupta
Alguns atributos diagnósticos	
Atividade da fração argila	Refere-se à CTC da argila. Atividade alta (Ta): valor igual ou superior a 27 $cmol_c$/kg de argila; atividade baixa (Tb): valor inferior a 27 $cmol_c$/kg de argila
Saturação por bases	Refere-se à proporção de cátions básicos em relação à CTC. Se maior ou igual a 50%, caracteriza solos eutróficos, e se menor que 50%, solos distróficos
Caráter ácrico	Refere-se a solos extremamente intemperizados (com soma de bases trocáveis mais Al igual ou inferior a 1,5 $cmol_c$/kg de argila e pH KCl igual ou superior a 5,0, com delta pH positivo ou nulo
Mudança textural abrupta	Considerável aumento do teor de argila dentro de pequena distância na zona de transição do horizonte A ou E e o horizonte B
Caráter coeso	Usado para distinguir solos com horizontes subsuperficiais adensados
Caráter ebânico	Diz respeito à predominância de cores escuras na maior parte do horizonte diagnóstico subsuperficial
Caráter flúvico	Usado para solos com influência de sedimentos aluviais

Além dos horizontes diagnósticos, outras camadas ou atributos especiais dos horizontes principais são reconhecidas e definidas. Essas feições são mais utilizadas como critérios diagnósticos nos níveis categóricos mais baixos do sistema e incluem vários parâmetros morfológicos, físicos e químicos, tais como: material orgânico, atividade das argilas, saturação por bases, mudança textural, quantidade de plintita etc. (Quadro 15.2).

15.1.2 Como identificar um solo no primeiro nível categórico (ordem)?

Para identificar a classe de um determinado solo, temos que conhecer sua descrição morfológica e o resultado de suas análises de laboratório. Com isso, será possível identificar os horizontes diagnósticos superficiais e subsuperficiais, bem como os principais atributos diagnósticos. Feito isso, deve-se consultar a chave de identificação da categoria mais elevada, onde os solos foram primeiro organizados com base na presença ou ausência de atributos que refletem sua gênese: as ordens. Um modelo simplificado dessa chave está no Quadro 15.3.

Identificando os horizontes e os atributos diagnósticos e seguindo a chave, poderemos verificar, por exemplo, que um perfil de solo que não apresentar horizonte hístico com mais de 40 cm de espessura e sem qualquer dos horizontes B diagnósticos deve ser enquadrado na classe dos Neossolos.

15.1.3 O segundo nível categórico: as subordens

No nível de subordem, as classes apresentam atributos que refletem a atuação de processos pedogenéticos

QUADRO 15.3 CHAVE SIMPLIFICADA PARA IDENTIFICAÇÃO DAS CLASSES (NÍVEL CATEGÓRICO: ORDEM) DO SiBCS

Etapa	Critérios (o que o perfil do solo tem ou não tem?)	Resultado da classificação no 1º nível categórico (ordem)
1	Tem horizonte H com mais de 40 cm de espessura?	Verdadeiro (tem): ordem **Organossolo** Falso (não tem): vá para a etapa 2
2	Não tem nenhum dos horizontes B diagnósticos ou horizontes glei, plíntico ou vértico logo abaixo do horizonte A?	Verdadeiro: ordem **Neossolo** Falso: vá para a etapa 3
3	Não tem horizonte B textural e tem horizonte vértico entre 25 cm e 100 cm de profundidade?	Verdadeiro: ordem **Vertissolo** Falso: vá para a etapa 4
4	Tem horizonte espódico logo abaixo do horizonte A ou E?	Verdadeiro: ordem **Espodossolo** Falso: vá para a etapa 5
5	Tem horizonte B plânico logo abaixo do horizonte A ou E?	Verdadeiro: ordem **Planossolo** Falso: vá para a etapa 6
6	Tem horizonte glei logo abaixo do A ou E ou horizonte hístico com menos de 40 cm de espessura?	Verdadeiro: ordem **Gleissolo** Falso: vá para a etapa 7
7	Tem horizonte B latossólico logo abaixo do horizonte A?	Verdadeiro: ordem **Latossolo** Falso: vá para a etapa 8
8	Tem horizonte A chernozêmico seguido de B textural ou incipiente, todos com argila de atividade alta e elevada saturação por bases?	Verdadeiro: ordem **Chernossolo** Falso: vá para a etapa 9
9	Tem horizonte B incipiente logo abaixo do A (ou hístico com menos de 40 cm de espessura) e não tem horizonte plíntico ou litoplíntico?	Verdadeiro: ordem **Cambissolo** Falso: vá para a etapa 10
10	Tem horizonte plíntico, litoplíntico ou concrecionário dentro de 40 cm (ou 200 cm se precedido de horizonte glei)?	Verdadeiro: ordem **Plintossolo** Falso: vá para a etapa 11
11	Tem horizonte B textural com argila de atividade alta e saturação por bases alta logo abaixo do horizonte A ou E?	Verdadeiro: ordem **Luvissolo** Falso: vá para a etapa 12
12	Tem mais de 35% de argila no horizonte A e horizonte B nítico logo abaixo dele com argila de atividade baixa?	Verdadeiro: ordem **Nitossolo** Falso: vá para a etapa 13
13	Outros solos (têm horizonte B textural com argila de atividade baixa?)	Verdadeiro: ordem **Argissolo** Falso: identifique melhor seu solo e volte à etapa 1

que agiram conjuntamente ou afetaram os processos dominantes já considerados para separar os solos no primeiro nível categórico. Esses atributos, além de ressaltarem a presença ou ausência de outros horizontes diagnósticos não considerados no nível de ordem, incluem características diferenciais que representam variações dentro das classes do primeiro nível, como, por exemplo, a cor do horizonte B. Por exemplo, um solo primeiramente enquadrado na classe dos Neossolos poderá pertencer a uma das quatro subordens (ver Fig. 15.12):

1] Neossolo Litólico (se tiver horizonte A assentado diretamente sobre rocha);
2] Neossolo Flúvico (horizonte A sobre horizonte C, de origem fluvial);
3] Neossolo Regolítico (quando o horizonte A está sobre o C, oriundo diretamente de rocha decomposta);
4] Neossolo Quartzarênico (quando o horizonte A está assentado diretamente sobre um horizonte C onde predomina areia constituída de quartzo).

15.1.4 O terceiro nível categórico: os grandes grupos

No terceiro nível categórico estão os grandes grupos, que representam subdivisões das subordens baseadas no tipo, no arranjo e no grau de expressão dos horizontes, com ênfase na atividade da argila e na saturação do complexo de adsorção por bases ou por alumínio, ou por sódio e/ou por sais solúveis. Algumas características que restringem e/ou afetam o desenvolvimento de raízes foram também consideradas, bem como teores de óxidos de ferro em algumas subordens dos Latossolos.

Por exemplo, o perfil de um solo identificado como Neossolo Flúvico deverá ser enquadrado em uma das classes dos sete grandes grupos previstos para essa subordem; entre eles está o Neossolo Flúvico Sódico, que apresenta alta saturação por sódio.

15.1.5 O quarto nível categórico: os subgrupos

No quarto nível categórico, o de subgrupos, os solos são grupados em classes que se distinguem por características que representam o conceito central da classe e por outras que indicam se tal conceito é intermediário para o primeiro, o segundo ou o terceiro nível categórico. Consideram-se também algumas características extraordinárias, como, por exemplo, os solos afetados por atividades antrópicas, que são adjetivados como *antropogênicos*. Dessa forma, um solo enquadrado como Neossolo Flúvico Sódico poderá enquadrar-se em um dos três subgrupos previstos para essa classe, entre os quais estão o Neossolo Flúvico Sódico típico e o Neossolo Flúvico Sódico vértico – o primeiro mais típico do grande grupo e o segundo, com características intermediárias para a classe dos Vertissolos.

15.1.6 O quinto e o sexto nível categórico: famílias e séries

O quinto nível categórico (famílias), foi definido recentemente e ainda está em discussão. As famílias estão sendo provisoriamente definidas com base em propriedades físicas, químicas e mineralógicas, e em propriedades que refletem condições ambientais não consideradas nas categorias anteriores. Nesse nível, consideram-se características para fins de utilização agrícola e não agrícola dos solos como atributos diferenciais.

Foi estabelecida a seguinte sequência na designação da família: (a) grupamento textural, (b) distribuição de cascalho e concreções no perfil, (c) constituição esquelética do solo, (d) tipo de horizonte A (que não tenha sido utilizado em outros níveis categóricos), (e) saturação por bases (especificação do estado de saturação, como *hiper*, *meso*, *epi* etc.), (f) saturação por alumínio, (g) teor de óxidos de ferro, (h) caráter alofânico, (i) características especiais pedogenéticas ou decorrentes do uso, (j) profundidade e (k) reação do solo. Para a classe dos Organossolos, devem ser adotados critérios especiais que privilegiem a natureza da matéria orgânica do solo.

O nome do solo das famílias deve ser formado adicionando-se ao nome do subgrupo os qualificativos pertinentes, com letras minúsculas, separados por vírgula. Por exemplo: Latossolo Amarelo Ácrico petroplíntico, textura argilosa cascalhenta, endoconcrecionário, A moderado, gibbsítico-oxídico, aniônico.

O sexto nível categórico, ainda não estruturado, deverá ser a categoria que engloba as classes mais homogêneas do sistema, correspondente ao nível de séries de solos. Uma série deverá compreender solos pedogeneticamente idênticos, situados em áreas onde dominam *pedons* com horizontes similares, no que diz respeito às feições da paisagem e dos horizontes do perfil do *solum*.

Para identificar unidades de mapeamento correspondentes às séries, normalmente são levadas em conta a forma do terreno, a morfologia dos horizontes, a natureza do material de origem e a drenagem interna. Elas são consideradas um dos principais meios pelos quais informações detalhadas acerca de um solo em determinado lugar podem ser projetadas para solos similares em outros locais. Para a nomenclatura das séries serão utilizados nomes próprios, geralmente referenciados a lugares onde a série foi primeiramente reconhecida, descrita e oficialmente registrada.

15.2 Latossolos: solos profundos, muito intemperizados e sem horizonte de acúmulo de argila

Latossolos são muito intemperizados, com pequena diferenciação de horizontes e, na sua maior parte, sem macroagregados nítidos no horizonte B. Segundo o SiBCS, eles são definidos como possuindo um horizonte B latossólico imediatamente abaixo de qualquer horizonte diagnóstico superficial, exceto horizonte hístico (Fig. 15.2).

O processo mais responsável pela formação dos Latossolos é designado como dessilicatização, concomitante à bioturbação (ver Quadro 13.1). São conhecidos em outros países como *Ferralsols* (FAO/Unesco e WRB), *Oxisols* (*Soil Taxonomy*) ou *Sols Ferralitiques* (França). Algumas classificações mais antigas chamavam-no de "laterita" ou "solo laterítico", termos que ainda são empregados em Geotécnica. Tais nomes estão em desuso, em virtude de o nome laterita (do latim *later* = tijolo, hoje conhecida como plintita, do grego *plinthus* = tijolo) ter sido utilizado para designar material rico em óxidos de ferro, muito endurecido, ou que endurece irreversivelmente ao ser exposto ao sol.

Os Latossolos mais típicos têm horizonte A moderado com transição difusa para um B latossólico muito espesso, com consistência muito friável, alta porosidade e colorações que variam entre avermelhadas, alaranjadas e amareladas. A textura – relativamente uniforme em todo o perfil – varia de média a muito argilosa. A estrutura é composta de agregados granulares, fortemente desenvolvidos e muito pequenos, por vezes denominados

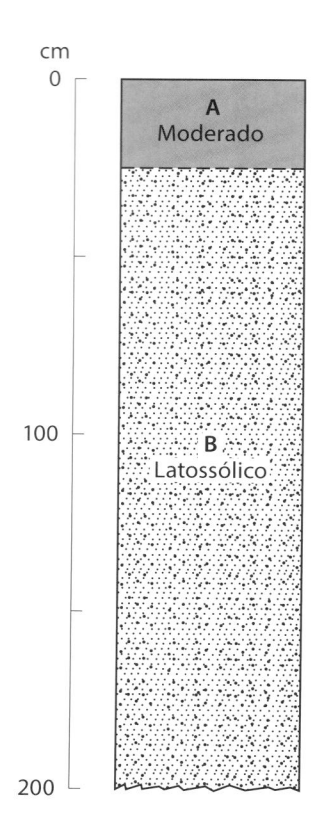

Fig. 15.2 Esquema dos horizontes diagnósticos de um perfil representativo da classe dos Latossolos. Qualquer tipo de horizonte mais superficial, exceto o hístico, pode sobrepor-se ao B latossólico; este é comumente bem espesso (mais de 2 m). Ver também Fig. 17.8 (à esquerda)

"pseudoareias" ou "pó de café". Esses agregados são muito compactos, e estão arranjados de modo tal que deixam entre eles um grande espaço poroso, o que proporciona uma alta permeabilidade, mesmo quando são muito argilosos. São ácidos, apresentam capacidade de troca de cátions e saturação por bases muito baixas, e os minerais mais facilmente intemperizados, bem como a fração silte, estão ausentes ou em proporções muito baixas. Na fração areia predomina o quartzo e, na argila, caulinita e óxidos de ferro e/ou alumínio.

Algumas variações principais do "perfil típico" são: (a) os com horizonte A bastante espesso e escuro (Latossolos com A proeminente ou A húmico); (b) os com cores amareladas no B, aliadas a uma estrutura com macroagregados subangulares; (c) os com horizontes coesos (consistência firme quando úmidos e dura quando secos); (d) os com colorações brunadas; e (e) outros com cores vermelho-escuras, que têm alta saturação por bases (Latossolos Eutróficos).

Os Latossolos são os solos de maior representação no Brasil, ocupando perto de 300 milhões de hectares (31,5% do território nacional; ver Tab. 15.1). No SiBCS, eles estão subdivididos em quatro subordens: (a) Latossolo Bruno; (b) Latossolo Amarelo; (c) Latossolo Vermelho-Amarelo; e (d) Latossolo Vermelho.

Em relação aos fatores e processos de formação, deve-se considerar que as condições de clima tropical úmido atuaram durante muito tempo em um relevo com superfícies relativamente estáveis, como os chapadões do Brasil Central. Nessas condições, houve intensa intemperização dos mais variados tipos de rochas, cujos materiais sofreram, em milhões de anos, erosões e redeposições durante vários ciclos poligenéticos, com intensa remoção de sílica, resultando em um resíduo rico em óxidos de ferro e alumínio e muito pobre em bases, o qual foi influenciado pela fauna (principalmente cupins e formigas).

Os óxidos de ferro que revestem as argilas cauliníticas são responsáveis pela intensa microagregação e pelas típicas cores avermelhadas – quando predomina a hematita – ou alaranjadas – quando predomina a goethita. A pequena coerência entre os agregados, aliada à grande espessura, faz com que os Latossolos sejam preferidos para muitos trabalhos de engenharia que envolvem escavações e aterros.

Muitos dos Latossolos eram, até algumas décadas atrás, considerados solos problemáticos para a agricultura. Contudo, hoje estão sendo muito procurados para atividades agrícolas, principalmente aqueles que se situam na região do Cerrado. Várias condições físicas favorecem a agricultura: estão situados em relevo com inclinação suave, pouco suscetível à erosão hídrica, adequado à mecanização e têm boas propriedades internas advindas da alta friabilidade e permeabilidade; por outro lado, a baixa capacidade de troca faz com que quantidades relativamente pequenas de adubos e calcário sejam necessárias para saturar o complexo de troca com nutrientes e corrigir a acidez.

15.3 Nitossolos: solos medianamente profundos, argilosos com agregados de faces bem nítidas

Nitossolos são medianamente profundos e apresentam fraca diferenciação de horizontes (Fig. 17.13, à direita). Segundo o SiBCS, eles são definidos como possuindo um horizonte B nítico imediatamente abaixo de um horizonte A (Fig. 15.3). Além disso, o B tem argila de atividade baixa e/ou caráter alítico (argila de atividade alta com elevada saturação por alumínio). Ocupam perto de 1,1 % do território brasileiro – Tab. 15.1).

Tab. 15.1 Extensão e distribuição (segundo as classes no nível de ordem) dos solos do Brasil

Classes	Área absoluta (km²)	Área relativa (%)
Latossolos	2.681.589	31,5
Nitossolos	96.533	1,1
Argissolos	2.285.392	26,9
Planossolos	226.562	2,7
Plintossolos	594.600	7,0
Luvissolos	241.911	2,8
Chernossolos	37.206	0,4
Espodossolos	160.893	1,9
Vertissolos	17.631	0,2
Cambissolos	448.268	5,3
Neossolos	1.122.604	13,2
Gleissolos	397.644	4,7
Organossolos	2.231	0,1
Afloramentos rochosos, águas, dunas etc.	8.514.876	2,3

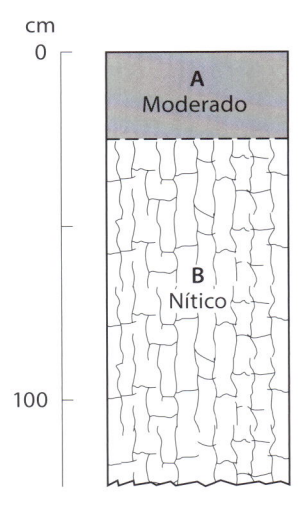

Fig. 15.3 Esquema dos horizontes diagnósticos de um perfil representativo da classe dos Nitossolos. O B nítico pode estar sobposto a qualquer tipo de horizonte mais superficial, exceto o hístico, e sobreposto a um horizonte C ou B latossólico (Nitossolos intermediários para Latossolos)

São solos que tem em comum textura argilosa, ou muito argilosa, sem aumento significativo de argila em profundidade, transição gradual ou difusa do horizonte A para o B, o qual apresenta estrutura com agregados em forma de blocos com superfícies nítidas e brilhantes, descritas como cerosidade (Fig. 9.7). Eles compreendem solos por vezes considerados intermediários para os Latossolos, com os quais muitos ocorrem associados.

Os perfis de Nitossolos considerados mais típicos apresentam predomínio de cor vermelha em todo o perfil, têm diferenciação gradual entre horizontes, alta a média saturação por bases e desenvolvem-se de rochas básicas (diabásio e basalto). Algumas principais variações desse perfil mais típico são os que apresentam horizonte A bastante espesso, escuro e rico em bases (Nitossolos com A chernozêmico); os que apresentam cores brunadas e com baixa saturação por bases (Nitossolos Brunos, subtropicais); os com horizonte nítico pouco espesso acima de um B latossólico (intermediários para Latossolos) e alguns com argila de atividade alta.

15.4 Argissolos: solos com horizonte B de acúmulo de argila

Em geral, Argissolos são bastante intemperizados, mas, ao contrário dos Latossolos e Nitossolos, apresentam um horizonte B bem destacado com expressivo acúmulo de argila e comumente com agregados subangulares. Segundo o SiBCS, eles são definidos como possuindo um horizonte B textural imediatamente abaixo de um horizonte A ou E; além disso, o B textural deve apresentar argila de atividade baixa ou, excepcionalmente, alta se conjugada com saturação por alumínio também alta (Fig. 15.4).

Os Argissolos estão agrupados em uma classe bastante heterogênea, que tem em comum o aumento de argila em profundidade. Ela compreende muitos solos intermediários para classes de outras ordens, principalmente a dos Latossolos. Muitos Argissolos são conhecidos em outros países como *Lixisols*, *Acrisols* e *Alisols* (FAO/Unesco e WRB); *Ultisols* e *Alfisols* (*Soil Taxonomy*).

Os perfis de Argissolos considerados mais típicos apresentam diferenciação moderada a marcante no perfil, com um horizonte E de cor acinzentada e assente

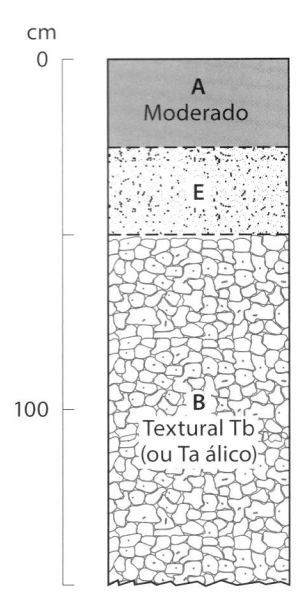

Fig. 15.4 Esquema dos horizontes diagnósticos de um perfil representativo da classe dos Argissolos. O B textural pode estar sobposto a um horizonte E e a qualquer tipo de horizonte mais superficial, exceto o hístico. Ver também Fig. 17.10A

sobre um horizonte B com aumento de argila, espessura mediana (0,5 m a 1,5 m), cores vermelho-amareladas e agregados em blocos subangulares com cerosidade.

Algumas principais variações do "perfil típico" são os que apresentam um horizonte A bastante espesso e escuro (Argissolos com A proeminente), transições difusas entre horizontes (Argissolos intermediários para Latossolos), horizonte superficial arenoso muito espesso (Argissolos arênicos e espessarênicos), argila de atividade alta, horizonte plíntico ou glei abaixo do B textural (intermediários para Plintossolos e Gleissolos), textura com cascalhos, pouco profundos (intermediários para Cambissolos e Neossolos) e os com alta saturação por sódio.

Depois dos Latossolos, os Argissolos são os mais comuns no Brasil, ocupando perto de 26,9% de seu território (Tab. 15.1), e talvez sejam os mais heterogêneos.

A vegetação natural mais encontrada nos Argissolos são as florestas. Uma boa parte deles presta-se bem para agricultura, principalmente quando eutróficos, desde que não estejam situados em relevos com encostas muito declivosas, uma vez que, nessas condições, são muito suscetíveis à erosão hídrica. Essa erodibilidade é agravada quando a textura dos horizontes superficiais é arenosa e com transição abrupta para o horizonte B.

No SiBCS, os Argissolos estão subdivididos em cinco subordens: Bruno-Acinzentados, Acinzentados, Amarelos, Vermelhos e Vermelho-Amarelos. Os Bruno-Acinzentados e os Acinzentados situam-se mais na Região Sul. Os Amarelos encontram-se principalmente na Amazônia e nos tabuleiros costeiros do Nordeste. Os Vermelhos e os Vermelho-Amarelos encontram-se sobretudo na região amazônica e em muitas das áreas antes ocupadas pela Mata Atlântica.

15.5 Planossolos: solos com horizonte B plânico (pouco permeável)

Planossolos têm horizontes superficiais de textura arenosa sobre horizonte subsuperficial de constituição argilosa e também adensada. Segundo o SiBCS, eles são definidos, entre outros detalhes, como possuindo um horizonte A ou E, seguido de um B plânico, não coincidente com horizonte plíntico ou glei (Fig. 15.5), e ocupam cerca de 2,7% do território nacional (Tab. 15.1).

Muitos Planossolos são conhecidos em outros países como *Planosols* (FAO/Unesco e WRB); *Albaqualfs*, *Albaquults* e *Argialbolls* (*Soil Taxonomy*).

Os perfis de Planossolos considerados mais típicos apresentam um horizonte A pouco espesso sobre um horizonte E de coloração pálida, passando abruptamente para um horizonte B pouco permeável e com considerável aumento de argila. Esse aumento é tão grande que, quando o solo está muito úmido, detém um pequeno lençol d'água sobreposto ao horizonte B, e quando está muito seco, pode aparecer uma fenda horizontal abaixo do horizonte E.

No SiBCS, os Planossolos estão subdivididos em duas subordens: Nátricos e Háplicos. Os Nátricos têm alta saturação por sódio e ocorrem no Nordeste semiárido brasileiro e no Pantanal mato-grossense; os Háplicos ocorrem principalmente em baixadas do Rio Grande do Sul, onde muitos são utilizados com cultivo de arroz irrigado.

A maior parte dos Planossolos possui limitações físicas para agricultura. Nos Planossolos Nátricos, o excesso de sódio trocável dispersa as argilas, diminuindo a permeabilidade à água e dificultando a penetração de raízes. O lençol freático suspenso temporariamente, advindo da baixa permeabilidade do horizonte B, mesmo nos Planossolos Háplicos, pode prejudicar o enraizamento de plantas cultivadas não adaptadas a essa situação.

15.6 Plintossolos: solos com horizonte B com muita plintita e/ou petroplintita

Plintossolos apresentam grandes quantidades de segregações de óxidos de ferro na forma de nódulos e/ou concreções, ou em camadas contínuas. Segundo o SiBCS, eles são definidos como possuindo um horizonte plíntico, litoplíntico ou concrecionário, iniciando dentro dos 40 cm ou dos 200 cm da superfície, se precedidos de horizonte glei, ou ainda imediatamente abaixo de horizonte A ou E, ou de outro que apresente cores pálidas com mosqueados (Fig. 15.6). Eles ocupam cerca de 7,0% do território nacional (Tab. 15.1).

Os Plintossolos reúnem-se em uma classe heterogênea, que tem em comum a presença de plintita e/ou petroplintita, compreendendo muitos solos intermediários para classes de outras ordens, como as dos Latossolos, Argissolos e Gleissolos. Muitos deles são conhecidos em outros países como *Plinthosols* (WRB); *Plinthaquox*, *Plinthaqualfs*, *Plinthoxeralfs*, *Plinthustalfs*, *Plinthaquults*, *Plinthohumults*, *Plinthudults* e *Plinthustults* (*Soil Taxonomy*).

Dois são os perfis de Plintossolos que podem ser considerados mais típicos: os com plintita e os com petroplintita. Os com plintita formam-se em locais mal drenados, são pouco espessos, ácidos, com horizontes superficiais bem diferenciados, com coloração acinzen-

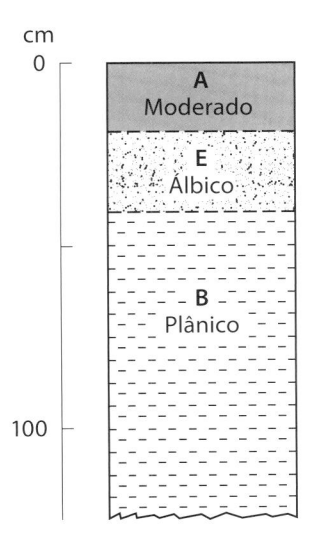

Fig. 15.5 Esquema da posição dos horizontes diagnósticos nos perfis mais típicos dos Planossolos

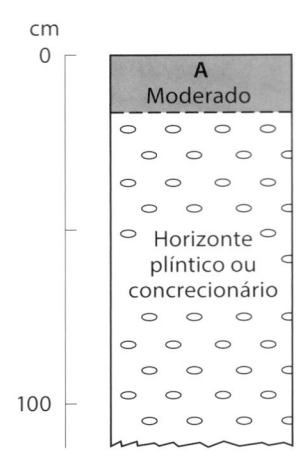

Fig. 15.6 Esquema da posição dos horizontes diagnósticos nos perfis mais típicos dos Plintossolos. Ver também Fig. 17.8 (à direita)

tada típicas da redução e remoção de ferro. Estes são seguidos de horizonte subsuperficial de acúmulo de argila, multicolorido, com mosqueado proeminente de cores avermelhadas e amareladas, constituído de nódulos e/ou concreções ferruginosas macias (a plintita; Fig. 9.15A-C) que endurecem irreversivelmente quando repetidamente secas ao sol.

O material plíntico, se naturalmente ressecado ou desgastado pela ação da **erosão geológica**, pode vir a ficar exposto em condições de boa drenagem, passando a constituir material originário para a formação de um novo solo, desta vez com concreções endurecidas (a petroplintita). Dessa forma, o perfil típico de um Plintossolo com horizonte concrecionário apresenta cores avermelhadas ou alaranjadas, pequena diferenciação de horizontes – à semelhança de um Latossolo –, mas com mais da metade da massa desses horizontes constituída de nódulos e concreções ferruginosas endurecidas e de vários tamanhos (Fig. 17.8, à direita).

No SiBCS, os Plintossolos estão subdivididos em três subordens: Pétricos, Argilúvicos e Háplicos. Os Pétricos, em sua maioria, são bem drenados e têm horizonte concrecionário e/ou petroplíntico (Fig. 17.8), ao passo que os Argilúvicos e os Háplicos, em sua maioria, têm drenagem restrita e horizonte plíntico. Os Pétricos são considerados muito problemáticos para agricultura, tanto por sua baixíssima fertilidade como pela presença de concreções que limitam o enraizamento e dificultam o trabalho de máquinas agrícolas. Por outro lado, para engenheiros civis, a litoplintita constitui um substrato muito estável para edificações e pode ser cortada em blocos para construir paredes e muros; já as concreções petroplínticas são ótimas para pavimentar estradas. Em alguns locais da Amazônia, onde escasseiam os afloramentos rochosos, elas são uma das únicas fontes disponíveis de materiais para pavimentações de estradas.

15.7 Luvissolos: solos com horizonte de acúmulo de argila de alta atividade e elevada saturação por bases

Luvissolos são solos pouco ou medianamente intemperizados, ricos em bases e com acumulação de argila no horizonte B, e ocupam 2,8% do país (Tab. 15.1). Segundo o SiBCS, eles são definidos como possuindo um horizonte B textural imediatamente abaixo de um horizonte A (exceto A chernozêmico) ou E; além disso, o B deve tanto ter argila de atividade alta como elevada saturação por bases (Fig. 15.7).

A maior parte dos Luvissolos é conhecida em outros países como *Luvisols* (WRB), alguns como *Alfisols* e *Aridisols* (*Soil Taxonomy*).

Os Luvissolos têm maior representatividade no Nordeste (antigos Solos Bruno Não Cálcicos), Região Sul (antigos Brunizém-Acinzentados Eutróficos) e alguns no Estado do Acre. No SiBCS, eles estão subdivididos em duas subordens: Crômicos e Háplicos.

Os Luvissolos Crômicos são pouco profundos, com horizonte A delgado (A fraco, seguido ou não de um horizonte E) sobre horizonte B avermelhado, por vezes com acúmulo de carbonato de cálcio; são comuns nas regiões semiáridas do Nordeste brasileiro. Os Luvissolos

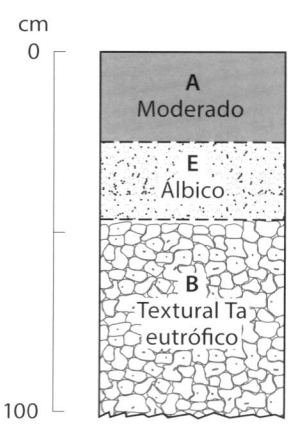

Fig. 15.7 Esquema da posição dos horizontes diagnósticos nos perfis mais típicos da classe dos Luvissolos. Ver também Fig. 17.5

Háplicos têm comumente um horizonte A moderado e um B textural de coloração brunada.

A pequena espessura dos Luvissolos Crômicos do Nordeste semiárido deve-se, principalmente, às condições do clima. As chuvas são mal distribuídas e concentram-se em poucos meses do ano, sob a forma de grandes aguaceiros, o que provoca forte erosão. Por isso, é comum a ocorrência, sobre a superfície, de uma camada de pedras de tamanho variado, deixada pela erosão (Fig. 17.5).

Os Luvissolos Crômicos encontram-se na região semiárida, enquanto os Háplicos situam-se na Região Sul e na Amazônia. No Nordeste semiárido, a acentuada deficiência hídrica, aliada a algumas características físicas pouco favoráveis à agricultura – como pouca espessura e pedras à superfície –, faz com que sua principal utilização seja para a pecuária extensiva. Na Amazônia, alguns Luvissolos foram desmatados e ocupados com pastagens plantadas, ao passo que, na Região Sul, são muito utilizados com lavouras ou pastagens.

15.8 Chernossolos: solos eutróficos com o horizonte A espesso e escuro e o B com argila de atividade alta

Chernossolos apresentam um horizonte superficial espesso, escuro e muito rico em bases e argilas de atividade alta, e compreendem cerca de 0,4% do país (Tab. 15.1). Segundo o SiBCS, eles são definidos como possuindo um horizonte A chernozêmico sobrejacente a um horizonte B textural, ou incipiente, com argila do tipo 2:1 (Fig. 15.8).

A maior parte dos Chernossolos é conhecida em outros países como *Phaeozems* e alguns como *Kastanozems* e *Chernozems* (WRB) e *Mollisols* (*Soil Taxonomy*).

Os perfis de Chernossolos considerados mais típicos têm espessura mediana e apresentam um horizonte A escuro, espesso (mais de 30 cm), com consistência macia (quando seco) e rico em bases. Esse horizonte assenta-se sobre um horizonte B bruno, ou bruno-avermelhado, por vezes escurecido no topo, com estrutura em blocos e evidências de argilas de atividade alta.

No SiBCS, os Chernossolos estão subdivididos em quatro subordens: Rênzicos, Ebânicos, Argilúvicos e Háplicos. Os Rênzicos não têm horizonte B, e o A chernozêmico está diretamente assentado sobre

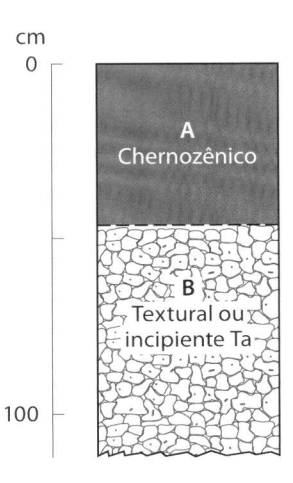

Fig. 15.8 Esquema da posição dos horizontes diagnósticos nos perfis mais típicos dos Chernossolos. Ver também Fig. 17.11

material calcário. Os Ebânicos têm horizonte subsuperficial escurecido e os Argilúvicos apresentam B textural bem desenvolvido e são mais típicos nos campos da campanha gaúcha, principal área de ocorrência dos Chernossolos no Brasil (Fig. 17.11).

Os Chernossolos são considerados por muitos como tendo elevado potencial agrícola, por serem ricos em húmus e bases. No entanto, no Brasil, a maior parte ocorre na região da campanha gaúcha (Rio Grande do Sul), com textura argilosa e em clima relativamente seco; por isso, estão sob vegetação natural de gramíneas que são utilizadas para pastagens extensivas e algumas poucas lavouras. Chernossolos ocorrem também, em pequena escala, em outras regiões de todo o Brasil, em geral relacionadas a rochas básicas e/ou calcários.

15.9 Espodossolos: solos com horizonte B de acúmulo de compostos de ferro, de alumínio e/ou materiais orgânicos

Espodossolos têm um horizonte claro arenoso sobre outro escuro, também arenoso, de acúmulo eluvial de húmus e/ou compostos de ferro e/ou alumínio, e ocorrem em cerca de 1,9% das terras brasileiras (Tab. 15.1). Segundo o SiBCS, são definidos como apresentando horizonte B espódico imediatamente abaixo de um horizonte E, A ou hístico (Fig. 15.9). Na maioria dos outros países, os Espodossolos são conhecidos como *Podzols* (WRB, Rússia), sendo comuns referências aos que ocorrem no Brasil como *Tropical Podzols* e *Spodosols*.

Os perfis mais típicos apresentam um horizonte subsuperficial cimentado e escurecido, logo abaixo de um horizonte E esbranquiçado e muito arenoso. A intensa translocação de compostos de ferro, de alumínio e matéria orgânica, ocasionada por um húmus muito ácido, forma um horizonte B eluvial. Primeiro há uma dissolução química desses compostos, e depois, sua translocação e precipitação no horizonte B.

Em climas úmidos e frios, os processos de migração de ferro e de húmus são condicionados por vegetação de pinheiros (coníferas). No Brasil, esses processos ocorrem sob outros tipos de vegetação, como a das restingas, que cresce em condições de grande umidade e sobre material muito arenoso; tais materiais orgânicos são também muito ácidos, a ponto de dissolver compostos de ferro e alumínio, deslocando-os sob a forma de complexos humometálicos, descolorindo então o local de onde foram mais retirados (no caso, horizonte E) e precipitando-os no horizonte B de forma a escurecê-lo, podendo até cimentá-lo.

Três subordens são reconhecidas no SiBCS: Espodossolos Humilúvicos, Ferrilúvicos e Ferri-humilúvicos. Os Humilúvicos são os que têm acúmulo predominante de carbono e alumínio no horizonte espódico; nos Ferrilúvicos predomina o acúmulo de compostos de ferro e nos Ferri-humilúvicos esse horizonte tem acúmulo tanto de ferro como de carbono. Os Espodossolos do Brasil são muito arenosos, pobres em nutrientes e mal drenados, razão pela qual não são utilizados para agricultura, exceto em poucas áreas do litoral do Nordeste, onde existem alguns cultivos de coco-da-baía e cajueiros. Próximos aos grandes centros urbanos, como no litoral de São Paulo, muitos desses solos estão sendo utilizados para urbanização e turismo por estarem próximos das praias.

15.10 Vertissolos: solos com argilas escuras que se expandem e se contraem

Vertissolos são os solos que formam fendas quando secos por conterem muitas argilas com grande capacidade de expansão e contração. Segundo o SiBCS, eles são definidos como possuindo um horizonte vértico entre 25 cm e 100 cm de profundidade e fendas verticais com, pelo menos, 1 cm de largura, atingindo até 50 cm de profundidade (Fig. 15.10). Ocorrem em cerca de 0,2% do país (Tab. 15.1).

O nome Vertissolo (do latim *vertere* = revirar) refere-se ao constante revolvimento natural do material interno do solo. Em outros países, nomes comuns para esses solos são *Vertisols* (WRB, EUA), *black cotton soils* e *regur* (Índia).

Os perfis mais representativos são cinza-escuro, com insignificante diferenciação de horizontes que apresentam muitas rachaduras na estação seca; os agregados apresentam inclinação em relação ao prumo do perfil e superfícies de fricção em suas faces; a consistência é muito plástica e pegajosa quando molhados, e extremamente dura quando secos.

Os Vertissolos desenvolvem-se de sedimentos finos com argilas do tipo 2:1 (argilitos, p. ex.) ou de produtos de decomposição de rochas que também produzem argilas semelhantes. Situam-se preferencial-

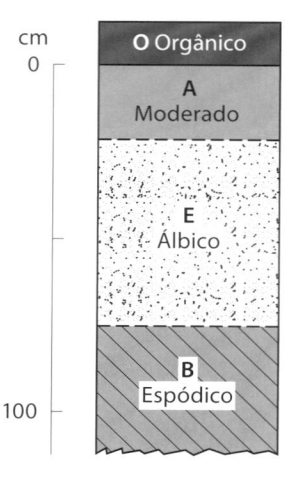

Fig. 15.9 Esquema da posição dos horizontes diagnósticos nos perfis mais típicos dos Espodossolos

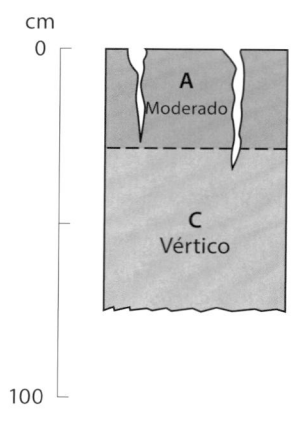

Fig. 15.10 Esquema da posição dos horizontes diagnósticos nos perfis mais típicos dos Vertissolos

mente em baixadas planas ou na parte inferior de encostas, quase planas, mostrando uma superfície irregular, sob a forma de uma série de montículos denominados microrrelevo gilgai. Na estação mais seca, quando as fendas estão mais abertas, o material mais solto da superfície cai no seu interior; na estação chuvosa, o solo expande-se, tendendo a fechar as fendas. Contudo, como elas estão parcialmente preenchidas, o solo "se estufa", formando os montículos característicos.

No SiBCS, os Vertissolos estão subdivididos em três subordens: Hidromórficos, Ebânicos e Cromados. Os Hidromórficos apresentam horizonte gleizado; os Ebânicos têm cor escura e os Cromados, cores mais claras.

Apesar de os Vertissolos terem alta fertilidade natural, eles apresentam muitos problemas para agricultura, por causa das suas propriedades físicas. O material argiloso é muito plástico e pegajoso quando úmido, e muito duro quando seco; isso dificulta – e muito – o trabalho das máquinas agrícolas e o enraizamento das plantas. Por outro lado, os fenômenos periódicos de contração e expansão afetam também os trabalhos de engenharia civil, fazendo com que os Vertissolos apresentem limitações severas para o estabelecimento de fundações de edifícios e leito de rodovias.

15.11 Cambissolos: solos embriônicos, com poucos atributos diagnósticos

Cambissolos são solos em desenvolvimento; o nome Cambissolo (do latim *cambiare* = mudança) refere-se ao material em estado de transformação. Segundo o SiBCS, eles são definidos como possuindo um horizonte B incipiente subjacente a qualquer tipo de horizonte superficial (exceto um hístico com 40 cm ou mais de espessura), desde que o perfil não apresente requisitos definidos para Chernossolos, Plintossolos ou Gleissolos (Fig. 15.11). Abrangem cerca de 5,3% do Brasil (Tab. 15.1).

Os perfis mais típicos dos Cambissolos ocorrem em áreas de relevo acidentado, são pouco profundos, com argilas de atividade média a alta, discreta variação de textura, quantidades relativamente elevadas de minerais primários facilmente intemperizáveis. Algumas principais variações desse perfil mais típico são os intermediários para Latossolos e aqueles desenvolvidos de sedimentos aluviais, em áreas planas.

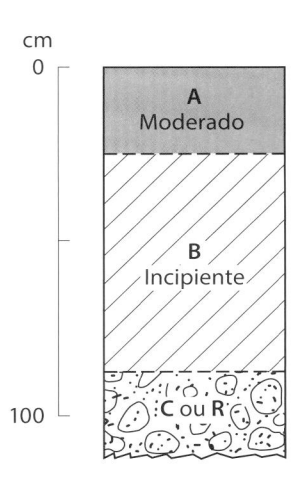

Fig. 15.11 Esquema da posição dos horizontes diagnósticos nos perfis mais típicos dos Cambissolos

No SiBCS, os Cambissolos estão subdivididos em três subordens: Húmicos, Flúvicos e Háplicos. Os Húmicos têm um horizonte superficial escurecido e espesso e ocorrem mais em regiões montanhosas mais frias. Os Flúvicos ocorrem em planícies fluviais. Já os Háplicos são os mais comuns e compreendem grandes grupos com características muito variáveis.

Uma grande parte dos Cambissolos está sob vegetação natural, pois se localiza em áreas montanhosas de difícil acesso e manejo. Outros encontram-se sob uma grande variedade de usos agrícolas; contudo, a pouca espessura do solo, a pedregosidade e a baixa saturação por bases colocam muitas restrições para a agricultura.

15.12 Neossolos: solos relativamente jovens com pouco desenvolvimento do perfil

Neossolos são os solos com pouca ou nenhuma evidência de horizontes pedogenéticos subsuperficiais, e ocorrem em 13,2% do território nacional (Tab. 15.1). Segundo o SiBCS, eles são definidos como constituídos de material mineral ou orgânico com menos de 20 cm de espessura, não apresentando qualquer tipo de horizonte B diagnóstico (Fig. 15.12).

Quatro são os perfis mais típicos dos Neossolos: um horizonte A assentado (a) diretamente sobre a rocha (sequência AR), ou (b) sobre um horizonte C (sequência AC) constituído de sedimentos aluviais recentes, ou (c) sobre um horizonte C constituído de rocha em decomposição (mas mantendo sua estrutura original), ou (d)

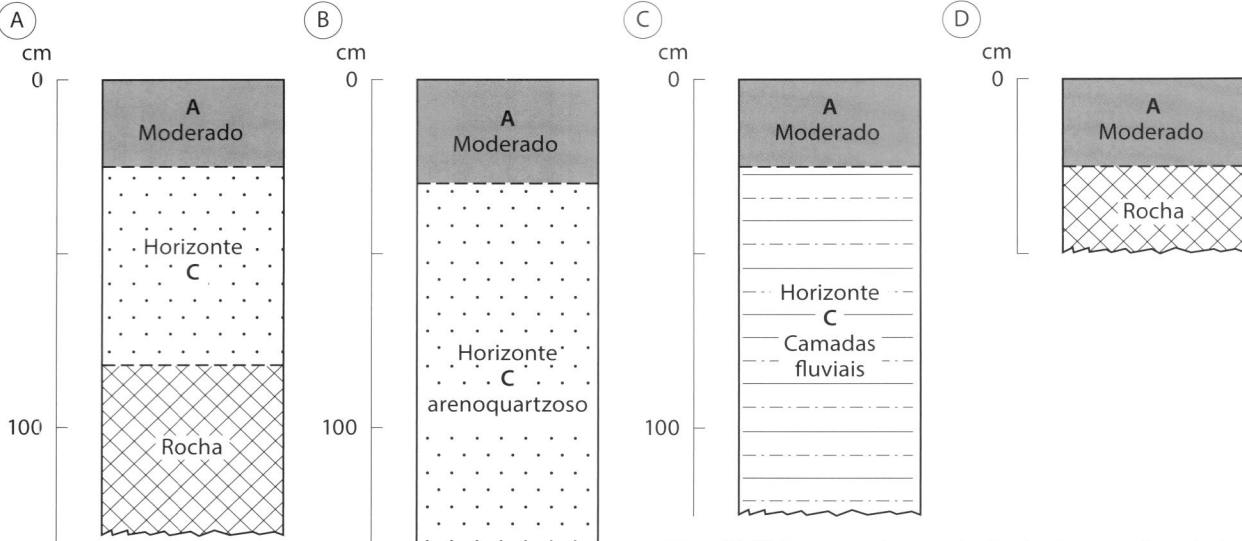

Fig. 15.12 Esquema da posição dos horizontes diagnósticos nos perfis mais típicos das quatro subordens dos Neossolos: (A) Neossolo Regolítico; (B) Neossolo Quartzarênico; (C) Neossolo Flúvico; (D) Neossolo Litólico

sobre um horizonte C constituído de areias quartzosas. Estes correspondem, respectivamente, a quatro subordens de Neossolos (Fig. 15.12): Litólicos, Flúvicos, Regolíticos e Quartzarênicos.

Os Neossolos Litólicos distribuem-se por todo o Brasil, com predomínio em declives acentuados. Muitas são as limitações para seu uso agrícola, em razão do encontro de rocha a pouca profundidade e da frequente pedregosidade. Os Flúvicos situam-se em relevos aplainados e têm espessura significativa para o desenvolvimento do sistema radicular dos cultivos; no entanto, podem estar sujeitos a frequentes inundações. Os Regolíticos, apesar de não apresentarem rocha a pouca profundidade (ou contato lítico), apresentam limitações pela suscetibilidade à erosão, semelhantes às dos Litólicos. Os Neossolos Quartzarênicos, por serem muito arenosos, apresentam limitações pela baixa capacidade de armazenar água e nutrientes para as plantas.

15.13 Gleissolos: solos minerais afetados por água subterrânea

Gleissolos ocorrem em aproximadamente 4,7% das terras do Brasil (Tab. 15.1), sendo comuns nas baixadas úmidas, o que favorece neles a saturação com água por períodos suficientes para desenvolverem uma coloração com padrões acinzentados característicos. Segundo o SiBCS, eles são definidos como constituídos por material predominantemente mineral, com horizonte glei iniciando-se dentro dos primeiros 150 cm da superfície e imediatamente abaixo de um horizonte A ou H pouco espesso, e, entre outros detalhes, não possuem B textural e não apresentam mudança textural abrupta ou plintita acima dos 200 cm de profundidade (Fig. 15.13).

Dois são os perfis mais típicos dos Gleissolos: os que têm horizonte escurecido (A húmico e/ou horizonte hístico) e os que têm A moderado. Ambos têm um horizonte acinzentado que comumente apresenta mosqueados na zona de oscilação do lençol freático (Fig. 9.15D,E).

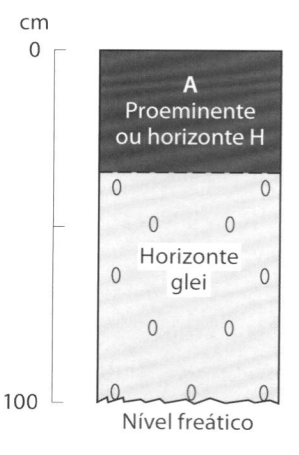

Fig. 15.13 Esquema da posição dos horizontes diagnósticos nos perfis mais típicos dos Gleissolos

O SiBCS distingue quatro subordens de Gleissolos: Tiomórficos, Sálicos, Melânicos e Háplicos. Os Tiomórficos são os que apresentam horizonte com apreciáveis quantidades de sais de enxofre, quase sempre por influência de águas marinhas. Eles incluem muitos dos solos com vegetação de mangue. Os Sálicos são aqueles com elevados teores de sais solúveis, tanto por se situarem próximos ao mar como por estarem em regiões semiáridas. Os Melânicos são os que apresentam horizonte superficial mais escuro (hístico, húmico, proeminente ou mesmo chernozêmico) e são comuns nas áreas de transição para Organossolos. Os Háplicos são os que apresentam horizonte superficial mais claro.

A grande maioria dos Gleissolos situa-se em várzeas que permanecem encharcadas de água na maior parte do ano e têm lençol freático elevado. Para serem utilizados para agricultura, necessitam primeiro ser drenados e também protegidos de inundações.

15.14 Organossolos: solos orgânicos

Organossolos são os solos escuros, compostos predominantemente por materiais orgânicos formados por um grande acúmulo de restos vegetais, em locais onde muito lentamente se decompõem. Segundo o SiBCS, eles são definidos como os que apresentam horizonte hístico com mais de 40 cm de espessura (Fig. 15.14) (ou com no mínimo 30 cm, se diretamente acima de rocha). Eles ocorrem em menos de 0,1% do território nacional (Tab. 15.1).

Os nomes mais comuns dos Organossolos em outros países são *Histosols* (WRB e *Soil Taxonomy*).

O SiBCS distingue três subordens dos Organossolos: (a) Tiomórficos, (b) Fólicos e (c) Háplicos. Os Tiomórficos são os que apresentam horizonte com apreciáveis quantidades de sais de enxofre (tiossulfatos). Os Fólicos são aqueles em que a saturação por água atinge um período máximo de 30 dias consecutivos, durante o período mais chuvoso, com presença de horizonte hístico originado pelo acúmulo de restos vegetais em vários estágios de decomposição. Os Háplicos têm menor densidade e os maiores teores de materiais orgânicos (Fig. 15.15).

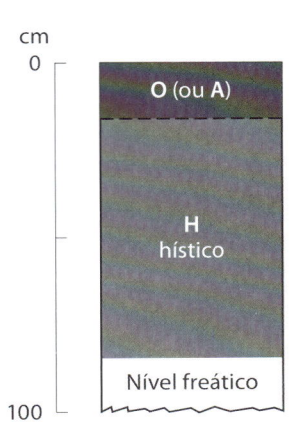

Fig. 15.14 Esquema da posição dos horizontes diagnósticos nos perfis mais típicos da classe dos Organossolos

15.15 Perguntas para estudo

1. Cite dois exemplos de horizontes diagnósticos de superfície e de subsuperfície usados no SiBCS. Qual a diferença entre esses horizontes diagnósticos e os horizontes pedogenéticos? *(Dica: consulte as seções 15.1.1 e 14.3).*

2. Qual a classe, no nível de ordem, de um solo que não tem horizonte H com mais de 40 cm de espessura e também não tem nenhum dos horizontes B diagnósticos ou horizontes glei, plíntico ou vértico logo abaixo do horizonte A? *(Dica: consulte o Quadro 15.3).*

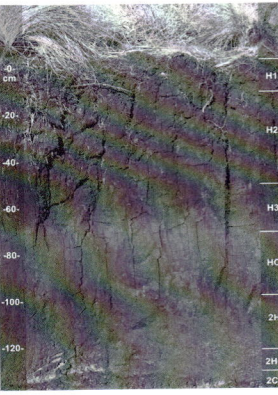

Fig. 15.15 Paisagem e perfil (com designação dos horizontes) de um Organossolo situado em uma vereda da Região do Triângulo Mineiro (MG) (Fotos e montagem do perfil: John Kelley)

3. Quais os horizontes diagnósticos de subsuperfície que caracterizam as seguintes classes de solo: Latossolo, Nitossolo e Argissolo? *(Dica: consulte as seções 15.2, 15.3 e 15.4).*

4. No SiBCS, qual o critério adotado para agrupar os solos no nível categórico de subgrupo? *(Dica: consulte a seção 15.1.5).*

5. Quais são as classes, em nível de subordem, dos Neossolos? Quais as principais características que distinguem solos de uma e outra dessas classes? *(Dica: consulte a seção 15.12).*

6. Quais termos de um solo classificado como "Latossolo Vermelho-Amarelo distrófico latossólico" correspondem às categorias de grande grupo, ordem, subgrupo e subordem? *(Dica: consulte a seção 15.1).*

7. Quais os horizontes diagnósticos de superfície que caracterizam a classe dos Chernossolos? Quais as principais características desse horizonte? *(Dica: consulte o Quadro 15.2 e a seção 15.8).*

8. Quais as principais características do horizonte espódico e que classe de solos, ao nível de ordem, possui esse tipo de horizonte? *(Dica: consulte os Quadros 15.2 e 15.3).*

9. Quais as principais características do horizonte B textural e que classes de solos, ao nível de ordem, possui esse tipo de horizonte? *(Dica: consulte os Quadros 15.2 e 15.3).*

10. Embora o quinto nível (família) do SiBCS não esteja completamente estruturado, quais informações poderiam ser obtidas de um solo enquadrado nesse nível? *(Dica: consulte a seção 15.1.6).*

Lição 16

Levantamentos de solos e suas interpretações

Não existem demarcações rígidas entre um corpo de solo e outro. Ao contrário, existe uma gradação de propriedades quando passamos de um indivíduo solo para outro que lhe é adjacente. Essas gradações nas propriedades do solo podem ser comparadas às nuanças em comprimentos de ondas de luz quando sua vista capta uma cor do arco-íris e, em seguida, se move para outra. A mudança é gradual e, ainda assim, identificamos um limite diferenciado: aquilo a que chamamos de vermelho e o que chamamos de amarelo.

(Brady e Weil, 2002)

Arco-íris nas montanhas de Teresópolis, RJ (Foto: Mendel Rabinovitch)

Conforme vimos, os solos apresentam-se sob formas bastante variáveis. Nesta lição, vamos ver como essa variabilidade pode ser representada nos mapas de solos, os quais são elaborados a partir de levantamentos que fazem exame, descrição, mapeamento sistemático e classificação dos solos de uma determinada área. Os mapas de solo são considerados a melhor forma de aplicar a Ciência do Solo para fins de planejamento do uso e manejo da terra.

Esses levantamentos visam entender a organização espacial dos solos no ambiente, a fim de estudá-lo por meio de uma abordagem que é, ao mesmo tempo, específica e interdisciplinar. Eles também contribuem para muitos estudos geográficos, geológicos, biológicos e pedológicos e, em especial, para o desenvolvimento da taxonomia do solo e a verificação de sua aptidão para vários usos.

16.1 Utilidades dos levantamentos pedológicos

Você já deve ter assistido a várias reportagens na televisão, em jornais e revistas acerca de como terras de determinada região devem ser utilizadas, quer seja para agricultura ou urbanização; e também notícias sobre como o uso inadequado do solo vem causando catástrofes, tais como deslizamentos de terra, inundações e erosões. Na Amazônia, por exemplo, a substituição da floresta por pastagens ou lavouras – com os desmatamentos – costuma ser indiscriminadamente condenada por muitos, enquanto outros afirmam que pelo menos algumas dessas áreas necessitam ser agricultadas para atender à crescente demanda de alimentos. Dessas controvérsias surgem várias indagações: em quais solos a urbanização deve ser evitada, priorizando florestas ou agricultura? Na Amazônia existem solos que podem ser desmatados e transformados em campos de cultivo sem causar danos ambientais? Em um determinado município que produz muito lixo, quais solos são mais apropriados para a implantação de um aterro sanitário? Para atender a estas indagações, outra questão surge: onde se situam os solos mais apropriados para esses usos? Esta questão só poderá ser bem respondida consultando um mapa de solos.

Essas questões ressaltam também a importância do planejamento adequado para o uso da terra, o que requer uma boa avaliação dos atributos do solo, incluindo suas distribuições no espaço e as demandas dos usos específicos que dele queremos fazer. Infelizmente, muitas terras estão sendo utilizadas em locais não apropriados para agricultura.

Para decidirmos como melhor usar os solos sem degradá-los, é necessário primeiro conhecê-los bem. E temos que conhecer não somente como um determinado solo é, ou por que ele é "daquele jeito", mas também saber *onde* ele está. É nesse aspecto que os mapas de solos são mais úteis: qualquer projeto que envolva o uso dos solos – seja a instalação de um aterro sanitário, seja a escolha e o manejo de um tipo de cultivo em uma gleba de uma fazenda – será beneficiado por um prévio mapeamento dos seus solos.

Você que, em um futuro próximo, poderá ser solicitado a cooperar na previsão de possíveis problemas ambientais, certamente precisará saber que tipos de solo estão presentes na região em pauta. Para isso, nada melhor do que consultar um levantamento de solos dessa região. Vamos ver, então, o que são e como são feitos e apresentados esses levantamentos.

16.2 Conceitos, definições e modo de execução dos levantamentos pedológicos

Um levantamento de solos consta de um *mapa* e um texto denominado *relatório do levantamento*. No mapa, além do título e das referências, há uma legenda, escala gráfica, coordenadas geográficas e delineamentos que mostram a distribuição espacial dos solos. Na sua legenda são indicados quais tipos de solos existem nas unidades de mapeamento. O relatório do levantamento traz uma descrição geral dos aspectos fisiográficos da área (clima, relevo, vegetação, geologia etc.), a classificação dos solos, as suas descrições morfológicas e os dados de análise de laboratório de perfis representativos. Além disso, muitos desses relatórios trazem interpretações da aptidão dos solos para diferentes usos.

Ao observarmos um mapa de solos, normalmente surgem algumas interrogações: Como ele foi feito? Ele fornece informações de importância prática ou é um "painel" simplesmente acadêmico?

Antes de tudo, é necessário ter em mente que um mapa é a transposição de uma entidade natural relacionada à geografia dos solos. Contudo, é sempre necessário considerar que ele não é uma representação exata da realidade: para sua representação real, ele teria que ser apresentado em uma escala de 1:1. Na realidade, o mapa é um modelo reduzido; sua realidade tem que ser simplificada em função de objetivos. Os mapas pedológicos podem ser apresentados em várias escalas, desde os exploratórios, cujas escalas são menores, até os detalhados e os ultradetalhados, com escalas maiores (*vide* Quadro 16.1); esses últimos são os únicos que podem ser diretamente mais úteis ao planejamento de propriedades agrícolas. Por essa razão, uma ênfase maior a esses tipos de levantamento será dada nesta lição.

Ao iniciar um levantamento, o operador de campo se defronta com três ocupações principais: (a) definir as diferentes feições que ocorrem na paisagem; (b) reunir informações sobre a natureza de cada solo; e (c) identificar a posição das diferentes unidades de mapeamento que for capaz de distinguir, para delineá-las em um mapa. Dessa forma, os mapas pedológicos são elaborados passo a passo, usando metodologia científica através da realização de observações e elaborações de hipóteses a serem validadas e aplicadas.

Portanto, esses mapas e seus respectivos relatórios são o resultado de um minucioso trabalho e contêm muitas informações; contudo, nem sempre são de fácil acesso para o não especialista. Quem os sabe ler e interpretar descobre que podem se prestar às mais diversas finalidades de caráter prático, mas, para isso, é preciso que se adquira algum conhecimento básico que permita deles extrair informações de maior interesse, por um processo de desagregação lógica dos dados neles contidos.

Em um mapa detalhado de solos, encontramos os delineamentos de vários indivíduos solo. Porém, na natureza, não existem indivíduos ou corpos de solos estritamente independentes. Este conceito é restrito a ciências como a Botânica (uma planta) ou Zoologia (um animal). Os solos compõem uma espécie de contínuo, apesar de variações de suas propriedades por vezes serem suficientemente abruptas para demarcar seus contornos com polígonos nos mapas. Contudo, é muito útil considerarmos os solos como se fossem indivíduos distintos, porque facilita a organização do conhecimento sobre eles sob a forma de classificações e possibilita o delineamento em mapas. Quando vemos em um mapa limites rígidos de tipos de solos, devemos lembrar que as gradações nos atributos de dois solos adjacentes podem ser comparadas às gradações em comprimentos de ondas das cores do arco-íris, ou seja, as mudanças são graduais, mas mesmo assim podemos identificar os locais de suas sete cores (como se fossem sete diferentes corpos de solos) (ver a figura inicial desta lição).

Com dezenas a centenas de delineamentos que podem ocorrer em uma região, a elaboração de um mapa pedológico pode parecer uma tarefa monstruosa, quase interminável. Contudo, quem o elabora tem sempre em vista que esses corpos naturais são resultados do clima e dos organismos agindo sobre um determinado material de origem sob a influência do relevo local e durante determinado tempo. Por isso, eles têm certo grau de previsibilidade: em uma determinada área onde os fatores de formação do solo são similares, é de se esperar que a maioria dos seus *pedons* sejam idênticos; isso é o que forma a base científica (ou paradigma) dos levantamentos de solos. Portanto, por ser impraticável "escavar por todas as partes" para expor os perfis dos solos, os pedólogos delineiam os tipos de solos muito mais pela observação das feições externas (ou paisagens) do que pelas feições internas (ou perfis) dos solos.

Vários elementos são usados para a elaboração de um mapa de solos (Fig. 16.1). Em resumo, o mapa é fruto de (a) observações indiretas; (b) observações diretas; e (c) extrapolação de conhecimentos prévios de pedogênese e dos trabalhos de campo efetuados anteriormente. As observações indiretas são feitas através do uso de fotografias aéreas e de satélites ou modelos digitais de elevação do terreno, elaborados por computadores. As observações diretas são aquelas feitas no campo tanto por visadas da paisagem como por exame do perfil do solo em trincheiras ou com o uso do trado (Fig. 16.4) e as extrapolações de conhecimentos pedológicos são feitas com os aprendizados sobre pedogênese e taxonomia adquiridos pelo pedólogo, tanto nos estudos teóricos como pela prática dos trabalhos de campo.

Para efetuar um levantamento pedológico em uma determinada região, usando a síntese ilustrada na Fig. 16.1, os pedólogos primeiramente fazem uma pesquisa bibliográfica sobre trabalhos de geologia, clima etc. Em seguida, fazem um exame de imagens de satélite, fotos aéreas ou modelos digitais de elevação do terreno (Figs. 16.2 e 16.3) e percorrem as suas principais estradas e trilhas, fazendo paradas ocasionais para examinar e anotar os diferentes tipos de paisagem existentes e os perfis de solos correspondentes. Feito isso, decidem sobre a melhor forma de identificar os solos predominantes, elaborando uma legenda preliminar com o modelo conceitual solo-paisagem e os tipos de perfis

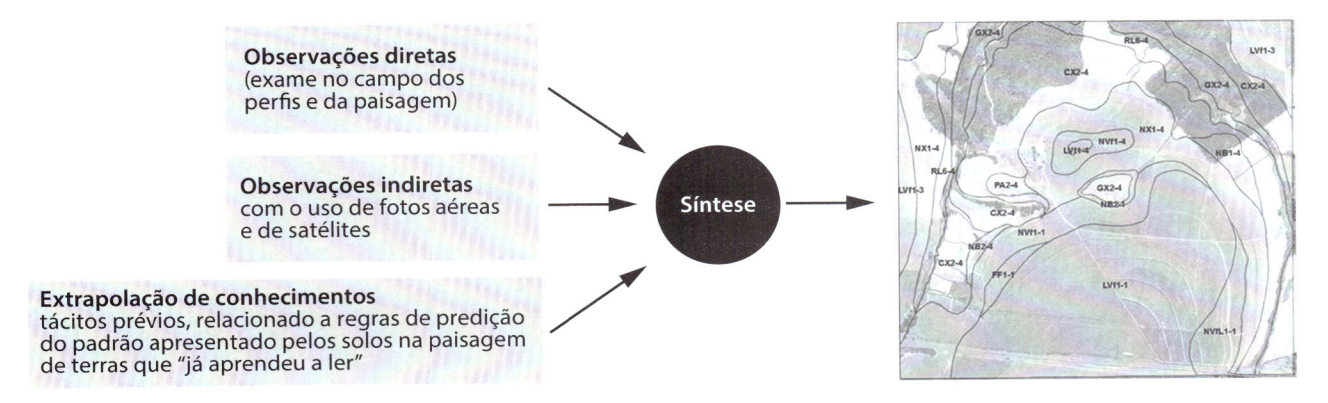

Fig. 16.1 Elementos usados para a elaboração de um mapa de solos. O pedólogo desenha o mapa sintetizando conhecimentos derivados da combinação de observações indiretas do solo feitas em fotos aéreas, imagens de satélites etc.; observações diretas (no campo) da paisagem e, em alguns pouco locais, dos perfis dos solos; e extrapolação de conhecimentos sobre pedogênese e uso de regras de predição relacionadas ao padrão de distribuição dos solos que ele aprendeu com a prática obtida em outras áreas que antes mapeou
Fonte: adaptado de Legros (2006).

de solo que ocorrem na área em pauta (Fig. 16.3). Com o modelo em mente e de posse da legenda preliminar, os pedólogos passam para outra etapa: o mapeamento propriamente dito, no qual a área é percorrida de forma mais detalhada para determinar onde os solos relacionados na legenda preliminar se situam e delinear, em um mapa-base, seus limites laterais. Esse mapa-base poderá ser uma fotografia aérea ou de satélite.

Dois principais métodos podem ser usados para mapear: (a) mapeamento por malha de observações (*grid mapping*) e (b) mapeamento livre (ou categórico). Detalhes sobre eles estão no Boxe 16.1. Nos últimos 20 anos, as técnicas de mapeamento de solos com uso de ferramentais digitais e modelos matemáticos foram bastante desenvolvidas – é o que está sendo chamado de Mapeamento Digital de Solos (MDS), descrito no Boxe 16.4.

As características da paisagem podem ser identificadas examinando-se as diversas feições do relevo, o que comumente é feito no campo, e avaliando, em relances, as diferentes feições da paisagem. Por exemplo: nos levantamentos detalhados de áreas com relevo ondulado, é comum a identificação de feições como (a) topo quase plano (ou interflúvio); (b) ombro; (c) encosta convexa, linear ou côncava e (d) sopé (Fig. 16.2).

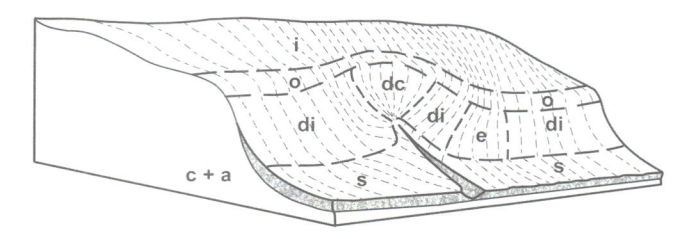

Fig. 16.2 Bloco-diagrama ilustrando a encosta de uma colina ou morrote onde foram delineados diferentes segmentos do relevo que poderão corresponder a diferentes tipos de solo: i: interflúvio, cimeira ou topo quase plano; o: ombro da encosta; dc: declive côncavo (ou cabeceira em anfiteatro); di: declive linear ou meia-encosta retilínea; e: declive convexo ou esporão; e s: sopé ou talude com colúvios e alúvios (c + a = colúvios mais alúvios)
Fonte: adaptado de Ruhe e Walker (1968).

Fig. 16.3 As principais etapas que são executadas em um levantamento pedológico detalhado para a elaboração do mapa de solos e seu relatório (Fotos: Osmar Bazaglia Filho)
Fonte: adaptado de Legros (2006).

Boxe 16.1 Métodos de mapeamento de solos

Quaisquer métodos de levantamentos pedológicos baseiam-se na noção de similaridade entre solos: nos levantamentos detalhados, mapear consiste em agrupar *pedons* que são similares no que diz respeito ao seu uso e manejo e separar os que não o são. Como mesmo nas escalas maiores não é possível mapear áreas com 100% de *pedons* idênticos, na prática mapeiam-se áreas em que eles dominam – normalmente em 70% da área. Dois principais procedimentos são empregados para identificação e delineamento de áreas em que dominam *pedons* similares: (a) mapeamento sintético "por malha" de observações (*grid mapping*) e (b) mapeamento analítico ou categórico, também chamado de "livre".

No mapeamento "por malha", a área é subdividida em porções menores, geralmente polígonos regulares, cujas interseções formam uma malha (p. ex., um quadriculado) na qual descrições e amostragens são sistematicamente feitas. Depois de a morfologia dos perfis de solo ter sido descrita e eventualmente amostras terem sido retiradas e analisadas no laboratório, a malha é tratada por processos que arranjam os *pedons* em sub-assembléias. Uma identificação, derivada de um processo de classificação baseado em graus de similaridade, pode ser colocada em cada ponto da malha; depois os limites são introduzidos, separando-se os pontos do *grid* que possuem identificadores diferentes.

Existem várias vantagens e desvantagens do mapeamento por malha. Entre as principais desvantagens está a dificuldade de definir similaridade entre *pedons* adjacentes. Surgem dúvidas como: dois perfis com apenas pequenas diferenças em muitas propriedades são tão similares como outros dois que obviamente diferem em uma só propriedade?

Por isso, é sempre aconselhável que o teste de similaridade seja feito também no campo, ou em imagens de boa resolução, onde o operador é mais capaz de decidir e escolher a melhor solução, pois leva em conta todo um conjunto de características, como forma, declive e posição das feições do relevo e da vegetação. Por outro lado, se um computador é usado, essa noção de conjunto frequentemente passa despercebida, favorecendo separações decorrentes de uma só propriedade, o que pode resultar na separação de *pedons* idênticos. Outra desvantagem é que esse procedimento só dá bons resultados se houver muitos pontos de observação; esse método é demorado, caro, tedioso e difícil de ser aplicado rotineiramente. Entre as principais vantagens está a de que pode ser mais apropriado quando os limites dos solos não estão claramente relacionados com os da paisagem, e quando outros fatores, como tipos de rochas ou corpos sedimentares, não são percebidos pelo operador de campo, por sua falta de conhecimentos.

No mapeamento categórico, o operador trabalha com livre escolha do local de suas observações. Os locais a serem observados constituem pontos em que, examinando em relances no campo ou em fotos aéreas sob estereoscópio, hipóteses são lançadas, baseadas em conhecidas relações solo-paisagem (*vide* Figs. 16.1 a 16.3). De todos os métodos, este é o que requer maior esforço para a compreensão do meio, e é também o mais usado universalmente. Nesse método, os solos são delineados com base nos modelos conceituais solo-paisagem, baseados na experiência do pedólogo, com conhecimentos tácitos, mas que podem ser explicitados com conhecimentos de geomorfologia, estratigrafia e hidrologia, que muito ajudam nas tomadas de decisão que são feitas durante os trabalhos de campo e de escritório. Entre as vantagens está a de que, baseando-se em observações feitas diretamente no campo ou em fotos aéreas, os resultados são mais confiáveis porque as unidades de mapeamento podem se aproximar mais do conceito de solo como corpo natural. Contudo, esse método muitas vezes é criticado por ser empírico e por requerer alta competência e preparo – tanto prático como teórico – do operador de campo.

A verificação das similaridades – ou das diferenças – dos solos que dominam nessas feições é feita principalmente pelo exame da morfologia do perfil do solo. Em paisagens com formas semelhantes dominam *pedons* semelhantes, ou seja, aqueles que têm perfis com "anatomias" idênticas. Isso é feito lançando hipóteses como: "em tais locais (p. ex., topos quase planos de uma colina) deve ocorrer um solo de tal tipo que poderá ser enquadrado em tal classe (p. ex., Latossolo Vermelho, indicado nos mapas pelo símbolo LVd). Depois da hipótese lançada, é necessário ir até o local para testá-la.

Por razões operacionais, apenas uma minúscula porção do interior do solo pode ser observada para testar essas hipóteses (por exemplo, em uma prospecção com um trado; ver Fig. 16.4). No campo, nesses pequenos volumes, as morfologias (textura, cor e outras características) são observadas e mentalmente comparadas com as de todos os outros solos da região, já anotados em uma legenda preliminar desenvolvida na fase de elaboração do modelo solo-paisagem (Fig. 16.3).

Depois de terminados os delineamentos no mapa-base de campo, será necessário dar um nome às unidades de mapeamento; para isso, é preciso descrever perfis de solo e obter amostras para caracterizá-lo com a descrição morfológica e análises físicas, químicas e mineralógicas (*vide* Lição 14). Para isso, faz-se uma "autópsia" de uma pequena porção mais expressiva de um ou dois delineamentos mais representativos de cada tipo de solo, onde um *pedon* é descrito e amostrado (Fig. 16.5). Com a descrição morfológica e as análises de laboratório, os solos podem ser classificados e nomeados segundo as respectivas classes taxonômicas que serão indicadas na legenda do mapa de solos. Outra alterna-

Fig. 16.4 À esquerda: durante as atividades de mapeamento de solos, muitos recursos diferentes são utilizados pelos(as) pedólogos(as) para se localizarem no campo, a fim de identificar os solos que delinearam com base em observações das feições da paisagem, incluindo GPS. À direita: para fins de identificação dos solos antes delineados, muitas vezes o seu perfil não pode ser examinado em uma trincheira ou corte de estrada, sendo necessário, portanto, o uso de um trado (Fotos: cortesia de Profa. Adriana Ribon)

Fig. 16.5 Pedólogos em seu trabalho de finalização de um mapa de solos, examinando e descrevendo perfis de solos expostos em trincheiras localizadas em pontos mais representativos. Após a descrição do perfil e da paisagem, efetuam-se coletas de amostras de todos os horizontes para exame em laboratório e confirmação da classificação dos solos (Fotos: John Kelley, cortesia de NRCS/USDA)

tiva seria identificar os solos da unidade de mapeamento como uma legenda codificada alfanumérica usada nos levantamentos utilitários (ver seção 16.6).

16.3 Unidades taxonômicas *versus* unidades de mapeamento

16.3.1 Conceitos e objetos

A taxonomia do solo (Lição 14) nos permite dar um "nome científico" ao solo, organizando nosso conhecimento sobre os conceitos atuais de todos os solos existentes e subdividindo seu universo, para que as suas propriedades sejam mais facilmente entendidas e lembradas; elas baseiam-se essencialmente em atributos do interior do solo (*pedon* e perfil) e seus limites são estabelecidos com base em conceitos abstratos. Uma classe (ou táxon), seja ela pertencente à categoria de ordem, subgrupo ou família, é um conceito abstrato estabelecido para abranger intervalos específicos de atributos do solo reunidos para uma categorização taxonômica. Portanto, cada uma das unidades taxonômicas tem intervalos de propriedades definidos por mentes humanas e, por isso, não tem existência real, podendo ser definidas também como uma aproximação daquilo que pressentimos serem verdades.

Por outro lado, as unidades de mapeamento representam objetos reais encontrados na natureza que resultam do agrupamento de delineamentos de solos com o mesmo nome, símbolo, cor ou outro tipo de representação. O nome dos solos normalmente é dado com base na imagem do seu perfil modal. Tanto as unidades taxonômicas como as de mapeamento são necessárias aos levantamentos de solos, mas, ao fazermos nossos mapas, seus conceitos devem ser mantidos separados, porque são distintos.

16.3.2 Tipos de unidades de mapeamento

Muitas vezes não é possível delinear unidades de mapeamento nas quais domina um único tipo de solo. Isso ocorre, por exemplo, quando os solos se situam em padrões intrincados ou repetitivos, tornando-se praticamente impossível delineá-los na escala do mapa (veja no Quadro 16.1 as áreas mínimas possíveis de serem mapeadas de acordo com a escala do mapa e o tipo de levantamento). Nesse caso, em vez de uma unidade simples, o mapa mostra uma unidade combinada que pode ser uma associação, um complexo de solos ou um grupamento indiferenciado.

No caso das associações, os delineamentos englobam dois ou mais tipos de solos, enquadrados em diferentes classes e indicados pela posição topográfica que preferencialmente ocupam na paisagem. Por exemplo: encostas com os Latossolos ocupando as partes mais elevadas, os Argissolos, as partes medianas e os Neossolos, as porções inferiores das encostas.

Por vezes, também as classes que dão nome às unidades de mapeamento têm subdivisões (chamadas "fases"), visando fornecer subsídios a interpretações agrícolas e não agrícolas, de acordo com diferentes ocorrências de vegetação, relevo etc. O Boxe 16.2 traz mais informações sobre tipos de unidades de mapeamento.

16.4 Tipos de levantamentos pedológicos

Os mapas pedológicos podem ser apresentados em diferentes graus de detalhamento, o que depende tanto da intensidade dos trabalhos de campo como da escala de publicação. O conceito de escala é muito importante nos mapas de solos, pois essas escalas determinam o que o pedólogo pode observar e delinear. Como ressaltado anteriormente, o mapa é sempre um modelo reduzido da área que representa; sua realidade tem que ser simplificada em função de objetivos – ele só poderia representá-la "ao pé da letra" se fosse feito na inexequível escala 1:1. É necessário considerar que a escala influencia a composição das unidades de mapeamento: ela deve ser grande o bastante para permitir que as áreas mínimas de interesse sejam mostradas de uma forma legível. Como regra geral, considera-se que a área mínima mapeável (e legível), em um mapa na escala de 1:5.000, corresponde a 0,2 ha; em outro, na escala de 1:50.000, essa área mínima legível será de 110 ha; e, na escala de 1:500.000, a correspondência é de 1.000 ha.

Os mapas pedológicos feitos sem trabalho de campo, chamados de *generalizados* ou de *esquemáticos*, são compilados e/ou deduzidos de outros mapas. Para a elaboração desses mapas, diversas unidades de mapeamento são delineadas com base em mapas mais detalhados já existentes, normalmente de escalas variadas e efetuados em diversas épocas. Na Fig. 16.7 há um exemplo de uma parte do Mapa de Solos do Brasil

Boxe 16.2 Tipos de unidades de mapeamento

Cada área individualizada em um mapa é um delineamento que corresponde a uma unidade de mapeamento de solos ou tipo de terreno (como área urbana etc.); as unidades de mapeamento podem ser definidas como um conjunto de áreas, de um ou vários delineamentos, identificados com um mesmo nome e símbolo em um mapa de solos, que possibilitam a representação, em bases cartográficas, da distribuição espacial e extensão. Portanto, representam áreas de paisagens semelhantes onde predominam um ou mais solos com atributos similares e bem definidos. Por causa desses atributos similares, várias interpretações podem ser feitas para uso e manejo dos solos que as constituem.

As unidades de mapeamento de solos são normalmente identificadas em termos da(s) unidade(s) taxonômica(s) que as compõe(m) e podem ser constituídas tanto por solo(s) identificado(s) por uma classe taxonômica (por exemplo, Latossolo Vermelho) como por tipos de terreno (exemplos: área urbana, afloramento rochoso), ou ainda por uma legenda codificada (veja a seção 16.7).

Algumas vezes, não é possível delinear nos mapas as unidades de mapeamento onde domina um único tipo de solo porque ele ocorre em um padrão intrincado ou repetitivo a distâncias relativamente curtas em relação à escala do mapa. Nesses casos, os delineamentos não podem ser designados pelo nome de uma única unidade taxonômica, e devem ser chamamos de unidade combinada, que pode ser uma associação, complexo ou grupamento indiferenciado de solos. Ao contrário, em uma unidade simples, no mínimo, 70% dos *pedons* em cada delineamento devem pertencer à classe taxonômica que lhe dá o nome; os demais 30% são compostos pelo que chamamos de inclusões. A seguir, algumas definições desses tipos de unidades de mapeamento.

Unidade simples: é constituída de solos identificados por uma única unidade taxonômica. Esses solos devem ocupar no mínimo 70% da área da unidade, sendo que outros componentes que porventura ocorram são considerados inclusões.

Associação de solos: constituída de dois ou mais tipos de solos diferentes que são adjacentes e não ocorrem como áreas suficientemente grandes para serem mostradas individualmente no mapa. Existe um grau considerável de uniformidade no padrão e na extensão relativa dos solos dominantes, mas os solos diferem um do outro. A associação é estabelecida principalmente pela necessidade de generalizações cartográficas, em função da escala e do padrão de ocorrência dos solos de uma área. Sua designação é feita por meio da junção dos nomes de duas ou mais classes de solos e/ou tipos de terreno ligados pelo sinal de adição (+). Por exemplo, Argissolo Vermelho-Amarelo + Cambissolo Háplico, com os dois sempre ocorrendo em morros nos quais nas partes mais elevadas e declivosas existem Cambissolos e nas partes mais baixas e menos declivosas existem Argissolos.

Complexo de solos: unidade de mapeamento empregada em levantamentos pedológicos detalhados em que dois ou mais tipos de solos com características definidas encontram-se intimamente misturados na área que ocupam, o que torna a sua separação, em face da escala utilizada, indesejável ou impraticável. É uma unidade na qual solos de diferentes unidades taxonômicas estão muito misturados e compõem áreas relativamente menores do que nas associações. O complexo é definido de acordo com as classes de solos que o compõem e identificado de acordo com os nomes das unidades taxonômicas ligadas por hifens, precedidos da palavra "complexo".

Grupos indiferenciados de solos: unidade de mapeamento na qual ocorrem dois ou mais tipos de solos pertencentes a unidades taxonômicas similares, mas que não ocorrem em associação espacial regular, sendo designados em termos dos solos das unidades taxonômicas que as compõem (nos mapas, os componentes são ligados pela letra *e*). São delineamentos de uma unidade de paisagem composta ora por um, ora por outro tipo de solo, ou ainda por todos eles, e todos são similares no que diz respeito às práticas de uso e manejo. Os grupos indiferenciados são designados pelos nomes das unidades taxonômicas ligados por conjunção e precedidos da expressão "grupo indiferenciado".

Fases de unidades de mapeamento: a fase não é uma unidade taxonômica, mas um recurso utilizado para separação de solos enquadrados em uma mesma classe, visando prover mais subsídios às interpretações.

A fase é utilizada para indicar mudanças nas feições do meio físico, no comportamento dos solos para fins específicos de uso e manejo e, eventualmente, nas características morfológicas. Ela pode ser empregada em qualquer tipo de levantamento pedológico, para subdivisão das unidades de mapeamento, segundo características que influenciam o uso do solo, destacando-se: vegetação, profundidade, pedregosidade, rochosidade, erosão, drenagem, tipo de relevo, declividade ou qualquer outra característica útil para os objetivos do levantamento.

Fonte: adaptado de IBGE (2007).

(publicado na escala de 1:5.000.000), efetuado por esse processo de generalização.

Os mapas que são feitos com trabalho de campo, em ordem decrescente de detalhes ou tamanho da escala, são: (a) *ultradetalhados*; (b) *detalhados*; (c) *semidetalhado*; (d) *de reconhecimento*; e (e) *exploratórios*. Um resumo das características de cada um desses tipos está no Quadro 16.1.

Diz-se que um mapa é detalhado quando os solos são identificados no campo com muitas observações e são publicados em escala de 1:30.000 ou maior. As unidades mapeadas são nomeadas nas categorias taxonômicas mais baixas. Esses mapas são ainda raros no Brasil e costumam englobar, no máximo, a área de um município. Os ultradetalhados são efetuados em áreas relativamente pequenas, como em fazendas

QUADRO 16.1 DIFERENTES TIPOS DE LEVANTAMENTO DE SOLOS E SUAS DEFINIÇÕES

Tipos → Características	Exploratório	Reconhecimento	Semidetalhado	Detalhado	Ultradetalhado
Escala	≥ 1:1.000.000	1:500.000-1:50.000	1:50.000-1:25.000	1:25.000-1:5.000	> 1:5.000
Área mínima mapeável	> 4.000 ha	1.000-10 ha	10-2 ha	2-0,1 ha	> 0,1 ha
Componentes das unidades de mapeamento	Ordens e subordens	Grande grupos e subgrupos	Famílias, séries e fases de séries	Séries de solo e fases de séries	Fases de séries de solos
Tipo de unidades de mapeamento	Associações e grupamentos indiferenciados	Associações	Associações ou unidades simples	Unidades simples ou poucas associações	Unidades simples e alguns complexos
Fontes de sensoriamento remoto	←―― Dados digitalizados do satélite Landsat™ ――→	Dados de imagem digital do satélite SPOT	←―― Fotografias aéreas de alta altitude ――→	←―― Fotografias aéreas de baixa altitude ――→	
Uso do levantamento de solos	←―― Inventário de recursos naturais ――→		←―― Alocação de projetos ――→		
			←―― Investigações sobre viabilidade de projetos ――→		
				←―― Planejamento de uso da terra e recomendações de manejo em propriedades agrícolas ――→	

Nota: Os levantamentos de solos podem ser feitos em diferentes níveis de detalhe ou escalas, variando desde os efetuados nas escalas maiores (p. ex., de 1:5.000) até os com escalas menores (p. ex., de 1:1.000.000). Diferentes unidades de mapeamento, fontes de sensoriamento remoto e aplicações estão relacionadas a cada um desses tipos, como é mostrado resumidamente nesse quadro.

experimentais agrícolas, por exemplo. Neles, a área mínima mapeável é de 0,5 ha ou menos (correspondente à escala de 1:5.000) e podem ser necessárias dezenas de observações por hectare, dependendo da complexidade da distribuição dos solos.

Entre os mapas detalhados (ou em escalas grandes) e os generalizados, existem outros com graus de detalhe intermediários. São os mapas exploratórios e os de reconhecimento. Para eles também é necessário um trabalho de campo, mas diferem dos levantamentos detalhados quanto à intensidade dos trabalhos: as escalas de trabalho e os locais com observações diretas no campo são menos frequentes.

Cada tipo de levantamento de solo destina-se a uma finalidade específica. Os mapas detalhados e ultradetalhados são os que contêm um maior número de informações, podendo servir diretamente a atividades exclusivas, tal como o planejamento de propriedades agrícolas, de projetos de irrigação e de aterros sanitários. Os mapas exploratórios e de reconhecimento não são completos para detalhes que atendam a propriedades agrícolas ou áreas urbanas específicas. Contudo, eles permitem uma avaliação generalizada do potencial dos solos de uma determinada região que englobe, por exemplo, vários municípios, fornecendo avaliações preliminares tanto de caráter qualitativo como quantitativo. Na maior parte do território brasileiro, só estão disponíveis levantamentos de reconhecimento. Eles foram muito úteis para dar uma visão geral no início das atividades relacionadas ao planejamento do desenvolvimento de regiões pioneiras (como o Centro-Oeste do Brasil).

16.5 Relatórios dos levantamentos de solos

Além dos mapas de solos, são preparadas também publicações, por vezes referidas como boletins ou relatórios de levantamentos. Nestes, são relatadas importantes observações sobre dados ambientais, bem como sobre diversos aspectos dos solos.

Nas seções introdutórias desses relatórios, é feita uma descrição geral das características do meio físico, compreendendo geologia, relevo, vegetação, clima e hidrografia. São descrições que servem como base para o entendimento do padrão dos solos e de seus fatores de formação na região em estudo.

Em uma etapa subsequente, é feita a descrição detalhada dos solos em termos de unidades de mapeamento: para todas as unidades mapeadas, são apresentadas descrições morfológicas dos perfis de solo representativos, bem como quadros com resultados das análises físicas e químicas das amostras retiradas de seus horizontes. Descrições de cada perfil são acompanhadas de dados dos locais onde foram amostrados, tais como material de origem, uso da terra, posição no relevo e declive do terreno, e de fotos do perfil e da paisagem que ele ocupa. Alguns relatórios incluem também uma seção relacionada a interpretações sobre aptidões para usos agrícolas, entre outros.

16.6 Mapas utilitários

Dois tipos de levantamentos detalhados de solos costumam ser o levantamento pedológico propriamente dito e o levantamento utilitário. O primeiro tem cunho mais científico: visa entender o solo como uma coleção de corpos naturais na paisagem, sem um propósito específico, podendo ser apresentado em várias escalas (Quadro 16.1) e servir de base para múltiplas interpretações e usos. Já o levantamento utilitário visa responder a indagações específicas acerca de respostas da terra ao uso; refere-se ao inventário e mapeamento de atributos do solo para propósitos específicos, como o planejamento conservacionista de propriedades agrícolas.

Como nem sempre é possível a execução desses levantamentos pedológicos detalhados, existem normas para a execução de um levantamento operacional mais simplificado, embora também rico em detalhes e voltado, principalmente, ao estabelecimento da capacidade de uso das terras. É o que é denominado levantamento utilitário, efetuado em grandes escalas de trabalho (maiores que 1:30.000), com o emprego de símbolos e legendas codificadas (com elementos dispostos em fórmulas) para identificar os principais atributos das unidades de mapeamento.

Por comodidade e praticidade, nos levantamentos utilitários, depois que os corpos de solos são delineados, as unidades de mapeamento são identificadas com legendas alfanuméricas codificadas e colocadas nos mapas. Essa legenda é organizada em uma expressão com três componentes principais, os quais são dispostos em uma fórmula do tipo $(x/y) \cdot z$, em que o numerador *x* é usado para registrar os atributos da zona explorada pelas raízes das plantas (espessura, textura e permeabilidade do perfil do solo), o denominador *y* indica a inclinação da superfície do solo (classe de declividade) e erosões apresentadas no terreno, e o *z* à frente da fração evidencia a presença de restrições ao uso agrícola, os chamados fatores limitantes, como pedregosidade, salinidade e outros, seguidos das condições gerais da cobertura – o uso atual das terras.

Na Fig. 16.6, é apresentado um exemplo de mapa de uma pequena propriedade agrícola, produzido a partir de um levantamento utilitário com as respectivas fórmulas decorrentes dos símbolos convencionais dos elementos avaliados. A seguir, como exemplo, apresenta-se uma dessas fórmulas com a indicação do significado dos códigos. Antecedendo os símbolos dessas legendas, podem ser colocadas também as abreviações das classes de solos, ao nível de subgrupo, de acordo com o SiBCS.

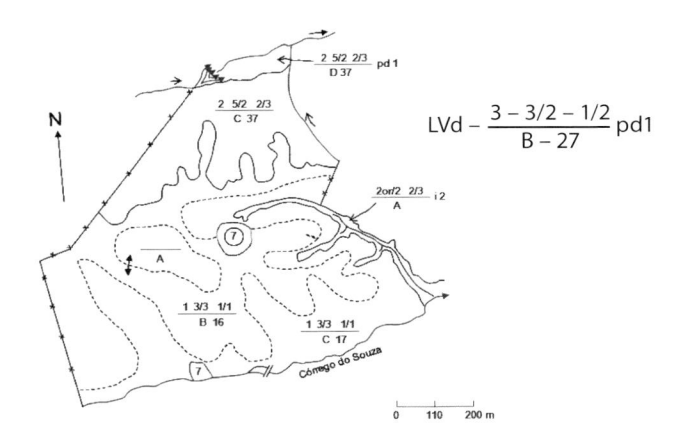

Fig. 16.6 À esquerda: mapa de uma fazenda de aproximadamente 50 ha, no qual os delineamentos das unidades de mapeamento de solos foram identificados com legendas codificadas. À direita: exemplo de uma legenda codificada; os significados dos elementos da equação: LVd = Argissolo Vermelho distrófico; 3 = profundidade moderada (0,50 m a 1,0 m); 3/2 = textura média na camada superficial e argilosa na subsuperficial; 1/2 = permeabilidade rápida na camada superficial e moderada na camada subsuperficial; B = classe de declive de 2% a 5%; 27: 2 = **erosão laminar** moderada e 7 = **erosão em sulcos** rasos e ocasionais; e pd1 = poucas pedras à superfície
Fonte: Lepsch et al. (2015).

16.7 Mapas interpretativos

Os mapas de solos constituem uma síntese de conhecimento sobre os solos específicos de uma dada área ou região e sobre o solo em geral, nomeadamente, através da classificação adotada na representação cartográfica. Contudo, a diversidade dos solos e a maior ou menor complexidade dos sistemas taxonômicos não facilitam a interpretação desses mapas por parte de não especialistas. Para dar uma resposta mais direta às necessidades específicas dos utilizadores do solo, existem os mapas interpretativos, que podem ser de atributos particulares ou de índices agregados do terreno.

Nesses mapas, as unidades de mapeamento são interpretadas para usos planejados da terra, mostrando as implicações dos solos e outras características da terra (p. ex., o clima) nesses usos. O resultado é uma série de aptidões para os usos baseadas nas severidades das limitações relativamente permanentes das terras (p. ex., pedregosidade, declives acentuados, riscos de inundação etc.). Esses mapas são preparados a partir da interpretação dos mapas pedológicos ou dos utilitários; os solos são classificados visando uma determinada finalidade de aplicação prática e mais imediata. Exemplos de mapas interpretativos são os mapas da capacidade de uso da terra (que serão abordados na Lição 19, seção 19.5), os mapas de necessidade de drenagem (Fig. 16.7) e os mapas de aptidão agrícola. Estes últimos são frequentemente utilizados para interpretar levantamentos do tipo de reconhecimento e indicam o potencial da terra para lavouras conduzidas segundo três sistemas, de diferentes condições de aplicação de tecnologia e capital: manejo desenvolvido, semidesenvolvido e primitivo; detalhes dos mapas de aptidão agrícola estão no Boxe 16.3.

16.8 Avanços recentes nos levantamentos de solos

Da mesma forma que em outras ciências aplicadas, avanços tecnológicos e conceituais vêm contribuindo para que os levantamentos de solos se tornem mais confiáveis, baratos e acessíveis. Pedólogos que efetuam os levantamentos utilizam pás e trados para escavar e examinar o solo, mas também utilizam computadores e fotos de satélites. Fotos de satélites de alta resolução e aparelhos de GPS são hoje muito usados como ferramentas de apoio aos trabalhos de mapeamento no campo. Nas últimas três décadas, o desenvolvimento de técnicas computacionais, os sistemas de informação geográficas, os cálculos geoestatísticos e a aquisição de dados digitais em camadas têm propiciado muitas ferramen-

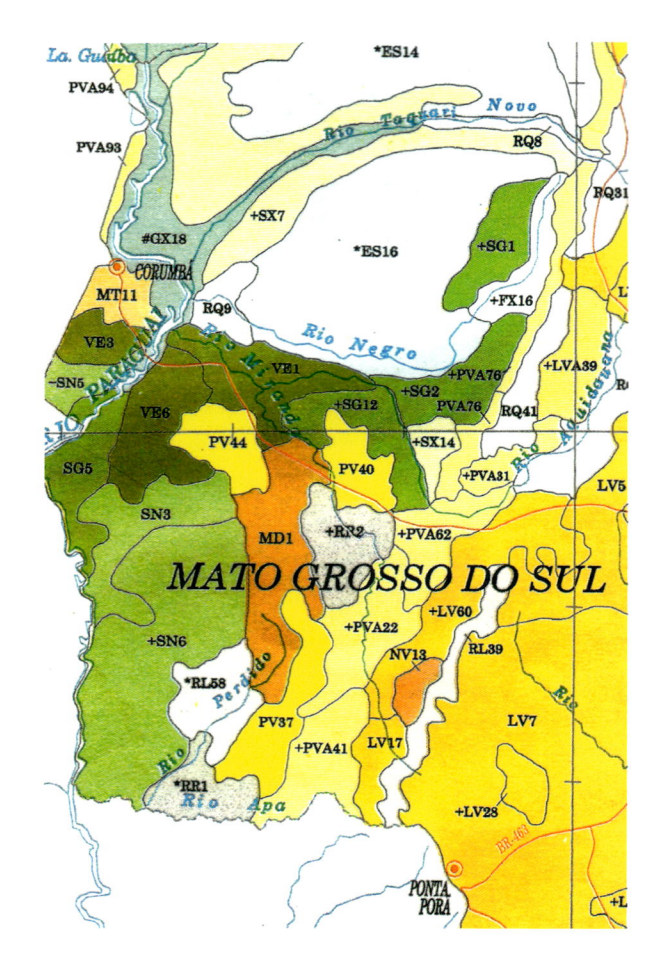

Fig. 16.7 Parte do Mapa de Solos do Brasil, elaborado na escala de 1:5.000.000 pelo Instituto Brasileiro de Geografia e Estatística (IBGE) e pela Embrapa em 2001, a partir de compilações, atualizações e conversões para o meio digital de levantamentos de solos produzidos pelo Projeto RADAMBRASIL, pela Diretoria de Geociências do IBGE e pelo SNLCS/Embrapa. Os símbolos representando unidades de mapeamento dos solos têm vários significados que estão definidos na legenda (p. ex., ES14 = Associação de Espodossolos Ferrocárbicos hidromórficos + Neossolos Quartzarênicos hidromórficos + Planossolos Háplicos)
Fonte: IBGE (2001).

tas novas para representar os tipos de solos ou algumas de suas propriedades. Essas novas abordagens usadas em conjunto estão sendo referidas como *mapeamento digital de solos* e têm grande potencial para fornecer dados quantitativos sobre os solos que podem ser usados para trabalhos de modelagem ambiental e manejo das terras (Boxe 16.4).

Muitos dos mapas e relatórios de levantamento pedológico efetuados no Brasil já se encontram disponíveis na internet, como os divulgados pelo IBGE. Bancos de dados de solos do mundo inteiro também já estão acessíveis, com mapas, fotos e quadros de análises de perfis de solos, como os divulgados pela FAO/Unesco, pelo International Soil Reference Information Centre (ISRIC) e pelo International Institute for Geoinformation Science & Earth Observations (ITC). Sistemas de classificações de solos de todo o mundo estão à disposição: é só você saber onde acessar, olhar e interpretar. Informações sobre instituições que fazem levantamentos de solos (p. ex., a Embrapa Solos), sistemas de classificação de solos e suas interpretações estão à sua disposição.

Em resumo: os levantamentos de solos apresentam não apenas a distribuição espacial das diferentes classes de solos, mas também a sua descrição e interpretação, fornecendo, portanto, informações imprescindíveis para a tomada de decisões concernentes tanto às áreas agrícolas como urbanas. Da mesma forma que um empreendedor quando à procura de um terreno urbano onde possa fixar seu empreendimento, um fazendeiro pioneiro pode estar à procura de novas terras para novos usos agrícolas. Desse modo, o resultado de um levantamento de solo pode ser o elemento determinante de uma tomada de decisão, tanto para o empresário citadino quanto para o fazendeiro.

Os mapas, acompanhados dos seus relatórios, são essenciais tanto para o Brasil urbano como para o Brasil rural, visto que contribuem efetivamente para que os empreendimentos proporcionem uma razão custo-benefício atraente, mas sem provocar a degradação dos nossos recursos naturais.

16.9 Perguntas para estudo

1. Quais os principais elementos usados pelos pedólogos para elaborar um mapa de solos? *(Dica: consulte a seção 16.2).*

2. Suponha que você tenha em mãos um mapa de solos de seu Estado na escala de 1:400.000 e outro do município em que você mora na escala de 1:25.000. Informe:

a] Que tipos de mapas são esses? *(Dica: consulte o Quadro 16.1).*

b] Uma estrada de 300 m de comprimento no terreno seria representada nesses dois mapas com quantos centímetros de comprimento? Qual desses dois mapas tem uma escala maior? *(Dica: consulte a seção 16.4).*

Boxe 16.3 Mapas de aptidão agrícola

A partir dos mapas pedológicos, e considerando também alguns outros dados ambientais, é possível elaborar as classificações interpretativas que agrupam os solos em função dos atributos que correspondam ao interesse de determinadas finalidades práticas.

Nas metodologias comumente utilizadas para estimar a aptidão agrícola das terras, costuma-se primeiramente, de forma hipotética, definir um "solo ideal", que seria aquele com potencialidade para o cultivo das maiores colheitas. Depois, tomando-o como referência, estabelecem-se diferentes graus de limitações que indicarão os desvios do solo ideal. De acordo com a intensidade desses desvios, os solos podem ser enquadrados em diferentes classes de aptidão agrícola, tais como: terras boas, regulares, marginais e inaptas (para determinados cultivos), segundo vários tipos de manejo da terra.

Outra alternativa é a interpretação segundo as classes de capacidade de uso (de I a VIII), de acordo com o maior ou o menor grau de afastamento do "solo ideal" e a suscetibilidade à erosão acelerada. Detalhes sobre essas classes de capacidade de uso serão abordados na Lição 19.

O sistema elaborado por Ramalho Filho e Beek (1995) baseia-se no modelo de classificação da aptidão de terras desenvolvido nos anos 1960, para interpretar levantamentos de reconhecimento de solos para classificar o potencial das terras em países tropicais em desenvolvimento.

Considerando as práticas agrícolas ao alcance dos agricultores brasileiros, numa conjuntura específica (técnica, social e econômica), são estabelecidos três níveis de manejo, visando diagnosticar a aptidão das terras em diferentes níveis de emprego de tecnologia e capital na agricultura:

- Nível de manejo A (primitivo): baseado em práticas agrícolas que refletem um baixo nível técnico-cultural. Não há aplicação de capital para manejo, melhoramento e conservação das terras e das lavouras. As práticas agrícolas dependem fundamentalmente do trabalho braçal, podendo ser utilizada alguma tração animal, com implementos agrícolas simples.
- Nível de manejo B (pouco desenvolvido): caracterizado pela adoção de práticas agrícolas que refletem um nível tecnológico intermediário. Baseia-se em modesta aplicação de capital e de resultados de pesquisas para manejo, melhoramento e conservação das condições das terras e das lavouras.
- Nível de manejo C (desenvolvido): baseado em práticas agrícolas que refletem um alto nível tecnológico. Caracteriza-se pela aplicação intensiva de capital e de resultados de pesquisas para manejo, melhoramento e conservação das condições das terras e das lavouras. A motomecanização está presente nas diversas fases da operação agrícola.

O sistema é estruturado em grupos e classes de aptidão agrícola:

1] Grupos de aptidão agrícola: são um artifício cartográfico que identifica no mapa o tipo de uso mais adequado da terra, ou seja, sua melhor aptidão. Seis grupos são identificados:
- Os grupos 1, 2 e 3, além da identificação de lavouras, como tipo de uso, desempenham a função de representar, no subgrupo, as melhores classes de aptidão das terras indicadas para lavouras, conforme os níveis de manejo.
- Os grupos 4, 5 e 6 apenas identificam tipos de uso (pastagem plantada, silvicultura e/ou pastagem natural e preservação da flora e da fauna, respectivamente), independentemente da classe de aptidão.

2] Classes de aptidão agrícola: expressam a aptidão agrícola das terras para um determinado tipo de uso, com um nível de manejo definido, dentro do subgrupo de aptidão. Refletem o grau de intensidade com que as limitações afetam as terras. São definidas quatro classes de aptidão: boa, regular, restrita e inapta.

Essa metodologia tem a vantagem de permitir a representação em um só mapa, utilizando uma simbologia própria, conforme o Quadro 16.2:

Quadro 16.2 Tipo de utilização e nível de manejo

Classe de aptidão agrícola	Lavouras com nível de manejo variável			Pastagem plantada com nível de manejo B	Silvicultura com nível de manejo B	Pastagem natural com nível de manejo A
Boa	A	B	C	P	S	N
Regular	a	b	c	p	s	n
Restrita	(a)	(b)	(c)	(p)	(s)	(n)
Inapta	–	–	–	–	–	–

Dessa forma, por exemplo, em um mapa pedológico, a interpretação de uma unidade de mapeamento que incluir um solo com boas propriedades físicas, boa drenagem, relevo quase plano favorável à mecanização, mas com baixíssimo nível de fertilidade natural (como um Latossolo originalmente sob vegetação de cerrado), receberá o símbolo 1(a)bC, que significa: "terras com aptidão restrita para lavouras no nível de manejo A (primitivo), regular para o nível de manejo B (pouco desenvolvido), mas boa para o nível de manejo C (desenvolvido, com alto emprego de tecnologia e capital)".

Fonte: baseado em Ramalho Filho e Beek (1995).

Boxe 16.4 Mapeamento de solos usando tecnologias computacionais da informação e modelos estatísticos (mapeamento digital)

No levantamento pedológico convencional, as unidades de mapeamento de solo (UM) são delineadas com base em modelo conceitual da relação solo-paisagem e mentalizadas pelo pedólogo conforme paradigma dos levantamentos de solos descrito por Hudson (1992). Fotografias aéreas, imagens de satélite, modelos digitais de elevação e observações de campo são utilizados para identificar e delinear diferentes compartimentos das paisagens que têm características relacionadas com as formas de relevo, geologia, vegetação etc. Feito isso, perfis são examinados para identificar os tipos de solo dominantes, através de prospecções de campo, e nomeados com uma classe taxonômica.

Contudo, apesar de ter sido este o processo pelo qual a maioria dos mapas de solos tem sido feita, em razão de o mapeamento ser essencialmente baseado na experiência prática do pedólogo (ou em no conhecimento tácito ou intuitivo), várias limitações estão a ele relacionadas, entre as quais se destacam: (a) dificuldade na reprodução do modelo mental criado (p. ex., para transferência do conhecimento tácito para pedólogos menos experientes), (b) abordagem essencialmente qualitativa comportando subjetividades, o que dificulta a transferência do modelo aplicado de uma região para outra e (c) tempo de execução dos levantamentos e demanda financeira elevados.

Frente a essas limitações e considerando a disponibilidade atual de ferramentas modernas de sensoriamento remoto, de sistemas de informação geográfica (SIG) e de modelos estatísticos avançados, uma nova abordagem de execução de levantamentos de solos vem se destacando, a qual está sendo denominada *mapeamento digital de solos* (MDS) ou *mapeamento pedométrico*. Esse mapeamento emprega um conjunto de técnicas quantitativas de aplicação otimizada para análise de dados geográficos em uma interface computacional. No MDS, tecnologias semiautomatizadas são usadas para adquirir, processar e visualizar informações sobre solos e informações auxiliares. Por outro lado, os produtos do mapeamento de solo controlado por dados ou estatísticas podem ser avaliados quanto à precisão e incerteza e também serem atualizados com mais facilidade, quando novas informações estiverem disponíveis.

O MDS requer um modelo predefinido de formação dos solos embasado na seleção de covariáveis numéricas preditoras, representadas principalmente pelos atributos do terreno: geologia, altimetria, declividade, direção das vertentes, dados de alguns solos etc. Essas covariáveis devem ter impacto significante na formação e distribuição dos solos na paisagem. Nesse aspecto, o MDS não difere dos levantamentos convencionais: ambos inicialmente necessitam de informações sobre os solos e covariáveis que caracterizam a paisagem onde os solos foram formados. A principal diferença entre eles é a maneira como o método identifica o solo (ou obtém as suas informações), a partir dos dados iniciais de relações solo-paisagem.

No MDS, faz-se um exaustivo trabalho de escritório previamente à prospecção em campo propriamente dita, uma vez que a variabilidade espacial das covariáveis ambientais aliada aos objetivos do levantamento direcionam o esboço amostral para definir a localização e o número de amostras a serem prospectadas em campo. Os pontos de controle de campo embasarão todas as etapas posteriores do mapeamento, independente do modelo preditivo que se pretende utilizar.

A natureza do mapeamento de solos com essas novas ferramentas é idêntica à abordagem convencional, pois requer informações do perfil de solo para "treinar" os modelos. As principais diferenças consistem na forma em que o modelo utiliza os dados de entrada ou as covariáveis ambientais. Como já ressaltado, o modelo convencional procede do conhecimento tácito – ou empírico – dos pedólogos, e as correlações formuladas são definidas mentalmente e têm caráter qualitativo; dessa forma, existem limitações provenientes do modo como as covariáveis ambientais são representadas nesse procedimento. O MDS contorna essas limitações, uma vez que requer modelos quantitativos com fontes de dados digitais como variáveis de entrada.

Vamos recordar a bem conhecida equação de Jenny (1941), que identificou cinco fatores principais na formação do solo (S): clima (cl), organismos (o), relevo (r), material parental (p) e tempo (t) (vide seção 13.3):

$$S = f(cl, o, r, p, t, ...)$$

No MDS, para que essas covariáveis possam ser adequadamente representadas para preparar um mapa de solos, seus dados devem ter também uma resolução espacial adequada ao objetivo do mapeamento. A equação de Jenny concentra-se na previsão de certas características químicas, físicas ou biológicas do solo em um dado local, porém tem limitações para a representação dessas variações em um contínuo, onde as propriedades em determinado local dependem da sua posição geográfica e também dos atributos do terreno que as determinam. Por isso, modelos estatísticos, geoestatísticos ou sistemas matemáticos são aplicados para predizer os atributos do solo de um determinado local não amostrado, a partir de observações com base no padrão de variações do terreno, representadas pelas covariáveis ambientais. Portanto, do ponto de vista do MDS, a aplicação objetiva dos cinco fatores formadores de solo necessita ser ampliada com a adição da posição geográfica, de forma a embasar o reconhecimento de padrões de variações do terreno que refletem a interação entre os fatores de formação.

Para realizar essa adição da posição geográfica ao modelo de Jenny, McBratney, Santos e Misany (2003) inseriram mais um parâmetro, reformulando a equação de Jenny no que foi denominado *modelo Scorpan*. "Scorpan" é um mnemônico para descrições quantitativas empíricas das relações entre o solo e os fatores ambientais, com o objetivo de usá-las como funções de previsão espacial do solo para fins do MDS; é uma adaptação dos cinco fatores de Jenny, não para explicação da formação do solo, mas sim para descrições empíricas das relações entre o solo e outros fatores de referência espacial, a fim de mapeamento digital dos solos:

$$S = f(S, C, O, R, P, A, N)$$

em que:
S = propriedades ou classe do solo em um dado local;
C = clima;

O = organismos;
R = relevo;
P = material parental;
A = tempo (*age*);
N = posição geográfica.

O valor *S* pode ser um determinado atributo do solo ou uma classe taxonômica. Quando se trata de atributo, é possível elaborar mapas contínuos, como os de pH, carbono orgânico, argila e outros. Sendo *S* uma classe taxonômica de solo, os modelos irão prever a probabilidade de o solo existente em um *pixel* (a unidade elementar do mapa) ser enquadrado em uma determinada classe de solo, elaborando assim mapas nos quais os solos são identificados segundo a classe de um sistema taxonômico.

Portanto, o pressuposto básico inerente ao MDS é que, quando a distribuição espacial desses fatores é conhecida e correlacionada ao objeto de estudo, torna-se possível deduzir as propriedades do solo e sua situação geográfica específica, tendo em conta as suas inter-relações com outros elementos da paisagem que são expressos quantitativamente.

Como ilustrado na Fig. 16.8, as características do solo em locais conhecidos são combinadas com conjuntos de dados ambientais associados (covariáveis) para, através de modelos estatísticos, geoestatísticos ou sistemas especialistas, extrapolar as informações das propriedades do solo para as áreas onde não foram feitas medições. Para uma boa definição dessas covariáveis, um bom conhecimento de geomorfologia é necessário. Dessa forma, o MDS é capaz de produzir, com maior eficiência, mapas quantitativos e com precisão conhecida. No entanto, erros podem ocorrer se o modelo não puder explicar com precisão o parâmetro em questão, isto é, se o conjunto de covariáveis utilizadas não for correlacionado ao parâmetro em questão.

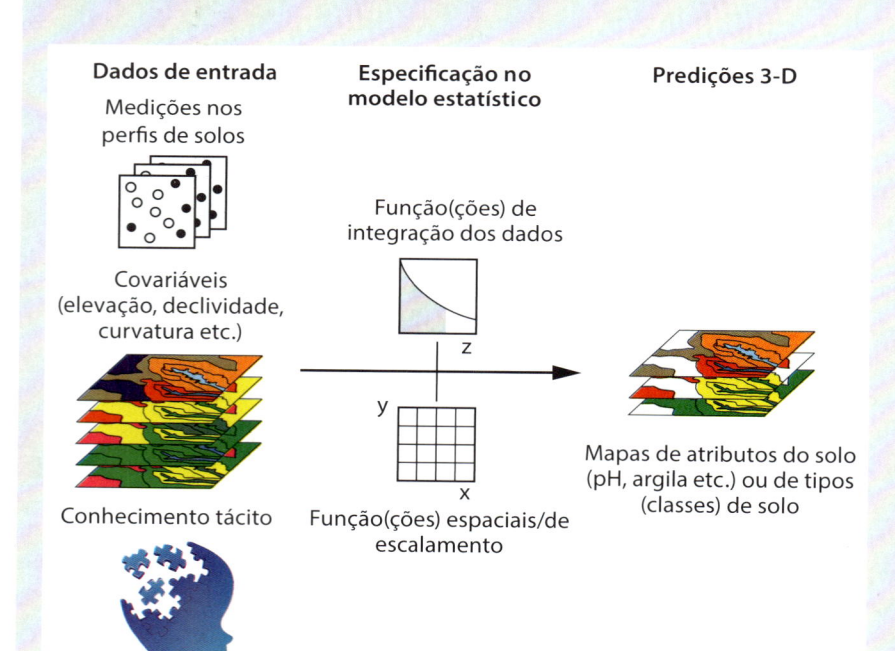

Fig. 16.8 Representação esquemática das etapas do mapeamento digital de solos. Os dados de entrada são os dos perfis solos em locais já conhecidos, covariáveis relacionadas a atributos da superfície do solo (elevação, altitude, declive etc.) e conhecimento tácito de pedólogos experimentados. Combinando todos esses dados com modelos estatísticos, será possível extrapolar as propriedades dos solos de locais conhecidos para locais onde ainda não existem dados dos perfis de solos e prever suas ocorrências gerando mapas de atributos dos solos (pH, C etc.) ou de tipos de solos identificados segundo suas classes taxonômicas

Dois tipos de enfoque – não excludentes – costumam ser usados no MDS. Um deles visa um mapeamento quantitativo e automático a partir de técnicas estatísticas convencionais, geoestatística, aprendizagem automática e mineração de dados, geralmente usando densas amostragens, tanto em mapas de solos preexistentes como no campo. Outro tipo de abordagem, que foi usada com sucesso no município de Essex, em Vermont (EUA), considera o conhecimento tácito de pedólogos especialistas e o traduz na forma de um conjunto de regras de ocorrência de solos aplicadas a determinada área. Para a construção das regras gerais de ocorrência das diferentes classes de solos, utilizam-se dados de áreas-piloto representativas, mapeadas por pedólogos experientes e, posteriormente, faz-se a extrapolação para áreas similares a partir das regras definidas, com base na relação entre as características da superfície e do perfil do solo. Dessa forma, torna-se possível reduzir o número de observações representativas diante do conhecimento específico do pedólogo, quando comparado com a maior exigência amostral pelos modelos induzidos por dados (Shi et al., 2009).

Uma grande vantagem dos mapeamentos digitais é que o conhecimento acerca das relações solo-paisagem é documentado e preservado. Dessa forma, ele poderá ser usado por qualquer pedólogo que vá mapear áreas com feições idênticas àquelas já mapeadas por esses procedimentos.

3. Descreva as principais etapas necessárias para a execução de um levantamento de solos. *(Dica: consulte a Fig. 16.3 e a seção 16.1)*.

4. Quais os dois métodos mais usados para mapear solos e quais as vantagens e desvantagens de cada um deles? *(Dica: consulte o Boxe 16.1)*.

5. Quais as principais diferenças entre uma unidade taxonômica e uma unidade de mapeamento? *(Dica: consulte a seção 16.3)*.

6. Quais as principais diferenças entre o mapeamento de solos usando amostragens por malha e usando amostragens por livre escolha dos locais? *(Dica: consulte o Boxe 16.1)*.

7. Um pedólogo delineou em um mapa um limite de uma unidade de mapeamento na qual fez oito perfurações com o trado: três em uma parte mais plana, onde encontrou um horizonte B latossólico, e cinco em uma porção do terreno mais inclinada, onde encontrou um horizonte B textural. Esse delineamento deverá ser denominado (a) unidade simples; (b) associação de solos ou (c) complexo de solos? Explique sua resposta. *(Dica: consulte o Boxe 16.2 e o Quadro 15.3)*.

8. O que é área mínima mapeável e qual o seu tamanho em um mapa do tipo reconhecimento e do tipo detalhado? *(Dica: consulte a seção 16.4)*.

9. Quais as principais partes do relatório de um levantamento de solos? *(Dica: consulte a seção 16.5)*.

10. O que são mapas interpretativos? Dê um exemplo. *(Dica: consulte a seção 16.7)*.

11. Quais as principais diferenças entre um mapa de solos generalizado e um mapa do tipo reconhecimento? *(Dica: consulte a seção 16.4)*.

12. O que é mapeamento digital de solos e qual a sua maior diferença para os chamados levantamentos tradicionais? *(Dica: consulte o Boxe 16.4)*.

Lição 17

Solos do Brasil

Dos filhos deste solo és mãe gentil
Pátria amada,
Brasil!

(Joaquim Osório Duque Estrada)

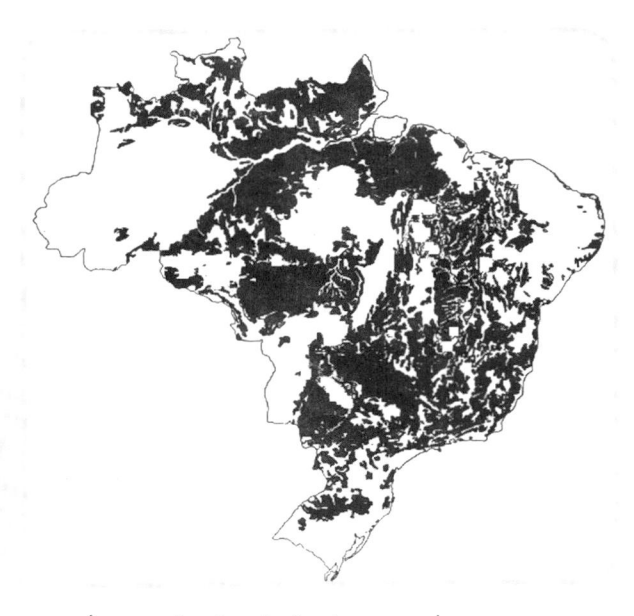

Áreas no Brasil onde dominam os solos classificados como Latossolos
Fonte: IBGE (2001).

A primeira referência feita por um europeu a um solo brasileiro está na carta de Pero Vaz de Caminha, escrivão da frota de caravelas que, em 1500, aportou nas costas da Bahia. Nela se pode ler:

> *Esta terra (...) traz, ao longo do mar em algumas partes, grandes barreiras, umas vermelhas, e outras brancas; e a terra em cima é toda chã e muito cheia de arvoredos (...).*
> *Até agora não pudemos saber se há ouro ou prata nela (...). Contudo a terra em si é de muito bons ares frescos e temperados como os de Entre-Douro-e-Minho (...). Em tal maneira é graciosa que, querendo-a aproveitar, dar-se-á nela tudo; por causa das águas que tem.*

Essas observações provavelmente foram baseadas na visão dos afloramentos costeiros das falésias da Formação Barreiras, dos seus solos e da floresta úmida tropical (Fig. 17.1).

Daquela época em diante, iniciou-se o povoamento do território brasileiro por povos de outros continentes, e os solos, por sua vez, começaram a tornar-se objeto de interesse de lavradores. Muitos passaram a perceber que os diferentes tipos de vegetação nativa e a cor do horizonte superficial dos solos serviam para indicar onde estavam os mais produtivos para agricultura. A partir dessas observações, eles podiam selecionar regiões mais adequadas para lavouras ou pastagens. Dessa forma, por algumas centenas de anos, o conhecimento do solo foi baseado quase exclusivamente na

Fig. 17.1 Falésia expondo sedimentos e solos da Formação Barreiras, nas proximidades de Porto Seguro, BA (Foto: I. F. Lepsch)

experiência daqueles que conseguiam identificar as terras que atendiam às suas necessidades agrícolas.

No início da segunda metade do século XX cresceu a necessidade de empregar tecnologia agrícola moderna para produzir o máximo de alimentos por unidade de área. Essas condições impulsionaram vários estudos relacionados às ciências da terra, incluindo os levantamentos pedológicos.

As regiões do Brasil têm características muito variadas, uma vez que nelas existe um grande número de combinações de fatores climáticos, geomorfológicos, biológicos e geológicos. Da mesma forma, seus solos também variam. Algumas regiões podem apresentar conjuntos de solos mais similares, enquanto outras possuem padrões de solo muito contrastantes.

O clima das regiões brasileiras varia dos equatoriais superúmidos aos tropicais semiáridos e subtropicais úmidos, e são acompanhados de vegetações nativas de vários tipos, tais como floresta equatorial amazônica, mata atlântica, caatinga, cerrados e campos subtropicais. Várias formações geológicas, com rochas ígneas, metamórficas e sedimentares sustentam vários tipos de relevo. Da combinação desses fatores surgem diversos ecossistemas, cada um com um característico conjunto de solos.

A elaboração sistemática de mapas de solos do Brasil teve início na metade do século XX. Hoje, toda a extensão do país já foi cartografada em mapas pedológicos do tipo exploratório ou de reconhecimento (escalas de 1:1.000.000 a 1:500.000), resultado do trabalho de várias equipes de pedólogos brasileiros, entre as quais destacam-se, pelo volume e pela qualidade dos trabalhos, a da Embrapa Solos e a do antigo Projeto RADAM-BRASIL.

Nesta lição apresentaremos um esboço geral dos solos do Brasil, ilustrado por meio de pequenos mapas generalizados, segundo divisões territoriais adotadas pelo IBGE. Tais divisões correspondem, primeiramente, aos chamados "Complexos Regionais", em número de três: Amazônia, Nordeste e Centro-Sul. Este último foi subdividido em três Grandes Regiões: Sudeste, Centro-Oeste e Sul.

17.1 Solos da Amazônia

O complexo regional da Amazônia compreende os Estados do Amazonas, Acre, Amapá, Pará, Rondônia, Roraima e Tocantins, parte norte de Mato Grosso e oeste do Maranhão, e é uma região das menos conhecidas. Em sua maior parte está ocupada com a exuberante floresta equatorial. Existem também algumas áreas de cerrados mais ao Norte e nas regiões de transição com o Planalto Central.

A respeito dessa parte do Brasil, foram publicados artigos controvertidos acerca dos solos e do seu potencial para agricultura. A exuberância das florestas equatoriais levou os primeiros exploradores a supor que os solos eram naturalmente muito férteis. No entanto, sabemos hoje que a maior parte deles tem baixíssimas quantidades de nutrientes: a pujança da vegetação está mais relacionada com a luminosidade, a temperatura e a umidade constantemente elevadas. Apenas cerca de 15% dos solos têm alta fertilidade natural. Contudo, uma quantidade expressiva de nutrientes vegetais está contida na própria floresta (ou biomassa); já no solo, pode existir apenas uma pequena quantidade deles, embora suficiente para atender à "lei do mínimo" (Fig. 1.6). Esses nutrientes estão sempre em eficiente reciclagem: contínua e intensamente acontece uma rápida decomposição dos restos vegetais, seguida de liberação dos seus nutrientes e de reabsorção destes pelas raízes das plantas.

Com essa eficiente reciclagem, a floresta consegue manter-se com as quantidades mínimas de nutrientes, os quais não são totalmente removidos pela lixiviação por águas das chuvas, em razão da abundância de raízes, que continuamente os reabsorvem. Contudo, quando a mata é derrubada e substituída por pastagens ou lavouras, esse ciclo é rompido, pois, com a eliminação de grande quantidade de raízes que constantemente absorvem muita água, os nutrientes podem ser perdidos em profundidade para o nível freático. Dessa forma, o solo pode tornar-se empobrecido em poucos anos, a não ser que adições de fertilizantes sejam feitas para compensar as perdas.

Com a descoberta de que a maior parte dos solos da Amazônia é pobre em nutrientes e com o insucesso das primeiras tentativas de colonização nessa área, julgou-se, de forma equivocada, que, se a floresta fosse retirada, a delgada camada fértil de húmus se perderia e o solo se tornaria improdutivo. Até hoje é comum encontrarmos afirmações de que os solos da Amazônia são "muito arenosos". Além disso, outro tipo de relato era o de que a camada superficial do solo, se diretamente exposta ao sol, "endureceria como um tijolo". Tal ideia era fruto de crenças de que o material mineral do horizonte A era composto de camadas ferruginosas "laterizadas". Contudo, hoje, consultando os mapas pedológicos, podemos verificar que apenas perto de 10% dos solos da Amazônia têm quantidades apreciáveis de lateritas (hoje denominadas plintita e petroplintita) – os Plintossolos (ver seção 15.6) – e somente 7% são arenosos – os Neossolos Quartzarênicos e os Espodossolos.

O que se conhece a respeito da Amazônia é suficiente para afirmar que, apesar de a maior parte dos solos ter baixíssimo nível de nutrientes, existem algumas áreas em boas condições para a implantação de uma agricultura produtiva e sustentável, sem grandes danos ao ambiente, o que só é viável com o uso de uma tecnologia apropriada para os trópicos úmidos. Contudo, tudo indica que a floresta amazônica deve ser conservada ao máximo, tanto por ser uma área de alta biodiversidade como por conter muitas espécies vegetais de alto valor comercial (madeiras nobres e plantas medicinais, p. ex.).

A área ocupada com agricultura nessa região é relativamente pequena, e em algumas localidades existe um sistema de agricultura itinerante (ou migratória) – outrora muito utilizado pelos indígenas – que consiste em derrubar e queimar uma porção relativamente pequena da floresta, pouco antes do início da estação mais chuvosa. Depois, culturas como arroz, milho, feijão e mandioca são manualmente plantadas, muitas vezes intercaladas, entre alguns restos de vegetais não queimados. Com as cinzas da queimada, muitos nutrientes que antes estavam na biomassa são rapidamente liberados para nutrir os cultivos. Após a segunda ou a terceira colheita, a área é abandonada e substituída por outra, na qual todo o processo é repetido. O abandono é ocasionado pelo declínio da produtividade da terra, principalmente em consequência do empobrecimento do solo. Depois a mata começa a se refazer e, após um prazo de dez a quinze anos, esse sistema poderá ser novamente repetido no mesmo local.

Esse tipo de agricultura, embora considerado primitivo – quando comparado com os modernos processos de cultivo –, se efetuado em escala muito pequena (tal como faziam nossos indígenas), não provoca danos ambientais. Contudo, quando feitas seguida e extensivamente, as queimadas podem ser ambientalmente muito prejudiciais.

Os mapas pedológicos da Amazônia mostram que, nas áreas dos planaltos, são comuns os Latossolos Amarelos (Fig. 17.2) e Vermelho-Amarelos, bem como os Argissolos Vermelho-Amarelos. Os Neossolos Quartzarênicos situam-se em extensões relativamente pequenas ao sul. Plintossolos e Argissolos com plintita ocupam cerca de 20% da Amazônia (Tab. 17.1) e são encontrados principalmente na Amazônia Ocidental e no Tocantins (Fig. 17.3).

Nas regiões montanhosas, como as do Planalto dos Parecis, ocorrem solos pouco desenvolvidos, principalmente os Neossolos Litólicos e os Cambissolos. Na parte leste, principalmente nas áreas limítrofes ao Estado de Goiás e do Maranhão, existem alguns locais em que os solos, sob vegetação de campo cerrado, são constituídos, em sua maior parte, por nódulos endurecidos de óxido de ferro, e classificados como Plintossolos Pétricos. Espodossolos também ocorrem em cerca de 2% da Amazônia e sua maior concentração está no noroeste do Amazonas e no sul de Roraima.

Em pequenas extensões, de um a poucas dezenas de hectares, ocorrem solos denominados "terra preta de índio" ou "terra preta arqueológica". Eles estão espalhados ao longo de terras firmes próximas aos grandes rios e caracterizam-se por apresentar um horizonte A antrópico, bastante escuro, espesso, rico em fósforo e contendo restos de cerâmica indígena e carvão (Fig. 17.4). Trata-se

Fig. 17.2 Estado do Amazonas: perfil de Latossolo Amarelo e sua vegetação original (Fotos: Rodrigo S. Macedo)

TAB. 17.1 EXTENSÃO TERRITORIAL DOS PRINCIPAIS SOLOS QUE OCORREM NA AMAZÔNIA

Classe de solos	Área ocupada (km²)	%
Latossolos	2.103.440	41,1
Argissolos	1.687.880	32,9
Plintossolos	376.260	7,3
Gleissolos	314.450	6,1
Neossolos (quartzarênicos)	246.540	4,8
Neossolos (litólicos)	133.150	2,6
Espodossolos	99.950	2,0
Plintossolos (pétricos)	74.480	1,5
Cambissolos	40.250	0,8
Nitossolos	23.900	0,5
Outros solos	23.380	0,5

Fonte: IBGE (2001).

de solos muito ricos em nutrientes vegetais, principalmente fósforo, por terem se originado em locais onde os índios descartavam resíduos, inclusive de peixes. Apesar de ocuparem uma pequeníssima extensão em relação ao total da Amazônia, têm chamado a atenção pela alta fertilidade.

17.2 Solos do Nordeste

No complexo regional do Nordeste, existem quatro sub-regiões com solos bastante diferentes e que estão estreitamente relacionadas com o tipo de clima: o Meio Norte (parte leste do Maranhão e oeste do Piauí), a Zona da Mata (uma relativamente estreita faixa litorânea), o Sertão (com terras semiáridas, que vão desde o Piauí até o norte de Minas Gerais) e o Agreste (zona intermediária entre a Zona da Mata e o Sertão).

A Zona da Mata engloba uma faixa litorânea de clima mais chuvoso, desde o leste do Rio Grande do Norte até o sul da Bahia. Mais perto do mar, existem areias de antigas praias e dunas onde ocorrem os Neossolos Quartzarênicos. Eles comumente estão cobertos por coqueirais ou cajuais.

Em direção ao interior, ocorrem relevos achatados, denominados tabuleiros, seguidos ou entremeados de colinas e morros. Nos tabuleiros predominam os Latossolos e os Argissolos Amarelos, ao passo que nas colinas e morros situam-se os Argissolos e alguns Latossolos Vermelho-Amarelos. No Recôncavo Baiano, existe uma área com Vertissolos (localmente denominados "massapé").

A sub-região do Meio Norte é uma área cuja paisagem vegetal apresenta muitas palmáceas (babaçu). Nas partes mais baixas e próximas à costa, ocorrem Plintossolos e, ao redor de grande extensão com dunas, existem os Neossolos Quartzarênicos. Na parte em que o relevo se eleva, encontram-se os Argissolos e os Latossolos Vermelho-Amarelos.

O Sertão engloba uma área relativamente rebaixada em relação aos planaltos da bacia do rio Parnaíba (Maranhão e Piauí), da serra da Borborema (leste de Pernambuco e da Paraíba), Chapada Diamantina (Bahia) e das serras do Atlântico (sudeste da Bahia). Nessas áreas semiáridas, os solos estão vinculados à vegetação do tipo

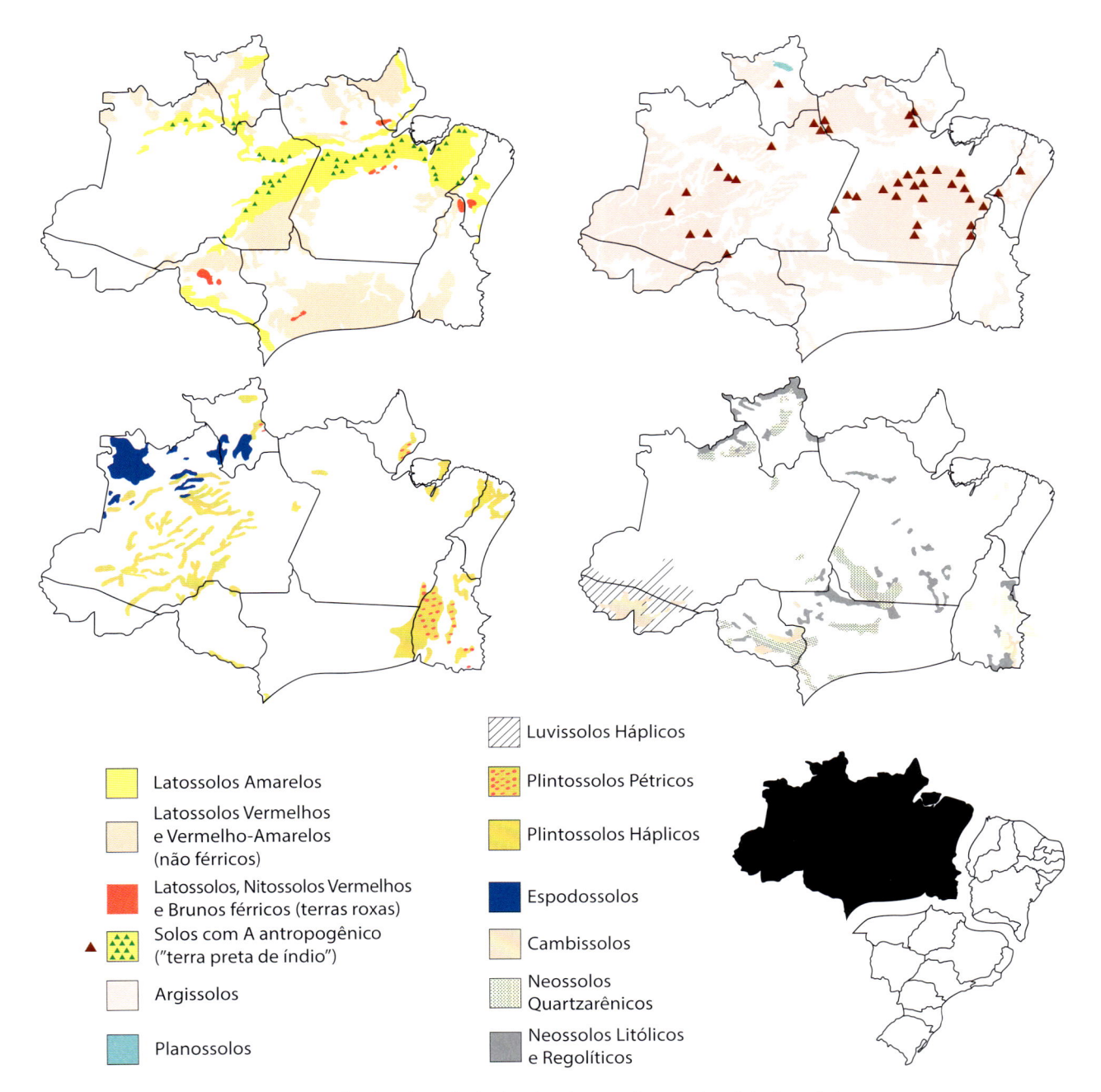

Fig. 17.3 Mapas esquemáticos e generalizados dos principais solos do complexo regional da Amazônia
Fonte: adaptado de Lepsch (2010) e IBGE (2001).

caatinga, em suas várias formas de vegetação xerófila, lenhosa e decidual (em geral espinhosa e com cactáceas). As precipitações pluviométricas são muito irregulares, com médias anuais variando de 300 mm a 700 mm, e concentradas somente em poucos meses do ano. Os principais solos que ocorrem são os Luvissolos Crômicos (Fig. 17.5) e os Argissolos Vermelhos eutróficos, que se situam nas porções intermediárias do relevo. São pouco profundos, com apenas 40 cm a 60 cm de *solum* acima da rocha; relativamente ricos em nutrientes e frequentemente apresentam uma camada de pedras e cascalhos à superfície (pavimento desértico) (Fig. 17.5). Nas partes mais elevadas do relevo, existem os Neossolos Litólicos (Fig. 15.12D) e afloramentos rochosos (por vezes formando inselbergues).

Nas partes mais baixas, onde o relevo é quase plano, ocorrem Planossolos Nátricos (em sua maioria, solos salinizados) e Vertissolos (Figs. 15.10 e 17.14).

Fig. 17.4 Perfis de "terra preta de índio" (Latossolos e/ou Argissolos com horizonte A antropogênico) fotografados no sítio arqueológico de Hatarara, município de Iranduba, AM (Fotos: Adriana C. Gil e Souza (esquerda) e W. Sombroek (direita))

A ocorrência de Neossolos Flúvicos (antes denominados solos aluviais) ao longo de alguns cursos d'água (localmente denominados baixios) é relativamente pequena, destacando-se, contudo, os do médio curso do rio São Francisco e alto curso do rio Parnaíba.

Os planaltos e as chapadas nordestinos compreendem uma destacada paisagem inserida nas rebaixadas zonas das caatingas. Eles são os divisores da bacia do rio Parnaíba (Maranhão e Piauí), serra da Borborema, Chapada Diamantina e serras do Atlântico. As temperaturas são menos elevadas, a precipitação pluviométrica é maior e os solos são mais espessos. Muitas vezes, constituem verdadeiras ilhas verdejantes (localmente denominados "brejos de altitude"), entremeadas na caatinga, revestidas por uma vegetação semelhante à dos cerrados do Brasil Central ou das florestas tropicais. O Latossolo Vermelho-Amarelo é aí encontrado de forma predominante nas áreas mais planas e elevadas, ao passo que os Argissolos e os Nitossolos, bem como alguns Cambissolos, situam-se onde o relevo é mais movimentado (Fig. 17.6).

Na maior parte do sertão semiárido do Nordeste, os solos têm elevado conteúdo de elementos nutritivos para as plantas, mas muitos deles apresentam sérias limitações para a agricultura, a maior delas relacionada a pouca espessura do *solum*, erosão hídrica e regime incerto e escasso das chuvas; as partes mais baixas e planas podem também apresentar problemas ligados ao excesso de sais. Em locais com solos mais espessos, as limitações climáticas podem ser corrigidas com práticas adequadas de irrigação e drenagem, desde que exista água de boa qualidade e em quantidade adequada. Nesse sentido, destaca-se uma faixa de terras ao longo do rio São Francisco onde existem Neossolos Flúvicos (Fig. 17.14 RU) profundos e abundância de água, o que permite o cultivo com alta produtividade de frutas e plantas hortícolas. Algodão arbóreo, pastagens e cultivos alimentares de subsistên-

Fig. 17.5 Perfil de Luvissolo Crômico e respectiva paisagem (vegetação de caatinga alterada para uso como pastagem). Note, à superfície do solo, pedras e cascalhos formando um "pavimento desértico" (Fotos: I. F. Lepsch)

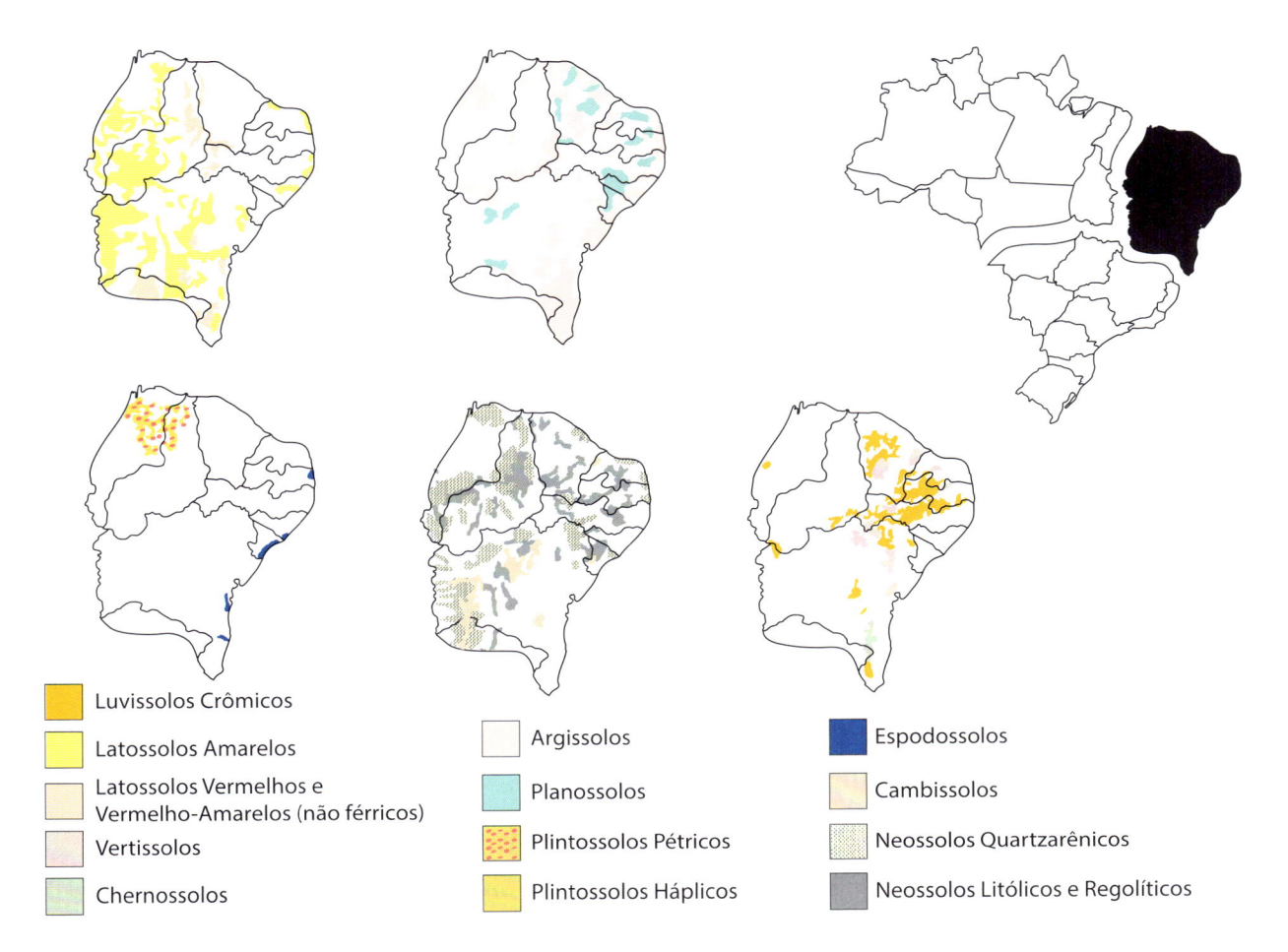

Fig. 17.6 Mapas esquemáticos e generalizados dos principais solos do complexo regional do Nordeste
Fonte: adaptado de Lepsch (2010) e IBGE (2001).

Legenda:
- Luvissolos Crômicos
- Latossolos Amarelos
- Latossolos Vermelhos e Vermelho-Amarelos (não férricos)
- Vertissolos
- Chernossolos
- Argissolos
- Planossolos
- Plintossolos Pétricos
- Plintossolos Háplicos
- Espodossolos
- Cambissolos
- Neossolos Quartzarênicos
- Neossolos Litólicos e Regolíticos

cia são as principais atividades no restante dessa região, onde a irrigação não é comum.

17.3 Solos da Região Centro-Oeste

Dentro do complexo regional do Centro-Sul, a Região Centro-Oeste engloba os Estados de Mato Grosso do Sul e Goiás e parte do Estado de Mato Grosso. Também compreende dois principais domínios naturais: o Planalto Central e a Planície do Pantanal.

No Planalto Central, a paisagem dominante é a de chapadas com vegetação dos cerrados, entremeados de vales com "matas de galeria" e seus prolongamentos (Fig. 17.7). Nessa região ocorrem também algumas áreas de campos e algumas florestas. A topografia é variável, mas dominam as áreas com declives suaves. O clima, em sua maior parte, é úmido, com uma estação seca pronunciada que pode ir de maio a setembro. Os Latossolos (especialmente os Vermelhos; Fig. 17.8 à esquerda) e alguns Neossolos (principalmente os Quartzarênicos; Fig. 17.14 RR) são os mais comuns das superfícies quase planas do alto das chapadas e nas áreas de relevo suavemente ondulado.

Nos vales próximos das nascentes dos rios destacam-se as veredas, caracteristicamente ocupadas por palmeiras buritis, passando mais a jusante para matas de galeria, à medida que os vales se alargam. Nas áreas mais úmidas ocorrem Organossolos e Gleissolos, e entre essas terras e as áreas mais elevadas e quase planas com Latossolos, encontram-se alguns Plintossolos Pétricos (Fig. 17.8 à direita) e Argissolos.

Os Latossolos sob vegetação de cerrado são ácidos e pobres em nutrientes. Essa acidez e a escassez de nutrientes estão entre as principais causas do aparecimento do cerrado como vegetação natural, em vez de floresta. Apesar da baixa fertilidade natural, boa parte dos Latossolos dessas áreas pode ser utilizada para a agricultura intensiva, desde que se faça a neutralização da acidez, com a aplicação de calcário e a adição

Fig. 17.7 Nas chapadas do Brasil Central, a monotonia da vegetação de cerrados sobre Latossolos (à esquerda) e interrompida pelas veredas e florestas de galeria dos pequenos vales onde correm cursos d'água perenes por entre Plintossolos, Gleissolos e Organossolos (à direita)
Fonte: IBGE (1975).

de quantidades adequadas de nutrientes. Além desses solos das áreas de cerrado, existem outros, originalmente sob floresta, que, apesar de ocorrerem em espaços bem menores, destacam-se pela fertilidade natural, relativamente alta. Entre eles se sobressaem, pela alta produtividade, os Latossolos e os Nitossolos Vermelhos Eutroférricos, que se localizam principalmente em áreas de rochas básicas, ao longo do rio Paraná e de alguns de seus afluentes. Tais solos por vezes aparecem intercalados com Plintossolos Pétricos (Fig. 17.8 à direita).

No sudoeste dessa região, existe um extenso relevo com clima diferente das zonas de cerrado: o pantanal. Ele ocupa uma região de baixa altitude com clima semelhante, em alguns aspectos, ao do semiárido do Nordeste. Contudo, o relevo é quase plano e em sua maior extensão ocorrem inundações periódicas ocasionadas por enchentes do rio Paraguai e seus afluentes.

A vegetação é constituída de campos nas áreas inundáveis e, nos pequenos elevados, de cerrados e caatingas, formando um conjunto vegetacional complexo. Os solos, refletindo essas condições, formam conjuntos também complexos, destacando-se as sequências de faixas alternadas de Neossolos, Planossolos, Plintossolos, Gleissolos, Espodossolos e Vertissolos.

A maior parte desses solos desenvolveu-se de antigos sedimentos aluviais, os quais têm textura muito diversa: desde os mais arenosos até os argilosos (Fig. 17.9). Nas partes mais arenosas, como as do leque aluvial do rio Taquari, predominam os Plintossolos Distróficos, os Neossolos Quartzarênicos e os Espodossolos. Em materiais menos arenosos aparecem solos com horizonte B de acentuado acúmulo de argila, principalmente os Planossolos. Mais ao sul aparecem solos argilosos que apresentam fendas na época das secas

Fig. 17.8 Perfis de Latossolo Vermelho (à esquerda) e Plintossolo Pétrico (à direita), comuns na região dos cerrados (Fotos: S. W. Buol)

(Vertissolos), alguns dos quais com quantidades relativamente elevadas de sais solúveis (Vertissolos e Planossolos Nátricos), tais como seus similares do Nordeste semiárido. Próximo ao curso dos rios maiores são comuns os Gleissolos e os Neossolos Flúvicos (Fig. 17.9).

17.4 Solos da Região Sudeste

No complexo regional do Sudeste encontra-se grande variedade de solos, por ser uma zona de transição entre as regiões de clima semiárido e úmido, e também pela diversidade de relevo, vegetação e material de origem. Existem quatro grandes áreas de solos: (a) região semiárida (parte sul do polígono das secas); (b) faixa litorânea; (c) área montanhosa dos planaltos e das serras do sudeste; e (d) planaltos de origem sedimentar, situados no oeste dos Estados de Minas Gerais e São Paulo.

A parte semiárida, situada ao norte de Minas Gerais, foi incluída e descrita no complexo regional do Nordeste.

A faixa litorânea compreende depósitos arenosos e outros sedimentos quaternários de rios e mares, bem como terciários de alguns tabuleiros. Nas areias da orla costeira, remanescentes de antigas praias e dunas, encontram-se principalmente Neossolos Quartzarênicos e Espodossolos alternados com Organossolos, incluindo alguns Gleissolos e Planossolos. Alguns destes

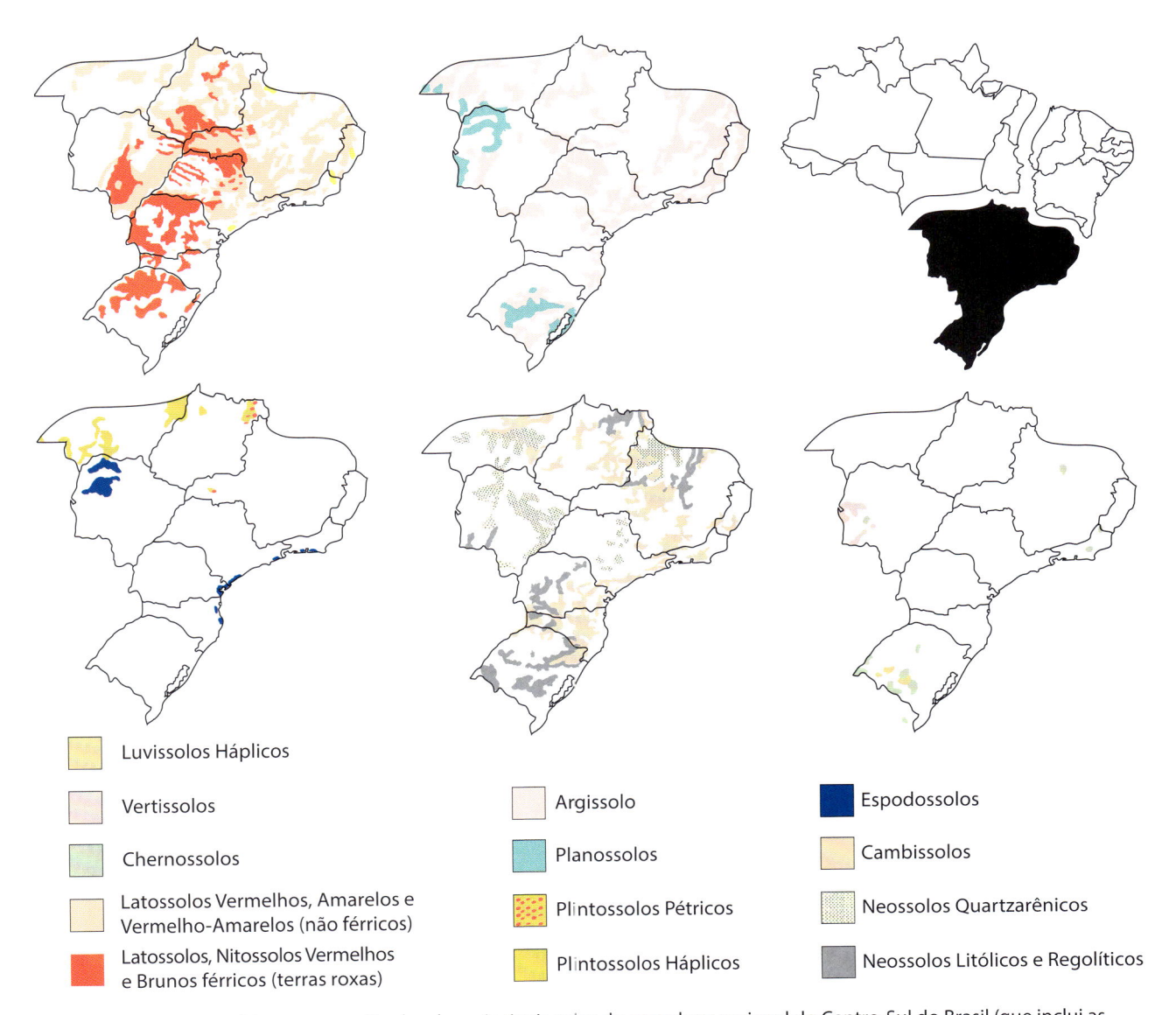

Fig. 17.9 Mapas esquemáticos e generalizados dos principais solos do complexo regional do Centro-Sul do Brasil (que inclui as regiões Centro-Oeste, Sudeste e Sul)
Fonte: adaptado de Lepsch (2010) e IBGE (2001).

últimos sofrem influência dos sais das águas do mar, como, por exemplo, os Gleissolos Tiomórficos e Melânicos e os Planossolos Nátricos. Além desses, ocorrem Neossolos Flúvicos nos deltas dos rios principais. Nas relativamente estreitas faixas de tabuleiros, que se estendem da Bahia até o norte do Estado do Rio de Janeiro, são mais comuns os Latossolos Amarelos (Fig. 17.2) e os Argissolos Amarelos.

A área montanhosa compreende a maior parte dos Estados do Espírito Santo, Rio de Janeiro e leste de São Paulo e Minas Gerais. Verifica-se, portanto, o domínio da Mata Atlântica, hoje em sua maior parte substituída por pastagens e reflorestamentos de eucaliptos. Nos espaços com relevo do tipo mamelonar, por vezes referido como "mar de morros", predominam os Argissolos e os Latossolos Vermelho-Amarelos, desenvolvidos principalmente em materiais derivados de granitos, gnaisses e xistos. Nas partes serranas, onde os declives são excessivamente fortes – o que impede um bom desenvolvimento dos solos –, preponderam os Neossolos Litólicos e Cambissolos diversos. A maior limitação ao uso dos frequentes Argissolos dessa região para a agricultura deve-se à topografia montanhosa, que dificulta o uso de máquinas e favorece a erosão. Por esse motivo, são mais adequados a culturas perenes, pastagens e ao reflorestamento.

Na extensa área geológica sedimentar, a oeste da área montanhosa mencionada, existem solos bastante diversos, principalmente no oeste do Estado de São Paulo. Alguns deles, originalmente sob vegetação de cerrado, assemelham-se aos do Planalto Central, como os Latossolos e os Neossolos Quartzarênicos. Outras áreas, cobertas primitivamente por florestas, apresentam solos originalmente férteis. Incluem-se aí as famosas "terras roxas", hoje classificadas como Latossolos e Nitossolos desenvolvidos de rochas básicas. Além desses,

Fig. 17.10 (A) Perfil de Argissolo Vermelho-Amarelo e paisagem com relevo ondulado, onde existem cultivos de videiras e figueiras e pastagens (município de Valinhos, SP); (B) perfil de Neossolo Litólico e paisagem de uma encosta declivosa, região de relevo montanhoso com rochas metamórficas, no município de Lavras, MG (perfis de Cambissolos também ocorrem nessa paisagem) (Fotos: I. F. Lepsch)

existem outros solos originalmente também muito férteis que são superficialmente arenosos e com horizonte B de acúmulo de argila, desenvolvidos a partir de arenitos com cimento calcário, classificados como Argissolos Vermelho-Amarelos Eutróficos (Figs. 17.9 e 17.10).

Os solos mais produtivos dessa região estão nos vales dos rios Parnaíba, Grande e Paranapanema, e em grande parte do oeste do Estado de São Paulo. A fertilidade relativamente alta desses solos, as condições de clima propícias a muitos cultivos e a topografia adequada à mecanização são fatores em grande parte responsáveis pela alta produção agrícola dessas áreas, desde meados do século XX.

17.5 Solos da Região Sul

A Região Sul compreende os Estados do Paraná, Santa Catarina e Rio Grande do Sul. Situa-se em uma zona de transição entre clima tropical e temperado, tanto por estar ao sul do Trópico de Capricórnio como por compreender extensas áreas do Planalto Meridional em altitudes próximas a 1.000 m. A desigualdade dos solos aí existentes, em relação às demais regiões do País, reflete bastante essas diferentes condições climáticas, tal como pela ocorrência dos pinhais.

Nas zonas mais elevadas do Planalto Meridional, a vegetação natural era a da mata subtropical, com pinhais (ou araucárias). Nessa região, são comuns os solos desenvolvidos de rochas básicas (basalto), originando Latossolos e Nitossolos, adjetivados como Vermelhos ou Brunos, respectivamente. No Paraná, eles foram inicialmente muito procurados para plantio do café, mas são agora mais utilizadas para cultivos anuais.

Nas encostas de planaltos, em áreas de relevo mais acidentado, ocorrem Neossolos Litólicos, Cambissolos e Argissolos. Estes, quando em altitudes maiores, apresentam horizonte A relativamente espesso e escuro, como os Cambissolos Húmicos.

Em encostas menos íngremes e sobre rocha basáltica, é comum aparecerem Chernossolos, cuja área de maior expressão geográfica encontra-se no extremo sul, nas sub-regiões Campanha e Depressão Central (pampas gaúchos), onde aparecem associados a Vertissolos e a Luvissolos Háplicos (Fig. 17.11). Em alguns locais da região, esses solos são comumente referidos como "terras pretas de Bagé", onde predomina um relevo suave, quase plano, e vegetação de gramíneas (Fig. 17.11), sendo que o período mais seco do ano coincide com os meses mais quentes de verão (janeiro a março).

Na faixa costeira, principalmente ao redor das lagoas dos Patos e Mirim, existem consideráveis áreas de solos desenvolvidos sob condições de excesso de água ou de areias de antigas praias, destacando-se os Planossolos, os Gleissolos e os Neossolos Quartzarênicos. Grande parte desses Planossolos e Gleissolos é utilizada para o cultivo de arroz irrigado. Na Fig. 17.9, apresenta-se um esquema da distribuição das várias ordens de solo da Região Sul.

Fig. 17.11 Perfil de Chernossolo Argilúvico e sua paisagem na região da Campanha (pradarias) do Rio Grande do Sul (Fotos: Márcio Rossi)

17.6 Panorama dos solos do Brasil em relação à agricultura

Nessa diversidade de solos, os Latossolos têm lugar de destaque por ocuparem cerca de 32% do território brasileiro (Tab. 15.1), apresentarem relevo suave, grande espessura, alta permeabilidade e baixa capacidade de troca catiônica. Neles predominam argilas cauliníticas e oxídicas, e, na maioria deles, a saturação por bases é baixa. Toda essa combinação química, somada à matéria orgânica e à alta permeabilidade e aeração, confere agregados estruturais muito pequenos e estáveis aos Latossolos, facilitando assim o cultivo. Em sistemas agrícolas com alto nível de tecnologia, eles vêm sendo considerados os solos mais produtivos do mundo para a agricultura, permitindo até três cultivos por ano quando um deles é irrigado; ou apenas dois, mesmo sem irrigação, desde que tenham seu excesso de acidez corrigido e sejam adequadamente fertilizados.

Latossolos, Nitossolos e Argissolos, quando em condições de relevo favorável à agricultura, ocupam aproximadamente 60% do território nacional, ou seja, pouco mais de cinco milhões de quilômetros quadrados. Isso faz o Brasil ser apontado como um dos países com maiores potenciais para a produção agrícola, podendo alimentar a sua população e a de outros países.

Segundo dados divulgados pela FAO/Unesco, estima-se que somente 25% a 30% da superfície terrestre têm solos aptos para serem cultivados. Contudo, apenas metade deles vem sendo utilizada para esse fim. O problema é que a população mundial, se continuar crescendo no ritmo atual, dobrará nos próximos 100 anos e, com ela, a demanda de alimentos. Se não for possível aumentar, na mesma proporção, a produtividade dos solos já ocupados, novas terras terão que ser incorporadas aos sistemas agrícolas – e boa parte dessas áreas está na região Amazônica e na África Central.

Se a agricultura tiver que se expandir nessas novas terras, deverá ser à custa da destruição de florestas, provocando problemas ambientais. Portanto, é necessário que os agricultores façam uso, ao máximo, das soluções propostas pelos pesquisadores, para que a produtividade dos atuais solos brasileiros sob cultivo aumente de forma tal que minore a necessidade de desmatar novas áreas.

Ao longo desta lição apresentamos várias fotos que ilustraram a diversidade de perfis e paisagens do Brasil. Existem muitas outras imagens de perfis e paisagens de solos de nosso país, algumas das quais poderão ser apreciadas nas Figs. 17.12 a 17.14.

17.7 Perguntas para estudo

1. Como os diferentes climas do Brasil influenciam seus solos? *(Dica: consulte o parágrafo introdutório desta lição).*

2. Quais solos, em nível de ordem, predominam na Amazônia, e quais suas principais características? *(Dica: consulte a Tab. 17.1 e as seções 15.2 e 15.4).*

3. Cite dois dos solos mais típicos do sertão nordestino (região semiárida) e descreva suas características gerais. *(Dica: consulte as seções 17.2, 15.5 e 15.7).*

4. Que solos predominam nos chamados pampas gaúchos (região da Campanha)? *(Dica: consulte as seções 17.5, 15.8 e 15.10).*

5. Onde, no território brasileiro, se situam os solos classificados como Espodossolos? *(Dica: consulte as figuras desta lição).*

6. O que são as "terras pretas de índio", e onde elas ocorrem em maior abundância? *(Dica: consulte as Figs. 17.3 e 17.4 e a seção 17.1).*

7. O que os solos do pantanal mato-grossense têm em comum com os do Nordeste semiárido? *(Dica: consulte as seções 17.2 e 17.3).*

8. Que solos predominam nas chapadas do Brasil Central, e qual seu potencial para a agricultura? *(Dica: consulte a seção 17.3).*

9. Descreva, em poucas palavras, qual o potencial dos solos do Brasil para a produção agrícola. *(Dica: consulte a seção 17.6).*

10. Que solos predominam na região chamada "mar de morros" do sudeste brasileiro? *(Dica: consulte a seção 17.4).*

Fig. 17.12 Perfis de solos e suas paisagens na região do Rio Ribeira de Iguape (litoral sul de São Paulo). (A) Gleissolo Háplico comum em planícies de inundação; (B) Cambissolo Háplico em relevo montanhoso do Parque Estadual Turístico do Alto Ribeira (Fotos: Márcio Rossi)

Fig. 17.13 Perfis de Argissolo Vermelho-Amarelo (à esquerda) e de Nitossolo Vermelho (à direita) e paisagem (ao centro). Fotos tiradas em área cultivada com cana-de-açúcar (município de Rafard, SP). Estes solos estão próximos, mas são bem diferentes por terem se originado de distintos materiais geológicos: um dique de rocha básica (diabásio, à direita) ao lado de rochas sedimentares (siltitos, à esquerda) (Fotos: Osmar Bazaglia Filho)

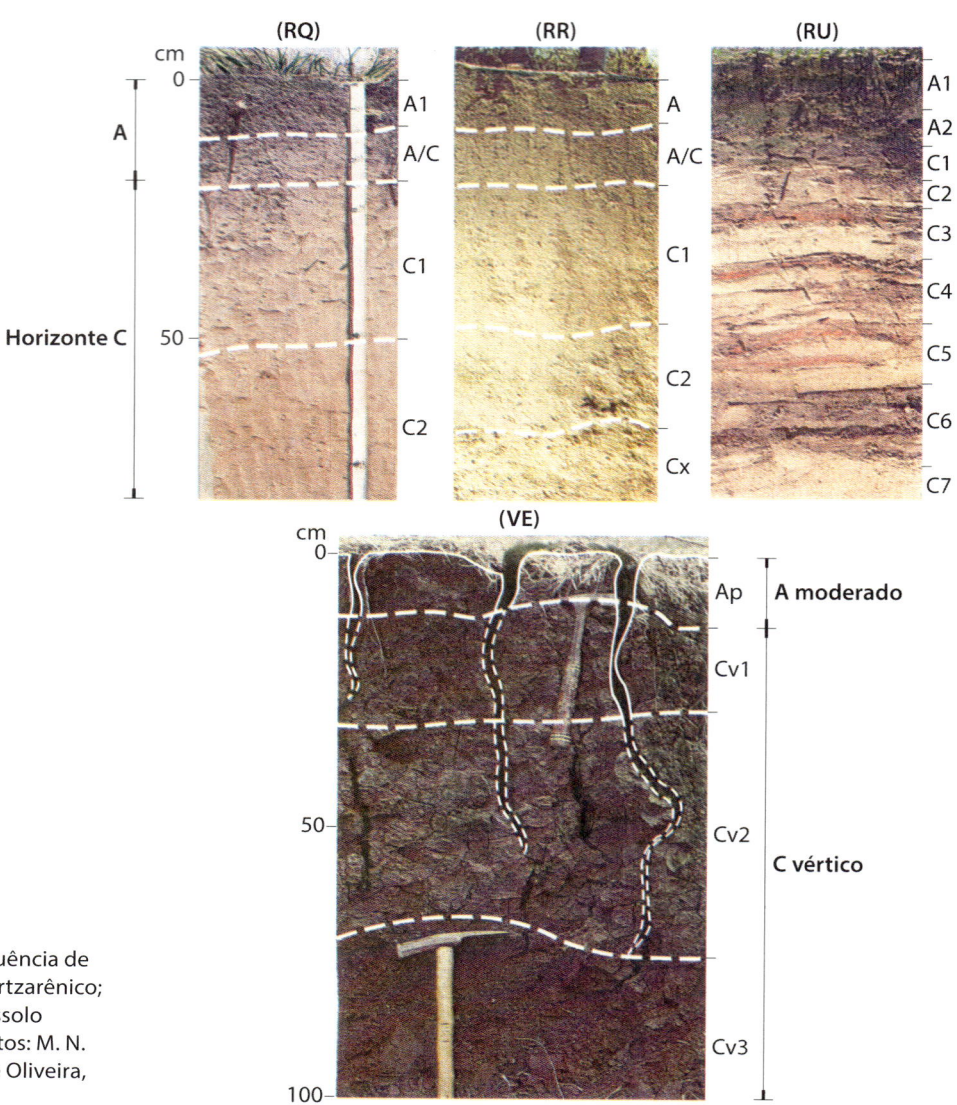

Fig. 17.14 Perfis de solos com sequência de horizontes A-C: (RQ) Neossolo Quartzarênico; (RR) Neossolo Regolítico; (RU) Neossolo Flúvico; (VE) Vertissolo Ebânico (Fotos: M. N. Camargo; esquemas: adaptados de Oliveira, Jacomine e Camargo, 1992)

Lição 18

Solos do mundo

A Terra é azul!

(Iuri Gagarin, primeiro cosmonauta a viajar pelo espaço, em 1961)

Linhas de alegria (areias coloridas sobre madeira), do artista plástico Edival Ramosa

Que tal, nesta lição, conhecermos um pouco mais sobre os grandes domínios dos climas e solos de todo o nosso planeta?

Quando, em mapas-múndi, os padrões pedológicos são superpostos aos climáticos, os delineamentos geográficos dos solos e da vegetação coincidem em muitos pontos com os dos climas, porque o clima é a força maior que condiciona a formação dos solos e das vegetações.

Solo e clima, portanto, são determinantes para a qualidade e a quantidade de alimentos que consumimos. Portanto, o conhecimento da distribuição global dos solos, com seus respectivos climas, é de grande importância. Conhecendo-os, poderemos entender melhor as atuais questões dos ecossistemas, tais como a mitigação das mudanças climáticas, o combate à degradação das terras e a conservação da biodiversidade.

A seguir, faremos uma descrição dos solos, em nível mundial, segundo as oito zonas climáticas propostas pela FAO (Fig. 18.1). Existem vários mapas de solo do mundo (ver Boxe 18.1), os quais nomeiam os solos segundo diversos sistemas taxonômicos. Os principais grupos de solos serão aqui referidos conforme a classificação do Referencial Básico Mundial (WRB); seus equivalentes aproximados na nova classificação brasileira e na classificação dos Estados Unidos estão indicados no Quadro 18.1.

18.1 Solos dos trópicos e subtrópicos úmidos

Essa região é caracterizada por temperaturas médias e altas durante todo o ano, com uma estação seca não muito prolongada (Fig. 18.2). É típica de dois bilhões de hectares e tem sua expressão máxima na bacia Amazônica, África Central e Costeira Oriental, Sudoeste da Ásia e algumas partes das ilhas dos oceanos Pacífico, Atlântico e Índico. A vegetação mais típica é a das florestas tropicais, estendendo-se para as subtropicais. Inclui a região do cerrado brasileiro, onde a estação seca estende-se por até cinco meses.

Na maior parte dessa região, a decomposição das rochas se fez com muita intensidade e os regolitos se formaram sem interrupções. Tal fato contrasta com as regiões de clima frio e temperado, onde as glaciações do Quaternário fizeram com que quase nenhum regolito permanecesse sobre as rochas. Em consequência, os trópicos frequentemente apresentam regolitos muito

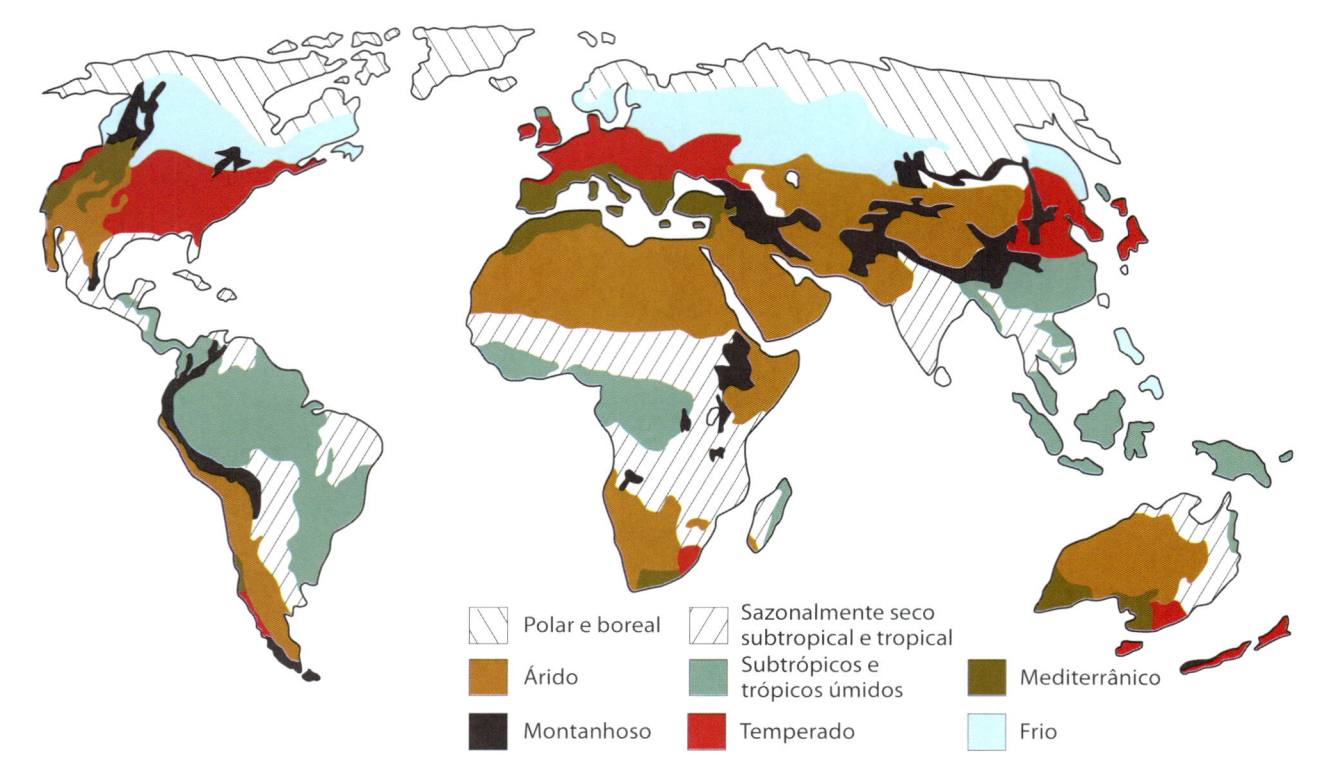

Fig. 18.1 Principais regiões climáticas do mundo. Os delineamentos dos padrões climáticos coincidem em muitos pontos com o dos solos
Fonte: adaptado de FAO (1993).

Boxe 18.1 Mapas de solos do mundo

Mapas-múndi de solos abrigam importantes informações, principalmente para as muitas organizações envolvidas em pesquisas aplicadas em escalas globais, como, por exemplo, as relacionadas ao impacto das mudanças climáticas relacionadas ao efeito estufa. A comunidade científica está cada vez mais analisando problemas ambientais, com métodos de modelagem para os quais os dados desses mapas são cruciais.

O principal mapa de solos do mundo foi publicado pela FAO/Unesco na escala de 1:5.000.000, compreendendo 19 folhas com legendas usando o sistema de classificação da FAO, em três idiomas: inglês, francês e russo. A partir dele, outros foram produzidos por generalização, por transformações e atualizações, como o produzido pelo Departamento de Agricultura dos Estados Unidos (USDA), na escala de 1:30.000.000, usando o Sistema Taxonômico Americano (*Soil Taxonomy*), e o mapa da FAO sobre "Recursos de Solos do Mundo", na escala de 1:25.000.000. Estes dois últimos estão digitalizados e podem ser acessados pela internet.

espessos (Fig. 18.3), formados a partir de materiais submetidos a vários ciclos de intemperização, remoção e deposição. Tais ciclos aconteceram no período Quaternário, com a alternância de climas semiáridos e úmidos coincidentes, respectivamente, com os períodos glaciais e interglaciais.

Ao redor das superfícies mais estáveis, que ficaram preservadas, por causa da sua posição geográfica, assim como nas porções quase planas e elevadas das chapadas, estão as superfícies geologicamente rejuvenescidas, onde aparecem muitos *Acrisols*, *Nitisols* e *Cambisols*. Ao longo das inúmeras várzeas, existem muitos *Histosols* e *Gleysols* (Fig. 18.6).

Muitas das áreas mais úmidas da Amazônia, da África Central e do Extremo Oriente (Malásia, Indonésia etc.) permanecem com a vegetação original de floresta equatorial, com solos ocasionalmente utilizados com sistemas de agricultura itinerante. Nessas áreas,

Quadro 18.1 Correspondências aproximadas entre os Sistemas de Classificação do WRB/FAO, o SiBCS e a Soil Taxonomy, para classes em alto nível categórico

Grupo de solos de referência (WRB)(*)	SiBCS (Embrapa, 2006)	Soil Taxonomy (USA, 1999)
Solos orgânicos		
Histosols	Organossolos	Histosols
Solos minerais com forte influência antrópica		
Anthrosols	Não classificados no Brasil	Subordem *Anthrept* dos *Inceptisols*
Technosols	Não classificados no Brasil	Subordens *Urbent* e *Garbent* dos *Entisols*
Solos com pedogênese controlada pelo material de origem		
Arenosols	Neossolos Quartzarênicos	Subordem *Quartzipsamment* da Ordem *Entisol*
Andosols	Não classificados no Brasil	Andisols
Vertisols	Vertissolos	Vertisols
Solos com pedogênese controlada pela posição no relevo		
Fluvisols	Neossolos Flúvicos	Subordem *Fluvent* dos *Entisols*
Gleysols	Gleissolos	Subgrupos com prefixo *aquic-* de várias Ordens
Stagnosols	Argissolos (subgrupos Epiáquicos)	Grandes grupos *Epiaquic* de várias ordens
Leptosols	Neossolos Litólicos	Subgrupos *Lithic* de *Inceptisols* e *Entisols*
Regosols	Neossolos Quartzarênicos	Subordens com prefixo *orthe-* (alguns *Psam* dos *Orthents* e *Psamments* dos *Inceptisols*)
Solos moderadamente desenvolvidos		
Cambisols	Cambissolos	*Inceptisols* e subordens *Cambids* dos *Aridisols*
Umbrisols	Cambissolos Húmicos	Grandes grupos *Umbric* dos *Inceptisols*
Solos condicionados apenas pelo frio (com permafrost)		
Cryosols	Não classificados no Brasil	Gelisols
Solos com fluxos hídricos não percolantes ou ascensionais de climas semiáridos		
Calcisols	Não classificados no Brasil	*Aridisols* e *Inceptisols* (grandes grupos *Calcids*)
Durisols	Não classificados no Brasil	*Aridisols* (*Durids* e grandes grupos *Duric* de outras ordens)
Gypsisols	Não classificados Brasil	*Aridisols* (*Gypsids* e grandes grupos *Gypsic* de outras ordens)
Solonchaks	Gleissolos Sálicos	*Aridisols* (*Salids* e grandes grupos *Salic* e *Halic* de outras ordens)
Solonetz	Planossolos Nátricos	*Aridisols*, *Alfisols* e *Mollisols* (grandes grupos *Natric*)
Solos minerais com horizonte superficial escuro e rico em bases, típicos das pradarias		
Chernozems	Chernossolos	Grande grupo *Calciudolls* dos *Mollisols*
Kastanozems	Chernossolos	Grandes grupos *Calciutolls* e *Calcixerolls* dos *Mollisols*
Phaeozems	Chernossolos	Subordens *Cryosolls*, *Udolls* e *Albolls* dos *Mollisols*
Solos com intensa redistribuição de argilas e/ou de húmus com ferro e alumínio		
Albeluvisols	Não classificados no Brasil	*Alfisols* (alguns *Glossudalfs*)
Luvisols	Luvissolos	Grandes grupos com prefixos *hapos-* e *pales-* dos *Alfisols*)
Planosols	Planossolos Háplicos	Grandes grupos *Albaqualfs* e *Albaquults* dos *Alfisols* e *Ultisols*
Podzols	Espodossolos	Spodosols
Solos dominantes em regiões tropicais e subtropicais com intemperização intensa		
Lixisols	Argissolos e Nitossolos	Grandes grupos *Kandics*, com alto V% dos *Alfisols*
Acrisols	Argissolos	Grande grupo *Kandic* dos *Alfisols* e *Ultisols*
Alisols	Argissolos	Ultisols e subgrupos *Ultics* dos *Alfisols*

Quadro 18.1 (Continuação)

Grupo de solos de referência (WRB)(*)	SiBCS (Embrapa, 2006)	*Soil Taxonomy* (USA, 1999)
Solos dominantes em regiões tropicais e subtropicais com intemperização intensa		
Nitisols	Nitossolos	Grandes grupos *Kandics* dos *Oxisols* e subgrupos *Parasesquics* dos *Ultisols* e *Inceptisols*
Ferralsols	Latossolos	*Oxisols* (somente os bem drenados)
Plinthosols	Plintossolos	Subgrupos *Plinthic* dos *Oxisols*, *Ultisols*, *Alfisols*, *Entisols* e *Inceptisols*

(*) Desde 1998 a FAO/Unesco endossou o WRB (World Reference Base for Soil Resources) como sistema universal, reconhecido pela IUSS (International Union of Soil Science). Mais informações sobre o WRB estão disponíveis em <http://www.fao.org/3/i3794en/I3794en.pdf>.

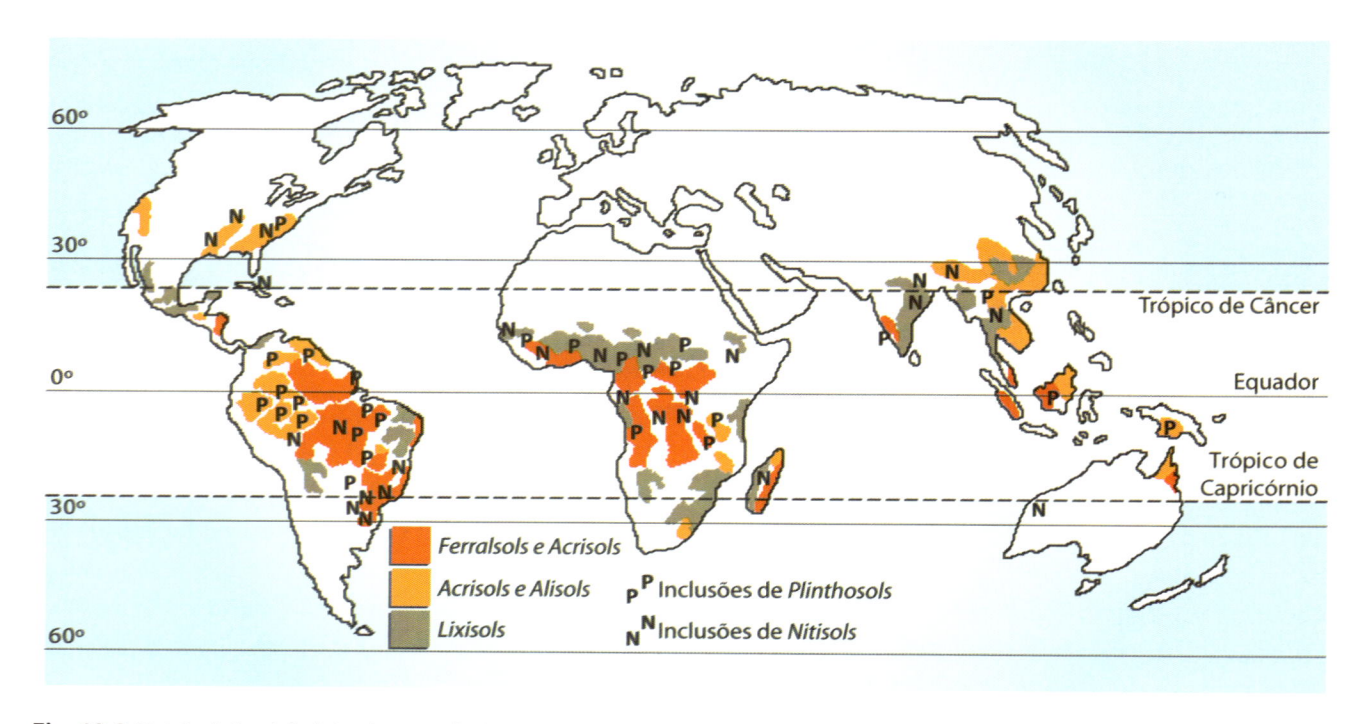

Fig. 18.2 Distribuição global das áreas onde dominam solos bem desenvolvidos, formados sob condições de clima tropical e subtropical úmido e subúmido. *Ferralsols* correspondem aos *Oxisols* (bem drenados) da *Soil Taxonomy* (USA, 1999) e aos Latossolos do SiBCS (Embrapa, 2006). Segundo a Soil Taxonomy, grande parte dos *Lixisols*, *Acrisols* e *Nitisols* enquadra-se como *Alfisols*, *Ultisols* e *Oxisols*, respectivamente. No SiBCS, os equivalentes dos *Lixisols* e *Acrisols* são os Argissolos, e a maioria dos *Nitisols* corresponde aos Nitossolos. Os *Plinthosols*, na *Soil Taxonomy*, enquadram-se tanto como *Oxisols* quanto como *Ultisols*, e correspondem aos Plintossolos do SiBCS
Fonte: Lepsch (2010).

além dos *Ferralsols*, são comuns os *Acrisols*, intercalados com *Ferralsols*, *Alisols*, *Nitisols* e *Plinthosols*.

18.2 Solos dos trópicos com longa estação seca

Essas são as áreas tropicais e subtropicais onde a estação seca é muito prolongada, de cinco a oito meses, com a curta estação chuvosa nos meses mais quentes. Compreendem extensões designadas tanto de subúmidas como de semiáridas. Essa região climática estende-se por cerca de dois milhões e quinhentos mil hectares, sendo prevalente na maior parte da África, em muitas áreas do sul e sudoeste da Ásia, norte da Austrália e América do Sul e Central. No Brasil, está representada pelo nordeste semiárido. A vegetação varia muito com a duração do período seco, porém é mais representada pelas **savanas** (comuns na África) e as matas secas (comuns no nordeste do Brasil).

Os solos dessas áreas são pouco espessos e apresentam alta saturação por bases. Os *Lixisols* e os *Luvisols* estão entre os solos mais comuns das áreas das

Fig. 18.3 Exemplos de regolitos muito espessos, característicos de vários locais das regiões intertropicais úmidas, que não estiveram submetidas aos intensos processos erosivos decorrentes das geleiras. À esquerda: corte de estrada no alto de uma chapada na região dos cerrados (Uberlândia, MG), mostrando um manto de solo muito espesso e intemperizado (Foto: Rodrigo E. M. de Almeida). À direita: espesso regolito com um horizonte C muito espesso, em uma encosta na Serra dos Órgãos (Teresópolis, RJ) (Foto: I. F. Lepsch)

savanas africanas (Fig. 18.4) e caatingas do nordeste brasileiro (Fig. 17.5). Quando os materiais de origem são ricos em cálcio e magnésio, há formação de argilas 2:1, com o aparecimento de *Luvisols*, os quais podem estar associados, nas partes mais baixas da paisagem, a **Vertisols**. Nessas partes mais baixas do relevo, aparecem também *Planosols*, muitos dos quais apresentam alta saturação por sódio ou mesmo sais solúveis. Uma toposequência muito comum nas savanas africanas e nordeste brasileiro é a de solos vermelhos (*Lixisols* e/ou *Luvisols*) nas partes elevadas das encostas, e solos escuros (*Vertisols*) nas partes mais baixas (Fig. 8.7).

Por causa da cobertura vegetal escassa e das altas suscetibilidades à erosão hídrica, muitos dos solos têm pequena resistência quando submetidos ao pastoreio ou agricultura; por isso, áreas desertificadas são comuns. A maior parte é usada para pastagens, e alguns cultivos podem ser feitos, como sorgo, milho e algodão. Especialmente nas planícies aluviais, com *Fluvisols*, a agricultura é feita sob sistemas de irrigação.

18.3 Solos dos climas mediterrânicos

Nessa região climática, a chuva concentra-se no inverno, quando a temperatura e a insolação são menos favoráveis às plantas e existe o risco de geadas; já o verão é muito seco.

Os processos de formação do solo estão relacionados com a migração de argilas no inverno chuvoso e a acumulação de carbonato de cálcio no verão seco, resultando em *Luvisols*, *Calcisols* e alguns *Vertisols*. Nas encostas mais inclinadas formam-se *Leptosols*, *Regosols* e *Cambisols*, que ocupam cerca de metade dessa região. *Fluvisols* e *Arenosols* também estão presentes, mas em menores proporções. Os cultivos típicos dessa zona são as vinhas, oliveiras, figueiras, nogueiras e os trigais. Com o uso de irrigação e em locais onde não ocorrem geadas, esses solos podem ser favoráveis a outros cultivos, como arroz e citros.

Os solos de climas mediterrânicos ocupam uma área de 420 milhões de hectares, e estão localizados principalmente ao redor do Mar Mediterrâneo nas costas do sul e sudoeste da Austrália, na África do Sul, na Califórnia e no centro do Chile. Muitas dessas áreas situam-se ao redor

Fig. 18.4 Aspecto da savana africana, no Quênia, onde predominam *Lixisols* (Argissolos) e/ou *Luvisols* (Luvissolos) nas partes mais elevadas das encostas, e *Vertisols* (Vertissolos) nas partes mais baixas (sopés) (Foto: S. W. Buol)

de desertos, como os do Saara e Negev, de onde recebem poeiras. Essas poeiras não somente contribuíram para o material de origem dos solos, mas também encobriram e preservaram importantes sítios arqueológicos. A vegetação natural, antes do intenso povoamento dessas regiões, consistia de florestas decíduas e arbustos espinhosos.

18.4 Solos das regiões montanhosas

São regiões caracterizadas por grandes variações de temperatura e de chuvas, tanto por estarem situadas em diversas latitudes, como por mudanças climáticas a pequenas distâncias; por exemplo, desde os Himalaias, acima dos trópicos, até o monte Kilimanjaro, na linha do Equador, existem locais onde ocorrem frequentes nevadas e depósitos de gelo. As temperaturas são sempre menores que as das regiões circunvizinhas não montanhosas, o relevo é caracterizado por declividades muito acentuadas, e em muitos locais existe uma grande influência de materiais vulcânicos. Algumas vezes, condições de segurança e clima ameno encorajaram a formação de núcleos populacionais relativamente grandes, apesar da fragilidade dos solos.

Na maior parte das encostas, os solos estão bastante sujeitos à erosão e têm horizontes pouco desenvolvidos. A maioria dos perfis é delgada e, por vezes, o horizonte superficial é rico em húmus, assentando-se diretamente sobre a rocha, formando os *Leptosols*, ou sobre seu saprólito, pouco alterado, formando os *Regosols*. A maior parte dos *Leptosols* encontra-se sob vegetações naturais de vários tipos e tem algum potencial para pastagens e florestas. Se utilizados para a agricultura, requerem proteções especiais, por suas suscetibilidades à erosão, tais como terraços em patamares protegidos por muros de pedras (Fig. 1.4). Alguns tipos de *Leptosols* ocorrem sobre material calcário e são considerados os mais férteis; chamam-se *Rendzic Leptosols*.

Os *Andosols* são um tipo de solo muito especial, em sua maior parte muito escuros, derivado de materiais piroclásticos ejetados por vulcões. Estão concentrados nas montanhas que circundam o oceano Pacífico. Esses solos ocupam uma área de 110 milhões de hectares que têm grande importância econômica.

Os *Andosols* têm propriedades especiais que os distinguem de todos os outros solos: o material poroso dos vulcões, ejetado e depositado, intemperiza-se rapidamente, formando complexos de minerais amorfos (do tipo alofanas) com húmus, que dão ao solo uma cor escurecida, alta porosidade e friabilidade. Os agregados são muito estáveis, o que proporciona elevada permeabilidade e resistência à erosão. Tais solos têm alta capacidade de reter umidade e são ricos em nutrientes, razão pela qual são muito procurados para a agricultura, apesar dos declives pronunciados. Por outro lado, os compostos de ferro e alumínio dos materiais amorfos conferem a esses solos uma elevada fixação de fosfatos. Nas regiões intertropicais e de altitudes menos elevadas, eles costumam ser cultivados com uma grande variedade de lavouras, tais como cana-de-açúcar, batatas e trigo.

18.5 Solos das zonas áridas

As regiões áridas cobrem perto de um quarto da superfície do globo terrestre não permanentemente coberta por gelo. Suas maiores áreas ocorrem entre 10° e 35° de latitude, como os desertos do Saara, do Kalahari, da Namíbia, da península Arábica, da Ásia Central, da Austrália Central, de Gobi (China), da parte oeste dos Estados Unidos e sudoeste da América do Sul (Fig. 18.5). Nessas áreas, há uma dominância do intemperismo físico sobre o químico e intensos processos erosivos eólicos. A intensa evaporação, que excede a precipitação pluvial, impede a percolação da água através de todo solo. Por isso, é comum haver acúmulos de carbonatos, sulfatos e cloretos. A vegetação é constituída principalmente de cactos e arbustos espinhosos, que crescem muito espaçadamente.

É comum existir uma camada de pedras – denominada **pavimento desértico** – recobrindo muitos solos. As argilas e os siltes muitas vezes são levados pelos ventos para regiões mais úmidas, ajudando a supri-las com nutrientes minerais, inclusive na Amazônia, que, por vezes, recebe poeiras do deserto do Saara.

As areias acumulam-se em dunas, às vezes em contínua movimentação. Quando essas dunas se estabilizam, formando um delgado horizonte A assentado diretamente sobre um horizonte C arenoso, elas dão origem aos *Arenosols*. Minerais secundários, como calcita, gipsita e halita, também se acumulam como resultado das raras chuvas. *Calcisols* são os que possuem horizonte subsuperficial de acúmulo de carbonato de cálcio (calcita) e *Gypsisols*, os que têm acúmulo de

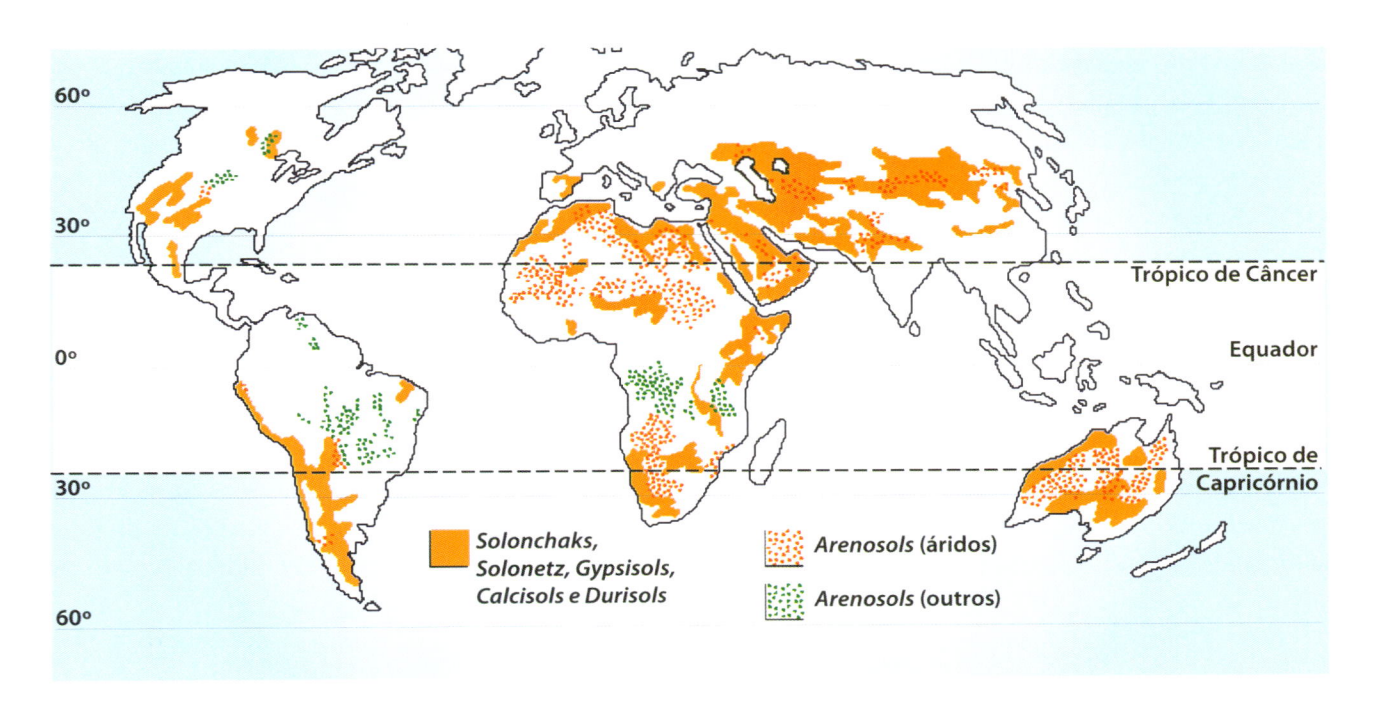

Fig. 18.5 Distribuição global das áreas em que dominam solos formados sob condições de climas áridos e semiáridos; no *Soil Taxonomy* (USA, 1999), eles são identificados como *Aridisols*. Os "*Arenosols* (outros)" de regiões não desérticas (identificados no Brasil como Neossolos Quartzarênicos) podem ter se formado sob condições de climas áridos pretéritos
Fonte: Lepsch (2010).

sulfato de cálcio (gesso). Algumas vezes, há acúmulo de sílica, formando os *Durisols*.

As maiores ocorrências dos *Gypsisols* estão nos desertos próximos da Mesopotâmia (hoje Síria, Iraque e Irã), na península Arábica, entre os mares Cáspio e Aral, nos desertos da Líbia, Namíbia e na Austrália Central (Fig. 18.5).

Os *Calcisols* desenvolvem-se em regiões desérticas com rochas calcárias. Eles mostram acúmulo de carbonatos de cálcio no horizonte B, o qual, quando muito intenso, apresenta-se como uma camada de **caliche**, constituída de carbonatos muito endurecidos.

Os *Durisols* frequentemente ocorrem associados a outros solos de regiões desérticas e apresentam um horizonte subsuperficial endurecido, em consequência da cimentação com sílica amorfa. O uso agrícola de quase todos os *Durisols* é limitado a pastagens extensivas.

Além dos carbonatos e sulfatos de cálcio, que são pouco solúveis em água, sais mais solúveis, principalmente de sódio, podem acumular-se nos solos de clima árido e semiárido. Os acúmulos desses sais de sódio ocorrem principalmente nos locais mais baixos do relevo, que ocasionalmente recebem mais água das encostas adjacentes. Essa água traz os sais minerais mais solúveis que os de cálcio, razão pela qual ela pode evaporar-se rapidamente antes de infiltrar-se por completo no solo. Cada vez que esse processo é repetido, há um acúmulo desses sais e consequente salinização do solo. Em áreas irrigadas, a salinização também pode ocorrer pela falta de drenagem adequada: os sais que estavam distribuídos nos horizontes mais profundos podem ser trazidos para a superfície, pelo movimento ascendente da água capilar.

Solos dos desertos foram muito importantes na história da humanidade. Os fósseis mais antigos de hominídeos foram encontrados no sudeste da África, preservados em sedimentos com carbonatos pedogenéticos; isso indica que eles viveram em ambientes áridos ou semiáridos, sem grandes árvores, o que facilitou a evolução para caminhar na posição ereta. Hoje, muitos centros urbanos ainda estão localizados em solos desérticos próximos a rios perenes. Se irrigados, os *Fluvisols* de climas áridos são uma importante fonte de alimentos, como os das planícies de grandes rios (p. ex., o Nilo). Contudo, infelizmente, em algumas partes mais baixas dessas planícies, cultivadas há milhares de anos – como no sistema fluvial Tigre-Eufrates – com irrigações mal conduzidas, ocorreu salinização, que converteu muitos dos *Fluvisols* em *Solonchacks* e *Solonetz*.

18.6 Solos das zonas temperadas

Em geral, essas regiões têm verões com dias longos e quentes e invernos muito frios, com chuva bem distribuída. Compreendem cerca de 1.500 milhões de hectares localizados principalmente na Europa Central e Oriental, sul da Rússia, leste da China, Japão, Nova Zelândia, sul do Canadá e partes leste e central dos Estados Unidos.

Essa zona climática compreende duas outras subregiões, correspondentes ao bioma das florestas mistas e decíduas, que ocorre nas regiões mais úmidas e próximas dos oceanos, e ao bioma das estepes e pradarias, que ocorre nas regiões menos chuvosas e afastadas dos oceanos.

18.6.1 Biomas das florestas mistas e decíduas

Nas florestas mistas, os processos formadores dos solos caracterizam-se pela síntese de argilas de média atividade, combinada com fraca a moderada liberação de ferro. Nos solos mais desenvolvidos, há uma redistribuição muito intensa de argilas ou de ferro e/ou alumínio translocados dos horizontes A e E para o B. Os principais grupos de solos que aí ocorrem são os *Podzols*, *Albeluvisols*, *Luvisols*, *Planosols* e *Cambisols*. Em muitas planícies de rios, formam-se *Fluvisols*, vários dos quais estão sendo cultivados há muitos milhares de anos, como os arrozais da China (Fig. 18.6).

Os *Podzols* têm intensa translocação de compostos de ferro, de alumínio e orgânicos que se acumulam no horizonte B. Essa translocação de ferro e húmus é condicionada pela vegetação de pinheiros e pelo substrato arenoso. Elevada acidez, baixo conteúdo de nutrientes e horizonte B **cimentado** fazem com que os *Podzols* tenham poucos atrativos para a agricultura; a maior parte está sob florestas.

Os *Luvisols* são moderadamente rasos (50 cm a 1 m de profundidade), típicos das regiões de transição entre florestas temperadas e pradarias, que apresentam horizonte superficial de coloração bruna e um horizonte B de acúmulo de argilas, predominando as do tipo 2:1 saturadas em cátions básicos. Estende-se em muitas regiões temperadas, como as da Rússia Central e Oriental e do leste dos Estados Unidos, bem como no sul da América do Sul. A maior parte é considerada como solos férteis e adaptados a um grande número de cultivos (Fig. 18.7).

Os *Planosols* apresentam horizontes A e E de coloração clara, passando abruptamente para um horizonte B adensado, com quantidades de argila mais elevadas. Os *Albiluvisols* estendem-se por cerca de 300 milhões de hectares situados na Europa, no norte da Ásia e na Ásia Central. São solos caracterizados por terem um horizonte E de cor clara e empobrecido tanto em argila como em ferro; esse horizonte E sobrepõe-se a outro de acúmulo de argila, com o qual interpenetra em algumas partes. Em alguns aspectos, podem ser considerados como intermediários entre *Podzols* e *Luvisols*.

Os *Umbrisols* são solos com horizonte A espesso, profundo, escuro e ácido. São encontrados em locais bem drenados. Ocorrem principalmente em regiões

Fig. 18.6 Nesta planície aluvial da China, os *Fluvisols* (Neossolos Flúvicos) estão sendo continuamente cultivados por alguns milhares de anos, principalmente com arroz irrigado (Foto: John Kelley, NRCS/USDA)

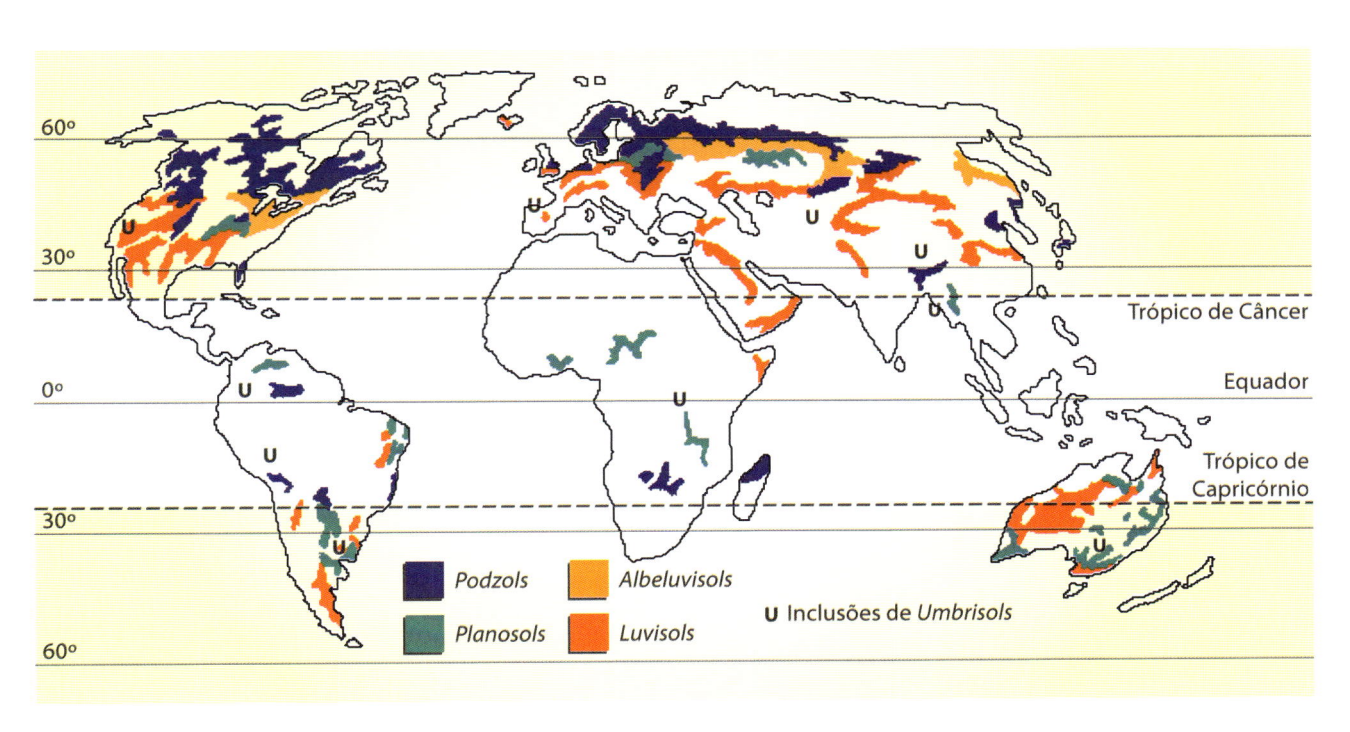

Fig. 18.7 Distribuição global das áreas em que dominam solos bem desenvolvidos formados sob condições de clima temperado (úmido e subúmido), biomas das florestas mistas e decíduas
Fonte: Lepsch (2010).

montanhosas sem estação seca pronunciada. Sua extensão geográfica é relativamente pequena (cerca de 100 milhões de hectares em todo o mundo).

18.6.2 Biomas das estepes e pradarias

Nas pradarias, os solos desenvolvem-se sob vegetação predominantemente de gramíneas. No Hemisfério Norte, estão localizados em áreas do interior continental ao sul dos bosques temperados, como nas estepes eurasianas.

A última era glacial desempenhou um importante papel na formação dos solos nas pradarias. O avanço dos glaciares produziu grandes quantidades de rocha moída. Esse fino material, denominado *loess*, foi arrastado pelos ventos no término das Eras do Gelo, depositando-se em camadas siltosas nas planícies. Uma grande parte dos solos desenvolveu-se desse *loess* e sob as gramíneas.

Nessas regiões, a quantidade de chuva é baixa (250 mm a 500 mm anuais) e concentrada na primavera, logo após o derretimento da neve acumulada no inverno. Os verões são curtos e secos. A água, então, é retida pelo solo em condições tais que permitem um intenso crescimento de vegetais de pequeno porte, anualmente renovados, como as gramíneas. A água retida pelo solo é suficiente para permitir o crescimento desses prados, mas não a ponto de ocasionar a lavagem dos cátions básicos pela água gravitativa do solo. Nessas condições é que são formados solos relativamente pouco profundos, pouco intemperizados e que possuem como característica marcante um horizonte A escuro, espesso (mais de 30 cm), rico em matéria orgânica e cálcio: o A chernozêmico (Figs. 18.8 e 17.11).

Esses solos foram considerados, por muito tempo, os melhores do mundo para a agricultura, por causa da alta fertilidade natural e da facilidade de cultivo. Grandes áreas são encontradas no meio-oeste dos Estados Unidos (incluindo o *corn belt*), no sul e sudoeste da Rússia, Casaquistão, Mongólia e norte da China, nos pampas da Argentina, Uruguai e extremo sul do Brasil (Figs. 18.9 e 17.11).

Os principais solos que ocorrem nas estepes e pradarias são subdivididos em três grupos principais: *Chernozems*, *Kastanozems* e *Phaeozems* (Fig. 18.9).

Os *Chernozems* são os que ocorrem nos prados mais frios, comumente de transição para florestas tipo taiga. São os que apresentam os horizontes escuros mais espessos e, a cerca de 1 m de profundidade, uma camada com acúmulo de carbonato de cálcio.

Fig. 18.8 Perfil e paisagem de um *Kastanozem – Mollisol*, segundo a *Soil Taxonomy* (USA, 1999), e Chernossolos segundo o SiBCS (Embrapa, 2006) – cultivados com milho no meio-oeste dos Estados Unidos. Esses solos têm um horizonte A bastante escurecido, com alta saturação por bases (especialmente cálcio) e formam-se sob vegetação de pradarias em regiões de clima temperado com pronunciada estação seca (Fotos: cortesia NRCS/USDA)

Os *Kastanozems* ocorrem nas áreas mais secas e quentes e apresentam vegetação mais rala e baixa. O horizonte A escuro é menos espesso (em torno de 30 cm), abaixo do qual, e a menos de 1 m de profundidade, encontra-se uma camada de acúmulo de carbonato e/ou sulfato de cálcio. São solos potencialmente ricos em nutrientes. A escassez periódica de chuvas constitui o maior obstáculo para a obtenção de boas colheitas.

Os *Phaeozems* ocorrem nas áreas mais quentes e úmidas das pradarias. Consequentemente, a intemperização e a lixiviação são um pouco mais intensas, não existindo camadas de deposição de carbonato de cálcio. Trata-se de solos bastante porosos, naturalmente férteis, considerados como "terras de primeira" para lavouras. Nos Estados Unidos e na Argentina, muitas áreas desses solos são utilizadas para cultivo de soja em rotação com trigo ou milho.

18.7 Solos da zona fria

As terras da zona fria abrangem cerca de mil milhões de hectares, situados principalmente no norte da China, Rússia Central, sul do Canadá, norte dos Estados Unidos, Escócia e sul da península Escandinávica. É uma região caracterizada por ter apenas um curto período em que existem dias quando a temperatura não está abaixo de 0 °C. A vegetação natural é a de floresta boreal e sub-boreal de pinheiros que, gradualmente, ao sul, pode passar a prados ou estepes.

A maior parte dessa região esteve sujeita a glaciações, o que resultou na deposição de muitos depósitos glaciais e periglaciais. Muito importante nessa área são os longos e frios invernos, durante os quais o solo permanece congelado e coberto por neve. Em locais com materiais de origem pouco permeáveis, a água proveniente do derretimento da neve causa encharcamento e condições redutoras temporárias.

Na parte norte e mais fria dessa região, as florestas de coníferas contribuem para a acidificação do solo, bem como para a formação e migração de compostos organometálicos, típicos dos *Podzols*, que ocupam cerca de um quinto dessa zona climática. Muitos restos da vegetação acumulam-se nas partes mais baixas do relevo e têm uma taxa de decomposição muito lenta, tanto pelo excesso de água como pelas baixas temperaturas. Por essa razão, os *Histosols* também são comuns.

Mais ao sul, nas partes menos frias, os processos de formação, migração e acumulação de argilas tornam-se importantes para a adição de iluviação de húmus e ferro. Na região de transição entre florestas, estepes e pradarias, nas partes mais secas dessa zona climática, os solos apresentam horizonte espesso e escuro, e são ricos em nutrientes, ocorrendo também *Phaeozems*, *Chernozems* e *Kastanozems*.

A maior parte das terras é utilizada para alguns cultivos mais resistentes ao frio, como trigo, cevada, aveia, centeio e hortaliças de ciclo curto, como a batata.

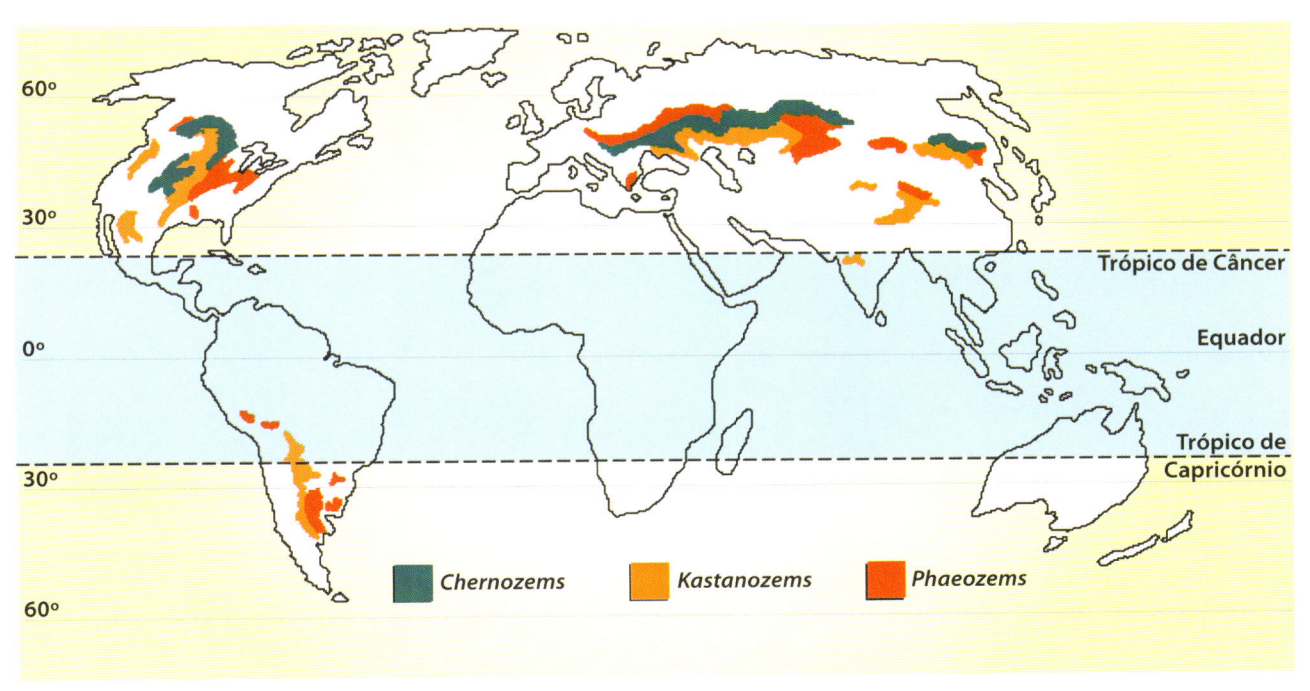

Fig. 18.9 Distribuição global das áreas onde dominam grupos (segundo o WRB) de solos bem desenvolvidos, formados principalmente sob condição de vegetação de estepes e pradarias. Os Chernozens, Kastanozems e Pheozens correspondem a diferentes subordens dos Mollisols da *Soil Taxonomy* (USA, 1999) e a Chernossolos segundo o SiBCS (Embrapa, 2006)
Fonte: Lepsch (2010).

Muitas das florestas são exploradas para a extração de madeiras e algumas áreas estão sob pastagens.

18.8 Solos das zonas boreais e polares

As zonas polares e boreais compreendem cerca de 1.800 milhões de hectares de terra que nem sempre estão cobertas por uma capa de gelo. Predominam no Hemisfério Norte dos 60º de latitude, estendendo-se ao sul desse paralelo, onde não existe a influência do mar (p. ex., na Ásia Central). No Hemisfério Sul, compreende somente uma pequena parte da Antártica.

A maior parte da precipitação acontece na forma de neve. Na zona boreal, só existente no Hemisfério Norte, a vegetação predominante é a de tundra (mais ao norte) e nas zonas de transição para a floresta boreal, a de taiga. Na tundra, o desenvolvimento da vegetação é muito limitado pelas baixas temperaturas e períodos anuais de crescimento muito curtos. Não existem árvores; apenas liquens, musgos, ervas diversas e pequenos arbustos. Na taiga, existe uma floresta rala de coníferas de pequeno porte.

Por causa das baixas temperaturas, a decomposição bioquímica das rochas e dos restos vegetais é mínima, predominando o intemperismo físico, o que resulta em perfis de solos pouco desenvolvidos, por vezes com acumulação de restos orgânicos. Uma característica de muitos dos solos dessa região são os contínuos congelamentos e descongelamentos da parte mais superficial, e o permanente congelamento dos horizontes inferiores, formando os *permafrosts* característicos dos *Cryosols* (Fig. 18.10). Um *permafrost* (ou **Pergelissolo**) é uma camada de material que permanece a temperaturas abaixo de 0 °C durante mais de dois anos consecutivos.

Nas zonas boreais, onde os solos não possuem *permafrosts*, quando a cobertura de neve derrete na primavera, muitos locais ficam saturados por água, havendo neles a formação de *Gleysols*. A quase completa ausência de alterações químicas no material de origem pode resultar também em solos delgados (*Leptosols*) ou com perfis pouco desenvolvidos (*Regosols* e *Cambisols*).

Nenhum aproveitamento dessas terras pode ser feito para a agricultura, sendo algumas áreas utilizadas como pastagens de renas. A região é considerada importante para muitas formas de vida silvestre, pois é o local em que muitos pássaros migratórios se reproduzem durante o verão e para onde migram caribus e alces vindos das florestas de pinheiros da zona fria.

Fig. 18.10 Perfil e paisagem de *Cryosols – Gelisols*, segundo a *Soil Taxonomy* (USA, 1999). Uma característica única desses solos é a presença de um *permafrost* e outros atributos associados com congelamentos e descongelamentos sucessivos. Essas feições incluem horizontes descontínuos, especialmente no topo da camada permanentemente congelada (Fotos: John Kelley, NRCS/USDA)

18.9 Perguntas para estudo

1. Por que, de um modo geral, o padrão de distribuição dos principais solos do mundo coincide com o padrão mundial dos climas? *(Dica: consulte os parágrafos introdutórios desta lição)*.

2. Seguindo a nomenclatura da classificação da FAO/WRB e seus equivalentes no SiBCS, enumere os solos que são mais comuns nos trópicos e subtrópicos úmidos e comente algo sobre o aproveitamento agrícola deles. *(Dica: consulte a seção 18.1 e o Quadro 18.1)*.

3. Seguindo a nomenclatura da classificação da FAO/WRB e do *Soil Taxonomy*, enumere os solos que são mais comuns nas zonas áridas e comente algo sobre o aproveitamento agrícola deles. *(Dica: consulte a seção 18.5 e o Quadro 18.1)*.

4. Como se denominam os solos desenvolvidos de cinzas vulcânicas e onde eles são mais comuns? *(Dica: consulte a seção 18.4)*.

5. Comente algo sobre a importância dos solos desenvolvidos originalmente sob vegetação de estepes e pradarias das zonas temperadas. *(Dica: consulte a seção 18.6.2)*.

Lição 19

DEGRADAÇÃO E CONSERVAÇÃO DOS SOLOS

No final, conservaremos apenas o que amamos, amaremos somente o que compreendemos e compreenderemos apenas o que nos ensinam.

(Baba Dioum, ambientalista, em discurso de 1968 em Nova Délhi, Índia)

"O solo é o grande conector da vida, a fonte e destino de tudo. É curador, restaurador e ressuscitador, por onde a doença passa para a saúde, a idade para a juventude, a morte para a vida. Sem cuidado adequado com o solo, não podemos ter qualquer comunidade, porque sem protegê-lo não podemos ter vida." Wendell Berry. (Fotos de Adriana Ribon e Oswaldo J. Vischi Fo).

A humanidade depende de ar, água e solos de boa qualidade para que possa continuar a viver. Contudo, nem sempre o homem tem utilizado esses bens com o cuidado necessário para preservá-los. A população mundial está perto de atingir a casa dos oito bilhões, e continua crescendo (Fig. 19.1). A cada ano, vários milhões de novas bocas para serem nutridas são adicionadas a esse contingente e, para atender a essa demanda, são necessárias medidas de preservação ambiental, para que todos sempre tenham solo, ar, água e alimentos de boa qualidade. Entre essas medidas, destacam-se aquelas referentes à conservação dos solos.

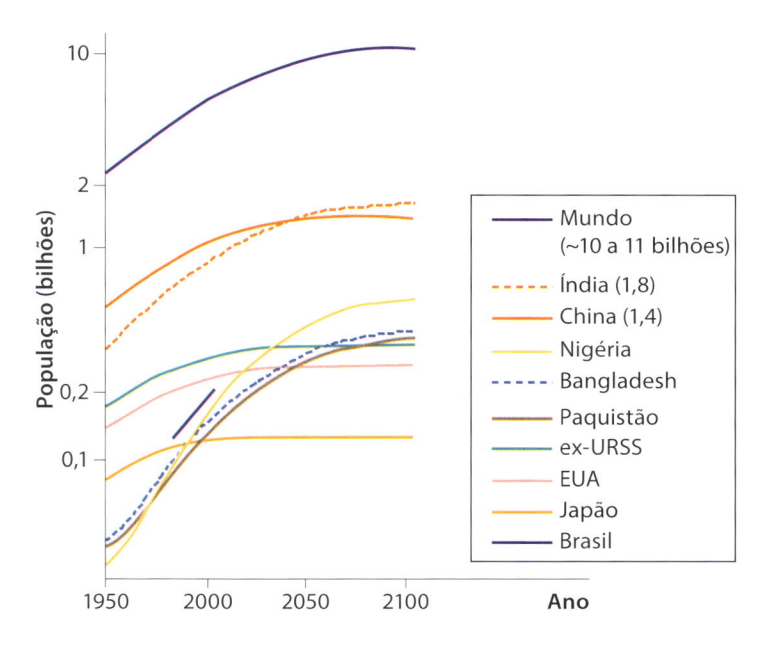

Fig. 19.1 Curvas de crescimento populacional a partir de meados do século XX e estimativas de crescimento populacional para o fim do século XXI. Note que, entre os anos de 1950 e 2000, a população cresceu 300% (de 2 para 6 bilhões de habitantes) – e, em 2016, atingiu 7,2 bilhões de habitantes

19.1 A conservação dos solos

Solo e vegetação são corpos interdependentes. Os vegetais que vivem no solo conseguem, com a energia da luz solar, o ar e a água, realizar a fotossíntese, na qual consomem gás carbônico e liberam oxigênio. Por meio das raízes, absorvem água e outros nutrientes. Tais fenômenos são tidos como os mais importantes para a manutenção da vida: é por intermédio da fotossíntese que os vegetais utilizam os gases da atmosfera e é pela troca de íons adsorvidos nos coloides do solo que os nutrientes são absorvidos junto com a água.

A superfície da Terra não é estática, pois vem sendo objeto de contínuas modificações desde a aurora dos tempos: os rios, os ventos, as geleiras e as enxurradas deslocam, transportam e depositam continuamente as partículas do solo e das rochas. Esse dinamismo é denominado erosão geológica. Foi por intermédio de vagarosos processos naturais que foram esculpidos os vales e depositados os sedimentos das planícies dos rios. Em seu estado natural, a vegetação cobre o solo como um manto protetor, o que faz sua remoção, na maior parte da superfície da Terra, ser muito lenta e, portanto, compensada pelos processos de formação do solo. Dessa forma, esse desgaste erosivo é equilibrado por contínuas renovações e, assim, a vida na Terra vem sendo mantida.

Com a retirada da maior parte da cobertura vegetal original para atender às demandas de urbanização, agricultura e pastoreio, o solo foi sendo revolvido com o arado, adubado e, por vezes, irrigado. Essas operações, porém, muitas vezes são efetuadas sem o devido cuidado, promovendo a **erosão acelerada** e outras formas de degradação do solo.

O uso indevido do solo vem causando sérios problemas de erosão e poluição. Quantidades enormes de lixo doméstico e industrial estão sendo geradas cada vez mais e representam um problema no que diz respeito à forma mais segura de descartá-las no solo. Para entendermos como esses problemas podem ser minorados, é bom conhecermos as causas da degradação do solo, suas diferentes resistências ao depauperamento – ou **resiliência** – e as medidas adequadas que devem ser tomadas para evitar isso.

19.2 Degradação e resiliência dos solos

Um solo em harmonia com o seu ambiente é considerado sadio, ao passo que um solo em desarmonia está em degradação. Sempre que um solo estiver desprovido de sua vegetação natural, ele estará exposto ao seu depauperamento. A intensidade e a velocidade com que esse processo ocorre variam com os atributos internos do solo, o clima, o relevo e as formas das ações humanas. A degradação intensa e acelerada sempre acontecerá se não houver um intensivo combate às suas causas, as quais se relacionam aos seguintes fatores: (a) lixiviação e acidificação; (b) excesso de sais ou salinização; (c) desertificação; (d) poluição; (e) degradação física e (f) erosão (hídrica e eólica). A maior ou menor intensidade de atuação desses fatores depende da sua resiliência. Esta última é definida como a capacidade de um solo de retornar ao estado original após uma perturbação.

A qualidade do solo está relacionada com a sua capacidade de desempenhar determinada função dentro do limite de um ecossistema tanto em condições naturais como manejado; tal função pode ser (a) sustentar lavouras ou pastagens; (b) manter ou melhorar a qualidade do ar e da água; e (c) servir como base de habitação e saúde das pessoas. Alguns solos têm resiliência suficiente para se recuperar de degradações menores; outros, com menor grau de resiliência, requerem um esforço bem maior para que possam ser restaurados.

A forma de degradação pela erosão é considerada como das mais malignas, razão pela qual merecerá atenção maior no final desta lição.

19.2.1 Lixiviação e acidificação

Os vegetais retiram do solo água e elementos nutritivos que são incorporados nos seus tecidos. Em condições normais, sem a influência do homem, os restos vegetais retornam ao solo, onde passam por processos de decomposição. Esses processos culminam com a mineralização, em que os elementos nutritivos voltam a um estado tal que podem ser novamente adsorvidos pelos coloides do solo (argilas e o húmus) e daí absorvidos pelas raízes. Se esses nutrientes deixam de ser continuadamente assim reciclados, seus teores no solo diminuem e, em consequência, a acidez aumenta.

A acidificação do solo é, portanto, uma das consequências de seu empobrecimento em cátions básicos trocáveis, principalmente cálcio (Ca^{2+}) e magnésio (Mg^{2+}). Ela é mais frequente em regiões de clima úmido, onde grande quantidade de chuva acarreta a lixiviação progressiva de quantidades apreciáveis de cátions básicos adsorvidos nos coloides do solo, os quais, quando lixiviados, são trocados pelo hidrogênio, que faz o solo ficar cada vez mais ácido. Essa acidez do hidrogênio (H^+) é depois convertida em alumínio (Al^{3+}), o qual é tóxico para a maior parte das plantas cultivadas. Esse é um processo natural na formação dos solos de regiões de clima úmido, mas pode ser acelerado pelo plantio de lavouras.

Além da lixiviação, o solo aos poucos pode tornar-se empobrecido em nutrientes pela exportação de elementos nutritivos que são levados junto com os produtos das colheitas. Para controlar a lixiviação e a acidificação, empregam-se as chamadas práticas edáficas, que recomendam o uso de adubos e **corretivos** para compensar as perdas dos nutrientes do solo.

19.2.2 Excesso de sais ou salinização

Salinização é o acúmulo de excesso de sais no solo. Pode ser considerado como um processo oposto ao da lixiviação e, por vezes, provoca também a alcalinização do solo. Ocorre em regiões de clima árido e semiárido, nos locais em que a maior parte da água recebida pelo solo se evapora em vez de se infiltrar. Quando a evaporação é maior que a evapotranspiração, a quantidade de íons excede aquela possível de ser retida pela capacidade de troca dos solos, fazendo com que eles se combinem, formando sulfatos e cloretos de sódio, cálcio e magnésio, e se precipitem dentro ou sobre o solo.

O aumento dos sais, principalmente os de sódio, em um solo eleva o seu **potencial osmótico** e, por isso, as plantas têm dificuldade de absorção de água e nutrientes. A alta proporção relativa de sódio em relação a outros cátions compromete a capacidade de infiltração do solo, por causa da dispersão das argilas e da alcalinização (ver seção 10.9); com as argilas dispersas, a estrutura do solo é desestabilizada e a porosidade, bastante diminuída.

Em muitas partes semiáridas do mundo, a água subterrânea tem um conteúdo de sais relativamente alto, e alguns problemas podem surgir se o nível do lençol freático for elevado, por exemplo, com a prática de irrigação. Por sua vez, a salinização pode ser agravada também se a água utilizada para irrigação for de má qualidade, isto é, salobra.

Para resolver esses problemas, é necessário instalar um sistema adequado de drenagem para retirar o excesso de água que se acumula. Se o solo é pouco permeável, devido ao excesso de sódio, será necessário acrescentar sais de cálcio (gesso) para flocular as argilas e, assim, permitir a lixiviação do excesso de sais com a adição de água de boa qualidade à superfície do solo.

19.2.3 Desertificação

A desertificação é a degradação da terra nas regiões áridas, semiáridas e subúmidas secas, resultante de vários fatores, entre eles as variações climáticas e as atividades humanas. No caso das atividades humanas, o uso indevido do solo, sua remoção pela erosão e, consequentemente, a remoção da umidade que ele retém fazem com que a área dos desertos que lhes são limítrofes aumente. Ela acontece nas regiões mais secas, porque nestas os solos são menos resilientes. Uma das principais causas da desertificação é o excesso do uso dessas terras quando nelas há um aumento de populações muito pobres.

Esse problema está acontecendo mais na África, ao redor do deserto do Saara, e também no nordeste semiárido do Brasil, onde há uma população que excede ao que seus recursos naturais podem suportar. Nos anos mais úmidos, os solos podem ser suficientemente produtivos para atender às necessidades locais de alimentos. Contudo, durante anos mais secos, a população permanece com o pastoreio de seus animais, principalmente cabras, que podem consumir folhas de árvores. Com isso, a biodiversidade é diminuída e o solo fica completamente desprotegido e suscetível de ser erodido. Quando vêm as chuvas, a erosão torna-se muito intensa. Se esse ciclo continua, com o desgaste contínuo do solo sem vegetação, ele vai ficando árido e sem vida. Com isso, a não ser que o governo envie subsídios, os agricultores e pecuaristas geralmente abandonam essas terras e vão procurar outro lugar para viver.

Segundo estimativas da FAO, hoje, mais de 200 milhões de pessoas estão sendo diretamente afetadas pela desertificação, e cerca de um bilhão estão em risco de começarem a ser prejudicadas por esses processos de degradação do solo.

19.2.4 Poluição do solo

Na natureza, o solo recebe, recicla e purifica seus restos orgânicos e a água que recebe. Contudo, se estiver contaminado com alguma substância que não é naturalmente produzida pelo intemperismo de minerais não radioativos ou pela atividade de seus organismos, ele pode adicionar impurezas à água e ao ar, em vez de removê-las. Portanto, no ar que respiramos, na água que bebemos ou nos alimentos que comemos, os solos podem ter uma importante participação, uma vez que afetam a mobilidade e o impacto biológico de muitas toxinas.

Entre as substâncias utilizadas na agricultura estão os adubos e os defensivos agrícolas. Nos sistemas de agricultura de tecnologia avançada, tais substâncias são necessárias, e os agricultores adicionam nutrientes ao solo aproximadamente na mesma proporção com que estes são removidos pelas colheitas. Contudo, se nutrientes são adicionados em excesso, o solo pode adsorver somente alguns deles, mas outros podem ser lixiviados. Tais nutrientes podem provir tanto de fertilizantes minerais como orgânicos. Em alguns casos, os orgânicos são aplicados em excesso por serem resíduos a serem descartados em áreas relativamente próximas dos locais onde são produzidos. Portanto, tanto adubos minerais como orgânicos devem ser adicionados em quantidades corretamente calculadas, pois, em excesso, poderão se mover como poluentes nas águas que percolam no interior do solo, escorrer nas enxurradas ou, ainda, formar gases que volatilizam para a atmosfera.

O nitrogênio e o fósforo agem de maneira muito diferente. O primeiro, na forma de nitratos, pode ser lixiviado com facilidade para as águas subterrâneas e nascentes. Por sua vez, o fósforo é bastante retido por coloides do solo, mas pode causar malefícios se arrastado com esses coloides nas enxurradas. Quando essas enxurradas atingem lagos e rios, fertilizam as plantas aquáticas (num processo denominado eutrofização), as quais, crescendo desordenadamente, consomem o oxigênio da água.

Inseticidas e herbicidas estão também sendo cada vez mais necessários para os sistemas de agricultura modernos. Muitos desses produtos, depois de utilizados, decompõem-se em substâncias mais simples e não tóxicas. Eles devem ser utilizados em quantidades mínimas necessárias e escolhidos entre os que se decompõem mais facilmente.

Outra fonte de contaminação são os dejetos industriais e residenciais. Alguns dos aterros sanitários estão localizados em solos sujeitos à lixiviação, e seus produtos podem atingir o lençol freático. Em relação aos dejetos das cidades, destacam-se os esgotos cujos resíduos, depois de tratados, podem ser utilizados como fertilizantes orgânicos. Tais resíduos podem ser sólidos (o lodo de esgoto) ou líquidos (efluente do esgoto). Ambos devem ser aplicados em quantidades adequadas e com muito cuidado, pois podem adicionar às lavouras tanto excesso de nutrientes como algumas substâncias tóxicas às plantas e aos animais, como os metais pesados.

19.2.5 Degradação física interna

Uma das principais formas de degradação física do solo refere-se à modificação dos seus agregados. Os organismos do solo, incluindo as raízes, dependem do oxigênio e da água contida no espaço poroso existente entre os agregados que formam a estrutura do solo. Contudo, algumas práticas agrícolas podem alterar essa estrutura, provocando a diminuição dos poros e a consequente dificuldade de penetração das raízes, bem como carência de ar e de água.

As principais alterações maléficas da estrutura são a compactação e o encrostamento. A primeira resulta da compressão mecânica do solo pela força exercida sobre ele tanto pelo tráfego de veículos pesados como pela aração. Quando o arado corta o solo para revolvê-lo, a parte logo abaixo da revolvida é comprimida pela força exercida pelo disco do arado e pela roda do trator que ali percorre. Essa camada compactada, ou "piso do arado" (denominada **pã induzido** – ver Fig. 9.14), prejudica o enraizamento e a penetração de água e, por isso, tem que ser desfeita pela **subsolagem**. Métodos de cultivo especiais podem evitar essa forma de degradação física do solo, como o **plantio direto** na palha, que será abordado mais adiante.

A formação de crostas acontece pelo impacto direto das gotas das chuvas (Fig. 19.2) na superfície de solos com argilas mais suscetíveis à dispersão. Essas crostas diminuem a infiltração de água, mas podem ser evitadas mantendo-se o solo coberto com vegetação ou escarificando-o frequentemente.

19.3 Erosão dos solos

As tarefas rotineiras de exploração das terras que concorrem para acelerar a erosão são: a aração, o plantio, o cultivo, as queimadas intensas e o pisoteio exces-

Fig. 19.2 Impacto das gotas de água da chuva em solo desnudo. A grande energia carregada por essas gotas desfaz os agregados do solo com um salpico, primeiro passo para a erosão hídrica

sivo pelo gado. Além dos agricultores e pecuaristas, os madeireiros, mineradores e empreiteiras das construções civis também contribuem para a destruição da vegetação natural e o revolvimento do solo, facilitando a ação erosiva da água das chuvas e o **assoreamento** de grandes represas, o que prejudica também a produção de energia hidrelétrica.

19.3.1 Erosão hídrica

No Brasil, a erosão causada pelas águas (ou hídrica) é mais importante que a originada pelo vento (ou eólica). Ela se processa em duas fases distintas: desagregação e transporte. A desagregação é ocasionada tanto pelo impacto direto das gotas da chuva no solo (Fig. 19.2) como pelas águas que escorrem na sua superfície. Em ambos os casos, é uma intensa forma de energia do movimento (ou energia cinética) que desagrega e arrasta parte do solo.

A energia cinética é definida como proporcional ao peso (ou massa) do que está se movendo e ao quadrado de sua velocidade. As gotas da chuva atingem a superfície com uma velocidade entre 5 e 15 km/hora, ao passo que a água das enxurradas tem velocidade menor, usualmente não superior a 1 km/hora. A energia das gotas de chuva é, portanto, muito maior que a da enxurrada. Dessa forma, o primeiro passo para a erosão é o impacto direto das gotas de chuva, que provoca forte desagregação das partículas do solo, impacto este que se dá somente quando sua superfície está desprovida de vegetação.

Grande parte do solo pode ser removida quando suas partículas estão desagregadas e suspensas nas águas das enxurradas. A facilidade com que uma partícula é transportada depende de seu tamanho: a argila, o silte e a matéria orgânica do solo são as mais facilmente carregadas pelas águas, por sua pequena dimensão, que favorece a formação das suspensões.

Quando a água da chuva escorre, formando a enxurrada, desgasta o solo de formas diversas, de acordo com a sua quantidade e a maior ou menor suscetibilidade à erosão do horizonte por sobre o qual ela escoa. Três tipos principais de erosão hídrica são reconhecidos: laminar, em sulcos e em voçorocas.

Erosão laminar é a remoção uniforme de uma delgada camada superior do terreno como um todo. Ao colidirem com a superfície do solo desnudo, as gotas de chuva rompem os agregados, reduzindo-os a partículas menores, passíveis de serem arrastadas pela enxurrada. Esse tipo de desgaste é constatado em certos terrenos desprotegidos, mesmo quando possuem inclinações pequenas. Se medidas de controle da enxurrada não forem adotadas pelo agricultor, essa ação erosiva, se continuar a ocorrer, provocará o aparecimento de sulcos.

A erosão em sulcos resulta de irregularidades na superfície do solo pela concentração da enxurrada em determinados locais (Fig. 19.3). Em algumas encostas, a água que escorre de pequenos sulcos converge para outros, mais acentuados, e, em se concentrando, chuva após chuva, nos mesmos sulcos, estes vão se ampliando até formarem grandes cavidades. Quando os sulcos são desfeitos com a passagem de máquinas agrícolas de preparo rotineiro, são denominados rasos. Se o preparo do solo não os desfaz, denominam-se sulcos profundos.

Se, desde seu início, a enxurrada não for controlada, os sulcos poderão aprofundar-se ainda mais. O escoamento da água superficial, bem como da água subterrânea, que também pode arrastar os horizontes subsuperficiais, poderá então vir a transformá-los em voçorocas, que se apresentam como "rasgos" disseminados nas encostas. Ao rasgar as encostas, elas podem atingir profundidades de vários metros, chegando até o horizonte C dos solos, com paredes quase verticais (Fig. 19.4). Esse tipo de erosão indica destruição total de áreas agrícolas e, por vezes, também de áreas urbanas.

Os sulcos e as voçorocas dificultam ou mesmo impedem o trabalho das máquinas agrícolas. A evolução dos sulcos para voçorocas é normalmente causada por

Fig. 19.3 À esquerda: erosão em sulcos rasos em um Argissolo recém-arado para cultivo e não protegido contra a erosão. À direita: sulcos muito profundos e voçorocas em Cambissolos sob pastagens em encostas muito inclinadas (Foto: I. F. Lepsch)

Fig. 19.4 Na concepção de Percy Lau, o início de enxurradas que se concentram para causar erosões (à direita) e uma grande voçoroca desfigurando uma paisagem (à esquerda). Voçorocas são consideradas um dos aspectos mais graves da erosão acelerada; elas podem ter origem em trilhas do gado, valetas de estradas e antigas valas de delimitação de propriedades rurais, caminhos ao longo dos quais se concentram as águas correntes
Fonte: IBGE (1975).

aradura, semeadura e cultivo alinhados no sentido morro abaixo, que facilita o direcionamento das enxurradas. Também a pecuária, com animais caminhando repetidamente em uma mesma direção, estradas rurais mal planejadas e antigas valas que delimitavam territórios de fazendas têm concorrido para a formação das voçorocas.

19.3.2 Fatores que afetam a erosão

A erosão pela água é função da suscetibilidade do solo (erodibilidade) e da energia da chuva (erosividade). Ela tem sido descrita por fórmulas matemáticas, entre as quais se destaca a chamada "Equação Universal de Perda de Solos", que considera uma série de variáveis: erodibilidade do solo, comprimento da encosta, grau de declive, uso e manejo e prática conservacionista (ver Boxe 19.1).

Além dos fatores mencionados no parágrafo anterior, a textura, a permeabilidade, a profundidade e o grau de fertilidade do solo também influem na sua maior ou menor erodibilidade. Um bom desenvolvimento das plantas propicia uma melhor proteção. Um solo natural-

Boxe 19.1 Equação Universal de Perda de Solos

A estimativa da quantidade de solo que pode ser perdida pela erosão é essencial para a adoção de um programa de manejo e conservação do solo, e muito útil para prever os impactos antes mesmo de determinado cultivo ser implementado. Para isso, existem modelos que podem descrever matematicamente o processo de desprendimento, transporte e deposição do material erodido. Entre esses processos de modelagem, existe a Equação Universal de Perda de Solos, desenvolvida por Wischmeier e Smith (1965). Trata-se de uma expressão empírica que foi desenvolvida nos Estados Unidos a partir de inúmeros experimentos de campo. A equação é expressa da seguinte forma:

$$A = R K L S C P$$

em que:
A = perda de solo: calculada por unidade de área (expressa em t/ha);
R = índice de erosão pela chuva: calculado de acordo com a intensidade média de chuva em 30 minutos (expresso em MJ/ha · mm/ha);
K = erodibilidade do solo: um número que reflete a suscetibilidade do solo à erosão. As unidades dependem da quantidade de solo perdida, considerando a unidade de erosividade R, dentro de condições especificadas como padrão (expresso em MJ/ha · mm/ano);
L = comprimento da rampa, ou do declive: uma relação que compara a perda de solo com aquela que ocorre em uma área de comprimento especificado de 22,6 m;
S = grau de inclinação do terreno: uma relação que compara a perda de solo com aquela de uma área com um declive especificado de 9%;
C = fator de uso e manejo: uma relação que compara a perda de solo com aquela de uma área com um manejo padrão (solo desnudo);
P = fator prática conservacionista: relação entre as perdas de solo de uma área cultivada com determinada prática e as perdas de solo quando arado e cultivado no sentido do maior declive ("morro abaixo").

– *Erosividade da chuva* (R): também denominado agressividade climática. É relacionado mais com a intensidade da chuva do que com sua quantidade total. Chuvas de baixa intensidade são compostas mais de gotas pequenas caindo com velocidade baixa; portanto, têm uma energia cinética pequena. Gotas de chuvas de alta intensidade têm mais energia cinética e um maior potencial erosivo. O cálculo é feito diretamente a partir de registros pluviométricos locais. Para isso, é necessário que existam, além dos dados de quantidade (medidos com pluviômetros), também os de intensidade (medidos com pluviógrafos).

– *Erodibilidade do solo* (K): é basicamente uma função da estabilidade da estrutura do solo e sua capacidade de infiltração. Agregados fracamente desenvolvidos se desfazem com mais facilidade com o impacto das gotas de chuva e a infiltração do solo é, então, reduzida em consequência do bloqueio dos poros do solo. Cultivos excessivos podem fazer o solo ficar com agregados instáveis em uma superfície desnuda, o que aumenta a força erosiva.

– *Comprimento de rampa* (L) e grau de inclinação ou gradiente (S): influenciam a quantidade e a velocidade da enxurrada que ocorre quando a capacidade de infiltração é excedida. Se a velocidade da enxurrada é duplicada, seu poder erosivo é quadruplicado.

– *Fator de uso e manejo* (C): esse fator aumenta à medida que a porção da cobertura vegetal diminui. A vegetação tem quatro efeitos: (a) as copas absorvem as gotas da chuva, retendo muito da sua energia; (b) as plantas e seus resíduos reduzem a velocidade da enxurrada; (c) as raízes das plantas e a atividade biológica associada aumentam a estabilidade dos agregados e da infiltração; e (d) com a absorção de água, as plantas secam a parte mais superficial do solo, o que aumenta a taxa inicial de infiltração. Esse fator é o que mais facilmente pode ser mudado na equação de perdas do solo: florestas têm um valor C de 0,001, enquanto um solo desnudo pode ter um valor de 1,0. Sistemas de preparo conservacionista do solo, como o plantio direto na palha, aumentam muito o nível de proteção do solo e, portanto, diminuem o fator C.

– *Fator prática conservacionista* (P): é expresso em função da pior situação – um campo sendo arado "morro abaixo" e deixado desnudo. Alguns valores do índice P para algumas práticas conservacionistas estão na Tab. 19.1.

TAB. 19.1 ALGUNS VALORES DO ÍNDICE P (FATOR PRÁTICA CONSERVACIONISTA) SEGUNDO BERTONI E LOMBARDI NETO (1985)

Práticas Conservacionistas	Valores de P
Plantio no sentido do maior declive (ou "morro abaixo")	1,0
Plantio seguindo linhas de nível (ou "em contorno")	0,5
Alternância de capinas + plantio "em contorno"	0,4
Cordões de vegetação permanentes	0,2

Fonte: adaptado de Hudson (1971) e Bertoni e Lombardi Neto (1985).

mente mais fértil, ou adequadamente adubado, oferece condições para um desenvolvimento mais vigoroso das plantas; por isso, fica menos sujeito ao desgaste pela erosão.

19.4 Os métodos de conservação dos solos

Sabemos que as plantas crescem bem quando lançam suas raízes no horizonte A, onde os resíduos orgânicos se acumulam e, em muitos solos, as argilas se movem para o B. O horizonte A tem, então, uma estrutura facilmente penetrável pelas raízes, pelo ar e pela água, e está também pleno de nutrientes, enquanto o horizonte B tem maior capacidade de armazenar água. Essa combinação criada pela natureza de um horizonte A, mais poroso e fértil, sobre um horizonte B, mais adensado, é um sistema muito apropriado para o cultivo das plantas. Contudo, com a erosão, a agricultura pode remover o horizonte A, expondo o B, onde as plantas terão dificuldades para crescer. Essa é uma das principais razões pelas quais o horizonte A deve ser protegido da erosão o máximo possível.

Tal proteção pode ser feita seguindo-se as chamadas práticas de conservação do solo, com as quais é possível cultivar o solo sem depauperá-lo, quebrando, assim, um aparente conflito que existe entre a agricultura e o equilíbrio do ambiente. Essas práticas conservacionistas fazem parte da tecnologia moderna e permitem controlar a erosão, reduzindo-a significativamente.

Em áreas onde se faz a agricultura conservacionista, ressalta-se, à primeira vista, a harmonia da paisagem. As partes mais inclinadas são ocupadas por florestas, onde a vida silvestre se desenvolve. Os campos de cultivo não apresentam sulcos e têm o aspecto harmonioso das culturas em linhas contornando as encostas (Fig. 19.5).

As práticas conservacionistas começam por evitar o impacto da água da chuva e, depois, o seu escoamento. Ao evitar as enxurradas, toda essa água infiltra-se no solo, enriquecendo os mananciais subterrâneos. Não havendo escoamento superficial, os rios não são sobrecarregados, o que evita inundações. Essas práticas são, portanto, essencialmente benéficas a todos, porque proporcionam tranquilidade tanto no campo como na cidade. Para executá-las, necessita-se, sobretudo, conhecer o solo, pois, para conservá-lo, é necessário saber como ele é constituído e como se formou. Existem muitos meios de conservar o solo, os quais podem ser classificados em três grupos principais, representados por práticas de caráter edáfico, mecânico e vegetativo.

19.4.1 Práticas de caráter edáfico

As práticas de caráter edáfico dizem respeito ao solo em si. Seu objetivo é manter ou melhorar a fertilidade do solo. São medidas que se baseiam em três princípios: eliminação ou controle das queimadas, adubações (incluindo calagem) e rotação de culturas.

Fig. 19.5 Faixas em contorno. Esta é uma prática adotada por muitos fazendeiros para proteger o solo das erosões hídrica e eólica. Cultivando faixas de cultivos alternados, com plantas de diferentes portes aéreos e sistemas radiculares, tanto a desagregação como o transporte das partículas do solo são minimizados (Foto: cortesia do NRCS/USDA)

As queimadas são consideradas por muitos a forma mais rápida e econômica de limpar um terreno, de combater certas moléstias ou pragas das culturas, de facilitar a colheita ou de renovar pastagens. Em sistemas de agricultura itinerante, esta é, muitas vezes, a forma de fazer com que nutrientes contidos na **biomassa** da vegetação natural tornem-se rapidamente disponíveis. No entanto, se a queimada for efetuada com muita frequência, aumentará a erosão, volatilizará elementos úteis à nutrição das plantas e contribuirá para a poluição atmosférica. A queima de florestas, pastagens e restos culturais deve, portanto, ser evitada.

As adubações e as correções visam adicionar ao solo os nutrientes que lhe faltam ou corrigir seu pH. Além de corrigirem as deficiências naturais do solo, repõem os nutrientes que são removidos com as colheitas e corrigem sua acidez.

Dos corretivos, o mais utilizado é o calcário moído, que serve tanto para diminuir a acidez, elevando o valor do pH a valores que eliminam elementos tóxicos (alumínio), quanto para fornecer os macronutrientes cálcio e magnésio. Os adubos são usados para fornecer outros elementos nutritivos, dos quais os mais necessários são o nitrogênio, o fósforo, o potássio e o enxofre. Certas áreas com agricultura mais intensiva podem ser tratadas também com adubações orgânicas.

No sistema de rotação de culturas, alternam-se, em um mesmo terreno, diferentes culturas, em uma sequência regular. Muitas vezes, utilizam-se faixas alternadas de cultivo nesse sistema (Fig. 19.5). Essa prática é baseada no fato de as culturas terem sistemas radiculares e exigências nutricionais diferentes. A rotação alterna uma cultura que tem maior capacidade de extrair nutrientes do solo com outra com menor capacidade, como, por exemplo, a sequência algodão-soja-milho.

19.4.2 Práticas de caráter mecânico

Trata-se das práticas que requerem utilização de máquinas. Em geral, introduzem algumas alterações no relevo, procurando corrigir os declives muito acentuados por meio da construção de canais ou patamares em linhas de nível, os quais interceptam as águas das enxurradas, forçando-as a se infiltrar, em vez de escorrer.

Entre as principais práticas mecânicas de conservação, estão a aração e o plantio em curvas de nível, os terraços do tipo patamar (Fig. 1.4) ou camalhão (Fig. 19.6) e as estruturas para desvio e infiltração das águas que escoam das estradas. Alguns desses métodos já eram conhecidos de certos povos antigos, como os incas e os astecas, por exemplo, que construíam terraços do tipo patamares em íngremes encostas.

O preparo do solo com plantio em curvas de nível, também chamado de semeadura em contorno, consiste em executar todas as operações de plantio e cultivo seguindo o traçado das curvas de nível (linhas imaginárias sobre a superfície do solo unindo pontos de mesma cota; Fig. 19.5). Sendo assim, cada uma das fileiras compõe obstáculos que interceptam a enxurrada.

O termo terraço também é utilizado para designar o conjunto formado por um canal e um camalhão – ou dique de terra – (Fig. 19.6), os quais são construídos a intervalos regulares, no sentido transversal à inclinação do terreno, o que permite captar as enxurradas, forçando-as a se infiltrarem no solo, ou conduzindo-as a local não recentemente cultivado. O terraceamento é uma prática mecânica muito eficiente no controle da erosão, desde que seja bem planejado e executado, e que receba também uma adequada manutenção. Um sistema de terraços mal planejado poderá causar muito mais estragos que benefícios, pois, se um camalhão se romper, pelo transbordamento de água de chuva muito intensa, o mesmo acontecerá com todos os outros abaixo dele, causando profundos sulcos de erosão (Fig. 19.7).

Estradas mal planejadas, quer sejam vicinais ou internas à propriedade agrícola, podem ser também a causa de graves erosões. Com o arranjo retilíneo dos caminhos carreadores, as fileiras de cultivos tendem a se estabelecer no sentido do escoamento das águas, dificultando a prática do plantio em contorno e do terraceamento. Muitas vezes, também as enxurradas que se formam no leito das estradas são desviadas para os campos de cultivo, onde formam grandes sulcos que, com o tempo, transformam-se em voçorocas. Uma forma de controle é o planejamento racional dos carreadores, colocando-os, ao máximo, mais próximo das linhas de contorno em nível. Estruturas especiais também podem ser colocadas a intervalos regulares das estradas, além de carreadores, para que a água que delas escoa seja interceptada e levada para local onde não poderá causar erosão.

19.4.3 Práticas de caráter vegetativo

São métodos de cultivo que visam controlar a erosão pelo aumento da cobertura vegetal do solo. Os principais são: reflorestamento, formação e manejo adequado de pastagens, cultivos em faixas, controle das capinas, faixas de árvores formando quebra-ventos e cobertura do solo com palha (*mulch*).

Essas práticas são bastante efetivas no controle da erosão e baseiam-se no princípio de que, estando o solo bem coberto, tanto com árvores como com folhagens, interceptam-se as gotas da chuva, aumenta-se a infiltração e diminui-se a velocidade das enxurradas. Além disso, há o fornecimento de matéria orgânica e sombreamento ao solo. Os benefícios são também usufruídos pelos micro-organismos e animais úteis ao solo, como as minhocas.

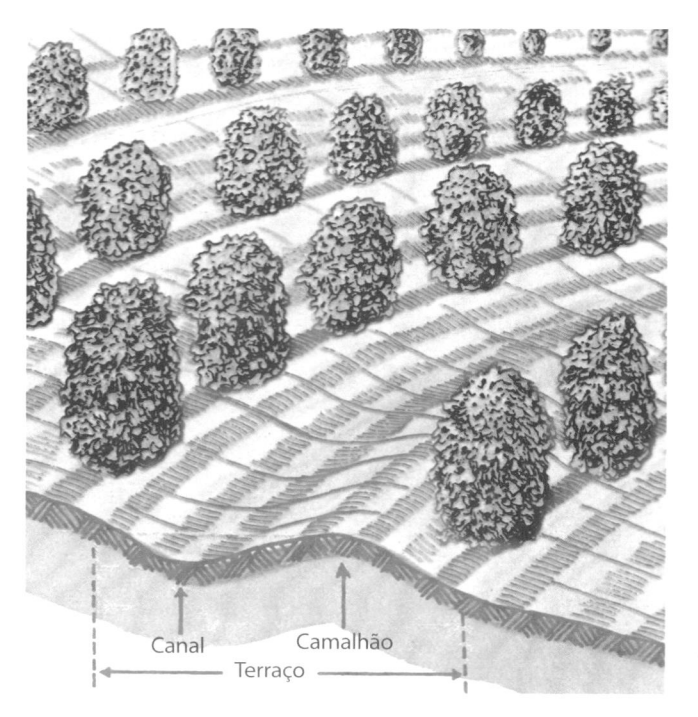

Fig. 19.6 Terraços são uma série de camalhões e canais construídos na direção das curvas de nível com a finalidade de reter e infiltrar ou escoar lentamente as águas das enxurradas, evitando que estas se concentrem e aumentem seu poder erosivo

Fig. 19.7 Rompimento de terraços mal dimensionados. Práticas mecânicas de conservação do solo, como o terraceamento, requerem um planejamento adequado, para que o intervalo entre terraços e o tamanho dos seus canais e camalhões sejam adequadamente dimensionados. Terraços com falhas nos planos de sua locação e/ou na sua construção (como os da foto) ficam sujeitos a rompimentos por ocasião das chuvas de maior intensidade, causando aumento da erosão em sulcos (Foto: Gerd Sparoveck)

Para certos solos desmatados, se muito inclinados ou erodidos, o plantio de florestas artificiais é o mais recomendado. Áreas reflorestadas (com eucaliptos ou pinheiros, p. ex.), além de protegerem o solo, fornecem madeira, lenha e carvão, os quais, de outra forma, viriam de áreas de mata nativa. Tem grande importância também o reflorestamento ciliar, utilizado para a proteção das margens dos rios, a fim de evitar o desbarrancamento, empregando-se, preferivelmente, espécies arbóreas nativas, que, inclusive, fornecem néctar de flores à fauna doméstica (como as abelhas) e frutos comestíveis à silvestre (como os pássaros).

As áreas onde é mais difícil proteger adequadamente as lavouras contra a erosão podem também ser reservadas para pastagens. Por sua vez, a combinação de lavouras com pecuária constitui, em muitos locais, a condição ideal, porque pastos bem conduzidos também evitam a erosão acelerada.

No cultivo em faixas, as lavouras são estabelecidas em porções alternadas de 20 a 40 metros de largura, de tal modo que, a cada ano, cultivos pouco densos se alternam com outros mais densos (Fig. 19.5). É uma prática que combina plantio em contorno com **rotação de cultura** e, frequentemente, com terraços. O efeito de controle da erosão advém tanto do parcelamento das encostas com cultivos de diferentes coberturas, como da disposição dos cultivos seguindo as curvas de nível que contornam as encostas (Fig. 19.6).

Outra prática, tanto de caráter vegetativo como edáfico, que requer também o uso de máquinas agrícolas especiais, é o plantio direto na palha. Essa prática, pela sua atual importância, será abordada separadamente a seguir.

19.4.4 Sistema de plantio direto na palha

A alternativa de semear o solo sem revolvê-lo com o arado surgiu há muito tempo, tendo sua exequibilidade demonstrada experimentalmente na Inglaterra, em 1930. No entanto, só mais recentemente foi adotada em larga escala, porque, antes, havia dificuldade para o controle das ervas invasoras.

Nos sistemas tradicionais de lavouras anuais, como milho, soja, trigo e feijão, os horizontes mais superficiais do solo são anualmente revolvidos com o arado. Tal procedimento era considerado como indispensável e vem sendo utilizado desde os primórdios da agricultura (Fig. 19.8).

Fig. 19.8 Desde os primórdios da agricultura, o arado – primeiro tracionado por animais (como na foto) e, depois, por pesadas máquinas motomecanizadas – vem sendo usado para revolver o solo antes dos plantios. Em terras planas, como essa, no interior da China, tal prática vem sendo usada há milhares de anos para o plantio de arroz irrigado por inundação, sem provocar erosões. Contudo, em encostas declivosas, boa parte dos agregados expostos do solo são desfeitos pelo impacto direto das gotas das chuvas, que arrastam partículas de argila, húmus, silte e areias com as águas que escorrem "morro abaixo" (Foto: S. W. Buol)

No entanto, essas operações decorrentes da aração provocam a compactação da camada de solo imediatamente abaixo da revolvida e expõe a superfície do solo à ação direta dos raios solares e das gotas de chuva. Com a descoberta de herbicidas seletivos, o sistema de plantio direto na palha (Fig. 19.9) foi facilitado e tornou-se realidade. No Brasil, lavouras cultivadas sem o uso do arado começaram na década de 1970, no Paraná, e hoje se estendem até o Brasil Central. Muitos consideram o plantio direto como uma das maiores conquistas da agricultura sustentável. O Brasil possui a segunda maior área de plantio direto do mundo, com mais de 30 milhões de hectares.

Para evitar esse revolvimento do horizonte A, as ervas indesejáveis podem ser dissecadas com os herbicidas, e as sementes, com o uso de máquinas especiais, são colocadas abaixo da palha. Em uma só operação, elas cortam longas e estreitas fendas, alinhadas em curvas paralelas e de mesmo nível, sob a palha que, de certa forma, imita a serrapilheira das matas. Sementes e adubos são, ao mesmo tempo, colocados alguns centímetros abaixo da palha. Tais operações substituem vantajosamente as do revolvimento do solo pelo arado. Ao permanecer coberto com a palha, o horizonte mais superficial terá sua capacidade de reter umidade aumentada, bem como a sombra, o que diminui o efeito indesejável das altas temperaturas. Com isso, aumenta-se a absorção de água, e a erosão diminui significativamente.

Em condições tropicais, outra grande vantagem desse sistema é o aumento das colheitas, pela oportunidade de, no mesmo ano agrícola, serem feitos dois cultivos, aos quais o agricultor chama de safra e safrinha. Para a safra, que é a colheita principal, a semeadura geralmente é feita de setembro a novembro, início da estação chuvosa, e a colheita, de março a abril. Nessa mesma ocasião, uma nova cultura poderá ser semeada, uma vez que não é necessário gastar tempo com o revolvimento do solo. O tempo despendido pelas máquinas agrícolas também é menor, economizando combustível.

19.5 Capacidade de uso e planejamento conservacionista das terras

A exploração agrícola dos solos deve ser feita segundo preceitos conservacionistas e os aspectos econômicos envolvidos. Para isso, é necessária uma boa planificação de todas as atividades agrícolas, iniciando-se com um plano conservacionista do uso da terra.

A programação das atividades de uma propriedade agrícola deve estar baseada em uma escolha apropriada tanto das espécies mais adaptadas como dos mais adequados solos. Cada solo tem um limite máximo de possibilidade de uso, além do qual não poderá ser explorado sem riscos de degradação pela erosão. Em outras palavras, as culturas certas devem estar nos lugares certos. Solos com declives muito acentuados, por exemplo, têm capacidade de uso, no máximo, para pastagem ou reflorestamento, sendo desaconselhável seu uso com culturas anuais.

A identificação do grau de intensidade máxima de cultivo que pode ser aplicada a determinado solo, sem

Fig. 19.9 Hoje, extensas lavouras são cultivadas em Latossolos da região dos cerrados, destacando-se as de soja (à esquerda) e de milho (à direita), que são alternadamente cultivados sob o sistema de plantio direto na palha. Esse sistema de cultivo possibilita duas colheitas por ano, sem irrigação artificial, e as perdas do solo por erosão são mínimas (Fotos: I. F. Lepsch e A. Ribon)

que este se degrade ou sofra diminuição permanente da sua produtividade, é muito importante para ajudar na tomada de decisões, para se obter uma boa e permanente razão custo-benefício das atividades agrícolas. Para isso, um levantamento detalhado de solos e sua interpretação em um sistema de classificação técnica (ver seção 14.1) das "classes de capacidade de uso" serão muito úteis para a elaboração do planejamento racional de uso do solo.

O termo capacidade de uso está relacionado ao grau de risco de degradação dos solos e à indicação do seu melhor uso agrícola. As características do solo, do relevo e do clima servem de base para a identificação de oito classes de capacidade de uso da terra. Tais classes diagnosticam as melhores opções de uso da terra, bem como quais práticas devem ser implantadas para controlar melhor a erosão do solo.

Para diagnosticar a capacidade de uso das terras de uma propriedade agrícola, primeiro deve-se fazer um mapa detalhado de seus solos. Esse mapa, além dos diferentes solos e de suas respectivas classificações pedológicas, deve mostrar aspectos da topografia e outros atributos físicos da terra, destacando os danos já sofridos com a erosão. Com a interpretação desses mapas, é possível então distinguir as classes e as unidades de capacidade de uso, a partir das quais – e tomando-se em conta fatores econômicos (demandas de mercados, custos de produtos agrícolas etc.) – são feitas as recomendações de diferentes sistemas de plantio, de acordo com o que as terras possam suportar, no seu mais elevado nível de produção, sem se degradar pela erosão.

Todos os solos de uma mesma unidade de capacidade de uso, quando sob o mesmo tipo de cobertura vegetal, são similarmente suscetíveis a erosões pela água ou pelo vento. Dessa forma, práticas de conservação similares podem ser aplicadas em todas as áreas classificadas em uma determinada classe de capacidade de uso. Essas classes podem ainda ser sucessivamente subdivididas em subclasses e unidades de uso.

As classes são em número de oito (conhecidas pelos algarismos romanos I, II, III, IV, V, VI, VII e VIII) e podem ser agrupadas em três subdivisões: (a) terras próprias para todos os usos, inclusive cultivos intensivos (classes I, II e III); (b) terras impróprias para cultivos intensivos, mais aptas para pastagens e reflorestamento ou manutenção da vegetação natural, compreendendo as classes IV, V, VI e VII; e (c) terras impróprias para cultivo, recomendadas (pelas condições físicas) para proteção da flora, da fauna ou para ecoturismo (classe VIII). O Quadro 19.1 apresenta um esquema dessas classes de capacidade de uso da terra, indicando a intensidade máxima com que cada classe pode ser usada com segurança, e a Fig. 19.10 mostra um exemplo de paisagem cujos solos foram classificados em diversas classes de capacidade de uso. Mais detalhes sobre essas classes de capacidade de uso no Boxe 19.2.

QUADRO 19.1 Intensidade máxima que as terras enquadradas nas diversas classes de capacidade de uso podem ser usadas sem riscos de degradação acelerada. As limitações para uso agrícola aumentam da classe I para a VIII

Classe de capacidade de uso	Vida silvestre e ecoturismo	Reflorestamento	Pastoreio Moderado	Pastoreio Intensivo	Cultivo Restrito	Cultivo Moderado	Cultivo Intensivo	Cultivo Muito intensivo
I	Apto para todos os usos. O cultivo exige apenas práticas agrícolas mais usuais.							
II	Apto para todos os usos, mas práticas de conservação simples são necessárias se cultivado.							
III	Apto para todos os usos, mas práticas intensivas de consevação são necessárias para cultivo.							
IV	Apto para vários usos, restrições para cultivo.							
V	Apto para pastagem, reflorestamento ou vida silvestre							
VI	Apto para pastagem extensiva, reflorestamento ou vida silvestre.							
VII			Apto para reflorestamento ou vida silvestre. Em geral, inadequado para pasto.					
VIII	Apto, às vezes, para produção de vida silvestre ou recreação. Inapto para produção econômica agrícola, pastagem ou material florestal.							

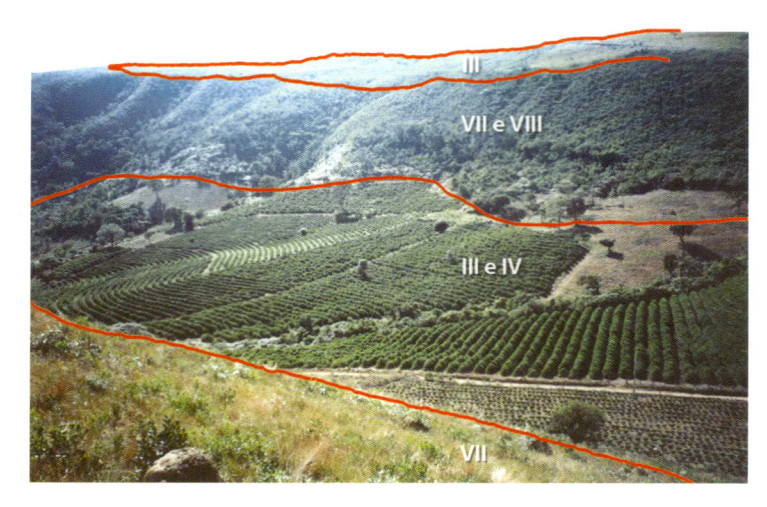

Fig. 19.10 Pastagens, matas e cafezais em terras do sul de Minas Gerais e suas delimitações, de acordo com as classes de capacidade de uso. Alguns pés de café não foram plantados de acordo com essas classes, pois estão dispostos "morro abaixo" (Foto: A. Carias Frascoli)

Boxe 19.2 CLASSIFICAÇÃO DAS TERRAS EM CLASSES DE CAPACIDADE DE USO

A – Terras próprias para todos os usos, inclusive cultivos intensivos

Classe I – Terras com limitações pequenas no que diz respeito à suscetibilidade à erosão. Os solos são profundos, quase planos, produtivos e fáceis de lavrar. Não são suscetíveis a inundações, mas estão sujeitos à lixiviação e à deterioração da estrutura. Quando usados sucessiva e intensivamente com lavouras, necessitam apenas de práticas construtoras (como calagem e fertilizações iniciais) ou mantenedoras da fertilidade (adubações periódicas).

Classe II – Terras com poucas limitações de uso, apresentando riscos moderados de degradação. Podem diferir da Classe I de várias maneiras: estão em áreas ligeiramente inclinadas ou com algum excesso de água no solo. Quando usadas para a agricultura intensiva, essas terras necessitam de práticas simples de conservação do solo, como o plantio em nível ou plantio direto.

Classe III – Terras apropriadas para cultivos intensivos, mas que necessitam de práticas complexas de conservação. Em geral, os solos dessa classe têm declives mais pronunciados, são suscetíveis às erosões aceleradas e, portanto, mais limitações edáficas e maior risco de erosão que os enquadrados na Classe II. Quando usadas para agricultura intensiva, essas terras normalmente necessitam de práticas complexas de caráter mecânico, como a construção de terraços.

B – Terras impróprias para cultivos intensivos; mais aptas para pastagens e reflorestamento

Classe IV – Terras com muitas limitações permanentes à agricultura. Lavouras intensivas devem ser implantadas apenas ocasionalmente ou em extensão limitada. Os solos, em sua maior parte, devem ser mantidos com pastagens ou cultivos permanentes mais protetores (como laranjais e cafezais). Terras dessa classe já possuem características desfavoráveis à agricultura, por exemplo, pela forte declividade ou pela existência de muitas pedras à superfície.

Classe V – Terras que devem ser usadas só com pastagens, reflorestamento ou mantidas com vegetação natural. Os terrenos são quase planos, pouco sujeitos à erosão, mas apresentam algumas sérias limitações ao cultivo, como muitas pedras à superfície ou encharcamento pronunciado.

Classe VI – Terras que não devem ser usadas com lavouras intensivas, sendo mais adaptadas para pastagens, reflorestamento ou para cultivos especiais que protegem mais os solos, como o de seringais.

Classe VII – Solos sujeitos a limitações permanentes mais severas, mesmo quando usados para pastagens ou reflorestamento. São terrenos muito inclinados, erodidos ou pantanosos, considerados como de baixa qualidade, devendo ser usados com extremo cuidado. O reflorestamento, quando a vegetação natural já foi removida, é o mais indicado nas regiões de clima úmido.

C – *Terras impróprias para cultivo, recomendadas (pelas condições físicas) para proteção da flora, da fauna ou para ecoturismo*

Classe VIII – Terras nas quais não é aconselhável qualquer tipo de lavoura, pastagem ou florestas comerciais. Devem ser obrigatoriamente reservadas para a proteção da flora e fauna silvestres ou para recreação controlada. São áreas muito áridas, declivosas, arenosas, pantanosas ou severamente erodidas.

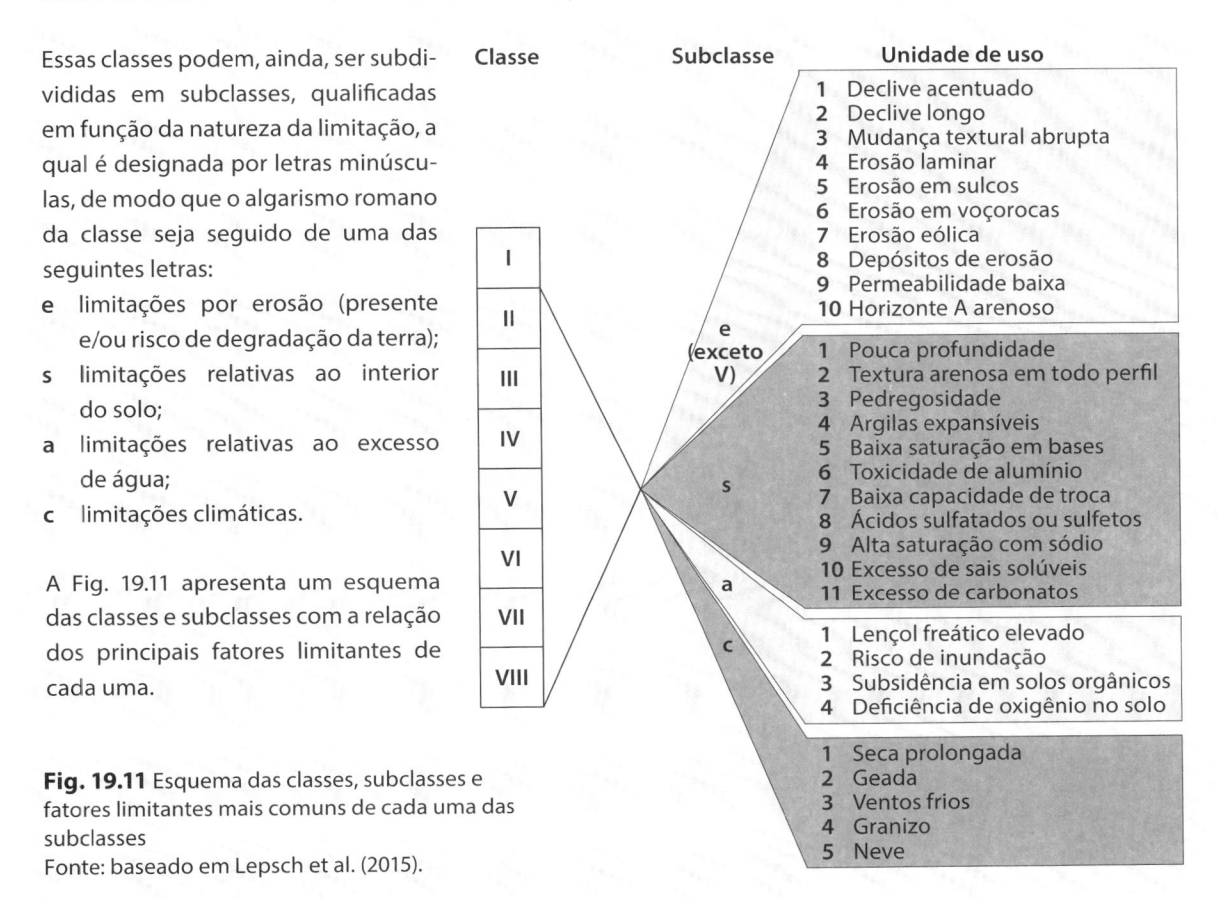

Essas classes podem, ainda, ser subdivididas em subclasses, qualificadas em função da natureza da limitação, a qual é designada por letras minúsculas, de modo que o algarismo romano da classe seja seguido de uma das seguintes letras:

- **e** limitações por erosão (presente e/ou risco de degradação da terra);
- **s** limitações relativas ao interior do solo;
- **a** limitações relativas ao excesso de água;
- **c** limitações climáticas.

A Fig. 19.11 apresenta um esquema das classes e subclasses com a relação dos principais fatores limitantes de cada uma.

Classe	Subclasse	Unidade de uso
I, II, III, IV, V, VI, VII, VIII	e (exceto V)	1 Declive acentuado 2 Declive longo 3 Mudança textural abrupta 4 Erosão laminar 5 Erosão em sulcos 6 Erosão em voçorocas 7 Erosão eólica 8 Depósitos de erosão 9 Permeabilidade baixa 10 Horizonte A arenoso
	s	1 Pouca profundidade 2 Textura arenosa em todo perfil 3 Pedregosidade 4 Argilas expansíveis 5 Baixa saturação em bases 6 Toxicidade de alumínio 7 Baixa capacidade de troca 8 Ácidos sulfatados ou sulfetos 9 Alta saturação com sódio 10 Excesso de sais solúveis 11 Excesso de carbonatos
	a	1 Lençol freático elevado 2 Risco de inundação 3 Subsidência em solos orgânicos 4 Deficiência de oxigênio no solo
	c	1 Seca prolongada 2 Geada 3 Ventos frios 4 Granizo 5 Neve

Fig. 19.11 Esquema das classes, subclasses e fatores limitantes mais comuns de cada uma das subclasses
Fonte: baseado em Lepsch et al. (2015).

A classificação das terras em suas classes de capacidade de uso é muito útil para identificar as práticas conservacionistas mais recomendáveis e programar a sua execução. Nesse planejamento do uso racional da terra, além da capacidade de uso, serão considerados fatores econômicos e sociais, bem como aspectos relacionados à legislação ambiental (Fig. 19.12).

Com a adequada programação de um conjunto de práticas de conservação do solo, as explorações agrícolas poderão ser conduzidas em bases conservacionistas, sem descuidar dos aspectos econômicos. Dessa forma, as modernas técnicas de mecanização e o uso de fertilizantes, corretivos e defensivos agrícolas podem ser adotados, promovendo o aumento da produtividade agrícola das terras e, ao mesmo tempo, conservando-as para as gerações futuras.

19.6 Perguntas para estudo

1. Qual a diferença entre erosão geológica e erosão acelerada? A diferença entre uma e outra é maior em regiões muito úmidas ou em regiões semiáridas? Explique sua resposta. *(Dica: consulte os parágrafos introdutórios dessa lição).*

2. Em sua opinião, quais seriam as consequências para a produção de alimentos e o depauperamento dos solos se a população do mundo dobrasse nos próximos 50 anos? *(Dica: consulte a seção 19.5).*

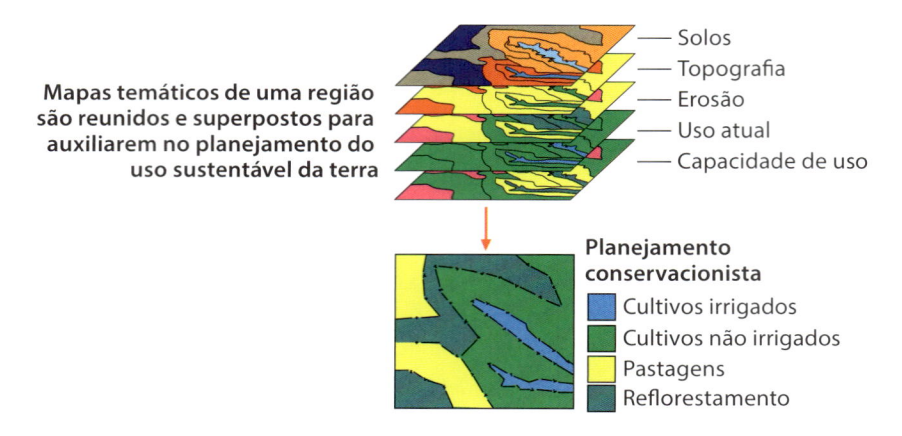

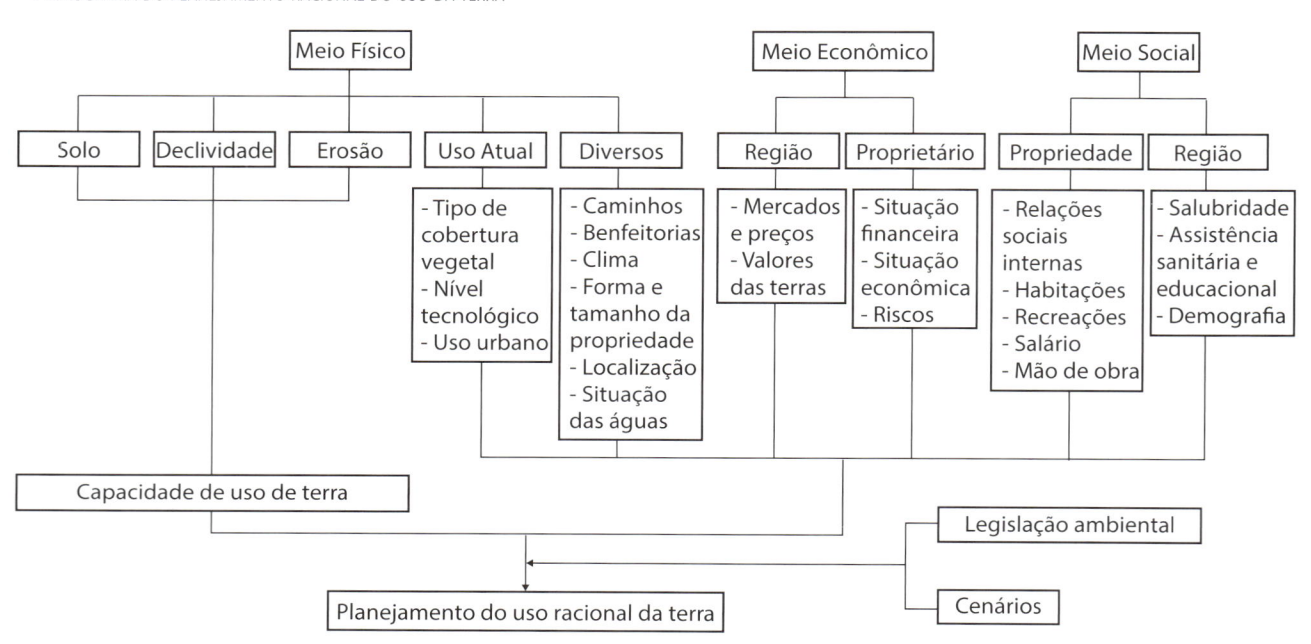

Fig. 19.12 Com superposição de mapas temáticos de uma propriedade agrícola (solos, topografia, erosão já ocorrida), é possível elaborar um mapa com as classes de capacidade de uso das terras. Com esse mapa, considerando também o uso atual do solo, aspectos econômicos e sociais, bem como a legislação ambiental (p. ex., o Código Florestal), é possível elaborar um planejamento do uso racional da terra que, se corretamente executado, evitará ao máximo a degradação dos solos e colaborará para a preservação dos recursos ambientais
Fonte: baseado em Lepsch et al. (2015).

3. Comente os primeiros passos da erosão e aponte quais são os fatores que influenciam no processo de erosão do solo. Apresente cada constituinte da equação universal de perda de solos. *(Dica: consulte a seção 19.3.2 e o Boxe 19.1).*

4. Qual o impacto da erosão do solo com as perdas de nutrientes/matéria orgânica e metais pesados para o ecossistema aquático? *(Dica: consulte a seção 19.2.4).*

5. Com o cultivo intensivo, é comum o adensamento do solo, principalmente quando a força externa é maior do que o solo consegue suportar, instalando-se a compactação do solo. Como esse problema afeta a produtividade do ecossistema agrícola? E como a compactação favorece a perda de solo por erosão? *(Dica: consulte a seção 19.2.5).*

6. Quais são os tipos de erosão do solo? E quais as fases da erosão? Escolha e comente sobre um tipo de erosão do solo. *(Dica: consulte a seção 19.3.1).*

7. Qual a relação da erosão com a taxa de infiltração de água no solo e com a taxa de enxurrada? *(Dica: consulte a seção 19.3.1)*.

8. E como é denominado o estágio mais avançado da erosão, em que ocorre a destruição total de áreas agrícolas e, por vezes, de áreas urbanas? *(Dica: consulte a seção 19.3.1)*.

9. Diferencie erodibilidade e erosividade e tolerância de perda de solo. *(Dica: consulte a seção 19.3.2)*.

10. Existe diferença entre práticas vegetativas e edáficas? Se sim, discorra sobre as diferenças. *(Dica: consulte as seções 19.4.3 e 19.4.1)*.

11. A adoção do sistema de plantio direto na palha, além de proteger o solo dos processos erosivos, tem proporcionado melhorias às propriedades física e química do solo. Embora o saldo de vantagens seja maior, algumas desvantagens têm sido atribuídas a este sistema. Apresente essas desvantagens. *(Dica: consulte a seção 19.4.4)*.

12. Com base nos valores de perdas de solo mencionados a seguir, calcule o fator P para as diferentes práticas conservacionistas. Sendo R = 1.864 MJ/ha · mm/h; K = 0,014 t · h/MJ · ha · mm; LS = 2,86, selecione a(s) prática(s) conservacionista(s) que pode(m) ser recomendada(s) para o local, com vistas a manter as perdas dentro do limite aceitável de erosão (12 t/ha/ano), utilizando a cultura do algodão herbáceo, cujo C é 0,432. *(Dica: consulte o Boxe 19.1)*.

Referências bibliográficas

BERTONI, J. ; LOMBARDI NETO, F. *Conservação dos solos*. Piracicaba: Livroceres, 1985.

BIGARELLA, J. J.; BECKER, R. D.; SANTOS, G. F. *Estrutura e origem das paisagens tropicais e subtropicais*. v. 1. Florianópolis: Editora da UFSC, 1994.

BOHN, H. L.; MCNEAL, B. L.; O'CONNOR, G. A. *Soil chemistry*. New York: John Wiley & Sons, 2001.

BRADY. N. C. *The nature and properties of soils*. 8. ed. New York: Macmillan, 1974. 639 p.

BRADY, N. C.; WEIL, R. R. *The nature and properties of soils*. 11. ed. Nova Jersey: Pearson, 1996.

BRADY, N. C.; WEIL, R. R. *The nature and properties of soils*. 13. ed. Nova Jersey: Pearson, 2002.

BRANDY, P.; WEIL, K. E. Earthworm activities and the soil system. *Biol. Fertility Soils*. v. 6, p. 237-251, 1990.

BREEMEN, N.; BUURMAN, P. *Soil formation*. 2. ed. Dordrecht: Kluwer Academic Publishers, 2002.

BUOL, S. W.; HOLE, F. D.; MCCRACKEN, R. J. *Soil genesis and classification*. 1. ed. Ames: Iowa University, 1973.

BUOL, S. W.; SOUTHARD, R. J.; GRAHAM, R. C.; MCDANIEL, P. A. *Soil genesis and classification*. 4. ed. Iowa: Blackwell, 2003.

COLEMAN, N. T. Decomposition of clays and the fate of aluminum. *Econ. Geology*. v. 57, p. 1207-1218, 1962.

COOKE, J., LEISHMAN, M. R. Is plant ecology more siliceous than we realise? *Trends in Plant Sciences*, v. 16, p. 61-68. 2011.

COSTA, A. O.; GODOY, H. Contribuição para o conhecimento do clima do solo de Ribeirão Preto. *Bragantia*, v. 21, p. 689-742, 1962.

CURI, N. LARACH, J. O. I.; KAMPF, N.; MONIZ, A. C.; FONTES, L. E. F. *Vocabulário da ciência do solo*. Sociedade Brasileira de Ciência do Solo, Campinas, 1993. 69 p.

EMBRAPA – EMPRESA BRASILEIRA DE PESQUISA. Centro Nacional de Pesquisa de Solos. *Sistema brasileiro de classificação de solos*. 2. ed. Rio de Janeiro: Embrapa Solos, 2006.

FAO – FOOD AND AGRICULTURE ORGANIZATION OF THE UNITED NATIONS. *World reference base for soil resources*. Roma: FAO, 1998.

FAO – FOOD AND AGRICULTURE ORGANIZATION OF THE UNITED NATIONS. *World soil resources: an explanatory note on the FAO world soil resources map at 1:25000000 scale*. World Soil Resources Report n. 66, rev. 1. Roma: FAO, 1993.

FISHER, R. F.; BINKLEY, D. *Ecology and management of forest soils*. 3. ed. Nova York: John Wiley & Sons, 1999.

HUDSON, B. D. The soil survey as a paradigm-based science. *Soil Science Society of America Journal*, v. 56, p. 836-841, 1992.

HUDSON, N. *Soil conservation*. Nova York: Cornell University Press, 1971.

IBGE – INSTITUTO BRASILEIRO DE GEOGRAFIA E ESTATÍSTICA. Coordenação de Recursos Naturais e Estudos Ambientais. *Manual técnico de pedologia*. 2. ed. Rio de Janeiro: IBGE, 2007. 323 p. (Manuais Técnicos em Geociências).

IBGE – INSTITUTO BRASILEIRO DE GEOGRAFIA E ESTATÍSTICA. *Mapa de solos do Brasil*. (Escala 1:5.000.000). Rio de Janeiro: IBGE, 2001.

IBGE – INSTITUTO BRASILEIRO DE GEOGRAFIA E ESTATÍSTICA. *Tipos e Aspectos do Brasil*. 10. ed. Rio de Janeiro: IBGE, 1975.

IUSS WORKING GROUP WRB. World Reference Base for Soil Resources 2014, Update 2015. *World Soil Resources Reports*, 106, FAO, Rome, 2015.

JENNY, H. *Factors of soil formation a system of quantitative pedology*. New York: Dover Publications, 1941. 281 p.

JENNY, H. *The soil resource*. Nova York: Springer, 1980.

KAMANINA, I. Z.; SHOBA, A. The phytoliths analysis applied to soils of complex formation and palaeosoils. In: PINILLA, A.; JUAN-TRESSERAS, J.; MACHADO, M. J. (Ed.). *Monografías del centro de ciencias medioambientales*. CSCI (4) – the state of-the-art of phytholits in soils and plants. Madrid, 1997. p. 33-43.

KELLOG, C. E. *The soil that support us*. Nova York: Macmillan, 1941.

KIEHL, E. J. *Fertilizantes orgânicos*. Piracicaba: Agronômica Ceres, 1985.
KIEHL, E. J. *Manual de edafologia, relações solo-planta*. São Paulo: Ceres, 1979.
KUBIENA, W. L. *Entwicklungslehre des bodens*. Wien: Springer, 1948. 215 p.
LEGROS, J. P. *Mapping of the Soil*. Nova Jersey: Science Publishers, 2006.
LEPSCH, I. F. *Formação e conservação dos Solos*. 2. ed. São Paulo: Oficina de Textos, 2010.
LEPSCH, I. F.; ESPINDOLA, C. R.; VISCHI FILHO, O. J.; HERNANI, L. C.; SIQUEIRA, D. S. (Ed.). *Manual para levantamento e classificação de terras no sistema de capacidade de uso*. 3. ed. Viçosa, MG: Sociedade brasileira de ciência do solo, 2015.
LICCARDO, R.; LICCARDO, V. B. *Pedra por pedra*: mineralogia para crianças. São Paulo: Oficina de Textos, 2006.
MALAVOLTA, E. *ABC da adubação*. 4. ed. São Paulo: Agronômica Ceres, 1979.
MCLAREN, R. G.; CAMERON, K. C. *Soil science*: sustainable production and environmental protection. 2. ed. Auckland: Oxford University Press, 1996.
MCBRATNEY, A. B.; SANTOS, M. L. M.; MISANY, B. On digital soil mapping. *Geoderma*, v. 17, p. 3-52, 2003.
MEDINA, H. P. Constituição física. In: MONIZ, A. C. *Elementos de pedologia*. São Paulo: Polígono/USP, 1972.
OLIVEIRA, J. B.; JACOMINE, P. K. T.; CAMARGO, M. N. *Classes gerais de solos no Brasil*: guia auxiliar para o seu reconhecimento. Jaboticabal: FUNEP, 1992.
PRESS, F. E.; SIEVER, R. *Earth*. San Francisco: W. H. Freeman and Company, 1978.
PRESS, F.; SIEVER, R.; GROTZINGER, J.; JORDAN, T. H. *Para entender a Terra*. 4. ed. Porto Alegre: Bookman, 2006.
RAILSBACK, B. *Some fundamentals of mineralogy and geochemistry*. 2006. Disponível em: <railsback.org/FundamentalsIndex.html>.
RAMALHO FILHO, A.; BEEK, K. J. *Sistema de avaliação da aptidão agrícola das terras*. Rio de Janeiro: Embrapa-CNPS, 1995.
REICHARDT, K. *Processos de transferência no sistema solo-planta-atmosfera*. 4. ed. Piracicaba: CENA/Fundação Cargill, 1985.
RENGASAMY, P.; GREENE, R. S. B.; FORD, G. W.; MEHANNI, A. H. Identification of dispersive behavior and the management of Red-brown Earths. *Australian J. Soil Research*, v. 22, p. 413-431, 1984.
RESENDE, M. *Bruno não-cálcico*: interpretação de um perfil. Mossoro: ESAM-UFV, 1983. 165 p. (Coleção Mossoroense, 218).
RUELLAN, A.; DOSSO, M. *Regards sur le Sol*. Paris, Fouchier: Universités Francophones, 1993.
RUHE, R. V.; WALKER, P. H. Hillslope models and soil formation. I: open systems. *Int. Soc. Soil Sci. Trans.*, v. 4, v. 551-560, 1968.
SANCHEZ, P. A. *Suelos del tropico*: características y manejo. São José, Costa Rica: Instituto Interamericano de Cooperacion para La Agricultura, 1976.
SCHROEDER, D. *Soils, facts and concepts*. Bern: International Potash Institute, 1984.
SHI, X.; LONG, R.; DECKETT, R.; PHILIPPE, J. Integrating different types of knowledge for digital soil mapping. *Soil Science Society of America Journal*, v. 73, n. 5, p. 1682-1692, 2009.
SIMONSON, R. W. Outline of a generalized theory of soil genesis. *Soil Sci. Am. Proc.*, v. 23, p. 152-156, 1959.
SKINNER, B. J.; PORTER, S. C. *Physical Geology*. New York: John Wiley and Sons, 1987. 750 p.
SOIL SCIENCE SOCIETY OF AMERICA. *Glossary of Soil Science Terms*. Wisconsin, USA: Soil Science Society of America, 1984.
SOIL SURVEY STAFF. *Soil survey manual*. Washington: USDA, 1951. 503 p. (USDA. Handbook, 18).
TEIXEIRA, W.; FAIRCHILD, T. R.; TOLEDO, M. C. M.; TAIOLI, F. (Org.). *Decifrando a Terra*. São Paulo: Companhia Editora Nacional, 2009.
TROMPETTE, R. *La Terre une planète singulière*. Pour la science. Paris: Belin, 2003.
USA. United States Department of Agriculture. *Soil taxonomy*: a basic system of soil classification for making and interpretating soil surveys. 2. ed. Washington, D.C.: Natural Resources Conservation Service/Gov. Print. Office, 1999.
USA. United States Department of Agriculture, Soil Conservation Service. *Soil survey manual*. Soil Surv. Div. Staff. U.S. Dep. Agric. Handb. 18., 1993.
WISCHMEIER, W. H.; SMITH, D. D. *Predicting rainfall-erosions losses*. Washington, 1965.
WOLT, J. D. *Soil Solution Chemistry*: Applications to Environmental Science and Agriculture. New York: John Wiley & Sons, 1994.

Glossário

As definições deste glossário foram copiadas, adaptadas e modificadas de diversas fontes, incluindo o *Vocabulário da Ciência do Solo* (Curi et al., 1993) e o *Glossary of Soil Science Terms* (Soil Science Society of America, 1984).

Acidez ativa: atividade do íon hidrogênio na fase aquosa de um solo. É medida e expressa como um valor de pH.

Acidez potencial: toda acidez contida em um solo. É obtida pela soma da acidez trocável com a não trocável, medidas pela quantidade de íons de hidrogênio e alumínio que uma amostra de solo pode liberar pela extração com solução tamponada de um sal, geralmente acetato de cálcio a pH 7,0. Para solos tiomórficos, é a acidez que pode ser formada se compostos reduzidos de enxofre forem oxidados (p. ex., por umedecimento e secagem sucessivos da amostra).

Acidez trocável: alumínio e algum hidrogênio trocáveis que podem ser extraídos de um solo ácido, usando-se uma solução salina não tamponada, como a de KCl.

Ácido fúlvico: termo de uso variado, mas que normalmente se refere à mistura de substâncias orgânicas que permanecem em solução após a acidificação de um extrato alcalino diluído do solo.

Ácido húmico: fração do húmus do solo de cor escura e de composição variável ou indefinida, que pode ser extraída com solução alcalina diluída e depois precipitada, após ter sido acidificada.

Actinomicetos: grupo de bactérias que formam finos micélios ramificados, semelhantes, na aparência, a hifas fúngicas.

Adesão: atração molecular que mantém em contato as superfícies de duas substâncias em estados físicos diferentes (p. ex., água e coloides do solo).

Adsorção: atração de íons ou compostos químicos à superfície de um sólido (p. ex., coloides do solo adsorvendo íons e água).

Adubo: qualquer material orgânico ou inorgânico, sintético ou natural, que é adicionado ao solo a fim de fornecer certos elementos essenciais para o crescimento das plantas.

Adubo orgânico: subproduto do processamento de substâncias de origem animal ou vegetal cuja quantidade de nutrientes vegetais é suficiente para que ele seja considerado adubo.

Aeração do solo: processo pelo qual é efetuada a troca de gases entre o ar do solo e o ar atmosférico.

Aeróbico: pode caracterizar (1) algo que tem oxigênio molecular como uma parte do seu ambiente; (2) um organismo que se desenvolve somente na presença de oxigênio molecular, denominado organismos aeróbicos; (3) um processo que ocorre somente na presença de oxigênio molecular, como é o caso de certos processos químicos e bioquímicos, como a decomposição aeróbica.

Agregado (do solo): conjunto coerente de partículas primárias do solo com formas definidas, como blocos ou prismas.

Agricultura de precisão: prática agrícola na qual se utiliza tecnologia de informação baseada no princípio da variabilidade do solo e do clima. Usa informações específicas sobre as características do solo ou da cultura em subunidades muito pequenas de terra e comumente utiliza equipamentos de aplicação de adubos com taxa variável, sistemas de posicionamento de geotecnologia e controles de computador.

Agricultura orgânica: sistema ou filosofia de agricultura que não permite o uso de produtos químicos sintéticos para a produção vegetal ou animal, dando ênfase ao manejo da matéria orgânica do solo e aos seus processos biológicos.

Agronomia: estudo teórico e prático da produção de plantas cultivadas, incluindo o manejo do solo.

Água capilar: água retida nos pequenos poros capilares do solo, geralmente com uma tensão de mais de 60 cm de altura de uma coluna de água. Ver também: **potencial de água no solo**.

Água disponível: a porção da água no solo que pode ser facilmente absorvida pelas raízes das plantas. Normalmente é considerada como a quantidade de água armazenada entre a capacidade de campo e o ponto de murcha permanente.

Água gravitacional: água que se move, sob o efeito da força gravitacional, através do solo (ou para fora dele).

Água subterrânea: água da zona de saturação subsuperficial do regolito, que está livre para se mover para cursos d'água, sob o efeito da força gravitacional.

Alcalinidade do solo: grau ou intensidade de alcalinidade de um solo, expresso por um valor de pH maior que 7,0.

Alfisols: ordem do sistema americano de classificação de solos (USA, 1999), cujos solos têm tonalidades acinzentadas a marrons nos horizontes superficiais e média a alta disponibilidade de bases em horizontes B de acumulação de argila iluvial.

Alofanas: silicatos de alumínio hidratados, cuja estrutura é mal definida por ser constituída de lâminas curtas e cristalinas intercaladas com materiais não cristalinos e amorfos, o que faz com que seja mais facilmente intemperizável. Predominam em materiais com cinzas vulcânicas.

Aluvião: o mesmo que **alúvio**.

Alúvio: termo genérico designativo de todos os materiais detríticos depositados, ou em trânsito, nos cursos d'água, incluindo cascalho, areia, silte e argila, assim como todas as suas variações e misturas. A menos que seja especificado, o alúvio não é consolidado.

Amonificação: processo bioquímico através do qual o nitrogênio amoniacal é liberado de compostos orgânicos que contenham este elemento.

Amostra de solo: porção de material do solo representativa de um horizonte (ou camada) e coletada para fins diversos, destacando-se: (a) amostra superficial composta – coletada na parte mais superficial para fins de análise da fertilidade do solo; (b) amostra para fins pedológicos – coletada nos horizontes de perfis de solos para ser submetida a análises físicas, químicas e/ou mineralógicas, para o estudo da gênese, do levantamento e da classificação de solos.

Anaeróbico: (1) a ausência de oxigênio molecular; (2) o crescimento ou desenvolvimento na ausência de oxigênio molecular (p. ex., bactérias anaeróbicas ou reação bioquímica de redução).

Análise granulométrica: determinação dos diferentes teores dos separados do solo em uma amostra, geralmente por sedimentação, peneiramento, micrometria ou pela combinações desses métodos.

Andisols: ordem do sistema americano de classificação de solos (USA, 1999), a qual reúne solos desenvolvidos a partir de cinzas vulcânicas. A fração coloidal é dominada por alofanas e/ou compostos humoalumínicos.

Ânion: íon com carga negativa; durante a eletrólise, é atraído para o ânodo positivamente carregado.

Ânion trocável: íon negativamente carregado retido, ou próximo, a uma partícula sólida com carga superficial positiva e que pode ser substituído por outros ânions.

Anóxico: o mesmo que **anaeróbico**.

Antibiótico: substância produzida por uma espécie de organismo que, em baixas concentrações, pode matar ou inibir o crescimento de outros organismos.

Ap: camada mais superficial do solo alterada pelo cultivo ou pastoreio.

Apatita: mineral do fosfato de cálcio complexo, o qual é a fonte primária da maioria dos adubos fosfatados.

Aquífero: camada saturada e permeável de sedimento ou rocha que pode conduzir quantidades significativas de água em condições de pressão normal.

Ar do solo: atmosfera do solo; é o componente gasoso do solo, ou o volume não ocupado por sólidos ou líquidos.

Aração: operação de preparo do solo destinada a fragmentá-lo uniformemente, revirando total ou parcialmente a sua camada mais superficial.

Arbúsculo: estruturas ramificadas especializadas que são formadas dentro de uma célula cortical de raiz por fungos micorrízicos endotróficos.

Archaea: um dos dois domínios de micro-organismos unicelulares procariontes. Inclui organismos adaptados às condições extremas de salinidade e calor e também aqueles que subsistem em metano. Assemelham-se às bactérias, porém são evolutivamente diferentes delas.

Areia: (1) partícula de solo com dimensões entre 0,05 mm e 2,0 mm de diâmetro; (2) uma classe textural do solo.

Argila: fração granulométrica do solo com menos de 0,002 mm de diâmetro equivalente.

Argilomineral: minerais secundários (produtos da intemperização de outros minerais) que ocorrem na fração argila. Devido ao pequeno tamanho de suas partículas, são bastante ativos quimicamente, e possuem propriedades coloidais, como a grande afinidade por água e por elementos químicos nela dissolvidos, por causa da vasta superfície específica e da existência de muitas cargas elétricas nessa superfície. Ver também: **mineral da argila**.

Argilosa: classe textural do solo que contém mais de 40% de argila, menos de 45% de areia e menos de 40% de silte.

Argipã: camada subsuperficial do solo densa e compacta, de lenta permeabilidade e que possui conteúdo de argila muito maior do que o material sobrejacente, do qual se acha separada por delimitação bem definida. Ver também: **pã**.

Argissolos: ordem do SiBCS (Embrapa, 2006), que reúne solos bem drenados com horizontes de subsuperfície de acumulação de argila iluvial de atividade baixa ou de argila de atividade alta conjugada com saturação por bases baixa e/ou com caráter alítico.

Aridisols: ordem do sistema americano de classificação de solos (USA, 1999), a qual reúne solos de climas secos. São solos que possuem horizontes pedogenéticos com pouca matéria orgânica e que não permaneceram úmidos por mais de três meses consecutivos. Possuem *epipedon* ócrico e um ou mais dos seguintes horizontes diagnósticos: argílico, nátrico, câmbico, cálcico, petrocálcico, gípsico, sálico ou duripã.

Associação de solos: tipo de unidade de mapeamento de solos composta por um grupo de unidades taxonômicas com definições e designações que ocorrem em conjunto, em padrões característicos e específicos, dentro de uma região geográfica e sob alguns aspectos, comparáveis às associações vegetais.

Assoreamento: deposição de sedimentos carregados pela água em cursos d'água, lagos, açudes ou em planícies aluviais.

Bacia hidrográfica: terras e águas compreendidas entre divisores de água, nos quais toda a água aí precipitada escoa para um rio principal e seus afluentes.

Bactéria: micro-organismo unicelular, de vida livre, simbiótica ou parasita, que ocorre sob várias formas (cocos, bacilos, espirilos). É essencial para o processo de decomposição de matéria orgânica.

bar: unidade de pressão igual a 1 milhão de dinas por centímetro quadrado (110^6 dinas/cm^2). Esse valor de pressão é muito próximo ao da pressão atmosférica padrão.

Biomassa: a massa total de matéria viva de um tipo específico de organismo (p. ex., biomassa microbiana) em um determinado ambiente (p. ex., em um decímetro cúbico de solo).

Bioporos: poros do solo, geralmente de diâmetro relativamente grande, criados pelas raízes das plantas, pelas minhocas ou por outros organismos.

Biossequência: grupo de solos relacionados que diferem um do outro, principalmente por causa de diferenças quanto aos tipos e números de plantas e quanto aos organismos responsáveis pelo fator de formação do solo.

Cadeia alimentar: comunidade de seres vivos que, em sequência, dependem uns dos outros para se alimentar. Esses seres vivos estão organizados em níveis tróficos, de acordo com o papel que desempenham na cadeia, como: produtores, que formam substâncias orgânicas a partir da luz do sol e de material inorgânico; e consumidores e predadores, que se alimentam de produtores, organismos mortos, dejetos e uns dos outros.

Calcário: rocha sedimentar composta basicamente de calcita ($CaCO_3$). Se houver presença de dolomita

($MgCO_3$) em quantidades apreciáveis, passa a denominar-se *calcário dolomítico*.

Calcário (agrícola): material que contém carbonatos, óxidos e/ou hidróxidos de cálcio e/ou magnésio, empregados para neutralizar a acidez do solo. Geralmente são obtidos pela moagem de rochas calcárias.

Caliche: camada próxima à superfície, mais ou menos cimentada por carbonatos secundários de cálcio ou de magnésio precipitados a partir da solução do solo.

Camada arável: camada de solo que é normalmente movimentada pelo arado; equivalente ao termo *solo superficial*.

Cambissolos: ordem do SiBCS (Embrapa, 2006) que reúne solos embrionários com horizonte B incipiente e qualquer tipo de horizonte superficial, exceto o hístico e o chernozêmico. O horizonte B é oriundo de materiais originários alterados, mas sem evidências de iluviação.

Capacidade de campo: (1) teor máximo de água retido em um solo, após saturação e depois de cessado o movimento gravitacional; (2) porcentagem de água remanescente em um solo dois ou três dias após ele ter sido saturado e a drenagem livre ter cessado.

Capacidade de infiltração: característica do solo que define ou descreve a taxa máxima na qual a água pode penetrar no solo sob condições especificadas.

Capacidade de troca: carga iônica total do complexo de adsorção capaz de adsorver íons. Ver também: **capacidade de troca de ânions**; **capacidade de troca de cátions**.

Capacidade de troca catiônica efetiva: quantidade de cátions que um material (geralmente de solo ou coloides do solo) pode adsorver ao pH do material do solo em condições naturais; é calculada pela soma de Al^{3+}, Ca^{2+}, Mg^{2+}, K^+ e Na^+ trocáveis e expressa em mols ou centimols de carga por quilo de material (ou $cmol_c/kg$). Ver também: **capacidade de troca de cátions**.

Capacidade de troca de ânions: soma total dos ânions trocáveis que um solo poderá adsorver a um pH específico; é expressa em centimols de carga por quilograma ($cmol_c/kg$) de solo ou de outro material adsorvente, como a argila.

Capacidade de troca de cátions: soma total dos cátions trocáveis que um solo poderá adsorver a um pH específico. Também é denominada *capacidade de permuta* ou *capacidade de adsorção de cátions*. É comumente expressa em centimols de carga por quilograma de solo ($cmol_c/kg$) ou de outro material adsorvente, como a argila.

Capacidade tampão: habilidade de um solo de resistir a mudanças no pH, determinada pela presença de argila, húmus e outros materiais coloidais.

Capacidade térmica: quantidade de energia cinética (calor) necessária para elevar a temperatura de 1 g de uma substância (geralmente em referência ao solo ou componentes do solo).

Caráter áquico: saturação contínua ou periódica com água, acompanhada de redução, o que é geralmente indicado por feições redoximórficas.

Carga constante: carga líquida da superfície de partículas minerais, a magnitude que depende apenas da composição química e estrutural do mineral. A carga surge da substituição isomórfica e não é afetada pelo pH do solo.

Carga dependente do pH: parte da carga total das partículas do solo que é afetada e sofre variações de acordo com as mudanças do pH.

Carga permanente: ver **carga constante**.

Carga variável: ver **carga dependente do pH**.

Catena: sequência de solos com a mesma idade aproximada, provindos de materiais originários similares e que ocorrem sob condições climáticas semelhantes, mas que possuem características diversas, em face das variações no relevo e na drenagem. Ver também **toposequência**.

Cátion: íon carregado positivamente; durante a eletrólise, é atraído para o cátodo carregado negativamente.

Cátions ácidos: cátions que contribuem para a atividade do íon H⁺ tanto diretamente quanto por reações de hidrólise com a água; os principais são Al^{3+}, Fe^{2+} e H^+.

Cátions básicos: cátions que não reagem com água por hidrólise para liberar íons H^+ para a solução do solo. Esses cátions não removem íons hidroxila da solução, mas formam bases fortemente dissociadas, como o hidróxido de potássio. Também são chamados de *cátions não ácidos* ou de *cátions formadores de bases*.

Caulinita: mineral composto por silicato de alumínio com estrutura cristalográfica do tipo 1:1 – isto é, consiste em uma lâmina tetraédrica de silício, alternada com uma lâmina octaédrica de alumínio.

Cerosidade: delgada camada de partículas de argila agregadas e orientadas, que ficam sobrepostas à superfície de um agregado, partícula ou poro do solo. Um filme de argila (ou argila).

Cerrado: bioma do Brasil, caracterizado pela presença de árvores baixas, inclinadas, tortuosas, com ramificações irregulares e retorcidas, e geralmente com evidências de queimadas (savana, na acepção internacional).

Chernossolos: ordem do SiBCS (Embrapa, 2006), que reúne solos com horizonte superficial espesso, escuro, rico em matéria orgânica e com alto teor de bases e argila de atividade alta. Eles possuem saturação por bases superior a 50%.

Cianobactérias: bactérias clorofiladas responsáveis pela fotossíntese e fixação do nitrogênio. Inicialmente chamadas de algas azuis.

Ciclo do carbono: série de transformações nas quais o dióxido de carbono (CO_2) é atado nos seres vivos por meio da fotossíntese ou quimiossíntese e liberado pela respiração ou pela morte e decomposição dos organismos que o fixam.

Ciclo do nitrogênio: processo pelo qual o nitrogênio circula pelo solo e pelas plantas, a partir da ação de organismos vivos em uma sequência de transformações químicas e biológicas que começam com o nitrogênio atmosférico.

Ciclo hidrológico: sucessão da movimentação da água da atmosfera para a terra e seu retorno à atmosfera, em etapas ou processos como precipitação, interceptação, escoamento, infiltração, percolação, armazenagem, evaporação e transpiração.

Cimentado: endurecido com consistência dura e quebradiça, porque as partículas estão unidas por substâncias cimentantes, como carbonato de cálcio, húmus ou óxidos de silício, de ferro e de alumínio.

Classe de estrutura do solo: agrupamento de unidades estruturais de solo ou agregados de tamanho muito pequeno a muito grande.

Classe de textura do solo: agrupamento de unidades de solo baseadas nas proporções relativas das frações granulométricas do solo (areia, silte e argila). São avaliadas para identificar as classes de texturas que um solo pode apresentar: arenosa, arenoargilosa, argilosa, siltoargilosa, siltosa, entre outras.

Classificação da capacidade de uso da terra: agrupamento de classes de solo em unidades, subclasses e classes, de acordo com a sua capacidade para uma utilização intensiva e práticas agrícolas necessárias ao uso sustentável.

Classificação de solos: organização sistemática de solos em grupos ou categorias segundo suas características. Os agrupamentos nas categorias mais elevadas (p. ex., ordem e subordem) são efetuados com base em características gerais, e nas subdivisões delas, com base em diferenças mais pormenorizadas e propriedades específicas.

Clima árido: clima das regiões onde há insuficiência de água para possibilitar a produção de cultivos sem irrigação. Nas regiões frias, a precipitação anual é geralmente inferior a 250 mm. Já em regiões tropicais, pode ser tão alta quanto 500 mm.

Clima úmido: clima das regiões onde a umidade é normalmente bem distribuída ao longo do ano, não havendo limitação para a produção vegetal. Em climas tropicais quentes, a precipitação anual é de, pelo menos, 1.500 mm; já em climas frios, é de 250 mm ou mais. A vegetação natural é a floresta.

Climossequência: conjunto de solos relacionados que diferem uns dos outros, principalmente devido às diferenças de clima como fator de formação.

Cobertura morta (palhada ou *mulch*): restos ou resíduos das colheitas deixados no campo como uma cobertura, que serão incorporados ao solo durante a preparação deste para o cultivo seguinte.

Coesão: força mantendo um sólido e um líquido unidos devido à atração entre moléculas semelhantes. Diminui com o aumento da temperatura.

Coloides do solo: partículas orgânicas e inorgânicas com tamanho muito pequeno e uma grande superfície específica por unidade de massa.

Colúvio: depósito de fragmentos de rochas e de material de solo acumulado na base de encostas, como consequência da ação gravitacional.

Complexo coloidal do solo: grupo de coloides orgânicos e minerais do solo capazes de adsorver íons e moléculas.

Complexo de adsorção: grupo de substâncias orgânicas e inorgânicas do solo capazes de adsorver íons e moléculas.

Complexo de solos: unidade de mapeamento empregada em levantamentos detalhados de solos em que duas ou mais unidades com características definidas encontram-se intimamente misturadas sob o aspecto geográfico, o que torna a sua separação, em face da escala utilizada, indesejável ou impraticável. Trata-se de uma mistura íntima de áreas, com unidades características específicas menores do que as descritas em **associação de solos**.

Composto: resíduos orgânicos ou uma mistura de resíduos orgânicos e solo, empilhados e umedecidos, para favorecer a decomposição biológica. Adubos minerais, por vezes, são adicionados. É normalmente manejado para manter as temperaturas termofílicas.

Compostos inorgânicos: todas as substâncias químicas da natureza, exceto compostos de carbono, monóxido de carbono, dióxido de carbono e carbonatos.

Compostos orgânicos: são as substâncias químicas que contêm na sua estrutura carbono e hidrogênio, e muitas vezes oxigênio, nitrogênio, enxofre, fósforo, boro, halogênios e outros.

Concentrações redox: zonas com uma aparente acumulação de óxidos de ferro e de manganês nos solos.

Concreção: concentração localizada de um composto químico, como carbonato de cálcio ou óxido de ferro, sob a forma de grãos ou de nódulos com tamanhos, formas, durezas e cores variáveis, geralmente apresentando anéis concêntricos quando fragmentado.

Condicionador de solo: qualquer material adicionado ao solo, a fim de melhorar as suas condições físicas.

Condutividade elétrica (CE): capacidade de uma substância conduzir ou transmitir a corrente elétrica, em solos ou água, medida em siemens por metro (ou, muitas vezes, em dS/m). Está relacionada a solutos dissolvidos.

Condutividade hidráulica: expressão que define a rapidez com que um líquido, como a água, flui através do solo, como resultado de um determinado potencial de gradiente.

Conservação do solo: combinação de todos os métodos de manejo e uso da terra, para proteger o solo contra seu esgotamento ou deterioração provocados por fatores naturais ou ocasionados pelo homem.

Consistência (em Engenharia Civil): interação entre forças adesivas e coesivas dentro de um solo com vários conteúdos de água, expressa pela capacidade relativa com que o solo pode ser deformado ou sofrer ruptura.

Consistência (em Pedologia): combinação das propriedades do material do solo, as quais determinam sua resistência ao esmagamento e sua capacidade de ser moldado ou alterado em forma. Termos como *solto*, *friável*, *firme*, *macio*, *plástico* e *pegajoso* descrevem a consistência do solo.

Consorciação de solos: tipo de unidade de mapeamento do solo usada nos Estados Unidos, designado com o nome do táxon do solo predominante no delineamento, no qual pelo menos metade dos *pedons* se enquadra no solo assim designado, sendo que a maioria dos *pedons* restantes é tão semelhante que não afeta a maior parte das interpretações para uso e manejo.

Cor: propriedade de um objeto que depende do comprimento de onda da luz que ele reflete ou emite.

Correlação de solos: processo destinado a definir, mapear, nomear e classificar tipos de solos em uma área específica de pesquisas, cuja finalidade consiste em assegurar que tais solos recebam definição adequada e sejam mapeados com acurácia e nomeados com uniformidade.

Corretivo do solo: qualquer substância, diferente dos adubos, usada para alterar as propriedades físicas ou químicas do solo, geralmente para torná-lo mais produtivo. Os principais exemplos são calcário, enxofre e gesso.

Cristal: sólido inorgânico de composição química definida e estrutura ordenada, devida ao arranjo espacial dos átomos, íons ou moléculas que o formam.

Croma: denominação relativa à intensidade (ou pureza relativa, ou ainda saturação) de uma cor, sendo uma das três variáveis utilizadas para a definição da cor do solo.

Cronossequência: sequência de solos relacionados que diferem uns dos outros em certas propriedades, principalmente as que resultam do tempo, considerado como um fator de formação.

Crotovina: antiga cavidade de animal em um horizonte de solo que foi preenchida com matéria orgânica ou material de outro horizonte.

Cultivo: operação de movimentação do solo destinada a preparar a terra para semeadura, transplante, posterior controle de ervas daninhas ou, ainda, para afofar a terra.

Cultivo em faixas: prática que exige tipos diferentes de cultivo, como plantio em linhas com vegetação, em faixas alternadas ao longo de contornos ou em todas as direções predominantes do vento.

Cultivo em faixas em contorno: disposição de cultivos em faixas regulares e estreitas, nas quais as operações são efetuadas no sentido dos contornos de mesmos níveis. Em geral, alternam-se as culturas de crescimento denso com as de crescimento ralo.

Cultivo itinerante: sistema em que a terra é desmatada, os restos da vegetação são queimados, e o solo é cultivado por dois a três anos; depois, o agricultor deixa a terra em pousio (com vegetação natural crescendo) durante cinco a quinze anos, e, em seguida, esse processo de cultivo é repetido.

Cutãs: modificação da textura, estrutura ou trama dos constituintes do solo em superfícies naturais devida à concentração de determinados constituintes (p. ex., cerosidade e filmes de argila).

Declive: inclinação de um trecho de uma superfície, como a encosta de uma colina, a partir da horizontal, considerado de cima para baixo. É medido em graus ou porcentagem.

Decomposição: degradação química de um composto (mineral ou orgânico) em compostos mais simples, muitas vezes realizada com a ajuda de micro-organismos.

Déficit de água no solo: diferença entre evapotranspiração potencial e evapotranspiração total, a qual representa o intervalo entre a quantidade de água "demandada" pelas condições atmosféricas e o montante de evapotranspiração que o solo pode realmente fornecer. É medida pela limitação a partir da qual o abastecimento de água no solo afeta a produtividade da planta.

Defloculação: (1) separação dos componentes individuais de partículas compostas por meios químicos e/ou físicos; (2) processo no qual as partículas da *fase dispersa* de um sistema coloidal se tornam suspensas no *meio de dispersão*.

Delineamento: área no mapa de solos correspondente a um polígono individualmente definido que estabelece a área, a forma e a localização de uma unidade de mapeamento inserida em uma paisagem.

Densidade de partículas: massa por unidade de volume das partículas de solo. Geralmente é expressa em gramas por centímetro cúbico (g/cm^3).

Densidade global do solo: também conhecida como densidade aparente. Massa de solo seco por unidade de volume, incluindo seus espaços de ar. O volume bruto é determinado antes da secagem a 105 °C, para peso constante.

Depleções redox: zonas de croma baixo (< 2), onde os óxidos de ferro e de manganês e em alguns casos argila, foram retirados do solo.

Depósito fluvial: material de origem depositado pelos rios ou córregos.

Depósito glacial: rochas fragmentadas que foram transportadas por geleiras e diretamente depositadas pelo gelo derretido. Os fragmentos de rocha podem ou não ser heterogêneos.

Depósito lacustre: material depositado na água de lagos e mais tarde exposto por meio de uma redução do nível de água ou da elevação da superfície das terras.

Desintegração: fratura de pedaços de rochas e de minerais em frações menores, mediante certas forças físicas, como a ação de congelamento.

Desnitrificação: redução bioquímica do nitrito ou do nitrato, para formas gasosas de nitrogênio pela atividade microbiana ou por redutores químicos, produzindo nitrogênio molecular ou óxidos de nitrogênio.

Dessalinização: remoção de sais de um solo salino, geralmente por lixiviação.

Dessorção: remoção de material sorvido nas superfícies.

Detritívoro: organismo que sobrevive de detritos.

Detritos: restos de animais e plantas mortas.

Diagnose foliar: estimativa das deficiências (ou excessos) de nutrientes minerais nos vegetais, com base na composição química de partes selecionadas das plantas, bem como na cor e nas características de crescimento de suas folhas.

Diatomáceas: algas que têm células com paredes silicosas, as quais persistem como esqueletos após as suas mortes.

Difusão: transporte de matéria como resultado da movimentação de suas partículas componentes. Mistura de dois gases ou de dois líquidos em contato direto – essa mistura se efetua mediante difusão.

Dispersão: (1) dissociação de partículas compostas, como agregados, em componentes de partículas unitárias específicas; (2) distribuição ou colocação em suspensão de partículas muito pequenas, como argila, em um meio de completa dispersão, como água, onde há a adição de uma substância dispersante, como NaOH e/ou hexametafosfato.

Dissolução: processo pelo qual as moléculas de um gás, sólido ou líquido se dissolvem em outro líquido, tornando-se assim completas e uniformemente dispersas em seu volume.

Distrófico: solo que possui baixa saturação por bases (menos de 50%) ou com baixas concentrações de nutrientes para ótimo crescimento vegetal e animal.

Drenagem do solo: frequência e duração dos períodos nos quais o solo é livre de saturação com água.

Duripã: horizonte diagnóstico subsuperficial que é cimentado pela sílica até que fragmentos secos ao ar não se desfaçam na água ou no HCl. Pã endurecido.

Ecossistema: sistema composto pelos seres vivos (meio biótico) e o local onde eles vivem (meio abiótico, no qual estão inseridos todos os componentes não vivos do ecossistema, como os minerais, as pedras, o clima, a própria luz solar etc.) e todas as relações entre eles.

Edafologia: ciência que trata da influência dos solos sobre os seres vivos, particularmente as plantas, bem como do uso do solo pelo ser humano, com a finalidade de proporcionar o desenvolvimento das plantas.

Eh: medida do potencial de oxirredução dos componentes eletrorreativos do solo, formado por reações de oxirredução que ocorrem na superfície de um eletrodo de platina, medidas em relação a um eletrodo de referência (menos o Eh do eletrodo de referência).

Elemento essencial: elemento químico indispensável para o crescimento normal das plantas.

Elemento menor (obsoleto): ver **micronutriente**.

Elemento-traço: elemento presente na crosta terrestre em concentrações inferiores a 1.000 mg/kg. *Micronutriente* é o termo mais usado, quando referido como nutriente de plantas.

Eluviação: remoção de materiais do solo em suspensão (ou em solução) de uma ou de várias camadas de um solo. A perda de material em solução é descrita como lixiviação. Ver **iluviação** e **lixiviação**.

Entisols: ordem do sistema americano de classificação de solos (USA, 1999) que reúne solos que não têm um horizonte pedogenético diagnóstico de subsuperfície. Podem ser encontrados em praticamente qualquer clima, em superfícies geomórficas muito recentes.

Entrecamadas (em Mineralogia): materiais entre camadas de um dado cristal, incluindo cátions, cátions hidratados, moléculas orgânicas e grupos de folhas entre camadas de hidróxido.

Enxurrada: fluxo de grande quantidade de água que escorre com violência sobre o solo e é resultante de chuvas abundantes. Ocorre quando o solo está saturado com o excesso de água de chuva ou outras fontes de fluxos sobre a terra.

Epiáquico: condição na qual o solo está saturado com água, devido a uma camada de líquido estagnado em uma ou mais faixas dentro de 200 cm da superfície do solo mineral, implicando também a existência de uma ou mais camadas insaturadas dentro de 200 cm abaixo da camada saturada.

Epipedon: conforme adotado pelo sistema americano de classificação de solos (USA, 1999), é o horizonte diagnóstico de superfície que inclui a parte superior do solo, escurecida pela matéria orgânica, ou os horizontes eluviais superiores, ou ambos.

Epipedon **antrópico:** conforme adotado pelo sistema americano de classificação de solos (USA, 1999), é o horizonte diagnóstico de superfície do solo mineral que tem os mesmos requisitos do *epipedon* mólico, mas com mais de 250 mg/kg de P_2O_5 solúvel em ácido cítrico a 1%, e que permanece seco por mais de dez meses (cumulativos) quando não irrigado. O *epipedon* antrópico geralmente se apresenta em áreas cultivadas durante muito tempo e com adubações contínuas.

Epipedon **hístico:** conforme adotado pelo sistema americano de classificação de solos (USA, 1999), é o horizonte diagnóstico de superfície composto por uma fina camada de material orgânico do solo que está saturado com água em algum período do ano, a menos que esteja artificialmente drenado ou que esteja próximo da superfície de um solo mineral.

Epipedon **melânico:** conforme adotado pelo sistema americano de classificação de solos (USA, 1999), é o horizonte diagnóstico de superfície formado em material de origem vulcânica que contém mais de 6% de carbono orgânico, escuro na cor, com uma densidade muito baixa e capacidade de adsorção aniônica alta.

Epipedon **mólico:** conforme adotado pelo sistema americano de classificação de solos (USA, 1999), é o horizonte diagnóstico de superfície de um solo mineral de coloração escura e relativamente espesso. Contém pelo menos 0,6% de carbono orgânico, não é maciço nem duro quando seco, tem uma saturação por bases de mais de 50%, tem menos de 250 mg/kg de P_2O_5 solúvel em ácido cítrico a 1% e é predominantemente saturado com cátions bivalentes.

Epipedon **ócrico:** conforme adotado pelo sistema americano de classificação de solos (USA, 1999), é o horizonte diagnóstico de superfície que apresenta cores claras, croma muito alto e baixo teor de carbono orgânico. Também pode ser o que apresenta espessura insuficiente para ser classificado como um *epipedon plagen*, mólico, úmbrico, antrópico ou hístico, ou que é maciço e muito duro quando seco.

Epipedon **plagen:** conforme adotado pelo sistema americano de classificação de solos (USA, 1999), é o horizonte diagnóstico de superfície formado pela atividade do homem e que possui mais de 50 cm de espessura. É formado por longas e contínuas incorporações de adubos.

Epipedon **úmbrico:** conforme adotado pelo sistema americano de classificação de solos (USA, 1999), é o horizonte diagnóstico de superfície que atende aos mesmos requisitos do *epipedon* mólico em relação à cor, espessura, teor de carbono orgânico, consistência, estrutura e conteúdo de P_2O_5, mas que tem uma saturação por bases inferior a 50%.

Equação universal de perdas de solos (EUPS ou USLE): equação para prever a perda média anual de solo por unidade de área por ano. $A = R\,K\,L\,S\,P\,C$, em que R é o fator de erosividade da chuva (chuvas e escoamento), K é o fator de erodibilidade do solo, L é o comprimento da encosta, S é a inclinação em porcentagem, P é o fator de práticas agrícolas e C é o fator de manejo (uso e ocupação da terra).

Erosão: (1) desgaste da superfície do terreno por água de escoamento, vento, gelo e outros agentes geológicos, inclusive por processos como o deslizamento gravitacional; (2) separação e movimentação do solo ou das rochas por água, vento, gelo ou gravidade.

Erosão acelerada: separação e movimentação do solo ou de rochas por água, vento, gelo ou gravidade; a terminologia a seguir é usada para descrever os diversos tipos de erosão por água.

Erosão em sulcos: processo de erosão em que numerosos pequenos canais de apenas alguns centímetros de profundidade vão se formando. Esse processo ocorre principalmente em solos recém-cultivados.

Erosão em voçorocas: processo de erosão em que a água se acumula em canais estreitos e, durante curtos períodos, remove o solo dessa área até profundidades consideráveis, que variam de 0,5 m a 2 m, mas que por vezes atingem 25 m a 30 m.

Erosão geológica: desgaste da superfície da terra por água, gelo ou outros agentes naturais sob condições ambientais naturais de clima, vegetação etc., sem ser perturbada pelo homem. Também conhecida como *erosão natural*.

Erosão laminar: remoção bastante uniforme da camada mais superficial do solo pela água de escoamento superficial.

Erosão por salpicamento: jorro de pequenas partículas de solo, ocasionado pelo impacto das gotas de chuva em solos muito molhados. As partículas soltas e separadas poderão ou não ser removidas pelo escoamento superficial.

Escoamento superficial: ver **enxurrada**.

Esfoliação: desintegração ou desagregação das camadas da superfície de uma rocha, geralmente resultado da expansão e contração que acompanham mudanças de temperatura.

Esmectita: grupo de argilas silicatadas 2:1 de estrutura reticular, com substituição isomórfica nas estruturas tetraédricas e octaédricas, o que resulta em uma alta carga negativa devida à alta capacidade de troca de cátions, e permite a expansão. Pertencem a este grupo a montmorillonita, beidelita, nontronita e saponita.

Espodossolos: ordem do SiBCS (Embrapa, 2006) que reúne solos com horizonte subsuperficial de acumulações iluviais de matéria orgânica, compostos de alumínio e, frequentemente, de ferro. São formados de materiais ácidos, normalmente de textura arenosa, em climas úmidos.

Estrutura colunar dos solos: agregados do solo em forma de colunas com o topo arredondado.

Estrutura cristalina: arranjo ordenado de átomos em um material cristalino.

Estrutura do solo: combinação ou organização de partículas primárias do solo em partículas secundárias, que podem ser organizadas no perfil de modo a dar um padrão característico distinto. Essas unidades secundárias são caracterizadas e classificadas pelo tamanho, forma e grau de distinção em classes, tipos e graus, respectivamente.

Estrutura em blocos: agregados de solo em forma de blocos. É comum nos horizontes B dos solos.

Estrutura granular: tipo de estrutura do solo com agregados esféricos com lados indistintos. Quando são altamente porosos, os grânulos são comumente chamados de *grumos*. Ver **estrutura do solo**.

Estrutura prismática: tipo de estrutura do solo com agregados prismáticos que têm um eixo vertical muito maior do que os eixos horizontais.

Eucarionte: organismo composto de uma ou mais células que possuem organelas e um núcleo visível.

Eutrófico: aquele que possui concentrações de nutrientes para ótimo crescimento vegetal e animal (também usado para corpos d'água enriquecidos com nutrientes). Em solos, são eutróficos aqueles que têm saturação por bases igual ou maior que 50%.

Eutrofização: enriquecimento de nutrientes em lagos e lagoas, estimulando assim o crescimento de organismos aquáticos, o que leva a uma deficiência de oxigênio no corpo d'água.

Evapotranspiração: perdas combinadas de água em uma determinada área e durante período específico, mediante evaporação da superfície do solo e transpiração pelos vegetais.

Extrato da pasta saturada: solução extraída de uma pasta de solo saturado com água; a condutividade elétrica Ec (ou CE) obtida dá uma ideia do conteúdo de sais de um solo.

Extrato saturado: solução extraída de uma pasta de solo saturada com água.

Família de solos: categoria do sistema americano de classificação de solos (USA, 1999), intermediária entre os grandes grupos e as séries de solo. As famílias são definidas, em grande parte, com base no grau de importância de suas propriedades físicas e mineralógicas para o crescimento das plantas.

Fase de solos: subdivisão de uma série de solo ou outra unidade de classificação, com base em características que afetam a utilização e o manejo do solo, mas que não variam suficientemente para diferenciá-la como uma série separada. Entre essas características estão incluídos o grau de inclinação da superfície do solo (declividade), o grau de erosão e a presença de pedras.

Fator limitante: ver **lei de Liebig**.

Fauna: a vida animal de uma região ou de um ecossistema.

Feições redoximórficas: propriedades associadas à umidade, as quais resultam da redução e da oxidação de compostos de ferro e manganês após a saturação e dessaturação do solo com água. Ver também **concentrações redox** e **depleções redox**.

Ferri-hidrita: óxido de ferro pouco cristalino, de tonalidade bruno-avermelhada escura, que se forma em solos saturados por água.

Ferripã: horizonte endurecido no qual os óxidos de ferro são os principais agentes cimentantes.

Fertilidade do solo: qualidade de um solo, que lhe permite fornecer elementos químicos essenciais em quantidades e proporções para o crescimento de certas plantas.

Fertirrigação: aplicação de fertilizantes com as águas de irrigação, normalmente através de sistemas de aspersão.

Fixação biológica do nitrogênio: ocorre a temperaturas e pressões normais. Em geral, é ocasionada por certas bactérias, algas e actinomicetos, que podem ou não estar associados com os vegetais superiores.

Fixação de fósforo: processo do solo por meio do qual os fosfatos são convertidos das formas solúveis ou trocáveis para outras menos solúveis ou inassimiláveis.

Fixação de nitrogênio: conversão biológica do nitrogênio elementar (N_2) para combinações orgânicas ou formas facilmente utilizadas em processos biológicos.

Floculação: agregação ou aglutinação de minúsculas partículas individuais do solo, especialmente a argila, em pequenos flocos ou tufos. Oposto de *dispersão*.

Flora: conjunto dos diversos tipos de vegetais em uma determinada área e em uma época específica.

Fluxo de massa: movimento de nutrientes associado com o fluxo da água em direção às raízes das plantas.

Fração: parte de um maior armazenamento de uma substância operacionalmente definida por um método específico de análise ou de separação – p. ex., a fração argila do solo separada por processos de análise granulométrica.

Fração de terra fina: parte do solo que passa por uma peneira com abertura de malha de 2 mm. Normalmente referida pela abreviação TFSA (terra fina seca ao ar).

Fragipã: pã ou camada subsuperficial do solo com densidade alta e quebramento moderado a fraco, que tem sua dureza advinda da elevada densidade ou compactação, e não da cimentação ou do elevado conteúdo de argila. Os fragmentos removidos são friáveis, mas o material *in situ* é tão denso que a penetração das raízes e o movimento da água são muito lentos.

Fragmentos grosseiros: partículas do solo maiores que 2 mm de diâmetro.

Franca: nome da classe textural para solos que possuem moderado conteúdo de areia, silte e argila. Os solos de textura franca contêm de 7% a 27% de argila, 28% a 50% de silte e 23% a 52% de areia.

Franco: solo com textura e com propriedades intermediárias entre os solos de textura argilosa (ou fina) e arenosa (ou grosseira). Inclui todas as classes texturais entre a argila e a areia, fazendo parte do nome da classe, como: francoargilosa, francossiltosa.

Franja capilar: zona do solo imediatamente acima do plano de pressão hidrostática zero (lençol freático) e que permanece saturada ou quase saturada com água.

Frente de molhamento: limite entre o solo saturado com água e o solo seco, durante a infiltração de água.

Friável: termo da consistência do solo quando úmido. Diz respeito à facilidade de esboroamento do material do solo.

Fungo: designação comum aos organismos do reino *Fungi*, heterotróficos, saprófagos ou parasitas, aclorofilados, uni ou pluricelulares, com parede celular de quitina, estrutura principalmente filamentosa (hifas) e cuja nutrição se dá por absorção. A maioria é microscópica, mas alguns se tornam reconhecíveis por suas frutificações, como os cogumelos.

Gelisols: ordem do sistema americano de classificação de solos (USA, 1999) que reúne solos que tenham camadas congeladas com espessura superior a 1 m ou 2 m, se a crioturbação estiver presente. Podem ter um *epipedon* ócrico, hístico, mólico ou de outro tipo.

Gênese do solo: sistemática da origem do solo, com referência especial aos processos responsáveis pelo desenvolvimento do *solum* (horizontes A até B), a partir do material originário e não consolidado.

Geografia do solo: subespecialização da geografia física interessada na distribuição espacial dos tipos do solo.

Gibbsita: mineral de composição $Al(OH)_3$, encontrado na fração argila de solos muito intemperizados, e constituído de octaedros de hidróxido de alumínio. Faz parte das chamadas argilas oxídicas.

Gilgai: microrrelevo originado pela expansão e contração dos solos devidas a alterações na umidade. Encontrado em solos que contêm grandes quantidades de argila expansíveis, os quais se expandem e contraem bastante quando molhados e secos. Frequentemente formam uma sucessão de microdepressões e microelevações em áreas quase planas ou camalhões paralelos à direção das encostas.

Gleissolos: ordem do SiBCS (Embrapa, 2006) que reúne solos minerais com horizonte acinzentado por terem sofrido processos de gleização.

Gleização: condição de solo resultante de prolongada saturação com água e redução e que se manifesta em cores esverdeadas ou azuladas na matriz do solo ou em mosqueamentos.

Goethita: mineral bruno-amarelado do grupo dos óxidos de ferro (fórmula FeOOH). Ocorre em quase todos os solos e regiões climáticas, sendo responsável pelas cores amarela e amarelo-brunada de muitos solos e minerais intemperizados.

Grandes grupos: categoria dos sistemas de classificação americano e brasileiro de solos, cujas classes caracterizam-se por ter o mesmo tipo e sequência de horizontes (no sistema americano, além disso, têm regimes de temperatura e umidade semelhantes).

Graus de estrutura do solo: agrupamento ou classificação de estrutura do solo com base na coesão, adesão ou estabilidade entre e intra-agregados dentro do perfil do solo. São reconhecidos quatro graus de estrutura, designados como: *sem estrutura, fraca, moderada* e *forte*.

Grumos: agregados relativamente porosos, macios e arredondados com 1 mm a 5 mm de diâmetro. Ver **estruturas do solo**.

Hematita: mineral do grupo dos óxidos de ferro (fórmula Fe_2O_3), responsável pela coloração vermelha de muitos solos, devido ao seu alto poder pigmentante.

Herbicida: produto químico que mata ou inibe o crescimento das plantas. Destina-se ao controle de plantas daninhas.

Heterótrofo: organismo capaz de gerar energia para processos de vida apenas a partir da decomposição de compostos orgânicos, e incapaz de usar compostos inorgânicos como fonte única de energia ou de síntese orgânica.

Hidratação: união química entre um íon ou composto e uma ou mais moléculas de água. A reação é estimulada pela atração do íon ou composto por um hidrogênio ou um dos elétrons não compartilhados do oxigênio da água.

Hidrólise: reação com a água que divide a sua molécula em íons H^+ e OH^-. Moléculas ou átomos participantes em tais reações são chamados de *hidrolisados*.

Hidrônio: hidratação de um íon hidrogênio, na forma em que ele é normalmente encontrado em um sistema aquoso.

Hifas: filamentos de células fúngicas. Actinomicetos também produzem filamentos similares, porém mais finos.

Histosols: ordem do sistema americano de classificação de solos (USA, 1999) que reúne solos formados a partir de materiais ricos em matéria orgânica. Os *Histosols* essencialmente sem argila devem ter pelo menos 20% de matéria orgânica em peso (cerca de 78% em volume). Esse conteúdo mínimo de matéria orgânica deve aumentar para até 30% (85% em volume) em solos que têm, pelo menos, 60% de argila.

Horizonte (do solo): camada do solo, aproximadamente paralela à sua superfície, dotada de atributos gerados por processos de formação do solo, diferindo, em propriedades e características, das camadas adjacentes situadas abaixo ou acima dela. Ver **horizontes diagnósticos**.

Horizonte A: horizonte mineral mais superficial de um solo, que tem o maior acúmulo de matéria orgânica, máxima atividade biológica e/ou eluviações de materiais, como argilas silicatadas e óxidos de ferro e de alumínio.

Horizonte álbico: horizonte diagnóstico de subsuperfície do sistema de classificação americano de solos (USA, 1999), no qual os óxidos de ferro foram removidos a ponto de a cor do horizonte ser basicamente determinada pela coloração esbranquiçada da areia e do silte.

Horizonte B: horizonte do solo geralmente situado abaixo do horizonte A ou E, caracterizado por uma ou mais das seguintes opções: (1) concentração (isolada ou combinada) de argilas silicatadas, sais solúveis, óxidos de ferro e de alumínio e húmus; (2) estrutura com agregados prismáticos ou em blocos; e (3) revestimentos de óxidos de ferro e de alumínio que dão uma cor mais acentuada, escurecida ou avermelhada.

Horizonte C: horizonte mineral geralmente situado abaixo do *solum*, relativamente pouco afetado por pedogênese e atividade biológica e que carece de propriedades diagnósticas de um horizonte A ou B. Pode ou não ser idêntico ao material do qual presumivelmente o A e o B se formaram.

Horizonte câmbico: horizonte diagnóstico de subsuperfície do sistema de classificação americano de solos (USA, 1999), caracterizado por ter uma textura francoarenosa (com areia muito fina) ou mais argilosa; contém alguns minerais primários e caracteriza-se pela alteração ou remoção de material mineral. O horizonte câmbico não é cimentado ou endurecido e tem poucas evidências de iluviação para atender aos requisitos necessários para ser classificado como horizonte argílico ou espódico.

Horizonte E: horizonte caracterizado pela iluviação máxima (lessivagem ou desargilização) de argilas silicatadas e óxidos de ferro e alumínio; habitualmente ocorre acima do horizonte B e abaixo do horizonte A.

Horizonte espódico: horizonte diagnóstico de subsuperfície dos sistemas de classificação americano e brasileiro de classificação de solos (USA, 1999; Embrapa, 2006), caracterizado pelo acúmulo iluvial de materiais amorfos, compostos de alumínio e carbono orgânico, com ou sem ferro.

Horizonte gípsico: horizonte diagnóstico de subsuperfície do sistema de classificação americano de solos (USA, 1999), com enriquecimento secundário de sulfato de cálcio e com mais de 15 cm de espessura.

Horizonte iluvial: camada ou horizonte do solo na qual materiais de uma camada sobrejacente foram precipitados a partir de uma solução ou depositados de uma suspensão. É uma camada de acumulação.

Horizonte kândico: horizonte diagnóstico de subsuperfície do sistema americano de classificação de solos (USA, 1999) que tem um aumento significativo de argila em relação aos horizontes suprajacentes, nos quais as argilas têm baixa atividade.

Horizonte nátrico: horizonte diagnóstico de subsuperfície do sistema americano de classificação de solos (USA, 1999) que satisfaz os requisitos de um horizonte argílico, mas tem estrutura com agregados prismáticos, colunares ou em blocos e um sub-horizonte com saturação por sódio trocável maior que 15%.

Horizonte O: horizonte orgânico de solos minerais.

Horizonte óxico: horizonte diagnóstico de subsuperfície do sistema americano de classificação de solos (USA, 1999) com pelo menos 30 cm de espessura, caracterizado pela quase *ausência* de minerais primários intemperizáveis ou argilas do tipo 2:1 e pela *presença* de argilas 1:1 e minerais muito insolúveis, como a areia de quartzo e óxidos hidratados de ferro e alumínio. Também apresenta baixa capacidade de troca de cátions e pequena quantidade de bases trocáveis.

Horizonte petrocálcico: horizonte diagnóstico de subsuperfície do sistema americano de classificação de solos (USA, 1999), caracterizado por ser carbonático, endurecido e contínuo, cimentado por carbonato de cálcio e, em alguns lugares, por carbonato de magnésio. Quando seco, não pode ser penetrado por pá ou trado, e os fragmentos secos não são amolecidos pela água; é impenetrável por raízes.

Horizonte petrogípsico: horizonte diagnóstico de subsuperfície do sistema americano de classificação de solos (USA, 1999), gípsico, contínuo, maciço e fortemente cimentado por sulfato de cálcio. Pode ser fragmentado com uma pá quando seco. Seus fragmentos secos não amolecem em água e são impenetráveis por raízes.

Horizonte plácico: horizonte diagnóstico de subsuperfície do sistema americano de classificação de solos (USA, 1999), mineral, de coloração negra a vermelho-escura, normalmente de espessura fina, variando de 1 mm a 25 mm. Em geral, o horizonte plácico cimentado com ferro é de lenta permeabilidade ou mesmo impenetrável à água e às raízes.

Horizonte sálico: horizonte diagnóstico de subsuperfície do sistema americano de classificação de solos (USA, 1999), enriquecido com sais secundários mais solúveis em água fria do que o gesso. A espessura do horizonte sálico é superior a 15 cm.

Horizonte sômbrico: horizonte diagnóstico de subsuperfície do sistema americano de classificação de solos (USA, 1999) que contém húmus iluvial e apresenta uma baixa capacidade de troca de cátions e baixa porcentagem de saturação por bases. Em geral, restringe-se a solos frescos e úmidos de planaltos elevados e regiões montanhosas tropicais e subtropicais.

Horizonte sulfúrico: horizonte diagnóstico de subsuperfície do sistema americano de classificação de solos (USA, 1999), presente em solos minerais ou orgânicos que têm um pH menor que 3,5 e mosqueados com cores amareladas (chamado de *mosqueado de jarosita*). É formado pela oxidação de materiais ricos em sulfetos e é muito tóxico para as plantas.

Horizontes diagnósticos: horizontes com características específicas do solo, que são indicativas de determinadas classes de solos. No sistema americano de classificação de solos (USA, 1999), os que ocorrem na superfície do solo são chamados de *epipedons*, e aqueles situados abaixo dos *epipedons* são chamados de horizontes diagnósticos de subsuperfície.

Humificação: processo relacionado à decomposição da matéria orgânica, o qual leva à formação do húmus.

Humina: fração da matéria orgânica do solo que não é dissolvida, por ocasião de sua extração do solo com uma solução alcalina diluída.

Húmus: fração mais ou menos estável da matéria orgânica do solo remanescente dos resíduos vegetais e animais decompostos. Em geral, tem cor escura.

Ilita: (1) grupo de micas da fração argila que tem alto conteúdo de água interlamelar e conteúdo de potássio mais baixo que as verdadeiras micas; (2) argila silicatada que possui estrutura reticulada do tipo 2:1, em que grande parte do silício da lâmina tetraédrica foi substituída por alumínio, e dispõe de muito potássio no espaço entre as camadas, o que as retém unidas e impede a expansão desses espaços.

Iluviação: processo de deposição de materiais removidos de um horizonte do solo para outro, geralmente de um superior para um inferior do perfil. Ver **eluviação**.

Imobilização: conversão de um elemento da forma inorgânica para a orgânica nos tecidos microbianos ou vegetais, tornando o elemento não prontamente assimilável por outros organismos ou vegetais.

Impermeável: resistente à penetração pelos fluidos e pelas raízes.

Inceptisols: ordem do sistema americano de classificação de solos (USA, 1999) que reúne solos que, normalmente, são úmidos, com horizontes pedogenéticos de materiais originários alterados, mas não em consequência de iluviação. Geralmente, o percurso da formação do solo ainda não é evidente pelas marcas deixadas pelos diversos processos de formação do solo, ou tais marcas são ainda muito fracas para classificá-los em outra ordem.

Infiltração: adentramento da água no solo, de cima para baixo.

Intemperismo: todas as alterações físicas e químicas produzidas nas rochas, na superfície terrestre ou nas suas proximidades, por agentes atmosféricos.

Intemperismo físico: fragmentação de rochas e partículas minerais em partículas menores por forças físicas, como a ação do gelo. Ver também **intemperismo**.

Intemperismo químico: alteração química de rochas e minerais devida à presença de **água e outros componentes** ou a mudanças no potencial de oxirredução (redox).

Inundado: encharcado com água.

Íon: átomos ou grupos atômicos eletricamente carregados, em consequência da perda de elétrons (cátions) ou do ganho de elétrons (ânions).

Íons trocáveis: átomos ou grupos de átomos positiva ou negativamente carregados, que estão adsorvidos próximos à superfície de uma partícula sólida por atração de cargas elétricas de sinal contrário e que podem ser substituídos por outros íons eletricamente carregados existentes na solução do solo.

Ki: razão entre o teor de silício (expresso na forma de dióxido, SiO_2) e o de alumínio (expresso como Al_2O_3) nas argilas do solo. É usado como um índice de intemperismo – quanto menor seu valor, mais intemperizado o solo é. Ver também **relação sílica/alumínio**.

Kr: razão entre o teor de silício (expresso na forma de dióxido, SiO_2) e o de alumínio (expresso como Al_2O_3) mais o de ferro (expresso como Fe_2O_3) nas argilas do solo. É usado como um índice de intemperismo – quanto menor seu valor, mais intemperizado o solo é. Ver também **relação sílica/sesquióxidos**.

Ksat: condutividade hidráulica quando todos os poros do solo estão saturados com água. Ver também **condutividade hidráulica**.

Lâmina (em Mineralogia): arranjo plano com espessura de mais de um átomo, composto por um ou mais níveis de poliedros vinculados a uma coordenação. Uma lâmina é mais delgada do que uma camada. Alguns exemplos são: lâmina tetraédrica, lâmina octaédrica.

Lâmina octaédrica: estrutura das argilas silicatadas na qual cada uma das lâminas que serve como base consiste em um átomo central de coordenação do tipo seis (p. ex., Al, Mg ou Fe) rodeado por um grupo de seis hidroxilas que, por sua vez, estão ligadas a outros átomos metálicos que as rodeiam, servindo, portanto, como unidades de interligação que mantêm a lâmina unida.

Lâmina tetraédrica: lâminas de unidades estruturais horizontalmente vinculadas, em forma de tetraedro, e que servem como um dos componentes estruturais básicos das argilas silicatadas. Cada unidade consiste em um átomo central (p. ex., Si, Al ou Fe) cercado por quatro átomos de oxigênios que, por sua vez, estão vinculados a outros átomos nas proximidades (p. ex., Si, Al ou Fe), assim servindo como ligações para manter o conjunto da estrutura.

Laminar: tipo de agregado do solo que é desenvolvido predominantemente ao longo dos eixos horizontais.

Laterita: camada de solo ou rocha rica em óxidos de ferro e alumínio, que pode se apresentar endurecida (petroplintita) ou macia (plintita). Quando macia e subsuperficial, se exposta e submetida à secagem, torna-se irreversivelmente muito dura (não amolece) quando molhada. Ver também **plintita** e **petroplintita**.

Latossolos: ordem do SiBCS (Embrapa, 2006) que reúne solos bem drenados sem horizonte subsuperficial de acúmulo de argila, com acumulações residuais de óxidos livres, argilas de baixa atividade e quartzo.

Leguminosa: planta da família *Leguminosae* que produz vagens, uma das plantas mais importantes e amplamente distribuídas. Quase todas as leguminosas estão associadas a organismos que fixam nitrogênio.

Lei de Liebig: segundo essa lei, o crescimento e a reprodução de um organismo são determinados pela substância nutritiva (dióxido de carbono, cálcio, potássio etc.) que está disponível em menor quantidade em relação às suas necessidades orgânicas.

Lençol freático: parte superior da água subterrânea ou nível abaixo do qual está o solo saturado com água.

Lençol freático suspenso: superfície de uma zona do solo localmente saturada com água acima de uma camada estratificada impermeável, geralmente argilosa, e separada do corpo principal de água subterrânea por uma zona não saturada.

Levantamento de solos: exame, descrição, classificação e mapeamento sistemático dos solos de determinada área. Os levantamentos de solos são classificados de acordo com o tipo e a intensidade do exame do solo no campo.

Ligação de hidrogênio: interação de energia relativamente baixa entre átomos de hidrogênio situados entre dois átomos altamente eletronegativos, como nitrogênio ou oxigênio.

Limite de Atterberg: medidas relativas ao conteúdo de água para materiais do solo que passam por uma peneira de abertura de malha de 2 mm, especificados a seguir.

Limite de contração (LC): teor de água acima do qual haverá uma expansão do volume da massa do solo. Abaixo desse teor, não haverá mais a contração.

Limite de liquidez (LL): teor de água correspondente ao limite arbitrário entre os estados líquido e plástico da consistência de um solo.

Limite de plasticidade (LP): teor de água correspondente ao limite arbitrário entre os estados plástico e semissólido.

Liquens: organismos simbióticos formados através da associação de uma cianobactéria (alga azul) e um fungo, e que colonizam rochas e minerais desnudos. Os fungos fornecem água e nutrientes, e as cianobactérias, o nitrogênio por elas fixado e os carboidratos obtidos pela fotossíntese.

Lisímetro: dispositivo destinado a captar a solução do solo e medir as perdas por percolação (lixiviação) e por evapotranspiração de uma coluna de solo, sob condições controladas.

Litossequência: grupo de solos relacionados que diferem uns dos outros em certas propriedades básicas, como resultado do material de origem, considerado como um dos fatores de formação do solo.

Lixiviação: remoção de materiais do solo em solução por percolação das águas. Ver também **eluviação**.

Lodo de esgoto: sólidos que foram removidos do esgoto por peneiramento, sedimentação, precipitação química ou digestão bacteriana. Também chamados de *biossólidos*, se obedecidas certas normas de qualidade.

Luvissolos: ordem do SiBCS (Embrapa, 2006), que reúne solos bem drenados com horizontes de subsuperfície de acumulações de argila iluvial de atividade alta e com alta saturação por bases abaixo de qualquer horizonte A, exceto o A chernozêmico.

Macronutriente: elemento químico essencial para o desenvolvimento das plantas, encontrado em quantidade relativamente grande – normalmente, 50 mg/kg da matéria seca. Inclui C, H, O, N, P, K, Ca, Mg e S. Ressalta-se que *macro* se refere à quantidade, e não à essencialidade do elemento. Ver também **micronutriente**.

Macroporos: maiores poros do solo, geralmente com diâmetro superior a 0,06 mm, nos quais a água pode ser facilmente drenada pela gravidade.

Maghemita (Fe_2O_3): mineral magnético de óxido de ferro marrom-avermelhado-escuro quimicamente semelhante à hematita, mas estruturalmente semelhante à magnetita. Encontrado frequentemente em solos bem drenados e altamente intemperizados de regiões tropicais.

Manejo do solo: soma total de todas as operações de preparo para plantio, práticas culturais, adubações, calagem e outros tratamentos conduzidos ou aplicados a um solo, visando a produção vegetal.

Mapa de solos: carta em que é mostrada a distribuição dos tipos de solo ou de outras unidades de mapeamento de solo em relação aos aspectos culturais e físicos da superfície das terras.

Matéria orgânica ativa: porção da matéria orgânica do solo que é facilmente metabolizada por micro-organismos e por ciclos de meia-vida no solo, os quais variam de poucos dias a poucos anos.

Matéria orgânica do solo: fração orgânica do solo que inclui resíduos vegetais e animais em diversos estágios de decomposição, células e tecidos dos organismos do solo e substâncias sintetizadas pela população do solo. Em geral, é determinada como o montante de matéria orgânica contida em uma amostra de solo passada através da peneira com abertura de malha de 2 mm.

Matéria orgânica particulada: fração microbiologicamente ativa de matéria orgânica do solo, em grande parte constituída por pequenas partículas de tecidos vegetais parcialmente decompostas.

Materiais orgânicos do solo: conforme usado no sistema americano de classificação de solos (USA, 1999): (1) material saturado com água por períodos prolongados, a menos que seja artificialmente drenado e que tenha, pelo menos, 18% de carbono orgânico (por peso), se a fração mineral contiver mais de 60% de argila, ou 12% de carbono orgânico, se a fração mineral não incluir argila, ou, ainda, entre 12% e 18% de carbono orgânico, se o conteúdo de argila da fração mineral situar-se entre 0 e 60%; (2) material que nunca fica saturado com água por período que exceda poucos dias e possui mais de 20% de carbono orgânico. Existem três tipos de materiais orgânicos: fíbricos, hêmicos e sápricos.

Materiais fíbricos: contêm quantidades muito elevadas de fibras bem reservadas e de origem botânica rapidamente identificável, e apresentam densidade muito baixa.

Materiais hêmicos: materiais orgânicos com grau de decomposição intermediário, situando-se entre os fíbricos (menos decompostos) e os sápricos (mais decompostos).

Materiais sápricos: os mais decompostos de todos os materiais orgânicos do solo, tendo as maiores densidades, as menores quantidades de fibras bem-preservadas e as maiores quantidades de material orgânico decomposto.

Material amorfo: constituintes não cristalinos dos solos.

Material de origem: material mineral ou orgânico não consolidado e submetido a intemperismo químico mais ou menos pronunciado, do qual se desenvolve o *solum* dos solos, por processos pedogenéticos.

Matiz: (1) uma das três propriedades da cor que nos permite classificar e distinguir uma cor de outra, por termos como vermelho, amarelo e azul; (2) denominação relativa à gradação cromática (arco-íris) da luz que atinge os olhos.

Mesofauna: animais de tamanho médio, entre aproximadamente 2,0 mm e 0,2 mm de diâmetro.

Metais pesados: metais que têm densidade igual ou superior a 5,0 mg/m. Nos solos, incluem os elementos: Cd, Co, Cr, Cu, Fe, Hg, Mn, Mo, Pb e Zn.

Mica de granulação fina: ver **ilita**.

Micas: minerais aluminossilicatados primários nos quais duas lâminas tetraédricas de sílica alternam-se com uma lâmina octaédrica de alumina. Separam-se facilmente em lâminas ou placas muito finas.

Micela: partícula de dimensões coloidais que existe em equilíbrio com as moléculas ou íons em solução a partir da qual é formada.

Micélio: massa fibrosa de hifas de fungos ou actinomicetos.

Micorriza: associação, normalmente simbiótica, de fungos com as raízes das plantas superiores.

Microflora: vegetais que consistem em indivíduos demasiadamente pequenos para serem claramente identificados sem auxílio do microscópio. Inclui actinomicetos, algas, bactérias e fungos.

Micronutriente: elemento necessário apenas em quantidades muitíssimo pequenas (50 mg/kg a 100 mg/kg na planta) para o crescimento vegetal. São exemplos: B, Cl, Cu, Fe, Mn e Zn. Ressalta-se que *micro* refere-se mais ao montante utilizado do que à sua essencialidade. Ver também **macronutriente**.

Microporos: poros do solo relativamente pequenos e de diâmetro inferior a 0,06 mm, geralmente encontrados nos agregados estruturais. Contrasta com **macroporos**.

Microrrelevo: diferenças locais de escala reduzida no relevo, inclusive montículos, baixadas e depressões com pouco mais de um metro de diâmetro, com diferenças de elevação inferiores a 2 m. Ver também *gilgai*.

Minerais de baixo grau de cristalinidade: minerais, como alofanas, cuja configuração estrutural consiste em pequenos espaços com estrutura cristalina bem-ordenada, intercalados com outros espaços de materiais amorfos (não cristalinos).

Mineral: (1) sólido homogêneo de ocorrência natural, formado inorganicamente, com uma composição química definida e um arranjo atômico ordenado; (2) adjetivo que significa inorgânico.

Mineral da argila: ocorrência natural de material inorgânico (em geral cristalino) encontrado nos solos e em outros depósitos terrosos; as partículas apresentam-se com tamanho da argila, isto é, 0,002 mm de diâmetro.

Mineral primário: mineral quimicamente não modificado desde a sua deposição e a cristalização do magma líquido.

Mineral secundário: mineral resultante da decomposição de mineral primário ou da reprecipitação dos produtos de decomposição de um mineral primário. Ver também **mineral primário**.

Mineralização: conversão de um elemento da forma orgânica para um estado inorgânico, como resultado da decomposição microbiana.

Minhocas: animais da família *Lumbricidae* que escavam e vivem no solo. Eles misturam os resíduos vegetais no solo e melhoram a sua aeração.

***Mollisols*:** ordem do sistema americano de classificação de solos (USA, 1999), que reúne solos com horizonte superficial ricos em matéria orgânica de coloração quase preta e com alto teor de bases. Eles possuem *epipedons* mólicos e saturação por bases superior a 50% em qualquer horizonte câmbico ou argílico. Eles não têm as características do *Vertisols* e não podem ter horizonte óxico ou espódico.

Monólito de solo: seção vertical de um perfil de solo removido de seu local de origem e montado para exibição ou estudo.

Montmorillonita: silicato de alumínio do grupo das esmectitas com uma estrutura de camadas 2:1 composta por duas lâminas tetraédricas de sílica e uma lâmina octaédrica de alumínio e magnésio. A montmorillonita tem cargas negativas permanentes que atraem cátions nos espaços interlaminares, os quais têm vários graus de hidratação, provocando, assim, a expansão e contração da estrutura.

Morfologia do solo: estudo da aparência de um corpo de solo, principalmente do seu perfil, considerando atributos como espessura, arranjo dos horizontes, cor, textura ao tato, estrutura, consistência e porosidade de cada horizonte.

Mosqueados: pontos ou manchas de cor ou tonalidade diferente intercalados com a cor dominante da matriz do solo.

Nematoides: vermes muito pequenos e não segmentados (a maioria é microscópica). São abundantes nos solos, onde executam várias funções importantes. Alguns são parasitas de plantas e, portanto, considerados pragas.

Nitrificação: oxidação bioquímica da amônia para nitratos de amônia, realizada predominantemente por bactérias autotróficas.

Níveis tróficos: níveis, em uma cadeia alimentar, que passam energia e nutrientes de um grupo de organismos para outro.

Nitossolos: ordem do SiBCS (Embrapa, 2006) que reúne solos argilosos de coloração avermelhada ou amarronzada, com argilas de baixa atividade, apresentando agregados com faces nítidas.

Neossolos: ordem do SiBCS (Embrapa, 2006) que reúne solos pouco desenvolvidos que não têm um horizonte pedogenético diagnóstico de subsuperfície.

Nódulos da raiz: entumecimentos que crescem nas raízes. Frequentemente, são causados pela interferência de micro-organismos simbióticos.

Nutrientes de plantas: ver **elemento essencial**.

Nutrientes disponíveis: porção de qualquer elemento ou composto do solo que pode ser facilmente absorvida e assimilada pelas plantas em crescimento.

Nutrientes minerais: elementos, na forma inorgânica, usados por plantas ou animais.

Oligotrófico: caracteriza um ambiente, como solos ou lagos, que é pobre em nutrientes.

Ordem do solo: categoria do mais alto nível de generalização do sistema americano (USA, 1999) e do sistema brasileiro (Embrapa, 2006) de classificação de solos. As propriedades selecionadas para distinguir as ordens são definidas de acordo com o grau de desenvolvimento e os tipos de horizontes diagnósticos presentes.

Organismos autóctones: micro-organismos que subsistem à matéria orgânica do solo mais resistente e são pouco afetados pela adição de novos materiais orgânicos frescos.

Organismos facultativos: organismos capazes de ter metabolismo tanto aeróbico como anaeróbico.

Organismos termofílicos: organismos que crescem rapidamente na presença de temperaturas acima de 45 °C.

Organossolo: ordem do SiBCS (Embrapa, 2006) que reúne solos formados a partir de materiais ricos em matéria orgânica (como turfeiras). Devem ter pelo menos 80 g/kg de carbono orgânico e 60 cm de espessura.

Ortstein: camada endurecida no horizonte B dos *Spodosols*, cujo agente cimentante consiste em materiais iluviados do tipo sesquióxidos (principalmente de ferro) e matéria orgânica.

Oxidação: perda de elétrons por uma substância; portanto, há um ganho na carga de valência positiva e, em alguns casos, a combinação química com gás oxigênio.

Oxisols: ordem do sistema americano de classificação de solos (USA, 1999) que reúne solos com acumulações residuais de argilas de baixa atividade, óxidos livres, caulinita e quartzo. A maioria situa-se em regiões de climas tropicais.

Pã: camada de solo endurecida, na parte inferior do horizonte A ou no horizonte B, causada por cimentação de partículas do solo com matéria orgânica ou outros materiais como sílica, sesquióxidos ou carbonato de cálcio. A dureza não é afetada pelo conteúdo de água, e fragmentos da camada endurecida não se desfazem quando mergulhados em água. Ver também **caliche** e **argipã**.

Pã induzido: camada subsuperficial do solo com uma maior densidade e baixa porosidade total em relação às camadas acima ou abaixo dela, como resultado da pressão aplicada pela aração normal e outras operações de cultivo.

Pântano: área de terra que é geralmente úmida ou submersa por uma delgada camada de água doce e normalmente suporta árvores e arbustos hidrofílicos.

Pavimento desértico: concentração residual natural de seixos, pedras e outros fragmentos de rocha em uma superfície desértica onde a ação do vento e da água removeu todas as partículas menores.

ped: unidade de estrutura do solo, como um agregado na forma de conjunto de grumos, colunas, prismas, blocos ou grânulos, formado por processos naturais (em contraste com um *torrão*, que é formado artificialmente).

Pedologia: ramo do conhecimento que estuda os solos em seu ambiente natural, ocupando-se com a formação, morfologia, classificação e mapeamento dos corpos do solo, considerados como componentes das paisagens terrestres.

Pedon: menor volume daquilo que pode ser chamado de *um solo*, tendo três dimensões. Estende-se para baixo em direção à profundidade das raízes das plantas ou para o limite inferior dos horizontes genéticos do solo. Sua seção transversal lateral é aproximadamente hexagonal e varia de 1 m² a 10 m² em tamanho, dependendo da variabilidade dos horizontes.

Pedosfera: camada mais externa da Terra, composta do solo e sujeita a processos pedogenéticos. Designa o conjunto dos solos a nível mundial. Seu conceito é semelhante àquele da atmosfera ou da biosfera.

Pedoturbação: processo biológico e físico de ciclagem do material do solo, homogeneizando-o em graus variados por forças como escavação de animais (pedoturbação faunal) ou congelamento e descongelamento (crioturbação).

Percolação da água no solo: movimentação descendente da água através do solo, sobretudo o fluxo descendente em solos saturados ou quase saturados com gradientes hidráulicos da ordem de 1 ou menores.

Perfil do solo: seção vertical do solo através de todos os seus horizontes, estendendo-se da superfície até o material de origem. É um corte do solo, à semelhança de um corte histológico ou de uma seção petrográfica; por isso, permite apenas uma abordagem limitada, pois só possui duas dimensões, enquanto o solo é um corpo tridimensional.

Pergelissolo: ver *permafrost*.

Permafrost: (1) material permanentemente congelado subjacente ao *solum*; (2) horizonte de solo permanentemente congelado.

Permeabilidade do solo: facilidade com que gases, líquidos ou raízes de plantas penetram ou passam por um horizonte ou uma camada de solo.

Petroplintita: material possivelmente proveniente da plintita, o qual, devido à atuação de repetidos ciclos de umedecimento e secagem, sofreu consolidação de forma irreversível, originando concreções ferruginosas de dimensões e formas variadas, individualizadas ou em aglomerados, podendo até mesmo configurar camadas ou couraças maciças, contínuas e de espessura variável.

pH do solo: logaritmo negativo da atividade (concentração) do íon hidrogênio da solução do solo. O grau de acidez ou de alcalinidade de um solo é determinado por meio de um eletrodo ou, também, indiretamente, pela adição de um indicador de pH na solução em análise – a cor do indicador varia conforme o pH da solução.

Planejamento do uso da terra: desenvolvimento de planos para a utilização da terra, que, por período prolongado, melhor atenderão às relações custo-benefício e às práticas de conservação do solo; métodos e processos, normalmente usando mapas de solos, são formulados para atingir tais finalidades.

Planície de inundação: terras que contornam um curso d'água formadas por sedimentos trazidos e depositados pelos fluxos de inundações. Às vezes, são chamadas de *várzeas* ou *baixios*.

Planossolo: ordem do SiBCS (Embrapa, 2006) que reúne solos imperfeitamente ou mal drenados com horizonte eluvial, o qual contrasta com horizonte B, com acentuada concentração de argila e permeabilidade lenta.

Plantio direto: ver **preparo conservacionista**.

Plantio em cobertura morta: ver **preparo conservacionista**.

Plantio sem aração: ver **preparo conservacionista**.

Plintita: mistura de sesquióxidos de ferro e de alumínio com quartzo e outros diluentes, a qual ocorre sob a forma de aglomerados vermelhos que endurecem irreversivelmente pelo processo de umedecimento e secagem.

Plintossolo: ordem do SiBCS (Embrapa, 2006) que reúne solos com altos teores de plintita ou petroplintita.

Poeira aerossólica: material eólico muito fino (cerca de 1 mm a 10 mm) que pode permanecer suspenso no ar por distâncias de milhares de quilômetros. É mais fina do que a maioria dos materiais do tipo *loess*.

pOH: índice utilizado para medir a concentração de íons OH^-, ou a alcalinidade de uma solução.

Polipedon: conforme usado no sistema americano de classificação de solos (USA, 1999): dois ou mais *pedons* contíguos, todos estando dentro dos limites definidos de uma única série de solo; é comumente referido como um *indivíduo solo*.

Ponto de carga zero: valor de pH de uma solução em equilíbrio com uma partícula cuja carga líquida, de todas as fontes, é zero (pode ser indicada quando o pH em água for igual ao pH em KCl).

Ponto de murcha: conteúdo de umidade do solo, com base na secagem em estufa, em que os vegetais murcham e não recobram sua turgidez quando recolocados em atmosfera úmida e escura.

Porcentagem de saturação por água: teor de água em uma pasta de solo saturada, expressa como uma porcentagem de massa em peso seco.

Porcentagem de saturação por alumínio: medida em que o complexo de adsorção de um solo está saturado com alumínio trocável. É expressa como a porcentagem da capacidade efetiva de troca de cátions.

Porcentagem de saturação por bases: medida em que o complexo de adsorção de um solo está saturado com cátions trocáveis que não o hidrogênio e o alumínio. É expressa como a porcentagem da capacidade total de troca de cátions. Ver **saturação por cátions não ácidos**.

Porcentagem de saturação por sódio: medida na qual o complexo de adsorção de um solo está saturado por sódio. É expressa pela fórmula: PSS = (sódio trocável/capacidade de troca) × 1.000.

Porosidade de aeração: proporção do volume em massa de solo preenchido com o ar a qualquer momento ou sob uma determinada condição, por exemplo, uma umidade potencial especificada. Geralmente equivale aos macroporos.

Porosidade do solo: porcentagem do volume total dos solos não ocupados por partículas sólidas.

Potencial de oxidação-redução: ver **Eh**.

Potencial total da água no solo: medida da diferença entre o estado de energia livre de água do solo e o da água pura. Representa o trabalho realizado quando uma quantidade de água em estado padrão é levada para o estado considerado no solo. Pode ser constituído de vários componentes: potenciais *gravitacional, mátrico* e *osmótico*.

Potencial gravitacional: porção do potencial total da água do solo, isto é, a diferença das elevações do nível da água de referência e da água do solo. Uma vez que a elevação da água do solo geralmente é escolhida por ser maior do que a da água do nível de referência, o potencial gravitacional é geralmente positivo.

Potencial matricial: parcela do potencial total de água do solo resultante das forças de atração entre a água e os sólidos do solo, como representado por meio da adsorção e da capilaridade. Seus valores são sempre negativos.

Potencial osmótico: parcela do potencial total de água do solo resultante da presença de solutos na água. Em geral, é negativo.

Potencial redox: potencial elétrico de um sistema, devido à tendência das substâncias em perder ou ganhar elétrons. É medido em volts ou milivolts.

Pousio: área de cultivo em estado ocioso a fim de restaurar a produtividade, principalmente por meio do acúmulo de matéria orgânica, água e nutrientes. O *pousio melhorado* envolve o uso proposital de espécies de plantas capazes de restaurar a produtividade do solo mais rapidamente do que uma sucessão de vegetais naturais.

Precipitação efetiva: parte da precipitação total que se torna disponível para o crescimento das plantas ou para a formação do solo.

Preparo conservacionista: qualquer sequência de operações de preparo do solo e plantio que reduz a perda de solo ou água em relação ao plantio convencional. Geralmente, deixa pelo menos 30% da superfície do solo cobertas por resíduos, nos sistemas de **plantio direto (na palha).**

Preparo conservacionista do solo: manipulação mecânica dos solos para qualquer finalidade; na agricultura, é normalmente restrito à modificação das condições do solo para a produção vegetal.

Plantio direto (na palha): processo no qual a cultura é plantada diretamente no solo, sem que ele tenha sido arado desde o plantio anteriormente efetuado.

Plantio em faixas: plantação feita em faixas estreitas, deixando o restante do solo superficial sem ser revolvido.

Preparo mínimo do solo: mínimo revolvimento do solo, apenas o necessário para a produção vegetal ou para as exigências de plantio nas condições desejadas.

Propriedades físicas do solo: características, processos ou reações de um solo causados por forças físicas; podem ser descritos ou expressos em termos físicos ou por meio de equações. Exemplos de propriedades físicas são: densidade aparente, capacidade de retenção de água, condutividade hidráulica, porosidade, distribuição de tamanho de poros etc.

Proteína: qualquer integrante do grupo de compostos que contenha nitrogênio, produza aminoácidos mediante hidrólise e possua elevados pesos moleculares. As proteínas são parte essencial da matéria viva, assim como substâncias essenciais à alimentação animal.

Protonação: anexação de prótons (íons H^+) para expor grupos OH^- na superfície das partículas do solo, resultando em uma carga líquida positiva na superfície das partículas.

Protozoários: organismos eucariontes unicelulares, como as amebas.

Qualidade do solo: capacidade específica de um tipo de solo para uma determinada função dentro dos limites do ecossistema natural ou manejado: sustentar cultivo e produtividade animal; manter ou melhorar a água e a qualidade do ar; servir como base para a habitação e a saúde das pessoas.

Quebra-vento: barreira perpendicular à direção predominante dos ventos, feita com o plantio de árvores, arbustos ou outro tipo de vegetação, com a finalidade de proteger solos, culturas, povoados etc. da ação do vento.

Quelação: complexação de íons, usualmente metálicos, dentro de uma estrutura em forma de anel de um composto orgânico.

Quelatos: composto químico em que um íon metálico está firmemente ligado a uma molécula.

R-Estrategista: organismos oportunistas com tempos de reprodução curtos, os quais respondem rapidamente à presença de fontes de alimento facilmente metabolizado. Contrasta com **k-estrategista.**

Reação do solo: grau de acidez ou alcalinidade de um solo, geralmente expresso como um valor de pH ou por termos, como extremamente ácido para valores de pH < 4,5 até muito fortemente alcalino para valores de pH > 9,0.

Redução: ganho de elétrons e, portanto, perda de carga de valência positiva por uma substância ou um átomo. Em alguns casos, uma perda de oxigênio ou um ganho de hidrogênio também estão envolvidos.

Regolito: manto não consolidado de rochas intemperizadas e solo da superfície da terra; materiais de terra solta acima da rocha sólida.

Relação carbono/nitrogênio (C/N): razão entre o peso de carbono orgânico (C) e o peso de nitrogênio total (N) em um solo ou em um material orgânico.

Relação sílica/alumínio: razão entre o teor de silício (expresso na forma de dióxido, SiO_2) e o de alumínio (expresso como Al_2O_3) nas argilas do solo. Conhecida como **índice Ki**.

Relação sílica/sesquióxidos: razão entre as moléculas de dióxido de silício (SiO_2) e as moléculas de óxido de alumínio (Al_2O_3) mais as de óxido férrico (Fe_2O_3) nas argilas do solo. Conhecida como **índice Kr**.

Relevo: (1) conjunto de formas da superfície terrestre que evoluíram sob diferentes forças endogenéticas (por exemplo, o clima); (2) diferença relativa de elevação entre as cimeiras de montanhas, morros ou colinas e as baixadas ou vales de uma dada região.

Resiliência: capacidade de um solo (ou outro ecossistema) de retornar a seu estado original após uma perturbação.

Rizosfera: porção do solo na vizinhança imediata da raiz do vegetal, em que a abundância e a composição da população microbiana são influenciadas pela presença das raízes.

Rocha: agregado de um ou mais minerais e/ou restos orgânicos, consolidado ou não, que forma a parte essencial da crosta terrestre.

Rocha ígnea: rocha formada a partir do resfriamento e da solidificação do magma não alterado significativamente desde a sua formação.

Rocha metamórfica: rocha que foi grandemente alterada de sua condição anterior por meio da ação combinada de calor e pressão. Por exemplo, o mármore é uma rocha metamórfica a partir de calcário; o gnaisse, a partir do granito; e a ardósia, a partir do folhelho.

Rocha sedimentar: rocha formada a partir de materiais em suspensão, depositados ou precipitados de uma solução, sendo geralmente mais ou menos consolidada. As principais rochas sedimentares são arenito, xisto, calcário e conglomerados.

Rotação de culturas: sequência planejada de crescimento de culturas na mesma área de terra, em contraste à cultura contínua de uma espécie ou cultivos diferentes em ordem aleatória.

Salinidade do solo: quantidade de sais solúveis em um solo, expressa em termos de porcentagem, miligramas por quilograma, partes por milhão (ppm) ou outras relações convenientes.

Salinização: processo de acúmulo de sais no solo.

Sapata, subsolador: equipamento de preparo do solo ao qual estão anexadas fortes lâminas, usadas para quebrar ou afrouxar as camadas compactadas, geralmente nos horizontes subsuperficiais, a uma profundidade abaixo da qual o arado normalmente não atinge. Ver também **subsolagem**.

Saprófito: organismo que vive em matéria orgânica morta.

Saprólito: substrato intemperizado ainda com algumas características da rocha em processo de formação do solo, encontrado a partir de certa profundidade. Pode ser cavado com uma pá.

Saturação por bases: proporção ou porcentagem em que os pontos de troca de cátions estão ocupados por cátions não ácidos.

Savana: prados com árvores dispersas, individuais ou em grupos. Muitas vezes, é um tipo transitório entre o verdadeiro prado e a floresta.

Sedimento: partículas ou agregados derivados de solos, rochas ou materiais biológicos, transportados e depositados.

Sedimento eólico: material transportado e depositado pelo vento; consiste principalmente em partículas de silte.

Seixos: fragmentos arredondados ou parcialmente arredondados de rochas ou minerais, com diâmetro entre 7,5 cm e 25 cm.

Semiárido: termo aplicado a regiões ou climas onde a umidade é mais abundante do que nas regiões áridas, mas ainda definitivamente limita o crescimento da maioria das plantas cultivadas.

Separados do solo: um dos grupos de tamanho individual de partículas minerais do solo: areia, silte e argila.

Série de solo: subdivisão de uma família no sistema americano de classificação de solos (USA, 1999). Consiste em solos que apresentam semelhanças em todas as principais características do perfil, no que diz respeito a seu uso e manejo.

Serrapilheira: camada mais superficial de material orgânico do solo de uma mata, consistindo de folhas, caules, ramos, cascas, frutas e galhos mortos, em diferentes estágios de decomposição.

Sílex: forma de sílica criptocristalina, que se quebra em fragmentos angulares e cortantes.

Silte: (1) fração do solo constituída por partículas com diâmetro equivalente entre 0,05 mm e 0,002 mm; (2) classe textural do solo.

Simbiose: dois organismos diferentes vivendo juntos em associação íntima, sendo a coabitação mutuamente benéfica.

Sinergismo: (1) associação não obrigatória e mutuamente benéfica entre organismos. Ambas as populações podem sobreviver em seu ambiente natural por conta própria, apesar de, quando formada, a associação oferecer vantagens mútuas. (2) Ações simultâneas de dois ou mais elementos que têm um efeito total maior quando juntos do que a soma dos seus efeitos individuais.

Sistema de cores Munsell: sistema designativo de cores que especifica a gradação relativa em face de suas três variáveis: croma, matiz e valor.

Sistema de informação geográfica (SIG): método de sobreposição, que analisa e integra estatisticamente grandes volumes de dados espaciais de diferentes tipos. Os dados são referenciados utilizando-se coordenadas geográficas ou planas (UTM), codificadas de forma a se adequarem ao manuseio pelo computador.

Slickenside: superfícies polidas e estriadas que são produzidas por uma massa de solo que desliza sobre outra.

Solo: (1) a(s) camada(s) de material mineral e/ou orgânico geralmente solto que é afetada por processos físicos, químicos e/ou biológicos perto da superfície planetária, e que geralmente retém líquidos, gases e biota e suporta plantas. (2) Conjunto de corpos naturais que ocupa partes da superfície da Terra, capaz de sustentar as plantas; suas propriedades resultam dos efeitos integrados do clima e de organismos vivos que agem sobre o material de origem, condicionado pelo relevo em períodos de tempo.

Solo ácido: solo com um valor de pH menor que 7,0. Geralmente refere-se à camada mais superficial ou zona de maior enraizamento, mas pode ser usado para caracterizar qualquer horizonte. Ver também **reação do solo**.

Solo ácido-sulfatado: solo potencialmente muito ácido (pH > 3,5) por causa da presença de quantidades elevadas de formas reduzidas de enxofre (sulfetos), que podem ser transformadas em ácido sulfúrico quando expostas ao oxigênio, devido à drenagem. Um horizonte sulfúrico contendo o mineral jarosita, de cor amarela, está frequentemente presente.

Solo alcalino: qualquer solo com pH > 7. Geralmente refere-se à camada ou zona de superfície ou raiz, mas pode ser usado para caracterizar qualquer horizonte ou uma amostra dele. Ver também **reação do solo**.

Solo calcário: solo contendo carbonato de cálcio (muitas vezes com carbonato de magnésio) suficiente para se efervescer visivelmente, quando tratado com ácido clorídrico 0,1 N a frio.

Solo colapsível: solos que, quando submetidos a acréscimos de umidade e/ou tensão, sofrem rearranjo brusco da sua estrutura, com consequente redução do seu volume.

Solo enterrado: solo coberto por um depósito aluvial ou eólico de *loess*, geralmente a uma profundidade maior que a espessura do *solum*.

Solo expansível: solo que sofre significativa alteração de volume após umedecimento e secagem, geralmente por causa do elevado teor de argilas com minerais expansíveis.

Solo imaturo: solo com horizontes apenas ligeiramente desenvolvidos, indistintos, por causa do tempo relativamente curto no qual ele foi submetido aos vários processos de formação de solo. Um solo que não atingiu o equilíbrio com o meio ambiente.

Solo maduro: solo com horizontes bem desenvolvidos pelos processos naturais de formação do solo, estando em equilíbrio com o seu ambiente.

Solo mineral: solo constituído predominantemente de matéria mineral ou que tem suas propriedades determinadas principalmente por materiais minerais. Geralmente contém menos de 20% de matéria orgânica; no entanto, pode conter uma camada superficial orgânica de até 30 cm de espessura.

Solo neutro: solo no qual a camada superficial, pelo menos até a profundidade normal da aração, não tem reação nem ácida nem alcalina. Na prática, isso significa que o solo está com um intervalo de pH entre 6,6 e 7,3. Ver também **solo ácido**, **solo alcalino**, **pH** e **reação do solo**.

Solo orgânico: aquele no qual mais da metade da espessura do perfil é composta por materiais orgânicos de solo.

Solo pesado (obsoleto): solo com elevado teor de argila e difícil de ser preparado para cultivos.

Solo plástico: solo que pode ser moldado ou deformado de forma contínua e permanente, sob diversas formas, por pressão relativamente moderada. Ver também **consistência**.

Solo salino: solo não sódico que contém sais solúveis suficientes para prejudicar a sua produtividade. A condutividade de um extrato saturado é maior que 4 dS/m; a proporção de adsorção de sódio passível de troca é inferior a 13, e o pH é maior que 8,5.

Solo salino sódico: solo que contém sódio trocável suficiente para interferir no crescimento da maioria das plantas cultivadas, além de também conter quantidades apreciáveis de sais solúveis. A relação de adsorção de sódio trocável é maior que 13, a condutividade do extrato de saturação é maior que 4 dS/m (a 25 °C) e o pH é geralmente 8,5 ou menos, no solo saturado com água.

Solo seco em estufa: material de solo que tenha sido seco a 105 °C até atingir um peso constante.

Solo sódico: aquele que contém sódio suficiente para interferir no crescimento da maioria das plantas cultivadas e no qual a taxa de adsorção de sódio é igual ou maior que 13.

Solo superficial: parte superior do solo utilizada para o cultivo (ou o seu equivalente em solos não cultivados). Varia, em profundidade, de 7 cm a 25 cm. É frequentemente designado como a *camada arável* ou *horizonte Ap*.

Solo virgem: solo em sua condição natural, não modificado pelo homem.

Solos hidromórficos: solos que permanecem saturados com água por períodos tão longos que induzem condições de redução e afetam o crescimento das plantas.

Solução do solo: fase líquida aquosa do solo e seus solutos, consistindo em íons dissociados das superfícies das partículas de solo e de outros materiais solúveis.

***Solum* (pl. *sola*):** parte superior e mais intemperizada do perfil de solo; constitui os horizontes A, E e B.

***Spodosols*:** ordem do sistema americano de classificação de solos (USA, 1999) que reúne solos com horizonte subsuperficial de acumulações iluviais de matéria orgânica, compostos de alumínio e, frequentemente, de ferro. Esses solos são formados por materiais ácidos, normalmente de textura grosseira, principalmente em climas úmidos, na maioria das vezes frio ou temperado.

Subgrupo de solo: no sistema de classificação americano de solos (USA, 1999), é a subdivisão dos grandes grupos em subgrupos centrais conceituais que exibem propriedades típicas dos grandes grupos, em subgrupos transicionais que apresentam propriedades de mais de um grande grupo e em outros subgrupos para solos de propriedades atípicas que não são características de quaisquer dos grandes grupos.

Subordem de solo: categoria do sistema americano de classificação de solos (USA, 1999) baseada em regimes de temperatura e umidade do solo, tipos e composição dos horizontes, de acordo com os de maior importância.

Subsolagem: ruptura de uma camada subsuperficial do solo, compactada, sem invertê-la, com um instrumento especial (cinzel) que é tracionado através do solo em profundidades geralmente entre 30 cm e 60 cm e espaçamentos de 1 m a 2 m.

Substâncias húmicas: série de substâncias orgânicas complexas de elevado peso molecular e de coloração marrom a preta, as quais compõem de 60% a 80% da matéria orgânica do solo e geralmente são bastante resistentes aos ataques microbianos.

Substituição isomórfica: substituição de um átomo por outro de tamanho similar em uma estrutura cristalina, sem interrupção ou alteração da estrutura do mineral.

Substrato rochoso: rocha sólida presente em profundidades que variam de zero (quando exposta pela erosão) a várias dezenas de metros.

Sulfídrico: adjetivo usado para descrever materiais de solo que contêm enxofre, os quais inicialmente têm um pH maior que 4,0 e exibem uma queda de pelo menos 0,5 unidade de pH no prazo de oito semanas de incubação aerada e úmida. Esses materiais são encontrados em solos potencialmente ácido-sulfatados.

Superfície específica: área da superfície de partículas sólidas por unidade de massa ou volume de partículas sólidas.

Superfície externa: área de superfície exposta na parte superior, inferior e nas laterais de um cristal de argila.

Superfície interna: área de superfície exposta dentro de um cristal de argila entre as camadas cristalinas individuais. Ver também **superfície externa**.

Superfície selada: fina camada de partículas depositada na superfície do solo, a qual reduz a permeabilidade da água na superfície do solo.

Tálus: fragmentos de rocha e outros materiais de solo acumulados por gravidade no sopé de escarpas ou declives muito acentuados.

Taxadjunt: *pedons* de uma unidade de mapeamento que possuem propriedades fora do intervalo de qualquer série reconhecida e estão fora dos limites de classe de categoria superior por uma ou mais características diferenciadoras da série. As diferenças nas propriedades são pequenas, de modo que as interpretações principais não são afetadas.

Tensão superficial: efeito físico que ocorre na interface entre duas fases: a química, (geralmente água) e a gasosa (geralmente ar). Ela faz com que a camada superficial de um líquido venha a se comportar como uma membrana elástica.

Tensiômetro: dispositivo destinado à medição da pressão negativa (ou tensão) ou do potencial matricial da água no solo *in situ*. Consiste em uma cápsula cerâmica porosa, permeável, ligada através de um tubo preenchido com água a um manômetro ou medidor de vácuo. Mede diretamente a tensão de água no solo, e indiretamente (através da curva de retenção de água) a porcentagem de água nos solos.

Térmico: classe de temperatura do solo com temperatura média anual entre 15 °C e 22 °C.

Terra: termo amplo que incorpora o ambiente natural total das áreas da Terra não cobertas por água. Normalmente considera-se como um segmento da superfície terrestre definido no espaço e reconhecido por suas características ditadas pelos atributos conferidos ao solo, pelos seus organismos e pelos atributos razoavelmente estáveis ou ciclicamente previsíveis, como atmosfera, substrato geológico, hidrologia e efeitos da atividade do homem.

Terra úmida: área de terra que tem solos úmidos (mal-drenados) e vegetação hidrofítica, normalmente inundada em uma parte do ano, formando uma zona de transição entre os sistemas aquáticos e terrestres.

Terraço: (1) elevação de uma faixa de terra, normalmente construída no sentido de uma curva de nível e projetada para tornar a terra adequada para plantio e evitar a erosão acelerada pela interceptação e pelo desvio da água para canais escoadouros; às vezes, denominados *terraço divergente*. (2) Planície em nível, geralmente estreita, que contorna um rio, lago ou mar. Nos rios, por vezes, são delimitados em diferentes níveis.

Terraço de base larga: terraços construídos em encostas com inclinações suaves, com o objetivo de reduzir a erosão e o escoamento superficial, e que podem ser cultivados em toda a extensão de plantio.

Terraço em patamares: estruturas de terraplanagem construídas em nível, em encostas com inclinação muito acentuada.

Textura de solo: proporções relativas dos diversos separados de um solo.

Textura fina: consiste em (ou contém) grandes quantidades de frações finas, particularmente de silte e argila (inclui as classes texturais francoargilosa, francoargiloarenosa, francoargilossiltosa, argiloarenosa, argilossiltosa).

Textura grosseira: classes texturais como areia, areia franca e francoarenosa.

Textura média: aquela intermediária entre a textura fina e a grosseira dos solos; inclui as seguintes classes texturais: francoarenosa muito fina, franca, francoarenosa e siltosa.

Toposequência: sequência de solos relacionados que diferem entre si, principalmente em relação ao relevo como um fator de formação do solo, desde que outros fatores sejam considerados como constantes.

Torrão: massa compacta e coerente do solo que se forma normalmente por atividades humanas, como aração e escavação, especialmente quando essas operações são executadas em solos muito úmidos ou secos pelas operações normais de cultivo.

Trado: ferramenta utilizada para fazer pequenos furos, a fim de obter amostras de materiais de várias camadas de solo. Consiste em um longo T anexado a um cilindro com pontas dentadas torcidas.

Troca de ânions: troca de ânions da solução dos solos por ânions adsorvidos na superfície das partículas de argilas e húmus.

Troca de cátions: troca de um cátion na solução por outro adsorvido na superfície de quaisquer materiais, como argila ou matéria orgânica.

Troca de íons: átomos ou grupos de átomos positiva ou negativamente carregados, que estão retidos próximo à superfície de uma partícula sólida por atração de cargas elétricas de sinal contrário e que podem ser substituídos por outros íons eletricamente carregados existentes na solução do solo.

Tufito: (1) tipo de rocha que consiste em cinzas vulcânicas consolidadas, expulsas durante uma erupção vulcânica; (2) cinza vulcânica mais ou menos estratificada e em vários estados de consolidação.

Tundra: planícies ou ondulações descampadas, características das regiões árticas.

Turfa: material de solo não consolidado, constituído em grande parte de material orgânico ligeiramente decomposto e não decomposto; ou apenas matéria orgânica acumulada em condições de umidade excessiva. Ver também **materiais orgânicos do solo**.

Ultisols: ordem do sistema americano de classificação de solos (USA, 1999), que reúne solos com baixos teores de bases e horizontes de subsuperfície de acumulações de argila iluvial.

Unidade de mapeamento: grupamento conceitual de um ou muitos solos componentes, delineados ou identificados com o mesmo nome em um levantamento de solos, que apresenta áreas de paisagem semelhantes. Ver **delineamento**, **consorciação de solos** e **complexo de solos**.

Valor: uma das três propriedades da cor que indica o grau de luminosidade ou escurecimento de uma cor.

Vermiculita: argila silicatada do tipo 2:1, geralmente formada a partir de mica e que tem uma alta carga líquida negativa, decorrente principalmente da substituição isomórfica intensa de alumínio por silício nas lâminas tetraédricas.

Vertisols: ordem do sistema americano de classificação de solos (USA, 1999) que reúne solos argilosos com alto potencial de expansão e contração e que têm amplas e profundas fendas quando secos. A maioria desses solos tem períodos tipicamente úmidos e secos durante todo o ano.

Vertissolos: ordem do SiBCS (Embrapa, 2006) que reúne solos com elevado conteúdo de argilas expansivas, sem relação textural suficiente para caracterizar um B textural, com alto potencial de expansão e contração e que têm amplas e profundas fendas verticais quando secos.

ÍNDICE REMISSIVO

A
absorção 68, 82, 93, 97, 101, 103, 107, 120, 143, 155, 158, 166, 249, 253, 258
ácaros 140, 141
acidez 46, 51, 61, 62, 63, 66, 69, 70, 71, 72, 110, 122, 129, 130, 131, 132, 133, 134, 135, 136, 137, 144, 150, 151, 152, 153, 154, 155, 156, 158, 159, 193, 227, 232, 242, 248, 249, 255
acidificação 129, 131, 136, 137, 244, 248, 249
ácido(s)
    acético 134
    carbônico 44, 45, 46, 52, 68, 108, 134, 135, 169
    clorídrico 154, 157
    orgânicos 108, 131
    silícico 30, 33, 37, 46, 51, 53, 104, 107, 109, 110, 131, 145
    sulfatados 123, 131, 153
    sulfúrico 132
Acrisols 185, 194, 236, 237, 238
actinomicetos 140, 143, 144
acúmulo
    de argila 78, 127, 164, 166, 167, 181, 185, 188, 189, 192, 194, 196, 228, 231, 242
    de matéria orgânica 124, 167, 173, 180
    de sais 136, 173
adesão
    forças de 78, 81, 89, 95
adsorção
    complexo de 66, 133, 180, 191
    de íons 59, 101
adsorvido(s)
    cátions 67, 105, 132, 169
    de íons 67, 105, 154, 158, 248
adubação 100, 111, 151, 157, 159, 160
aeração do solo 142
aeróbicos 108, 140, 144
aerossóis 55
afloramento 174, 221
afloramento(s) rochoso(s) 174, 193, 196, 210, 225
agentes cimentantes 78, 81, 83, 121
agregação 78, 91, 119
agregados 28, 30, 52, 56, 76, 78, 79, 81, 83, 119, 120, 121, 123, 126, 127, 163, 166, 169, 185, 192, 193, 194, 198, 213, 232, 240, 250, 251, 253, 257
Agreste 224
agricultor 19, 20, 100, 150, 158, 181, 215, 232, 249, 250, 251, 258
agricultura
    de precisão 159, 160
    intensiva 130, 134, 227, 260
    itinerante 223, 236, 255
água(s)
    absorção de 97, 249, 253, 258
    armazenada 85, 91, 97
    capilar 101, 110, 241
    densidade da 83, 89, 93
    disponível 73, 91, 92, 93, 95, 97, 100, 106, 151
    do solo 21, 51, 62, 85, 86, 87, 92, 93, 94, 95, 96, 97, 99, 100, 101, 110, 125
    gravitacional 108, 110, 120, 166
    gravitativa 98, 111, 167, 243
    higroscópica 101
    moléculas de 45, 59, 69, 87, 88, 90, 93, 100

Albaqualfs 195, 237
Albaquults 195, 237
albedo 99
Albiluvisols 242
alcalinidade 72, 102, 129, 136, 137
alcalização 167, 170
Alfisols 181, 194, 196, 237, 238
algas 139, 140, 143
Alisols 185, 194, 237, 238
alóctones 173
alumínio
    hidróxidos de 46, 59, 131
    íons de 34, 48, 71, 131, 135, 154
    trocável 51, 135, 153, 154, 156, 157
aluviões 173
alúvios 37, 122, 168, 173, 206
Amazônia 195, 196, 197, 203, 222, 223, 224, 225, 232, 236, 240
aminoácidos 158
amônia 107, 147, 148, 158
amonificação 147, 148
amônio 132, 141, 152, 157
amorfo 62, 63, 144, 240
amostra(s)
    de solo 67, 74, 75, 76, 77, 78, 79, 80, 83, 87, 92, 93, 110, 111, 118, 151, 153, 154, 158, 159, 160
    indeformada 79, 80, 121
análise granulométrica 73, 74, 76, 77, 78, 79, 82
análise química 29, 34, 151
Andisols 181, 237
Andosols 185, 237, 240
anelídeos 140, 142
anfibólios 47, 49, 52
ânion(s)
    bicarbonato 46, 69, 71, 106, 135
    nitrato 71, 72, 106, 107, 108, 148, 152, 157, 158, 250
aptidão agrícola 150, 213, 215, 216
ar do solo 73, 82, 107, 120
areia(s) quartzosa(s) 29, 200
arenito 37, 38, 173, 231
Arenosols 185, 237, 239, 240, 241
argila(s)
    1:1 58, 62, 70, 71, 107, 111
    2:1 52, 58, 59, 61, 62, 70, 71, 107, 109, 110, 111, 134, 171, 178, 197, 198, 239, 242
    cauliníticas 53, 134, 193, 232
    de alta atividade 91, 181, 185, 196
    eluviada 164
    eluvidada 78
    esmectitas 92
    expansivas 110, 122, 127, 189
    floculada 56, 78, 83
    formação e translocação de 175
    iluviação de 115
    oxídicas 43, 57, 60, 62, 64, 66, 71, 72, 91, 107, 108, 152, 153, 182
    saturada 51, 131
    silicatadas 43, 46, 49, 50, 51, 57, 58, 60, 61, 66, 70, 71, 87, 125, 166
argilito(s) 38, 173, 198
argilominerais 41, 55, 56, 59, 62, 64, 109, 110, 158, 166, 171
argilosa
    textura 173, 182, 191, 194, 197
argissolo

arênicos 194
bruno-acinzentados 195
vermelho-amarelo 195, 210, 223, 224, 230, 231
Aridisols 181, 196, 237, 241
artrópodes 140, 141, 142, 146
ascensão capilar 87, 89, 95
ataque sulfúrico 151
atributos
    diagnósticos 180, 183, 189, 190, 199
    diferenciais 179, 183, 184, 191
    dos horizontes diagnósticos 182
    do solo 24, 113, 152, 160, 184, 204, 209, 212, 217
autóctones 173
autótrofos 140
azonais 175
Azotobacter 147

B
bacia hidrográfica 101
bactéria(s) 43, 60, 108, 136, 139, 140, 141, 143, 144, 147, 148
bacterívoros 140
basalto 37, 39, 44, 132, 194, 231
bases trocáveis 131, 135, 155, 156, 157, 173, 181, 189
bauxita 53, 60
bicarbonato(s) 45, 46, 68, 69, 71, 106, 107, 135
biociclagem 144
biodegradação 142
biodiversidade 223, 235, 249
biogeoquímicas
    interações 103
    reações 101, 102, 113, 171
biologia do solo 24, 139
biomas 242, 243
biomassa
    florestal 172
biosfera 25, 101, 102, 103, 107, 112, 144, 146
biossequência 171
biota 120, 123, 139, 143, 145
biotita 34, 49, 52, 54, 60, 117
bioturbação 148, 166, 192
brunizém
    acinzentados 196

C
caatinga 117, 146, 222, 225, 226, 228, 239
calagem 67, 132, 134, 135, 136, 157, 254, 260
calcário(s) 35, 38, 39, 66, 69, 129, 132, 134, 135, 136, 137, 161, 169, 193, 197, 227, 231, 240, 255
calcificação 166, 167, 167, 170
Calcisols 185, 237, 239, 240, 241
calcita 35, 38, 50, 135, 158, 240
calor
    específico 99
Cambisols 185, 236, 237, 239, 242, 245
cambissolo(s)
    húmicos 231, 237
campos subtropicais 222
capacidade
    de campo 73, 82, 90, 91, 98, 100, 101, 106, 110, 144
    de retenção de água 56, 120, 151
    de troca de cátions 24, 66, 67, 70, 71, 132, 134, 136, 146, 151, 154, 155, 156, 192

de uso 178, 212, 213, 215, 258, 259, 260, 261, 262
capilaridade 88, 89, 95, 100, 105, 170
carbonato(s) 38, 46, 69, 76, 78, 86, 123, 134, 135, 136, 140, 153, 157, 167, 170, 181, 185, 196, 239, 240, 241, 243, 244
carbono
    ciclo do 144
    dióxido de 140, 146
    fonte de 140
    orgânico 76, 151, 218
cargas
    dependentes 61, 70, 71, 155
    elétricas 46, 60, 61, 63, 64, 65, 67, 72, 78, 87, 90, 102, 119, 153, 154
    hidráulica 92
    negativas 34, 59, 61, 63, 66, 67, 69, 70, 71, 72, 87, 131, 153, 155
    permanentes 60, 61, 62
    positivas 66, 67, 71, 72, 107, 153
    variáveis 61, 62
cátion(s)
    ácidos 65, 129, 131, 132, 133, 134
    básicos 51, 53, 59, 65, 66, 102, 108, 109, 110, 111, 130, 131, 132, 133, 134, 156, 157, 169, 171, 181, 189, 242, 243, 248
    trocáveis 106, 151, 154, 155, 156, 161, 180
caulinita 44, 45, 46, 47, 48, 49, 50, 52, 55, 56, 57, 58, 60, 61, 62, 63, 64, 70, 71, 72, 79, 110, 131, 133, 166, 192
cerosidade 78, 115, 120, 121, 188, 194
cerrado
    brasileiro 235
chapada
    Diamantina 224, 226
    do Brasil Central 193, 228, 232
    nordestinos 226
Chernossolos
    Rêndzicos 197
chernozêmico 167, 188, 189, 190, 194, 196, 197, 201, 243
Chernozems 23, 185, 197, 237, 243, 244
ciclo
    biogeoquímico 144, 148
    da água 86
    do nitrogênio 147
    do silício 145, 148
    global 85, 146
    hidrológico 85
cinzas vulcânicas 173, 181, 246
classes
    de capacidade de uso 178, 215, 259, 260, 261, 262
    de solos 20, 179, 184, 189, 202, 210, 213, 214, 219
    taxonômica 180, 208, 210, 216, 218
classificação
    de solos 25, 177, 179, 180, 181, 182, 183, 184, 187, 188, 214
clima(s)
    árido 171, 173, 241, 249
    frio 173, 235
    quentes 52, 166, 169, 175
    semiárido 25, 50, 229
    temperado 176, 243, 244
    tropical 52, 58, 176, 193, 231, 238
    úmido 50, 131, 248, 249, 260
climossequência 171
clivagem 34, 35, 36, 39
cloreto(s)
    de potássio 53, 152, 153

cloro 29, 30, 32, 46, 69, 158
clorofila 143
cobre 107, 108, 134, 157, 158
coesão
    forças de 78, 81, 95
    retenção por 90
    retidas por 90
coloide(s)
    do solo 24, 56, 61, 64, 66, 71, 72, 86, 90, 104, 111, 132, 135, 153, 248, 250
    mineral 88
    orgânicos 71, 131, 134
colúvio(s) 37, 122, 127, 168, 173, 206
compactação 28, 79, 81, 83, 100, 105, 250, 258, 262
complexo
    de adsorção 66, 133, 180, 191
    de troca 69, 105, 152, 157, 193
    sortivo 154, 155, 156, 157
complexo(s) regional(ais)
    da Amazônia 222, 225
    do Nordeste 222, 224, 227, 229
    do Sudeste 222, 229
componente osmótico 93
compostos inorgânicos 139, 141
compostos orgânicos
    do solo 147
compostos organometálicos 244
concentração
    na solução do solo 102
    relativa do cátion 68
    residual 53, 125
    salina 153
concentrações
    de magnésio 107
    de oxigênio 109
    de sais 91, 92, 93, 144
    de sílica 110
    do ácido silícico 107
    dos íons de hidrogênio 102
concrecionário 189, 190, 195, 196
concreções 48, 108, 122, 123, 167, 189, 191, 195, 196
condensação 85
condutividade hidráulica 95, 96, 97
condutividade térmica 99
consistência 59, 73, 81, 82, 115, 117, 118, 121, 127, 192, 197, 198
corretivos 24
covalência 29, 57, 87, 147
cristal 35, 36, 61, 64
cronossequência 171
crustáceos 141
Cryosols 185, 237, 245, 246
CTC 66, 67, 70, 71, 72, 132, 133, 134, 136, 146, 151, 155, 156, 157, 182, 189
cupins 78, 115, 122, 140, 141, 142, 144, 166, 172, 193
curvas de retenção de água 92

D

decomposição
    da matéria orgânica 108, 123, 131, 142, 143, 144, 146, 152
    de rochas 27, 171, 198, 235
degradação física 248, 250

densidade
    aparente 73
    da água 83, 89, 93
    de partícula 73, 77, 79, 80, 81, 83
    do solo 75, 79, 80, 81, 83, 97, 99
    global 80, 83
depauperamento dos solos 261
desertificação 248, 249
dessalinização 170
dessilicatização 169, 175, 192
dessorção 102, 103
detritívoros 140
diabásio 37, 194, 233
diamante 34, 35
diatomáceas 53, 140, 143
difração de raios-X 57, 151
difusão iônica 106
dispersão 56, 78, 83, 167, 249, 250
dissolução
    de compostos de ferro 171
    de óxidos de ferro 166
dolomita 38, 135, 158
drenagem 44, 46, 51, 52, 82, 86, 91, 99, 109, 123, 126, 131, 136, 137, 158, 170, 173, 176, 192, 196, 211, 213, 216, 226, 241, 249
dunas 37, 38, 193, 224, 229, 240
duripã 183, 189
Durisols 185, 237, 241

E

ecossistemas
    agrícolas 85, 86
    naturais 73, 139
    terrestres 25, 144
Edafologia 24
efeito estufa 145, 146, 236
elétrons 28, 29, 30, 45, 47, 51, 65, 108, 140
eluviação 52, 166, 170
emulsões 55
encostas 41, 51, 169, 173, 174, 175, 194, 199, 209, 231, 239, 240, 241, 251, 252, 254, 255, 257
encrostamento 79, 250
energia
    cinética 251, 253
    da água 96
    da chuva 252
    da luz do Sol 143
    da luz solar 247
    do Sol 82, 85, 102, 143, 174
    hidrelétrica 251
    potencial 92, 93, 105
    térmica 99
Entisols 181, 237, 238
enxofre 63, 66, 131, 141, 144, 157, 158, 201, 255
eólico 173, 240
Epipedons 181
equigranular 37
erodibilidade 194, 252, 253, 263
erosão
    do solo 250, 259, 262
    em sulcos 213, 251, 252, 257
    geológica 196, 248, 261
    hídrica 79, 193, 194, 226, 239, 251
    laminar 213, 251
erosividade 252, 253, 263
escala de dureza de Mohs 34
escoamento 51, 85, 251, 254, 256
esmectita 57, 59, 69, 71
espodossolos
    humilúvicos 198
estabilidade de agregados 79
estepes 22, 242, 243, 244, 245, 246
estrutura
    amorfa 146
    atômica 59, 87
    cristalina 25, 29, 46, 64, 66, 68
    da rocha 48
    do solo 76, 82, 83, 119, 120, 144, 249, 250, 253
eutroférrico 228
eutrófico 192, 196, 231
eutrofização 250
evaporação
    de sua água 99
    na superfície do solo 95
    potencial 97
evaporitos 53
evapotranspiração 86, 94, 97, 98, 110, 249

F

FAO/Unesco 180, 183, 184, 188, 192, 194, 195, 214, 232, 236, 238
fase
    gasosa 105, 144
    líquida 65, 72, 101, 102, 103, 105, 106, 107, 110, 125
    sólida 55, 63, 72, 101, 103, 105, 107
fatores climáticos 132, 222
fatores de formação
    do(s) solo(s) 163, 168, 170, 177, 205
fauna
    do solo 78, 141, 142
    macro 140, 141
    meso 140, 141
    micro 140
feldspato 28, 35, 45, 46, 50, 56, 109
Ferralsols 184, 185, 192, 238
ferri-hidrita 52, 60
ferro
    compostos de 78, 119, 171, 197, 198, 240, 242
    óxidos de 36, 38, 41, 44, 47, 51, 52, 57, 60, 64, 70, 71, 79, 108, 109, 111, 116, 119, 122, 125, 126, 152, 163, 166, 167, 169, 173, 179, 180, 181, 191, 192, 193, 195, 223
ferrólise 50, 51
ferroso 42, 47, 48, 51, 60, 111, 169
fertilidade
    do solo 20, 22, 23, 24, 150, 153, 157, 158, 159, 252, 254
fertilizantes
    amoniacais 132
    fosfatados 35, 53
    inorgânicos 92
    minerais 22, 92, 250
    nitrogenados 132
filossilicatos 33, 57
fitociclagem 144
fitólitos 145
floculação 56, 78, 119
fluorita 35

flúvicos 199, 200, 226, 229, 230, 237, 242
Fluvisols 185, 237, 239, 241, 242
fluxo
    de água 94, 96, 100
    de energia térmica 99
    de gás carbônico 146
    de gases 103
    de massa 106
    não saturado 95
    saturado 95, 100
forças osmóticas 93
formações geológicas 222
formigas 78, 115, 122, 141, 142, 144, 166, 172, 193
fotossíntese 65, 82, 87, 102, 104, 143, 247, 248
fração
    areia 192
    argila 64, 121, 151, 155, 156, 160, 189
    orgânica 139
    silte 192
fungíferos 140

G
gás carbônico 22, 25, 41, 46, 51, 54, 68, 82, 102, 103, 107, 108, 131, 135, 141, 144, 145, 146, 152, 157, 171, 247
gel 55
Gelisols 181, 237, 246
gênese
    dos solos 72, 163, 169
gesso 35, 50, 136, 137, 158, 169, 185, 241, 249
gibbsita 46, 50, 51, 59, 60, 71, 107, 109, 110, 131
glaciações 235, 244
Gleissolos
    baixadas úmidas 200
    tiomórficos 201
gleização 163, 167, 176
gleizado
    horizonte 199
Gleysols 185, 236, 237, 245
goethita(s) 47, 48, 50, 52, 60, 71, 109, 193
grande grupo
    Acrudox 182
granito 31, 35, 37, 38, 52, 173, 230
granulometria 73, 151
grau de desenvolvimento dos agregados 79, 120
Gypsisols 185, 237, 240, 241

H
halita 29, 30, 32, 39, 46, 49, 53, 240
hematita
    Fe_2O_3 60
herbicidas 59, 250, 258
hexametafosfato de sódio 74, 82
hidrogênio
    dos grupos hidroxílicos 69
    íons de 30, 46, 61, 62, 66, 67, 68, 70, 71, 86, 87, 102, 106, 129, 130, 131, 132, 133, 134
    ligação (ou "ponte") de 88
    ligações de 58, 60, 89, 90
    trocável 153
hidrólise 45, 46, 47, 48, 50, 51, 52, 54, 65, 86, 101, 109, 134, 135, 136, 154, 164, 169

hidrônio 68, 130
hidrosfera 25, 85, 101, 102, 103, 144
hidroxila(s)
    ânions de 33
    concentração de 62
    do ácido carbônico 68
    dos octaedros 58
    livres 62
Histosols 181, 185, 201, 236, 237, 244
horizonte(s)
    A 28, 63, 78, 81, 85, 115, 117, 118, 120, 121, 124, 125, 164, 165, 167, 170, 172, 181, 185, 189, 190, 191, 192, 193, 194, 195, 196, 197, 199, 200, 201, 223, 226, 231, 240, 242, 243, 244, 254, 258
    álbico 180
    Ap 151, 159
    arado 123
    B 66, 78, 86, 115, 116, 118, 120, 121, 123, 124, 125, 127, 142, 164, 165, 166, 167, 171, 176, 179, 180, 185, 188, 189, 190, 191, 192, 193, 194, 195, 196, 197, 198, 199, 202, 219, 228, 231, 241, 242, 254
    C 27, 115, 125, 127, 164, 191, 193, 199, 200, 239, 240, 251
    cálcico 167
    concrecionário 196
    de acúmulo de argila 192
    diagnósticos 180, 181, 182, 183, 184, 187, 189, 190, 191, 192, 193, 194, 195, 196, 197, 198, 199, 200, 201, 202
    do *solum* 27
    E 115, 124, 167, 180, 181, 194, 195, 196, 197, 198, 242
    eluviais 125, 185
    enterrado 123
    espódico 180, 181, 190, 198, 202
    genético 184
    glei 123, 190, 195, 200
    gleizado 199
    H 124, 190, 201
    hístico 190, 192, 200, 201
    iluvial 121, 166
    litoplíntico 190, 195
    mineral 81, 125
    morfologia dos 114, 192
    nítico 194
    O 115, 123
    orgânicos 79
    pedogenéticos 74, 150, 171, 173, 179, 180, 181, 199, 201
    pedológicos 180
    plíntico 188, 190, 194, 195, 196
    pouco desenvolvidos 240
    subsuperficiais 70, 136, 189, 251
    superficial 51, 64, 123, 173, 185, 194, 197, 199, 201, 221, 237, 240, 242
    vértico 190, 198
húmus
    acúmulo de 171
    cargas negativas do 63
    de acúmulo eluvial de 197
    formação do 86, 142, 146
    propriedades do 146
    teoria do 22

I
Idade
    Média 21

ilita 57, 58, 59, 64, 69, 70, 71, 158
iluviação
    de argila 115
    de húmus 244
Inceptisols 181, 237, 238
incipiente
    horizonte B 164
índices de consistência 82
infiltração
    capacidade de 73, 249, 253
    de água 250, 263
    taxa inicial de 253
inselbergues 225
inseticidas 250
insetos 107, 139, 141, 160
intemperismo
    ação do 39, 49, 52, 63, 105
    das rochas 171
    dos minerais 49, 50, 104, 105, 171, 174
    estágios de 152
    físico 41, 42, 43, 44, 46, 50, 164, 240, 245
    geoquímico 48, 49, 109
    grau de 48, 49, 74, 153, 160
    índices de 151, 152
    manto de 172
    pedoquímico 48, 49, 109
    processos de 41, 173
    produtos do 41, 42, 43, 52, 54, 56
    químico 41, 42, 44, 45, 47, 49, 50, 53, 54, 56, 58, 169, 171, 173
    reações de 47
    resíduos do 53
    resistência ao 48, 52
    suscetibilidade ao 49
    taxas de 52
intemperização
    estágio de 152
    perfil de 50, 51
    taxas de 52
inundação
    planícies de 233
íons
    adsorção de 59, 101
    adsorvidos 67, 105, 154, 248
    básicos 107, 166
    da solução do solo 105, 106
    da superfície dos coloides 105
    de alumínio 34, 48, 71, 131, 135, 154
    de cálcio 53, 66, 68, 103, 135
    de Cl^- 32
    de ferro ou magnésio 34
    de hidrogênio 30, 61, 62, 66, 67, 68, 70, 71, 86, 87, 102, 106, 129, 130, 131, 132, 133, 134
    de Na^+ 67
    de oxigênio 29, 30, 32, 56, 57, 58, 60, 61, 87
    de potássio 34, 45, 46, 59, 86
    de sódio 29, 134, 136, 167
    em solução 49
    férricos 52, 110
    ferrosos 52, 109, 110
    H^+ 46, 130, 133
    hidroxílicos 71
    monovalentes 67
    movimento dos 105
    oxidação dos 52
    troca de 33, 65, 69
irrigação 19, 21, 86, 89, 90, 91, 94, 97, 99, 100, 136, 169, 172, 212, 226, 227, 232, 239, 249, 258
isomórficas
    substituições 33, 34, 40, 60, 61, 62, 66, 69, 71

K
Kastanozems 185, 197, 237, 243, 244, 245
Ki 151, 152, 160
Kr 151, 152, 160

L
lagoas 231
lâmina (ou folha) de tetraedros 57, 58
lâminas octaédricas 60, 71, 131
laterita 189, 192
laterização 166
latossolização 166, 168
Latossolo(s)
    Amarelo 116, 191, 193, 223, 224, 230
    Bruno 193
    Eutróficos 192
    Vermelho 99, 116, 193, 202, 207, 210, 226, 228
    Vermelho-Amarelo 193, 226
leguminosas 147
lei da ação de massas 68
lei de Stokes 76, 77, 83
lei do mínimo 22, 25, 157, 222
lençol(óis) freático(s) 42, 45, 53, 64, 85, 95, 100, 102, 103, 104, 109, 131, 139, 145, 170, 185, 195, 200, 201, 249, 250
lepidocrocita 109
Leptosols 185, 237, 239, 240, 245
lessivage 166, 170, 175, 176
leucenização 167
levantamento(s)
    de reconhecimento 212, 215
    de solos 150, 204, 205, 209, 211, 212, 213, 214, 216, 219
    detalhados 181, 206, 207, 212
    pedológicos 150, 180, 187, 203, 204, 207, 209, 210, 212, 222
ligação (ou "ponte") de hidrogênio 58, 60, 87, 89, 90
ligações atômicas 39
ligninas 63, 146
limites de Atteberg 82
liquens 143, 164, 174, 245
lisímetro 110, 111
litificação 38
litólicos
    Neossolos 200, 223, 225, 230, 231, 237
litoplíntico 190, 195
litoplintita 196
litosfera 25, 28, 29, 31, 34, 35, 103, 112, 144
litossequência 171
Lixisols 185, 194, 237, 238, 239
lixiviação 45, 51, 52, 53, 71, 72, 104, 105, 107, 109, 110, 132, 136, 169, 170, 222, 244, 248, 249, 250, 260
loess 173, 243
Luvisols 185, 196, 237, 238, 239, 242
Luvissolos 193, 196, 197, 225, 231, 237, 239

M

macroagregados 78, 192
macronutrientes 147, 157, 158, 255
macroporos 83, 89, 95, 119
maghemita 36, 60
magnésio 33, 34, 37, 38, 39, 46, 49, 57, 61, 66, 103, 107, 109, 110, 131, 132, 133, 135, 144, 154, 157, 158, 167, 239, 248, 249, 255
magnetita 36, 60
manganês 53, 107, 108, 109, 134, 135, 136, 158
mapa(s)
    da capacidade de uso da terra 213
    da FAO 236
    de aptidão agrícola 150, 213
    de solos 159, 187, 203, 204, 205, 206, 208, 209, 210, 212, 213, 214, 216, 217, 218, 219, 222, 236
    de solos do mundo 236
    detalhados 212
    esquemáticos 225, 227, 229
    exploratórios 212
    generalizados 222
    pedológicos 204, 209, 213, 215, 222, 223
massa específica 79
Mata Atlântica 195, 222, 230
matacão 50, 51
matéria orgânica
    acumulação iluvial de 123
    acúmulo de 124, 167, 173, 180
    bruta 62, 103, 142, 144, 146, 147
    CTC da 156
    decomposição da 108, 123, 131, 142, 143, 144, 146, 152
    decomposta 146
    humificada 152
materiais piroclásticos 181, 240
material originário 176, 196
matriz (do solo) 93, 94, 95, 111
melanização 169, 174
metabolismo
    de organismos 108
    dos carboidratos 104
metais pesados 145, 169, 250, 262
metamórfica(s) 36, 37, 38, 39, 40, 127, 222, 230
meteorização 41
mica(s) 28, 33, 34, 35, 36, 38, 48, 52, 60, 61, 69, 70, 110, 158
micela 67
micélios 143
microagregados 78
microbiana(s)
    atividade 136, 147
    fixação 143
    população 144
micromorfologia 115, 121
micro-organismos
    atividade dos 144
    tipos de 148
microporos 83, 89, 95, 100, 110, 119
microscópio 39, 55, 63, 73, 79, 121
migração
    de argila 167
    química 167

mineral(is)
    amorfos 240
    da fração argila 64, 121, 155
    de argila 63
    de ferro 109
    ferromagnesianos 37, 60, 110
    magnéticos 36, 66
    neoformados 41, 43
    primários 43, 44, 46, 47, 48, 49, 52, 53, 56, 60, 74, 102, 103, 104, 105, 109, 130, 145, 165, 167, 171, 174, 199
    secundário 48
    silicatados 33, 107
mineralização 103, 107, 144, 147, 148, 248
Mineralogia 27, 29, 183
minhocas 23, 78, 142, 148, 256
molécula(s) 30, 33, 37, 45, 46, 59, 60, 62, 63, 67, 69, 85, 86, 87, 88, 90, 93, 100, 102, 107, 130, 147
molibdênio 134, 158
Mollisols 181, 197, 237, 245
montmorillonita 71
mosqueados 48, 108, 115, 117, 185, 195, 200
mosqueamentos 163, 167
mulch 99, 123, 256
Munsell
    tabela 116, 118
muscovita 34, 36, 49, 50, 52, 54, 69, 70

N

nematoides 141, 142, 144, 148
neominerais 41, 44
Neossolo(s) 172, 190, 191, 193, 194, 199, 200, 202, 209, 214, 223, 224, 225, 226, 227, 228, 229, 230, 231, 234, 237, 241, 242
nesossilicatos 33
Nitisols 185, 236, 238
Nitossolo(s) 190, 193, 194, 202, 224, 226, 228, 230, 231, 232, 233, 237, 238
nitratos 71, 72, 106, 107, 108, 250
nitrificação 107, 148
nitrito 103, 148
Nitrobacter 148
nitrogênio
    carbono e 152
    da atmosfera 143
    total 151
Nitrosomas 148
número de coordenação 29, 30
nutrição 22, 26, 39, 46, 71, 104, 151, 255
nutrientes
    absorção de 82
    da solução do solo 106
    deficiência de 150
    disponibilidade de 136, 144, 152
    escassez de 227
    essenciais 53
    excesso de 250
    micro 25, 63, 134, 135, 157, 158
    reciclagem de 139

O

octaedros 27, 33, 46, 57, 58, 59, 60, 71
olivina 33, 34, 47, 49, 54, 56, 60

ordem 20, 49, 68, 72, 88, 173, 177, 178, 182, 183, 184, 187, 188, 189, 190, 191, 193, 201, 202, 209, 211, 232, 237
organismos
    aeróbicos 108
    anaeróbicos 108
    decompositores 143
    unicelulares 143
Organossolos 191, 193, 201, 227, 228, 229, 237
ortoclásio 34, 35, 45, 49
oxidação
    ciclos alternados de 48
    da amônia 148
    do ferro 139
    potencial de 108
    reações de 109
oxidantes
    bactérias 60
óxidos
    acúmulo residual de 181, 189
    de alumínio 71, 110
    de Fe e Al 49, 71
    de ferro 36, 38, 41, 44, 47, 51, 52, 57, 60, 64, 70, 71, 79, 108, 109, 111, 116, 119, 122, 125, 126, 152, 163, 166, 167, 169, 173, 179, 180, 181, 191, 192, 193, 195
    e hidróxidos 50
oxigênio
    ânions de 29, 30, 33, 39, 40
    carência de 108, 163, 167
    deficiência de 148
oxi-hidróxido
    de alumínio 60
Oxisols 178, 181, 182, 192, 238

P

paisagem
    aparência da 115
    tipos de 205
pampas 146, 231, 232, 243
Pantanal 195, 227
pântanos 102, 124, 185
partículas
    coloidais 53, 55, 67, 68, 70, 78, 110
    primárias 119
pavimento desértico 225, 226, 240
pedogênese 24, 74, 108, 110, 111, 157, 163, 164, 169, 174, 178, 179, 180, 181, 185, 205, 237
pedogenéticos
    horizontes 74, 150, 171, 173, 179, 180, 181, 199, 201
    processos 48, 82, 86, 111, 119, 168, 179, 181, 184, 187, 190
Pedologia 1, 3, 4, 17, 20, 23, 24, 26, 27, 56, 178
pedon(s)
    contíguos 179
    representativo 179
pedosfera 25, 82, 85, 94, 99, 143, 146
pedoturbação 23, 142, 170
Penicillium 143
percolação 42, 86, 95, 104, 108, 109, 240
perfil
    de alteração 51, 52
    do solo 23, 80, 81, 86, 107, 108, 109, 113, 114, 115, 116, 117, 122, 125, 127, 147, 167, 168, 170, 190, 205, 207, 213, 219
    modal 179, 209

    típico 192, 194, 196
Pergelissolo 245
período
    Pleistoceno 173
    Terciário 173
permafrost(s) 181, 185, 237, 245, 246
permeabilidade 82, 95, 136, 192, 193, 195, 213, 232, 240, 252
peso atômico
    69, 130
pesticidas 144, 169
petroplintita 52, 122, 167, 185, 189, 195, 196, 223
pH
    cargas dependentes do 61, 70, 71, 155
    CTC dependente do 70, 71
    da solução 51, 108, 135
    determinado em água 152, 153
    determinado em KCl 152, 153
Phaeozems 185, 197, 237, 243, 244
piroxênios 47, 49, 176
plagioclásios 49, 50, 52
planalto(s) 222, 223, 224, 226, 227, 229, 230, 231
planejamento
    conservacionista das terras 258
    do uso da terra 24
planície(s) 18, 37, 41, 173, 185, 199, 227, 233, 239, 241, 242, 243, 248
planos de clivagem 36
Planosols 185, 195, 237, 239, 242
Planossolo(s) 188, 190, 193, 195, 214, 225, 228, 229, 230, 231, 237
planta(s)
    aquáticas 250
    clorofiladas 25
    corpos silicosos das 145
    da família das leguminosas 147
    nutrição das 71, 255
    transpiração das 95
plantio em curvas de nível 255
platôs 51
Plinthosols 185, 195, 238
plintita 52, 120, 122, 123, 126, 127, 167, 183, 185, 189, 190, 192, 195, 196, 200, 223
Plintossolo(s) 190, 193, 194, 195, 196, 199, 223, 224, 227, 228, 238
poder tampão 134
podzolização 166, 168, 170, 176
Podzols 185, 197, 237, 242, 244
polígono das secas 229
poluição
    atmosférica 255
    do solo 169
ponto de murcha 90, 91, 95, 97, 98, 100
pontos de troca 66, 68, 69, 71, 103, 105, 131, 132, 133, 135
população
    de nematoides 142
    microbiana 144, 147
    mundial 232, 247
poros 27, 28, 44, 72, 79, 80, 81, 82, 86, 87, 89, 90, 91, 94, 95, 96, 97, 102, 104, 110, 117, 119, 120, 122, 173, 250, 253
porosidade
    total 80, 83
potássio 22, 34, 39, 45, 46, 48, 49, 52, 53, 59, 65, 66, 68, 69, 70, 86, 103, 105, 107, 109, 110, 132, 133, 144, 152, 153, 154, 157, 158, 167, 255

potencial
    acidez 132, 133, 136, 137, 151, 154, 155, 156
    da água do solo 92
    de oxirredução 109
    elétrico 61
    erosivo 253
    gravitacional 105
    matricial 87, 90, 93, 95, 96
    mátrico 94
    osmótico 105, 249

pradarias 171, 185, 231, 237, 242, 243, 244, 245, 246
praias 29, 37, 38, 53, 198, 224, 229, 231
prática(s)
    agrícolas 17, 215, 250, 259
    conservacionistas 254, 261, 263
    de caráter edáfico 254
    de caráter mecânico 255
    de caráter vegetativo 256
    de conservação 254, 259, 261
    de irrigação 249
    edáficas 249
    mecânicas 255

Pré-Cambriano 117
pressão
    atmosférica 94, 110
    da água 88
    de sucção 95, 97
    gradientes de 95

processos
    biológicos 82
    bioquímicos 131, 147
    de absorção 101, 103
    de alteração 42, 104
    de degradação 249
    de desagregação 204
    de fitociclagem 144
    de formação 52, 78, 109, 125, 166, 167, 168, 170, 176, 178, 179, 193, 239, 244, 248
    de hidrólise 50, 54
    de intemperismo 41, 173
    de lixiviação 169
    de migração de ferro 198
    de nutrição das plantas 71
    de oxidação 99, 140
    de transformação 46
    de troca 66
    erosivos 239, 240, 263
    físicos 165, 168
    formadores dos solos 242
    intempéricos 48
    metabólicos 46
    pedogenéticos 48, 82, 86, 111, 119, 168, 179, 181, 184, 187, 190
    químicos 73

produtividade 64, 149, 150, 158, 159, 160, 223, 226, 228, 232, 259, 261, 262

propriedades
    agrícolas 204, 211, 212
    da água 87
    da rocha 48, 172
    do húmus 146
    do(s) solo(s) 74, 133, 176, 179, 181, 184, 203, 218
    físicas 34, 40, 63, 64, 73, 74, 82, 191, 199, 216
    morfológicas 184
    químicas 146, 173
    térmicas 99

proteínas 63, 146, 147, 158
protozoários 142, 143

Q

qualidade
    da água 144
    de coloides 78
    do ar 248

quartzito 38
quartzo
    cristal de 35
    grãos de 38, 52

queimadas 144, 223, 250, 254, 255

R

radiação
    da superfície 99
    solar 97, 99

radicais orgânicos 59
raio iônico 30, 31, 40, 56, 57
raízes 22, 24, 25, 27, 39, 43, 56, 63, 65, 74, 78, 79, 82, 86, 89, 92, 93, 97, 101, 105, 106, 107, 108, 112, 122, 125, 126, 132, 140, 142, 143, 144, 147, 149, 150, 168, 171, 172, 183, 191, 195, 213, 222, 223, 248, 250, 253, 254
ravinas 175
reação(ões)
    de intemperismo 47
    de troca 63, 67, 72
    intempéricas 52
    química 41, 46, 50, 54, 65, 69, 86, 109, 139, 143, 148, 171

redução
    ciclos de 51
    de óxidos 86
    e oxidação 139
    e remoção de ferro 196
    oxi- 51
    reações de 107

Referencial Básico Mundial (WRB) 235
regime
    de umidade do solo 182
    hídrico 182

regolito 27, 28, 40, 41, 42, 43, 46, 47, 48, 51, 52, 53, 109, 125, 174, 175, 235, 239
Regosols 185, 237, 239, 240, 245
relação(ões)
    carbono/nitrogênio 147
    C/N 147
    moleculares 152
    solo-água-planta 87, 88

relevo(s)
    acidentado 199
    feições do 206, 207
    montanhoso 173, 230, 233
    ondulado 176, 206, 230
    suave ondulado 117

remoção
    de íons básicos 166
    de sílica 50, 168, 175, 193

reserva
    de minerais 130
reservatório(s)
    de carbono 151
    de nitrogênio 143
    de nutrientes 111
resíduos 43, 53, 120, 123, 135, 141, 144, 147, 169, 171, 172, 224, 250, 253, 254
resinas 63
respiração
    das plantas 82
    de micro-organismos 82
    dos organismos do solo 82
Rhizobium 147, 148
rio 13, 19, 22, 38, 65, 85, 146, 177, 195, 197, 224, 226, 228, 230, 231, 233
rocha(s)
    ácidas 132
    basáltica 41, 231
    básicas 110, 132, 194, 197, 228, 230, 231
    calcárias 173, 176, 241
    gnáissica 164, 165
    granítica 28, 38, 52, 139
    ígneas 36, 37, 40, 173
    metamórficas 36, 38, 39, 40, 230
    sedimentares 37, 38, 40, 173, 233
rotíferos 140, 142, 143
rubificação 176

S

Saccharomices 143
sais 22, 42, 43, 44, 45, 47, 49, 52, 53, 91, 92, 93, 123, 129, 136, 144, 153, 157, 158, 167, 170, 173, 185, 191, 201, 226, 229, 230, 239, 241, 248, 249
salinização 136, 157, 170, 241, 248, 249
saprólito 27, 28, 40, 44, 48, 50, 51, 52, 123, 127, 164, 172, 240
saturação
    com água 51, 89, 200
    por bases 132, 133, 134, 135, 136, 151, 153, 156, 160, 166, 178, 179, 183, 185, 190, 191, 192, 194, 196, 199, 232, 238, 244
    por sódio 134, 156, 157, 191, 194, 195, 239
sedimentos
    aluviais 189, 199, 228
    arenoquartzíticos 38
    argilosos 53
    quaternários 229
semeadura em contorno 255
semiárido 25, 50, 120, 132, 134, 171, 173, 195, 197, 226, 228, 229, 232, 238, 241, 249
sequência de Jackson 49, 50
série(s)
    de Bowen 49, 50, 52, 54
    de Goldich 49
    de solos 181, 191, 211
    liotrópica 68
serrapilheira 63, 123, 258
sertão 117, 226, 232
sesquióxidos 123, 171, 185
silicatos 27, 33, 34, 40, 46, 47, 48, 135
silte 38, 44, 74, 75, 76, 77, 78, 81, 83, 118, 121, 125, 192, 251, 257
siltito 38
sistema(s)
    agrícolas 232
    Brasileiro de Classificação de Solos 187, 188
    de agricultura itinerante 223
    de irrigação 21, 239
    de manejo 150, 160
    de plantio direto 257, 258, 263
    de rotação de culturas 255
    FAO/Unesco 180
    Internacional de Classificação de Solos 183
    modernos de classificação 180
    multicategórico 187
    norte-americano de classificação de solos 181
    radicular(es) 100, 143, 171, 200, 255
    solo-planta 94
    solo-planta-atmosfera 97
    taxonômicos 179, 180, 181, 213, 235
sítios arqueológicos 240
Sociedade
    Brasileira de Ciência do Solo 24
    Internacional de Ciência do Solo 183
Soil
    Survey Manual 24, 115
    Survey Staff 25
    Taxonomy 178, 181, 182, 183, 184, 192, 194, 195, 196, 197, 201, 236, 237, 238, 241, 244, 245, 246
solodização 169
Solonchaks 185, 237
Solonetz 185, 237, 241
solo(s)
    acidificação do 137, 244, 248
    aeração do 142
    água do 21, 51, 62, 85, 86, 87, 92, 93, 94, 95, 96, 97, 99, 100, 101, 110, 125
    alcalinização do 249
    aluviais 226
    análise de 67, 150, 158, 159
    análise granulométrica 73, 74, 76, 77, 78, 79, 82
    ar do 73, 82, 107, 120
    associação de 219
    atributos físicos 24, 114, 166, 259
    biodiversidade do 249
    biosfera do 144
    biota do 120, 139, 143
    características térmicas do 99
    classe textural do 74
    classificação dos 3, 150, 178, 184, 203, 204, 208
    coloides do 24, 56, 61, 64, 66, 71, 72, 86, 90, 104, 111, 132, 135, 153, 248, 250
    complexo sortivo do 154, 155
    compostos orgânicos do 147
    conservação dos 3, 247, 254
    consistência do 81, 82, 121
    cor do 99, 127
    corpo do 95, 110, 111, 114, 127, 168, 169, 179
    CTC do 67, 70, 71
    da Amazônia 223
    das regiões montanhosas 240
    das zonas áridas 240
    das zonas temperadas 242, 246
    da zona fria 244
    degradação dos 259, 262
    densidade do 75, 79, 80, 81, 83, 97, 99

depauperamento dos 261
do deserto 241
do mundo 181, 214, 236, 246
dos trópicos 235, 238
erodibilidade do 252, 253
erosão dos 250
estrutura do 76, 82, 83, 119, 120, 144, 249, 250, 253
fase líquida do 65, 102, 103, 105, 110, 125
fauna do 78, 141, 142
fertilidade do 20, 22, 23, 24, 150, 153, 159, 252, 254
formação do 23, 24, 46, 52, 109, 125, 134, 139, 152, 163, 165, 166, 167, 168, 170, 171, 172, 174, 175, 176, 177, 179, 183, 205, 217, 239, 248
fração sólida do 110, 112, 146, 151
gênese dos 169
hidromórficos 199, 214
levantamentos de 115, 150, 205, 209, 211, 212, 213, 214, 216
mapa de 159, 204, 205, 206, 208, 210, 214, 217, 219, 236
matriz do 93, 94, 95, 111
mecânica dos 21, 82, 151
micróbios do 143
micro-organismos do 144
morfologia do 24, 113, 125
nutrientes do 22, 137, 150, 172, 249, 255
ordens de 231
orgânicos 131, 185, 201, 237
organismos do 82, 85, 140, 141, 142, 143, 144, 145, 250
partículas do 79, 83, 88, 119, 248, 251, 255
perfil do 23, 80, 81, 86, 107, 108, 109, 113, 114, 115, 116, 117, 122, 125, 127, 147, 167, 168, 170, 190, 205, 207, 213, 219
permeabilidade do 95
pH do 106, 129, 132, 152, 156
poluição do 169
poros do 72, 86, 89, 102, 110, 173, 253
salinização do 136, 241
salinos 137
série de 183
sódicos e salinos 157
solução do 46, 51, 61, 62, 66, 67, 68, 69, 70, 72, 101, 102, 103, 104, 105, 106, 107, 108, 109, 110, 111, 112, 113, 120, 125, 129, 131, 132, 133, 134, 135, 136, 145, 150, 153, 166, 169, 170
temperatura do 98, 99
tiomórficos 131, 137, 153
trocas de cátions do 66
umidade do 89, 90, 91, 97, 101, 111, 144, 182
zonais 175
solução
ácida 62, 135
alcalina 62, 63
aquosa 104
de KCl 154
diluída 72, 86, 101
do solo 46, 51, 61, 62, 66, 67, 68, 69, 70, 72, 101, 102, 103, 104, 105, 106, 107, 108, 109, 110, 111, 112, 113, 120, 125, 129, 131, 132, 133, 134, 135, 136, 145, 150, 153, 166, 169, 170
salina 152, 153, 154, 155
salina aquosa 46
solum 27, 28, 48, 52, 109, 115, 150, 167, 174, 189, 192, 225, 226
soluto(s) 51, 93, 102, 103, 104, 106, 107, 110
solvente(s) 102, 106
soma de bases trocáveis (S) 155, 156, 189

sorossilicatos 33
Spodosols 180, 181, 197, 237
Stagnosols 185, 237
Streptomyces 143
subgrupo 178, 191, 202, 209, 213, 215
subordem 178, 182, 183, 237
subsistência 226
substâncias
húmicas 62, 171
orgânicas 62, 107, 144
tóxicas 250
substituições isomórficas 33, 34, 40, 60, 61, 62, 66, 69, 71
sulfato 55, 123, 132, 157, 241, 244
sulfetos 131
superfície(s)
da água 90
das argilas 71, 131
de fricção 122, 189, 198
de um mineral 34
dos coloides 65, 67, 69, 87, 90, 102, 103, 105, 132, 169
específicas 91
externa 59
suscetibilidade
à erosão 200, 215, 251, 260
ao intemperismo 49

T

tabuleiros 195, 224, 229, 230
taiga 22, 243, 245
talco 34, 35
tamanho dos agregados 79
taxonomia
dos reinos animal e vegetal 179
dos solos 177, 187, 203, 209
pedológica 152
Technosols 185, 237
temperatura
do solo 98, 99
gradiente de 99
Terciário 173
terra
fina seca ao ar (TFSA) 74, 151
preta arqueológica 223
preta de índio 223, 226
roxa legítima 178
terras pretas de Bagé 231
tetraedro(s)
de silício 27, 29, 30, 34, 46, 48, 57, 59
lâminas de 57, 59
textura
arenosa 92, 195
argilosa 173, 182, 191, 194, 197
média 117, 118, 173, 184, 213
média/argilosa 117
textural
classe 74, 118
Horizonte B 117
mudança 185, 189, 190, 200
tiossulfatos 131, 201
toposequência 171, 176, 239
transferência 85, 106, 216
translocação(ões) 168, 169, 170, 171, 175, 198, 242

transpiração 87, 95, 97, 104, 105, 145
transporte
    da solução aquosa 104
triângulo textural 75
troca(s)
    catiônicas 107
    de cátions 24, 66, 67, 68, 70, 71, 132, 134, 136, 146, 151, 154, 155, 156, 192
    de elétrons 30
    de íons 33, 65, 69
    iônica 102, 104
Tropical Podzols 197
tundra 245

U
Ultisols 181, 194, 237, 238
Umbrisols 185, 237, 242
unidades
    cristalinas 37
    de capacidade de uso 259
    de mapeamento 179, 192, 204, 207, 208, 209, 210, 211, 212, 213, 214, 216
    de uso 259
    estruturais 81, 83, 119
    taxonômicas 177, 179, 181, 184, 187, 209, 210
uso da terra
    planejamento do 150, 203, 261, 262

V
valência
    do cátion 68
vegetação
    de caatinga 146, 226
    de campo cerrado 223
    de estepes 245, 246
    de floresta 115, 124, 176
    de gramíneas 231
    de mangue 201
    de pinheiros 198, 242
    de pradarias 171, 244
    dos cerrados 227
    xerófila 225
vegetais
    cultivados 150
    tecidos 87, 146
veredas 227, 228
vermes 101, 139, 141, 172
vermiculita
    aluminizada 59
    expandida 60
Vertisols 181, 185, 198, 237, 239
Vertissolo(s) 177, 190, 191, 193, 198, 199, 224, 225, 228, 229, 231, 234, 237, 239
viscosidade
    do fluido 77
    do líquido 77
voçorocas 251, 252, 256
volume total de poros 81

W
WRB (World Reference Base for Soil Resources) 181, 183, 184, 185, 188, 192, 194, 195, 196, 197, 198, 201, 235, 237, 238, 245, 246

X
xisto 38, 39, 127, 230

Z
zinco 107, 134, 158
zonais 175
zonas
    áridas 185, 240, 246
    boreal(ais) 245
    climáticas 171, 235
    da Mata 224
    de oscilação do lençol freático 200
    fria 244, 245
    temperadas 242, 246